· 孙鑫精品图书系列 ·

SunXin's Series

Servlet/JSP 深入详解

（基于Tomcat的Web开发）

孙 鑫◎编著

電子工業出版社

Publishing House of Electronics Industry

北京·BEIJING

内 容 简 介

本书共分 3 篇，分别为 Servlet 篇、JSP 篇及其应用篇，书中展示了 Java Web 开发中各种技术的应用，帮助读者快速掌握 Java Web 开发。

在知识的讲解上，本书采用理论与实践相结合的方式，从程序运行的内部机制进行分析讲解，并通过大量的实例和实验来验证并运用本书的知识。大部分章节都提供了多个例子，而且很多例子都是目前 Web 开发中经常使用的，具有相当高的实用价值。

本书不仅可以作为 Java Web 开发的学习用书，还可以作为从事 Java Web 开发的程序员的参考用书和必备手册。

图书在版编目（CIP）数据

Servlet/JSP 深入详解：基于 Tomcat 的 Web 开发：畅销书升级版 / 孙鑫编著. —北京：电子工业出版社，2019.6

（孙鑫精品图书系列）

ISBN 978-7-121-36150-0

Ⅰ. ①S… Ⅱ. ①孙… Ⅲ. ①JAVA 语言－程序设计 Ⅳ. ①TP312.8

中国版本图书馆 CIP 数据核字(2019)第 048863 号

策划编辑：高洪霞
责任编辑：黄爱萍
印　　刷：三河市良远印务有限公司
装　　订：三河市良远印务有限公司
出版发行：电子工业出版社
　　　　　北京市海淀区万寿路 173 信箱　　邮编：100036
开　　本：787×1092　1/16　印张：43　字数：1120 千字
版　　次：2019 年 6 月第 1 版
印　　次：2019 年 6 月第 1 次印刷
定　　价：139.00 元

凡所购买电子工业出版社图书有缺损问题，请向购买书店调换。若书店售缺，请与本社发行部联系，联系及邮购电话：（010）88254888，88258888。

质量投诉请发邮件至 zlts@phei.com.cn，盗版侵权举报请发邮件到 dbqq@phei.com.cn。

本书咨询联系方式：（010）51260888-819，faq@phei.com.cn。

前　言

随着 Java 语言的流行，Java 在网站和企业级应用的开发上应用得越来越普遍，Java Web 开发已经成为 Java 企业级解决方案中不可或缺的组成部分。

本书遵照 Servlet 和 JSP 规范，系统、完整地介绍了 Java Web 开发中的各种技术，从知识的讲解→知识的运用→实际问题的解决，一步一步地引导读者掌握 Java Web 开发的知识体系结构。

本书面向的读者

本书面向的读者群包括：

- 毫无 Web 经验的初学者。
- 有一定的 Web 经验，但没有从事过 Web 开发的读者。
- 具有其他脚本语言 Web 开发经验，想要快速转向 Java Web 开发的程序员。
- 正在从事 Java Web 开发的初、中级程序员。

本书的内容组织

全书共分 3 篇，包括 Servlet 篇、JSP 篇和应用篇。前两篇相对独立，但在内容上又有递进的关系。最后一个部分综合应用前两个部分的知识，讲解了一些高级应用，并结合实际开发中要解决的问题，给出了很多具有实用价值的实例程序。

附录作为本书不可或缺的部分，对 HTML 和 HTTP 协议进行了介绍，缺少 Web 经验的读者可以从这部分内容中学到 Web 开发的必备知识。此外，附录还提供了 server.xml 和 web.xml 文件的介绍，可以作为读者从事 Java Web 开发的参考。

本书在内容的编排上独具匠心，将知识的连贯性和学习规律有机地组织在一起。本书首先介绍了 Servlet 技术及其应用，并介绍了 Tomcat 服务器的体系结构和相关配置。在第一篇中，包括了下面的主题：

- Servlet 与 Tomcat
- Servlet 技术
- Web 应用程序的部署
- 数据库访问
- 会话跟踪
- Servlet 的异常处理机制
- 开发线程安全的 Servlet

读者如果掌握了这部分的内容，就可以开始 Web 应用程序的开发了。

本书第二篇是 JSP 篇，包括了与 JSP 相关的各种技术。主要内容有 JSP 技术、JSP 与 JavaBean、JSP 开发的两种架构模型、自定义标签库、表达式语言、JSTL、标签文件。JSP 是建立在 Servlet 规范提供的功能之上的动态网页技术，读者看完第 1 篇介绍的 Servlet，自然也就能理解 JSP 了。第二篇的内容细致全面，不但可以作为学习资料使用，而且可以作为以后工作中的参考手册。

本书第三篇是应用篇，结合前 2 篇介绍的知识，讲解了一些高级应用，给出了很多具有实用价值的实例程序。主要内容有：

- Servlet 监听器
- 过滤器在 Web 开发中的应用
- 中文乱码问题与国际化
- Web 应用程序安全
- 避免表单重复提交等实例
- 使用 Eclipse 开发 Web 应用程序
- Servlet 3.0 新特性详解

这部分内容从应用开发的角度帮助读者提升 Java Web 开发技能。

本书的实例程序

笔者在编写本书时，使用的操作系统是 Windows 8.1 专业版，JDK 版本是 1.8.0_192，Web 容器是 Tomcat 9.0.14，开发工具是 Eclipse IDE for Enterprise Java Developers（版本 2018-12），数据库是 MySQL 8.0.13。本书所有的实例程序都在上述环境中运行正常。

本书绝大部分的例子程序，都没有放在 Tomcat 安装目录的 webapps 目录下，而是单独放在自定义的一个目录中。读者要运行这些程序，有两种方式：一种方式是直接将网站上下载的例子程序目录复制到 Tomcat 的 webapps 目录下运行；另一种方式是配置 Web 应用程序的运行目录，在%CATALINA_HOME%\conf\Catalina\localhost 目录下（%CATALINA_HOME%表示 Tomcat 的安装目录），建立 chXX.xml（XX 表示每章的序号，例如第 5 章是 ch05.xml，第 13 章是 ch13.xml）文件。例如，要配置第 5 章的例子程序，可以在%CATALINA_HOME%\conf\Catalina\localhost 目录下创建 ch05.xml 文件，编辑这个文件，输入下面的内容：

```
<Context docBase="F:\JSPLesson\ch05" reloadable="true"/>
```

将“F:\JSPLesson\ch05”替换为读者机器上对应章节的 Web 应用程序所在的目录。

此外，在每章例子程序的开发步骤中也给出了详细的配置过程，读者按照步骤操作，会发现配置非常容易。

> 当采用数据源的方式来访问数据库时，你需要将 MySQL 的 JDBC 驱动复制到 Tomcat 安装目录的 lib 子目录中。

学习建议

作者针对三种不同类型的读者，提出下面的学习建议。

（1）对 HTML 和 HTTP 协议不是很了解的读者，建议从附录 A、附录 B 开始学习，然后再从第 1 章开始学习。在学习第 1 篇的 Servlet 时，要结合附录 B，随时参照，以加深对 HTTP Servlet 的理解。

（2）对 HTML 和 HTTP 协议比较清楚的读者，可以直接从第 1 章开始学习，按照章节的顺序一步一步进行下去。

（3）有 Java Web 开发经验的读者，可以有选择性地学习本书的内容，并在开发过程中，以本书作为参考用书。

最后，衷心地祝愿读者能够从此书获益，从而实现自己的开发梦想。由于本书的内容较多、牵涉的技术较广，错误和疏漏之处在所难免，欢迎广大技术专家和读者指正。作者的联系方式是 csunxin@sina.com。

本书代码下载及读者交流

轻松注册成为博文视点社区用户（www.broadview.com.cn），扫码直达本书页面。

- 下载资源：本书如提供示例代码及资源文件，均可在“下载资源”处下载。
- 提交勘误：您对书中内容的修改意见可在“提交勘误”处提交，若被采纳，将获赠博文视点社区积分（在您购买电子书时，积分可用来抵扣相应金额）。
- 交流互动：在页面下方“读者评论”处留下您的疑问或观点，与我们和其他读者一同学习交流。

页面入口： http://www.broadview.com.cn/36150

目　　录

Servlet 篇

JSP 篇

应用篇

Servlet 篇

第 1 章 Servlet 与 Tomcat

本章要点

- 了解 Web 技术的发展
- 掌握 Servlet 和 Servlet 容器的相关概念
- 了解 Tomcat 的作用
- 掌握 Tomcat 的安装和配置
- 了解 Tomcat 的启动过程
- 熟悉 Tomcat 的体系结构
- 会用 Tomcat 的管理程序

要掌握 Java Web 开发，首先就要学会编写 Servlet，而要运行 Servlet，则需要一个 Servlet 容器，本书选用的是 Tomcat。下面让我们来了解一下 Servlet 和 Tomcat。

1.1 Web 技术的发展

随着 Internet 的发展，基于 HTTP 协议和 HTML 标准的 Web 应用呈几何级增长，人们的生活在不知不觉中已经被网络悄悄地改变了。在网络普及之前，我们购买图书要去书店，给亲人汇钱要去邮局或者银行……而现在，一切都是这么便捷，你可以在网上购买图书、汇款、缴纳电话费，你甚至可以为远在他乡的女朋友订购一束玫瑰。各种各样的网上业务丰富了我们的生活，节省了我们的时间，提高了我们的工作效率，改善了我们的生活品质。支撑这些网上业务的就是各种各样的 Web 应用，而这些 Web 应用又是用各种 Web 技术开发的。

早期的 Web 应用主要是静态页面的浏览（如新闻的浏览），这些静态页面使用 HTML 语言来编写，放在服务器上；用户使用浏览器通过 HTTP 协议请求服务器上的 Web 页面，服务器上的 Web 服务器软件接收到用户发送的请求后，读取请求 URI 所标识的资源，加上消息报头发送给客户端的浏览器；浏览器解析响应中的 HTML 数据，向用户呈现多姿多彩的 HTML 页面。整个过程如图 1-1 所示。

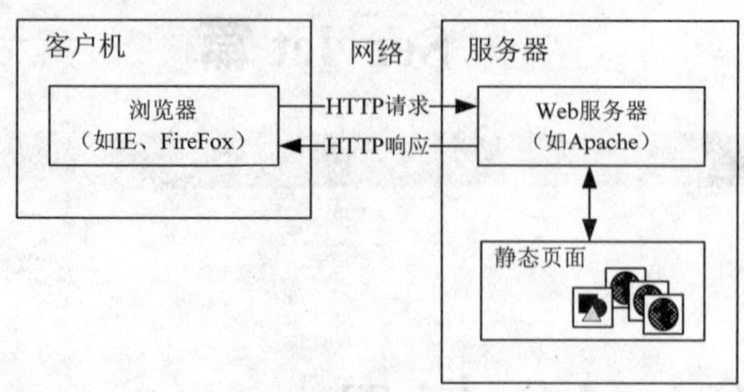

图 1-1　浏览器请求静态页面

随着网络的发展，很多线下业务开始向网上发展，基于 Internet 的 Web 应用也变得越来越复杂，用户所访问的资源已不仅仅局限于在服务器硬盘上存放的静态网页，更多的应用需要根据用户的请求动态生成页面信息，复杂一些的还需要从数据库中提取数据，经过一定的运算，生成一个页面返回给客户。例如，笔者通过 Web 浏览器想要查询本公司一年的销售报表，这个销售报表是根据一年的销售数据得出的，而这一年的销售数据非常多，通常都是存储在数据库中的，当 Web 服务器端软件接收到客户端的请求时，就需要从数据库中提取一年的数据，然后按照一定的统计规则，通过计算生成报表页面，发送到请求者的 Web 浏览器端。类似于上述的应用还有很多，要为用户提供各种各样的增强功能，就需要我们在 Web 服务端通过软件来实现。可是这种实现，如何才能完成呢？

了解 HTTP 协议的读者，可能会想到，可以遵循 HTTP 协议实现一个服务器端软件，提供增强功能。想法本身没有错误，但是由于 HTTP 协议服务器端的实现较为复杂，需要考虑很多方面，而且由于应用的广泛性，不可能针对每一种应用都去实现一个这样的 HTTP 服务器，所以这种方法在现实中不太可行。还有一种方法，就是利用已经实现 HTTP 协议的服务器端软件，而这些软件预先为我们留出了扩展的接口，我们只需要按照一定的规则去提供相应的扩展功能就可以了。当这类 Web 服务器接收到客户请求后，判断请求是否访问我们提供的扩展功能，如果是，就将请求交由我们所编写的程序去处理。当处理完成后，程序将处理结果交回 Web 服务器软件，Web 服务器软件拿到结果信息后，再将结果作为响应信息返回给客户端。第二种方式的好处在于，我们不需要对 HTTP 协议有过多的了解，HTTP 协议服务器端的实现已经由 Web 服务器软件完成了，我们只需要根据我们的应用去开发相应的功能模块，然后将这些功能模块按照你所采用的 Web 服务器软件的要求，部署到 Web 服务器中进行集成。在用户看来，Web 服务器端就是一个整体，在为他/她提供服务。

早期使用的 Web 服务器扩展机制是 CGI，它允许用户调用 Web 服务器上的 CGI 程序。CGI 的全称是 Common Gateway Interface，即公共网关接口。大多数的 CGI 程序使用 Perl 来编写，也有使用 C、Python 或 PHP 来编写的。用户通过单击某个链接或者直接在浏览器的地址栏中输入 URL 来访问 CGI 程序，Web 服务器接收到请求后，发现这个请求是给 CGI 程序的，于是就启动并运行这个 CGI 程序，对用户请求进行处理。CGI 程序解析请求中的 CGI 数据，处理数据，并产生一个响应（通常是 HTML 页面）。这个响应被返回给 Web 服务器，Web 服务器包装这个响应（例如添加消息报头），以 HTTP 响应的形式发送给 Web

浏览器。整个过程如图 1-2 所示。

然而 CGI 程序存在着一些缺点，主要是 CGI 程序编写困难、对用户请求的响应时间较长、以进程方式运行导致性能受限等。由于 CGI 程序的这些缺点，开发人员需要其他的 CGI 方案。1997 年，SUN 公司推出了 Servlet 技术，作为 Java 阵营的 CGI 解决方案。作为对微软 ASP 技术（1996 年推出）的回应，SUN 公司于 1998 年推出了 JSP 技术，允许在 HTML 页面中嵌入 Java 脚本代码，从而实现动态网页功能。与 ASP、JSP 类似的服务器端页面编写技术还有 Rasmus Lerdorf 于 1994 年发明的 PHP 技术。

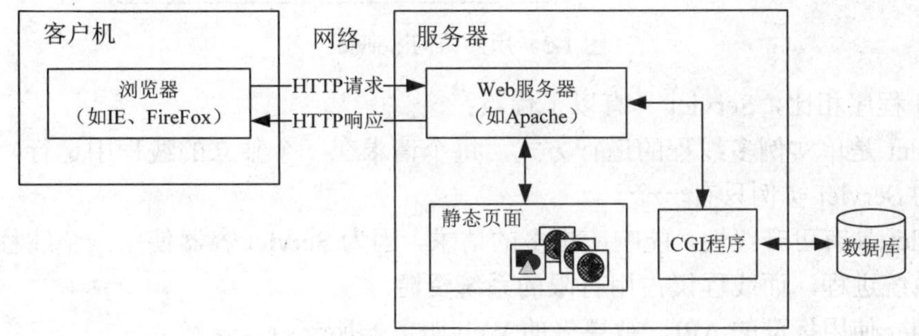

图 1-2 用户访问 CGI 程序

1.2 Servlet 与 Servlet 容器

Java Servlet（Java 服务器小程序）是一个基于 Java 技术的 Web 组件，运行在服务器端，由 Servlet 容器所管理，用于生成动态的内容。Servlet 是平台独立的 Java 类，编写一个 Servlet，实际上就是按照 Servlet 规范编写一个 Java 类。Servlet 被编译为平台独立的字节码，可以被动态地加载到支持 Java 技术的 Web 服务器中运行。目前 Servlet 规范最新的版本是 4.0。

在上文中，出现了一个概念“Servlet 容器”。那么什么是 Servlet 容器呢？Servlet 容器有时候也叫作 Servlet 引擎，是 Web 服务器或应用程序服务器的一部分，用于在发送的请求和响应之上提供网络服务，解码基于 MIME 的请求，格式化基于 MIME 的响应。Servlet 不能独立运行，它必须被部署到 Servlet 容器中，由容器来实例化和调用 Servlet 的方法，Servlet 容器在 Servlet 的生命周期内包容和管理 Servlet。

> **提示** 在 JSP 技术推出后，管理和运行 Servlet/JSP 的容器也称为 Web 容器。在本书中，Servlet 容器、JSP 容器，以及 Web 容器是同义的。

用户通过单击某个链接或者直接在浏览器的地址栏中输入 URL 来访问 Servlet，Web 服务器接收到该请求后，并不是将请求直接交给 Servlet，而是交给 Servlet 容器。Servlet 容器实例化 Servlet，调用 Servlet 的一个特定方法对请求进行处理，并产生一个响应。这个响应由 Servlet 容器返回给 Web 服务器，Web 服务器包装这个响应，以 HTTP 响应的形式发送给 Web 浏览器。整个过程如图 1-3 所示。

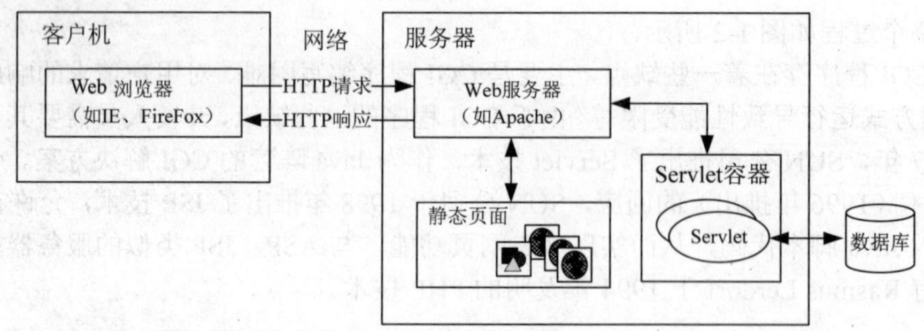

图 1-3　用户访问 Servlet

与 CGI 程序相比，Servlet 具有以下优点：

- Servlet 是单实例多线程的运行方式，每个请求在一个独立的线程中运行，而提供服务的 Servlet 实例只有一个。
- Servlet 具有可升级性，能响应更多的请求，因为 Servlet 容器使用一个线程而不是操作系统进程，而线程仅占用有限的系统资源。
- Servlet 使用标准的 API，被更多的 Web 服务器所支持。
- Servlet 使用 Java 语言编写，因此拥有 Java 程序语言的所有优点，包括容易开发和平台独立性。
- Servlet 可以访问 Java 平台丰富的类库，使得各种应用的开发更为容易。
- Servlet 容器给 Servlet 提供额外的功能，如错误处理和安全。

1.3 Servlet 容器的分类

根据 Servlet 容器工作模式的不同，可以将 Servlet 容器分为以下三类。

1. 独立的 Servlet 容器

当我们使用基于 Java 技术的 Web 服务器时，Servlet 容器作为构成 Web 服务器的一部分而存在。然而有些 Web 服务器并非基于 Java，因此，就有了下面两种 Servlet 容器的工作模式。

2. 进程内的 Servlet 容器

Servlet 容器由 Web 服务器插件和 Java 容器两部分的实现组成。Web 服务器插件在某个 Web 服务器内部地址空间中打开一个 JVM（Java 虚拟机），使得 Java 容器可以在此 JVM 中加载并运行 Servlet。如有客户端调用 Servlet 的请求到来，插件取得对此请求的控制并将它传递（使用 JNI 技术）给 Java 容器，然后由 Java 容器将此请求交由 Servlet 进行处理。进程内的 Servlet 容器对于单进程、多线程的服务器非常适合，提供了较高的运行速度，但伸缩性有所不足。

3. 进程外的 Servlet 容器

Servlet 容器运行于 Web 服务器之外的地址空间，它也是由 Web 服务器插件和 Java 容器两部分的实现组成的。Web 服务器插件和 Java 容器（在外部 JVM 中运行）使用 IPC 机制（通常是 TCP/IP）进行通信。当一个调用 Servlet 的请求到达时，插件取得对此请求的控制并将其传递（使用 IPC 机制）给 Java 容器。进程外 Servlet 容器对客户请求的响应速度不如进程内的 Servlet 容器，但进程外容器具有更好的伸缩性和稳定性。

1.4 Tomcat 简介

学习 Servlet 技术，首先需要有一个 Servlet 运行环境，也就是需要有一个 Servlet 容器，本书采用的是 Tomcat。

Tomcat 是一个免费的开放源代码的 Servlet 容器，它是 Apache 软件基金会（Apache Software Foundation）的一个顶级项目，由 Apache 公司、SUN 公司和其他一些公司及个人共同开发而成。由于有了 SUN 公司的参与和支持，最新的 Servlet 和 JSP 规范总是能在 Tomcat 中得到体现，**Tomcat 9 支持最新的 Servlet 4.0 和 JSP 2.3 规范**。因为 Tomcat 技术先进、性能稳定，而且免费，因而深受 Java 爱好者的喜爱，并得到了部分软件开发商的认可，成为目前比较流行的 Web 服务器。

> 提示　Tomcat 和 IIS、Apache 等 Web 服务器一样，具有处理 HTML 页面的功能，另外它还是一个 Servlet 和 JSP 容器，独立的 Servlet 容器是 Tomcat 的默认模式。不过，Tomcat 处理静态 HTML 的能力不如 Apache，我们可以将 Apache 和 Tomcat 集成在一起使用，Apache 作为 HTTP Web 服务器，Tomcat 作为 Web 容器。

下面给出 Tomcat 服务器接受客户请求并做出响应的图例，如图 1-4 所示。

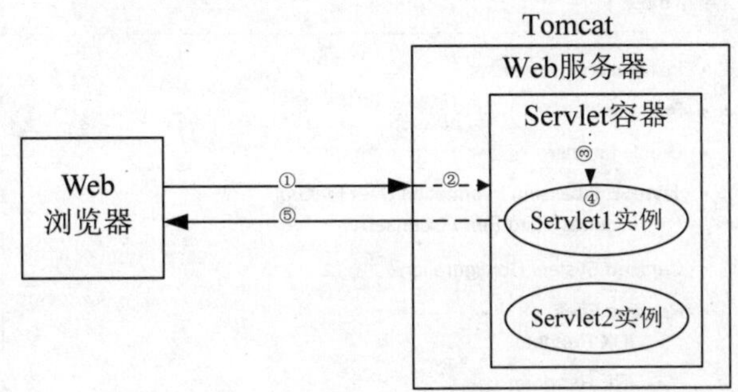

图 1-4　Tomcat 服务器接受客户请求并做出响应的过程

① 客户端（通常都是浏览器）访问 Web 服务器，发送 HTTP 请求。

② Web 服务器接收到请求后，传递给 Servlet 容器。

③ Servlet 容器加载 Servlet，产生 Servlet 实例后，向其传递表示请求和响应的对象。

④ Servlet 实例使用请求对象得到客户端的请求信息，然后进行相应的处理。

⑤ Servlet 实例将处理结果通过响应对象发送回客户端，容器负责确保响应正确送出，同时将控制返回给 Web 服务器。

1.5 Tomcat 的安装与配置

在安装 Tomcat 之前要先安装 JDK，在本书中，笔者所用的 JDK 版本为 1.8.0_192。JDK 的下载地址是：https://www.oracle.com/technetwork/java/javase/downloads/index.html，下载页面如图 1-5 所示。

要下载 Tomcat，首先访问 Tomcat 项目的网址：http://tomcat.apache.org/，如图 1-6 所示。在页面左边的下载链接中选择要下载的 Tomcat 版本，在这里，我们选择"Tomcat 9"下载，单击这个链接，进入 Tomcat 9 的下载页面，如图 1-7 所示。

本书使用的 Tomcat 版本是 9.0.14。对于 Windows 操作系统，Tomcat 还提供了可执行的安装程序的下载，即"32-bit/64-bit Windows Service Installer"链接。通过安装程序安装 Tomcat，将 Tomcat 安装为 Windows 的服务。

笔者建议读者下载 zip 压缩包，通过解压缩的方式来安装 Tomcat，因为解压缩的方式也适用于其他的操作系统（如 Linux 系统），并且更容易与其他的开发环境集成。对于初学者来说，也能更好地学习 Tomcat 的启动过程。

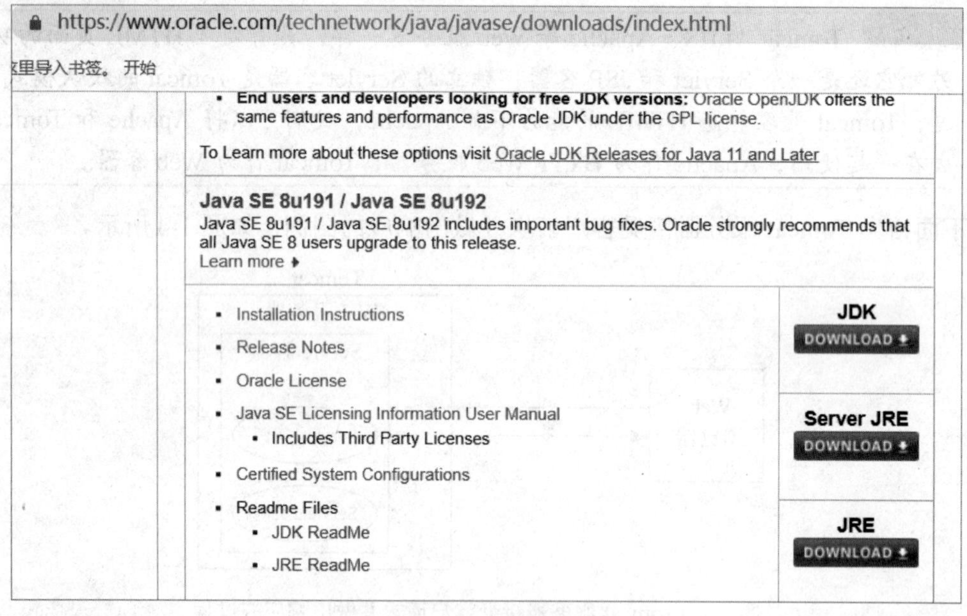

图 1-5　JDK 的下载页面

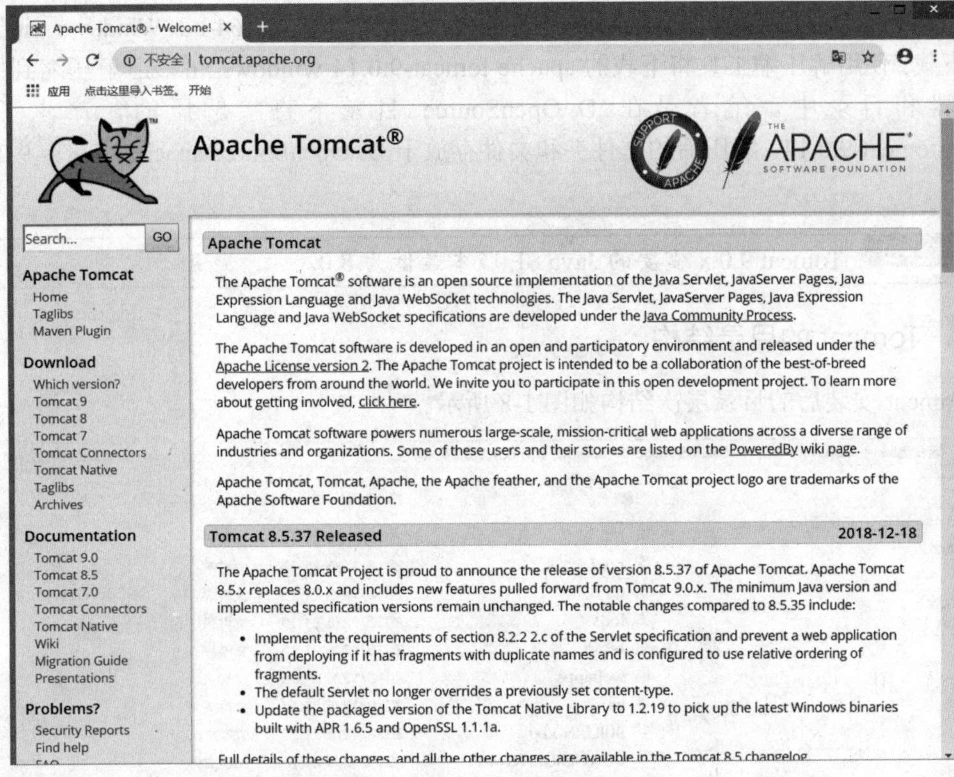

图 1-6　Tomcat 项目的首页

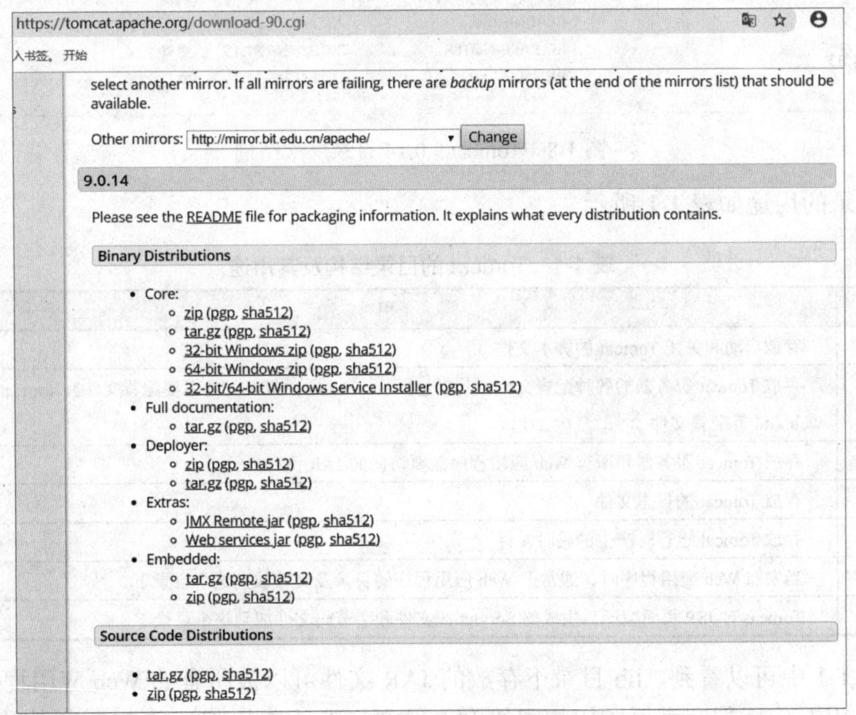

图 1-7　Tomcat 9 的下载页面

因笔者的 Windows 操作系统是 64 位的，因此选择了单击“64-bit Windows zip”链接进行下载。使用解压缩工具将下载的 apache-tomcat-9.0.14-windows-x64.zip 解压缩到指定的驱动器和目录中。笔者是在 D:\OpenSource 目录下直接解压的，产生了目录 apache-tomcat-9.0.14，解压后的文件夹和文件存放于 D:\OpenSource\apache-tomcat-9.0.14 目录下。

Tomcat 9.0.x 需要的 Java SE 版本最低为 8.0。

1.5.1 Tomcat 的目录结构

Tomcat 安装后的目录层次结构如图 1-8 所示。

这台电脑 ▸ Software (D:) ▸ OpenSource ▸ apache-tomcat-9.0.14　　搜索"apache-tomcat-9.0.14"

名称	修改日期	类型	大小
bin	2018/12/6 21:15	文件夹	
conf	2018/12/6 21:15	文件夹	
lib	2018/12/6 21:15	文件夹	
logs	2018/12/6 21:14	文件夹	
temp	2018/12/6 21:15	文件夹	
webapps	2018/12/6 21:15	文件夹	
work	2018/12/6 21:14	文件夹	
BUILDING.txt	2018/12/6 21:15	文本文档	20 KB
CONTRIBUTING.md	2018/12/6 21:15	MD 文件	7 KB
LICENSE	2018/12/6 21:15	文件	57 KB
NOTICE	2018/12/6 21:15	文件	3 KB
README.md	2018/12/6 21:15	MD 文件	4 KB
RELEASE-NOTES	2018/12/6 21:15	文件	7 KB
RUNNING.txt	2018/12/6 21:15	文本文档	17 KB

图 1-8　Tomcat 9.0.14 目录层次结构

各目录的用途如表 1-1 所示。

表 1-1　Tomcat 的目录结构及其用途

目　录	用　途
/bin	存放启动和关闭 Tomcat 的脚本文件
/conf	存放 Tomcat 服务器的各种配置文件，其中包括 server.xml（Tomcat 的主要配置文件）、tomcat-users.xml 和 web.xml 等配置文件
/lib	存放 Tomcat 服务器和所有 Web 应用程序需要访问的 JAR 文件
/logs	存放 Tomcat 的日志文件
/temp	存放 Tomcat 运行时产生的临时文件
/webapps	当发布 Web 应用程序时，通常把 Web 应用程序的目录及文件放到这个目录下
/work	Tomcat 对 JSP 页面编译后生成的 Servlet 源文件和字节码文件放到这个目录下

从表 1-1 中可以看到，lib 目录下存放的 JAR 文件可以被所有的 Web 应用程序所访问，如果多个 Web 应用程序需要访问相同的 JAR 文件，那么可以将这些 JAR 文件放到 Tomcat 的 lib 目录下。此外，对于后面将要介绍的 Java Web 应用程序，在它的 WEB-INF 目录下，

也可以建立 lib 子目录，在 lib 子目录下可以存放各种 JAR 文件，这些 JAR 文件只能被当前 Web 应用程序所访问。

1.5.2　运行 Tomcat

在 Tomcat 安装目录下的 bin 子目录中，有一些批处理文件（以.bat 作为后缀名的文件），其中的 startup.bat 就是启动 Tomcat 的脚本文件，用鼠标双击这个文件，你将看到一个窗口一闪而过，之后就什么也没有了，这说明 Tomcat 的启动出错了。

在 Windows 系统的开始菜单中单击“运行”菜单项，输入“cmd”，打开“命令提示符”窗口，进入 Tomcat 的 bin 目录中，在“命令提示符”窗口中输入 startup，你将看到如图 1-9 所示的画面。

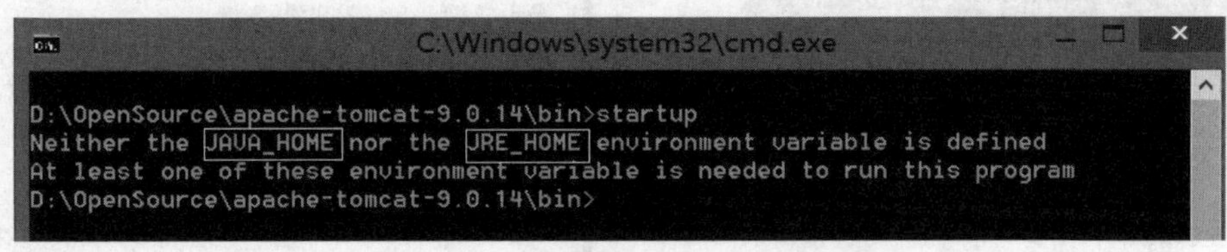

图 1-9　运行 Tomcat 提示出错信息

笔者以前碰到过很多学员，在初次运行 Tomcat 时，看到如图 1-9 所示的信息就不知所措了。有的学员以前还配置过 Tomcat，但是再次使用的时候，由于忘记了上次是如何配置的，同样感觉无从下手。

我们在学习软件开发时，一定要养成查看错误提示信息，进而根据错误提示解决问题的良好习惯。笔者在第一次配置 Tomcat 时，就是根据错误提示信息一步一步配置成功的。当看到错误信息时，首先不要慌张和无所适从，要仔细看清楚错误提示，弄明白错误的原因。

图 1-9 中的错误提示信息，已经很明确地告诉你了错误的原因。我们看图 1-9 中的错误信息，如下所示：

```
Neither the JAVA_HOME nor the JRE_HOME environment variable is defined
At least one of these environment variable is needed to run this program
```

这个错误信息是告诉你要配置 JAVA_HOME 或者 JRE_HOME 环境变量，以便 Tomcat 能够找到 JDK 或 JRE 的安装目录。从环境变量的名字，我们可以猜测到 JAVA_HOME 是配置 JDK 的安装目录，JRE_HOME 是配置 JRE 的安装目录。

> 提示　因为从 Tomcat 6 版本开始不再需要 JDK 的支持，所以才新增了 JRE_HOME 环境变量，对于 Tomcat 6 之前的版本，没有 JRE_HOME 环境变量，只能配置 JAVA_HOME 环境变量。

下面，我们在 Windows 8.1 操作系统下设置 JAVA_HOME 环境变量，步骤如下。

① 打开 Windows 资源管理器，在“这台电脑”上单击鼠标右键，选择“属性”菜单项，出现如图 1-10 所示的画面。

② 单击“高级系统设置”，在出现的窗口右下角选择“环境变量”，如图 1-11 和图

1-12 所示。

③ 在“系统变量”下方单击“新建”按钮。在“变量名”中输入“JAVA_HOME”，在“变量值”中输入 JDK 所在的目录“D:\Java\jdk1.8.0_192”（读者可以根据自己机器上 JDK 的安装目录来修改这个值），然后单击“确定”按钮，如图 1-13 所示。

④ 最后在“环境变量”对话框上单击“确定”按钮，结束 JAVA_HOME 环境变量的设置。

我们再一次转到 Tomcat 的 bin 目录下，双击 startup.bat 文件，可以看到如图 1-14 所示的启动信息。

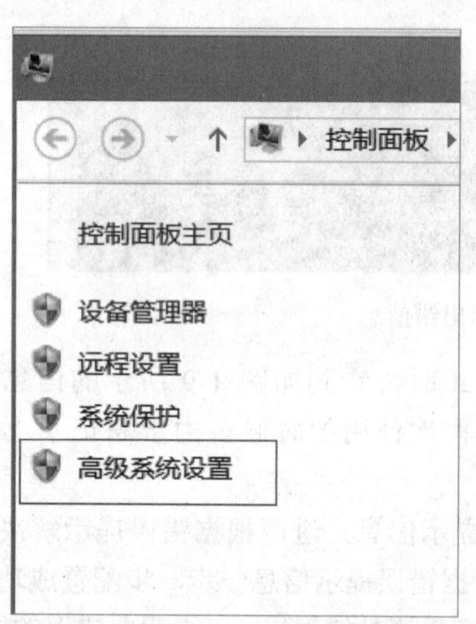

图 1-10 “我的电脑”属性

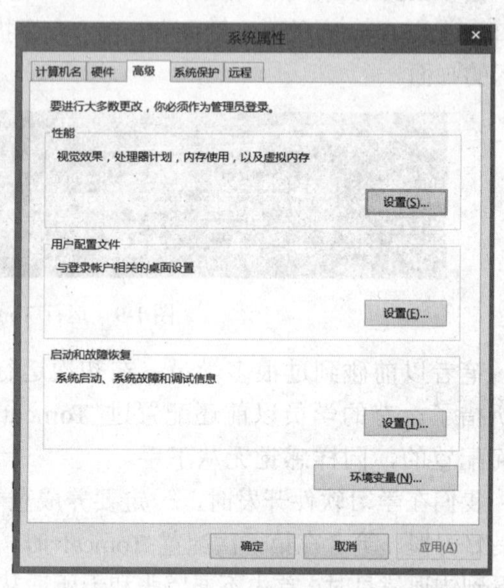

图 1-11 “高级”选项卡

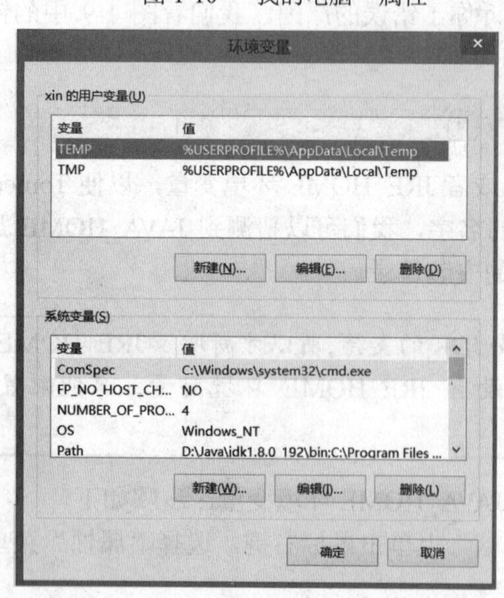

图 1-12 “环境变量”对话框

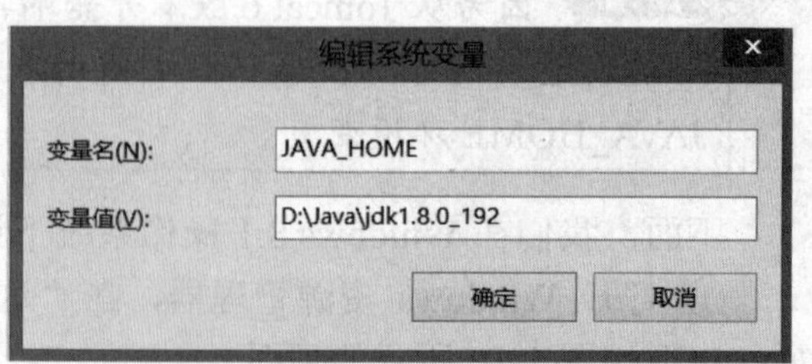

图 1-13 新建 JAVA_HOME 系统变量

提 示 如果在你的启动窗口中出现中文乱码，则可以尝试进到 Tomcat 主目录下的 conf 目录中，用文本编辑器打开 logging.properties 文件，找到

```
java.util.logging.ConsoleHandler.encoding = UTF-8
```

这一行并将其更改为

```
java.util.logging.ConsoleHandler.encoding = GBK
```

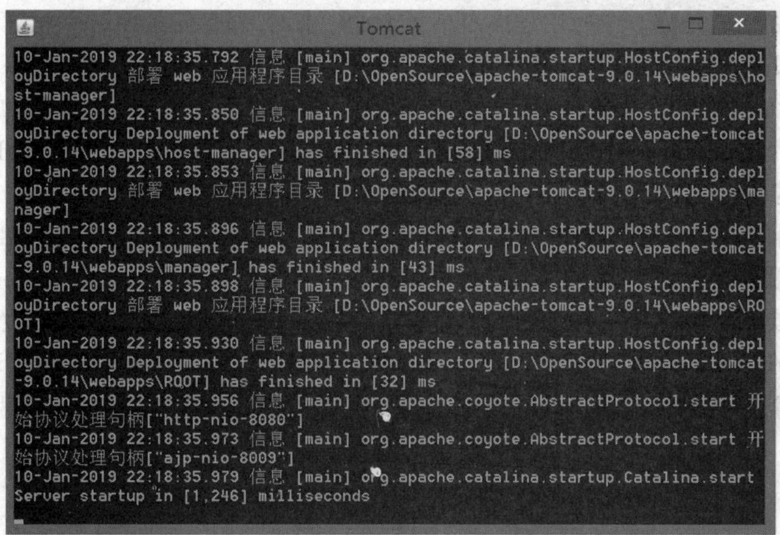

图 1-14　Tomcat 启动信息

然后，打开浏览器，在地址栏中输入 http://localhost:8080/（localhost 表示本地机器，8080 是 Tomcat 默认监听的端口号），将出现如图 1-15 所示的 Tomcat 页面。

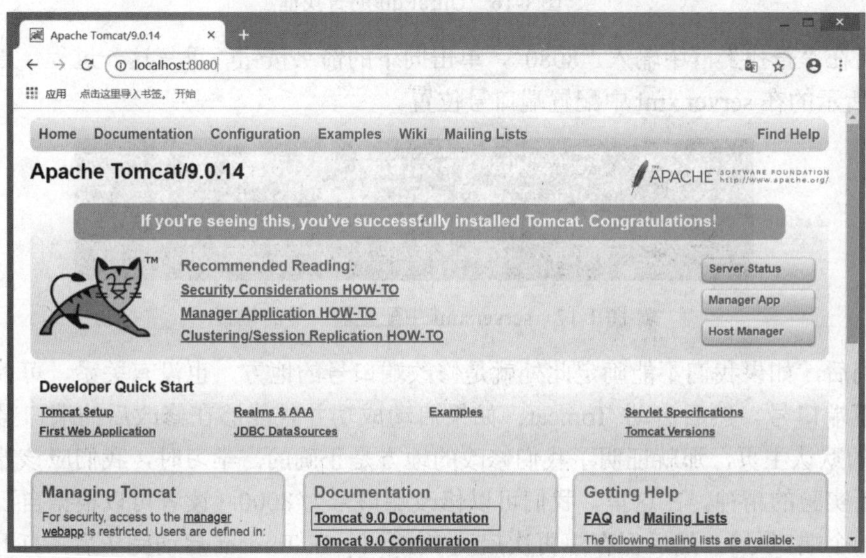

图 1-15　Tomcat 的默认主页

注意图 1-15 中中间下方矩形框标注的链接——“Tomcat 9.0 Documentation”，单击这个链接将进入 Tomcat 的文档页面，有关 Tomcat 的帮助信息可以在文档页面中找到；读者也可以直接访问 Tomcat 的文档，文档首页的位置是 Tomcat 安装目录下的 webapps\docs\index.html。如果要关闭 Tomcat 服务器，可以用鼠标双击 Tomcat bin 目录下的 shutdown.bat 文件。

如果你机器上的 Tomcat 启动失败，有可能是因为 TCP 的 8080 端口被其他应用程序所占用，如果你知道是哪一个应用程序占用了 8080 端口，那么先关闭这个程序。如果你不知道或者不想关闭占用 8080 端口的应用程序，那么你可以修改 Tomcat 默认监听的端口号。

前面介绍了，Tomcat 安装目录下的 conf 子目录用于存放 Tomcat 服务器的各种配置文件，其中的 server.xml 是 Tomcat 的主要配置文件，这是一个格式良好的 XML 文档，在这个文件中可以修改 Tomcat 默认监听的端口号。用 UltraEdit（你可以用“记事本”程序或其他的文本编辑工具）打开 server.xml，找到修改 8080 端口的地方。读者也许要问了，“这个配置文件，我都不熟悉，怎么知道在哪里修改端口号呢？”对于初次接触 server.xml 的读者来说，确实不了解这个文件的结构，但是我们应该有一种开放的思路，既然 Tomcat 的监听端口号是在 server.xml 中配置，那么只要我们在这个文件中查找“8080”这样的数字字符序列，不就能找到修改端口号的地方了吗！在 UltraEdit 中，同时按下键盘上的“Ctrl”和“F”键，出现如图 1-16 所示的“查找”框。

图 1-16　UltraEdit 的查找框

然后在“查找”框中输入“8080”，单击向下的箭头按钮。重复这一过程，直到找到如图 1-17 所示的在 server.xml 中配置端口号位置。

```
<Connector port="8080" protocol="HTTP/1.1"
           connectionTimeout="20000"
           redirectPort="8443" />
<!-- A "Connector" using the shared thread pool-->
```

图 1-17　server.xml 中配置端口号的位置

找到后，如果我们不能确定此处就是修改端口号的地方，也没有关系，可以先尝试着修改一下端口号，然后启动 Tomcat。如果启动成功并且能够在修改后的端口号上访问到 Tomcat 的默认主页，那就证明了我们修改的地方是正确的。学习时，我们应该养成这种探索并不断实验的精神。在这里，我们可以修改端口号为 8000（读者可以根据自己机器的配置选择一个端口号），然后保存。再次启动 Tomcat，在 Tomcat 启动完毕后，打开浏览器，在地址栏中输入 http://localhost:8000/（读者根据自己设置的端口号做相应的修改），就可以看到 Tomcat 的默认主页了。关闭 Tomcat 服务器时，执行 bin 目录下的 shutdown.bat 文件。

> **提示**　如果你想将 Tomcat 安装为 Windows 的服务，以便在 Windows 系统启动时即运行 Tomcat，那么可以**以系统管理员的身份**打开“命令提示符”窗口，进入 Tomcat 安装目录下的 bin 子目录，然后执行下面的命令：
>
> ```
> service.bat install
> ```
>
> 这样将会在 Windows 系统中安装一个服务名称为“Tomcat9”的服务（显示名称是 Apache Tomcat 9.0），要启动这个服务，可以执行下面的命令：
>
> ```
> net start Tomcat9
> ```
>
> 要停止 Tomcat 服务，可以执行下面的命令：
>
> ```
> net stop Tomcat9
> ```
>
> 要删除 Tomcat 服务，可以执行下面的命令：
>
> ```
> service.bat remove
> ```
>
> 要提醒读者的是：net 命令是 Windows 自带的命令，而 service.bat 是 Tomcat 提供的批处理文件。

1.5.3　Tomcat 启动分析

在本节中我们将通过对 Tomcat 启动过程的分析，来帮助读者更好地理解和掌握 Tomcat。

用文本编辑工具打开用于启动 Tomcat 的批处理文件 startup.bat，并仔细阅读。在这个文件中，首先判断 CATALINA_HOME 环境变量是否为空，如果为空，就将当前目录设为 CATALINA_HOME 的值。接着判断当前目录下是否存在 bin\catalina.bat，如果文件不存在，则将当前目录的父目录设为 CATALINA_HOME 的值。根据笔者机器上 Tomcat 安装目录的层次结构，最后 CATALINA_HOME 的值被设为 Tomcat 的安装目录。如果环境变量 CATALINA_HOME 已经存在，则通过这个环境变量调用 bin 目录下的“catalina.bat start”命令。通过这段分析，我们了解到两个信息，一是在 Tomcat 启动时，需要查找 CATALINA_HOME 这个环境变量，如果在 Tomcat 的 bin 目录下调用 startup.bat，Tomcat 会自动并正确设置 CATALINA_HOME；二是执行 startup.bat 命令，实际上执行的是“catalina.bat start”命令。

如果我们不是在将 Tomcat 的 bin 目录作为当前目录时调用 startup.bat，就会出现如图 1-18 所示的错误信息（在 bin 目录的父目录下调用除外）。

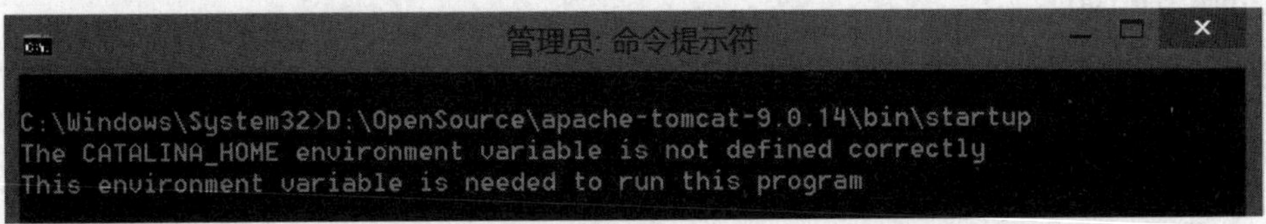

图 1-18　在其他目录下启动 Tomcat 出错

如果要想在任意目录下都能启动 Tomcat，就需要设置 CATALINA_HOME 环境变量，你可以将 CATALINA_HOME 添加到 Windows 系统的环境变量中，其值就是 Tomcat 的安装目录。在笔者的机器上，Tomcat 的安装目录是 D:\OpenSource\apache-tomcat-9.0.14。添加 CATALINA_HOME 环境变量的过程和前述添加 JAVA_HOME 环境变量的过程是一样的。如果你不想在系统的环境变量中添加，也可以直接在 startup.bat 文件中进行设置。下面是在 startup.bat 文件中设置 CATALINA_HOME 后的文件片段：

```
…
setlocal

set CATALINA_HOME=D:\OpenSource\apache-tomcat-9.0.14

rem Guess CATALINA_HOME if not defined
set "CURRENT_DIR=%cd%"
if not "%CATALINA_HOME%" == "" goto gotHome
set "CATALINA_HOME=%CURRENT_DIR%"
if exist "%CATALINA_HOME%\bin\catalina.bat" goto okHome
cd ..
set "CATALINA_HOME=%cd%"
cd "%CURRENT_DIR%"
:gotHome
…
```

注意以粗体显示的这句代码的作用就是设置 CATALINA_HOME 环境变量，在它的下面是判断 CATALINA_HOME 是否为空的语句。如果找不准位置，就干脆将设置 CATALINA_HOME 环境变量的这句代码放到文件的第一行。JAVA_HOME 环境变量也可以采用同样的方式进行设置。不过，如果要在其他目录下利用 shutdown.bat 来关闭 Tomcat 服务器，则需要在 shutdown.bat 文件中设置 CATALINA_HOME 和 JAVA_HOME 这两个环境变量，设置变量的位置和 startup.bat 文件一样，都是在判断 CATALINA_HOME 是否为空之前。当然，为了一劳永逸，避免重装 Tomcat 后还要进行设置（需要是同一版本的 Tomcat 安装在同一位置），我们最好还是将 CATALINA_HOME 和 JAVA_HOME 这两个环境变量添加到 Windows 系统的环境变量中。

有的读者可能会对 Tomcat 安装目录的环境变量的名字是 CATALINA_HOME 而感到奇怪，按照其他环境变量的设置来看，JAVA_HOME 表示 JDK 的安装目录，那么应该用 TOMCAT_HOME 来表示 Tomcat 的安装目录，可为什么要使用 CATALINA_HOME 呢？实际上，在 Tomcat 4 版本以前，使用 TOMCAT_HOME 来表示 Tomcat 的安装目录，在 Tomcat 4 版本以后，采用了新的 Servlet 容器 Catalina，所以环境变量的名字也改为了 CATALINA_HOME。

> **提示** 在 Windows 系统下环境变量的名字是与大小写无关的，也就是说，JAVA_HOME 和 java_home 是一样的。

在了解了 startup.bat 文件以后，我们再来看看真正负责启动 Tomcat 服务器的 catalina.bat

文件。通过分析 catalina.bat 文件，我们发现它还调用了一个文件 setclasspath.bat。在 setclasspath.bat 文件中，它检查 JAVA_HOME 环境变量是否存在，并通过 JAVA_HOME 环境变量找到 java.exe，用于启动 Tomcat。在这个文件中，还设置了其他的一些变量，代表调用 Java 的标准命令，有兴趣的读者可以自行分析一下这个文件。在执行完 setclasspath.bat 之后，catalina.bat 剩下的部分就开始了 Tomcat 服务器的启动进程。

在直接执行 catalina.bat 时，需要带上命令行的参数。读者可以在命令提示符窗口下，执行 catalina.bat，就会打印出 catalina.bat 命令的各种参数及其含义，如图 1-19 所示。

```
D:\OpenSource\apache-tomcat-9.0.14\bin>catalina
Using CATALINA_BASE:   "D:\OpenSource\apache-tomcat-9.0.14"
Using CATALINA_HOME:   "D:\OpenSource\apache-tomcat-9.0.14"
Using CATALINA_TMPDIR: "D:\OpenSource\apache-tomcat-9.0.14\temp"
Using JRE_HOME:        "D:\Java\jdk1.8.0_192"
Using CLASSPATH:       "D:\OpenSource\apache-tomcat-9.0.14\bin\bootstrap.jar;D:\
OpenSource\apache-tomcat-9.0.14\bin\tomcat-juli.jar"
Usage:  catalina ( commands ... )
commands:
  debug             Start Catalina in a debugger
  debug -security   Debug Catalina with a security manager
  jpda start        Start Catalina under JPDA debugger
  run               Start Catalina in the current window
  run -security     Start in the current window with security manager
  start             Start Catalina in a separate window
  start -security   Start in a separate window with security manager
  stop              Stop Catalina
  configtest        Run a basic syntax check on server.xml
  version           What version of tomcat are you running?

D:\OpenSource\apache-tomcat-9.0.14\bin>_
```

图 1-19　catalina.bat 的各参数信息

其中常用的参数是 start、run 和 stop。参数 start 表示在一个单独的窗口中启动 Tomcat 服务器，参数 run 表示在当前窗口中启动 Tomcat 服务器；参数 stop 表示关闭 Tomcat 服务器。我们执行 startup.bat，实际上执行的就是“catalina.bat start”命令；执行 shutdown.bat，实际上执行的是“catalina.bat stop”命令。“catalina.bat run”命令有时候是非常有用的，特别是当我们需要查看 Tomcat 的出错信息时。

在开发 JSP 程序时，经常会碰到自己机器上的 8080 端口号被别的应用程序占用，或者在配置 server.xml 时出现错误，当通过 startup.bat（相当于执行“catalina.bat start”）启动 Tomcat 服务器时，如果在启动过程中出现严重错误，由于是在单独的窗口中启动 Tomcat 服务器，所以一旦启动失败，命令提示符窗口就自动关闭了，程序运行中输出的出错信息也随之消失，而且没有任何的日志信息，这就使得我们没有办法找出错误原因。当出现错误时，我们可以换成“catalina.bat run”命令再次启动，一旦启动失败，仅仅是 Tomcat 服务器异常终止，但是在当前的命令提示符窗口下仍然保留了启动时的出错信息，这样我们就可以查找启动失败的原因了。

1.6 Tomcat 的体系结构

Tomcat 服务器是由一系列可配置的组件构成的，其中核心组件是 Catalina Servlet 容器，它是所有其他 Tomcat 组件的顶层容器。Tomcat 各组件之间的层次关系如图 1-20 所示。

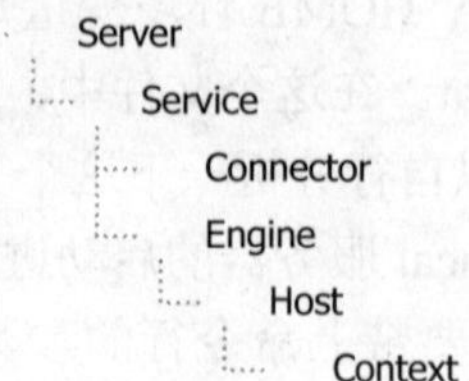

图 1-20　Tomcat 组件之间的层次结构

下面我们简单介绍一下各组件在 Tomcat 服务器中的作用。

（1）Server

Server 表示整个的 Catalina Servlet 容器。Tomcat 提供了 Server 接口的一个默认实现，这通常不需要用户自己去实现。在 Server 容器中，可以包含一个或多个 Service 组件。

（2）Service

Service 是存活在 Server 内部的中间组件，它将一个或多个连接器（Connector）组件绑定到一个单独的引擎（Engine）上。在 Server 中，可以包含一个或多个 Service 组件。Service 也很少由用户定制，Tomcat 提供了 Service 接口的默认实现，而这种实现既简单又能满足应用。

（3）Connector

Connector（连接器）处理与客户端的通信，它负责接收客户请求，以及向客户返回响应结果。在 Tomcat 中，有多个连接器可以使用。

（4）Engine

在 Tomcat 中，每个 Service 只能包含一个 Servlet 引擎，即 Engine。引擎表示一个特定的 Service 的请求处理流水线。一个 Service 可以有多个连接器，引擎从连接器接收和处理所有的请求，将响应返回给适合的连接器，通过连接器传输给用户。用户允许通过实现 Engine 接口提供自定义的引擎，但通常不需要这么做。

（5）Host

Host 表示一个虚拟主机，一个引擎可以包含多个 Host。用户通常不需要创建自定义的 Host，因为 Tomcat 给出的 Host 接口的实现（类 StandardHost）提供了重要的附加功能。

（6）Context

一个 Context 表示一个 Web 应用程序，运行在特定的虚拟主机中。什么是 Web 应用程序呢？在 SUN 公司发布的 Java Servlet 规范中，对 Web 应用程序做出了如下的定义：“一个 Web 应用程序是由一组 Servlet、HTML 页面、类，以及其他的资源组成的运行在 Web 服务器上的完整的应用程序。它可以在多个供应商提供的实现了 Servlet 规范的 Web 容器中运行”。一个 Host 可以包含多个 Context（代表 Web 应用程序），每一个 Context 都有一个唯一的路径。用户通常不需要创建自定义的 Context，因为 Tomcat 给出的 Context 接口的实现（类 StandardContext）提供了重要的附加功能。

下面我们通过图 1-21 来帮助读者更好地理解 Tomcat 服务器中各组件的工作流程。

要了解这些组件的其他信息，可以看下面的页面：

```
%CATALINA_HOME%\webapps\docs\architecture\overview.html
```

我们可以在 conf 目录下的 server.xml 文件中对这些组件进行配置，读者打开 server.xml 文件，就可以看到元素名和元素之间的嵌套关系，与 Tomcat 服务器的组件是一一对应的，server.xml 文件的根元素就是<Server>。关于 server.xml 配置文件中的各元素及其属性的含义，请参看附录 C。

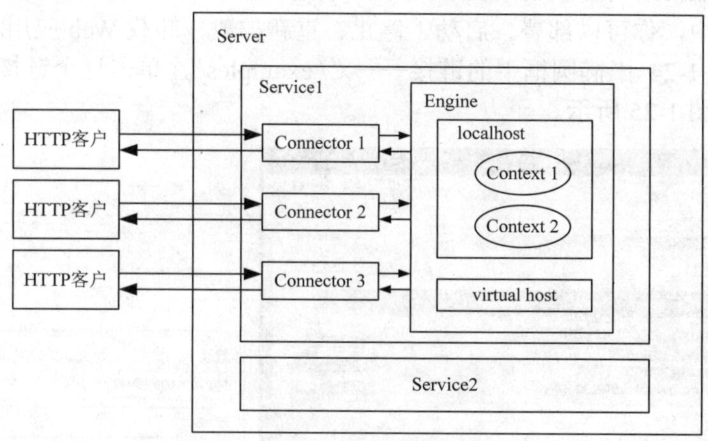

图 1-21　Tomcat 各组件的工作流程

1.7 Tomcat 的管理程序

Tomcat 提供了一个管理程序：manager，用于管理部署到 Tomcat 服务器中的 Web 应用程序。

manager Web 应用程序包含在 Tomcat 的安装包中。要访问 manager Web 应用程序，需要添加具有管理员权限的账号，编辑%CATALINA_HOME%\conf\tomcat-users.xml 文件，在<tomcat-users>元素中添加 manager-gui 角色，以及属于该角色的用户名和密码，如例 1-1 所示。

例 1-1　tomcat-users.xml

```
<?xml version="1.0" encoding="UTF-8"?>
<tomcat-users xmlns="http://tomcat.apache.org/xml"
          xmlns:xsi="http://www.w3.org/2001/XMLSchema-instance"
          xsi:schemaLocation="http://tomcat.apache.org/xml
tomcat-users.xsd"
          version="1.0">
  <role rolename="manager-gui"/>
  <user username="tomcat" password="12345678" roles="manager-gui"/>
</tomcat-users>
```

以粗体显示的代码是我们添加的。注意，用户名和密码可以根据自己的喜好来设置，但角色名只能是 manager。

启动 Tomcat 服务器，打开浏览器，在地址栏中输入：

```
http://localhost:8080/
```

将出现如图 1-22 所示的页面。

单击“Manager App”链接，访问 manager Web 应用，将看到如图 1-23 所示的登录界面。

输入用户名 tomcat，密码 12345678，单击“确定”按钮，你将看到如图 1-24 所示的页面。

在这个页面中，你可以部署、启动、停止、重新加载、卸载 Web 应用程序。

需要注意图 1-24 中椭圆框中的链接——“/ examples”，单击这个链接将进入 Tomcat 的例子页面，如图 1-25 所示。

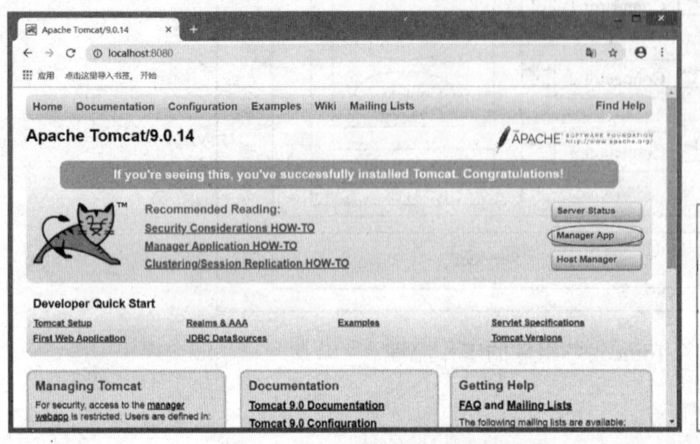

图 1-22　Tomcat 的默认主页

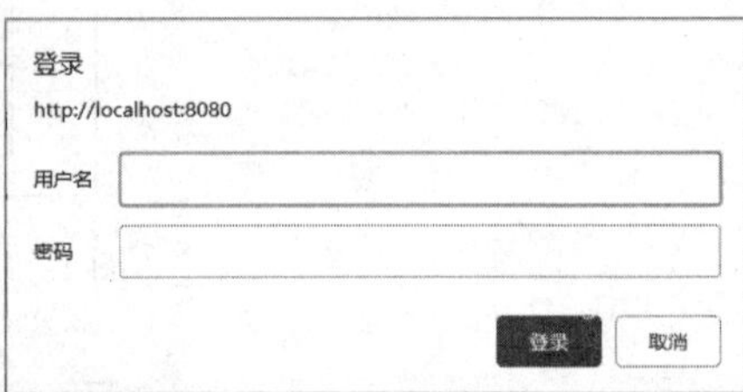

图 1-23　manager Web 应用程序的登录界面

/manager
localhost:8080/manager/html
应用 点击这里导入书签。开始

Applications

路径	Version	显示.名称	运行中	会话	命令
/	未指定	Welcome to Tomcat	true	0	Start Stop 重新加载 Undeploy 过期会话 with idle ≥ 30 分钟
/docs	未指定	Tomcat Documentation	true	0	Start Stop 重新加载 Undeploy 过期会话 with idle ≥ 30 分钟
/examples	未指定	Servlet and JSP Examples	true	0	Start Stop 重新加载 Undeploy 过期会话 with idle ≥ 30 分钟
/host-manager	未指定	Tomcat Host Manager Application	true	0	Start Stop 重新加载 Undeploy 过期会话 with idle ≥ 30 分钟
/manager	未指定	Tomcat Manager Application	true	1	Start Stop 重新加载 Undeploy 过期会话 with idle ≥ 30 分钟

部署

服务器上.部署的目录或WAR文件

Context Path:

Version (for parallel deployment):

图 1-24　manager Web 应用程序的主页面

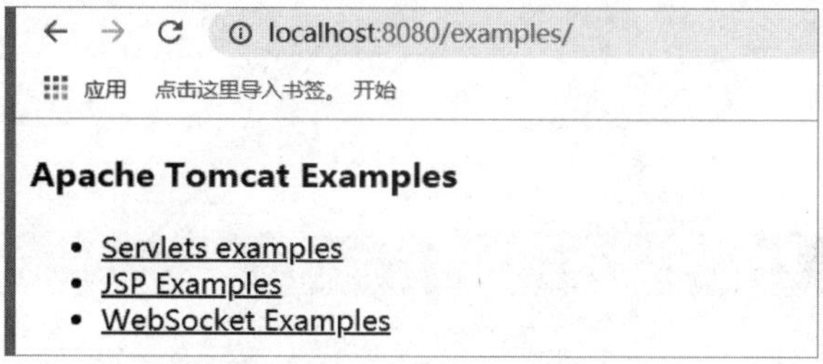

图 1-25　Tomcat 的例子页面

单击图 1-25 所示的 3 个链接，将看到 Tomcat 提供的 Servlet、JSP 和 WebSocket 的例子程序，这些程序可以作为学习 Servlet、JSP 和 WebSocket 开发时的参考。

提示　对于 Tomcat 7 之后的版本，使用 Tomcat 的管理程序所需要的角色已从单个 manager 角色更改为 manager-gui、manager-script、manager-jmx 和 manager-status 这 4 个角色了。关于这 4 个角色各自的作用，可以参考 Tomcat 的文档说明，位置在：%CATALINA_HOME%\webapps\docs\index.html\manager-howto.html#Configuring_Manager_Application_Access，也可以在浏览器中直接输入下面的链接进行查看：

file:///**D:\OpenSource\apache-tomcat-9.0.14**\webapps\docs\manager-howto.html#Configuring_Manager_Application_Access

注意将粗体部分的目录换成读者电脑上的 Tomcat 安装目录。

1.8 小结

本章首先介绍了 Web 技术的发展，引出了 Servlet 技术，Servlet 技术是 Java 阵营给出的 CGI 解决方案。接着我们介绍了 Servlet 和 Servlet 容器的相关概念，以及 Servlet 容器的分类。Tomcat 是一个免费开源的 Servlet 容器，但同时它也是一个基本的 HTTP 服务器，只是在静态页面的处理上不如 Apache HTTP 服务器。所以很多 Web 应用会将 Apache 和 Tomcat 结合使用，Apache 作为 HTTP Web 服务器，Tomcat 作为 Web 容器。

本章还介绍了 Tomcat 的安装与配置，为了让读者对 Tomcat 服务器有一个整体的认识，我们分析了 Tomcat 的启动过程，讲解了 Tomcat 的体系结构。最后，我们介绍了 Tomcat 提供的管理程序 manager。利用 manager Web 应用程序可以管理部署到 Tomcat 服务器中的 Web 应用程序。在后面的章节中，读者可以利用这个管理程序来配置和管理 Web 应用程序。下一章，我们将开始讲解 Servlet 技术。

第 2 章

Servlet 技术

本章要点

- 了解如何通过实现 Servlet 接口来编写 Servlet
- 掌握 ServletRequest 和 ServletResponse 接口
- 掌握 ServletConfig 接口
- 掌握 GenericServlet 和 HttpServlet 抽象类
- 掌握 HttpServletRequest 和 HttpServletResponse 接口
- 掌握 Servlet 开发中一些方法和技巧的使用
- 熟悉 Servlet 异常
- 掌握 Servlet 上下文
- 掌握 RequestDispatcher 对象的使用
- 区分 sendRedirect()和 forward()方法的使用

从这一章开始，我们将详细介绍 Java 服务器端编程的重要技术——Servlet。

2.1 Servlet API

这一节我们主要介绍一下开发 Servlet 需要用到的主要接口和类，这些接口和类的 UML 类图如图 2-1 所示。

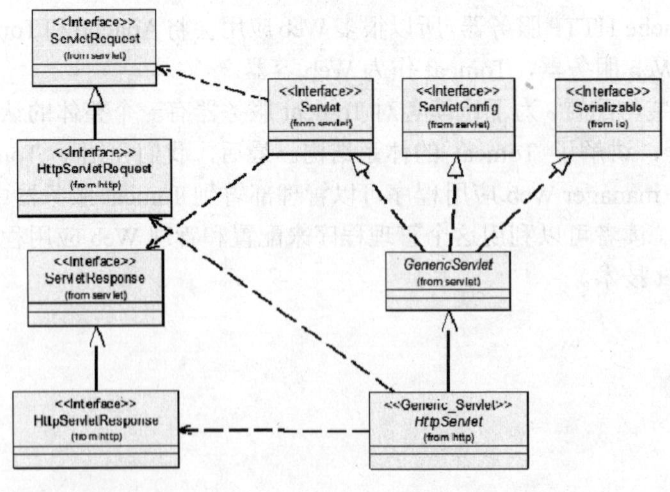

图 2-1　Servlet API 中主要的接口与类的 UML 类图

2.1.1 Servlet 接口

在 Java 语言中，我们已经了解了 Java Applet（Java 小应用程序）。它运行在客户端的浏览器中。Java Applet 与 Java Servlet 有以下一些共同点。

- 它们都不是独立的应用程序，都没有 main()方法。
- 它们都不是由用户或程序员直接调用的，而是生存在容器中，由容器管理。Applet 运行在浏览器中，Servlet 运行在 Servlet 容器中。
- 它们都有生命周期，都包含了 init()和 destroy()方法。

当然，Applet 与 Servlet 也有不同点，不同点如下。

- Applet 具有图形界面，运行在客户端的浏览器中。
- Servlet 没有图形界面，运行在服务器端的 Servlet 容器中。

要编写一个 Applet，需要从 java.applet.Applet 类派生一个子类；和 Applet 类似，要编写一个 Servlet，需要实现 javax.servlet.Servlet 接口，该接口定义了如下 5 个方法。

- public void **init**(ServletConfig config) throws ServletException
- public void **service**(ServletRequest req, ServletResponse res) throws ServletException, java.io.IOException
- public void **destroy**()
- public ServletConfig **getServletConfig**()
- public java.lang.String **getServletInfo**()

下面介绍一下这 5 个方法的作用。

- **init()**：在 Servlet 实例化之后，Servlet 容器会调用 init()方法，来初始化该对象，主要是为了让 Servlet 对象在处理客户请求前可以完成一些初始化的工作，例如，建立数据库的连接，获取配置信息等。对于每一个 Servlet 实例，init()方法只能被调用一次。init()方法有一个类型为 ServletConfig 的参数，Servlet 容器通过这个参数向 Servlet 传递配置信息。Servlet 使用 ServletConfig 对象从 Web 应用程序的配置信息中获取以名–值对形式提供的初始化参数。另外，在 Servlet 中，还可以通过 ServletConfig 对象获取描述 Servlet 运行环境的 ServletContext 对象，使用该对象，Servlet 可以和它的 Servlet 容器进行通信。
- **service()**：容器调用 service()方法来处理客户端的请求。要注意的是，在 service()方法被容器调用之前，必须确保 init()方法正确完成。容器会构造一个表示客户端请求信息的请求对象（类型为 ServletRequest）和一个用于对客户端进行响应的响应对象（类型为 ServletResponse）作为参数传递给 service()方法。在 service()方法中，Servlet 对象通过 ServletRequest 对象得到客户端的相关信息和请求信息，在对请求进行处理后，调用 ServletResponse 对象的方法设置响应信息。
- **destroy()**：当容器检测到一个 Servlet 对象应该从服务中被移除的时候，容器会调用该对象的 destroy()方法，以便让 Servlet 对象可以释放它所使用的资源，保存数据到持久存储设备中，例如，将内存中的数据保存到数据库中，关闭数据库的连接等。当需要释放内存或者容器关闭时，容器就会调用 Servlet 对象的 destroy()方法。在

Servlet 容器调用 destroy()方法前，如果还有其他的线程正在 service()方法中执行，容器会等待这些线程执行完毕或等待服务器设定的超时值到达。一旦 Servlet 对象的 destroy()方法被调用，容器不会再把其他的请求发送给该对象。如果需要该 Servlet 再次为客户端服务，容器将会重新产生一个 Servlet 对象来处理客户端的请求。在 destroy()方法调用之后，容器会释放这个 Servlet 对象，在随后的时间内，该对象会被 Java 的垃圾收集器所回收。

- **getServletConfig():** 该方法返回容器调用 init()方法时传递给 Servlet 对象的 ServletConfig 对象，ServletConfig 对象包含了 Servlet 的初始化参数。
- **getServletInfo():** 返回一个 String 类型的字符串，其中包括了关于 Servlet 的信息，例如，作者、版本和版权。该方法返回的应该是纯文本字符串，而不是任何类型的标记（HTML、XML 等）。

提示 Servlet API 包含在 Java EE 中，如果要查看 Servlet API 的文档，你需要下载 Java EE SDK，Java EE SDK 的下载地址是：https://www.oracle.com/technetwork/java/javaee/downloads/index.html。或者在 Tomcat 的下载页面下载完整的文档，里面也包含了 Servlet API 的文档（在文档主目录的 servletapi 子目录下）。

2.1.2 ServletRequest 和 ServletResponse

Servlet 由 Servlet 容器来管理，当客户请求到来时，容器创建一个 ServletRequest 对象，封装请求数据，同时创建一个 ServletResponse 对象，封装响应数据。这两个对象将被容器作为 service()方法的参数传递给 Servlet，Servlet 利用 ServletRequest 对象获取客户端发来的请求数据，利用 ServletResponse 对象发送响应数据。

ServletRequest 和 ServletResponse 接口都在 javax.servlet 包中定义，我们首先看一下 ServletRequest 接口中的常用方法。

- public java.lang.Object **getAttribute**(java.lang.String name)

返回以 name 为名字的属性的值。如果该属性不存在，则这个方法将返回 null。

- public java.util.Enumeration **getAttributeNames**()

返回请求中所有可用的属性的名字。如果在请求中没有属性，则这个方法将返回一个空的枚举集合。

- public void **removeAttribute**(java.lang.String name)

移除请求中名字为 name 的属性。

- public void **setAttribute**(java.lang.String name, java.lang.Object o)

在请求中保存名字为 name 的属性。如果第二个参数 o 为 null，那么相当于调用 removeAttribute(name)。

- public java.lang.String **getCharacterEncoding**()

返回请求正文使用的字符编码的名字。如果请求没有指定字符编码，那么这个方法将返回 null。

- public int **getContentLength**()

以字节为单位，返回请求正文的长度。如果长度不可知，那么这个方法将返回-1。

- public java.lang.String **getContentType()**

返回请求正文的 MIME 类型。如果类型不可知，则这个方法将返回 null。

- public ServletInputStream **getInputStream()**

返回一个输入流，使用该输入流以二进制方式读取请求正文的内容。javax.servlet.ServletInputStream 是一个抽象类，继承自 java.io.InputStream。

- public java.lang.String **getLocalAddr()**

返回接收到请求的网络接口的 IP 地址，这个方法是在 Servlet 2.4 规范中新增的方法。

- public java.lang.String **getLocalName()**

返回接收到请求的 IP 接口的主机名，这个方法是在 Servlet 2.4 规范中新增的方法。

- public int **getLocalPort()**

返回接收到请求的网络接口的 IP 端口号，这个方法是在 Servlet 2.4 规范中新增的方法。

- public java.lang.String **getParameter**(java.lang.String name)

返回请求中 name 参数的值。如果 name 参数有多个值，那么这个方法将返回值列表中的第一个值。如果在请求中没有找到这个参数，那么这个方法将返回 null。

- public java.util.Enumeration **getParameterNames()**

返回请求中包含的所有的参数的名字。如果请求中没有参数，这个方法将返回一个空的枚举集合。

- public java.lang.String[] **getParameterValues**(java.lang.String name)

返回请求中 name 参数所有的值。如果这个参数在请求中并不存在，那么这个方法将返回 null。

- public java.lang.String **getProtocol()**

返回请求使用的协议的名字和版本，例如：HTTP/1.1。

- public java.io.BufferedReader **getReader()** throws java.io.IOException

返回 BufferedReader 对象，以字符数据方式读取请求正文。

- public java.lang.String **getRemoteAddr()**

返回发送请求的客户端或者最后一个代理服务器的 IP 地址。

- public java.lang.String **getRemoteHost()**

返回发送请求的客户端或者最后一个代理服务器的完整限定名。

- public int **getRemotePort()**

返回发送请求的客户端或者最后一个代理服务器的 IP 源端口，这个方法是在 Servlet 2.4 规范中新增的方法。

- public RequestDispatcher **getRequestDispatcher**(java.lang.String path)

返回 RequestDispatcher 对象，作为 path 所定位的资源的封装。

- public java.lang.String **getServerName()**

返回请求发送到的服务器的主机名。

- public int **getServerPort()**

返回请求发送到的服务器的端口号。

- public void **setCharacterEncoding** (java.lang.String env) throws java.io.Unsupported Encoding Exception

覆盖在请求正文中所使用的字符编码的名字。

下面我们看一下 ServletResponse 接口中的常用方法：

- public void **flushBuffer**() throws java.io.IOException

强制把在缓存中的任何内容发送到客户端。

- public int **getBufferSize**()

返回实际用于响应的缓存的大小。如果没有使用缓存，那么这个方法将返回 0。

- public java.lang.String **getCharacterEncoding**()

返回在响应中发送的正文所使用的字符编码（MIME 字符集）。

- public java.lang.String **getContentType**()

返回在响应中发送的正文所使用的 MIME 类型。

- public ServletOutputStream **getOutputStream**() throws java.io.IOException

返回 ServletOutputStream 对象，用于在响应中写入二进制数据。javax.servlet.ServletOutputStream 是一个抽象类，继承自 java.io.OutputStream。

- public java.io.PrintWriter **getWriter**() throws java.io.IOException

返回 PrintWriter 对象，用于发送字符文本到客户端。PrintWriter 对象使用 getCharacterEncoding()方法返回的字符编码。如果没有指定响应的字符编码方式，则默认将使用 ISO-8859-1。

- public boolean **isCommitted**()

返回一个布尔值，指示是否已经提交了响应。

- public void **reset**()

清除在缓存中的任何数据，包括状态代码和消息报头。如果响应已经被提交，则这个方法将抛出 IllegalStateException 异常。

- public void **resetBuffer**()

清除在缓存中的响应内容，保留状态代码和消息报头。如果响应已经被提交，则这个方法将抛出 IllegalStateException 异常。

- public void **setBufferSize**(int size)

设置响应正文的缓存大小。Servlet 容器将使用一个缓存，其大小至少是请求的尺寸大小。这个方法必须在响应正文被写入之前调用，如果内容已经被写入或者响应对象已经被提交，则这个方法将抛出 IllegalStateException 异常。

- public void **setCharacterEncoding**(java.lang.String charset)

设置发送到客户端的响应的字符编码，例如，UTF-8。

- public void **setContentLength**(int len)

对于 HTTP Servlet，在响应中，设置内容正文的长度，这个方法设置 HTTP Content-Length 实体报头。

- public void **setContentType**(java.lang.String type)

设置要发送到客户端的响应的内容类型，此时响应应该还没有提交。给出的内容类型可以包括字符编码说明，例如：text/html;charset=UTF-8。如果这个方法在 getWriter()方法被调用之前调用，那么响应的字符编码将仅从给出的内容类型中设置。这个方法如果在

getWriter()方法被调用之后或者在响应被提交之后调用，将不会设置响应的字符编码。在使用 HTTP 协议的情况中，这个方法设置 Content-Type 实体报头。

提示 细心的读者可能注意到了，在上面所列举的方法中，有的可能会抛出 IllegalStateException 异常，然而在声明函数时，却没有声明抛出此异常，这是为什么呢？java.lang.IllegalStateException 是 java.lang.RuntimeException 的子类。我们知道对于 RuntimeException 及其派生的异常是由 Java 运行系统自动抛出并自动处理，不需要我们去捕获，所以也就不需要在声明函数时声明抛出异常了。

学习方法

上面所列的方法，读者不需要将它们都记下来，只要大致看一下，有一个初步的印象就可以了。关键是要理解请求和响应对象能够提供哪些方法，读者可以从客户端与服务器端的交互过程来思考，想想哪些信息是需要获取到的。在 Servlet 中，用请求对象表示的是什么信息，用响应对象来做什么，哪些信息应该从请求对象中得到，哪些信息应该用响应对象来设置。只要理解了交互的过程及请求对象和响应对象所起的作用，当我们需要用到某个方法时，就可以在 API 文档中进行查找，用的次数多了，这些方法自然也就记住了。

2.1.3 ServletConfig

在 javax.servlet 包中，定义了 ServletConfig 接口。**Servlet 容器使用 ServletConfig 对象在 Servlet 初始化期间向它传递配置信息，一个 Servlet 只有一个 ServletConfig 对象。**在这个接口中，定义了下面四个方法。

- public java.lang.String **getInitParameter**(java.lang.String name)

返回名字为 name 的初始化参数的值，初始化参数在 web.xml 配置文件中进行配置。如果参数不存在，那么这个方法将返回 null。

- public java.util.Enumeration **getInitParameterNames()**

返回 Servlet 所有初始化参数的名字的枚举集合。如果 Servlet 没有初始化参数，那么这个方法将返回一个空的枚举集合。

- public ServletContext **getServletContext()**

返回 Servlet 上下文对象的引用，关于 ServletContext 的使用，请参见第 2.5 节。

- public java.lang.String **getServletName()**

返回 Servlet 实例的名字。这个名字是在 Web 应用程序的部署描述符中指定的。如果是一个没有注册的 Servlet 实例，这个方法返回的将是 Servlet 的类名。

2.1.4 一个简单的 Servlet

这一节我们编写一个最简单的 Servlet，其功能就是向客户端输出一个字符串“Hello World”。实例的开发主要有以下步骤。

Step1：编写 HelloWorldServlet 类

编写一个 Servlet，实际上就是编写一个实现了 javax.servlet.Servlet 接口的类。我们首先在%CATALINA_HOME%\webapps 目录下新建一个子目录 ch02，然后用记事本或者 UltraEdit 等文本编辑工具编写 HelloWorldServlet.java 源文件，将编写好的 HelloWorldServlet.java 源文件放到%CATALINA_HOME%\webapps\ch02\src 目录下（读者也可以自行选择存放源代码的目录）。完整的源代码如例 2-1 所示。

例 2-1　HelloWorldServlet.java

```
package org.sunxin.ch02.servlet;

import java.io.IOException;
import java.io.PrintWriter;

import javax.servlet.Servlet;
import javax.servlet.ServletConfig;
import javax.servlet.ServletException;
import javax.servlet.ServletRequest;
import javax.servlet.ServletResponse;

public class HelloWorldServlet implements Servlet
{
 private ServletConfig config;
 public void destroy(){}

 public ServletConfig getServletConfig()
 {
  return config;
 }

 /**
  * 该方法很少使用，因此返回 null 即可
  */
 public String getServletInfo()
 {
  return null;
 }

 /**
  * ServletConfig 对象由容器构造。容器在调用 init()方法时，将其作为参数传给 Servlet
  */
 public void init(ServletConfig config) throws ServletException
 {
  this.config = config;
 }
```

```
public void service(ServletRequest req, ServletResponse res)
  throws ServletException, IOException
 {
  //得到PrintWriter对象。Servlet使用输出流来产生响应
  PrintWriter out=res.getWriter();
  //向客户端发送字符数据
  out.println("Hello World");
  //关闭输出流
  out.close();
 }
}
```

在Servlet中，主要的方法是service()，当客户端请求到来时，Servlet容器将调用Servlet实例的service()方法对请求进行处理。我们在service()方法中，首先通过ServletResponse类中的getWriter()方法调用得到一个PrintWriter类型的输出流对象out，然后调用out对象的println()方法向客户端发送字符串“Hello World”，最后关闭out对象。

Servlet容器调用Servlet实例对请求的处理过程如图2-2所示。

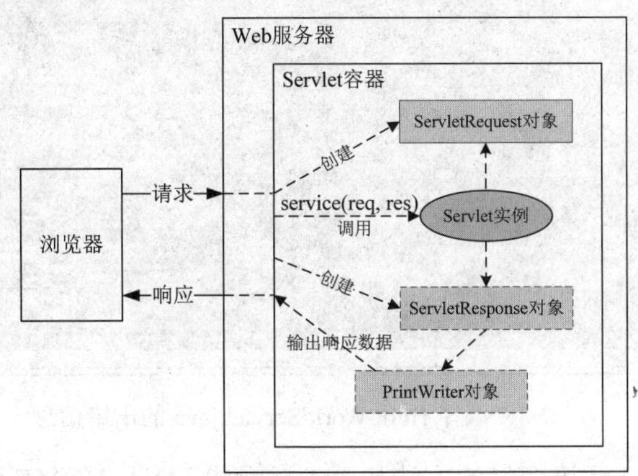

图2-2 Servlet容器调用Servlet实例对请求进行处理的全过程

Step2：编译HelloWorldServlet.java

打开命令提示符，转到HelloWorldServlet.java所在的目录%CATALINA_HOME%\webapps\ch02\src下，然后执行：

```
javac -d . HelloWorldServlet.java
```

在大多数情况下，你会看到如图2-3所示的画面。

产生这些错误的原因是Java编译器没有找到javax.servlet包中的类。要解决这个问题，我们需要让Java编译器知道Servlet API库所在的位置。Tomcat在其发行版中已经包含了Servlet API库，是以JAR文件的形式提供的，这个JAR文件的完整路径名是：

```
%CATALINA_HOME%\lib\servlet-api.jar
```

我们只需要在系统的CLASSPATH环境变量下添加这个JAR文件的路径名就可以了。

```
C:\WINDOWS\system32\cmd.exe

D:\OpenSource\apache-tomcat-6.0.16\webapps\ch02\src>javac -d . HelloWorldServlet.java
HelloWorldServlet.java:6: 软件包 javax.servlet 不存在
import javax.servlet.Servlet;
                    ^
HelloWorldServlet.java:7: 软件包 javax.servlet 不存在
import javax.servlet.ServletConfig;
                    ^
HelloWorldServlet.java:8: 软件包 javax.servlet 不存在
import javax.servlet.ServletException;
                    ^
HelloWorldServlet.java:9: 软件包 javax.servlet 不存在
import javax.servlet.ServletRequest;
                    ^
HelloWorldServlet.java:10: 软件包 javax.servlet 不存在
import javax.servlet.ServletResponse;
                    ^
HelloWorldServlet.java:12: 找不到符号
符号： 类 Servlet
public class HelloWorldServlet implements Servlet
                                          ^
HelloWorldServlet.java:14: 找不到符号
符号： 类 ServletConfig
位置： 类 org.sunxin.ch02.servlet.HelloWorldServlet
        private ServletConfig config;
                ^
HelloWorldServlet.java:17: 找不到符号
符号： 类 ServletConfig
位置： 类 org.sunxin.ch02.servlet.HelloWorldServlet
        public ServletConfig getServletConfig()
               ^
HelloWorldServlet.java:33: 找不到符号
符号： 类 ServletConfig
位置： 类 org.sunxin.ch02.servlet.HelloWorldServlet
        public void init(ServletConfig config) throws ServletException
                         ^
HelloWorldServlet.java:33: 找不到符号
符号： 类 ServletException
位置： 类 org.sunxin.ch02.servlet.HelloWorldServlet
        public void init(ServletConfig config) throws ServletException
                                                      ^
HelloWorldServlet.java:38: 找不到符号
符号： 类 ServletRequest
位置： 类 org.sunxin.ch02.servlet.HelloWorldServlet
        public void service(ServletRequest req, ServletResponse res)
                            ^
HelloWorldServlet.java:38: 找不到符号
符号： 类 ServletResponse
位置： 类 org.sunxin.ch02.servlet.HelloWorldServlet
        public void service(ServletRequest req, ServletResponse res)
                                                ^
HelloWorldServlet.java:39: 找不到符号
符号： 类 ServletException
```

图 2-3　编译 HelloWorldServlet.java 的出错信息

设置 CLASSPATH 环境变量的方法和第 1 章设置 JAVA_HOME 环境变量的方法是一样的，在笔者的机器上 CLASSPATH 环境变量的配置如下：

```
CLASSPATH=.;D:\OpenSource\apache-tomcat-6.0.16\lib\servlet-api.jar
```

关闭刚才打开的命令提示符窗口，重新打开一个新的命令提示符窗口，进入 HelloWorldServlet.java 所在的目录，再次执行：

```
javac -d . HelloWorldServlet.java
```

生成 org\sunxin\ch02\servlet 目录结构，以及在 servlet 子目录中的 HelloWorldServlet.class 文件。

Step3：部署 HelloWorldServlet

Servlet 是 Web 应用程序中的一个组件。一个 Web 应用程序是由一组 Servlet、HTML 页面、类，以及其他的资源组成的运行在 Web 服务器上的完整的应用程序，以一种结构化的有层次的目录形式存在。组成 Web 应用程序的这些资源文件要部署在相应的目录层次中，根目录代表了整个 Web 应用程序的根。我们通常是将 Web 应用程序的目录放到%CATALINA_HOME%\webapps 目录下，在 webapps 目录下的每一个子目录都是一个独立的 Web 应用程序，子目录的名字就是 Web 应用程序的名字，也称为 Web 应用程序的上下文根。用户通过 Web 应用程序的上下文根来访问 Web 应用程序中的资源，如图 2-4 所示。

如果你要新建一个 Web 应用程序，则可以在 webapps 目录下先建一个目录，在这个例子中，我们所建的目录是 ch02，作为第一个 Web 应用程序的上下文根。Java 开发的 Web 应用程序需要遵照一定的目录层次结构，在 Servlet 规范中定义了 Web 应用程序的目录层次结构，如图 2-5 所示。

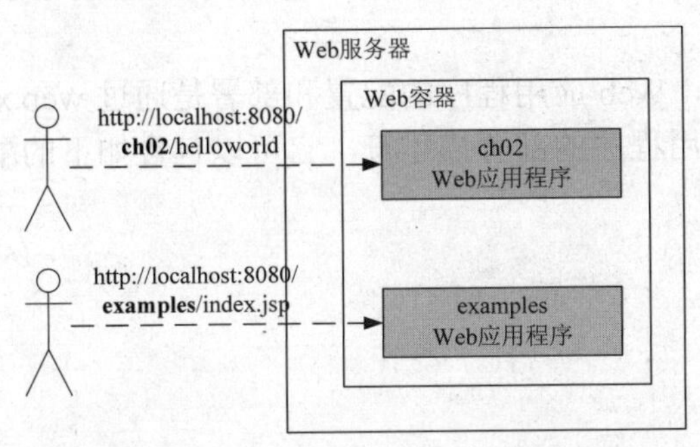

图 2-4 多个 Web 应用程序和上下文根

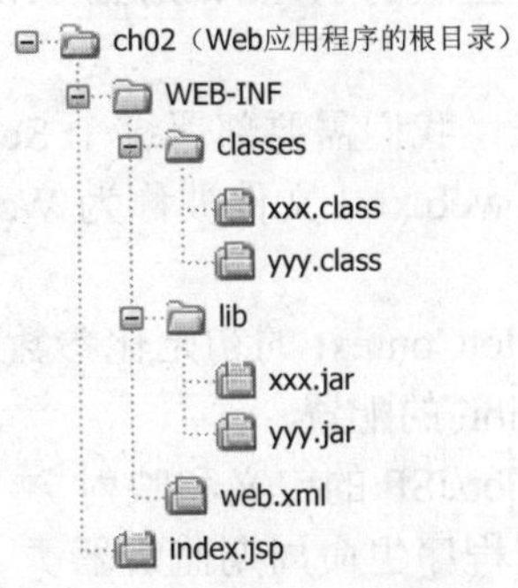

图 2-5 Web 应用程序的目录层次结构

Web 应用程序的目录层次结构如表 2-1 所示。

表 2-1 Web 应用程序的目录层次结构

目 录	描 述
\ch02	Web 应用程序的根目录，属于此 Web 应用程序的所有文件都存放在这个目录下
\ch02\WEB-INF	存放 Web 应用程序的部署描述符文件 web.xml
\ch02\WEB-INF\classes	存放 Servlet 和其他有用的类文件
\ch02\WEB-INF\lib	存放 Web 应用程序需要用到的 JAR 文件，这些 JAR 文件中可以包含 Servlet、Bean 和其他有用的类文件
\ch02\WEB-INF\web.xml	web.xml 文件包含 Web 应用程序的配置和部署信息

从表 2-1 中可以看到，WEB-INF 目录下的 classes 和 lib 目录都可以存放 Java 的类文件，**在 Servlet 容器运行时，Web 应用程序的类加载器将首先加载 classes 目录下的类，其次才是 lib 目录下的类。如果这两个目录下存在同名的类，起作用的将是 classes 目录下的类。**

在表 2-1 中，我们还可以看到一个特殊的目录 WEB-INF，注意在书写时不要写错，所有字母都要大写。说这个目录特殊，是因为这个目录并不属于 Web 应用程序可以访问的上下文路径的一部分，对客户端来说，这个目录是不可见的。如果你将 index.html 文件放到 WEB-INF 目录下，那么客户端将无法通过下面的方式访问到这个文件：

```
http://localhost:8080/ch02/WEB-INF/index.html
```

不过，WEB-INF 目录下的内容对于 Servlet 代码是可见的，在 Servlet 代码中可以通过调用 ServletContext 对象中的 getResource()或者 getResourceAsStream()方法来访问 WEB-INF 目录下的资源，也可以使用 RequestDispatcher 调用（参见第 2.6 节）将 WEB-INF 目录下的

内容呈现给客户端。

如果我们想要在 Servlet 代码中访问保存在文件中的配置信息，而又不希望这些配置信息被客户端访问到，就可以把这个文件放到 WEB-INF 目录下。

在 %CATALINA_HOME%\webapps\ch02 目录下新建一个目录 WEB-INF，进入 WEB-INF 目录，新建一个 classes 目录，整个目录结构是：

```
%CATALINA_HOME%\webapps\ch02\WEB-INF\classes
```

将编译生成的 HelloWorldServlet.class 文件连同所在的包一起放到 WEB-INF\classes 目录下。

接下来，我们需要部署这个 Servlet，Web 应用程序的配置和部署是通过 web.xml 文件来完成的。web.xml 文件被称为 Web 应用程序的部署描述符，它可以包含如下的配置和部署信息：

- ServletContext 的初始化参数
- Session 的配置
- Servlet/JSP 的定义和映射
- 应用程序生命周期监听器类
- 过滤器定义和过滤器映射
- MIME 类型映射
- 欢迎文件列表
- 错误页面
- 语言环境和编码映射
- 声明式安全配置
- JSP 配置

我们所编写的 web.xml 文件必须是格式良好的 XML。用记事本或者 UltraEdit 等文本编辑工具编写 web.xml 文件，内容如例 2-2 所示。

例 2-2　web.xml

```
<?xml version="1.0" encoding="UTF-8"?>
<web-app xmlns="http://xmlns.jcp.org/xml/ns/javaee"
  xmlns:xsi="http://www.w3.org/2001/XMLSchema-instance"
  xsi:schemaLocation="http://xmlns.jcp.org/xml/ns/javaee
                      http://xmlns.jcp.org/xml/ns/javaee/web-app_4_0.xsd"
  version="4.0">
   <servlet>
       <servlet-name>HelloWorldServlet</servlet-name>
       <servlet-class>
           org.sunxin.ch02.servlet.HelloWorldServlet</servlet-class>
   </servlet>

   <servlet-mapping>
       <servlet-name>HelloWorldServlet</servlet-name>
       <url-pattern>/helloworld</url-pattern>
   </servlet-mapping>
```

```
</web-app>
```

第一行是 XML 声明，接下来在根元素<web-app>上声明了使用的 XML Schema 的版本。这段代码是固定的，你无须记忆它，只要知道复制/粘贴就可以了。

注意代码中以粗体显示的部分，这部分代码使用了<servlet>和<servlet-mapping>元素，以及它们的子元素来部署 HelloWorldServlet。在 web.xml 文件中，可以包含多个<servlet>和<servlet-mapping>元素，用于部署多个 Servlet。

<servlet>元素用于声明 Servlet，<servlet-name>子元素用于指定 Servlet 的名字，在同一个 Web 应用程序中，每一个 Servlet 的名字必须是唯一的，该元素的内容不能为空。<servlet-class>子元素用于指定 Servlet 类的完整限定名（如果有包名，要同时给出包名）。

<servlet-mapping>元素用于在 Servlet 和 URL 样式之间定义一个映射。它的子元素<servlet-name>指定的 Servlet 名字必须和<servlet>元素中的子元素<servlet-name>给出的名字相同。<url-pattern>子元素用于指定对应于 Servlet 的 URL 路径，该路径是相对于 Web 应用程序上下文根的路径。

经过这样的配置之后，我们可以在浏览器的地址栏中输入 http://localhost:8080/ch02/helloworld 来访问 HelloWorldServlet。当 Servlet 容器接收到/ch02/helloworld 的请求后，就会发送给 ch02 Web 应用程序的 Context（参见第 1.6 节），ch02 Web 应用程序的 Context 首先移除该 Web 应用程序上下文路径的前缀/ch02，然后将剩余部分与 web.xml 文件中配置的<url-pattern>元素的内容相比较，找到对应的 Servlet 名字为 HelloWorldServlet，再根据这个名字找到 HelloWorldServlet 类，进而实例化这个类，对请求进行处理。

将编写好的 web.xml 文件保存到%CATALINA_HOME%\webapps\ch02\WEB-INF 目录下。读者也可以将%CATALINA_HOME%\webapps\ROOT\WEB-INF 目录下的 web.xml 复制一份，存放到%CATALINA_HOME%\webapps\ch02\WEB-INF 目录下，这个文件的内容如下：

```
<?xml version="1.0" encoding="UTF-8"?>
<!--
 Licensed to the Apache Software Foundation (ASF) under one or more
  contributor license agreements. ……
-->
<web-app xmlns="http://xmlns.jcp.org/xml/ns/javaee"
  xmlns:xsi="http://www.w3.org/2001/XMLSchema-instance"
  xsi:schemaLocation="http://xmlns.jcp.org/xml/ns/javaee
                      http://xmlns.jcp.org/xml/ns/javaee/web-app_4_0.xsd"
  version="4.0"
  metadata-complete="true">

  <display-name>Welcome to Tomcat</display-name>
  <description>
     Welcome to Tomcat
  </description>
</web-app>
```

然后编辑这个文件，添加 HelloWorldServlet 的配置，如下所示：

```
<?xml version="1.0" encoding="UTF-8"?>
```

```
<web-app xmlns="http://xmlns.jcp.org/xml/ns/javaee"
  xmlns:xsi="http://www.w3.org/2001/XMLSchema-instance"
  xsi:schemaLocation="http://xmlns.jcp.org/xml/ns/javaee
                      http://xmlns.jcp.org/xml/ns/javaee/web-app_4_0.xsd"
  version="4.0"
  metadata-complete="true">

  <display-name>Welcome to Tomcat</display-name>
  <description>
    Welcome to Tomcat
  </description>

  <servlet>
    <servlet-name>HelloWorldServlet</servlet-name>
    <servlet-class>org.sunxin.ch02.servlet.HelloWorldServlet
    </servlet-class>
  </servlet>

  <servlet-mapping>
    <servlet-name>HelloWorldServlet</servlet-name>
    <url-pattern>/helloworld</url-pattern>
  </servlet-mapping>

</web-app>
```

这个文件中其他元素的作用请参看附录 D。

> **提示** %CATALINA_HOME%\webapps\ROOT 目录是 Tomcat 默认的 Web 应用程序的起始路径，当我们输入 http://localhost:8080/时，访问的就是该目录下的 Web 应用程序资源。如果你将本例的 Servlet 部署在该目录下，则访问时只需输入 http://localhost:8080/helloworld 即可。

Step4：访问 HelloWorldServlet

当部署好 Servlet 之后，对客户端来说，访问 Servlet 和访问静态页面没有什么区别。打开浏览器，在地址栏中输入：

```
http://localhost:8080/ch02/helloworld
```

注意在 helloworld 后面不要加斜杠（/），按回车键后，你将看到如图 2-6 所示的画面。

图 2-6 使用浏览器访问 HelloWorldServlet

注 意　在访问 Servlet 和 JSP 的时候，Servlet 的名字和 JSP 的文件名都是区分大小写的，对于本例来说，如果你输入的是 HelloWorld，那么 Tomcat 服务器会给出 404 的错误代码，提示“页面没有找到”。

提 示　Web 应用程序的开发分为设计开发与配置部署两个阶段。通过部署，实现了组件与组件之间的松耦合，降低了 Web 应用程序维护的难度。在本例中，为 Servlet 指定了一个名字和 URL 映射，其他的组件或页面可以使用 URL 来调用这个 Servlet，一旦 Servlet 发生了改动，例如，整个类被替换、重新命名等，只需修改 web.xml 文件中<servlet-class>元素的内容，在设计开发阶段确定的程序结构与代码不需要做任何的改动，降低了程序维护的难度。当然，事物都有两面性，在享受好处的同时，也需要我们花费额外的时间和精力去了解和掌握部署过程。

2.1.5 GenericServlet

在第 2.1.4 节中，我们是通过实现 Servlet 接口来编写 Servlet 类的，这需要实现 Servlet 接口中定义的 5 个方法。为了简化 Servlet 的编写，在 javax.servlet 包中提供了一个抽象的类 GenericServlet，它给出了除 service()方法外的其他 4 个方法的简单实现。GenericServlet 类定义了一个通用的、不依赖于具体协议的 Servlet，实现了 Servlet 接口和 ServletConfig 接口。

- public abstract class **GenericServlet** extends java.lang.Object implements Servlet, ServletConfig, java.io.Serializable

如果我们要编写一个通用的 Servlet，只需要从 GenericServlet 类继承，并实现其中的抽象方法 service()。

在 GenericServlet 类中，定义了两个重载的 init()方法：

- public void **init**(ServletConfig config) throws ServletException
- public void **init**() throws ServletException

第一个 init()方法是 Servlet 接口中 init()方法的实现。在这个方法中，首先将 ServletConfig 对象保存在一个 transient 实例变量中，然后调用第二个不带参数的 init()方法。

通常我们在编写继承自 GenericServlet 的 Servlet 类时，只需要重写第二个不带参数的 init()方法就可以了。如果覆盖了第一个 init()方法，那么应该在子类的该方法中，包含一句 super.init(config)代码的调用。

在 GenericServlet 类中还定义了下列的方法。

- public java.lang.String **getInitParameter**(java.lang.String name)

返回名字为 name 的初始化参数的值，初始化参数在 web.xml 配置文件中进行配置。如果参数不存在，那么这个方法将返回 null。

注意，这个方法只是为了方便而给出的，它实际上是通过调用 ServletConfig 对象的 getInitParameter()方法来得到初始化参数的。

- public java.util.Enumeration **getInitParameterNames**()

返回 Servlet 所有初始化参数的名字的枚举集合。如果 Servlet 没有初始化参数，那么这个方法将返回一个空的枚举集合。

注意，这个方法只是为了方便而给出的，它实际上是通过调用 ServletConfig 对象的 getInitParameterNames()方法来得到所有的初始化参数名字的。

- public ServletContext **getServletContext()**

返回 Servlet 上下文对象的引用，关于 ServletContext 的使用，请参见第 2.5 节。

注意，这个方法只是为了方便而给出的，它实际上是通过调用 ServletConfig 对象的 getServletContext()方法来得到的 Servlet 上下文对象的引用的。

2.1.6 HttpServlet

在绝大多数的网络应用中，都是客户端（浏览器）通过 HTTP 协议去访问服务器端的资源，而我们所编写的 Servlet 也主要应用于 HTTP 协议的请求和响应。为了快速开发应用于 HTTP 协议的 Servlet 类，SUN 公司在 javax.servlet.http 包中给我们提供了一个抽象的类 HttpServlet，它继承自 GenericServlet 类，用于创建适合 Web 站点的 HTTP Servlet：public abstract class **HttpServlet** extends GenericServlet implements java.io.Serializable。

在 HttpServlet 类中提供了两个重载的 service()方法：

- public void **service**(ServletRequest req, ServletResponse res) throws ServletException, java.io.IOE xception
- protected void **service** (HttpServletRequest req, HttpServletResponse resp) throws ServletException, java.io.IOException

第一个 service()方法是 GenericServlet 类中 service()方法的实现。在这个方法中，首先将 req 和 res 对象转换为 HttpServletRequest（继承自 ServletRequest 接口）和 HttpServlet Response（继承自 ServletResponse 接口）类型，然后调用第二个 service 方法，对客户请求进行处理。

针对 HTTP1.1 中定义的 7 种请求方法 GET、POST、HEAD、PUT、DELETE、TRACE 和 OPTIONS，HttpServlet 分别提供了 7 个处理方法：

- protected void **doGet** (HttpServletRequest req, HttpServletResponse resp) throws ServletException, java.io.IOException
- protected void **doPost** (HttpServletRequest req, HttpServletResponse resp) throws ServletException, java.io.IOException
- protected void **doHead** (HttpServletRequest req, HttpServletResponse resp) throws ServletException, java.io.IOException
- protected void **doPut** (HttpServletRequest req, HttpServletResponse resp) throws ServletException, java.io.IOException
- protected void **doDelete** (HttpServletRequest req, HttpServletResponse resp) throws ServletException, java.io.IOException
- protected void **doTrace** (HttpServletRequest req, HttpServletResponse resp) throws ServletException, java.io.IOException

- protected void **doOptions** (HttpServletRequest req, HttpServletResponse resp) throws ServletException, java.io.IOException

这 7 个方法的参数类型及异常抛出类型与 HttpServlet 类中的第二个重载的 service()方法是一致的。当容器接收到一个针对 HttpServlet 对象的请求时，调用该对象中的方法顺序如下：

① 调用公共的（public）service()方法。

② 在公共的 service()方法中，首先将参数类型转换为 HttpServletRequest 和 HttpServlet Response，然后调用保护的（protected）service()方法，将转换后的 HttpServletRequest 对象和 HttpServletResponse 对象作为参数传递进去。

③ 在保护的 service()方法中，首先调用 HttpServletRequest 对象的 getMethod()方法，获取 HTTP 请求方法的名字，然后根据请求方法的类型，调用相应的 doXxx ()方法。

因此，我们在编写 HttpServlet 的派生类时，通常不需要去覆盖 service()方法，而只需重写相应的 doXXX()方法。

HttpServlet 类对 Trace 和 Options 方法做了适当的实现，因此我们不需要去覆盖 doTrace()和 doOptions()方法。而对于其他的 5 个请求方法，HttpServlet 类提供的实现都是返回 HTTP 错误，对于 HTTP 1.0 的客户端请求，这些方法返回状态代码为 400 的 HTTP 错误，表示客户端发送的请求在语法上是错误的。而对于 HTTP 1.1 的客户端请求，这些方法返回状态代码为 405 的 HTTP 错误，表示对于指定资源的请求方法不被允许。这些方法都是使用 javax.servlet.ServletRequest 接口中的 getProtocol()方法来确定协议的。

> 提示　HttpServlet 虽然是抽象类，但在这个类中没有抽象的方法，其中所有的方法都是已经实现的。只是在这个类中对客户请求进行处理的方法，没有真正的实现，当然也不可能真正实现，因为对客户请求如何进行处理，需要根据实际的应用来决定。我们在编写 HTTP Servlet 的时候，根据应用的需要，重写其中的对客户请求进行处理的方法即可。

2.1.7　HttpServletRequest 和 HttpServletResponse

在 javax.servlet.http 包中，定义了 HttpServletRequest 和 HttpServletResponse 这两个接口。这两个接口分别继承自 javax.servlet.ServletRequest 和 javax.servlet.ServletResponse 接口。在 HttpServletRequest 接口中新增的常用方法如下。

- public java.lang.String **getContextPath()**

返回请求 URI 中表示请求上下文的部分，上下文路径是请求 URI 的开始部分。上下文路径总是以斜杠（/）开头，但结束没有斜杠（/）。在默认（根）上下文中，这个方法返回空字符串（""）。例如，请求 URI 为“/sample/test”，调用该方法返回路径为“/sample”。

- public Cookie[] **getCookies()**

返回客户端在此次请求中发送的所有 Cookie 对象。

- public java.lang.String **getHeader**(java.lang.String name)

返回名字为 name 的请求报头的值。如果请求中没有包含指定名字的报头，那么这个方法返回 null。

- public java.util.Enumeration **getHeaderNames()**

返回此次请求中包含的所有报头名字的枚举集合。

- public java.util.Enumeration **getHeaders**(java.lang.String name)

返回名字为 name 的请求报头所有的值的枚举集合。

- public java.lang.String **getMethod**()

返回此次请求所使用的 HTTP 方法的名字，例如，GET、POST 或 PUT。

- public java.lang.String **getPathInfo**()

返回与客户端发送的请求 URL 相联系的额外的路径信息。额外的路径信息是跟在 Servlet 的路径之后、查询字符串之前的路径，并以斜杠（/）字符开始。例如，假定在 web.xml 文件中 MyServlet 类映射的 URL 是：/myservlet/*，用户请求的 URL 是：http://localhost:8080/ch02/myservlet/test，当我们在 HttpServletRequest 对象上调用 getPathInfo()时，该方法将返回/test。如果没有额外的路径信息，那么 getPathInfo()方法将返回 null。

- public java.lang.String **getPathTranslated**()

将额外的路径信息转换为真实的路径。例如，在上面的例子中假定 ch02 Web 应用程序位于 D:\OpenSource\apache-tomcat-9.0.14\webapps\ch02 目录，当用户请求 http://localhost:8080/ch02/myservlet/test 时，在请求对象上调用 getPathTranslated() 方法将返回 D:\OpenSource\apache-tomcat-9.0.14\webapps\ch02\test。

- public java.lang.String **getQueryString**()

返回请求 URL 中在路径后的查询字符串。如果在 URL 中没有查询字符串，那么该方法返回 null。例如，有如下的请求 URL：

http://localhost:8080/ch02/logon.jsp?action=logon

调用 getQueryString()方法将返回 action=logon。

- public java.lang.String **getRequestURI**()

返回请求 URL 中从主机名到查询字符串之间的部分。例如：

请求行	**返回值**
POST /some/path.html HTTP/1.1	/some/path.html
GET http://foo.bar/a.html HTTP/1.0	/a.html
HEAD /xyz?a=b HTTP/1.1	/xyz

- public java.lang.StringBuffer **getRequestURL**()

重新构造客户端用于发起请求的 URL。返回的 URL 包括了协议、服务器的名字、端口号和服务器的路径，但是不包括查询字符串参数。

要注意的是，如果请求使用 RequestDispatcher.forward(ServletRequest, ServletResponse) 方法被转发到另一个 Servlet 中，那么你在这个 Servlet 中调用 getRequestURL()，得到的将是获取 RequestDispatcher 对象时使用的 URL，而不是原始的请求 URL。

- public java.lang.String **getServletPath**()

返回请求 URI 中调用 Servlet 的部分。这部分的路径以斜杠（/）开始，包括 Servlet 的名字或者路径，但是不包括额外的路径信息和查询字符串。例如，假定在 web.xml 文件中

MyServlet类映射的URL是：/myservlet/*，用户请求的URL是：http://localhost:8080/ch02/myservlet/test，当我们在HttpServletRequest对象上调用getServletPath ()时，该方法将返回/myservlet。如果用于处理请求的Servlet与URL样式“/*”相匹配，那么这个方法将返回空字符串（""）。

- public HttpSession **getSession**()

返回和此次请求相关联的Session，如果没有给客户端分配Session，则创建一个新的Session。

- public HttpSession **getSession**(boolean create)

返回和此次请求相关联的Session，如果没有给客户端分配Session，而create参数为true，则创建一个新的Session。如果create参数为false，而此次请求没有一个有效的HttpSession，则返回null。

在HttpServletResponse接口中，新增的常用方法如下。

- public void **addCookie**(Cookie cookie)

增加一个Cookie到响应中。这个方法可以被多次调用，用于设置多个Cookie。

- public void **addHeader**(java.lang.String name, java.lang.String value)

用给出的name和value，增加一个响应报头到响应中。

- public boolean **containsHeader**(java.lang.String name)

判断以name为名字的响应报头是否已经设置。

- public java.lang.String **encodeRedirectURL**(java.lang.String url)

使用Session ID对用于重定向的URL进行编码，以便用于sendRedirect()方法中。如果该URL不需要编码，则返回未改变的URL。（关于这个方法的使用，请参见第5章）

- public java.lang.String **encodeURL**(java.lang.String url)

使用Session ID对指定的URL进行编码。如果该URL不需要编码，则返回未改变的URL。（关于这个方法的使用，请参见第5章）

- public void **sendError**(int sc) throws java.io.IOException

使用参数sc表示的状态代码发送一个错误响应到客户端，同时清除缓存。如果响应已经被提交，则这个方法将抛出IllegalStateException异常。

- public void **sendError**(int sc, java.lang.String msg) throws java.io.IOException

使用指定的状态代码发送一个错误响应到客户端。服务器默认会创建一个包含了指定消息的服务器端错误页面作为响应，设置内容类型为“text/html”。如果Web应用程序已经声明了对应于指定状态代码的错误页面，则服务器会将这个页面发送给客户端，而不理会参数msg指定的错误消息。如果响应已经被提交，那么这个方法将抛出IllegalStateException异常。

- public void **sendRedirect**(java.lang.String location) throws java.io.IOException

发送一个临时的重定向响应到客户端，让客户端访问新的URL。如果指定的位置是相对URL，那么Servlet容器在发送响应到客户端之前，必须将相对URL转换为绝对URL。如果响应已经被提交，那么这个方法将抛出IllegalStateException异常。

- public void **setHeader**(java.lang.String name, java.lang.String value)

用给出的name和value，设置一个响应报头。如果这个报头已经被设置，则新的值将覆盖先前的值。

- public void **setStatus**(int sc)

为响应设置状态代码。

此外，在 HttpServletResponse 接口中，还定义了一组整型的静态常量，用于表示 HTTP 错误代码，这些错误代码对应于 HTTP/1.1 中的错误代码。关于这些错误代码常量，请参看 HttpServletResponse 接口的 API 文档。

学习方法

要想更好地理解 HttpServletRequest 和 HttpServletResponse 的使用，应该结合 HTTP 协议来看，彼此对照。对 HTTP 协议的介绍参见附录 B。

2.2 几个实例

在这一节，我们将通过三个例子来帮助读者更好地理解 Servlet 的开发与部署过程，以及 Servlet 中主要接口与类的使用。在讲解实例时，我们将通过一步一步地操作来完成整个实例。

2.2.1 实例一：WelcomeServlet

在本例中，我们将编写一个带表单的 HTML 页面，表单中提供了一个文本输入控件，让用户输入他/她的姓名，然后提交给 Servlet 进行处理。在 Servlet 中，我们从提交的表单信息中取出用户姓名，然后加上"欢迎信息"输出到客户端。"欢迎信息"作为 Servlet 的初始化参数在 web.xml 文件中配置。

实例的开发主要有以下步骤。

Step1：编写 welcome.html

用记事本或者 UltraEdit 等文本编辑工具（读者也可以使用专门的网页编辑软件）编写 welcome. html，将编写好的 welcome.html 文件放到%CATALINA_HOME%\webapps\ch02 目录下。完整的代码如例 2-3 所示。

例 2-3　welcome.html

```
<html>
    <head>
        <title>欢迎您！</title>
    </head>
    <body>
        <form action="welcome" method="get">
            请输入用户名：<input type="text" name="username"><br>
            <input type="submit" value="提交">
```

```
        </form>
    </body>
</html>
```

在 HTML 代码中，我们先假定对此表单进行处理的 Servlet 是 welcome，表单采用的提交方法是 get。

Step2：编写 WelcomeServlet 类

为了简化 Servlet 的编写，Servlet API 给我们提供了支持 HTTP 协议的 javax.servlet.http.HttpServlet 类，我们只需要从 HttpServlet 类派生一个子类，在子类中完成相应的功能就可以了。

编写 WelcomeServlet 类，从 HttpServlet 类继承，重写 doGet()方法。将编写好的 WelcomeServlet.java 源文件放到%CATALINA_HOME%\webapps\ch02\src 目录下。完整的源代码如例 2-4 所示。

例 2-4　WelcomeServlet.java

```
package org.sunxin.ch02.servlet;

import java.io.IOException;
import java.io.PrintWriter;

import javax.servlet.ServletException;
import javax.servlet.http.HttpServlet;
import javax.servlet.http.HttpServletRequest;
import javax.servlet.http.HttpServletResponse;

public class WelcomeServlet extends HttpServlet
{
    private String greeting;

    public void init()
    {
        greeting = getInitParameter("greeting");
        //greeting = getServletConfig().getInitParameter("greeting");
    }

    public void doGet(HttpServletRequest req, HttpServletResponse resp)
            throws ServletException,IOException
    {
        req.setCharacterEncoding("gb2312");
        String username=req.getParameter("username");
        String welcomeInfo=greeting + ", " + user;

        resp.setContentType("text/html");

        PrintWriter out=resp.getWriter();

```

```
32.         out.println("<html><head><title>");
33.         out.println("Welcome Page");
34.         out.println("</title></head>");
35.         out.println("<body>");
36.         out.println(welcomeInfo);
37.         out.println("</body></html>");
38.         out.close();
39.     }
40. }
```

例 2-4 代码的第 17 行，我们调用 getInitParameter()方法得到初始化参数 greeting 的值，这个调用和第 18 行注释的代码是等价的。从 HttpServlet 继承的 getInitParameter()方法实际上也是调用 ServletConfig 对象的 getInitParameter()方法来得到初始化参数的。

由于用户可能会输入中文用户名，因此我们在代码的第 24 行设置请求正文使用的字符编码是 gb2312。

前面我们介绍过，HttpServletRequest 对象封装了客户端的请求信息，要获取请求中某个参数的值，可以调用 HttpServletRequest 对象的 getParameter()方法，传递参数的名字。在代码的第 25 行，我们调用 req.getParameter("username")获取到用户输入的用户名。注意 getParameter()方法的参数“username”和表单中用于输入用户姓名的文本输入控件的名字“username”必须是一样的。

第 26 行，我们用取出的用户名构造一个欢迎字符串。第 28 行，设置响应内容的 MIME 类型为 text/html。第 32～38 行，都是在输出 HTML 代码，第 36 行，将欢迎信息放到<body>元素的开始标签和结束标签之间输出。第 38 行，关闭 out 对象。

Step3：编译 WelcomeServlet．java

打开命令提示符，进入%CATALINA_HOME%\webapps\ch02\src 目录，然后执行：

```
javac -d ..\WEB-INF\classes WelcomeServlet.java
```

在 WEB-INF\classes\org\sunxin\ch02\servlet 目录中生成类文件 WelcomeServlet.class。

Step4：部署 WelcomeServlet 类

用记事本或 UltraEdit 打开%CATALINA_HOME%\webapps\ch02\WEB-INF 目录下的 web.xml 文件，添加对本例中的 Servlet 的配置，完整的内容如例 2-5 所示。

例 2-5　web.xml

```
<?xml version="1.0" encoding="UTF-8"?>
<web-app xmlns="http://xmlns.jcp.org/xml/ns/javaee"
  xmlns:xsi="http://www.w3.org/2001/XMLSchema-instance"
  xsi:schemaLocation="http://xmlns.jcp.org/xml/ns/javaee
                      http://xmlns.jcp.org/xml/ns/javaee/web-app_4_0.xsd"
  version="4.0">

    <servlet>
        <servlet-name>HelloWorldServlet</servlet-name>
```

```
        <servlet-class>
            org.sunxin.ch02.servlet.HelloWorldServlet </servlet-class>
    </servlet>

    <servlet-mapping>
        <servlet-name>HelloWorldServlet</servlet-name>
        <url-pattern>/helloworld</url-pattern>
    </servlet-mapping>


    <servlet>
        <servlet-name>WelcomeServlet</servlet-name>
        <servlet-class>
            org.sunxin.ch02.servlet.WelcomeServlet </servlet-class>
        <init-param>
            <param-name>greeting</param-name>
            <param-value>Welcome you</param-value>
        </init-param>
    </servlet>

    <servlet-mapping>
        <servlet-name>WelcomeServlet</servlet-name>
        <url-pattern>/welcome</url-pattern>
    </servlet-mapping>
</web-app>
```

新增加的内容以粗体显示。我们在<servlet>元素内部使用<init-param>子元素为 WelcomeServlet 配置的初始化参数，在例 2-4 的 init()方法中，有这样一句代码：

```
greeting = getInitParameter("greeting");
```

这句代码的作用就是获取此处配置的 greeting 初始化参数的值。

Step5：访问 WelcomeServlet

启动 Tomcat 服务器，打开 IE 浏览器，在地址栏中输入：

```
http://localhost:8080/ch02/welcome.html
```

出现页面后，在文本输入控件中输入用户姓名，如图 2-7 所示。

单击“提交”按钮，你将看到如图 2-8 所示的页面。

图 2-7　welcome.html 页面

图 2-8　以 GET 方式提交后 WelcomeServlet 输出的响应信息

注意 IE 浏览器的地址栏部分，因为 welcome.html 页面采用的表单提交方法是 get，所以提交的数据被附加到请求 URL 的末端，作为查询字符串发送到服务器端。采用 get 方法提交表单，和我们直接在浏览器的地址栏中输入附加了查询字符串的 URL 的效果是一样的。在本例中，我们也可以通过直接输入如下形式的 URL 来提交数据：

```
http://localhost:8080/ch02/welcome?username=zhangsan
```

Step6：将提交方法改为 post

将例 2-3 的 welcome.html 中的表单提交方法改为 post，如下：

```
<form action="welcome" method="post">
```

保存后，打开浏览器，在地址栏中输入 http://localhost:8080/ch02/welcome.html，输入用户名后，单击“提交”按钮，你将看到如图 2-9 所示的页面。

图 2-9　WelcomeServlet 无法处理 post 请求，返回 HTTP 405 错误信息

这是因为我们在 WelcomeServlet 类中没有重写 doPost()方法，而 HttpServlet 类的 doPost()方法的默认实现是返回状态代码为 405 的 HTTP 错误，表示对于指定资源的请求方法不被允许。如果要对 post 请求做出响应，则需要在 WelcomeServlet 这个类中覆盖基类的 doPost()方法。我们修改例 2-4 的 WelcomeServlet.java，如例 2-6 所示。

例 2-6　修改后的 WelcomeServlet.java

```
package org.sunxin.ch02.servlet;

import java.io.IOException;
import java.io.PrintWriter;

import javax.servlet.ServletException;
import javax.servlet.http.HttpServlet;
import javax.servlet.http.HttpServletRequest;
import javax.servlet.http.HttpServletResponse;

public class WelcomeServlet extends HttpServlet
{
    private String greeting;

    public void init()
    {
```

```
        greeting = getInitParameter("greeting");
        //greeting = getServletConfig().getInitParameter("greeting");
    }

    public void doGet(HttpServletRequest req, HttpServletResponse resp)
             throws ServletException,IOException
    {
        req.setCharacterEncoding("gb2312");
        String username=req.getParameter("username");
        String welcomeInfo=greeting + ", " + username;

        resp.setContentType("text/html");

        PrintWriter out=resp.getWriter();

        out.println("<html><head><title>");
        out.println("Welcome Page");
        out.println("</title></head>");
        out.println("<body>");
        out.println(welcomeInfo);
        out.println("</body></html>");
        out.close();
    }

    public void doPost(HttpServletRequest req, HttpServletResponse resp)
                 throws ServletException,IOException
    {
        doGet(req,resp);
    }
}
```

在 doPost()方法中，直接调用了 doGet()方法对 post 请求进行处理，这样，不管是 get 请求还是 post 请求，处理结果都是一样的。

按照 Step3 所示的方式编译 WelcomeServlet.java。重启 Tomcat 服务器，在浏览器的地址栏中输入 http://localhost:8080/ch02/welcome. html，输入用户名后，单击“提交”按钮，你将看到如图 2-10 所示的页面。

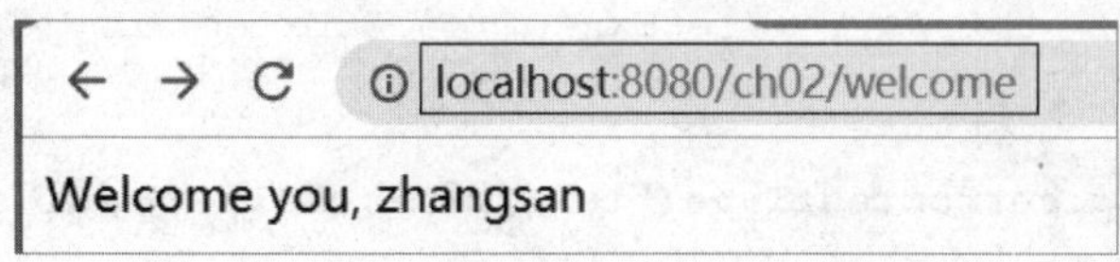

图 2-10　post 方式提交后 WelcomeServlet 输出的响应信息

注意 IE 浏览器的地址栏部分，因为现在 welcome.html 页面采用的表单提交方法是 post，提交的数据作为请求正文的内容发送到服务器端，所以在 URL 中就看不到附加的请求数据了。通常在提交表单时，如果数据量较小，而又没有安全性的考虑（例如，提交的数据中没有密码等敏感信息），则可以采用 get 方法提交表单。如果数据量较大，或者有安全方面的考虑，则应该采用 post 方法提交表单。

> 提示　一旦你修改过 Servlet 类，就要记着重新启动 Tomcat，否则，对请求进行响应的仍然是已经驻留在内存中的先前的 Servlet 实例。如果要让运行中的 Tomcat 服务器自动加载修改过的 Servlet 类，则可以参看第 3.1 节。

2.2.2　实例二：OutputInfoServlet

在本例中，我们将编写一个 Servlet，用于获取请求中的消息报头，并将这些报头的名称和值输出到客户端。此外，我们还利用 ServletRequest 接口中定义的方法获取客户端和服务器端的 IP 地址及端口号，并将这些信息输出到客户端。在这个 Servlet 中，我们还设置了响应的实体报头。实例的开发主要有下列步骤。

Step1：编写 OutputInfoServlet 类

将编写好的 OutputInfoServlet.java 源文件放到 %CATALINA_HOME%\webapps\ch02\src 目录下。完整的源代码如例 2-7 所示。

例 2-7　OutputInfoServlet.java

```
package org.sunxin.ch02.servlet;

import java.io.IOException;
import java.io.PrintWriter;
import java.util.Enumeration;

import javax.servlet.ServletException;
import javax.servlet.http.HttpServlet;
import javax.servlet.http.HttpServletRequest;
import javax.servlet.http.HttpServletResponse;

public class OutputInfoServlet extends HttpServlet
{
    public void doGet(HttpServletRequest req, HttpServletResponse resp)
            throws ServletException,IOException
    {

        resp.setContentType("text/html;charset=gb2312");

        PrintWriter out=resp.getWriter();

        Enumeration headNames=req.getHeaderNames();

        out.println("<html><head>");
        out.println("<title>Info Page</title>");
        out.println("</head>");
```

```
        out.println("<body><center>");

        out.println("<table border=1 align=center>");
        out.println("<caption>Servlet 接收到的 HTTP 消息报头的信息</caption>");
        out.println("<tr bgcolor=#999999>");
        out.println("<th>消息报头的名字</th>");
        out.println("<th>消息报头的值</th>");
        out.println("</tr>");

        while(headNames.hasMoreElements())
        {
            String name=(String)headNames.nextElement();
            String value=req.getHeader(name);
            out.println("<tr>");
            out.println("<td>"+name+"</td>");
            out.println("<td>"+value+"</td>");
            out.println("</tr>");
        }

        out.println("</table><p>");

        out.println("<table border=1 align=center>");
        out.println("<caption>其他访问信息</caption>");

        out.println("<tr>");
        out.println("<td>客户端的 IP 地址</td>");
        out.println("<td>"+req.getRemoteAddr()+"</td>");
        out.println("</tr>");

        out.println("<tr>");
        out.println("<td>客户端的端口号</td>");
        out.println("<td>"+req.getRemotePort()+"</td>");
        out.println("</tr>");

        out.println("<tr>");
        out.println("<td>服务器端的 IP 地址</td>");
        out.println("<td>"+req.getLocalAddr()+"</td>");
        out.println("</tr>");

        out.println("<tr>");
        out.println("<td>服务器端的端口号</td>");
        out.println("<td>"+req.getLocalPort()+"</td>");
        out.println("</tr>");

        out.println("</table>");

        out.println("</center></body></html>");
        out.close();
    }
}
```

在程序代码的第 18 行，**设置响应内容的 MIME 类型为 text/html，因为响应内容中包含了中文，所以设置字符编码方式为 gb2312**（对于第 2.2.1 节的实例，如果输入中文用户名，那么也需要加上这句代码，否则会出现乱码）。**要注意的是，这一句代码必须放在第 20 行代码的前面，否则将无法设置响应的字符编码，out 对象将使用默认的字符编码 ISO-8859-1**。此外，还要注意的是在 **text/html** 和“;”之间不能有空格，即不能写成 **text/html ;charset=gb2312**，否则浏览器将不能正确识别响应的内容类型。**第 22 行，通过请求对象的 getHeaderNames()方法调用，得到请求中包含的所有消息报头的名字的枚举集合**。第 29～34 行，输出一个表格，设置表格的标题和表头。第 36～44 行，循环取出枚举集合中消息报头的名字，然后利用报头的名字调用请求对象的 getHeader()方法得到对应的值，将报头的名字和值分别放到表格的单元格中。第 48～71 行，输出另一个表格，表格的内容是客户端和服务器端的 IP 地址和端口号。第 53 行，调用请求对象的 getRemoteAddr()方法得到发送请求的客户端的 IP 地址。第 58 行，调用请求对象的 getRemotePort()方法得到发送请求的客户端的端口号，这个方法是在 Servlet 2.4 规范中新增的方法。第 63 行，调用 getLocalAddr()方法得到接收到请求的服务器端的 IP 地址，这个方法是在 Servlet 2.4 规范中新增的方法。第 68 行，调用请求对象的 getLocalPort()方法得到接收到请求的服务器端的端口号，这个方法是在 Servlet 2.4 规范中新增的方法。

> 提 示　在本例的代码中，第 18 行我们调用：“resp.setContentType("text/html;charset=gb2312");”设置 HTTP 响应的 Content-Type 实体报头。这个实体报头的信息是给客户端软件（通常是浏览器）看的，在页面中并不会体现出来。

Step2：编译 OutputInfoServlet．java

打开命令提示符，进入%CATALINA_HOME%\webapps\ch02\src 目录，然后执行：

```
javac -d ..\WEB-INF\classes OutputInfoServlet.java
```

在 WEB-INF\classes\org\sunxin\ch02\servlet 目录中生成类文件 OutputInfoServlet.class。

Step3：部署 OutputInfoServlet

编辑 WEB-INF 目录下的 web.xml 文件，添加对本例中的 Servlet 的配置，完整的内容如例 2-8 所示。

例 2-8　web.xml

```
<?xml version="1.0" encoding="UTF-8"?>
<web-app xmlns="http://xmlns.jcp.org/xml/ns/javaee"
  xmlns:xsi="http://www.w3.org/2001/XMLSchema-instance"
  xsi:schemaLocation="http://xmlns.jcp.org/xml/ns/javaee
                     http://xmlns.jcp.org/xml/ns/javaee/web-app_4_0.xsd"
  version="4.0">

    <servlet>
        <servlet-name>HelloWorldServlet</servlet-name>
```

```
        <servlet-class>
            org.sunxin.ch02.servlet.HelloWorldServlet </servlet-class>
    </servlet>

    <servlet-mapping>
        <servlet-name>HelloWorldServlet</servlet-name>
        <url-pattern>/helloworld</url-pattern>
    </servlet-mapping>


    <servlet>
        <servlet-name>WelcomeServlet</servlet-name>
        <servlet-class>
            org.sunxin.ch02.servlet.WelcomeServlet </servlet-class>

        <init-param>
            <param-name>greeting</param-name>
            <param-value>Welcome you</param-value>
        </init-param>
    </servlet>

    <servlet-mapping>
        <servlet-name>WelcomeServlet</servlet-name>
        <url-pattern>/welcome</url-pattern>
    </servlet-mapping>

    <servlet>
        <servlet-name>OutputInfoServlet</servlet-name>
        <servlet-class>
            org.sunxin.ch02.servlet.OutputInfoServlet </servlet-class>
    </servlet>

    <servlet-mapping>
        <servlet-name>OutputInfoServlet</servlet-name>
        <url-pattern>/info</url-pattern>
    </servlet-mapping>

</web-app>
```

新增加的内容以粗体显示。

Step4：访问 OutputInfoServlet

启动 Tomcat 服务器，打开 IE 浏览器，在地址栏中输入 http://localhost:8080/ch02/info，你将看到如图 2-11 所示的页面。

localhost:8080/ch02/info

Servlet接收到的HTTP消息报头的信息

消息报头的名字	消息报头的值
host	localhost:8080
connection	keep-alive
upgrade-insecure-requests	1
user-agent	Mozilla/5.0 (Windows NT 6.3; Win64; x64) AppleWebKit/537.36 (KHTML, like Gecko) Chrome/71.0.3578.98 Safari/537.36
accept	text/html,application/xhtml+xml,application/xml;q=0.9,image/webp,image/apng,*/*;q=0.8
accept-encoding	gzip, deflate, br
accept-language	zh-CN,zh;q=0.9

其它访问信息

客户端的IP地址	0:0:0:0:0:0:0:1
客户端的端口号	55590
服务器端的IP地址	0:0:0:0:0:0:0:1
服务器端的端口号	8080

图 2-11　使用浏览器访问 OutputInfoServlet

2.2.3　实例三：LoginServlet

在本例中，我们将编写一个登录页面，用户输入用户名和密码后，将表单提交给 LoginServlet 进行处理。在 LoginServlet 中，判断用户名和密码是否正确，如果正确，利用重定向向用户返回成功登录页面；如果失败，则向用户返回一个 HTTP 错误消息。实例的开发主要有下列步骤。

Step1：编写 login.html

login.html 用于向用户显示登录表单。在%CATALINA_HOME%\webapps\ch02 目录下新建 login.html，内容如例 2-9 所示。

例 2-9　login.html

```
<html>
    <head>
        <title>登录页面</title>
    </head>
    <body>
        <form action="login" method="post">
            <table>
                <tr>
                    <td>请输入用户名：</td>
                    <td><input type="text" name="username"></td>
                </tr>
                <tr>
                    <td>请输入密码：</td>
                    <td><input type="password" name="password"></td>
                </tr>
```

```
            <tr>
                <td><input type="reset" value="重填"></td>
                <td><input type="submit" value="登录"></td>
            </tr>
        </table>
    </form>
  </body>
</html>
```

在 HTML 代码中，我们先假定对此表单进行处理的 Servlet 是 login，因为提交的数据中包含了用户的密码，所以表单的提交方法我们采用 post。

Step2：编写 success.html

success.html 用于向用户显示欢迎信息。在%CATALINA_HOME%\webapps\ch02 目录下新建 success.html，内容如例 2-10 所示。

例 2-10　success.html

```
<html>
    <head>
        <title>登录成功</title>
    </head>
    <body>
        登录成功，欢迎访问我的网站！
     </body>
</html>
```

Step3：编写 LoginServlet 类

在%CATALINA_HOME%\webapps\ch02\src 目录下新建 LoginServlet.java，代码如例 2-11 所示。

例 2-11　LoginServlet.java

```
package org.sunxin.ch02.servlet;

import java.io.IOException;

import javax.servlet.ServletException;
import javax.servlet.http.HttpServlet;
import javax.servlet.http.HttpServletRequest;
import javax.servlet.http.HttpServletResponse;

public class LoginServlet extends HttpServlet
{
    public void doGet(HttpServletRequest req, HttpServletResponse resp)
            throws ServletException,IOException
    {

```

```
16.         resp.setContentType("text/html;charset=gb2312");
17.
18.         String name=req.getParameter("username");
19.         String pwd=req.getParameter("password");
20.
21.         if(name!=null && pwd!=null && name.equals("zhangsan") &&
22.            pwd.equals("1234"))
23.         {
24.             resp.sendRedirect("success.html");
25.         }
26.         else
27.         {
28.             resp.sendError(HttpServletResponse.SC_SERVICE_ UNAVAILABLE,
"服务器忙，请稍后再登录!");
29.         }
30.
31.     }
32.
33.     public void doPost(HttpServletRequest req,HttpServletResponse resp)
34.             throws ServletException,IOException
35.     {
36.         doGet(req,resp);
37.     }
38. }
```

在代码的第 18～19 行，调用请求对象的 getParameter()方法得到用户名和密码。第 21 行首先判断 name 和 pwd 是否为空，这是为了避免出现空指针异常，如果用户直接在浏览器的地址栏中输入URL访问这个Servlet而没有附加username和password查询字符串，name 和 pwd 将为 null；接下来判断名字是否是 zhangsan，密码是否是 1234。第 24 行，判断为真，调用响应对象的 sendRedirect()方法将用户请求重定向到 success.html 页面。第 28 行，判断为假，调用响应对象的 sendError()方法发送 HTTP 错误代码 503（在 HttpServletResponse 接口中定义为静态常量 SC_SERVICE_UNAVAILABLE），告诉用户“服务器忙，请稍后再登录”。

Step4：编译 LoginServlet.java

打开命令提示符，进入%CATALINA_HOME%\webapps\ch02\src 目录，然后执行：

```
javac -d ..\WEB-INF\classes LoginServlet.java
```

在 WEB-INF\classes\org\sunxin\ch02\servlet 目录中生成类文件 LoginServlet.class。

Step5：部署 LoginServlet

编辑 WEB-INF 目录下的 web.xml 文件，添加对本例中的 Servlet 的配置，完整的内容如例 2-12 所示。

例 2-12 web.xml

```
<?xml version="1.0" encoding="UTF-8"?>
<web-app xmlns="http://xmlns.jcp.org/xml/ns/javaee"
  xmlns:xsi="http://www.w3.org/2001/XMLSchema-instance"
  xsi:schemaLocation="http://xmlns.jcp.org/xml/ns/javaee
                  http://xmlns.jcp.org/xml/ns/javaee/web-app_4_0.xsd"
  version="4.0">

    <servlet>
        <servlet-name>HelloWorldServlet</servlet-name>
        <servlet-class>
            org.sunxin.ch02.servlet.HelloWorldServlet </servlet-class>
    </servlet>

    <servlet-mapping>
        <servlet-name>HelloWorldServlet</servlet-name>
        <url-pattern>/helloworld</url-pattern>
    </servlet-mapping>


    <servlet>
        <servlet-name>WelcomeServlet</servlet-name>
        <servlet-class>
            org.sunxin.ch02.servlet.WelcomeServlet </servlet-class>

        <init-param>
            <param-name>greeting</param-name>
            <param-value>Welcome you</param-value>
        </init-param>
    </servlet>

    <servlet-mapping>
        <servlet-name>WelcomeServlet</servlet-name>
        <url-pattern>/welcome</url-pattern>
    </servlet-mapping>

    <servlet>
        <servlet-name>OutputInfoServlet</servlet-name>
        <servlet-class>
            org.sunxin.ch02.servlet.OutputInfoServlet </servlet-class>
    </servlet>

    <servlet-mapping>
        <servlet-name>OutputInfoServlet</servlet-name>
        <url-pattern>/info</url-pattern>
    </servlet-mapping>
```

```
    <servlet>
        <servlet-name>LoginServlet</servlet-name>
        <servlet-class>
            org.sunxin.ch02.servlet.LoginServlet </servlet-class>
    </servlet>

    <servlet-mapping>
        <servlet-name>LoginServlet</servlet-name>
        <url-pattern>/login</url-pattern>
    </servlet-mapping>

</web-app>
```

新增加的内容以粗体显示。

Step6：访问 LoginServlet

启动 Tomcat 服务器，打开浏览器，在地址栏中输入 http://localhost:8080/ ch02/login.html，出现页面后，在文本输入控件中输入 zhangsan，在口令输入控件中输入 1234，单击“提交”按钮，将看到如图 2-12 所示的页面。

注意图 2-12 浏览器地址栏中的 URL。

localhost:8080/ch02/success.html

登录成功，欢迎访问我的网站!

图 2-12　登录成功页面

回到 http://localhost:8080/ch02/login.html 页面，重新输入其他的用户名或密码，单击“提交”按钮，将看到如图 2-13 所示的页面。

注意图 2-13 中矩形框中的内容，向用户显示的这个错误消息是我们在响应对象的 sendError()方法中指定的。

图 2-13　用户名或密码错误，LoginServlet 输出 HTTP 503 错误消息

请读者注意，在本例中，用户输入了错误的用户名或密码，LoginServlet 向用户发送 HTTP 503 错误，这只是为了演示 sendError()方法的使用，在实际开发过程中，应该给用户一个更友好的提示，比如“用户名或密码错误，请重新输入”，或者“拒绝此用户登录”。

2.3 Servlet 异常

在 javax.servlet 包中定义了两个异常类：ServletException 类和 UnavailableException 类。

2.3.1 ServletException 类

ServletException 类定义了一个通用的异常，可以被 init()、service()和 doXXX()方法抛出，这个类提供了下面 4 个构造方法和 1 个实例方法。

- public **ServletException**()

该方法构造一个新的 Servlet 异常。

- public **ServletException**(java.lang.String message)

该方法用指定的消息构造一个新的 Servlet 异常。这个消息可以被写入服务器的日志中，或者显示给用户。

- public **ServletException**(java.lang.String message, java.lang.Throwable rootCause)

在 Servlet 执行时，如果有一个异常阻碍了 Servlet 的正常操作，那么这个异常就是根原因（root cause）异常。如果需要在一个 Servlet 异常中包含根原因的异常，那么可以调用这个构造方法，同时包含一个描述消息。例如：可以在 ServletException 异常中嵌入一个 java.sql.SQLException 异常。

- public **ServletException**(java.lang.Throwable rootCause)

该方法同上，只是没有指定描述消息的参数。

- public java.lang.Throwable **getRootCause**()

该方法返回引起这个 Servlet 异常的异常，也就是返回根原因的异常。

2.3.2 UnavailableException 类

UnavailableException 类是 ServletException 类的子类，该异常被 Servlet 抛出，用于向 Servlet 容器指示这个 Servlet 永久地或者暂时地不可用。这个类提供了下面两个构造方法和两个实例方法。

- public **UnavailableException**(java.lang.String msg)

该方法用一个给定的消息构造一个新的异常，指示 Servlet 永久不可用。

- public **UnavailableException**(java.lang.String msg, int seconds)

该方法用一个给定的消息构造一个新的异常，指示 Servlet 暂时不可用。其中的参数 seconds 指明在这个以秒为单位的时间内，Servlet 不可用。如果 Servlet 不能估计出多长时间后它将恢复功能，可以传递一个负数或零给 seconds 参数。

- public int **getUnavailableSeconds**()

该方法返回 Servlet 预期的暂时不可用的秒数。如果返回一个负数，表明 Servlet 永久不可用或者不能估计出 Servlet 多长时间不可用。

- public boolean **isPermanent**()

该方法返回一个布尔值，用于指示 Servlet 是否是永久不可用。返回 true，表明 Servlet

永久不可用；返回 false，表明 Servlet 可用或者暂时不可用。

2.4 Servlet 生命周期

Servlet 运行在 Servlet 容器中，其生命周期由容器来管理。Servlet 的生命周期通过 javax.servlet.Servlet 接口中的 init()、service()和 destroy()方法来表示。

Servlet 的生命周期包含了下面 4 个阶段。

（1）加载和实例化

Servlet 容器负责加载和实例化 Servlet。当 Servlet 容器启动时，或者在容器检测到需要这个 Servlet 来响应第一个请求时，创建 Servlet 实例。当 Servlet 容器启动后，它必须要知道所需的 Servlet 类在什么位置，Servlet 容器可以从本地文件系统、远程文件系统或者其他的网络服务中通过类加载器加载 Servlet 类，成功加载后，容器创建 Servlet 的实例。因为容器通过 Java 的反射 API 来创建 Servlet 实例，调用的是 Servlet 的默认构造方法（即不带参数的构造方法），所以我们在编写 Servlet 类的时候，不应该提供带参数的构造方法。

（2）初始化

在 Servlet 实例化之后，容器将调用 Servlet 的 init()方法初始化这个对象。初始化的目的是为了让 Servlet 对象在处理客户端请求前完成一些初始化的工作，如建立数据库的连接，获取配置信息等。对于每一个 Servlet 实例，init()方法只被调用一次。在初始化期间，Servlet 实例可以使用容器为它准备的 ServletConfig 对象从 Web 应用程序的配置信息（在 web.xml 中配置）中获取初始化的参数信息。在初始化期间，如果发生错误，Servlet 实例可以抛出 ServletException 异常或者 UnavailableException 异常来通知容器。ServletException 异常用于指明一般的初始化失败，例如没有找到初始化参数；而 UnavailableException 异常用于通知容器该 Servlet 实例不可用。例如，数据库服务器没有启动，数据库连接无法建立，Servlet 就可以抛出 UnavailableException 异常，向容器指出它暂时或永久不可用。

（3）请求处理

Servlet 容器调用 Servlet 的 service()方法对请求进行处理。要注意的是，在 service()方法调用之前，init()方法必须成功执行。在 service()方法中，Servlet 实例通过 ServletRequest 对象得到客户端的相关信息和请求信息，在对请求进行处理后，调用 ServletResponse 对象的方法设置响应信息。在 service()方法执行期间，如果发生错误，Servlet 实例可以抛出 ServletException 异常或者 UnavailableException 异常。如果 UnavailableException 异常指示了该实例永久不可用，那么 Servlet 容器将调用实例的 destroy()方法，释放该实例。此后对该实例的任何请求，都将收到容器发送的 HTTP 404（请求的资源不可用）响应。如果 UnavailableException 异常指示了该实例暂时不可用，那么在暂时不可用的时间段内，对该实例的任何请求，都将收到容器发送的 HTTP 503（服务器暂时忙，不能处理请求）响应。

（4）服务终止

当容器检测到一个 Servlet 实例应该从服务中被移除的时候，容器就会调用实例的

destroy()方法，以便让该实例可以释放它所使用的资源，保存数据到持久存储设备中。当需要释放内存或者容器关闭时，容器就会调用 Servlet 实例的 destroy()方法。在 destroy()方法调用之后，容器会释放这个 Servlet 实例，该实例随后会被 Java 的垃圾收集器所回收。如果再次需要这个 Servlet 处理请求，Servlet 容器会创建一个新的 Servlet 实例。

在整个 Servlet 的生命周期过程中，创建 Servlet 实例、调用实例的 init()和 destroy()方法都只进行一次，当初始化完成后，Servlet 容器会将该实例保存在内存中，通过调用它的 service()方法，为接收到的请求服务。下面给出 Servlet 整个生命周期过程的 UML 序列图，如图 2-14 所示。

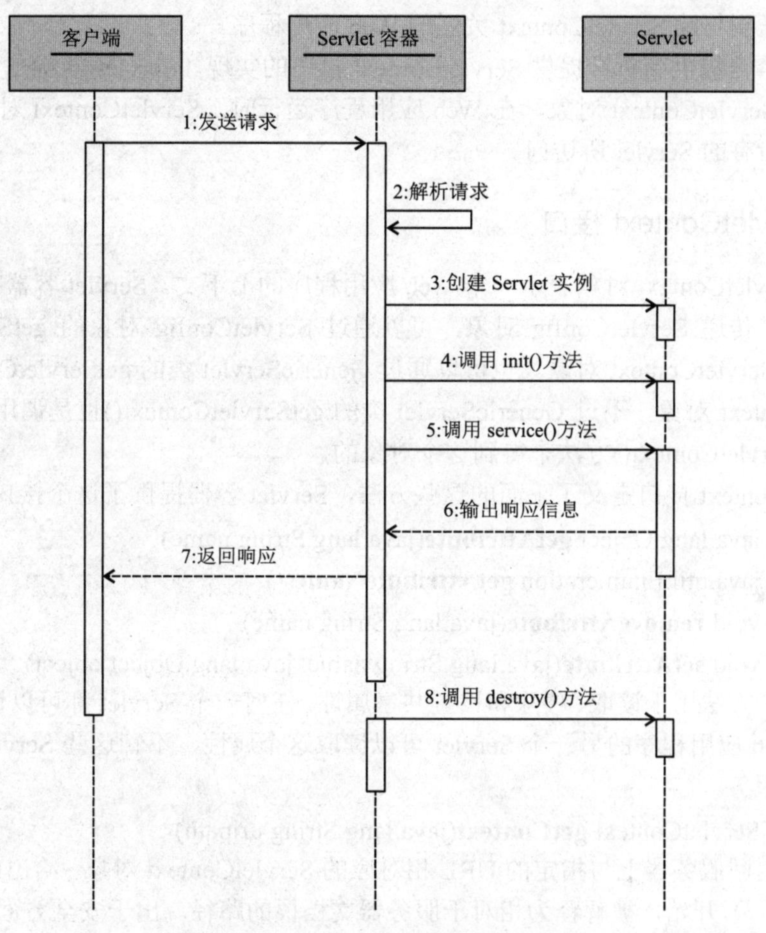

图 2-14 Servlet 在生命周期内为请求服务

提示　如果需要让 Servlet 容器在启动时即加载 Servlet，可以在 web.xml 文件中配置<load-on-startup>元素。具体配置方法，参见第 3.1 节。

2.5 Servlet 上下文

运行在 Java 虚拟机中的每一个 Web 应用程序都有一个与之相关的 Servlet 上下文。Java Servlet API 提供了一个 ServletContext 接口用来表示上下文。在这个接口中定义了一组方法，Servlet 可以使用这些方法与它的 Servlet 容器进行通信，例如，得到文件的 MIME 类型，转发请求，或者向日志文件中写入日志消息。

ServletContext 对象是 Web 服务器中的一个已知路径的根。对于本章的实例，Servlet 上下文被定位于 http://localhost:8080/ch02。以/ch02 请求路径（称为上下文路径）开始的所有请求被发送到与此 ServletContext 关联的 Web 应用程序。

Servlet 容器提供商负责提供 ServletContext 接口的实现。Servlet 容器在 Web 应用程序加载时创建 ServletContext 对象，在 Web 应用程序运行时，ServletContext 对象可以被 Web 应用程序中所有的 Servlet 所访问。

2.5.1 ServletContext 接口

一个 ServletContext 对象表示一个 Web 应用程序的上下文。Servlet 容器在 Servlet 初始化期间，向其传递 ServletConfig 对象，可以通过 ServletConfig 对象的 getServletContext()方法来得到 ServletContext 对象。也可以通过 GenericServlet 类的 getServletContext()方法得到 ServletContext 对象，不过 GenericServlet 类的 getServletContext()也是调用 ServletConfig 对象的 getServletContext()方法来得到这个对象的。

ServletContext 接口定义了下面的这些方法，Servlet 容器提供了这个接口的实现。

- public java.lang.Object **getAttribute**(java.lang.String name)
- public java.util.Enumeration **getAttributeNames**()
- public void **removeAttribute**(java.lang.String name)
- public void **setAttribute**(java.lang.String name, java.lang.Object object)

上面 4 个方法用于读取、移除和设置共享属性，任何一个 Servlet 都可以设置某个属性，而同一个 Web 应用程序的另一个 Servlet 可以读取这个属性，不管这些 Servlet 是否为同一个客户进行服务。

- public ServletContext **getContext**(java.lang.String uripath)

该方法返回服务器上与指定的 URL 相对应的 ServletContext 对象。给出的 uripath 参数必须以斜杠（/）开始，被解释为相对于服务器文档根的路径。出于安全方面的考虑，如果调用该方法访问一个受限制的 ServletContext 对象，那么该方法将返回 null。

- public String getContextPath()

该方法用于返回 Web 应用程序的上下文路径。上下文路径总是以斜杠（/）开头，但结束没有斜杠（/）。在默认（根）上下文中，这个方法返回空字符串（""）。

- public java.lang.String **getInitParameter**(java.lang.String name)
- public java.util.Enumeration **getInitParameterNames**()

可以为 Servlet 上下文定义初始化参数，这些参数被整个 Web 应用程序所使用。可以在部署描述符（web.xml）中使用<context-param>元素来定义上下文的初始化参数，上面两个方法用于访问这些参数。

- public int **getMajorVersion**()
- public int **getMinorVersion**()

上面两个方法用于返回 Servlet 容器支持的 Java Servlet API 的主版本和次版本号。例如，对于遵从 Servlet 2.4 版本的容器，getMajorVersion()方法返回 2，getMinorVersion()方法返回 4。

- public java.lang.String **getMimeType**(java.lang.String file)

该方法返回指定文件的 MIME 类型，如果类型是未知的，这个方法将返回 null。MIME 类型的检测是根据 Servlet 容器的配置，也可以在 Web 应用程序的部署描述符中指定。

- public RequestDispatcher **getRequestDispatcher**(java.lang.String path)

该方法返回一个 RequestDispatcher 对象，作为指定路径上的资源的封装。可以使用 RequestDispatcher 对象将一个请求转发（forward）给其他资源进行处理，或者在响应中包含（include）资源。要注意的是，传入的参数 path 必须以斜杠（/）开始，被解释为相对于当前上下文根（context root）的路径。

- public RequestDispatcher **getNamedDispatcher**(java.lang.String name)

该方法与 getRequestDispatcher()方法类似。不同之处在于，该方法接受一个在部署描述符中以<servlet-name>元素给出的 Servlet（或 JSP 页面）的名字作为参数。

- public java.lang.String **getRealPath**(java.lang.String path)

在一个 Web 应用程序中，资源用相对于上下文路径的路径来引用，这个方法可以返回资源在服务器文件系统上的真实路径（文件的绝对路径）。返回的真实路径的格式应该适合于运行这个 Servlet 容器的计算机和操作系统（包括正确的路径分隔符）。如果 Servlet 容器不能够将虚拟路径转换为真实的路径，这个方法将会返回 null。

- public java.net.URL **getResource**(java.lang.String path) throws java.net.MalformedURLException

该方法返回被映射到指定路径上的资源的 URL。传入的参数 path 必须以斜杠（/）开始，被解释为相对于当前上下文根（context root）的路径。这个方法允许 Servlet 容器从任何来源为 Servlet 生成一个可用的资源。资源可以是在本地或远程文件系统上，在数据库中，或者在 WAR 文件中。如果没有资源映射到指定的路径上，该方法将返回 null。

- public java.io.InputStream **getResourceAsStream**(java.lang.String path)

该方法与 getResource()方法类似，不同之处在于，该方法返回资源的输入流对象。另外，使用 getResourceAsStream()方法，元信息（如内容长度和内容类型）将丢失，而使用 getResource()方法，元信息是可用的。

- public java.util.Set **getResourcePaths**(java.lang.String path)

该方法返回资源的路径列表，参数 path 必须以斜杠（/）开始，指定用于匹配资源的部分路径。例如，一个 Web 应用程序包含了下列资源：

- /welcome.html
- /catalog/index.html
- /catalog/products.html

- /catalog/offers/books.html
- /catalog/offers/music.html
- /customer/login.jsp
- /WEB-INF/web.xml
- /WEB-INF/classes/com.acme.OrderServlet.class

如果调用 getResourcePaths("/")，则返回[/welcome.html, /catalog/, /customer/, /WEB-INF/]。如果调用 getResourcePaths("/catalog/")，则返回[/catalog/index.html, /catalog/products.html, /catalog/offers/]。

- public java.lang.String **getServerInfo()**

该方法返回运行 Servlet 容器的名称和版本。

- public java.lang.String **getServletContextName()**

该方法返回在部署描述符中使用<display-name>元素指定的对应于当前 ServletContext 的 Web 应用程序的名称。

- public void **log**(java.lang.String msg)
- public void **log**(java.lang.String message, java.lang.Throwable throwable)

ServletContext 接口提供了上面两个记录日志的方法，第一个方法用于记录一般的日志，第二个方法用于记录指定异常的栈跟踪信息。

2.5.2 页面访问量统计实例

有时候，我们可能需要统计 Web 站点上的一个特定页面的访问次数，考虑这样一个场景，你为了宣传一个产品，在某个门户网站花钱做了一个链接，你希望知道产品页面每天的访问量，借此了解广告的效果。要完成上述功能，可以使用 ServletContext 对象来保存访问的次数。我们知道一个 Web 应用程序只有一个 ServletContext 对象，而且该对象可以被 Web 应用程序中的所有 Servlet 所访问，因此使用 ServletContext 对象来保存一些需要在 Web 应用程序中共享的信息是再合适不过的了。

要在 ServletContext 对象中保存共享信息，可以调用该对象的 setAttribute()方法，要获取共享信息，可以调用该对象的 getAttribute()方法。针对本例，我们可以调用 setAttribute()方法将访问计数保存到上下文对象中，新增一次访问时，调用 getAttribute()方法从上下文对象中取出访问计数加 1，然后再调用 setAttribute()方法保存回上下文对象中。这个实例的开发主要有下列步骤。

Step1：编写 CounterServlet 类

在%CATALINA_HOME%\webapps\ch02\src 目录下新建 CounterServlet.java，代码如例 2-13 所示。

例 2-13 CounterServlet.java

```
package org.sunxin.ch02.servlet;

import java.io.IOException;
```

```
4. import java.io.PrintWriter;
5.
6. import javax.servlet.ServletContext;
7. import javax.servlet.ServletException;
8. import javax.servlet.http.HttpServlet;
9. import javax.servlet.http.HttpServletRequest;
10. import javax.servlet.http.HttpServletResponse;
11.
12. public class CounterServlet extends HttpServlet
13. {
14.     public void doGet(HttpServletRequest req, HttpServletResponse resp)
15.             throws ServletException, IOException
16.     {
17.         ServletContext context = getServletContext();
18.         Integer count = null;
19.         synchronized(context)
20.         {
21.             count = (Integer) context.getAttribute("counter");
22.             if (null == count)
23.             {
24.                 count = new Integer(1);
25.             }
26.             else
27.             {
28.                 count = new Integer(count.intValue() + 1);
29.             }
30.             context.setAttribute("counter", count);
31.         }
32.
33.         resp.setContentType("text/html;charset=gb2312");
34.         PrintWriter out = resp.getWriter();
35.
36.         out.println("<html><head>");
37.         out.println("<title>页面访问统计</title>");
38.         out.println("</head><body>");
39.         out.println("该页面已被访问了" + "<b>" + count + "</b>" + "次");
40.         out.println("</body></html>");
41.         out.close();
42.     }
43. }
```

在程序代码的第 17 行，调用 getServletContext()方法（从 GenericServlet 类间接继承而来）得到 Web 应用程序的上下文对象。为了避免线程安全的问题，我们在第 19 行使用 synchronized 关键字对 context 对象进行同步。第 21 行，调用上下文对象的 getAttribute()方法获取 counter 属性的值。第 21～29 行，判断 count 是否为 null，如果为 null，则将它的初始值设为 1。当这个 Servlet 第一次被访问的时候，在上下文对象中还没有保存 counter 属性，所以获取该属性的值将返回 null。如果 count 不为 null，则将 count 加 1。第 30 行，将 count 作为 counter 属性的值保存到 ServletContext 对象中。当下一次访问这个 Servlet 时，调用 getAttribute()方法取出 counter 属性的值不为 null，于是执行第 28 行的代码，将 count 加 1，此时 count 为 2，表明页面被访问了两次。

第 39 行，输出 count，显示该页面的访问次数。

Step2：编译 CounterServlet.java

打开命令提示符，进入%CATALINA_HOME%\webapps\ch02\src 目录，然后执行：

```
javac -d ..\WEB-INF\classes CounterServlet.java
```

在 WEB-INF\classes\org\sunxin\ch02\servlet 目录中生成类文件 CounterServlet.class。

Step3：部署 CounterServlet

编辑 WEB-INF 目录下的 web.xml 文件，添加对本例中的 Servlet 的配置，完整的内容如例 2-14 所示。

例 2-14　web.xml

```
<?xml version="1.0" encoding="UTF-8"?>
<web-app xmlns="http://xmlns.jcp.org/xml/ns/javaee"
  xmlns:xsi="http://www.w3.org/2001/XMLSchema-instance"
  xsi:schemaLocation="http://xmlns.jcp.org/xml/ns/javaee
                    http://xmlns.jcp.org/xml/ns/javaee/web-app_4_0.xsd"
  version="4.0">

   <servlet>
       <servlet-name>HelloWorldServlet</servlet-name>
       <servlet-class>
           org.sunxin.ch02.servlet.HelloWorldServlet </servlet-class>
   </servlet>

   <servlet-mapping>
       <servlet-name>HelloWorldServlet</servlet-name>
       <url-pattern>/helloworld</url-pattern>
   </servlet-mapping>


   <servlet>
       <servlet-name>WelcomeServlet</servlet-name>
       <servlet-class>
           org.sunxin.ch02.servlet.WelcomeServlet </servlet-class>

       <init-param>
           <param-name>greeting</param-name>
           <param-value>Welcome you</param-value>
       </init-param>
   </servlet>
```

```
    <servlet-mapping>
        <servlet-name>WelcomeServlet</servlet-name>
        <url-pattern>/welcome</url-pattern>
    </servlet-mapping>

    <servlet>
        <servlet-name>OutputInfoServlet</servlet-name>
        <servlet-class>
            org.sunxin.ch02.servlet.OutputInfoServlet </servlet-class>
    </servlet>

    <servlet-mapping>
        <servlet-name>OutputInfoServlet</servlet-name>
        <url-pattern>/info</url-pattern>
    </servlet-mapping>

    <servlet>
        <servlet-name>LoginServlet</servlet-name>
        <servlet-class>
            org.sunxin.ch02.servlet.LoginServlet </servlet-class>
    </servlet>

    <servlet-mapping>
        <servlet-name>LoginServlet</servlet-name>
        <url-pattern>/login</url-pattern>
    </servlet-mapping>

    <servlet>
        <servlet-name>CounterServlet</servlet-name>
        <servlet-class>
            org.sunxin.ch02.servlet.CounterServlet </servlet-class>
    </servlet>

    <servlet-mapping>
        <servlet-name>CounterServlet</servlet-name>
        <url-pattern>/product.html</url-pattern>
    </servlet-mapping>

</web-app>
```

新增加的内容以粗体显示，请读者注意，在 Servlet 映射中，我们为本例的 Servlet 指定的 URL 是/product.html，对用户来说，以为访问的是一个静态页面，利用部署描述符，可以向客户端屏蔽服务器端的实现细节。

Step4：访问 CounterServlet

启动 Tomcat 服务器，打开浏览器，在地址栏中输入 http://localhost:8080/ch02/product.html，

你将看到如图 2-15 所示的页面。

图 2-15　产品页面被访问一次

单击图 2-15 中的刷新按钮，你会看到访问的次数变为 2。再打开一个浏览器，输入：http://localhost: 8080/ch02/product.html，你会看到第二个浏览器中显示的访问次数是 3。交替刷新两个浏览器中的页面，可以看到访问次数也在交替增长，说明利用 ServletContext 保存属性，可以在多个客户端之间共享属性。但要注意的是，不同的 Web 应用程序具有不同的 Servlet 上下文，所以在不同的 Web 应用程序之间不能利用 ServletContext 来共享属性。另外还需要注意的是，访问次数在重启 Tomcat 服务器后，将重新从 1 开始，为了永久保存访问次数，可以将这个值保存到文件或数据库中。

2.6 请求转发

考虑生活中的一个场景，110 报警中心收到群众报警电话，根据报警的内容（报警地点、事情紧急程度），将报警请求交由不同的派出所进行处理。在这里，110 报警中心充当了一个调度员的角色，它负责将各种报警请求转发给实际的处理单位。这种处理模型的好处是：

① 给人们提供了统一的报警方式（拨打 110）。

② 另一方面，报警中心可以根据报案人所处的位置、派出所的地理位置与人员状况，合理调度资源，安排就近的派出所及时出警。

③ 报警中心并不处理具体的案件，缩短了对报警请求的响应时间。

在 Web 应用中，这种处理模型也得到了广泛的应用（参见第 10.2 节），这种调度员的角色通常由 Servlet 来充当，我们把这样的 Servlet 叫作控制器（Controller）。在控制器中，可以将请求转发（Request Dispatching）给另外一个 Servlet 或者 JSP 页面，甚至是静态的 HTML 页面，然后由它们进行处理并产生对请求的响应。要完成请求转发，就要用到 javax.servlet.RequestDispatcher 接口。

2.6.1 RequestDispatcher 接口

RequestDispatcher 对象由 Servlet 容器创建，用于封装一个由路径所标识的服务器资源。利用 RequestDispatcher 对象，可以把请求转发给其他的 Servlet 或 JSP 页面。在 RequestDispatcher 接口中定义了两种方法。

- public void **forward**(ServletRequest request, ServletResponse response) throws ServletException, java.io.IOException

该方法用于将请求从一个 Servlet 传递给服务器上的另外的 Servlet、JSP 页面或者是 HTML 文件。在 Servlet 中，可以对请求做一个初步的处理，然后调用这个方法，将请求传递给其他的资源来输出响应。要注意的是，这个方法必须在响应被提交给客户端之前调用，否则，它将抛出 IllegalStateException 异常。在 forward()方法调用之后，原先在响应缓存中的没有提交的内容将被自动清除。

- public void **include**(ServletRequest request, ServletResponse response) throws ServletException, java.io.IOException

该方法用于在响应中包含其他资源（Servlet、JSP 页面或 HTML 文件）的内容。和 forward()方法的区别在于：利用 include()方法将请求转发给其他的 Servlet，被调用的 Servlet 对该请求做出的响应将并入原先的响应对象中，原先的 Servlet 还可以继续输出响应信息。而利用 forward()方法将请求转发给其他的 Servlet，将由被调用的 Servlet 负责对请求做出响应，而原先 Servlet 的执行则终止。

2.6.2 得到 RequestDispatcher 对象

有三种方法可以得到 RequestDispatcher 对象。一是利用 ServletRequest 接口中的 getRequestDispatcher()方法：

- public RequestDispatcher **getRequestDispatcher**(java.lang.String path)

另外两种是利用 ServletContext 接口中的 getNamedDispatcher()和 getRequestDispatcher()方法：

- public RequestDispatcher **getRequestDispatcher**(java.lang.String path)
- public RequestDispatcher **getNamedDispatcher**(java.lang.String name)

可以看到 ServletRequest 接口和 ServletContext 接口各自提供了一个同名的方法 getRequestDispatcher()，那么这两个方法有什么区别呢？两个 getRequestDispatcher()方法的参数都是资源的路径名，不过 ServletContext 接口中的 getRequestDispatcher()方法的参数必须以斜杠（/）开始，被解释为相对于当前上下文根（context root）的路径。例如：/myservlet 是合法的路径，而../myservlet 是不合法的路径；而 ServletRequest 接口中的 getRequestDispatcher()方法的参数不但可以是相对于上下文根的路径，而且可以是相对于当前 Servlet 的路径。例如：/myservlet 和 myservlet 都是合法的路径，如果路径以斜杠（/）开始，则被解释为相对于当前上下文根的路径；如果路径没有以斜杠（/）开始，则被解释为相对于当前 Servlet 的路径。ServletContext 接口中的 getNamedDispatcher()方法则是以在部署描述符中给出的 Servlet（或 JSP 页面）的名字作为参数。

> 提示 调用 ServletContext 对象的 getContext()方法可以获取另一个 Web 应用程序的上下文对象，利用该上下文对象调用 getRequestDispatcher()方法得到的 RequestDispatcher 对象，可以将请求转发到另一个 Web 应用程序中的资源。但要注意的是，要跨 Web 应用程序访问资源，需要在当前 Web 应用程序的<context>元素的设置中，指定 crossContext 属性的值为 true。

2.6.3 请求转发的实例

在这个例子中，我们编写一个 PortalServlet，在这个 Servlet 中，首先判断访问用户是否已经登录，如果没有登录，则调用 RequestDispatcher 接口的 include()方法，将请求转发给 LoginServlet2（为了和第 2.2.3 节的 LoginServlet 区分），LoginServlet2 在响应中发送登录表单；如果已经登录，则调用 RequestDispatcher 接口的 forward()方法，将请求转发给 WelcomeServlet，向用户显示欢迎信息。实例的开发主要有下列步骤。

Step1：编写 PortalServlet 类

在%CATALINA_HOME%\webapps\ch02\src 目录下新建 PortalServlet.java，代码如例 2-15 所示。

例 2-15　PortalServlet.java

```
package org.sunxin.ch02.servlet;

import java.io.IOException;
import java.io.PrintWriter;

import javax.servlet.RequestDispatcher;
import javax.servlet.ServletContext;
import javax.servlet.ServletException;
import javax.servlet.http.HttpServlet;
import javax.servlet.http.HttpServletRequest;
import javax.servlet.http.HttpServletResponse;

public class PortalServlet extends HttpServlet
{
    public void doGet(HttpServletRequest req, HttpServletResponse resp)
            throws ServletException,IOException
    {
        resp.setContentType("text/html;charset=gb2312");

        PrintWriter out=resp.getWriter();

        out.println("<html><head><title>");
        out.println("登录页面");
        out.println("</title></head><body>");

        String name=req.getParameter("username");
        String pwd=req.getParameter("password");

        if("zhangsan".equals(name) && "1234".equals(pwd))
        {
            ServletContext context=getServletContext();
            RequestDispatcher rd=context.getRequestDispatcher("/welcome");
            rd.forward(req,resp);
        }
        else
        {
            RequestDispatcher rd=req.getRequestDispatcher("login2");
```

```
38.             rd.include(req,resp);
39.         }
40.         out.println("</body></html>");
41.         out.close();
42.     }
43.     public void doPost(HttpServletRequest req,HttpServletResponse resp)
44.                 throws ServletException,IOException
45.     {
46.         doGet(req,resp);
47.     }
48. }
```

为了比较 RequestDispatcher 的 forward()和 include()方法的区别，在 doGet()方法的开始和结尾处分别输出了一段 HTML 代码。第 22～24 行输出一段 HTML 代码，这段 HTML 代码和第 40 行输出的 HTML 代码组成了完整的 HTML 文档。第 26～27 行，从请求中获取用户名和密码。

> **注 意** 第 29 行是对用户名和密码进行判断的代码，在这里，我们使用了一个小技巧，即直接用"zhangsan"和"1234"这种字面量字符串调用 equals()方法来判断用户名和密码，这样，即使 name 和 pwd 为 null，程序也不会出错，判断仍然正常执行。在第 2.2.3 节的 LoginServlet 中，为了避免出现空指针异常，我们要先判断 name 和 pwd 是否为 null，而采用本例的这种方式，就不需要进行这样的判断了。

第 31～33 行，如果用户名和密码正确，则利用上下文对象的 getRequestDispatcher()方法得到 RequestDispatcher 对象，传入的路径参数必须以斜杠（/）开始，然后利用 forward()方法将请求转发给 welcome 这个 Servlet 处理。请读者注意，在 forward()方法调用之后，我们在第 22～24 行输出的 HTML 代码将自动被清除，执行的控制权将交给 welcome，在 doGet()方法中剩余的代码也不再执行。第 37～38 行，如果用户没有登录或者输入了错误的用户名或密码，则利用请求对象的 getRequestDispatcher()方法得到 RequestDispatcher 对象，传入的路径参数没有以斜杠（/）开始，表示相对于当前 Servlet 的路径，然后调用 include()方法将请求转发给 login2 这个 Servlet 处理，当 login2 对请求处理完毕后，执行的控制权回到 PortalServlet，将继续执行第 40～41 行的代码。

Step2：编写 LoginServlet2 类

在%CATALINA_HOME%\webapps\ch02\src 目录下新建 LoginServlet2.java，代码如例 2-16 所示。

例 2-16　LoginServlet2.java

```
package org.sunxin.ch02.servlet;

import java.io.IOException;
import java.io.PrintWriter;

import javax.servlet.ServletException;
```

```
7. import javax.servlet.http.HttpServlet;
8. import javax.servlet.http.HttpServletRequest;
9. import javax.servlet.http.HttpServletResponse;
10.
11. public class LoginServlet2 extends HttpServlet
12. {
13.     public void doGet(HttpServletRequest req, HttpServletResponse resp)
14.             throws ServletException,IOException
15.     {
16.
17.         resp.setContentType("text/html;charset=gb2312");
18.
19.         PrintWriter out=resp.getWriter();
20.
21.         out.println("<form method=post action=portal>");
22.
23.         out.println("<table>");
24.
25.         out.println("<tr>");
26.         out.println("<td>请输入用户名</td>");
27.         out.println("<td><input type=text name=username></td>");
28.         out.println("</tr>");
29.
30.         out.println("<tr>");
31.         out.println("<td>请输入密码</td>");
32.         out.println("<td><input type=password name=password></td>");
33.         out.println("</tr>");
34.
35.         out.println("<tr>");
36.         out.println("<td><input type=reset value=重填></td>");
37.         out.println("<td><input type=submit value=登录></td>");
38.         out.println("</tr>");
39.
40.         out.println("</table>");
41.         out.println("</form>");
42.     }
43.
44.     public void doPost(HttpServletRequest req,HttpServletResponse resp)
45.             throws ServletException,IOException
46.     {
47.         doGet(req,resp);
48.     }
49. }
```

代码的第 21～41 行，主要是输出一个登录的表单，因为在例 2-16 的 PortalServlet 中，已经输出了<html>、<head>、<title>和<body>元素，所以在这里就不需要再输出这些元素了，这里输出的表单将嵌入<body>元素的开始标签和结束标签之间。要注意，在 doGet()

方法的最后，不要调用 out.close()关闭输出流对象，因为一旦关闭，响应将被提交，那么在 PortalServlet 中调用 include()方法之后的代码将不再有效。

Step3：编译 PortalServlet.java 和 LoginServlet2.java

打开命令提示符，进入%CATALINA_HOME%\webapps\ch02\src 目录，然后执行：

```
javac -d ..\WEB-INF\classes PortalServlet.java
javac -d ..\WEB-INF\classes LoginServlet2.java
```

在 WEB-INF\classes\org\sunxin\ch02\servlet 目录中生成类文件 PortalServlet.class 和 LoginServlet2.class。

Step4：部署 PortalServlet 和 LoginServlet2

编辑 WEB-INF 目录下的 web.xml 文件，添加对本例中的 Servlet 的配置，完整的内容如例 2-17 所示。

例 2-17　web.xml

```
<?xml version="1.0" encoding="UTF-8"?>
<web-app xmlns="http://xmlns.jcp.org/xml/ns/javaee"
  xmlns:xsi="http://www.w3.org/2001/XMLSchema-instance"
  xsi:schemaLocation="http://xmlns.jcp.org/xml/ns/javaee
                http://xmlns.jcp.org/xml/ns/javaee/web-app_4_0.xsd"
  version="4.0">

    <servlet>
        <servlet-name>HelloWorldServlet</servlet-name>
        <servlet-class>
            org.sunxin.ch02.servlet.HelloWorldServlet </servlet-class>
    </servlet>

    <servlet-mapping>
        <servlet-name>HelloWorldServlet</servlet-name>
        <url-pattern>/helloworld</url-pattern>
    </servlet-mapping>

    <servlet>
        <servlet-name>WelcomeServlet</servlet-name>
        <servlet-class>
            org.sunxin.ch02.servlet.WelcomeServlet </servlet-class>

        <init-param>
            <param-name>greeting</param-name>
            <param-value>Welcome you</param-value>
        </init-param>
    </servlet>

    <servlet-mapping>
        <servlet-name>WelcomeServlet</servlet-name>
```

```
        <url-pattern>/welcome</url-pattern>
    </servlet-mapping>

    <servlet>
        <servlet-name>OutputInfoServlet</servlet-name>
        <servlet-class>
            org.sunxin.ch02.servlet.OutputInfoServlet </servlet-class>
    </servlet>

    <servlet-mapping>
        <servlet-name>OutputInfoServlet</servlet-name>
        <url-pattern>/info</url-pattern>
    </servlet-mapping>

    <servlet>
        <servlet-name>LoginServlet</servlet-name>
        <servlet-class>
            org.sunxin.ch02.servlet.LoginServlet </servlet-class>
    </servlet>

    <servlet-mapping>
        <servlet-name>LoginServlet</servlet-name>
        <url-pattern>/login</url-pattern>
    </servlet-mapping>

    <servlet>
        <servlet-name>CounterServlet</servlet-name>
        <servlet-class>
            org.sunxin.ch02.servlet.CounterServlet </servlet-class>
    </servlet>

    <servlet-mapping>
        <servlet-name>CounterServlet</servlet-name>
        <url-pattern>/product.html</url-pattern>
    </servlet-mapping>

    <servlet>
        <servlet-name>PortalServlet</servlet-name>
        <servlet-class>
            org.sunxin.ch02.servlet.PortalServlet </servlet-class>
    </servlet>

    <servlet-mapping>
        <servlet-name>PortalServlet</servlet-name>
        <url-pattern>/portal</url-pattern>
    </servlet-mapping>

    <servlet>
        <servlet-name>LoginServlet2</servlet-name>
```

```
        <servlet-class>
            org.sunxin.ch02.servlet.LoginServlet2 </servlet-class>
    </servlet>

    <servlet-mapping>
        <servlet-name>LoginServlet2</servlet-name>
        <url-pattern>/login2</url-pattern>
    </servlet-mapping>

</web-app>
```

新增加的内容以粗体显示，在本例中用到的第 2.2.1 节的 WelcomeServlet 的配置内容以斜体显示。

Step5：访问 PortalServlet

图 2-16　访问 PortalServlet 显示用户登录页面

启动 Tomcat 服务器，打开浏览器，在地址栏中输入 http://localhost:8080/ch02/portal，你将看到如图 2-16 所示的页面。

因为在第一次访问时，用户还没有登录，因此 PortalServlet 会先输出一部分 HTML 代码，然后利用 RequestDispatcher 对象的 include()方法调用 LoginServlet2 对请求进行响应，LoginServlet2 输出登录表单后，PortalServlet 继续输出剩余的 HTML 代码，最后关闭输出流对象，提交响应。我们可以单击浏览器菜单栏上的【查看】菜单，选择【源文件】，或者在页面上单击鼠标右键，在弹出的快捷菜单中选择【查看源文件】，就可以看到此次响应输出的 HTML 代码。

在登录表单中输入用户名 zhangsan 和密码 1234，单击“登录”提交按钮，你将看到如图 2-17 所示的页面。

localhost:8080/ch02/portal

Welcome you, zhangsan

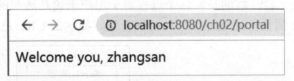

图 2-17　登录成功后，PortalServlet 经由 WelcomeServlet 发回的欢迎信息

当用户输入了正确的用户名和密码时，PortalServlet 利用 forward()方法将请求转发给 WelcomeServlet 进行处理，而 WelcomeServlet 向用户发回了欢迎信息。在 PortalServlet 中调用 forward()方法之前输出的没有提交的 HTML 代码被清除，而在调用 forward()方法之后，执行的控制权转到 WelcomeServlet，PortalServlet 中剩余的代码也不再有效。为了验证 PortalServlet 输出的 HTML 代码确实被清除了，读者可以查看欢迎页面的源代码，就可以证实这一点。

请读者注意图 2-16 和图 2-17 中浏览器的地址栏部分，可以看到不管对请求进行处理的是哪一个 Servlet，在地址栏中始终显示的是：http://localhost:8080/ch02/portal。

2.6.4 sendRedirect()和 forward()方法的区别

HttpServletResponse 接口的 sendRedirect()方法和 RequestDispatcher 接口的 forward()方法都可以利用另外的资源（Servlet、JSP 页面或 HTLM 文件）来为客户端进行服务，但是这两种方法有着本质上的区别。

下面分别给出了 sendRedirectt()方法和 forward()方法的工作原理图，如图 2-18 和图 2-19 所示。

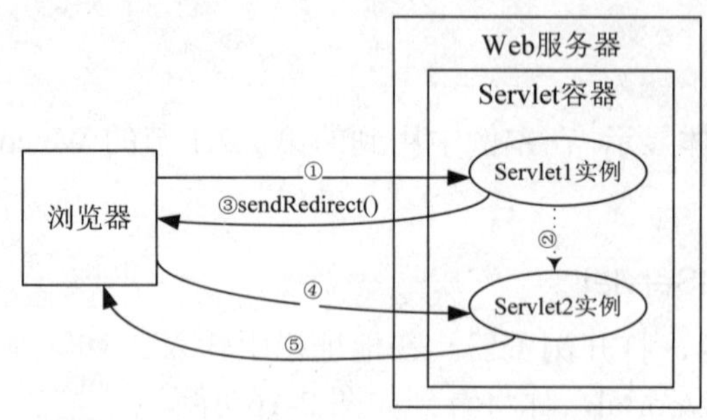

图 2-18　sendRedirect()方法的工作原理图

图 2-18 的交互过程如下：

① 浏览器访问 Servlet1。

② Servlet1 想让 Servlet2 为客户端服务。

③ Servlet1 调用 sendRedirect()方法，将客户端的请求重定向到 Servlet2。

④ 浏览器访问 Servlet2。

⑤ Servlet2 对客户端的请求做出响应。

从图 2-18 中的交互过程可以看出，调用 sendRedirect()方法，实际上是告诉浏览器 Servlet2 所在的位置，让浏览器重新访问 Servlet2。调用 sendRedirect()方法，会在响应中设置 Location 响应报头。要注意的是，这个过程对于用户来说是透明的，浏览器会自动完成新的访问。从图 2-12 浏览器的地址栏中，可以看到，显示的 URL 是重定向之后的 URL。

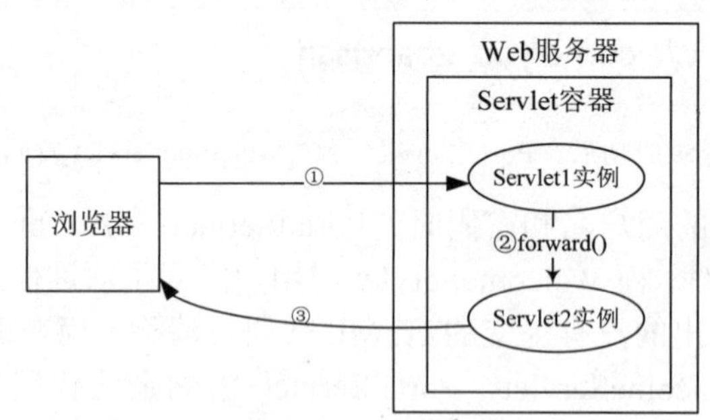

图 2-19　forward()方法的工作原理图

图 2-19 的交互过程如下：

① 浏览器访问 Servlet1。

② Servlet1 想让 Servlet2 对客户端的请求进行响应，于是调用 forward()方法，将请求

转发给 Servlet2 进行处理。

③ Servlet2 对请求做出响应。

从图 2-19 中的交互过程可以看出，调用 forward()方法，对浏览器来说是透明的，浏览器并不知道为其服务的 Servlet 已经换成 Servlet2 了，它只知道发出了一个请求，获得了一个响应。从图 2-16 和图 2-17 浏览器的地址栏中可以看到，显示的 URL 始终是原始请求的 URL。

sendRedirect()方法和 forward()方法还有一个区别，那就是 sendRedirect()方法不但可以在位于同一主机上的不同 Web 应用程序之间进行重定向，而且可以将客户端重定向到其他服务器上的 Web 应用程序资源。

2.7 小结

本章内容较多，首先介绍了 Servlet API 中的主要接口及其实现类，包括与 Servlet 实现相关的 Servlet 接口、GenericServlet 抽象类和 HttpServlet 抽象类，与请求和响应相关的 ServletRequest 接口、ServletResponse 接口、HttpServletRequest 接口和 HttpServletResponse 接口，与 Servlet 配置相关的 ServletConfig 接口，并通过 4 个实例帮助读者更好地理解这些接口与类的作用与用法。

其次，我们介绍了 Servlet 中的异常类：ServletException 类和 UnavailableException 类，UnavailableException 类是 ServletException 类的子类，在后面的章节中，我们会通过具体的例子来演示这些异常类的用法。

再次，介绍了 Servlet 生命周期，Servlet 的生命周期包括加载和实例化、初始化、请求处理、服务终止 4 个阶段，在编写 Servlet 时，要根据 Servlet 的生命周期，来安排程序功能的实现位置，例如，资源的分配与初始化可以放到 init()方法中，主要的请求处理代码可以放到相应的 doXXX()方法中，资源的释放可以放到 destroy()方法中。

然后，我们介绍了 Servlet 上下文，每一个 Web 应用程序都有一个与之相关的 Servlet 上下文。Java Servlet API 提供了一个 ServletContext 接口用来表示上下文，ServletContext 对象是 Web 应用程序的运行时表示，ServletContext 对象可以被 Web 应用程序中所有的 Servlet 所访问，利用 ServletContext 对象可以在多个客户端之间、多个 Servlet 之间（要求在同一个 Web 应用程序下）共享属性。

最后，我们介绍了请求转发。利用 RequestDispatcher 对象，可以把请求转发给其他的 Servlet 或 JSP 页面。读者要了解 RequestDispatcher 接口的 forward()方法和 include()方法的区别，掌握 HttpServletResponse 对象的 sendRedirect()方法和 RequestDispatcher 对象的 forward()方法的工作原理。在实际应用中，可以根据具体的情况，合理利用这两种方法来完成业务需求。

第 3 章

Web 应用程序的部署

本章要点

- 掌握配置任意目录下的 Web 应用程序
- 掌握以 WAR 文件的形式发布 Web 应用程序
- 掌握与 Servlet 配置相关的元素的使用

Web 应用程序的开发分为设计开发与配置部署两个阶段。通过部署，实现了组件与组件之间的松耦合，降低了 Web 应用程序的维护难度。

3.1 配置任意目录下的 Web 应用程序

一个 Web 容器可以运行多个 Web 应用程序，每个 Web 应用程序都有一个唯一的上下文根，上下文根如何部署是和具体的 Web 容器相关的。对于 Tomcat 来说，%CATALINA_HOME%\webapps 目录下的每一个子目录都是一个独立的 Web 应用程序，这个子目录的名字就是这个 Web 应用程序的上下文根。例如，第 2 章的 Web 应用程序位于%CATALINA_HOME%\webapps\ch02 目录，上下文根就是 ch02。

在部署和访问 Web 应用程序时，通过上下文路径（context path）来区分不同的 Web 应用程序。上下文路径以斜杠（/）开头，但结束没有斜杠（/）。在默认上下文中，这个路径将是空字符串("")。例如：/ch02 是第 2 章的 Web 应用程序的上下文路径，凡是发往/ch02 路径的请求，都会交由这个路径下的 Web 应用程序的资源来进行响应。

在第 2 章中，我们将开发的 Web 应用程序放在了%CATALINA_HOME%\webapps 目录下，当 Tomcat 启动时，会自动加载 webapps 目录下的 Web 应用程序，所以在这个目录下的 Web 应用程序不需要进行其他的配置就可以直接访问了。但是，我们在开发的时候，经常会建立自己的开发目录，在开发阶段完成后，才进入正式的产品部署阶段。如果在每次完成一个功能，需要测试运行的时候，都将文件复制到 webapps 目录下对应的 Web 应用程序目录中，那就未免太烦琐了。我们知道，在 Web 服务器中可以配置虚拟目录，而虚拟目录所对应的真实目录可以在任何路径下。同样地，在 Tomcat 中，也有类似的配置，这主要是在 XML 配置文件中通过<Context>元素的设置来完成的。一个<Context>元素就表示一个 Web 应用程序，运行在特定的虚拟主机中。

<Context>元素的常用属性如表 3-1 所示。

表 3-1 <Context>元素的常用属性

属性	描述
className	指定实现了 org.apache.catalina.Context 接口的类名。如果没有指定类名，将使用标准的实现。标准的实现类是 org.apache. catalina.core.StandardContext
cookies	指示是否将 Cookie 应用于 Session，默认值是 true
crossContext	如果设置为 true，在应用程序内部调用 ServletContext.getContext()将成功返回运行在同一个虚拟主机中的其他 Web 应用程序的请求调度器。在注重安全的环境中，将该属性设为 false，那么 getContext()将总是返回 null。默认值是 false
docBase	指定 Web 应用程序的文档基目录或者 WAR 文件的路径名。可以指定目录的或 WAR 文件的绝对路径名，也可以指定相对于 Host 元素的 appBase 目录的路径名。**该属性是必需的**
path	指定 Web 应用程序的上下文路径。在一个特定的虚拟主机中，所有的上下文路径都必须是唯一的。**如果指定一个上下文路径为空字符串（""），则定义了这个虚拟主机的默认 Web 应用程序，负责处理所有的没有分配给其他 Web 应用程序的请求**
reloadable	如果设置为 ture，Tomcat 服务器在运行时，会监视 WEB-INF/classes 和 WEB-INF/lib 目录下类的改变，如果发现有类被更新，Tomcat 服务器将自动重新加载该 Web 应用程序。这个特性在应用程序的开发阶段非常有用，但是它需要额外的运行时开销，所以在产品发布时不建议使用。该属性的默认值是 false
unpackWAR	如果为 true，Tomcat 在运行 Web 应用程序前将展开所有压缩的 Web 应用程序。默认值是 true

<Context>元素是<Host>元素的子元素，可以在%CATALINA_HOME%\conf\server.xml 文件中设置 Context 元素。例如，针对第 2 章的 Web 应用程序，可以做如下配置：

```
<Host name="localhost" appBase="webapps"
      unpackWARs="true" autoDeploy="true"
      xmlValidation="false" xmlNamespaceAware="false">

      <Context path="/ch02" docBase="ch02" reloadable="true"/>
  ...
</Host>
```

在<Context>元素中使用的属性的含义在表 3-1 中已经列出了，这里就不再赘述了。

在 Tomcat 中，我们还可以把<Context>元素放在下列位置的文件中。

① %CATALINA_HOME%\conf\context.xml 文件，在这个文件中设置的信息将被所有的 Web 应用程序所加载。

② %CATALINA_HOME%\conf\[enginename]\[hostname]\context.xml.default 文件，[enginename]表示的是在 server.xml 文件中设置的<Engine>元素的 name 属性的值，[hostname]表示的是在 server.xml 文件中设置的<Host>元素的 name 属性的值，关于 servet.xml 文件的详细信息，可以参看附录 C。在笔者的机器上，%CATALINA_HOME%\ conf\server.xml 文件中<Engine>

元素的 name 属性的值是 Catalina，<Host>元素的 name 属性的值是 localhost，你可以在%CATALINA_HOME%\conf 目录下依次创建 Catalina\localhost 文件夹，然后在 localhost 目录下新建 context.xml.default 文件，在这个文件中设置的信息将被属于该虚拟主机的所有 Web 应用程序所加载。

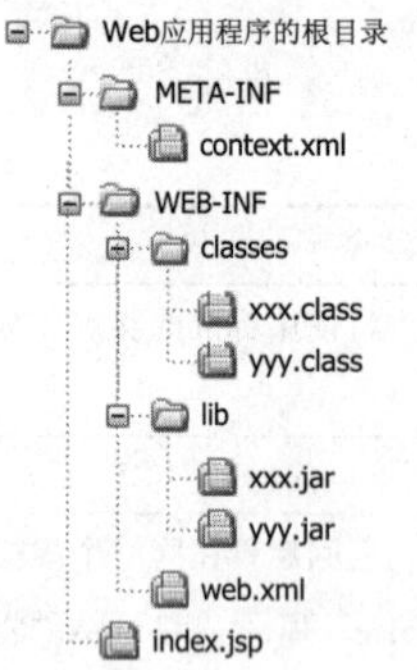

图 3-1　包含 META-INF 子目录的 Web 应用程序目录层次结构

③ 可以为一个 Web 应用程序建立%CATALINA_HOME%\conf\[enginename]\ [hostname]\xxx.xml 文件，在这个 XML 文件中，<Context>元素的 docBase 属性通常是 Web 应用程序目录的绝对路径名，或者是 Web 应用程序归档文件的绝对路径名。

④ 在 Web 应用程序的目录结构中增加 META-INF\context.xml 文件。包含 META-INF 子目录的 Web 应用程序的目录层次结构如图 3-1 所示。

在%CATALINA_HOME%\webapps 目录下的 Web 应用程序，如果没有在任何文件中设置<Context>元素，那么 Tomcat 将为这个 Web 应用程序自动生成<Context>元素。自动生成的<Context>元素的上下文路径将以斜杠（/）开始，后面紧跟 Web 应用程序所在目录的名字，**如果目录的名字是 ROOT，那么上下文路径将是一个空字符串（""）**。所以在%CATALINA_HOME%\webapps 目录下的 Web 应用程序可以不经配置而直接使用。

提 示　在%CATALINA_HOME%\webapps 目录下有一个 ROOT 目录，Tomcat 为 ROOT 目录生成的<Context>元素的上下文路径是空字符串（""），而我们知道，如果一个 Web 应用程序的上下文路径是空字符串（""），则这个 Web 应用程序将作为虚拟主机的默认 Web 应用程序，负责处理所有的没有分配给其他 Web 应用程序的请求，这也就是为什么我们访问 http://localhost:8080/ 时，访问的是%CATALINA_HOME%\webapps\ROOT 目录下的资源。

如果我们想将开发的目录直接配置成 Web 应用程序运行的目录，而不是将这个目录复制到%CATALINA_HOME%\webapps 目录下，可以在两处地方进行配置。例如，在笔者的机器上，本章的例子程序所在目录是 F:\JSPLesson\ch03，为了可以直接在这个目录下运行 Web 应用程序，我们编辑%CATALINA_HOME%\conf\server.xml 文件，设置<Context>元素，如例 3-1 所示。

例 3-1　在 server.xml 中设置<Context>元素

```
<Host name="localhost" appBase="webapps"
      unpackWARs="true" autoDeploy="true"
      xmlValidation="false" xmlNamespaceAware="false">

      <Context
path="/ch03"docBase="F:\JSPLesson\ch03"reloadable="true"/>
   …
</Host>
```

使用 docBase 属性指定 Web 应用程序的真实路径。**将属性 reloadable 设置为 true，Tomcat 在运行时会自动监测 Servlet 类的改动，如果发现有类被更新，Tomcat 服务器将自动重新加载该 Web 应用程序**。这样，在开发时，我们就不需要频繁重启 Tomcat 了。读者可以将 ch03 目录按照 Web 应用程序的目录层次结构建好，然后编写一个简单的输出"Hello World"的 Servlet 进行测试，步骤和第 2 章的实例程序的编写步骤是一样的。

此外，我们还可以在%CATALINA_HOME%\conf 目录下依次创建 Catalina\localhost 目录，然后在 localhost 目录下为 ch03 这个 Web 应用程序建立 ch03.xml 文件，编辑这个文件，输入如例 3-2 所示的内容。

例 3-2　ch03.xml

```
<Context path="/ch03" docBase="F:\JSPLesson\ch03" reloadable="true"/>
```

读者可以用自己编写的 Servlet 类进行测试，在测试之前，要先把 server.xml 文件中设置的<Context>元素删除或注释起来。

从 Tomcat 5 开始，不建议直接在 server.xml 文件中配置<Context>元素，因为 server.xml 文件作为 Tomcat 的主要配置文件，一旦 Tomcat 启动后，就不会再读取这个文件，因此你无法在 Tomcat 服务器启动时发布 Web 应用程序。如果在其他地方配置<Context>元素，那么在 Tomcat 运行时，也可以发布 Web 应用程序。

> 提示　从 Tomcat 5.5 开始，在%CATALINA_HOME%\conf\[enginename]\ [hostname]\ 目录下创建 XML 配置文件来配置 Web 应用程序，Tomcat 将以 XML 文件的文件名作为 Web 应用程序的上下文路径，而不管你在<Context>元素的 path 属性中指定的上下文路径是什么。例如，文件名是 ch03.xml，<Context>元素的 path 属性设置为 /hello，那么执行 http://localhost:8080/hello/helloworld 将提示 HTTP 404 错误，如果执行 http://localhost:8080/ch03/helloworld 将显示正确的输出信息。而在 Tomcat 5.5 之前的版本则是以<Context>元素的 path 属性的值作为上下文的路径。
>
> 由于在 Tomcat 5.5 之后的版本是以 XML 配置文件的文件名作为 Web 应用程序的上下文路径的，因此在配置<Context>元素时，可以不使用 path 属性。

> 提示　%CATALINA_HOME%\conf\web.xml 为运行在同一个 Tomcat 实例中的所有 Web 应用程序定义了默认值。当 Tomcat 加载一个 Web 应用程序的时候，首先读取这个文件，然后再读取 Web 应用程序目录下的 WEB-INF/web.xml 文件。

3.2　WAR 文件

如果一个 Web 应用程序的目录和文件非常多，那么将这个 Web 应用程序部署到另一台机器上，就不是很方便了，我们可以将 Web 应用程序打包成 Web 归档（WAR）文件，这个过程和把 Java 类文件打包成 JAR 文件的过程类似。利用 WAR 文件，可以把 Servlet 类文件和相关的资源集中在一起进行发布。在这个过程中，Web 应用程序就不是按照目录层次结构来进行部署的了，而是把 WAR 文件作为部署单元来使用。

一个 WAR 文件就是一个 Web 应用程序，建立 WAR 文件，就是把整个 Web 应用程序（不包括 Web 应用程序层次结构的根目录）压缩起来，指定一个.war 扩展名。下面我们将第 2 章的 Web 应用程序打包成 WAR 文件，然后发布。WAR 文件的创建与 JAR 文件的创建使用相同的命令。

打开命令提示符，进入%CATALINA_HOME%\webapps\ch02\目录，执行下面的命令：

```
jar -cvf ch02.war *
```

这个命令将 ch02 目录下所有的子目录和文件都打包成一个名为 ch02.war 的归档文件。如果不想包含 src 目录和 Java 源文件（在发布时不应该把 Java 源文件包含到 WAR 文件中），可以执行下面的命令：

```
jar -cvf ch02.war *.html WEB-INF/
```

要查看 WAR 文件的内容，可以执行下面的命令：

```
jar -tf ch02.war
```

这个命令将列出 WAR 文件的内容，或者用 7-Zip 等解压缩工具软件查看 ch02.war 文件的内容，如图 3-2 所示。

D:\OpenSource\apache-tomcat-9.0.14\webapps\ch02\ch02.war\

名称	大小	压缩后大小	修改时间
META-INF	69	68	2019-01-11 15:34
WEB-INF	13 523	6 521	2019-01-11 11:42
login.html	691	241	2008-05-03 10:22
success.html	135	85	2019-01-11 12:56
welcome.html	277	178	2019-01-11 12:09

图 3-2　使用 7-Zip 查看 ch02.war 文件

如果修改了某个 Servlet 类文件，需要替换 WAR 文件中的旧文件，可以执行下面的命令：

```
jar -uf ch02.war WEB-INF/classes/org/sunxin/ch02/servlet/LoginServlet.
class
```

当然你也可以利用解压缩软件来更新压缩包中的文件。

如果我们将 ch02.war 文件放到%CATALINA_HOME%\webapps 目录下，在 Tomcat 启动时，会自动解压这个 WAR 文件，按照打包前的目录层次结构生成与 WAR 文件的文件名同名的目录 ch02 及下面的子目录和文件。读者可以自己动手做一下实验，先删除在%CATALINA_HOME%\webapps 目录下的 ch02 目录，然后将 ch02.war 文件复制到%CATALINA_HOME%\webapps 目录下，启动 Tomcat，你会看到在 webapps 目录下新产生了一个 ch02 目录。

当然，我们也可以直接从 WAR 文件运行 Web 应用程序，打开%CATALINA_HOME%\conf\server. xml 文件，找到<Host>元素的配置处，如下所示：

```
<Host name="localhost"  appBase="webapps"
        unpackWARs="true" autoDeploy="true">
...
```

将 unpackWARs 属性的值设置为 false，这样，Tomcat 将直接运行 WAR 文件。关于<Host>元素各属性的含义，请参看附录 C 或 Tomcat 的文档。

删除 Tomcat 产生的目录 ch02，重新启动 Tomcat，查看%CATALINA_HOME%\webapps 目录，可以看到这次没有产生 ch02 目录，打开浏览器，输入以前访问过的 URL 进行测试。

在建立 WAR 文件之前，需要建立正确的 Web 应用程序的目录层次结构。

- 建立 WEB-INF 子目录，并在该目录下建立 classes 与 lib 两个子目录。
- 将 Servlet 类文件放到 WEB-INF\classes 目录下，将 Web 应用程序所使用的 Java 类库文件（即 JAR 文件）放到 WEB-INF\lib 目录下。
- 建立 web.xml 文件，放到 WEB-INF 目录下。
- 根据 Web 应用程序的需求，将 JSP 页面或静态 HTML 页面放到上下文根路径下或其子目录下。
- 如果有需要，建立 META-INF 目录，并在该目录下建立 context.xml 文件。

只有在确保这些工作后都完成后，才能开始建立 WAR 文件。

要注意的是，虽然 WAR 文件和 JAR 文件的文件格式是一样的，并且都是使用 jar 命令来创建的，但就其应用来说，WAR 文件和 JAR 文件是有根本区别的。JAR 文件的目的是把类和相关的资源封装到压缩的归档文件中，而对于 WAR 文件来说，一个 WAR 文件代表了一个 Web 应用程序，它可以包含 Servlet、HTML 页面、Java 类、图像文件，以及组成 Web 应用程序的其他资源，而不仅仅是类的归档文件。

我们应该什么时候使用 WAR 文件呢？在开发阶段不适合使用 WAR 文件，因为在开发阶段，经常需要添加或删除 Web 应用程序的内容，更新 Servlet 类文件，而在每一次改动后，重新建立 WAR 文件都将是一件浪费时间的事情。在产品发布阶段，使用 WAR 文件是比较合适的，因为在这个时候，几乎不需要再做什么改动了。

> **提示**　在开发阶段，我们通常将 Servlet 源文件放到 Web 应用程序目录的 src 子目录下，以便和 Web 资源文件区分。在建立 WAR 文件时，只需要将 src 目录从 Web 应用程序目录中移走，就可以打包了。

3.3 与 Servlet 配置相关的元素

3.3.1 <servlet>元素及其子元素

在 web.xml 文件中，<servlet>元素及其可以包含的子元素如图 3-3 所示。

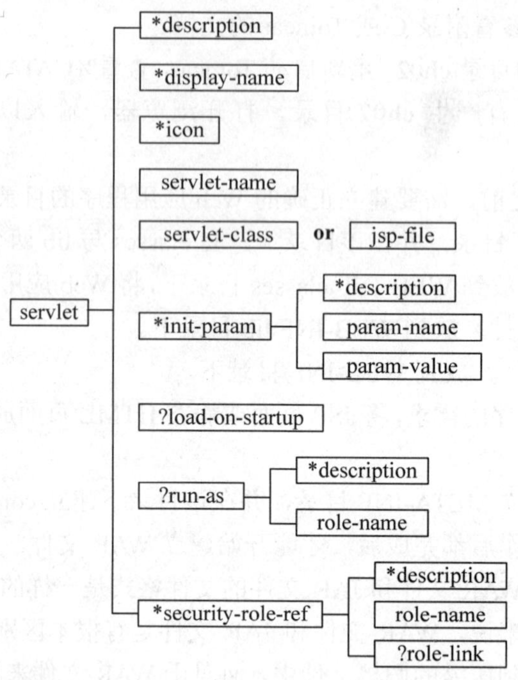

图 3-3 <servlet>元素及其子元素

图 3-3 中的*表示可以有零个或多个子元素，?表示可以有零个或一个子元素，除此之外的元素为必备的元素。下面我们对<servlet>元素的各个子元素的含义做一个说明。

1）<description>

为 Servlet 指定一个文本描述。

2）<display-name>

为 Servlet 指定一个简短的名字，这个名字可以被某些工具所显示。

3）<icon>

为 Servlet 指定一个图标。这个图标可以在一些图形界面工具中用于表示该 Servlet。

4）<servlet-name>

指定 Servlet 的名字，这个名字在同一个 Web 应用程序中必须是唯一的。这个元素在第 2 章的例子中已经使用过。

5）<servlet-class>

指定 Servlet 类的完整限定名。这个元素在第 2 章的例子中也已经使用过。

6）<jsp-file>

指定在 Web 应用程序中的 JSP 文件的完整路径，该路径以斜杠（/）开始。如果要对一个 JSP 文件做 URL 映射，就会用到这个元素。

7）<init-param>

定义 Servlet 的初始化参数。如果使用了<init-param>元素，则必须包含<param-name>和<param-value>元素，可以包含零个或多个<description>元素。

- <description>

为初始化参数提供一个文本描述。

- <param-name>

定义初始化参数的名字。

- <param-value>

定义初始化参数的值。

8）<load-on-startup>

指定当 Web 应用程序启动时，Servlet 被加载的次序。元素的内容必须是一个整数，如果这个值是一个负数，或者没有设定这个元素，那么 Servlet 容器将在客户端首次请求这个 Servlet 时加载它；如果这个值是正数或 0，那么容器将在 Web 应用程序部署时加载和初始化这个 Servlet，并且先加载数值小的 Servlet，后加载数值大的 Servlet。如果某个 Servlet 需要在其他 Servlet 被加载之前加载，可以在部署描述符中使用这个元素。如果<servlet>元素包含了<jsp-file>元素和<load-on-startup>元素，则 JSP 文件将被预编译并加载。

9）<run-as>

指定用于执行组件的角色。如果使用了<run-as>元素，则可以包含零个或多个<description>元素，且必须包含<role-name>元素。

- <description>

指定一个文本描述。

- <role-name>

指定用于执行组件的角色名。

10）<security-role-ref>

声明在组件或部署的组件的代码中的安全角色引用。如果使用了<security-role-ref>元素，则必须包含<role-name>元素，可以包含零个或多个<description>元素，以及零个或一个<role-link>元素。

- <description>

为安全角色引用提供一个文本描述。

- <role-name>

指定在代码中使用的安全角色的名字。

- <role-link>

指定到一个安全角色的引用。

3.3.2 <servlet-mapping>元素及其子元素

<servlet-mapping>元素在 Servlet 和 URL 样式之间定义一个映射。它包含了两个子元素<servlet- name>和<url-pattern>，<servlet-name>元素给出的 Servlet 名字必须是在<servlet>元素中声明过的 Servlet 的名字。<url-pattern>元素指定对应于 Servlet 的 URL 路径，该路径是相对于 Web 应用程序上下文根的路径。例如：

```
<servlet-mapping>
   <servlet-name>helloworld</servlet-name>
   <url-pattern>/hello</url-pattern>
</servlet-mapping>
```

> 提示 从 Servlet 2.5 规范开始，允许<servlet-mapping>的<url-pattern>子元素出现多次，之前的规范只允许一个<servlet-mapping>元素包含一个<url-pattern>子元素。

我们看下面的例子：

```
<servlet-mapping>
    <servlet-name>welcome</servlet-name>
    <url-pattern>/en/welcome</url-pattern>
    <url-pattern>/zh/welcome</url-pattern>
</servlet-mapping>
```

在配置了 Servlet 与 URL 样式之间的映射后，当 Servlet 容器接收到一个请求，它首先确定该请求应该由哪一个 Web 应用程序来响应。这是通过比较请求 URI 的开始部分与 Web 应用程序的上下文路径来确定的。映射到 Servlet 的路径是请求 URI 减去上下文的路径，Web 应用程序的 Context 对象在去掉请求 URI 的上下文路径后，将按照下面的路径映射规则的顺序对剩余部分的路径进行处理，并且在找到第一个成功的匹配后，不再进行下一个匹配。

- 容器试着对请求的路径和 Servlet 映射的路径进行精确匹配，如果匹配成功，则调用这个 Servlet 来处理请求。
- 容器试着匹配最长的路径前缀，以斜杠（/）为路径分隔符，按照路径树逐级递减匹配，选择最长匹配的 Servlet 来处理请求。
- 如果请求的 URL 路径最后有扩展名，如.jsp，Servlet 容器会试着匹配处理这个扩展名的 Servlet。
- 如果按照前面 3 条规则没有找到匹配的 Servlet，容器会调用 Web 应用程序默认的 Servlet 来对请求进行处理，如果没有定义默认的 Servlet，容器将向客户端发送 HTTP 404 错误信息（请求资源不存在）。

在部署描述符中，可以使用下面的语法来定义映射。

1）以/开始并且以 /* 结束的字符串用来映射路径，例如：

```
<url-pattern>/admin/*</url-pattern>
```

如果没有精确匹配，那么对/admin/路径下的资源的所有请求将由映射了上述 URL 样式的 Servlet 来处理。

2）以 *. 为前缀的字符串用来映射扩展名，例如：

```
<url-pattern>*.do</url-pattern>
```

如果没有精确匹配和路径匹配，那么对具有.do 扩展名的资源的请求将由映射了上述 URL 样式的 Servlet 来处理。

3）以一个单独的/指示这个 Web 应用程序默认的 Servlet，例如：

```
<url-pattern>/</url-pattern>
```

如果对某个请求没有找到匹配的 Servlet，那么将使用 Web 应用程序的默认 Servlet 来处理。

4）所有其他的字符被用于精确匹配，例如：

```
<url-pattern>/login</url-pattern>
```

如果请求/login，那么将由映射了 URL 样式/login 的 Servlet 来处理。

下面我们看几个请求映射的例子，如表 3-2 和表 3-3 所示。

表 3-2　Servlet 映射

映射的 URL	对应的 Servlet
/hello	servlet1
/bbs/admin/*	servlet2
/bbs/*	servlet3
*.jsp	servlet4
/	servlet5

表 3-3　实际请求映射的结果

去掉上下文路径的剩余路径	处理请求的 Servlet
/hello	servlet1
/bbs/admin/login	servlet2
/bbs/admin/index.jsp	servlet2
/bbs/display	servlet3
/bbs/index.jsp	servlet3
/bbs	servlet3
/index.jsp	servler4
/hello/index.jsp	servlet4
/hello/index.html	servlet5
/news	servlet5

Tomcat 在 %CATALINA_HOME%\conf\web.xml 文件中配置了默认的 Servlet，配置代码如下：

```
<servlet>
    <servlet-name>default</servlet-name>
    <servlet-class>
        org.apache.catalina.servlets.DefaultServlet </servlet-class>
```

```
        <init-param>
            <param-name>debug</param-name>
            <param-value>0</param-value>
        </init-param>
        <init-param>
            <param-name>listings</param-name>
            <param-value>false</param-value>
        </init-param>
        <load-on-startup>1</load-on-startup>
    </servlet>
    ......
    <servlet-mapping>
        <servlet-name>default</servlet-name>
        <url-pattern>/</url-pattern>
    </servlet-mapping>
```

%CATALINA_HOME%\conf\web.xml 文件中的配置将被运行在同一个 Tomcat 实例中的所有 Web 应用程序所共享。

3.4 一个实例

在上一节我们介绍了，在<servlet>元素中可以使用<init-param>子元素为 Servlet 定义初始化参数，在本节中，我们通过一个实例来看看初始化参数的应用，顺便再复习一下 Servlet 的配置。

在本例中，我们将编写一个带表单的 HTML 页面，表单中提供了一个文本域，让用户输入自己的姓名，然后提交给 Servlet 进行处理。Servlet 接收到请求后，首先从 web.xml 文件中读取预先设置的初始化欢迎信息，然后从提交的表单中取出用户姓名，加上欢迎信息输出到客户端。为了便于同时为中文用户和英文用户服务，我们在 web.xml 文件中为同一个 Servlet 设置了不同的名字、初始化参数和 URL 映射，并为客户端提供了两个 HTML 页面，一个为中文用户使用，一个为英文用户使用，两个页面分别指定不同的提交 URL。实例的开发主要有下列步骤。

Step1：编写 welcome_en.html 和 welcome_zh.html

编写 welcome_en.html 和 welcome_zh.html，将编写好的两个文件放到 F:\JSPLesson\ch03 目录下。两个文件的代码如例 3-3 和例 3-4 所示。

例 3-3　welcome_en.html

```
<html>
    <head>
        <title>Welcome you!</title>
    </head>
```

```
    <body>
        <form action="en/welcome" method="post">
            Please input your name: <input type="text" name="user"><p>
            <input type="submit" value="submit">
        </form>
    </body>
</html>
```

例 3-4　welcome_zh.html

```
<html>
    <head>
        <title>Welcome you!</title>
    </head>
    <body>
        <form action="zh/welcome" method="post">
            请输入用户名：<input type="text" name="user"><p>
            <input type="submit" value="提交">
        </form>
    </body>
</html>
```

Step2：编写 WelcomeServlet 类

将编写好的 WelcomeServlet.java 源文件放到 F:\JSPLesson\ch03\src 目录下。完整的源代码如例 3-5 所示。

例 3-5　WelcomeServlet.java

```
package org.sunxin.ch03.servlet;

import java.io.IOException;
import java.io.PrintWriter;
import javax.servlet.ServletException;
import javax.servlet.http.HttpServlet;
import javax.servlet.http.HttpServletRequest;
import javax.servlet.http.HttpServletResponse;

public class WelcomeYou extends HttpServlet
{
    public void doGet(HttpServletRequest req, HttpServletResponse resp)
                throws ServletException,IOException
    {
        req.setCharacterEncoding("gb2312");
        String user=req.getParameter("user");
        String welcomeMsg=getInitParameter("msg");

        resp.setContentType("text/html;charset=gb2312");

        PrintWriter out=resp.getWriter();

```

```
23.         out.println("<html><head><title>");
24.         out.println("Welcome Page");
25.         out.println("</title><body>");
26.         out.println(welcomeMsg+", "+user);
27.         out.println("</body></head></html>");
28.         out.close();
29.     }
30.
31.     public void doPost(HttpServletRequest req, HttpServletResponse resp)
32.                 throws ServletException,IOException
33.     {
34.         doGet(req,resp);
35.     }
36. }
```

因为客户端可能会发送中文用户名，所以在代码的第 15 行，我们设置请求正文使用的字符编码是 gb2312。第 17 行，调用 getInitParameter()方法得到初始化参数 msg 的值，这个方法是通过调用 Servlet Config.getInitParameter()方法来得到初始化参数的。第 26 行，将初始化欢迎信息和用户姓名组合在一起，发送到客户端。

Step3：编译 WelcomeServlet.java

打开命令提示符，进入到 F:\JSPLesson\ch03\src 目录下，然后执行：

```
javac -d ..\WEB-INF\classes WelcomeServlet.java
```

在 WEB-INF\classes 目录下生成 org\sunxin\ch03\servlet 目录结构，以及在 servlet 子目录中的 WelcomeServlet.class 文件。

> 提示　在进行这一步操作之前，读者应该首先按照 Web 应用程序要求的目录结构创建 WEB-INF 目录和 classes 目录。

Step4：部署 WelcomeServlet

在 F:\JSPLesson\ch03\WEB-INF 目录下新建 web.xml 文件，添加对本例中的 Servlet 的配置，完整的内容如例 3-6 所示。

例 3-6　web.xml

```
<?xml version="1.0" encoding="GBK"?>

<web-app xmlns="http://xmlns.jcp.org/xml/ns/javaee"
xmlns:xsi="http://www.w3.org/2001/XMLSchema-instance"
xsi:schemaLocation="http://xmlns.jcp.org/xml/ns/javaee
                    http://xmlns.jcp.org/xml/ns/javaee/web-app_4_0.xsd"
version="4.0">

    <servlet>
        <servlet-name>welcome_en</servlet-name>
        <servlet-class>
```

```
12.             org.sunxin.ch03.servlet.WelcomeServle
13.         </servlet-class>
14.         <init-param>
15.             <param-name>msg</param-name>
16.             <param-value>welcome you</param-value>
17.         </init-param>
18.     </servlet>
19.
20.     <servlet-mapping>
21.         <servlet-name>welcome_en</servlet-name>
22.         <url-pattern>/en/welcome</url-pattern>
23.     </servlet-mapping>
24.
25.     <servlet>
26.         <servlet-name>welcome_zh</servlet-name>
27.         <servlet-class>
28.             org.sunxin.ch03.servlet.WelcomeServle
29.         </servlet-class>
30.         <init-param>
31.             <param-name>msg</param-name>
32.             <param-value>欢迎你</param-value>
33.         </init-param>
34.     </servlet>
35.
36.     <servlet-mapping>
37.         <servlet-name>welcome_zh</servlet-name>
38.         <url-pattern>/zh/welcome</url-pattern>
39.     </servlet-mapping>
40.
41. </web-app>
```

注意在第 1 行的 XML 声明中，指定该文档的编码为 GBK，因为我们在文档中使用了中文字符。第 9～18 行，配置 WelcomeServlet，指定它的名字为 welcome_en，定义了初始化参数，用于提供英文的欢迎信息。第 20～23 行，定义 welcome_en 与 URL 的映射，为 welcome_en 指定 URL：/en/welcome。第 25～34 行，又一次配置 WelcomeServlet，为其指定了另外一个名字 welcome_zh，并定义初始化参数，用于提供中文的欢迎信息。第 36～39 行，定义 welcome_zh 与 URL 的映射，为 welcome_zh 指定 URL：/zh/welcome。

提示 Servlet 是单实例多线程的，Servlet 容器根据 web.xml 文件中的 Servlet 配置来实例化 Servlet 为请求进行服务。在通常情况下，一个 Servlet 类只产生一个实例为所有的客户请求进行服务，但是，如果你在 web.xml 文件中多次配置了同一个 Servlet 类，那么每一个配置都将产生一个 Servlet 实例。换句话说，Servlet 容器是根据 web.xml 文件中 Servlet 配置的数量来产生 Servlet 实例的，而不管 Servlet 类是否是同一个。

Step5：配置 ch03 Web 应用程序

我们直接将开发目录（F:\JSPLesson\ch03）配置为 ch03 Web 应用程序运行的目录。在%CATALINA_HOME%\conf 目录下依次创建 Catalina\localhost 目录，在 localhost 目录下新建 ch03.xml 文件，内容如例 3-7 所示。

例 3-7　ch03.xml

```
<Context path="/ch03" docBase="F:\JSPLesson\ch03" reloadable="true"/>
```

Step6：访问 WelcomeServlet

分别通过 welcome_en.html 和 welcome_zh.html 访问 WelcomeServlet。启动 Tomcat 服务器，打开浏览器，首先在地址栏中输入 http://localhost:8080/ch03/welcome_en.html，出现页面后，在文本域中输入用户姓名，单击“submit”按钮，你将看到如图 3-4 所示的页面。

接着在地址栏中输入 http://localhost:8080/ch03/welcome_zh.html，出现页面后，在文本域中输入用户姓名，单击“提交”按钮，你将看到如图 3-5 所示的页面。

图 3-4　WelcomeServlet 显示英文的欢迎信息

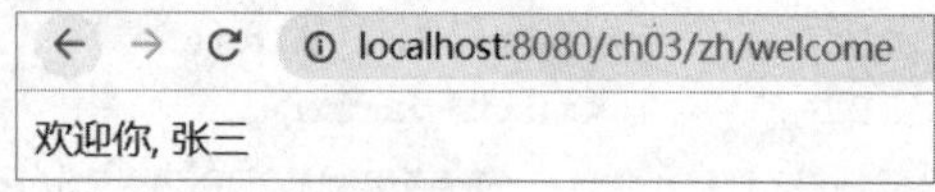

图 3-5　WelcomeServlet 显示中文的欢迎信息

从这个例子中可以看到，在编写 Servlet 时，将初始化的信息通过部署描述符传递给 Servlet，可以提高 Web 应用程序的可维护性。当需要修改初始化参数时，只要在 web.xml 文件中做相应的修改就可以了，而 Servlet 本身不需要做任何的改动。另外，通过在 web.xml 文件中对 Servlet 进行配置，可以让同一个 Servlet 表现出不同的行为，给用户的感觉，就好像访问的是不同的资源。

3.5 小结

本章主要介绍了以下 3 个部分的内容。

- 如何利用<Context>元素来配置 Web 应用程序，在 Tomcat 中，<Context>元素可以放到多个位置的文件中，不同位置的配置文件，所起的作用也是不同的。
- 如何建立 WAR 文件，利用 WAR 文件来发布 Web 应用程序。
- 介绍了<servlet>元素和<servlet-mapping>元素，以及它们的子元素的作用。

最后通过一个实例，向读者演示了 Servlet 初始化参数的使用，以及在部署描述符中对 Servlet 进行不同的配置，从而让同一个 Servlet 表现出不同的行为。

第 4 章

数据库访问

本章要点

- 了解 JDBC 驱动程序的 4 种类型
- 掌握 MySQL 数据库的安装
- 掌握 JDBC 操作数据库的三个主要步骤：加载驱动、获取连接、访问数据
- 掌握 Statement、PreparedStatement、ResultSet 和 CallableStatement 的使用
- 掌握元数据的使用
- 掌握事务处理
- 掌握可滚动和可更新的结果集
- 掌握数据源和连接池的概念
- 掌握如何在 Tomcat 中配置 JDBC 数据源
- 了解 MySQL 中文问题的解决办法

数据库作为 Web 应用和企业级应用的主要数据源之一，已经变得越来越重要。早期对数据库的访问，都是调用数据库厂商提供的专有 API。为了在 Windows 平台下提供统一的数据库访问方式，微软推出了 ODBC（Open Database Connectivity，开放的数据库连接），并提供了 ODBC API，使用者在程序中只需要调用 ODBC API，由 ODBC 驱动程序将调用请求转换为对特定数据库的调用请求。在 Java 语言推出后，为了在 Java 语言中提供对数据库访问的支持，SUN 公司于 1996 年推出了 JDBC，目前 JDBC 的最新版本是 4.0。

JDBC（Java Database Connectivity，Java 数据库连接）是应用程序编程接口（API），描述了一套访问关系数据库的标准 Java 类库。我们可以在程序中使用这些 API，连接到关系数据库，执行 SQL 语句，对数据进行处理。JDBC 不但提供了访问关系数据库的标准 API，它还为数据库厂商提供了一个标准的体系结构，让厂商可以为自己的数据库产品提供 JDBC 驱动程序，这些驱动程序可以让 Java 应用程序直接访问厂商的数据库产品，从而提高了 Java 程序访问数据库的效率。

4.1 JDBC驱动程序的类型

通常一个数据库厂商在推出自己的数据库产品的时候，都会提供一套访问数据库的API，这些 API 可能以各种语言的形式提供，客户端程序通过调用这些专有的 API 来访问数据库。每一个厂商提供的数据库访问 API 都不相同，导致了使用某一个特定数据库的程序不能移植到另一个数据库上。为此，才有了 ODBC 和 JDBC。JDBC 以 Java 类库来取代数据库厂商的专有 API，客户端只需要调用 JDBC API，而由 JDBC 的实现层（即 JDBC 驱动程序）去处理与数据库的通信，从而让我们的应用程序不再受限于具体的数据库产品。

JDBC 驱动程序可以分为 4 类，分别是：

- JDBC-ODBC 桥
- 部分本地 API，部分 Java 驱动程序
- JDBC 网络纯 Java 驱动程序
- 本地协议纯 Java 驱动程序

4.1.1 JDBC-ODBC 桥

因为微软推出的 ODBC 比 JDBC 出现的时间要早，所以绝大多数的数据库都可以通过 ODBC 来访问，当 SUN 公司推出 JDBC 的时候，为了支持更多的数据库，提供了 JDBC-ODBC 桥。JDBC-ODBC 桥本身也是一个驱动，利用这个驱动，我们可以使用 JDBC API 通过 ODBC 去访问数据库。这种桥机制实际上是把标准的 JDBC 调用转换成相应的 ODBC 调用，并通过 ODBC 库把它们发送给 ODBC 数据源，如图 4-1 所示。

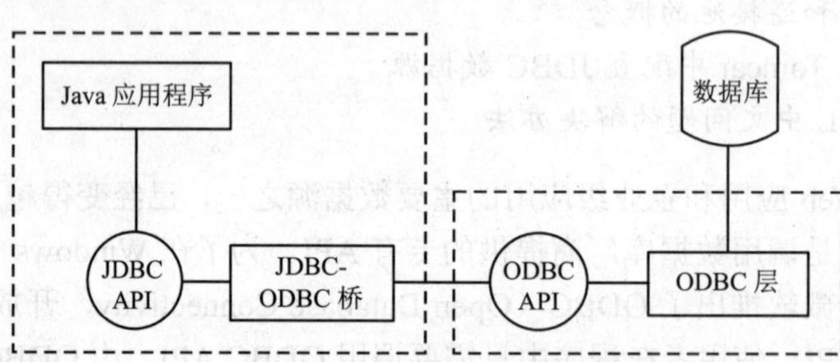

图 4-1　通过 JDBC-ODBC 桥访问数据库

可以看到通过 JDBC-ODBC 桥的方式访问数据库，需要经过多层的调用，因此利用 JDBC-ODBC 桥访问数据库的效率比较低。不过在数据库没有提供 JDBC 驱动，只有 ODBC 驱动的情况下，也只能利用 JDBC-ODBC 桥的方式访问数据库，例如，访问 Microsoft Access 数据库，就只能利用 JDBC-ODBC 桥来访问。

利用 JDBC-ODBC 访问数据库，需要客户的机器上具有 JDBC-ODBC 桥驱动、ODBC 驱动程序和相应数据库的本地 API。在 JDK 中，提供了 JDBC-ODBC 桥的实现类（sun.jdbc.odbc.JdbcOdbcDriver 类）。

4.1.2 部分本地 API、部分 Java 驱动程序

大部分数据库厂商都提供与他们的数据库产品进行通信所需要的调用 API，这些 API 往往用 C 语言或类似的语言编写，依赖于具体的平台。这一类型的 JDBC 驱动程序使用 Java 编写，它调用数据库厂商提供的本地 API。当我们在程序中利用 JDBC API 访问数据库时，JDBC 驱动程序将调用请求转换为厂商提供的本地 API 调用，数据库处理完请求将结果通过这些 API 返回，进而返回给 JDBC 驱动程序，JDBC 驱动程序将结果转化为 JDBC 标准形式，再返回给客户程序。如图 4-2 所示。

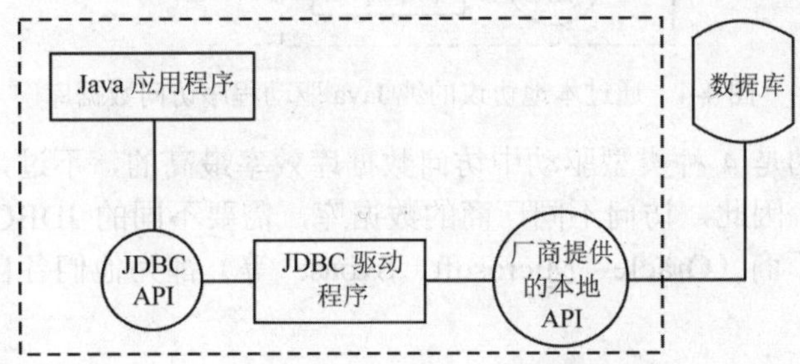

图 4-2　客户程序利用 JDBC 驱动程序调用厂商提供的本地 API 访问数据库

从图 4-2 中可以看到，通过这种类型的 JDBC 驱动程序访问数据库减少了 ODBC 的调用环节，提高了数据库访问的效率，并且能够充分利用厂商提供的本地 API 的功能。

在这种访问方式下，需要在客户的机器上安装本地 JDBC 驱动程序和特定厂商的本地 API。

4.1.3 JDBC 网络纯 Java 驱动程序

这种驱动利用作为中间件的应用服务器来访问数据库。应用服务器作为一个到多个数据库的网关，客户端通过它可以连接到不同的数据库服务器。应用服务器通常有自己的网络协议，Java 客户程序通过 JDBC 驱动程序将 JDBC 调用发送给应用服务器，应用服务器使用本地驱动程序（如第 4.1.2 节中所述的驱动）访问数据库，从而完成请求。如图 4-3 所示。

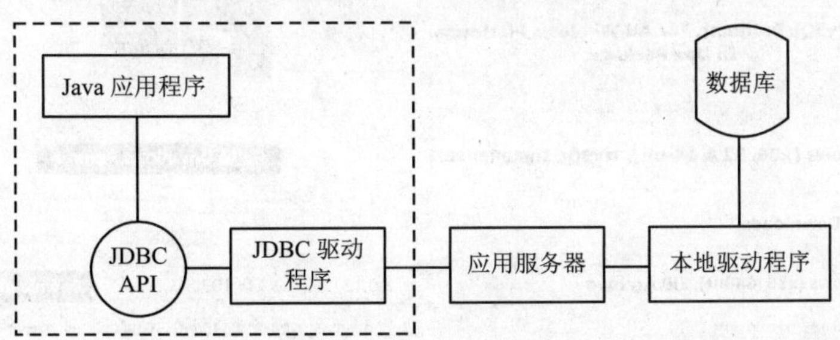

图 4-3　利用作为中间件的应用服务器访问数据库

BEA 公司的 WebLogic 和 IBM 的 Websphere 应用服务器就包含了这种类型的驱动。

4.1.4 本地协议的纯 Java 驱动程序

多数数据库厂商已经支持允许客户程序通过网络直接与数据库通信的网络协议。这种

类型的 JDBC 驱动程序完全用 Java 编写，通过与数据库建立直接的套接字连接，采用具体于厂商的网络协议把 JDBC API 调用转换为直接的网络调用（例如：Oracle Thin JDBC Driver）。如图 4-4 所示。

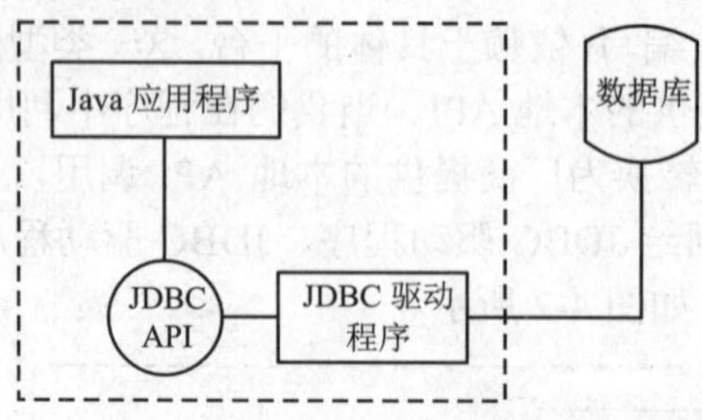

图 4-4　通过本地协议的纯 Java 驱动程序访问数据库

这种类型的驱动是 4 种类型驱动中访问数据库效率最高的，不过，由于每个数据库厂商都有自己的协议，因此，访问不同厂商的数据库，需要不同的 JDBC 驱动程序。目前，几个主要的数据库厂商（Oracle、Microsoft、Sybase 等）都为他们各自的数据库产品提供了这种类型的驱动。

4.2 安装数据库

在本章中，会介绍 Oracle 9i、Oracle 10g/11g、SQL Server 2000、SQL Server 2005 及之后版本、MySQL 8.0.13 这几种数据库的访问，其中主要以 MySQL 为主。

MySQL 是开放源代码的数据库，读者可以从 https://dev.mysql.com/downloads/mysql/ 上下载 MySQL 数据库管理系统，如图 4-5 所示。

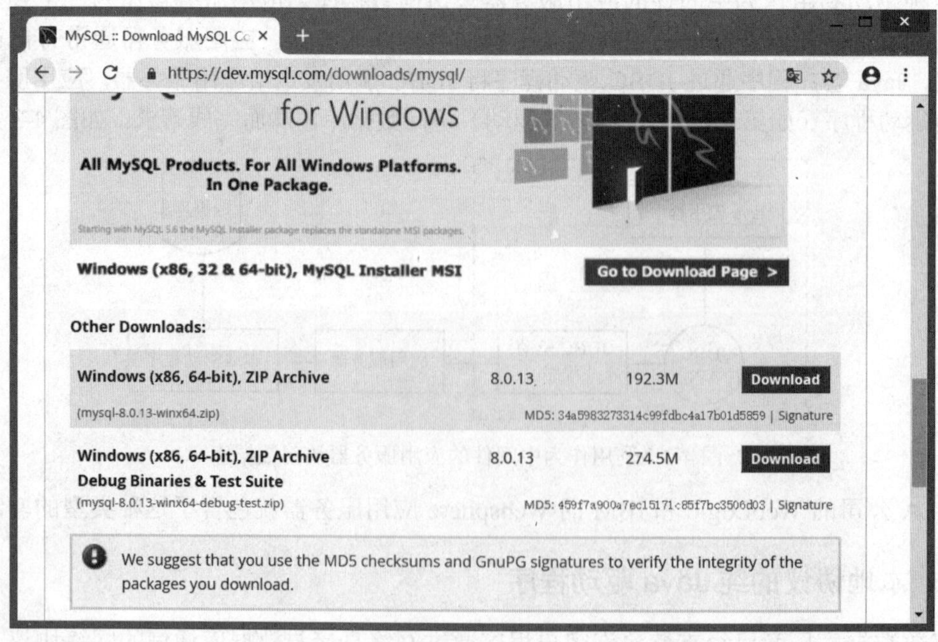

图 4-5　MySQL 数据库系统的下载页面

选择“Windows (x86, 64-bit), ZIP Archive”，单击右侧的“Download”按钮进行下载。

下载后是一个单独的压缩文件 mysql-8.0.13-winx64.zip，直接解压缩即可，但是要让 MySQL 真正运行起来，还需要进行一些配置。接下来，请读者跟着笔者的步骤，来让 MySQL 运行起来。

（1）首先解压缩该文件，得到 mysql-8.0.13-winx64 目录，该目录下的文件和文件夹结构如图 4-6 所示。

mysql-8.0.13-winx64

名称	修改日期	类型	大小
bin	2018/10/7 19:09	文件夹	
data	2018/10/7 19:09	文件夹	
docs	2018/10/7 19:09	文件夹	
etc	2018/10/7 19:09	文件夹	
include	2018/10/7 19:09	文件夹	
lib	2018/10/7 19:09	文件夹	
run	2018/10/7 19:09	文件夹	
share	2018/10/7 19:09	文件夹	
LICENSE	2018/10/7 16:44	文件	328 KB
LICENSE.router	2018/10/7 16:44	ROUTER 文件	100 KB
README	2018/10/7 16:44	文件	1 KB
README.router	2018/10/7 16:44	ROUTER 文件	1 KB

图 4-6　MySQL 解压缩后的目录结构

（2）配置 Path 环境变量（环境变量的配置方法参看第 1.5.2 节内容），将 bin 子目录添加到该环境变量中，如图 4-7 所示。

图 4-7　将 bin 子目录全路径添加到 Path 环境变量中

（3）安装 MySQL

以管理员身份运行命令提示符（cmd），如图 4-8 所示。之后进入到 MySQL 主目录的 bin 子目录中，执行下面的命令：

mysqld --initialize --console

出现如图 4-9 所示的界面。

一定要注意图 4-9 中矩形框中的内容，这是 MySQL root 用户的初始默认密码（不包含前面的空格），千万不要着急关闭命令提示符窗口，先将该密码记录下来，后面还要用到。

图 4-8　以管理员身份运行命令提示符

```
D:\MySQL\mysql-8.0.13-winx64\bin>mysqld --initialize --console
2019-01-12T04:07:49.913511Z 0 [System] [MY-013169] [Server] D:\MySQL\mysql-8.0.1
3-winx64\bin\mysqld.exe (mysqld 8.0.13) initializing of server in progress as pr
ocess 14440
2019-01-12T04:07:56.666607Z 5 [Note] [MY-010454] [Server] A temporary password i
s generated for root@localhost: OM6eHPse.Mc;
2019-01-12T04:08:00.101511Z 0 [System] [MY-013170] [Server] D:\MySQL\mysql-8.0.1
3-winx64\bin\mysqld.exe (mysqld 8.0.13) initializing of server has completed

D:\MySQL\mysql-8.0.13-winx64\bin>_
```

图 4-9　安装 MySQL

提示　如果在执行过程中出现下面的错误提示对话框，则是因为在电脑上没有安装 VC++2015 版运行库导致的，而 MySQL 的客户端程序需要该运行库。可以到微软的网站上下载“Visual C++ 2015 Redistributable”进行安装，下载地址是：https://www.microsoft.com/zh-CN/download/details.aspx?id=53587。

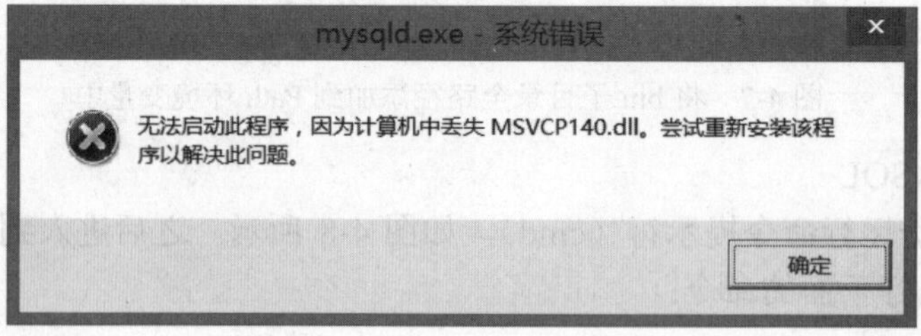

（4）安装服务

不要退出命令提示符窗口，继续执行下面的命令：

mysqld –install

默认安装名为 mysql 的 Windows 服务程序，如果不想要默认的名字，那么可以执行下面的命令：

mysqld –install [你的服务名]

（5）启动、停止、删除 MySQL 服务

可以分别执行下面的三个命令来启动、停止和删除 MySQL 服务，如图 4-10 所示。

- net start mysql
- net stop mysql
- mysqld --remove

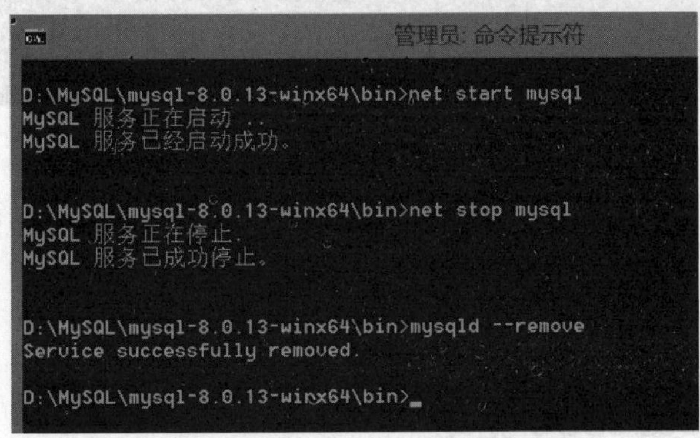

图 4-10　启动、停止、删除 MySQL 服务

（6）更改 root 用户的密码

在第（3）步安装 MySQL 的时候给出来 root 用户的密码，不过该密码是一个临时密码，我们需要重新设置一个新密码。

将 MySQL 的服务重新安装并启动，执行下面的命令：

mysql -u root -p

出现如图 4-11 所示的界面。

```
D:\MySQL\mysql-8.0.13-winx64\bin>mysql -u root -p
Enter password:
```

图 4-11　使用 root 用户登录 MySQL

提示输入密码，输入刚才在第（3）步保存的密码（注意区分大小写），出现如图 4-12 所示的登录成功的界面。

```
D:\MySQL\mysql-8.0.13-winx64\bin>mysql -u root -p
Enter password: ************
Welcome to the MySQL monitor.  Commands end with ; or \g.
Your MySQL connection id is 8
Server version: 8.0.13

Copyright (c) 2000, 2018, Oracle and/or its affiliates. All rights reserved.

Oracle is a registered trademark of Oracle Corporation and/or its
affiliates. Other names may be trademarks of their respective
owners.

Type 'help;' or '\h' for help. Type '\c' to clear the current input statement.

mysql>
```

图 4-12　使用 root 用户和临时密码成功登录 MySQL

接下来执行下面的命令修改 root 用户的密码：

```
ALTER USER 'root'@'localhost' IDENTIFIED WITH mysql_native_password BY '新密码';
```

注意命令最后的英文字符分号（;）不能少，这是 MySQL 执行命令的语法。修改密码的结果如图 4-13 所示。

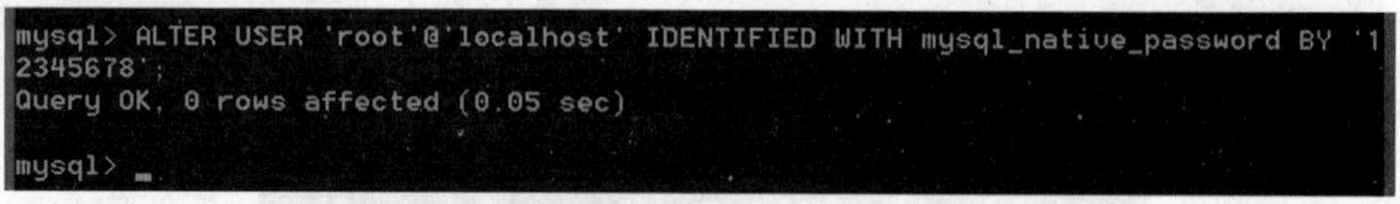

```
mysql> ALTER USER 'root'@'localhost' IDENTIFIED WITH mysql_native_password BY '12345678';
Query OK, 0 rows affected (0.05 sec)

mysql> _
```

图 4-13　修改 root 用户的密码

因为我们用 MySQL 数据库只是用来学习 Web 开发知识的，所以密码设置得比较简单也好记。

至此，MySQL 数据库系统的安装和配置就完成了。

4.3　下载 MySQL JDBC 驱动

本书所用的 MySQL JDBC 驱动版本为：mysql-connector-java-8.0.13。

MySQL 的 JDBC 驱动没有包含在数据库的安装包中，需要单独下载，下载的网址如下：

http://dev.mysql.com/downloads/connector/

进入 MySQL 连接器下载页面，如图 4-14 所示。

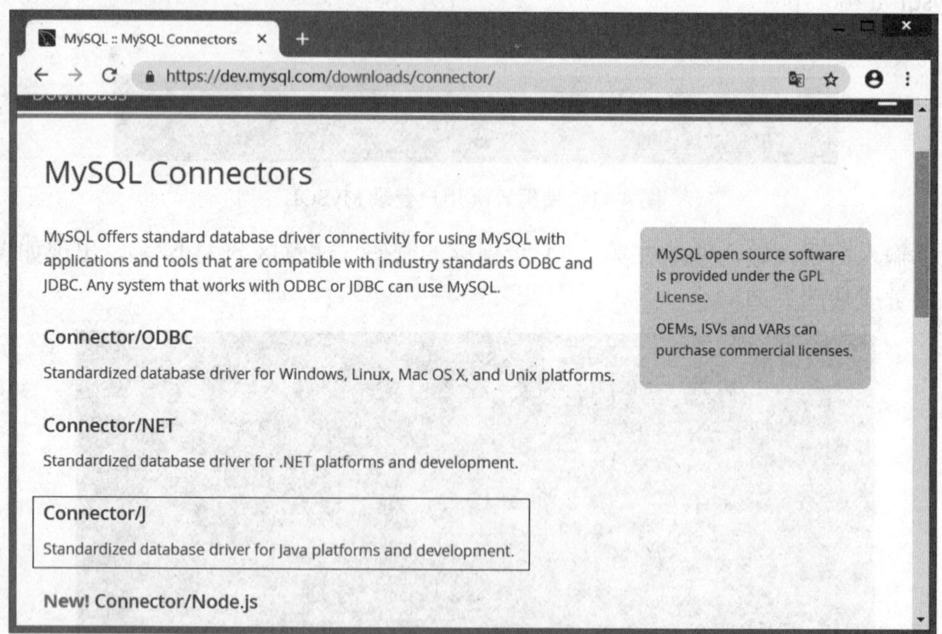

图 4-14　MySQL 连接器下载页面

单击“Connector/J”链接，在出现的“Download Connector/J”页面下方，可以看到 JDBC

驱动程序的下载。在“Select Operating System... ”下拉列表框中选择“Platform Independent”，如图 4-15 所示。

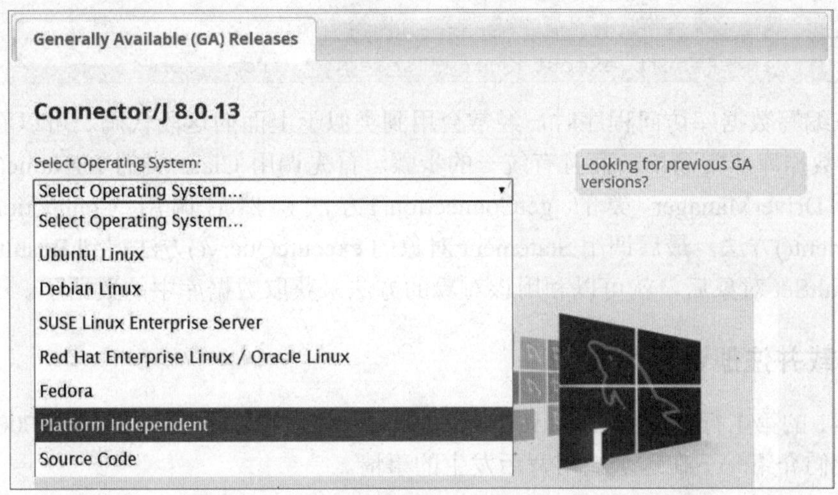

图 4-15　选择平台独立的 JDBC 驱动版本

接下来在图 4-16 所示的界面中选择 zip 压缩文件进行下载。

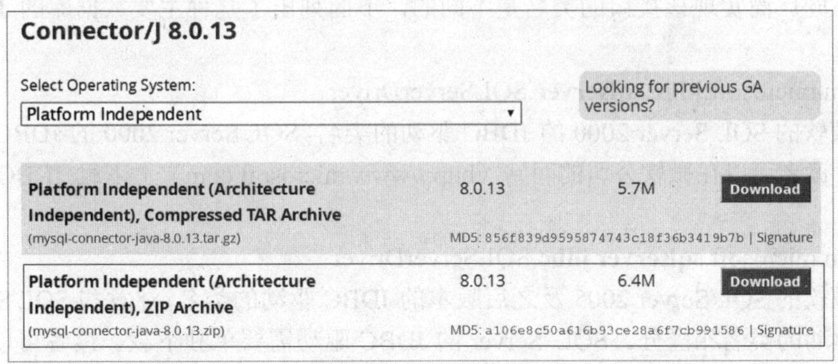

图 4-16　选择 zip 压缩文件进行下载

将下载后的文件解压缩，在主目录中有一个名为 mysql-connector-java-8.0.13.jar 的文件这就是 MySQL 的 JDBC 驱动。

4.4　JDBC API

JDBC API 包含在 JDK 中，被分为两个包：java.sql 和 javax.sql。java.sql 包定义了访问数据库的接口和类，其中一些接口由驱动程序提供商来实现。我们先看一段访问数据库的代码，如例 4-1 所示。

例 4-1　访问数据库的代码

```
Class.forName("com.microsoft.jdbc.sqlserver.SQLServerDriver");
```

```
    2. Connection conn=DriverManager.getConnection(
          "jdbc:microsoft:sqlserver://localhost:1433;databasename=pubs","sa",
"1234");
    3. Statement stmt=conn.createStatement();
    4. ResultSet rs=stmt.executeQuery("select * from jobs");
```

我们在编写数据库访问程序时，经常会用到类似于上面的这段代码。可以看到，利用 JDBC 访问数据库非常简单，而且有统一的步骤。首先调用 Class 类的 forName()方法，接下来调用 DriverManager 类的 getConnection()方法，然后调用 Connection 对象的 createStatement()方法，最后调用 Statement 对象的 executeQuery()方法得到 ResultSet 对象。在得到 ResultSet 对象后，就可以利用该对象的方法来获取数据库中的数据了。

4.4.1 加载并注册数据库驱动

在例 4-1 的第 1 行，调用 Class.forName()加载并注册微软的 SQL Server 2000 驱动程序类。下面我们介绍一下在这个调用背后发生的事情。

1. Driver 接口

java.sql.Driver 是所有 JDBC 驱动程序需要实现的接口。这个接口是提供给数据库厂商使用的，不同厂商实现该接口的类名是不同的，下面列出了几种主要数据库的 JDBC 驱动的类名。

1）com.microsoft.**jdbc.sqlserver**.SQLServerDriver

这是微软的 SQL Server 2000 的 JDBC 驱动的类名。SQL Server 2000 的 JDBC 驱动需要单独下载，读者可以在微软公司的网站（http://www.microsoft.com）上下载 JDBC 驱动的安装文件。

2）com.microsoft.**sqlserver.jdbc**.SQLServerDriver

这是微软的 SQL Server 2005 及之后版本的 JDBC 驱动的类名，注意和 SQL Server 2000 的 JDBC 驱动的类名相区分。SQL Server 的 JDBC 驱动需要单独下载，读者可以在微软公司的网站（http://www.microsoft.com）上下载 JDBC 驱动的安装文件。

> 提示　要下载 SQL Server 的 JDBC 驱动，你可以在微软网站首页的搜索框中输入关键字来搜索驱动，如“Microsoft JDBC driver”。

3）oracle.jdbc.driver.OracleDriver

这是 Oralce 的 JDBC 驱动的类名，Oralce 的 JDBC 驱动不需要单独下载，在 Oracle 数据库产品的安装目录下就可以找到。笔者将 Oracle 9i 第 2 版安装在 D:\oracle 目录，在:\oracle\ora92\jdbc\lib 目录下，就存放了 Oracle 的 JDBC 驱动 ojdbc14.jar。读者只需要在 Oracle 安装目录下搜索 jdbc 目录，找到后，进入里面的 lib 子目录就可以看到了。Oracle 10g 和 Oracle 9i 的 JDBC 驱动类名和驱动的 JAR 文件是相同的，Oralce 11g 提供了两个 JDBC 驱动 JAR 文件：ojdbc5.jar 和 ojdbc6.jar，分别对应 JDK 版本 5 和版本 6。

4）com.mysql.jdbc.Driver

这是 MySQL 8.0 之前版本的 JDBC 驱动的类名。MySQL 的 JDBC 驱动需要单独下载，下载的方式已经在第 4.3 节介绍过了。

5）com.mysql.cj.jdbc.Driver

这是 MySQL 8.0.x 版本的 JDBC 驱动的类名，本书所用的 MySQL 版本是 8.0.13，对应的 JDBC 驱动也是 8.0.13。

Driver 接口中提供了一个 Connect()方法，用来建立到数据库的连接。

6）Connection **connect**(String url, Properties info) throws SQLException

在程序中不需要直接去访问这些实现了 Driver 接口的类，而是由驱动程序管理器去调用这些驱动。我们通过 JDBC 驱动程序管理器注册每个驱动程序，使用驱动程序管理器类提供的方法来建立数据库连接，而驱动程序管理器类的连接方法则调用驱动程序类的 connect()方法建立数据库连接。如图 4-17 所示。

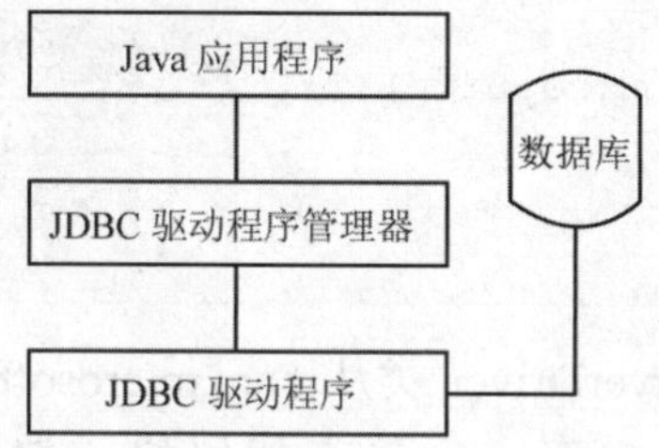

图 4-17　JDBC 驱动程序管理器与 JDBC 驱动程序通信

2．加载与注册 JDBC 驱动

加载 JDBC 驱动是调用 Class 类的静态方法 forName()，向其传递要加载的 JDBC 驱动的类名。在运行时，类加载器从 CLASSPATH 环境变量中定位和加载 JDBC 驱动类。在加载驱动程序类后，需要注册驱动程序类的一个实例。

DriverManager 类是驱动程序管理器类，负责管理驱动程序，这个类中所有的方法都是静态的。在 DriverManager 类中提供了 registerDriver()方法来注册驱动程序类的实例：

- public static void **registerDriver**(Driver driver) throws SQLException

通常我们不需要亲自去调用 registerDriver()方法来注册驱动程序类的实例，因为实现 Driver 接口的驱动程序类都包含了静态代码块，在这个静态代码块中，会调用 DriverManager.registerDriver()方法来注册自身的一个实例。当这个类被加载时（调用 Class.forName()），类加载器会执行该类的静态代码块，从而注册驱动程序类的一个实例。

下面我们看一下 SQL Server 2000、Oracle 9i 和 MySQL 5.0.x 的驱动程序类对自身实例注册的代码片段。SQL Server 2000 JDBC 驱动程序类对自身实例注册的代码片段如例 4-2 所示。

例 4-2　SQL Server 2000 JDBC 驱动程序类的代码片段

```
com.microsoft.jdbc.sqlserver.SQLServerDriver
public class SQLServerDriver extends BaseDriver
{
 ...
```

```
 static
    {
          BaseDriver.registerDriver(new SQLServerDriver());
    }
 ...
}
com.microsoft.jdbc.base.BaseDriver
public abstract class BaseDriver implements Driver
{
 ...
 protected static void registerDriver(BaseDriver basedriver)
    {
        try
        {
               DriverManager.registerDriver(basedriver);
        }
        catch(Exception exception) { }
    }
 ...
}
```

从代码中可以看到 SQLServerDriver 类从 com.microsoft.jdbc.base.BaseDriver 类继承而来，在 SQLServerDriver 类中，有一个静态代码块，调用 BaseDriver 类的静态方法 registerDriver()注册 SQLServerDriver 类的一个实例。在 BaseDriver 类的 registerDriver()方法中，调用 DriverManager 类的静态方法 registerDriver()来注册驱动程序类的实例。

Oracle 9i JDBC 驱动程序类对自身实例注册的代码片段如例 4-3 所示。

例 4-3　Oracle 9i JDBC 驱动程序类代码片段

```
oracle.jdbc.driver.OracleDriver
public class OracleDriver implements Driver
{
 private static OracleDriver m_defaultDriver;
 ...
 static
    {
        ...
        try
        {
            if(m_defaultDriver == null)
            {
                m_defaultDriver = new OracleDriver();
                DriverManager.registerDriver(m_defaultDriver);
            }
        }
        catch(RuntimeException runtimeexception) { }
        catch(SQLException sqlexception) { }
  }
```

```
    …
}
```

可以看到在 OracleDriver 类中，也提供了静态代码块，调用 DriverManager 类的静态方法 registerDriver()来注册 OracleDriver 类的实例。

MySQL 5.0.x JDBC 驱动程序类对自身实例注册的代码片段如例 4-4 所示。

例 4-4　MySQL JDBC 驱动程序类的代码片段

```
com.mysql.jdbc.Driver
public class Driver extends NonRegisteringDriver implements java.sql.Driver
{
 …
 static
    {
        try
        {
            DriverManager.registerDriver(new Driver());
        }
        catch(SQLException E)
        {
            throw new RuntimeException("Can't register driver!");
        }
    }
 …
}
```

可以看到 com.mysql.jdbc.Driver 类所包含的静态代码块也是调用 DriverManager 类的静态方法 registerDriver()来注册 Driver 类的实例。

4.4.2 建立到数据库的连接

例 4-1 的第 2 行，调用 DriverManager 类的 getConnection()方法建立到数据库的连接，返回一个 Connection 对象。在 DriverManager 类中提供了下面 3 个重载的 getConnection()方法。

- public static Connection **getConnection**(String url) throws SQLException

该方法通过给出的数据库 URL 建立到数据库的连接。DriverManager 将从注册的 JDBC 驱动中选择一个合适的驱动，调用它的 connec()方法建立到数据库的连接。

- public static Connection **getConnection**(String url, String user, String password) throws SQLException

该方法除了需要数据库的 URL 外，还需要用户名和密码来建立一个到数据库的连接。

- public static Connection **getConnection**(String url, Properties info) throws SQLException

该方法需要数据库的 URL 和 java.util.Properties 对象。Properties 包含了用于特定数据库所需要的参数，以键-值对的方式指定连接参数。在通常情况下，至少需要指定 user 和 password 属性。

JDBC URL 用于标识一个被注册的驱动程序，驱动程序管理器通过这个 URL 选择正确的驱动程序，从而建立到数据库的连接。JDBC URL 的语法如下：

```
jdbc:subprotocol:subname
```

整个 URL 用冒号（:）分为了 3 个部分。

- 协议：在上面的语法中，jdbc 为协议，在 JDBC 中，它是唯一允许的协议。
- 子协议：子协议用于标识一个数据库驱动程序。
- 子名称：子名称的语法与具体的驱动程序相关，驱动程序可以选择任何形式的适合其实现的语法。

下面给出常用数据库的 JDBC URL 的形式。

- SQL Servler2000

```
jdbc:microsoft:sqlserver://localhost:1433;databasename=pubs
```

- SQL Servler2005 及之后的版本

```
jdbc:sqlserver://localhost:1433;databasename=pubs;
```

- Oracle 9i、10g 和 11g

```
jdbc:oracle:thin:@localhost:1521:ORCL
```

- MySQL 8.0 之前版本

```
jdbc:mysql://localhost:3306/databasename
```

- MySQL 8.0.x

```
jdbc:mysql://localhost:3306/databasename?useSSL=false&serverTimezone=UTC
```

注意，与 MySQL 8.0.x 建立连接时，必须要设置 serverTimezone 参数，否则在建立到数据库的连接时会报错。useSSL 参数不是必需的，不过建议读者也设置上。

另外，也可以通过 JDBC-ODBC 桥的方式访问数据库，这种形式加载的驱动程序类是：

```
sun.jdbc.odbc.JdbcOdbcDriver
```

JDBC URL 是：jdbc:odbc:datasource_name

4.4.3 访问数据库

数据库连接被用于向数据库服务器发送命令和 SQL 语句，在连接建立后，需要对数据库进行访问，执行 SQL 语句。在 java.sql 包中给我们提供了 3 个接口，分别定义了对数据库调用的不同方式，这 3 个接口是：Statement、PreparedStatement 和 CallableStatement。

1. Statement

例 4-1 的第 3 行，调用 Connection 对象的 createStatement()方法创建了一个 Statement 对象。Statement 对象用于执行静态的 SQL 语句，返回执行的结果。在 Connection 接口中定义了 createStatement()方法，具体如下。

- Statement **createStatement**() throws SQLException

该方法创建一个 Statement 对象，用于向数据库发送 SQL 语句。没有参数的 SQL 语句通常用 Statement 对象来执行。

Statement 接口中定义了下列方法用于执行 SQL 语句。

- ResultSet **executeQuery**(String sql) throws SQLException

该方法执行参数 sql 指定的 SQL 语句，返回一个 ResultSet 对象。ResultSet 对象用于查看执行的结果。

- int **executeUpdate**(String sql) throws SQLException

该方法执行参数 sql 指定的 INSERT、UPDATE 或者 DELETE 语句。另外，该方法也可以用于执行 SQL DDL 语句，例如：CREATE TABLE。

- boolean **execute**(String sql) throws SQLException

该方法执行返回多个结果集的 SQL 语句。在某些情况下，一条 SQL 语句可以返回多个结果集或者更新行数。在通常情况下，我们可以不用这种方法，除非要执行一个返回多个结果集的存储过程或者动态执行一个未知的 SQL 串。如果使用了该方法，就必须使用 getResultSet()或者 getUpdateCount()方法来获取结果，并且调用 getMoreResults()方法来访问下一个结果集。如果返回的第一个结果是一个 ResultSet 对象，那么这个方法返回 true；如果返回的是一个更新的行数或者没有结果，那么这个方法返回 false。

- int[] **executeBatch**() throws SQLException

该方法允许我们向数据库提交一批命令，然后一起执行。如果所有的命令都成功执行，则返回值是一个更新行数的数组。数组中的每一个 int 元素是按照加入命令的先后顺序来存储的，表示了相应命令的更新行数。可以使用 addBatch()方法将 SQL 命令加入到命令列表中。

下面我们通过一个网上书店的例子，来学习 JDBC API 的用法。在这一节中，我们先编写一个 Servlet，用于创建存储图书信息的数据库和表。实例的开发主要有下列步骤。

开发步骤

Step1：编写 CreateDBServlet 类

CreateDBservlet 用于创建 bookstore 数据库，并创建保存图书信息的 bookinfo 表，同时准备一些图书数据。bookinfo 表的结构如表 4-1 所示。

表 4-1　bookinfo 表的结构

字　段	描　述
id	bookinfo 表的主键，整型，一本图书的唯一标识信息
title	字符串类型，书名
author	字符串类型，作者的名字
bookconcern	字符串类型，发行图书的出版社
publish_date	日期类型，图书发行的日期
price	单精度浮点数类型，图书的价格
amount	整型，图书库存数量
remark	字符串类型，备注

在 F:\JSPLesson\ch04\src 目录下新建 CreateDBservlet.java，源代码如例 4-5 所示。

例 4-5 CreateDBServlet.java

```
package org.sunxin.ch04.servlet;

import java.io.IOException;
import java.io.PrintWriter;
import java.sql.Connection;
import java.sql.DriverManager;
import java.sql.SQLException;
import java.sql.Statement;

import javax.servlet.ServletException;
import javax.servlet.http.HttpServlet;
import javax.servlet.http.HttpServletRequest;
import javax.servlet.http.HttpServletResponse;

public class CreateDBServlet extends HttpServlet
{
    private String url;
    private String user;
    private String password;

    public void init() throws ServletException
    {
        String driverClass=getInitParameter("driverClass");
        url=getInitParameter("url");
        user=getInitParameter("user");
        password=getInitParameter("password");
        try
        {
            Class.forName(driverClass);
        }
        catch(ClassNotFoundException ce)
        {
            throw new ServletException("加载数据库驱动失败！");
        }
    }

    public void doGet(HttpServletRequest req, HttpServletResponse resp)
                throws ServletException,IOException
    {
        Connection conn=null;
        Statement stmt=null;
        try
        {
            conn=DriverManager.getConnection(url,user,password);
```

```
            stmt=conn.createStatement();
            stmt.executeUpdate("create database bookstore");
            stmt.executeUpdate("use bookstore");
          stmt.executeUpdate("create table bookinfo(id INT not null primary key,title VARCHAR(50) not null,author VARCHAR(50) not null,bookconcern VARCHAR(100) not null,publish_date DATE not null,price FLOAT(4,2) not null,amount SMALLINT,remark VARCHAR(200))");
            stmt.addBatch("insert into bookinfo values(1,'Java Web开发详解','孙鑫','电子工业出版社','2006-4-20',99.00,35,null)");
            stmt.addBatch("insert into bookinfo values(2,'Struts 2深入详解','孙鑫','电子工业出版社','2008-6-15',79.00,20,null)");
            stmt.addBatch("insert into bookinfo values(3,'Servlet/JSP深入详解','孙鑫','电子工业出版社','2008-7-1',79.00,10,null)");
            stmt.executeBatch();

       resp.setContentType("text/html;charset=GBK");
            PrintWriter out=resp.getWriter();
            out.println("数据库创建成功!");
            out.close();
        }
        catch(SQLException se)
        {
            throw new ServletException(se);
        }
        finally
        {
            if(stmt!=null)
            {
                try
                {
                    stmt.close();
                }
                catch(SQLException se)
                {
                    se.printStackTrace();
                }
                stmt=null;
            }
            if(conn!=null)
            {
                try
                {
                    conn.close();
                }
                catch(SQLException se)
                {
                    se.printStackTrace();
```

```
86.             }
87.             conn=null;
88.         }
89.     }
90.   }
91. }
```

代码的第 23～26 行，在 init()方法中调用 getInitParameter()方法得到 JDBC 驱动程序的类名、连接 URL、用户名和密码，我们将这些信息放到 web.xml 文件中配置，如果需要更换数据库或连接信息时，只需要修改 web.xml 文件就可以了。第 29 行，调用 Class 类的静态方法 forName()加载并注册驱动程序，如果没有找到驱动程序类，那么在第 33 行，抛出 ServletException 异常。第 44 行，调用 DriverManager 类的静态方法 getConnection()得到数据库的连接对象。第 45 行，调用 Connection 对象的 createStatement()方法创建一个 Statement 对象。第 46～47 行，利用 Statement 对象创建 bookstore 数据库，并使用新创建的数据库。第 48 行，在 bookstore 数据库中创建 bookinfo 表，用来存储图书的信息。

第 49～51 行，调用 Statement 对象的 addBatch()方法将插入数据的 SQL 语句组成一个命令列表，然后在第 52 行，调用 executeBatch()方法批量执行这些 SQL 语句。大量 SQL 语句的批量执行可以显著地提高性能，减少服务器的负载，加快程序的执行速度。第 56 行，如果创建成功，向客户端输出“数据库创建成功！”。第 61 行，如果数据库创建失败，将 SQLException 异常转换为 ServletException 异常抛出。第 63～89 行，在 finally 语句中依次关闭 Statement 对象和 Connection 对象。在 finally 语句中进行资源的释放，可以保证不管是正常执行，还是执行过程中发生了异常，打开的对象都可以被关闭。

注 意 不同的数据库所使用的数据类型有一些差异。例如：例 4-5 使用的数据库服务器是 MySQL，代码中创建 bookinfo 表使用的 DATE 类型在 SQL Server 中是没有的，SQL Server 的日期类型是 DATETIME 和 SMALLDATETIME。读者如果使用其他的数据库服务器运行例 4-5 的示例程序，需要注意不同数据库之间的差异。

提 示 有的读者在调用 CreateDBServlet 创建数据库之后，又再次调用 CreateDBServlet，由于数据库已经存在，因此将会引发异常。要避免这个问题，可以在第 46 行代码的前面添加下面的这句代码：

```
stmt.executeUpdate("drop database if exists bookstore");
```

Step2：编译 CreateDBServlet.java

打开命令提示符，进入 CreateDBServlet.java 所在的目录 F:\JSPLesson\ch04\src，然后执行：

```
javac -d ..\WEB-INF\classes CreateDBServlet.java
```

在 WEB-INF\classes 目录下生成 org\sunxin\ch04\servlet 目录结构，然后在 servlet 子目录中生成 WelcomeServlet.class 文件。

> 提示　在进行这一步操作之前，读者应该首先按照 Web 应用程序要求的目录结构创建 WEB-INF 和 classes 目录。在后面的章节中，将不再提示这一步骤。

Step3：部署 CreateDBServlet

在 F:\JSPLesson\ch04\WEB-INF 目录下新建 web.xml 文件，添加对本例中的 Servlet 的配置，完整的内容如例 4-6 所示。

例 4-6　web.xml

```
<?xml version="1.0" encoding="gb2312"?>

<web-app xmlns="http://xmlns.jcp.org/xml/ns/javaee"
  xmlns:xsi="http://www.w3.org/2001/XMLSchema-instance"
  xsi:schemaLocation="http://xmlns.jcp.org/xml/ns/javaee
                      http://xmlns.jcp.org/xml/ns/javaee/web-app_4_0.xsd"
  version="4.0">

    <servlet>
        <servlet-name>CreateDBServlet</servlet-name>
        <servlet-class>
            org.sunxin.ch04.servlet.CreateDBServlet </servlet-class>
        <init-param>
            <param-name>driverClass</param-name>
            <param-value>com.mysql.cj.jdbc.Driver</param-value>
        </init-param>
        <init-param>
            <param-name>url</param-name>
            <param-value> jdbc:mysql://localhost:3306?useSSL=false&amp;
serverTimezone=UTC</param-value>
        </init-param>
        <init-param>
            <param-name>user</param-name>
            <param-value>root</param-value>
        </init-param>
        <init-param>
            <param-name>password</param-name>
            <param-value>12345678</param-value>
        </init-param>
    </servlet>

    <servlet-mapping>
        <servlet-name>CreateDBServlet</servlet-name>
        <url-pattern>/createdb</url-pattern>
    </servlet-mapping>
```

注意，&号在 XML 文档中是有特殊含义的，因此在出现&号的地方，需要用对应的预定义实体引用来代替，即“& ”。

Step4：配置 ch04 Web 应用程序

在%CATALINA_HOME%\conf\Catalina\localhost 目录下，为本章的 Web 应用程序配置运行目录，建立 ch04.xml 文件，输入如例 4-7 所示的内容。

例 4-7　ch04.xml

```
<Context docBase="F:\JSPLesson\ch04" reloadable="true"/>
```

Step5：配置 JDBC 驱动

在调用 CreateDBServlet 之前，我们还需要配置 MySQL 数据库的 JDBC 驱动，以便 CreateDBServlet 能够使用 MySQL 的 JDBC 驱动类。在 F:\JSPLesson\ch04\WEB-INF 目录下新建 lib 子目录，将下载的 MySQL JDBC 驱动文件 mysql-connector-java-8.0.13.jar 复制到该目录中。

Step6：调用 CreateDBServlet

在配置完 JDBC 驱动后（本例使用 MySQL JDBC 驱动），启动 Tomcat 服务器，打开 IE 浏览器，在地址栏中输入 http://localhost:8080/ch04/createdb，如果看到输出 “数据库创建成功!”，则表明数据库和表已经创建成功。

2. ResultSet

例 4-1 的第 4 行，调用 Statement 对象的 executeQuery()方法创建了一个 ResultSet 对象。ResultSet 对象以逻辑表格的形式封装了执行数据库操作的结果集，ResultSet 接口由数据库厂商实现。ResultSet 对象维护了一个指向当前数据行的游标，在初始的时候，游标在第一行之前，可以通过 ResultSet 对象的 next()方法移动游标到下一行，该方法如下。

1）boolean **next**() throws SQLException

该方法移动游标到下一行，如果新的数据行有效，则返回 true，否则返回 false。通过判断这个方法的返回值，我们可以循环读取结果集中的数据行，直到最后。

ResultSet 接口中定义了很多方法来获取当前行中列的数据，根据字段类型的不同，采用不同的方法来获取数据。

getArray()　getAsciiStream()　getBigDecimal()　getBinaryStream()
getBlob()　getBoolean()　getByte()　getBytes()
getCharacterStream() getClob()　getDate()　getDouble()
getFloat()　getInt()　getLong()　getObject()
getShort()　getString()　getTime()　getTimestamp()

在这些方法中，又提供了两种形式的调用：一种是以列的索引作为参数（**注意索引从 1 开始**），另一种是以列的名字作为参数。例如，对于 getString()方法，有下面两种形式：

- String **getString**(int columnIndex) throws SQLException
- String **getString**(String columnName) throws SQLException

如果你不知道要获取的列数据的类型，可以一律采用 getString()方法来得到 String 类型的数据。

下面我们利用 ResultSet 对象得到上一节创建的 bookinfo 表中的数据，然后以表格的形式在客户端的浏览器中显示。首先编写一个查询页面，当用户选择了相应的查询条件后，单击“提交”按钮，服务器端的 ListServlet 按照客户端指定的查询条件从数据库中查询数据。实例的开发主要有下列步骤。

Step1：编写 search.html

将编写好的文件放到 F:\JSPLesson\ch04 目录下。search.html 的代码如例 4-8 所示。

例 4-8　search.html

```
<html>
    <head>
        <title>网上书店</title>
        <SCRIPT LANGUAGE="JavaScript">
            <!--
                function fsubmit()
                {
                 if(searchForm.rcond[0].checked)
                 {
                  searchForm.action="list?cond=all"
                 }
                 else if(searchForm.rcond[1].checked)
                 {
                  searchForm.action="list?cond=precision"
                 }
                 else
                 {
                  searchForm.action="list?cond=keyword"
                 }
                }
                function hideall()
                {
                    if(searchForm.rcond[0].checked)
                    {
                        pre.style.display = "none";
                        key.style.display = "none";
                    }
                }
                function showpre()
                {
                    if(searchForm.rcond[1].checked)
                    {
                        pre.style.display = "";
```

```
                    key.style.display = "none";
                }
                else
                {
                    pre.style.display = "none";
                }
            }
            function showkey()
            {
                if(searchForm.rcond[2].checked)
                {
                    key.style.display = "";
                    pre.style.display = "none";
                }
                else
                {
                    key.style.display = "none";
                }
            }
        //-->
    </SCRIPT>
</head>
<body>
    <form name="searchForm"action=""method="post" onClick="fsubmit()">
        <input type="radio" name="rcond" onclick="hideall()">查看所有图书<p>

        <input type="radio" name="rcond" onclick="showpre()">精确搜索<p>
        <table id=pre style="DISPLAY: none">
            <tr>
                <td>书名:</td>
                <td><input type="text" name="title"></td>
            </tr>
            <tr>
                <td>作者:</td>
                <td><input type="text" name="author"></td>
            </tr>
            <tr>
                <td>出版社:</td>
                <td><input type="text" name="bookconcern"></td>
            </tr>
        </table><p>

        <input type="radio"name="rcond"onclick="showkey()">关键字搜索<p>
        <table id=key style="DISPLAY: none">
            <tr>
                <td>请输入关键字:</td>
                <td><input type="text" name="keyword"></td>
```

```
            </tr>
        </table><p>

        <input type="reset" value="重新输入">
        <input type="submit" value="搜索">
    </form>
  </body>
</html>
```

在这个网页中，我们为用户提供了 3 种查询方式：查看所有图书、精确搜索和关键字搜索。另外，为了动态显示查询选项，我们在网页代码中嵌入了 JavaScript 脚本代码。

Step2：编写 ListServlet 类

将编写好的 ListServlet.java 源文件放到 F:\JSPLesson\ch04\src 目录下。完整的源代码如例 4-9 所示。

例 4-9　ListServlet.java

```
package org.sunxin.ch04.servlet;

import javax.servlet.*;
import java.io.*;
import javax.servlet.http.*;
import java.sql.*;

public class ListServlet extends HttpServlet
{
    private String url;
    private String user;
    private String password;

    public void init() throws ServletException
    {
        ServletContext sc=getServletContext();
        String driverClass=sc.getInitParameter("driverClass");
        url=sc.getInitParameter("url");
        user=sc.getInitParameter("user");
        password=sc.getInitParameter("password");
        try
        {
            Class.forName(driverClass);

        }
        catch(ClassNotFoundException ce)
        {
            throw new ServletException("加载数据库驱动失败！");
        }
    }
```

```

    public void doGet(HttpServletRequest req, HttpServletResponse resp)
                throws ServletException,IOException
    {
        Connection conn=null;
        Statement stmt=null;
        ResultSet rs=null;
        req.setCharacterEncoding("gb2312");
        String condition=req.getParameter("cond");
        if(null==condition || condition.equals(""))
        {
            resp.sendRedirect("search.html");
            return;
        }
        resp.setContentType("text/html;charset=gb2312");
        PrintWriter out=resp.getWriter();
        try
        {
            conn=DriverManager.getConnection(url,user,password);
            stmt=conn.createStatement();
            if(condition.equals("all"))
            {
                rs=stmt.executeQuery("select * from bookinfo");
                printBookInfo(out,rs);
                out.close();
            }
            else if(condition.equals("precision"))
            {
                String title=req.getParameter("title");
                String author=req.getParameter("author");
                String bookconcern=req.getParameter("bookconcern");

                if((null==title || title.equals("")) &&
                   (null==author || author.equals("")) &&
                   (null==bookconcern || bookconcern.equals("")))
                {
                    resp.sendRedirect("search.html");
                    return;
                }

                StringBuffer sb=new StringBuffer("select * from bookinfo where ");
                boolean bFlag=false;

                if(!title.equals(""))
                {
                    sb.append("title = "+"'"+title+"'");
```

```
                    bFlag=true;
                }
                if(!author.equals(""))
                {
                    if(bFlag)
                        sb.append("and author = "+"'"+author+"'");
                    else
                    {
                       sb.append("author = "+"'"+author+"'");
                       bFlag=true;
                    }
                }
                if(!bookconcern.equals(""))
                {
                    if(bFlag)
                        sb.append("and bookconcern="+"'"+bookconcern+"'");
                    else
                        sb.append("bookconcern = "+"'"+bookconcern+"'");
                }

                rs=stmt.executeQuery(sb.toString());
                printBookInfo(out,rs);
                out.close();
            }
            else if(condition.equals("keyword"))
            {
                String keyword=req.getParameter("keyword");
                if(null==keyword || keyword.equals(""))
                {
                     resp.sendRedirect("search.html");
                     return;
                }
                String strSQL="select * from bookinfo where title like '%"+keyword+"%'";

                rs=stmt.executeQuery(strSQL);
                printBookInfo(out,rs);
                out.close();
            }
            else
            {
                resp.sendRedirect("search.html");
                return;
            }
        }
        catch(SQLException se)
        {
```

```
            se.printStackTrace();
        }
        finally
        {
            if(rs!=null)
            {
               try
               {
                   rs.close();
               }
               catch(SQLException se)
               {
                   se.printStackTrace();
               }
               rs=null;
            }
            if(stmt!=null)
            {
               try
               {
                   stmt.close();
               }
               catch(SQLException se)
               {
                   se.printStackTrace();
               }
                stmt=null;
            }
            if(conn!=null)
            {
                try
                {
                    conn.close();
                }
                catch(SQLException se)
                {
                    se.printStackTrace();
                }
                conn=null;
            }
        }
    }

    public void doPost(HttpServletRequest req, HttpServletResponse resp)
                throws ServletException,IOException
    {
```

```
169.        doGet(req,resp);
170.    }
171.
172.    private void printBookInfo(PrintWriter out,ResultSet rs)
173.                        throws SQLException
174.    {
175.        out.println("<html><head>");
176.        out.println("<title>图书信息</title>");
177.        out.println("</head><body>");
178.        out.println("<table border=1><caption>图书信息</caption>");
179.        out.println("<tr><th>书名</th><th>作者</th><th>出版社</th><th>价格</th><th> 发行日期</th></tr>");
180.        while(rs.next())
181.        {
182.            out.println("<tr>");
183.            out.println("<td>"+rs.getString("title")+"</td>");
184.            out.println("<td>"+rs.getString("author")+"</td>");
185.            out.println("<td>"+rs.getString("bookconcern")+"</td>");
186.            out.println("<td>"+rs.getFloat("price")+"</td>");
187.            out.println("<td>"+rs.getDate("publish_date")+"</td>");
188.            out.println("</tr>");
189.        }
190.        out.println("</table></body></html>");
191.    }
192. }
```

因为多个 Servlet 都要访问数据库，所以我们将驱动程序的类名、连接 URL、用户名和密码设置成 Servlet 上下文的初始化参数，在代码的第 17～20 行，调用 ServletContext 对象的 getInitParameter()方法得到这些初始化参数。

代码的第 172～191 行，编写了一个工具函数 printBookInfo()，负责以网页表格的形式输出结果集中的数据。在这个函数中的第 180～189 行，利用 ResultSet 对象的 next()方法，循环取出每行的数据。要注意的是，初始的时候，ResultSet 对象的游标在第一行之前，所以要先调用一次 next()方法（在 while 循环条件判断中调用），将游标移动到第一行。在取数据的过程中，根据表中不同字段的类型，调用相应的 getXXX()方法来得到数据。读者也可以传递列的索引来获取数据（索引从 1 开始）。例如，要得到书名，可以调用 rs.getString(2)。利用索引来得到数据，需要清楚数据库表的结构，按照表中字段的顺序来传递索引值。

因为客户端提交的请求参数中可能包含中文字符，所以第 38 行调用请求对象的 setCharacter Encoding()方法指定请求正文使用的字符编码为 gb2312。第 39 行，调用请求对象的 getParameter()方法得到查询条件。第 40～44 行，判断条件如果为空，则调用响应对象的 sendRedirect()方法将客户端重定向到 search.html 页面，**然后调用 return 语句，结束 doGet()方法，这是为了避免后面的语句被执行。有些人以为如果调用了 sendRedirect()方法，那么在它之后的语句就不再执行了，于是在调用 sendRedirect()方法之后，就什么也不**

管了，导致出现一些问题。第 51 行，判断查询条件是否是查询所有图书信息，如果是，则继续执行下面的代码。第 53 行，调用 Statement 对象的 executeQuery()方法执行 select 语句，返回一个结果集对象。第 54 行，调用 printBookInfo()方法将结果集中的数据以表格的形式发送到客户端。

第 57～100 行完成精确搜索的功能。首先在第 59～61 行，调用请求对象的 getParameter()方法从客户端发送的请求中获取 title、author 和 bookconcern 参数的值。第 63～69 行，判断 title、author 和 bookconcern 3 个参数是否都为空，如果都为空，则调用 sendRedirect()方法将客户端重定向到 search.html 页面。第 71 行，构造一个 StringBuffer 对象，用来准备一个 SQL 语句。第 72 行，定义一个 boolean 类型的变量，用来判断前面的参数是否已经作为 where 子句中的一部分，也就是在判断将当前参数作为 where 子句的一部分时，是否需要添加“and”，利用这个变量来保证构造的 SQL 语句的语法正确。第 74～95 行，分别判断 3 个参数是否为空，因为在客户端的页面中，我们允许用户任意填写 3 个查询参数（每一个参数都可以为空，但不能全为空），所以在服务器端就需要一一判断参数是否能作为查询条件的一部分。第 97 行，调用 Statement 对象的 executeQuery()方法执行 SQL 语句。第 98 行，调用 printBookInfo()方法将结果集中的数据发送到客户端。

第 101～114 行完成关键字搜索的功能。第 109 行，使用 SQL 中的 like 关键字构造 SQL 语句。实际上，我们经常在网站上使用的关键字搜索、模糊查询等就是通过在查询语句中使用 like 关键字来完成的。可以看到，有时候看似复杂的功能，一个 SQL 语句就搞定了。

第 115～119 行，如果传给服务器端的查询条件无法识别，则调用响应对象的 sendRedirect()方法将客户端重定向到 search.html 页面，注意在这个地方 return 语句可以不写，因为在它之后，没有其他的语句了。读者在使用 sendRedirect()方法的时候，可以根据代码编写的情况，决定是否需要在调用之后加上 return 语句，不过笔者建议读者在 sendRedirect()方法之后，都加上 return 语句（当然有其他目的的除外），因为以后你有可能会修改代码，从而导致在 sendRedirect()方法之后出现可能被执行到的语句。

Step3：编译 ListServlet.java

打开命令提示符，进入 ListServlet.java 所在的目录 F:\JSPLesson\ch04\src，然后执行：

```
javac -d ..\WEB-INF\classes ListServlet.java
```

在 WEB-INF\classes\org\sunxin\ch04\servlet 目录中生成类文件 ListServlet.class。

Step4：部署 ListServlet

编辑 WEB-INF 目录下的 web.xml 文件，添加对本例中的 Servlet 的配置，完整的内容如例 4-10 所示。

例 4-10　web.xml

```
<?xml version="1.0" encoding="gb2312"?>

<web-app xmlns="http://xmlns.jcp.org/xml/ns/javaee"
  xmlns:xsi="http://www.w3.org/2001/XMLSchema-instance"
  xsi:schemaLocation="http://xmlns.jcp.org/xml/ns/javaee
```

```
                    http://xmlns.jcp.org/xml/ns/javaee/web-app_4_0.xsd"
  version="4.0">

    <context-param>
     <param-name>driverClass</param-name>
     <param-value>com.mysql.cj.jdbc.Driver</param-value>
    </context-param>
    <context-param>
     <param-name>url</param-name>
     <param-value> jdbc:mysql://localhost:3306/bookstore?useSSL=false&amp;
serverTimezone=UTC </param-value>
    </context-param>
    <context-param>
     <param-name>user</param-name>
     <param-value>root</param-value>
    </context-param>
    <context-param>
     <param-name>password</param-name>
     <param-value>12345678</param-value>
    </context-param>

    <servlet>
        <servlet-name>CreateDBServlet</servlet-name>
        <servlet-class>
            org.sunxin.ch04.servlet.CreateDBServlet
  </servlet-class>
     ......
    </servlet>

    <servlet-mapping>
        <servlet-name>CreateDBServlet</servlet-name>
        <url-pattern>/createdb</url-pattern>
    </servlet-mapping>

    <servlet>
        <servlet-name>ListServlet</servlet-name>
        <servlet-class>
            org.sunxin.ch04.servlet.ListServlet </servlet-class>
    </servlet>

    <servlet-mapping>
        <servlet-name>ListServlet</servlet-name>
        <url-pattern>/list</url-pattern>
    </servlet-mapping>

  </web-app>
```

新增的内容以粗体显示。在 web.xml 文件中，我们使用<context-param>元素，将驱动程序的类名、连接 URL、用户名和密码设置为 Web 应用程序的 Servlet 上下文的初始化参数，这样，在该 Web 应用程序下的所有 Servlet 都可以访问这些参数了。

> **注 意** 在<servlet>元素内部使用<init-param>元素配置的初始化参数只能被这个 Servlet 所访问，而使用<context-param>元素配置的上下文参数则可以被属于这个 Web 应用程序的所有 Servlet 所访问。对于前者，使用 Servlet 或者 ServletConfig 对象的 getInitParameter()方法来得到初始化参数，对于后者，使用 ServletContext 对象的 getInitParameter()方法来得到上下文参数。

Step5：访问 ListServlet

启动 Tomcat 服务器，打开浏览器，在地址栏中输入 http://localhost:8080/ch04/search.html，将看到如图 4-18 所示的页面。

单击“查看所有图书”单选按钮，单击“搜索”提交按钮，将看到如图 4-19 所示的图书信息。

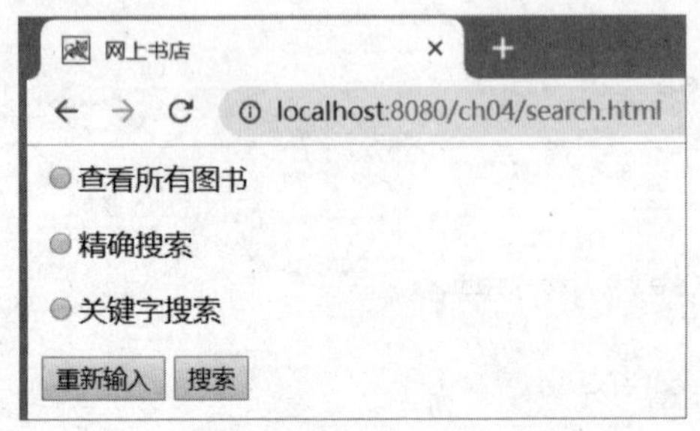

图 4-18　搜索页面

书名	作者	出版社	价格	发行日期
Java Web开发详解	孙鑫	电子工业出版社	99.0	2006-04-20
Struts 2深入详解	孙鑫	电子工业出版社	79.0	2008-06-15
Servlet/JSP深入详解	孙鑫	电子工业出版社	79.0	2008-07-01

图 4-19　ListServlet 列出所有图书的信息

返回到 search.html 页面，单击“精确搜索”单选按钮，出现如图 4-20 所示的页面。

任意输入书名、作者名或者出版社的名字，例如，在书名处输入“Java Web 开发详解”，在出版社处输入“电子工业出版社”，单击“搜索”提交按钮，将看到如图 4-21 所示的页面。

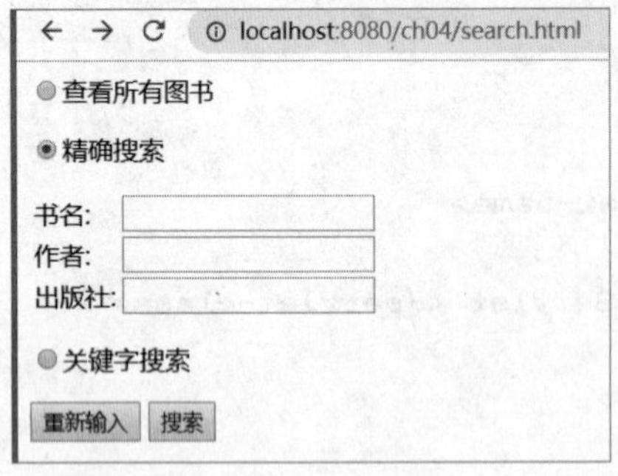

图 4-20　精确搜索

书名	作者	出版社	价格	发行日期
Java Web开发详解	孙鑫	电子工业出版社	99.0	2006-04-20

图 4-21　ListServlet 列出精确搜索的图书信息

再次回到 search.html 页面，单击“关键字搜索”单选按钮，出现如图 4-22 所示页面。输入查询的关键字，例如，“Struts 2”，将看到如图 4-23 所示的页面。

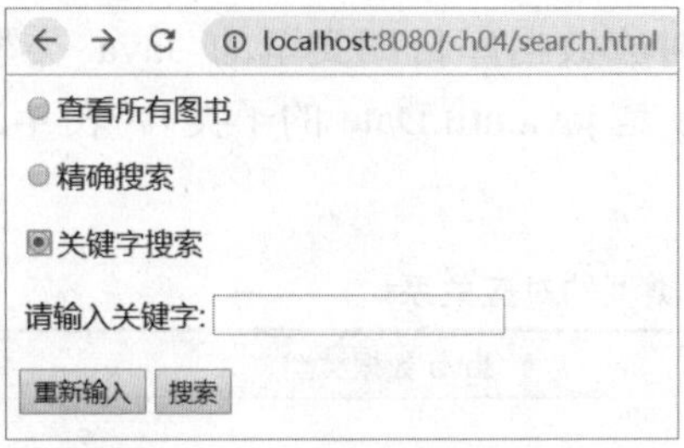

图 4-22　关键字搜索

书名	作者	出版社	价格	发行日期
Struts 2深入详解	孙鑫	电子工业出版社	79.0	2008-06-15

图 4-23　ListServlet 列出关键字搜索的图书信息

3. PreparedStatement

我们在程序中传递的 SQL 语句在执行前必须被预编译，包括语句分析、代码优化等，然后才能被数据库引擎执行。重复执行只有参数不同的 SQL 语句是比较低效的。如果要用不同的参数来多次执行同一个 SQL 语句，则可以使用 PreparedStatement 的对象。PreparedStatement 接口从 Statement 接口继承而来，它的对象表示一条预编译过的 SQL 语句。我们可以通过调用 Connection 对象的 prepareStatement()方法来得到 PreparedStatement 对象。PreparedStatement 对象所代表的 SQL 语句中的参数用问号（?）来表示，调用 PreparedStatement 对象的 setXXX()方法来设置这些参数。setXXX()方法有两个参数，第一个参数是要设置的 SQL 语句中的参数的索引（从 1 开始），第二个参数是要设置的 SQL 语句中的参数的值。

我们看下面的代码片段：

```
    ...

        conn=DriverManager.getConnection(url,user,password);
        Statement stmt=conn.createStatement();
        stmt.executeUpdate("create table employee(id INT,name VARCHAR(10),
hiredate DATE)");

        PreparedStatement pstmt=conn.prepareStatement("insert employee values
(?,?,?)");

        pstmt.setInt(1,1);
        pstmt.setString(2,"zhangsan");
        pstmt.setDate(3,java.sql.Date.valueOf("2004-5-8"));
        pstmt.executeUpdate();

        pstmt.setInt(1,2);
        pstmt.setString(2,"lisi");
        pstmt.setDate(3,java.sql.Date.valueOf("2005-3-1"));
        pstmt.executeUpdate();

    ...
```

注意代码中以粗体显示的部分。针对不同类型的参数，要使用相应的 setXXX()方法，其中尤其要注意的是，在编写数据库访问程序时，对应数据库日期类型的 Java 类型是 java.sql.Date，而不是 java.util.Date（虽然 java.sql.Date 是 java.util.Date 的子类）。表 4-2 列出了 SQL 数据类型与 Java 数据类型的对应关系。

表 4-2　SQL 数据类型与 Java 数据类型的对应关系

SQL 数据类型	Java 数据类型
INTEGER、INT	int
TINYINT、SMALLINT	short
BIGINT	long
DECIMAL、NUMERIC	java.math.BigDecimal
FLOAT	float
DOUBLE	double
CHAR、VARCHAR	String
BOOLEAN、BIT	boolean
DATE	java.sql.Date
TIME	java.sql.Time
TIMESTAMP	java.sql.Timestamp
BLOB	java.sql.Blob
CLOB	java.sql.Clob
ARRAY	java.sql.Array

下面我们看一个例子程序，实例的开发有以下几个步骤。

Step1：编写 CreateAccountServlet 类

将编写好的 CreateAccountServlet.java 源文件放到 F:\JSPLesson\ch04\src 目录下。完整的源代码如例 4-11 所示。

例 4-11　CreateAccountServlet.java

```
package org.sunxin.ch04.servlet;

import javax.servlet.*;
import java.io.*;
import javax.servlet.http.*;
import java.sql.*;

public class CreateAccountServlet extends HttpServlet
{
    private String url;
    private String user;
    private String password;

    public void init() throws ServletException
```

```
    {
        ServletContext sc=getServletContext();
        String driverClass=sc.getInitParameter("driverClass");
        url=sc.getInitParameter("url");
        user=sc.getInitParameter("user");
        password=sc.getInitParameter("password");
        try
        {
            Class.forName(driverClass);
        }
        catch(ClassNotFoundException ce)
        {
            throw new ServletException("加载数据库驱动失败！");
        }
    }

    public void doGet(HttpServletRequest req, HttpServletResponse resp)
            throws ServletException,IOException
    {
        Connection conn=null;
        Statement stmt=null;
        PreparedStatement pstmt=null;
        try
        {
            conn=DriverManager.getConnection(url,user,password);
            stmt=conn.createStatement();

            stmt.executeUpdate("create table account(userid VARCHAR(10)
not null primary key,balance FLOAT(6,2))ENGINE = InnoDB");

        pstmt=conn.prepareStatement("insert into account values(?,?)");

            pstmt.setString(1,"甲");
            pstmt.setFloat(2,500.00f);
            pstmt.executeUpdate();

            pstmt.setString(1,"乙");
            pstmt.setFloat(2,200.00f);
            pstmt.executeUpdate();
            resp.setContentType("text/html;charset=GBK");
            PrintWriter out=resp.getWriter();
            out.println("创建 account 表成功!");
            out.close();
        }
        catch(SQLException se)
        {
            se.printStackTrace();
```

```
61.         }
62.         finally
63.         {
64.             if(stmt!=null)
65.             {
66.                 try
67.                 {
68.                     stmt.close();
69.                 }
70.                 catch(SQLException se)
71.                 {
72.                     se.printStackTrace();
73.                 }
74.                 stmt=null;
75.             }
76.             if(pstmt!=null)
77.             {
78.                 try
79.                 {
80.                     pstmt.close();
81.                 }
82.                 catch(SQLException se)
83.                 {
84.                     se.printStackTrace();
85.                 }
86.                 pstmt=null;
87.             }
88.             if(conn!=null)
89.             {
90.                 try
91.                 {
92.                     conn.close();
93.                 }
94.                 catch(SQLException se)
95.                 {
96.                     se.printStackTrace();
97.                 }
98.                 conn=null;
99.             }
100.        }
101.    }
102. }
```

代码的第 42 行，调用 Statement 对象的 executeUpdate()方法创建一个账户表 account。表中有两个字段：一个是 userid，字符串类型，表示用户名；另一个是 balance，单精度浮点数类型，表示用户账户的余额。第 44 行，调用 Connection 对象的 prepareStatement()方法创建一个 PreparedStatement 对象。第 46～52 行，利用 PreparedStatement 对象向 account 表中插入两行数据，分别是“甲”用户，账户余额“500.00”，“乙”用户，账户余额“200.00”。

Step2：编译 CreateAccountServlet.java

打开命令提示符，进入 CreateAccountServlet.java 所在的目录 F:\JSPLesson\ch04\src，然后执行：

```
javac -d ..\WEB-INF\classes CreateAccountServlet.java
```

在 WEB-INF\classes\org\sunxin\ch04\servlet 目录中生成类文件 CreateAccountServlet.class。

Step3：部署 CreateAccountServlet

编辑 WEB-INF 目录下的 web.xml 文件，添加对本例中的 Servlet 的配置，完整的内容如例 4-12 所示。

例 4-12　web.xml

```
...
<servlet>
    <servlet-name>CreateAccountServlet</servlet-name>
    <servlet-class>
        org.sunxin.ch04.servlet.CreateAccountServlet </servlet- class>
</servlet>

<servlet-mapping>
    <servlet-name>CreateAccountServlet</servlet-name>
    <url-pattern>/account</url-pattern>
</servlet-mapping>
...
```

Step4：运行 CreateAccountServlet

启动 Tomcat 服务器，打开浏览器，在地址栏中输入 http://localhost:8080/ ch04/account，如果看到输出的“创建 account 表成功!”，则表明 account 表已经创建成功。

4．CallableStatement

CallableStatement 对象用于执行 SQL 存储过程。CallableStatement 接口从 PreparedStatement 接口继承而来，我们可以通过调用 Connection 对象的 prepareCall()方法来得到 CallableStatement 对象。在执行存储过程之前，凡是存储过程中类型为 OUT 的参数必须被注册，这可以通过 CallableStatement 对象的 registerOutParameter()方法来完成。对于类型为 IN 的参数，可以利用 setXXX()方法来设置参数的值。我们看下面的代码片段：

```
...
CallableStatement cstmt=conn.prepareCall("call p_changesal(?,?)");
cstmt.registerOutParameter(2,java.sql.Types.INTEGER);
cstmt.setInt(1,7369);
cstmt.execute();
int sal=cstmt.getInt(2);
...
```

存储过程 p_changesal 有两个参数，第一个参数是 IN 类型，第二个参数是 OUT 类型。因为有一个 OUT 类型的参数，所以在执行这个存储过程之前，我们调用 registerOutParameter()方法注册存储过程的第二个参数。registerOutParameter()方法的第二个参数用于指定存储过程参数的 JDBC 类型，该类型在 java.sql.Types 类中定义。在执行存储过程后，可以直接调用 CallableStatement 对象的 getXXX()方法取出 OUT 参数的值。

CallableStatement 对象也可以用于执行函数（Oracle 和 MySQL 支持函数，SQL Server 只支持存储过程），我们看下面的代码片段：

```
...
CallableStatement cstmt=conn.prepareCall("? = call f_getsal(?)}");
cstmt.registerOutParameter(1,java.sql.Types.INTEGER);
cstmt.setInt(2,7369);
cstmt.execute();
int sal=cstmt.getInt(1);
...
```

函数的参数总是 IN 类型，如果要接收函数的返回值，需要使用“? =”的语法形式，并调用 registerOutParameter()方法注册函数的返回值。

合理地利用存储过程来完成数据库访问操作，可以大大提高程序运行的效率，因为存储过程直接保存在数据库端，而数据库执行 SQL 语句的效率是非常高的，如果用 Java 代码来代替存储过程完成任务，则要涉及 SQL 命令的解析、数据的网络传输等开销，因此效率会比较低。不过要注意，不同数据库厂商提供的数据库产品采用的存储过程的语法是有差异的，如果不加限制地使用存储过程，那么当你要将现有的应用移植到其他数据库平台的时候，你会发现你的噩梦开始了。另外还要注意的是，有些数据库并不支持存储过程，例如 MySQL 5.0 之前的版本不支持存储过程。

5. 元数据

在前面的例子中，我们利用查询语句从 bookinfo 表中取出图书的数据，但有时候我们可能需要得到数据库表本身的结构信息。例如，开发一个向用户显示数据库中所有表结构的工具。在 java.sql 包中，提供了一个接口 ResultSetMetaData，用于获取描述数据库表结构的元数据。**在 SQL 中，用于描述数据库或者它的各个组成部分之一的数据称为元数据**，以便和存放在数据库中的实际数据相区分。

可以调用 ResultSet 对象的 getMetaData()方法来得到 ResultSetMetaData 对象。ResultSetMetaData 接口定义了下列常用的方法。

1）int **getColumnCount**() throws SQLException

该方法返回结果集中列的数量。

2）int **getColumnDisplaySize**(int column) throws SQLException

该方法返回列的最大字符宽度。

3）String **getColumnName**(int column) throws SQLException

该方法返回列的名字。

4）int **getColumnType**(int column) throws SQLException

该方法返回列的 SQL 类型，该类型称作 JDBC 类型，在 java.sql.Types 类中定义。

5）String **getColumnTypeName**(int column) throws SQLException

该方法返回列的数据库特定的类型名。

6）String **getTableName**(int column) throws SQLException

该方法返回列所属的表名。

在 java.sql 包中，还提供了 DatabaseMetaData 接口和 ParameterMetaData 接口。DatabaseMetaData 对象用于获取数据库的信息，ParameterMetaData 对象用于得到 PreparedStatement 对象中的参数的类型和属性信息。可以通过调用 Connection 对象的 getMetaData() 方法得到 DatabaseMetaData 对象，调用 PreparedStatement 对象的 getParameterMetaData()方法得到 ParameterMetaData 对象。

对于 ResultSetMetaData 接口中其他方法的信息，以及 DatabaseMetaData 接口和 ParameterMetaData 接口中定义的方法，请读者参看 JDK 的 API 文档。

在下面的例子中，用户访问 GetDBInfoServlet，程序中利用 DatabaseMetaData 得到数据库中所有表的信息，然后以列表框的形式显示给客户。用户选择其中一个表，单击“提交”按钮，GetDBInfoServlet 得到浏览器发送的请求参数（表名），然后利用 ResultSetMetaData 获取表的结构，并和表中的数据一起输出到客户端。实例的开发有下列步骤。

Step1：编写 GetDBInfoServlet 类

将编写好的 GetDBInfoServlet.java 源文件放到 F:\JSPLesson\ch04\src 目录。完整的源代码如例 4-13 所示。

例 4-13　GetDBInfoServlet.java

```
package org.sunxin.ch04.servlet;

import javax.servlet.*;
import java.io.*;
import javax.servlet.http.*;
import java.sql.*;
import java.util.ArrayList;

public class GetDBInfoServlet extends HttpServlet
{
    private String url;
    private String user;
    private String password;

    public void init() throws ServletException
    {
        ServletContext sc=getServletContext();
        String driverClass=sc.getInitParameter("driverClass");
```

```
        url=sc.getInitParameter("url");
        user=sc.getInitParameter("user");
        password=sc.getInitParameter("password");
        try
        {
            Class.forName(driverClass);
        }
        catch(ClassNotFoundException ce)
        {
            throw new ServletException("加载数据库驱动失败！");
        }
    }

    public void doGet(HttpServletRequest req, HttpServletResponse resp)
            throws ServletException,IOException
    {
        Connection conn=null;
        Statement stmt=null;
        ResultSet rs=null;

        try
        {
            conn=DriverManager.getConnection(url,user,password);

            resp.setContentType("text/html;charset=gb2312");
            PrintWriter out=resp.getWriter();
            out.println("<html><head>");
            out.println("<title>数据库表的信息</title>");
            out.println("</head><body>");

            String tableName=req.getParameter("tableName");
            if(null==tableName || tableName.equals(""))
            {
                DatabaseMetaData dbMeta=conn.getMetaData();
            rs=dbMeta.getTables(null,null,null,new String[] {"TABLE"});
            out.println("<form action=\"getdbinfo\" method= \"get\">");
                out.println("<select size=1 name=tableName>");
                while(rs.next())
                {
                out.println("<option value="+rs.getString ("TABLE_NAME")
+">");
                out.println(rs.getString("TABLE_NAME"));
                out.println("</option>");
                }
                out.println("</select><p>");
                out.println("<input type=\"submit\" value=\"提交\">");
                out.println("</form>");
```

```
        }
        else
        {
            stmt=conn.createStatement();
            rs=stmt.executeQuery("select * from "+tableName);
            ResultSetMetaData rsMeta=rs.getMetaData();
            int columnCount=rsMeta.getColumnCount();
            out.println("<table border=1>");
            out.println("<caption>表的结构</catption>");
            out.println("<tr><th>字段名</th><th>字段类型</th><th>最大字符宽度</th></tr>");

            ArrayList<String> al=new ArrayList<String>();
            for(int i=1;i<=columnCount;i++)
            {
                out.println("<tr>");
                String columnName=rsMeta.getColumnName(i);
                out.println("<td>"+columnName+"</td>");
                al.add(columnName);
                out.println("<td>"+rsMeta.getColumnTypeName(i)+"</td>");
                out.println("<td>"+rsMeta.getColumnDisplaySize(i)+"</td>");
            }
            out.println("</table><p>");

            out.println("<table border=1>");
            out.println("<caption>表中的数据</catption>");
            out.println("<tr>");

            for(int i=0;i<columnCount;i++)
            {
                out.println("<th>"+al.get(i)+"</th>");
            }

            while(rs.next())
            {
                out.println("<tr>");
                for(int i=1;i<=columnCount;i++)
                {
                    out.println("<td>"+rs.getString(i)+"</td>");
                }
                out.println("</tr>");
            }
            out.println("</table>");
        }
        out.println("</body><html>");
```

```
109.             out.close();
110.         }
111.         catch(SQLException se)
112.         {
113.             se.printStackTrace();
114.         }
115.         finally
116.         {
117.             if(rs!=null)
118.             {
119.                 try
120.                 {
121.                     rs.close();
122.                 }
123.                 catch(SQLException se)
124.                 {
125.                     se.printStackTrace();
126.                 }
127.                 rs=null;
128.             }
129.             if(stmt!=null)
130.             {
131.                 try
132.                 {
133.                     stmt.close();
134.                 }
135.                 catch(SQLException se)
136.                 {
137.                     se.printStackTrace();
138.                 }
139.                 stmt=null;
140.             }
141.             if(conn!=null)
142.             {
143.                 try
144.                 {
145.                     conn.close();
146.                 }
147.                 catch(SQLException se)
148.                 {
149.                     se.printStackTrace();
150.                 }
151.                 conn=null;
152.             }
153.         }
154.     }
155. }
```

代码的第 49 行，调用请求对象的 getParameter()方法得到查询的表名。如果用户没有提交表名参数或者表名参数的内容为空，则执行 if 语句下面的代码。第 52 行，调用连接对象的 getMetaData()方法得到 DatabaseMetaData 对象。第 53 行，调用 DatabaseMetaData 对象的 getTables()方法，传递“TABLE”参数（代码中使用 new String[]{"TABLE"}）获取数据库中所有表的信息，返回一个结果集对象。我们还可以传递“VIEW”，获取数据库中视图的信息，关于 getTables()方法的详细信息，请读者参看 API 文档。第 54～64 行，向客户端输出一个表单，表单中有一个列表框。第 58 行，调用 getString("TABLE_ NAME")得到数据库中表的名字，在 getTables()方法返回的结果集中，TABLE_NAME 是第 3 列，所以我们也可以调用 getString(3)来得到表的名字，关于其他各列的信息，请读者参看 API 文档。

如果用户提交了表名参数，则执行第 66 行 else 语句下面的部分。第 69 行，根据用户提交的表名构造 select 查询语句并执行，返回结果集对象。第 70 行，调用 ResultSet 对象的 getMetaData()方法得到 ResultSetMetaData 对象。第 71 行，调用 ResultSetMetaData 对象的 getColumnCount()方法得到结果集中列的总数，也就是表中字段的总数。第 72～86 行，以表格的形式输出表的结构。第 76 行，构造一个 ArrayList 集合对象，用于存储表中字段的名字。可能有的读者没有见过这种定义的方式，这是 JDK 1.5 中新加入的特性——泛型，如果读者使用的是 JDK 1.5 以前的版本，需要去掉代码中所有尖括号（<>）的部分。第 80 行，调用 ResultSetMetaData 对象的 getColumnName()方法得到列的名字。第 82 行，将列的名字保存到 ArrayList 集合中，以便在后面输出表中数据的时候使用。第 83～84 行，分别调用 ResultSetMetaData 对象的 getColumnTypeName()和 getColumnDisplaySize()方法得到列的数据库特定的类型名和列的最大字符宽度。第 88～106 行，以表格的形式输出表中的数据。第 92～95 行，通过 for 循环取出存储在 ArrayList 集合中的列名，作为表格的表头。

Step2：编译 GetDBInfoServlet.java

打开命令提示符，进入 GetDBInfoServlet.java 所在的目录 F:\JSPLesson\ch04\src，然后执行：

```
javac -d ..\WEB-INF\classes GetDBInfoServlet.java
```

在 WEB-INF\classes\org\sunxin\ch04\servlet 目录中生成类文件 GetDBInfoServlet.class。

Step3：部署 GetDBInfoServlet

编辑 WEB-INF 目录下的 web.xml 文件，添加对本例中的 Servlet 的配置，完整的内容如例 4-14 所示。

例 4-14　web.xml

```
...
    <servlet>
        <servlet-name>GetDBInfoServlet</servlet-name>
        <servlet-class>
            org.sunxin.ch04.servlet.GetDBInfoServlet </servlet-class>
    </servlet>

    <servlet-mapping>
        <servlet-name>GetDBInfoServlet</servlet-name>
```

```
        <url-pattern>/getdbinfo</url-pattern>
    </servlet-mapping>
...
```

Step4：访问 GetDBInfoServlet

启动 Tomcat 服务器，打开浏览器，在地址栏中输入 http://localhost:8080/ch04/getdbinfo，将看到如图 4-24 所示的页面。

图 4-24　GetDBInfoServlet 列出数据库中所有的表

选择其中一个表，例如 bookinfo，单击“提交”按钮，将看到如图 4-25 所示的页面。

localhost:8080/ch04/getdbinfo?tableName=bookinfo

表的结构

字段名	字段类型	最大字符宽度
id	INT	11
title	VARCHAR	50
author	VARCHAR	50
bookconcern	VARCHAR	100
publish_date	DATE	10
price	FLOAT	4
amount	SMALLINT	6
remark	VARCHAR	200

表中的数据

id	title	author	bookconcern	publish_date	price	amount	remark
1	Java Web开发详解	孙鑫	电子工业出版社	2006-04-20	99.0	35	null
2	Struts 2深入详解	孙鑫	电子工业出版社	2008-06-15	79.0	20	null
3	Servlet/JSP深入详解	孙鑫	电子工业出版社	2008-07-01	79.0	10	null

图 4-25　GetDBInfoServlet 输出 bookinfo 表的结构和数据

学习方法

Java API 中提供的类和方法非常多，我们不可能一一记住，那么如何才能够做到在使用 Java 语言开发时得心应手呢？我们只需要掌握 Java 类库的组织结构，知道完成某个功能可能会用到哪些包，然后再去这些包中查找相关的类，这样就可以顺利地完成开发任务了。在这个过程中，API 文档就是我们最好的助手，要学会从 API 文档中学习新的知识，要善于应用 API 文档。从 SUN 公司网站上下载的 JDK 安装包中没有包含帮助文档，需要单独下载。

4.4.4　事务处理

考虑一下网上书店在线支付功能的实现，用户进入结算中心，确认订单后，在程序中首先从 bookinfo 表中查询出图书的单价，乘以用户购买图书的数量，得到总的价格，然后从用户的 account 表中查询用户的余额是否可以完成这笔交易。接下来，更新 bookinfo 表中的图书库存数量，可就在这个时候，不幸的事情发生了，程序所在的 Web 服务器发生了故障，当重启服务器后，我们发现图书的库存数量减少了，然而网站却没有得到收入，因为更新用户账户余额的操作因为服务器故障而导致没有执行。出现这样的问题，主要是因为我们在程序中没有采用事务处理。

所谓**事务**，是指构成单个逻辑工作单元的操作集合。**事务处理**保证所有的事务都作为一个工作单元来执行，即使出现了硬件故障或者系统失灵，也不能改变这种执行方式。当在一个事务中执行多个操作时，要么所有的操作都被提交（commit），要么整个事务回滚（rollback）到最初的状态。

当一个连接对象被创建时，默认情况下是设置为自动提交事务，这意味着每次执行一个 SQL 语句时，如果执行成功，就会向数据库自动提交，也就不能再回滚了。为了将多个 SQL 语句作为一个事务执行，可以调用 Connection 对象的 setAutoCommit()方法，传入 false 来取消自动提交事务，然后在所有的 SQL 语句成功执行后，调用 Connection 对象的 commit()方法来提交事务，或者在执行出错时，调用 Connection 对象的 rollback()方法来回滚事务。

为了避免多个事务同时访问同一份数据可能引发的冲突，我们还需要设置**事务的隔离级别**。**事务隔离**指的是数据库系统（或其他事务系统）通过某种机制，在并行的多个事务之间进行分离，使每个事务在其执行过程中保持独立（如同当前只有此事务单独运行）。要理解事务的隔离级别，首先需要了解 3 个概念：脏读（dirty read）、不可重复读（non-repeatable read）和幻读（phantom read）。所谓**脏读**，是指一个事务正在访问数据，并对数据进行了修改，而这种修改还没有提交到数据库中，与此同时，另一个事务读取了这些数据，因为这些数据还没有提交，所以另一个事务读取的数据是脏数据，依据脏数据进行的操作可能是不正确的。如果前一个事务发生回滚，那么后一个事务读取的将是无效的数据。所谓**不可重复读**，是指一个事务读取了一行数据，在这个事务结束前，另一个事务访问了同一行数据，并对数据进行了修改，当第一个事务再次读取这行数据时，得到了一个不同的数据。这样，在同一个事务内两次读取的数据不同，称为不可重复读（non-repeatable read）。所谓**幻读**，是指一个事务读取了满足条件的所有行后，第二个事务插入了一行数据，当第一个事务再次读取同样条件的数据时，却发现多出了一行数据，就好像出现了幻觉一样。

标准 SQL 规范定义了以下 4 种事务隔离级别：

1）Read Uncommitted

最低等级的事务隔离，其保证在读取过程中不会读取到非法数据。在这种隔离等级下，上述 3 种不确定的情况均有可能发生。

2）Read Committed

此级别的事务隔离保证了一个事务不会读到另一个并行事务已修改但未提交的数据。也就是说，这个等级的事务级别避免了“脏读”。

3）Repeatable Read

此级别的事务隔离避免了“脏读”和“不可重复读”，这也意味着，一个事务在执行过程中可以看到其他事务已经提交的新插入的数据，但是不能看到其他事务对已有记录的更新。

4）Serializable

最高等级的事务隔离，也提供了最严格的隔离机制。上述 3 种情况都将被避免。在此级别下，一个事务在执行过程中完全看不到其他事务对数据库所做的更新。当两个事务同时访问相同的数据时，如果第 1 个事务已经在访问该数据，那么第 2 个事务只能停下来等待，必须等到第 1 个事务结束后才能恢复运行，因此这两个事务实际上以串行化方式在运行。

4 种隔离级别对脏读、不可重复读和幻读的禁止情况如表 4-3 所示。

表 4-3　隔离级别对脏读、不可重复读和幻读的影响

隔 离 级 别	禁 止 脏 读	禁止不可重复读	禁 止 幻 读
Read Uncommitted	否	否	否
Read Committed	是	否	否
Repeatable Read	是	是	否
Serializable	是	是	是

在 Connection 接口中定义了 setTransactionIsolation()方法，用于设置事务的隔离级别。同时，Connection 接口还定义了如下的 5 个常量，用作 setTransactionIsolation()方法的参数。

1）TRANSACTION_NONE

不支持事务。

2）TRANSACTION_READ_UNCOMMITTED

指定可以发生脏读、不可重复读和幻读。这个事务隔离级别表示在一个事务对一个数据行的所有修改操作提交之前，允许另一个事务读取这一行。如果第一个事务的所有更改操作被回滚，则第二个事务将获取到一个无效的数据行。

3）TRANSACTION_READ_COMMITTED

指定禁止脏读，但可以发生不可重复读和幻读。也就是说，这个事务隔离级别只禁止事务在数据行的修改操作被提交之前读取这个数据。

4）TRANSACTION_REPEATABLE_READ

指定禁止脏读和不可重复读，但可以发生幻读。这个事务隔离级别禁止事务读取一个还没有提交修改操作的数据行，并且它还禁止不可重复读的情况：一个事务读取了一个数据行，而另一个事务修改了这一行，然后第一个事务重新读取这个数据行，并在第二次读取时得到了不同的数据值。

5）TRANSACTION_SERIALIZABLE

指定禁止脏读、不可重复读和幻读。这个事务隔离级别包括了 TRANSACTION_REPEATABLE_READ 隔离级别禁止的事项，同时还禁止出现幻读的情况：当一个事务读取满足 WHERE 条件的所有数据行后，另一个事务插入了一个满足 WHERE 条件的数据行，然后第一个事务再次读取满足相同条件的数据行时，将会得到一个新增的数据行。

下面我们看一个事务处理的例子，在这个例子中，用户选定购买的图书和数量后，提交订单，程序中把更新 bookinfo 表中的图书数量的操作和更新 account 表中的用户余额的操作作为一个事务来处理，只有在两个操作都完成的情况下，才提交事务，否则，就回滚事务，事务的隔离级别设为 Repeatable Read。实例的开发有下列步骤。

Step1：编写 buy.html

将编写好的 buy.html 文件放到 F:\JSPLesson\ch04 目录。buy.html 的代码如例 4-15 所示。

例 4-15　buy.html

```
<html>
    <head>
        <title>购买图书</title>
    </head>
    <body>
        购买《Servlet/JSP 深入详解》<p>
        <form action="trade" method="post">
            输入用户名：  <input type="text" name="userid"><br>
            输入购买数量：<input type="text" name="quantity"><p>
            <input type="reset" value="重填">
            <input type="submit" value="购买">
        </form>
    </body>
</html>
```

为了简便起见，我们设定购买的图书是《Servlet/JSP 深入详解》，读者可以自行增加网页元素，提供图书列表，以供用户选择，当然，后台处理交易的 Servlet 也要做相应的修改。

Step2：编写 TradeServlet 类

TradeServlet 负责完成用户购买图书的交易操作。将编写好的 TradeServlet.java 源文件放到 F:\JSPLesson\ch04\src 目录。完整的源代码如例 4-16 所示。

例 4-16　TradeServlet.java

```
package org.sunxin.ch04.servlet;

import javax.servlet.*;
import java.io.*;
import javax.servlet.http.*;
import java.sql.*;

public class TradeServlet extends HttpServlet
{
    private String url;
```

```
    private String user;
    private String password;

    public void init() throws ServletException
    {
        ServletContext sc=getServletContext();
        String driverClass=sc.getInitParameter("driverClass");
        url=sc.getInitParameter("url");
        user=sc.getInitParameter("user");
        password=sc.getInitParameter("password");
        try
        {
            Class.forName(driverClass);
        }
        catch(ClassNotFoundException ce)
        {
            throw new ServletException("加载数据库驱动失败！");
        }
    }

    public void doGet(HttpServletRequest req, HttpServletResponse resp)
                throws ServletException,IOException
    {
        Connection conn=null;
        Statement stmt=null;
        PreparedStatement pstmt=null;
        ResultSet rs=null;

        resp.setContentType("text/html;charset=gb2312");
        PrintWriter out=resp.getWriter();

        req.setCharacterEncoding("gb2312");

        String userid=req.getParameter("userid");
        String quantity=req.getParameter("quantity");

        if(null==userid || userid.equals("") ||
           null==quantity || quantity.equals(""))
        {

            out.println("错误的请求参数");
            out.close();
        }
        else
        {
            try
            {
```

```
            conn=DriverManager.getConnection(url,user,password);

            conn.setAutoCommit(false);
            conn.setTransactionIsolation(Connection.TRANSACTION_REPEATABLE_READ);
            stmt=conn.createStatement();
            rs=stmt.executeQuery("select price,amount from bookinfo where id=3");
            rs.next();
            float price=rs.getFloat(1);
            int amount=rs.getInt(2);

            int num=Integer.parseInt(quantity);
            if(amount>=num)
            {
              pstmt=conn.prepareStatement("update bookinfo set amount = ? where id = 3");
                pstmt.setInt(1,amount-num);
                pstmt.executeUpdate();
            }
            else
            {
                out.println("您所购买的图书库存数量不足。");
                out.close();
                return;
            }
              pstmt=conn.prepareStatement("select balance from account where userid = ?");
          pstmt.setString(1,userid);
          rs=pstmt.executeQuery();

          rs.next();
          float balance=rs.getFloat(1);

         float totalPrice=price*num;

          if(balance>=totalPrice)
          {
                pstmt=conn.prepareStatement("update account set balance = ? where userid = ?");
                pstmt.setFloat(1,balance-totalPrice);
                pstmt.setString(2,userid);
                pstmt.executeUpdate();
            }
            else
            {
                  conn.rollback();
```

```
                out.println("您的余额不足。");
                out.close();
                return;
            }
            conn.commit();
            out.println("交易成功!");
            out.close();
        }
        catch(SQLException se)
        {
            if(conn!=null)
            {
                try
                {
                    conn.rollback();
                }
                catch(SQLException sex)
                {
                    sex.printStackTrace();
                }
            }
            se.printStackTrace();
        }
        finally
        {
            if(rs!=null)
            {
                try
                {
                    rs.close();
                }
                catch(SQLException se)
                {
                    se.printStackTrace();
                }
                rs=null;
            }
            if(stmt!=null)
            {
                try
                {
                    stmt.close();
                }
                catch(SQLException se)
                {
                    se.printStackTrace();
                }
```

```
147.                     stmt=null;
148.                 }
149.                 if(pstmt!=null)
150.                 {
151.                     try
152.                     {
153.                         pstmt.close();
154.                     }
155.                     catch(SQLException se)
156.                     {
157.                         se.printStackTrace();
158.                     }
159.                     pstmt=null;
160.                 }
161.                 if(conn!=null)
162.                 {
163.                     try
164.                     {
165.                         conn.close();
166.                     }
167.                     catch(SQLException se)
168.                     {
169.                         se.printStackTrace();
170.                     }
171.                     conn=null;
172.                 }
173.             }
174.         }
175.     }
176.
177.     public void doPost(HttpServletRequest req, HttpServletResponse resp) throws ServletException,IOException
178.     {
179.         doGet(req,resp);
180.     }
181. }
```

代码的第 44～45 行，调用请求对象的 getParameter()方法得到用户名和购买图书的数量。第 60 行，调用 Connection 对象的 setAutoCommit()方法，传递 false 参数，取消自动提交。第 61 行，调用 Connection 对象的 setTransactionIsolation()方法设置事务的隔离级别为 Repeatable Read。第 63 行，从 bookinfo 表中查询《Servlet/JSP 深入详解》（在表中的 ID 是 3）的价格和库存数量（本例假定购买的图书是《Servlet/JSP 深入详解》）。请读者注意第 64 行调用 rs.next()的语句，有的人在循环获取结果集中的数据时不会忘记调用 rs.next()，而当返回的结果集中只有一行数据时，却往往忘记调用 rs.next()。第 69 行，判断库存数量是否大于用户购买的数量，如果大于，那么第 71～73 行，就会更新 bookinfo 表中的《Servlet/JSP 深入详解》图书的库存数量。第 81～83 行，从 account 表中查询用户的账户余额。第 90 行，判断账户余额是否大于交易金额。如果账户余额足以支付购买图书费用，则更新 account 表，将用户的账户余额减去交易金额。如果账户余额不足，那么这次交易失败，于是在第 99 行，调用 Connection 对象的 rollback()方法，回到交易开始之前的状态，也就是回滚到 bookinfo 表中《Servlet/JSP 深入详解》的数量还没有发生改变的时候。要注意的是，如果在调用 rollback()方法之前，调用过 commit()方法，那么就只能回滚自上一次调用 commit()方法之后所做的改变。第 104 行，如果所有的操作都成功了，则调用 Connection 对象的 commit()方法提交事务，也就是向数据库提交所有的改变。在交易过程中，如果发生了异常，那么在第 114 行，调用 Connection 对象的 rollback()方法回滚所有的改变。

在 TradeServlet 中，我们采用了两种方式来保证交易的进行：一种方式是利用异常处理机制，一旦在交易过程中发生异常，就取消所有改变；另一种方式是在交易的业务逻辑中进行判断，如果用户的账户余额小于购买金额，则取消所做的改变，放弃这次交易。这也是我们在编写商业程序时，经常要用到的两种方式。在本例中，为了演示在业务逻辑中对事务的提交与回滚，我们故意将两个更新操作分别执行，在正常情况下，应该在做完判断后，再统一更新数据库表。

> **注 意** 一个 Statement 对象在同一时刻只有一个打开的 ResultSet 对象，在 Statement 接口中定义的所有 executeXxx()方法都隐含地关闭 Statement 当前的 ResultSet 对象。如果你要执行多个查询语句，并且需要同时对它们的结果集进行操作，那么你必须使用多个 Statement 对象。

Step3：编译 TradeServlet.java

打开命令提示符，进入 TradeServlet.java 所在的目录 F:\JSPLesson\ch04\src，然后执行：

```
javac -d ..\WEB-INF\classes TradeServlet.java
```

在 WEB-INF\classes\org\sunxin\ch04\servlet 目录中生成类文件 TradeServlet.class。

Step4：部署 TradeServlet

编辑 WEB-INF 目录下的 web.xml 文件，添加对本例中的 Servlet 的配置，完整的内容如例 4-17 所示。

例 4-17　web.xml

```
...
<servlet>
    <servlet-name>TradeServlet</servlet-name>
    <servlet-class>org.sunxin.ch04.servlet.TradeServlet</servlet-class>
</servlet>

<servlet-mapping>
    <servlet-name>TradeServlet</servlet-name>
    <url-pattern>/trade</url-pattern>
</servlet-mapping>
...
```

Step5：访问 TradeServlet

启动 Tomcat 服务器，打开浏览器，在地址栏中输入 http://localhost:8080/ch04/buy.html，在出现购买图书页面后，输入用户名“甲”，输入购买数量“5”，如图 4-26 所示。

单击“购买”按钮，你会看到“交易成功!”信息。回到 buy.html，输入用户名“乙”，输入购买数量 5，单击“购买”按钮，你会看到“您的余额不足。”信息。

下面，我们验证一下交易的结果，看看有没有出现不正常的情况。在浏览器的地址栏中输入 http://localhost:8080/ch04/getdbinfo，选择 account 表，单击“提交”按钮，将看到如图 4-27 所示的页面。

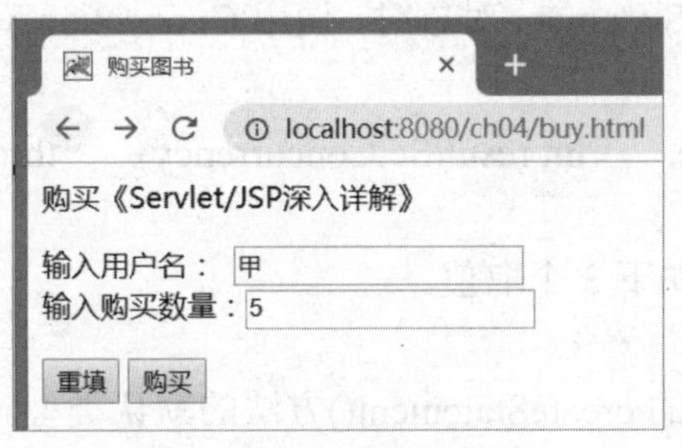

图 4-26　购买图书页面

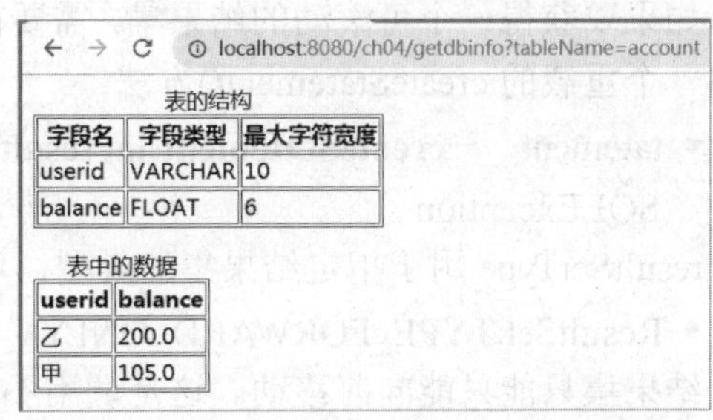

图 4-27　account 表的结构和数据

从图 4-27 中可以看到，用户甲购买了 5 本《Servlet/JSP 深入详解》，所以账户余额发生了改变（原先是 500.00 元）。而用户乙因为余额不足，导致事务回滚，交易取消，所以账户余额没有发生改变。接下来单击“后退”按钮回到刚才的页面，选择 bookinfo 表，单击“提交”按钮，将看到如图 4-28 所示的页面。

localhost:8080/ch04/getdbinfo?tableName=bookinfo

表的结构

字段名	字段类型	最大字符宽度
id	INT	11
title	VARCHAR	50
author	VARCHAR	50
bookconcern	VARCHAR	100
publish_date	DATE	10
price	FLOAT	4
amount	SMALLINT	6
remark	VARCHAR	200

表中的数据

id	title	author	bookconcern	publish_date	price	amount	remark
1	Java Web开发详解	孙鑫	电子工业出版社	2006-04-20	99.0	35	null
2	Struts 2深入详解	孙鑫	电子工业出版社	2008-06-15	79.0	20	null
3	Servlet/JSP深入详解	孙鑫	电子工业出版社	2008-07-01	79.0	5	null

图 4-28　bookinfo 表的结构和数据

从图 4-28 中可以看到，因为用户甲购买了 5 本《Servlet/JSP 深入详解》，所以《Servlet/JSP 深入详解》的库存数量只剩 5 本，而用户乙因为余额不足，导致事务回滚，所以没有对《Servlet/JSP 深入详解》的库存数量做任何改变。

4.4.5 可滚动和可更新的结果集

从 JDBC 2.1（包含在 JDK 1.2 版本中）开始，对结果集提供了更多的增强特性，支持可滚动和可更新的结果集，支持前面例子中用到的批量更新。

1．可滚动的结果集

在前面的例子程序中，我们通过 Statement 对象所创建的结果集只能向前滚动，也就是说只能调用 next()方法向前得到数据行，当到达最后一条记录时，next()方法将返回 false，我们无法向后读取数据行。

如果要获得一个可滚动的结果集，需要在创建 Statement 对象时，调用 Connection 对象的另一个重载的 createStatement()方法：

- tatement **createStatement**(int resultSetType, int resultSetConcurrency) throws SQLException

resultSetType 用于指定结果集的类型，可以有如下 3 个取值。

- ResultSet.TYPE_FORWARD_ONLY

结果集只能只能向前移动。这是调用不带参数的 createStatement()方法的默认类型。

- ResultSet.TYPE_SCROLL_INSENSITIVE

结果集可以滚动，但是对数据库的变化不敏感。

- ResultSet.TYPE_SCROLL_SENSITIVE

结果集可以滚动，并且对数据库的变化很敏感。例如，在程序中通过查询返回了 10 行数据，如果另一个程序删除了其中的 2 行，那么这个结果集中就只有 8 行数据了。

resultSetConcurrency 用于指定并发性类型，可以有如下的两个取值。

- ResultSet.CONCUR_READ_ONLY

结果集不能用于更新数据库。这是调用不带参数的 createStatement()方法的默认类型。

- ResultSet.CONCUR_UPDATABLE

结果集可以用于更新数据库。使用这个选项，就可以在结果集中插入、删除或更新数据行，而这种改变将反映到数据库中（关于可更新的结果集，请参看下一节）。

对于 PreparedStatement 对象，在 Connection 接口中同样提供了另一个重载的 prepare Statement()方法：

- PreparedStatement **prepareStatement**(String sql, int resultSetType, int resultSet Concurrency) throws SQLException

要注意的是，可能有的 JDBC 驱动程序无法支持可滚动和可更新的结果集，为了判断 JDBC 驱动是否支持这些特性，在 DatabaseMetaData 接口中提供了以下几种方法，用于获取数据库驱动程序的能力信息。

- boolean **supportsResultSetType**(int type) throws SQLException

该方法判断 JDBC 驱动是否支持指定的结果集类型。

- boolean **supportsResultSetConcurrency**(int type, int concurrency) throws SQLException

该方法判断 JDBC 驱动是否支持与 type 所指定的结果集类型相结合的并发性类型。

ResultSet 接口提供了下面的方法来支持在结果集中的滚动。

- boolean **isBeforeFirst**() throws SQLException
- boolean **isAfterLast**() throws SQLException
- boolean **isFirst**() throws SQLException
- boolean **isLast**() throws SQLException

以上 4 种方法分别用于判断游标是否位于第一行之前、最后一行之后、第一行和最后一行。

- void **beforeFirst**() throws SQLException

该方法移动游标到结果集第一行之前。

- void **afterLast**() throws SQLException

该方法移动游标到结果集最后一行之后。

- boolean **first**() throws SQLException

该方法移动游标到结果集的第一行。

- boolean **last**() throws SQLException

该方法移动游标到结果集的最后一行。

- boolean **absolute**(int row) throws SQLException

该方法移动游标到结果集中指定的行。row 可以是正，也可以是负。如果是正数，那么游标相对于结果集的开始处移动，1 表示移动游标到第一行，2 表示移动游标到第二行。如果是负数，那么游标相对于结果集的终点处开始移动，–1 表示移动游标到最后一行，–2 表示移动游标至倒数第二行。

- boolean **previous**() throws SQLException

该方法移动游标到结果集先前的行。

- boolean **relative**(int rows) throws SQLException

该方法将游标移动到相对于当前位置的一个位置。rows 可以是正，也可以是负。调用 relative(1)相当于调用 next()方法，调用 relative(–1)相当于调用 previous()方法。调用 relative(0)也是有效的，但是并不改变游标的当前位置。

2．可更新的结果集

可以在创建 Statement 对象时，指定 ResultSet.CONCUR_UPDATABLE 类型，这样创建的结果集就是可更新的结果集。我们可以对结果集中的数据进行编辑，这种改变会影响数据库中的原始数据，也就是说，在结果集中的改变会自动在数据库中反映出来。

ResultSet 接口中定义了下面的方法用于修改结果集。

（1）更新一行

在 ResultSet 接口中提供了类似于 getXxx()方法的 updateXxx()方法，用于更新结果集中当前行的数据。updateXxx()方法可以接受列的索引或列的名字作为参数，例如下面的 updateString()方法：

- void **updateString**(int columnIndex, String x) throws SQLException
- void **updateString**(String columnName, String x) throws SQLException

updateXxx()方法只能修改当前行的数据，并不能修改数据库中的数据，所以在调用

updateXxx()方法后，还要调用 updateRow()方法，用当前行中新的数据更新数据库。如果你将游标移动到另一行，而没有调用 updateRow()方法，那么所有的更新将从结果集中被删除，并且这些更新将不会被传到数据库中。可以调用 cancelRowUpdates()方法来放弃对当前行的修改。注意，要让这个方法有效，必须在调用 updateRow()方法之前调用它。可以调用 rowUpdated()方法来判断当前行是否被更新。

（2）插入一行

如果要在结果集中插入一个新行，并将这个新行提交到数据库中，首先调用 moveToInsertRow()方法移动游标到插入行，**插入行是一个与可更新的结果集相联系的特殊的缓存行**。当游标被放置到插入行时，当前游标的位置被记录下来。将游标移动到插入行后，接下来调用 updateXxx()方法，设置行中的数据。最后，在行数据设置完后，调用 insertRow()方法，将新行传递给数据库，从而在数据库中真正插入一行数据。当游标在插入行的时候，只有 updateXxx()方法、getXxx()方法和 insertRow()方法可以被调用，而且在一个列上调用 getXxx()方法之前，必须先调用 updateXxx()方法。可以调用 rowInserted()方法来判断当前行是否是插入行。

（3）删除一行

可以调用 deleteRow()从结果集和数据库中删除一行，当游标指向插入行的时候，不能调用这个方法。一个被删除的行可能在结果集中留下一个空的位置，可以调用 rowDeleted()方法来判断一行是否被删除。

可更新结果集的使用必须满足下面 3 个条件。

- 只能是针对数据库中单张表的查询。
- 查询语句中不能包含任何的 join 操作。
- 查询操作的表中必须有主键，而且在查询的结果集中必须包含作为主键的字段。

此外，如果在结果集上执行插入操作，那么 SQL 查询还应该满足下面两个条件。

- 查询操作必须选择数据库表中所有不能为空的列。
- 查询操作必须选择所有没有默认值的列。

4.5 JDBC 数据源和连接池

在前面的例子程序中，我们要建立数据库的连接，首先需要调用 Class.forName()加载数据库驱动，然后调用 DriverManager.getConnection()方法建立数据库的连接。在 javax.sql 包中，定义了 DataSource 接口，给我们提供了另外一种方式来建立数据库的连接。DataSource 接口由驱动程序供应商来实现，利用 DataSource 来建立数据库的连接，不需要在客户程序中加载 JDBC 驱动，也不需要使用 java.sql.DriverManager 类。在程序中，通过向一个 JNDI（Java Naming and Directory）服务器查询来得到 DataSource 对象，然后调用 DataSource 对象的 getConnection()方法来建立数据库的连接。DataSource 对象可以看成是连接工厂，用于提供到此 DataSource 对象所表示的物理数据源的连接。下面的代码片段演示了使用 DataSource 来建立数据库的连接。

```
…
    javax.naming.Context ctx=new javax.naming.InitialContext();
    javax.sql.DataSource ds=(javax.sql.DataSource)ctx.lookup("java:comp/
env/jdbc/bookstore");
    java.sql.Connection conn=ds.getConnection();
    …
    conn.close();
…
```

javax.naming.Context 接口表示一个命名上下文。在这个接口中，定义了将对象和名字绑定，以及通过名字查询对象的方法。javax.naming.InitialContext 是 Context 接口的实现类。

查询一个命名的对象通过调用 Context 接口的 lookup()方法，如下所示：

- Object **lookup**(String name) throws NamingException

JNDI 名称空间由一个初始的命名上下文（context）及其下的任意数目的子上下文组成。JNDI 名称空间是分层次的，这与许多文件系统的目录/文件结构类似，初始上下文与文件系统的根类似，子上下文与子目录类似。JNDI 层次的根是初始上下文，在这里通过变量 ctx 来表示。在初始上下文下有许多子上下文，其中之一就是 jdbc，jdbc 子上下文保留给 JDBC 数据源使用。逻辑数据源的名字可以在子上下文 jdbc 中，也可以在 jdbc 下的子上下文中。层次中的最后一级元素是注册的对象（这和文件相类似），在这个示例中是数据源的逻辑名，即 bookstore。

java:comp/env 是环境命名上下文（Environment Naming Context，ENC），引入它是为了解决 JNDI 命名冲突的问题。ENC 将资源引用名和实际的 JNDI 名相分离，从而提高了 J2EE 应用的移植性。

javax.sql.DataSource 接口可以有 3 种类型的实现。

- 基本的实现——产生一个标准的连接对象，与调用 DriverManager.getConnection()方法得到的连接对象一样，这是一个到数据库的物理连接。
- 连接池实现——产生一个自动参与到连接池中的连接对象。这种实现需要和一个中间层连接池管理器一起工作。
- 分布式事务实现——产生一个用于分布式事务的连接对象，这种连接对象几乎总是参与到连接池中。这种实现需要和一个中间层事务管理器和连接池管理器一起工作。

那连接池又是什么呢？我们知道，建立数据库连接是相当耗时和耗费资源的，而且一个数据库服务器能够同时建立的连接数也是有限的，在大型的 Web 应用中，可能同时会有成百上千个访问数据库的请求，如果 Web 应用程序为每一个客户请求分配一个数据库连接，将导致性能的急剧下降。为了能够重复利用数据库连接，提高对请求的响应时间和服务器的性能，可以采用连接池技术。连接池技术预先建立多个数据库连接对象，然后将连接对象保存到连接池中，当客户请求到来时，从池中取出一个连接对象为客户服务，当请求完成后，客户程序调用 close()方法，将连接对象放回池中。

在普通的数据库访问程序中，客户程序得到的连接对象是物理连接，调用连接对象的 close()方法将关闭连接，而采用连接池技术，客户程序得到的连接对象是连接池中物理连接的一个句柄，调用连接对象的 close()方法，物理连接并没有关闭，数据源的实现只是删除了客户程序中的连接对象和池中的连接对象之间的联系。

要使用数据源和连接池，必须要有数据源和连接池的实现，这在 Java SE 的类库中是没有提供的。Tomcat 提供了数据源和连接池的实现（使用开源的 DBCP 连接池实现），在 Tomcat 中，可以在<Context>元素的内容中使用<Resource>元素来配置 JDBC 数据源。<Resource>元素的属性描述如表 4-4 所示。

表 4-4　<Resource>元素的属性

属　性	描　述
name	指定资源相对于 java:comp/env 上下文的 JNDI 名
auth	指定资源的管理者，它有两个可选的值：Application 和 Container。如果 Web 应用程序在 web.xml 文件中使用<resource-ref>元素，那么这个属性是不需要的，如果使用<resource-env-ref>元素，那么这个属性是可选的
type	指定资源所属的 Java 类的完整限定名
maxTotal	指定在连接池中数据库连接的最大数目，指定这个值需要参照使用的数据库所配置的最大连接数。取值为 0，表示没有限制
maxIdle	指定在连接池中保留的空闲的数据库连接的最大数目。取值为–1，表示没有限制
maxWaitMillis	指定等待一个数据库连接成为可用状态的最大时间，以毫秒为单位。如果设为–1，表示永久等待
username	指定连接数据库的用户名
password	指定连接数据库的用户密码
driverClassName	指定 JDBC 驱动程序类名
url	指定连接数据库的 URL

下面，我们将 GetDBInfoServlet 改为利用数据源来建立数据库连接。首先需要在 Tomcat 中配置 JDBC 数据源，可以在%CATALINA_HOME%\conf\server.xml 文件中进行配置，在这里，我们将 JDBC 数据源的配置放到本章的 Web 应用程序运行目录的配置文件中。编辑%CATALINA_HOME%\conf\ Catalina\localhost\ch04.xml 文件，配置 JDBC 数据源，完整的内容如例 4-18 所示。

例 4-18　ch04.xml

```
<Context docBase="F:\JSPLesson\ch04" reloadable="true">
    <Resource name="jdbc/bookstore" auth="Container"
        type="javax.sql.DataSource"
        maxTotal="100" maxIdle="30" maxWaitMillis="10000"
        username="root" password="12345678"
        driverClassName="com.mysql.cj.jdbc.Driver"
        url="jdbc:mysql://localhost:3306/bookstore?serverTimezone=UTC&amp;
autoReconnect=true"/>
</Context>
```

在 JDBC 数据源的配置中，我们指定的 JNDI 名是 jdbc/bookstore，当然你可以换成你自己喜欢的名字。注意，URL 属性值中的 autoReconnect=true，这是 MySQL 专用的。将 autoReconnec 参数设置为 ture，是为了让 MySQL 的 JDBC 驱动在 MySQL 服务器关闭连接后自动重新连接数据库。在默认情况下，MySQL 服务器在连接空闲 8 小时后关闭这个连接。

注 意　由于我们要使用 Tomcat 提供的数据源实现来访问 MySQL（数据源本身并不提供数据访问功能，它只是作为连接对象的工厂，实际的数据访问操作仍然是由 JDBC 驱动来完成的），因此你需要将 MySQL 的 JDBC 驱动复制到 Tomcat 安装目录的 lib 子目录中，以便让 Tomcat 服务器能够找到 MySQL 的 JDBC 驱动。要明确的是，使用 Tomcat 提供的数据源实现来访问数据库，是 Tomcat 需要 JDBC 驱动，而不是应用程序需要 JDBC 驱动。

将 MySQL 的 JDBC 驱动文件 mysql-connector-java-8.0.13.jar 复制到%CATALINA_HOME%\lib 目录下。

提 示　如果你的 Web 应用程序原本就存在于%CATALINA_HOME%\webapps 目录下，那么应该如何配置 JDBC 数据源呢？在第 3 章的第 3.1 节中我们介绍过，<Context>元素也可以在 Web 应用程序的 META-INF\context.xml 文件中进行设置。你可以删除%CATALINA_HOME%\conf\ Catalina\localhost 目录下的 ch04.xml 文件，然后将本章的 Web 应用程序所在的 ch04 目录复制到%CATALINA_HOME%\webapps 目录下，接着在 ch04 目录下新建 META-INF 子目录，在该目录下新建 context.xml 文件，并在这个文件中配置数据源，内容如下：

```
<Context>
    <Resource name="jdbc/bookstore" auth="Container"
        type="javax.sql.DataSource"
        maxTotal="100" maxIdle="30" maxWaitMillis="10000"
        username="root" password="12345678"
        driverClassName="com.mysql.cj.jdbc.Driver"

url="jdbc:mysql://localhost:3306/bookstore?serverTimezone=UTC&amp;auto
Reconnect=true"/>
</Context>
```

由于 webapps 目录下的 Web 应用程序会被 Tomcat 自动加载，所以你不需要再使用<Context>元素的 docBase 属性来指出 Web 应用程序的根目录。

接下来，将 GetDBInfoServlet.java 复制一份，并将其命名为 GetDBInfoServlet2.java，打开 GetDBInfoServlet2.java，修改其中的部分代码，如例 4-19 所示。

例 4-19　GetDBInfoServlet2.java

```
package org.sunxin.ch04.servlet;

import javax.servlet.*;
import java.io.*;
import javax.servlet.http.*;
import java.sql.*;
import java.util.ArrayList;
import javax.sql.*;
import javax.naming.*;
```

```
public class GetDBInfoServlet2 extends HttpServlet
{
    public void doGet(HttpServletRequest req, HttpServletResponse resp)
                throws ServletException,IOException
    {
        Connection conn=null;
        Statement stmt=null;
        ResultSet rs=null;

        try
        {
            Context ctx=new InitialContext();
            DataSource ds=(DataSource)ctx.lookup("java:comp/env/jdbc/
bookstore");
            conn=ds.getConnection();

            resp.setContentType("text/html;charset=gb2312");
            PrintWriter out=resp.getWriter();
            …
        if(null==tableName || tableName.equals(""))
        {
            DatabaseMetaData dbMeta=conn.getMetaData();
                rs=dbMeta.getTables(null,null,null,new String[]{"TABLE"});
                out.println("<form action=\"getdbinfo2\" method=\"get\">");
                out.println("<select size=1 name=tableName>");
        …
        }
        …
        }
        catch(NamingException ne)
        {
            ne.printStackTrace();
        }
        catch(SQLException se)
        {
            se.printStackTrace();
        }
        finally
        {
     …
        }
    }
}
```

为了节省篇幅，我们省略了部分代码，在 GetDBInfoServlet2.java 中删除了 init()方法，其他新添加和修改的代码以粗体显示。在这里，要提醒读者注意的是，在配置 JDBC 数据源时所指定的 JNDI 名，是相对于 java:comp/env 上下文的，因此在程序中利用 JNDI 名查询数据源对象时，需要加上 java:comp/env。

接下来，编译 GetDBInfoServlet2.java，执行下面的命令：

```
javac -d ..\WEB-INF\classes GetDBInfoServlet2.java
```

在 WEB-INF\classes\org\sunxin\ch04\servlet 目录中生成类文件 GetDBInfoServlet2.class。

编辑 F:\JSPLesson\ch04\WEB-INF 目录下的 web.xml 文件，添加对 GetDBInfoServlet2 的配置，内容如例 4-20 所示。

例 4-20　web.xml

```
...
<servlet>
    <servlet-name>GetDBInfoServlet2</servlet-name>
    <servlet-class>
    org.sunxin.ch04.servlet.GetDBInfoServlet2 </servlet-class>
</servlet>

<servlet-mapping>
    <servlet-name>GetDBInfoServlet2</servlet-name>
    <url-pattern>/getdbinfo2</url-pattern>
</servlet-mapping>
...
```

最后，启动 Tomcat，打开浏览器，在地址栏中输入 http://localhost:8080/ch04/getdbinfo2，可以看到和访问 GetDBInfoServlet 相同的效果。

4.6　小结

本章主要介绍了利用 JDBC API 访问数据库的技术，内容主要分为 4 个部分。

- 第一部分介绍了 JDBC 驱动程序的类型，JDBC 驱动程序按照工业标准分为 4 种类型。
- 第二部分介绍了 MySQL 数据库的安装和 MySQL JDBC 驱动的下载。本书使用的 MySQL 版本是 8.0.13，运行在 Windows 平台下的 MySQL 有两种形式的安装包，一种是通过安装程序安装 MySQL，另一种是直接解压缩使用 MySQL，本章在第 4.2 节详细介绍了 MySQL 解压缩版本的安装和运行方式。
- 第三部分介绍了 JDBC API。在这一部分，首先介绍了如何加载 JDBC 驱动，如何建立到数据库的连接。接下来介绍了如何创建数据库和表，如何插入数据，并对 Statement、ResultSet、PreparedStatement 和 CallableStatement 的用法做了介绍。此外，还介绍了批量更新、元数据、事务处理、可滚动和可更新的结果集等内容。
- 第四部分主要介绍 JDBC 数据源和连接池，利用连接池技术，可以缩短对请求的响应时间，提高 Web 服务器的性能。

第 5 章

会话跟踪

本章要点

- 了解用于会话跟踪的三种技术
- 掌握 Session 的使用
- 掌握基于 Cookie 的会话跟踪
- 掌握使用 URL 重写的机制来进行会话跟踪
- 理清常见的关于 Session 的错误认识
- 了解 Session 的持久化

随着网络的发展，不少人都具有了网络购物的经验，也许读者正在看的这本书就是在网上书店购买的。让我们考虑一下在网上书店购书的场景，用户甲登录到一家网上书店，选购了《Struts 2 深入详解》这本书，放进了购物车，然后接着浏览其他的书籍，那么对于 Web 服务器来说，它需要记住购物车中已经有了一本书。此时用户乙也登录到这家网上书店，并选购了两本书，放进了购物车，然后进入收银台确认订单，进行结算，可是服务器要如何区分结算的购物车对应的是哪一个用户呢？读者可能会想到，Web 服务器为每一个用户创建一个购物车，那么结算时，自然知道是哪一个用户购买的物品要进行结算。话虽如此，但是要注意的是，购物车的状态是在服务器端维护的，而客户端与服务器进行通信的协议——HTTP 协议本身是基于请求/响应模式的、无状态的协议，也就是说，当客户端的请求到来，服务器端做出响应后，连接就被关闭了。即使 HTTP1.1 支持持续连接，但是当用户有一段时间没有提交请求（假设正在看图书的简介），连接也将被关闭，那么当下一个用户与服务器建立连接，发出请求的时候，服务器怎么知道在服务器端维护的购物车是属于这个用户的，还是其他用户的呢？

这样的问题在很多应用中都存在，例如，我要通过网上银行给朋友汇一笔钱，输入用户名和密码，服务器验证通过后，发回操作页面，然后连接关闭。在我进行账户资金划账的时候，连接重新建立，但是服务器如何能保证正在转账的账户就是我的账户呢？因为，此时可能还有很多人在进行转账的操作。

用户的活动发生在多个请求和响应之中，作为 Web 服务器来说，必须能够采用一种机制来唯一地标识一个用户，同时记录该用户的状态，这是一个 Web 应用程序典型的需求。

为了实现上述需求，需要以下两种机制。

- 会话：服务器应当能够标识出来自单个客户的一系列请求，并把这些请求组成一个单独的工作“会话”。通过把特定请求与一个特定的工作会话相联系，购物车或者在线银行应用程序就能够把一个用户与另一个用户区分开。
- 状态：服务器应当能够记住前面请求的信息，以及对前一请求做出的处理信息。也就是说，服务器应当处于给每个会话联系状态。对于购物车应用程序来说，可能的状态包括用户喜欢的项目类别，用户的配置信息和购物车本身。

5.1 用于会话跟踪的技术

Java Servlet API 使用 Session 来跟踪会话和管理会话内的状态。利用 Session，服务器可以把一个客户的所有请求联系在一起，并记住客户的操作状态。当客户第一次连接到服务器的时候，服务器为其建立一个 Session，并分配给客户一个唯一的标识（Session ID），以后客户每次提交请求，都要将标识一起提交。服务器根据标识找出特定的 Session，用这个 Session 记录客户的状态。这个过程就好像我们去超市购物存包的过程：一个顾客（相当于 Web 客户端）去超市购物，到存包处（相当于 Web 服务器）存包，管理员将顾客的包放到一个柜子里（相当于建立一个 Session），然后将一个号码牌交给顾客（相当于为顾客分配了一个唯一的 Session ID）。当顾客下一次到存包处的时候，需要将号码牌交给管理员，管理员根据号码牌找到对应的柜子，根据顾客的请求（HTTP Request）取出、添加、更换物品，然后将号码牌再次交给顾客。顾客每次到存包处的时候，都要提供号码牌，存包处的管理员对顾客的请求做出响应（HTTP Response）后，需要将号码牌再次交还给顾客。

从上面的过程中，我们可以看出，通过在每一个请求和响应中包含 Session ID，服务器就可以将一个用户与另一个用户区分开。

在 Servlet 规范中，描述了下列三种机制用于会话跟踪：

- SSL（Secure Socket Layer，安全套接字层）会话
- Cookies
- URL 重写

下面，我们介绍一下这三种机制。

5.1.1 SSL 会话

SSL（Secure Socket Layer，安全套接字层）是一种运行在 TCP/IP 之上和像 HTTP 这种应用层协议之下的加密技术。SSL 是在 HTTPS 协议中使用的加密技术。SSL 可以让采用 SSL 的服务器认证采用 SSL 的客户端，并且在客户端和服务器之间保持一种加密的连接。在建立了加密连接的过程中，客户和服务器都可以产生名叫“会话密钥”的东西，它是一种用于加密和解密消息的对称密钥。基于 HTTPS 协议的服务器可以使用这个客户的对称密

钥来建立会话。

5.1.2 Cookies

Cookies，中文译为小甜饼，由 Netscape 公司发明，是最常用的跟踪用户会话的方式。Cookies 是一种由服务器发送给客户的片段信息，存储在客户端浏览器的内存中或硬盘上，在客户随后对该服务器的请求中发回它。

Cookie 有三个规范，原始的 Netscape 规范（版本 0），RFC 2109（HTTP 状态管理机制，版本 1）和 RFC 2965（HTTP 状态管理机制，版本 1，是对 RFC 2109 的替代）。在 Servlet 2.5 中的 Cookie 支持 Netscape 规范和 RFC 2109。为了确保最好的互操作性，**在默认情况下，Java Servlet API 采用版本 0（依照 Netscape 规范）创建 Cookie**。读者可以在 http://www.ietf.org/rfc 上找到 RFC 2109 和 RFC 2965 文件，或者在搜索引擎上搜索这两个 RFC 文件。Netscape 规范位于下面的网址：http://wp.netscape.com/newsref/ std/cookie_spec.html。

Cookies 以键-值对的方式记录会话跟踪的内容，服务器利用响应报头 Set-Cookie 来发送 Cookie 信息。在 RFC 2109 中定义的 Set-Cookie 响应报头的格式为：

```
Set-Cookie: NAME=VALUE; Comment=value; Domain=value; Max-Age=value; Path=value; Secure; Version=1*DIGIT
```

NAME 是 Cookie 的名字，VALUE 是它的值。NAME=VALUE 属性-值对必须首先出现，在此之后的属性-值对可以以任何顺序出现。**在 Servlet 规范中，用于会话跟踪的 Cookie 的名字必须是 JSESSIONID**。Comment 属性是可选的，因为 Cookies 可能包含关于用户私有的信息，这个属性允许服务器说明这个 Cookie 的使用，用户可以检查这个信息，然后决定是否加入或继续会话。Domain 属性是可选的，用于指定 Cookie 在哪一个域中有效，所指定的域必须以点号（.）开始。Max-Age 属性是可选的，用于定义 Cookie 的生存时间，以秒为单位，如果超过了这个时间，客户端应该丢弃这个 Cookie，如果指定的秒数为 0，表示这个 Cookie 应该立即被丢弃。Path 属性是可选的，用于指定这个 Cookie 在哪一个 URL 子集下有效。Secure 属性是可选的，它没有值，用于指示浏览器使用安全的方式与服务器交互。Version 属性是必需的，它的值是一个十进制的整数，标识 Cookie 依照的状态管理规范的版本，对于 RFC 2109，Version 应当设为 1。

下面我们看一个例子：

```
Set-Cookie: uid=zhangsan; Max-Age=3600; Domain=.sunxin.org; Path=/bbs; Version=1
```

上面这个响应报头发送了一个名为 uid，值为 zhangsan 的 Cookie，Cookie 的生存时间为 3600 秒，在 sunxin.org 域的/bbs 路径下有效。在 3600 秒之后，浏览器应该丢弃这个 Cookie。

当浏览器收到上面这个响应报头后，可以选择拒绝或接受这个 Cookie。如果浏览器接受了这个 Cookie，当浏览器下一次发送请求给 http://www.sunxin.org/bbs/路径下的资源时，同时也会发送下面的请求报头：

```
Cookie: uid=zhangsan
```

服务器从请求报头中得到 Cookie，然后通过标识取出在服务器中存储的 zhangsan 的状态信息，这样，通过为不同的用户发送不同的 Cookie，就可以实现每个用户的会话跟踪。

因为 Cookie 是在响应报头和请求报头中被传送的，不与传送的内容混淆在一起，所以 Cookie 的使用对于用户来说是透明的。然而也正是因为 Cookie 对用户是透明的，加上 Cookie 持久性高，可以长时间地追踪用户（Cookie 可以保存在用户机器的硬盘上），了解用户上网的习惯，而用户在网上的一举一动，就有可能成为某些网站或厂商赚钱的机会，这就造成了一些隐私权和安全性方面的问题。于是有些用户在使用浏览器时，会选择禁用 Cookie，这样的话，Web 服务器就无法利用 Cookie 来跟踪用户的会话了，要解决这个问题，就要用到下一节介绍的 URL 重写机制。

5.1.3 URL 重写

当客户端不接受 Cookie 的时候，可以使用 URL 重写的机制来跟踪用户的会话。URL 重写就是在 URL 中附加标识客户的 Session ID，Servlet 容器解释 URL，取出 Session ID，根据 Session ID 将请求与特定的 Session 关联。

Session ID 被编码为 URL 字符串中的路径参数，在 Servlet 规范中，这个参数的名字必须是 jsessionid，下面是一个包含了编码后的路径信息的 URL 的例子：

```
http://www.sunxin.org/bbs/index.jsp;jsessionid=1234
```

还可以在后面加上查询字符串，完整的 URL 如下所示：

```
http://www.sunxin.org/bbs/index.jsp;jsessionid=1234?name=zhangsan&age=18
```

服务器将 Session ID 作为 URL 的一部分发送给客户端，客户端在请求 URL 中再传回来，这样，Web 服务器就可以跟踪用户的会话了。

要跟踪客户端的会话，就需要将所有发往客户端的 URL 进行编码，这可以通过调用 HttpServlet Response 接口中的 encodeURL()方法和 encodeRedirectURL()方法来实现，其中，encodeRedirectURL()方法主要在 sendRedirect()方法调用之前使用，用于编码重定向的 URL。

5.2 Java Servlet API 的会话跟踪

在 Java Servlet API 中，javax.servlet.http.HttpSession 接口封装了 Session 的概念，Servlet 容器提供了这个接口的实现。当请求一个会话的时候，Servlet 容器就创建一个 HttpSession 对象，有了这个对象后，就可以利用这个对象中保存客户的状态信息，例如，购物车。Servlet 容器为 HttpSession 对象分配一个唯一的 Session ID，将其作为 Cookie（或者作为 URL 的一部分，利用 URL 重写机制）发送给浏览器，浏览器在内存中保存这个 Cookie。当客户再次发送 HTTP 请求时，浏览器将 Cookie 随请求一起发送，Servlet 容器从请求对象中读取 Session ID，然后根据 Session ID 找到对应的 HttpSession 对象，从而得到客户的状态信息。整个过程如图 5-1 所示。

整个会话跟踪过程对于客户和开发人员都是透明的（由 Servlet 容器来完成），开发人员所要做的就是得到 HttpSession 对象，然后调用这个对象 setAttribute()或 getAttribute()方法来保存或读取客户的状态信息。

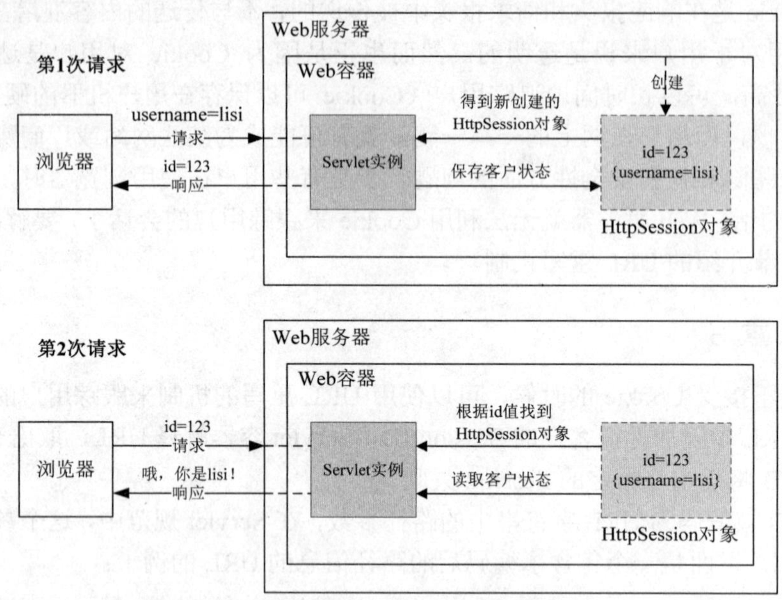

图 5-1　会话跟踪过程的示意图

5.2.1　HttpSession 接口

HttpSession 接口提供了下列方法：

- public java.lang.Object **getAttribute**(java.lang.String name)
- public java.util.Enumeration **getAttributeNames**()
- public void **removeAttribute**(java.lang.String name)
- public void **setAttribute**(java.lang.String name, java.lang.Object value)

上面四个方法用于在 HttpSession 对象中读取、移除和设置属性，利用这些方法，可以在 Session 中维护客户的状态信息。

1）public long **getCreationTime**()

返回 Session 创建的时间，这个时间是从 1970 年 1 月 1 日 00:00:00 GMT 以来的毫秒数。

2）public java.lang.String **getId**()

返回一个字符串，其中包含了分配给 Session 的唯一标识符。这个标识符是由 Servlet 容器分配的，与具体的实现有关。

3）public long **getLastAccessedTime**()

返回客户端最后一次发送与 Session 相关的请求的时间，这个时间是从 1970 年 1 月 1 日 00:00:00 GMT 以来的毫秒数。这个方法可以用来确定客户端在两次请求之间的会话的非活动时间。

4）public int **getMaxInactiveInterval**()

返回以毫秒为单位的最大时间间隔。这个时间值是 Servlet 容器在客户的两个连续请求之间保持 Session 打开的最大时间间隔，超过这个时间间隔，Servlet 容器将使 Session 失效。

5）public void **setMaxInactiveInterval**(int interval)

这个方法用于设置在 Session 失效之前，客户端的两个连续请求之间的最大时间间隔。如果设置一个负值，则表示 Session 永远不会失效。Web 应用程序可以使用这个方法来设置 Session 的超时时间间隔。

6）public ServletContext **getServletContext()**

返回 Session 所属的 ServletContext 对象。

7）public void **invalidate()**

这个方法用于使会话失效。例如，用户在网上书店购买完图书后，可以选择退出登录，服务器端的 Web 应用程序可以调用这个方法使 Session 失效，从而让用户不再与这个 Session 关联。

8）public boolean **isNew()**

如果客户端还不知道这个 Session 或者客户端没有选择加入 Session，那么这个方法将返回 true。例如，服务器使用基于 Cookie 的 Session，而客户端禁用了 Cookie，那么对每一个请求，Session 都是新的。

要得到一个 Session 对象，可以调用 HttpServletRequest 接口的 getSession()方法，如下所示：

1）public HttpSession **getSession()**

该方法返回和此次请求相关联的 Session，如果没有给客户端分配 Session，则创建一个新的 Session。

2）public HttpSession **getSession**(boolean create)

该方法返回和此次请求相关联的 Session，如果没有给客户端分配 Session，而 create 参数为 true，则创建一个新的 Session。如果 create 参数为 false，而此次请求没有一个有效的 HttpSession，则返回 null。

5.2.2　Session 的生命周期

在这一节，我们将通过一个登录程序来演示 Session 的生命周期。刚开始，这个程序采用基于 Cookie 的会话跟踪，当客户端禁用 Cookie 后，采用 URL 重写的机制来进行会话跟踪。实例的开发主要有下列步骤。

Step1：编写 OutputSessionInfo 类

OutputSessionInfo 是一个工具类，它有一个静态的方法，该方法以表格的形式输出 Session 的相关信息。

将编写好的源文件放到 F:\JSPLesson\ch05\src 目录下。OutputSessionInfo 类的完整源代码如例 5-1 所示。

例 5-1　OutputSessionInfo.java

```
package org.sunxin.ch05.util;

```

```
import java.io.*;
import javax.servlet.http.*;
import java.util.Date;

public class OutputSessionInfo
{
    public static void printSessionInfo(PrintWriter out,HttpSession session)
    {
        out.println("<table>");

        out.println("<tr>");
        out.println("<td>会话的状态：</td>");
        if(session.isNew())
        {
            out.println("<td>新的会话</td>");
        }
        else
        {
            out.println("<td>旧的会话</td>");
        }
        out.println("</tr>");

        out.println("<tr>");
        out.println("<td>会话 ID：</td>");
        out.println("<td>"+session.getId()+"</td>");
        out.println("</tr>");

        out.println("<tr>");
        out.println("<td>创建时间：</td>");
        out.println("<td>"+new Date(session.getCreationTime())+"</td>");
        out.println("</tr>");

        out.println("<tr>");
        out.println("<td>上次访问时间：</td>");
        out.println("<td>"+new Date(session.getLastAccessedTime())+"</td>");
        out.println("</tr>");

        out.println("<tr>");
        out.println("<td>最大不活动时间间隔(s)：</td>");
        out.println("<td>"+session.getMaxInactiveInterval()+"</td>");
        out.println("</tr>");

        out.println("</table>");
    }
}
```

代码中的第 15～22 行，调用 HttpSession 对象的 isNew()方法判断是否是新的会话，然后输出相应的会话状态。第 27 行，调用 getId()方法得到会话的 ID。第 32 行，调用 getCreationTime()方法得到会话的创建时间，因为这个方法返回的是从 1970 年 1 月 1 日 00:00:00 GMT 以来的毫秒数，所以利用 java.util.Date 类的构造方法将毫秒数转换为一个 Date 对象。第 37 行，调用 getLastAccessedTime()方法，得到 Servlet 上一次被访问的时间。第 42 行，调用 getMaxInactiveInterval()方法，得到当前最大的非活动的时间间隔，即 Session 的超时时间间隔。

Step2：编写 LoginServlet 类

LoginServlet 调用 OutputSessionInfo 类的 printSessionInfo()静态方法向客户端输出 Session 的相关信息，以及向客户输出一个登录表单。

将编写好的源文件放到 F:\JSPLesson\ch05\src 目录下。LoginServlet 类的完整代码如例 5-2 所示。

例 5-2 LoginServlet.java

```
package org.sunxin.ch05.servlet;

import javax.servlet.*;
import java.io.*;
import javax.servlet.http.*;
import org.sunxin.ch05.util.OutputSessionInfo;

public class LoginServlet extends HttpServlet
{
    public void doGet(HttpServletRequest req, HttpServletResponse resp)
                throws ServletException,IOException
    {
        resp.setContentType("text/html;charset=gb2312");

        HttpSession session=req.getSession();
        String user=(String)session.getAttribute("user");

        PrintWriter out=resp.getWriter();
        out.println("<html>");
        out.println("<meta http-equiv=\"Pragma\" content=\"no-cache\">");
        out.println("<head><title>登录页面</title></head>");
        out.println("<body>");

        OutputSessionInfo.printSessionInfo(out,session);

        out.println("<p>");
        out.println("<form method=post action=loginchk>");

        out.println("<table>");
```

```
29.
30.         out.println("<tr>");
31.         out.println("<td>请输入用户名</td>");
32.         if(null==user)
33.         {
34.             out.println("<td><input type=text name=user></td>");
35.         }
36.         else
37.         {
38.             out.println("<td><input type=text name=user value="+user+">
</td>");
39.         }
40.         out.println("</tr>");
41.
42.         out.println("<tr>");
43.         out.println("<td>请输入密码</td>");
44.         out.println("<td><input type=password name=password></td>");
45.         out.println("</tr>");
46.
47.         out.println("<tr>");
48.         out.println("<td><input type=reset value=重填></td>");
49.         out.println("<td><input type=submit value=登录></td>");
50.         out.println("</tr>");
51.
52.         out.println("</table>");
53.
54.         out.println("</form>");
55.         out.println("</body>");
56.         out.println("</html>");
57.         out.close();
58.     }
59.
60.     public void doPost(HttpServletRequest req, HttpServletResponse resp)
61.             throws ServletException,IOException
62.     {
63.         doGet(req,resp);
64.     }
65. }
```

第 14 行，调用请求对象的 getSession()方法来得到和这个请求相联系的 HttpSession 对象，如果这个请求还没有一个 Session，Servlet 容器会创建一个。第 15 行，调用 HttpSession 对象的 getAttribute()方法获取在 Session 中存储的名字为 user 的属性。将用户的登录信息保存在 Session 中，当用户访问其他资源时，就可以从 Session 中的信息来判断用户是否已经登录。第 19 行，输出的<meta>元素告诉浏览器不要缓存这个页面。第 23 行，调用 OutputSessionInfo 类的静态方法 printSessionInfo()输出 Session 的相关信息。第 26～54 行，向客户端输出一个登录表单，提交表单的结果将交由 loginchk Servlet 进行处理。第 32～39

行，判断从 Session 中取出的 user 属性是否为空，如果为空，则说明用户还没有登录；如果不为空，则说明在这次会话中，用户已经登录过了，我们将已登录用户的名字作为输入用户名的文本域的默认值。

Step3：编写 LoginChkServlet 类

LoginChkServlet 类用于对用户登录进行验证。

将编写好的源文件放到 F:\JSPLesson\ch05\src 目录下。LoginChkServlet 类的完整代码如例 5-3 所示。

例 5-3 LoginChkServlet.java

```
package org.sunxin.ch05.servlet;

import javax.servlet.*;
import java.io.*;
import javax.servlet.http.*;

public class LoginChkServlet extends HttpServlet
{
    public void doGet(HttpServletRequest req, HttpServletResponse resp)
                    throws ServletException,IOException
    {
        req.setCharacterEncoding("gb2312");
        String name=req.getParameter("user");
        String pwd=req.getParameter("password");

        if(null==name || null==pwd || name.equals("") || pwd.equals(""))
        {
            resp.sendRedirect("login");
            return;
        }
        else
        {
            HttpSession session=req.getSession();
            session.setAttribute("user",name);
            resp.sendRedirect("greet");
            return;
        }
    }

    public void doPost(HttpServletRequest req, HttpServletResponse resp)
                    throws ServletException,IOException
    {
        doGet(req,resp);
    }
}
```

因为客户端可能会发送中文用户名，所以在代码的第 12 行，设置请求中使用的字符编码是 gb2312。第 16 行，判断用户名和密码是否为空，如果为空，那么第 18 行调用响应对象的 sendRedirect()方法让客户端重定向到 login Servlet。第 24 行，如果用户输入了用户名和密码，则调用 HttpSession 对象的 setAttribute()方法，使用 user 这个名字，绑定 name 对象（用户的登录名）到 Session 中。在此之后，当再执行 LoginServlet 的时候，调用 getAttribute()方法，就可以取出绑定到 user 这个名字上的对象了（参见例 5-2 LoginServlet.java 的第 15 行）。第 25 行，调用响应对象的 sendRedirect()方法让客户端重定向到 greet Servlet。

Step4：编写 GreetServlet 类

GreetServlet 类用于向客户端发送欢迎信息。

将编写好的源文件放到 F:\JSPLesson\ch05\src 目录下。GreetServlet 类的完整代码如例 5-4 所示。

例 5-4 GreetServlet.java

```
package org.sunxin.ch05.servlet;

import javax.servlet.*;
 import java.io.*;
 import javax.servlet.http.*;

 public class GreetServlet extends HttpServlet
 {
     public void doGet(HttpServletRequest req, HttpServletResponse resp)
                 throws ServletException,IOException
     {
         HttpSession session=req.getSession();
         String user=(String)session.getAttribute("user");

         if(null==user)
         {
             resp.sendRedirect("login");
         }
         else
         {
             resp.setContentType("text/html;charset=gb2312");
             PrintWriter out=resp.getWriter();
             out.println("<html><head><title>欢迎页面</title></head>");
             out.println("<body>");

             OutputSessionInfo.printSessionInfo(out,session);

             out.println("<p>");
             out.println("欢迎你，"+user+"<p>");
             out.println("<a href=login>重新登录</a>");
             out.println("<a href=logout>注销</a>");
```

```
32.             out.println("</body></html>");
33.             out.close();
34.         }
35.     }
36. }
```

代码的第 13 行，调用 HttpSession 对象的 getAttribute()方法取出在 Session 中存储的名字为 user 的属性。第 15 行，判断 user 对象是否为 null，如果为 null，则表明用户还没有登录，如果用户已经登录，在 Session 中就能够取出该用户的用户名（参见例 5-3 LoginChkServlet.java 的第 24 行）。第 17 行，调用 sendRedirect()方法将客户端重定向到 loginServlet。第 23～32 行，如果用户已经登录，则向客户端发送欢迎页面。第 26 行，调用 OutputSessionInfo 类的静态方法 printSessionInfo()输出 Session 的相关信息。第 30～31 行，输出“重新登录”和“注销”的链接。

Step5：编写 LogoutServlet 类

LogoutServlet 类用于退出登录。

将编写好的源文件放到 F:\JSPLesson\ch05\src 目录下。LogoutServlet 类的完整代码如例 5-5 所示。

例 5-5　LogoutServlet.java

```
package org.sunxin.ch05.servlet;

import javax.servlet.*;
import java.io.*;
import javax.servlet.http.*;

public class LogoutServlet extends HttpServlet
{
    public void doGet(HttpServletRequest req, HttpServletResponse resp)
                throws ServletException,IOException
    {
        resp.setContentType("text/html;charset=gb2312");

        HttpSession session=req.getSession();
        session.invalidate();

        PrintWriter out=resp.getWriter();
        out.println("<html><head><title>退出登录</title></head>");
        out.println("<body>");
        out.println("已退出登录<br>");
        out.println("<a href=login>重新登录</a>");
        out.println("</body></html>");
        out.close();
    }
}
```

代码第 14 行，得到和请求相联系的 HttpSession 对象。第 15 行，调用 HttpSession 对象的 invalidate()方法使会话失效。第 25 行，向客户端输出“已退出登录”的信息。第 26 行，输出一个“重新登录”的链接，让用户可以选择重新登录。

Step6：编译上述 5 个 Java 源文件

打开命令提示符，进入到 5 个源文件所在的目录 F:\JSPLesson\ch05\src 下，然后执行：

```
javac -d ..\WEB-INF\classes *.java
```

在 WEB-INF\classes 目录下生成 5 个源文件对应的包和类文件。

Step7：部署 Servlet

编辑 WEB-INF 目录下的 web.xml 文件，添加对本例中的 Servlet 的配置，完整的内容如例 5-6 所示。

例 5-6 web.xml

```
<?xml version="1.0" encoding="UTF-8"?>

<web-app xmlns="http://xmlns.jcp.org/xml/ns/javaee"
  xmlns:xsi="http://www.w3.org/2001/XMLSchema-instance"
  xsi:schemaLocation="http://xmlns.jcp.org/xml/ns/javaee
                      http://xmlns.jcp.org/xml/ns/javaee/web-app_4_0.xsd"
  version="4.0">

    <servlet>
        <servlet-name>LoginServer</servlet-name>
        <servlet-class>
             org.sunxin.ch05.servlet.LoginServlet </servlet-class>
    </servlet>

    <servlet-mapping>
        <servlet-name>LoginServer</servlet-name>
        <url-pattern>/login</url-pattern>
    </servlet-mapping>

    <servlet>
        <servlet-name>LoginChkServlet</servlet-name>
        <servlet-class>
             org.sunxin.ch05.servlet.LoginChkServlet </servlet-class>
    </servlet>

    <servlet-mapping>
        <servlet-name>LoginChkServlet</servlet-name>
        <url-pattern>/loginchk</url-pattern>
    </servlet-mapping>

    <servlet>
```

```
        <servlet-name>GreetServlet</servlet-name>
        <servlet-class>
            org.sunxin.ch05.servlet.GreetServlet </servlet-class>
    </servlet>

    <servlet-mapping>
        <servlet-name>GreetServlet</servlet-name>
        <url-pattern>/greet</url-pattern>
    </servlet-mapping>

    <servlet>
        <servlet-name>LogoutServlet</servlet-name>
        <servlet-class>
            org.sunxin.ch05.servlet.LogoutServlet </servlet-class>
    </servlet>

    <servlet-mapping>
        <servlet-name>LogoutServlet</servlet-name>
        <url-pattern>/logout</url-pattern>
    </servlet-mapping>

    <session-config>
        <session-timeout>5</session-timeout>
    </session-config>
</web-app>
```

注意代码中最后以粗体显示的部分。<session-config>元素定义了 Web 应用程序的会话参数。<session-timeout>子元素定义了在 Web 应用程序中创建的所有 Session 的超时时间间隔，注意这个地方的时间值以分钟为单位。如果超时值设为 0 或负数，那么 Session 将没有超时值，也就是说，Session 不会因为用户长时间没有提交请求而失效。Session 的超时时间间隔也可以在程序中通过调用 HttpSession 接口的 setMaxInactiveInterval()方法（该方法的参数以毫秒为单位）来进行设置，不过这种方式设置的超时时间间隔，只对调用该方法的 HttpSession 对象有效。在%CATALINA_HOME%\conf\web.xml 文件中定义的 Session 的默认超时值为 30 分钟，如果想改变所有 Web 应用程序的 Session 的默认超时值，可以修改%CATALINA_HOME%\conf\web.xml 文件中的设置。

Step8：配置 Web 应用程序的运行目录

在%CATALINA_HOME%\conf\Catalina\localhost\目录下新建 ch05.xml 文件，输入如例 5-7 所示的内容。

例 5-7　ch05.xml

```
<Context docBase="F:\JSPLesson\ch05" reloadable="true"/>
```

Step9：访问 Servlet

启动 Tomcat 服务器，打开浏览器，首先在地址栏中输入 http://localhost:8080/ch05/login

你将看到如图 5-2 所示的页面。

从图中可以看到，当一个用户初次访问 login 时，服务器建立了会话，但此时客户端还没有加入会话，所以会话的状态是新的，会话的创建时间和上次访问时间是相同的，最大的不活动时间间隔是 300 秒。要注意在 web.xml 文件中设置 Session 的超时值时，使用的时间单位是分钟，而 getMaxInactiveInterval()方法返回的时间是以秒为单位的。

读者可以按 F5 键刷新页面，将看到如图 5-3 所示的页面。

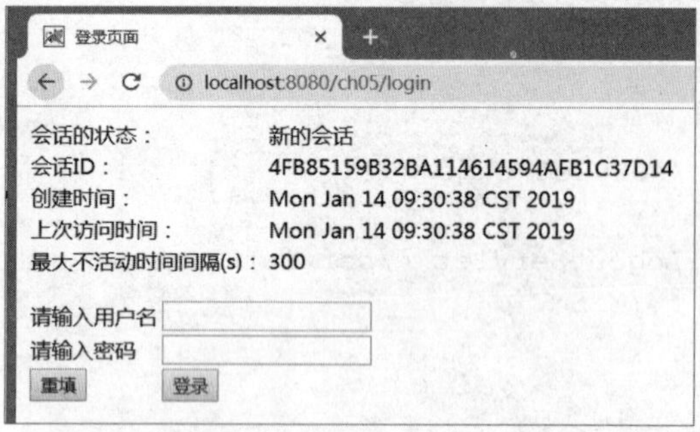

图 5-2　访问 LoginServlet 显示用户登录页面

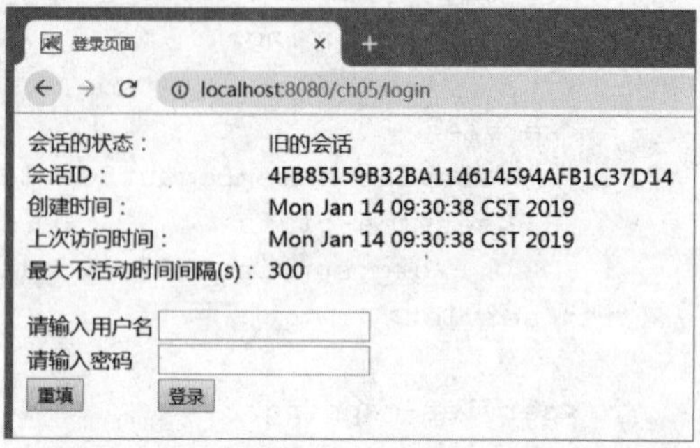

图 5-3　刷新后显示当前会话为旧的会话

任意输入一个用户名和密码，单击“登录”按钮，将看到如图 5-4 所示的页面。

从图 5-2、图 5-3、图 5-4 中相同的会话 ID 可以看出，访问的用户在同一个会话中，单击“重新登录”链接，将看到如图 5-5 所示的页面。

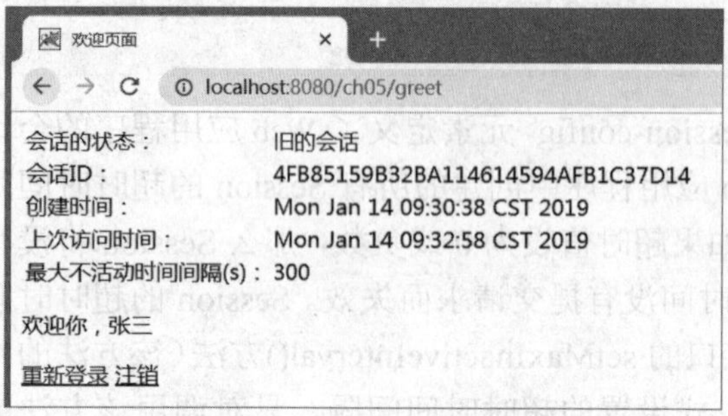

图 5-4　成功登录后 GreetServlet 输出的信息

图 5-5　在输入用户名的文本域中显示了上一次登录的用户名

从图 5-5 可以看到，因为在本次会话中，已经有用户登录过，所以程序中将用户上一次登录时输入的用户名显示在了文本域中，具体代码参见例 5-2 LoginServlet.java 中的第 15 行和第 38 行。换一个用户名登录，将看到如图 5-6 所示的页面。

注意图中的会话 ID，可以看到，这一次会话仍然没有结束。单击“注销”链接，出现如图 5-7 所示的页面。

这是通过在例 5-5 LogoutServlet.java 的第 15 行调用 session.invalidate()来实现退出登录的。再次单击“重新登录”链接，你会发现开始了一次新的会话。如果你在 5 分钟内没有发送请求，那么在 5 分钟后，当你刷新页面时，你将看到一次新的会话又开始了。

图 5-6 换一个用户名登录后仍然在同一个会话中

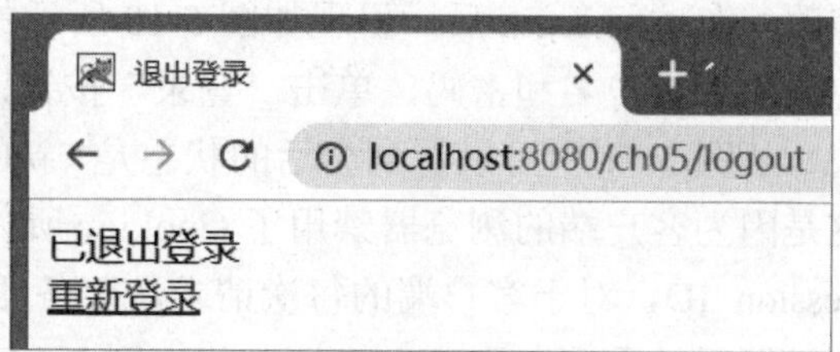

图 5-7 注销本次会话

读者可以打开两个不同的浏览器同时访问 LoginServlet，将看到服务器创建了两个会话，每一个会话都有一个 HttpSession 对象，如图 5-8 所示。

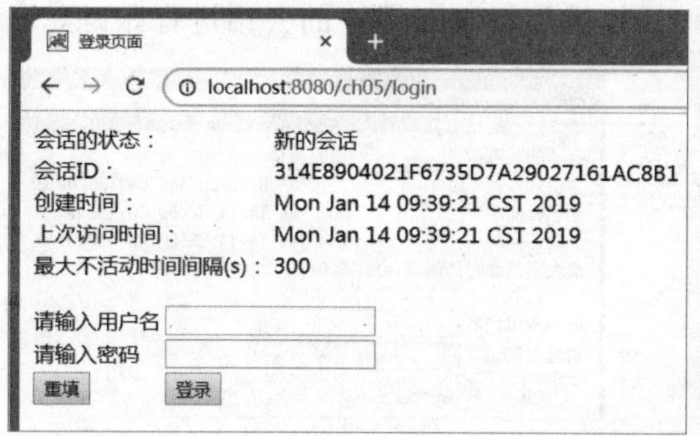

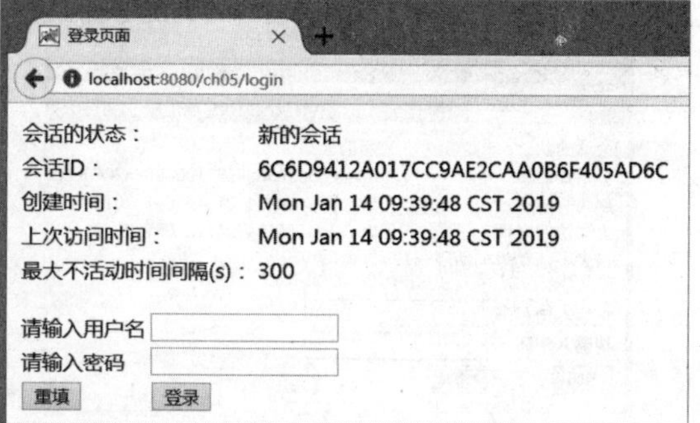

图 5-8 两个浏览器同时访问 login

Step10：在 IE 浏览器中禁用 Cookie

在前面的步骤中，我们通过在客户端的浏览器中保存一个名为 JSESSIONID 的 Cookie 来实现会话跟踪，现在请读者在浏览器中禁用 Cookie，看看我们的例子程序还能否正常工作。

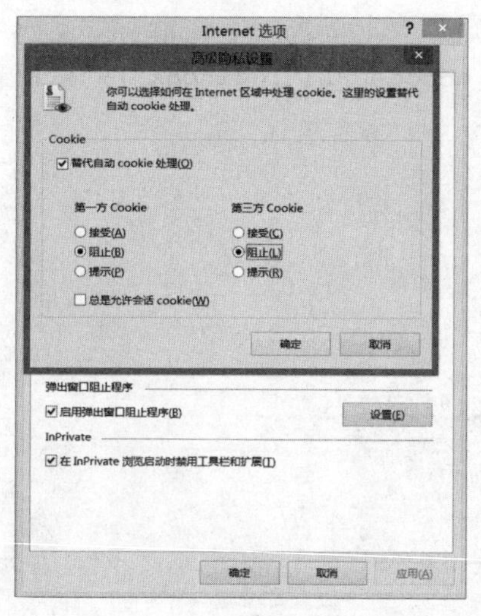

图 5-9 禁用 Cookie

我们以 IE 浏览器为例（笔者用的是 IE 11），在浏览器顶部最右侧，单击“工具”图标，单击“Internet 选项”，选择“隐私”标签页，单击“高级”按钮，

在菜单栏上选择“工具”→“Internet 选项”，选择“隐私”标签页，单击“高级”按钮，选中“替代自动 Cookie 处理”，在“第一方 Cookie”和“第三方 Cookie”下面的单选框部分都选择“阻止”，然后单击“确定”按钮，如图 5-9 所示。

Step11：再次访问 Servlet

打开 IE 浏览器，在地址栏中输入 **http://192.168.1.102:8080/ch05/login**，注意此处的服务器地址不能再输入 **localhost**，因为上面禁用 **Cookie** 的设置对 **localhost** 访问不起作用，笔者机器的内网 IP 是 192.168.1.102，所以在

URL 中以这个 IP 地址作为访问的服务器地址，读者可以根据自己机器的 IP 地址做相应的修改。在访问 login 后，出现如图 5-10 所示的页面。

输入用户名和密码，单击“登录”按钮，又回到了登录页面，如图 5-11 所示。

从图 5-11 中可以看到会话的状态是“新的会话”，会话 ID 和图 5-10 中的会话 ID 不同。这是因为客户端的浏览器禁用了 Cookie，所以 Servlet 容器无法从客户端获取到标识会话的 Session ID，对于客户端的每次请求，服务器都将创建一个新的 HttpSession 对象。当客户端登录后被重定向到 GreetServlet 时，例 5-4 GreetServlet.java 的第 12 行调用 req.getSession() 返回的是一个新的 HttpSession 对象，从 Session 中没有得到 user 属性。因为 user 对象为空，所以在第 17 行调用 sendRedirect()方法，又将客户端重定向到了 login Servlet。可以看到，当客户端禁用 Cookie 后，基于 Cookie 的会话跟踪机制就失效了，自然也就无法跟踪用户的会话和保存用户的状态了。下面我们使用 URL 重写机制对用户的会话进行跟踪。

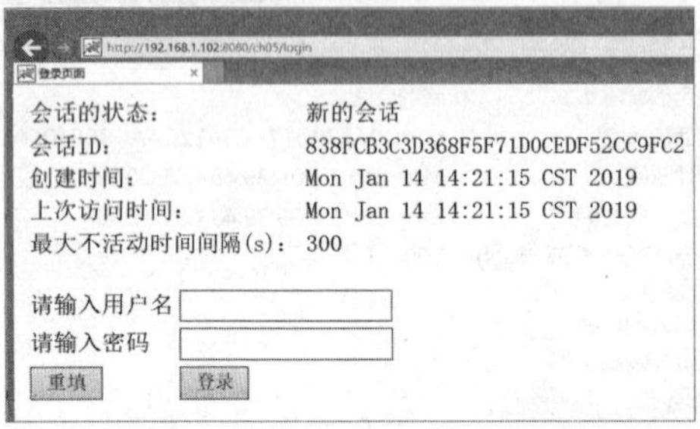

图 5-10　禁用 Cookie 后访问 LoginServlet

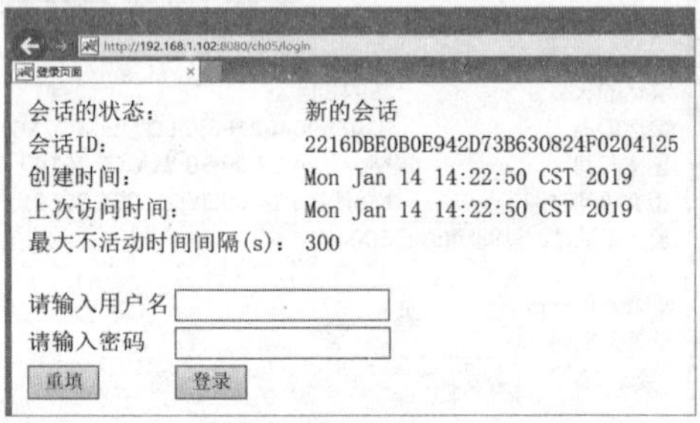

图 5-11　输入用户名密码后又回到了登录页面

Step12：利用 URL 重写机制跟踪用户会话

编辑 F:\JSPLesson\ch05\src 目录下的 LoginServlet.java、LoginChkServlet.java、GreetServlet.java 和 LogoutServlet.java 四个文件，对其中向客户端发送 URL 链接的代码做如下修改。

LoginServlet.java

```
…
out.println("<p>");
out.println("<form method=post action="+resp.encodeURL("loginchk")+">");

out.println("<table>");
…
```

LoginChkServlet.java

```
…
if(null==name || null==pwd || name.equals("") || pwd.equals(""))
{
     resp.sendRedirect(resp.encodeRedirectURL("login"));
}
else
{
     HttpSession session=req.getSession();
     session.setAttribute("user",name);
     resp.sendRedirect(resp.encodeRedirectURL("greet"));
}
```

```
...
                    GreetServlet.java
...
if(null==user)
{
    resp.sendRedirect(resp.encodeRedirectURL("login"));
}
else
{
    ...
    out.println("欢迎你，"+user+"<p>");
    out.println("<a href="+resp.encodeURL("login")+">重新登录</a>");
    out.println("<a href="+resp.encodeURL("logout")+">注销</a>");
    out.println("</body></html>");
    ...
}
...
                    LogoutServlet.java
...
out.println("<body>");
out.println("已退出登录<br>");
out.println("<a href="+resp.encodeURL("login")+">重新登录</a>");
out.println("</body></html>");
...
```

Step13：测试 URL 重写机制对用户会话的跟踪

重新编译 LoginServlet.java、LoginChkServlet.java、GreetServlet.java 和 LogoutServlet.java 这四个文件，将编译后生成的类文件和包所对应的目录放到 F:\JSPLesson\ch05\WEB-INF\classes 目录下。打开浏览器，在地址栏中输入：http://192.168.1.102:8080/ch05/login，出现页面后，在菜单栏上选择【查看】→【源文件】，可以看到在服务器发送到客户端的网页代码中包含了下面的内容：

```
<form method=post action=loginchk;jsessionid=7B5BD9FF3D53BE6C4CB39E6C5257
DF80>
```

属性 action 的值就是调用 encodeURL()方法的结果。

输入用户名和密码，单击“登录”按钮，可以看到如图 5-12 所示的页面。

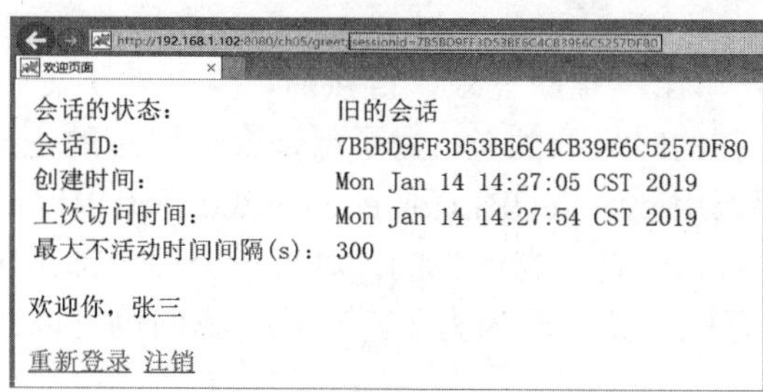

图 5-12　采用 URL 重写机制后的欢迎页面

注意图 5-12 中矩形框中的部分，Session ID 作为请求 URL 的一部分被发送到服务器，服务器根据这个 Session ID 就可以跟踪用户的会话了。读者还可以看到 URL 中的 Session ID 和页面中显示的会话 ID 是相同的，表明现在的请求和响应都是在同一个会话中进行的。读者可以单击“重新登录”链接，会看到用户的名字“张三”出现在输入用户名的文本域中，说明用户的状态保存下来了，同时 Session ID 也作为 URL 的一部分出现在地址栏中，如图 5-13 所示。

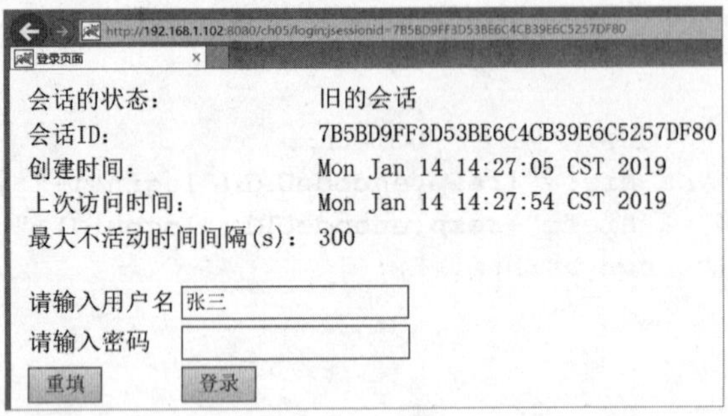

图 5-13　通过“重新登录”链接进入登录页面，仍然在同一个会话中

输入用户名和密码登录，单击“注销”链接，再单击“重新登录”链接，出现如图 5-14 所示的页面。

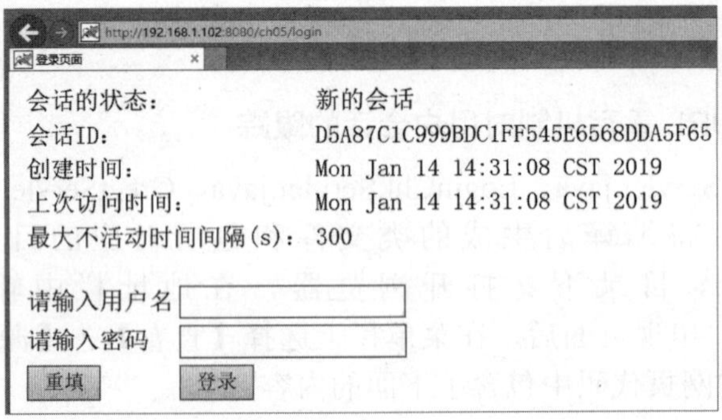

图 5-14　注销后登录，开始了一个新的会话

我们注意到地址栏中显示的 URL 没有附加 Session ID，这是因为我们在 LogoutServlet.java 中调用了：

```
session.invalidate();
```

使会话失效，所以当用户单击“重新登录”链接后，又开始了一个新的会话。

在使用 URL 重写机制的时候要注意，为了保证会话跟踪的正确性，所有的链接和重定向语句中的 URL 都需要调用 encodeURL()或 encodeRedirectURL()方法进行编码。另外，由于附加在 URL 中的 Session ID 是动态产生的，对每一个用户都是不同的，所以对于静态页面的相互跳转，URL 重写机制就无能为力了，当然，我们也可以通过将静态页面转换为动态页面来解决这个问题。

读者也许会考虑，在开发 Web 应用程序的时候，如何去判断客户端是否禁用了 Cookie，从而决定是否采用 URL 重写的机制去跟踪用户的会话。实际上，不需要我们去判断客户端是否禁用了 Cookie，Servlet 容器会帮我们做这件事情。我们在开发 Web 应用程序的时候，只需要对所有的链接和重定向语句中的 URL 都调用 encodeURL()和 encodeRedirectURL()方法进行编码就可以了。

当容器看到一个对 getSession()的调用，而且它从客户的请求中没有得到会话 ID 时，它就知道必须尝试与客户建议一个新的会话。此时，容器并不知道 Cookie 是否工作，所以在向客户返回第一个响应时，它会同时使用 Cookie 和 URL 重写这两种机制，不仅在响应中发送 Set-Cookie 报头，而且会向 URL 附加 Session ID（假设这个 URL 使用了 response.encodeURL()进行编码，如果没有调用该方法，当然也就不会有 URL 重写）。如果客户发出了下一个请求，那么在请求中会包含 Session ID Cookie，同时在 URL 后也会有附加的 Session ID。当 Servlet 调用 request.getSession()时，容器首先尝试从 Cookie 中获取 Session ID，它发现能够得到 Session ID，于是就知道这个客户接受 Cookie，那么在随后的响应中，它就会使用 Cookie 来跟踪会话。如果容器从 Cookie 中没有得到 Session ID，而从 URL 中得到了 Session ID，于是在随后的响应中将使用 URL 重写的机制来跟踪会话。而在 encodeURL()和 encodeRedirectURL()方法的实现中，他们首先判断当前的 Servlet 是否已经执行了 HttpSession 对象的 invalidate()方法，如果已经执行了，则直接返回参数 URL。接下来，判断客户端是否禁用了 Cookie，如果没有禁用，则直接返回参数 URL；如果禁用了 Cookie，则在参数 URL 中附加 Session ID，返回编码后的 URL。

了解了容器跟踪会话的机制及 encodeURL()和 encodeRedirectURL()方法的工作原理后，就可以结合基于 Cookie 和 URL 重写的机制来跟踪用户会话。如果一个 Web 应用程序的功能实现依赖于用户会话的跟踪，那么你可以将所有的页面实现为动态的，并在代码中使用 URL 重写机制。在运行时，Servlet 容器会自动根据客户端的情况来选择会话跟踪的机制。

5.2.3　Cookie 的应用

1．Cookie 类

在 Java Servlet API 中给我们提供了 javax.servlet.http.Cookie 类，用于创建 Cookie。在这个类中，主要有下列方法：

- public **Cookie**(java.lang.String name, java.lang.String value)

用指定的名字和值构造一个 Cookie。

- public java.lang.String **getComment**()

该方法返回描述 Cookie 目的的注释信息，如果没有注释，则返回 null。

- public void **setComment**(java.lang.String purpose)

该方法设置描述 Cookie 目的的注释信息。当浏览器向用户显示 Cookie 信息时，该注释将被显示。注意，Netscape 版本 0 的 Cookie 不支持注释。

- public java.lang.String **getDomain**()

该方法返回 Cookie 的域名设置。

- public void **setDomain**(java.lang.String pattern)

指定 Cookie 在哪一个域中有效。域名的形式在 RFC 2109 中指定，域名必须以点号（.）

开始，例如：.sunxin.org。

- public int **getMaxAge()**

该方法返回 Cookie 的最大生存时间，以秒为单位。如果返回-1，则表示 Cookie 不能持久存储，只能存活于浏览器的内存中，当浏览器关闭时，Cookie 将被删除。

- public void **setMaxAge**(int expiry)

设置 Cookie 的最大生存时间，以秒为单位。如果设置一个大于 0 的秒数，那么 Cookie 将会在指定的秒数流逝时到期。如果设置一个小于 0 的负值，那么 Cookie 将不能被保存到持久存储设备（如硬盘）中，只能存活于浏览器的内存中，当浏览器关闭时，Cookie 将被删除。如果指定 0 值，则表示请求浏览器删除 Cookie。

- public java.lang.String **getName()**

该方法返回 Cookie 的名字。

- public java.lang.String **getValue()**

该方法返回 Cookie 的值。

- public void **setValue**(java.lang.String newValue)

在 Cookie 创建之后，为其设置新的值。对于版本 0 的 Cookie，值不能包含空白、方括号（[]）、圆括号、等号（=）、逗号（,）、双引号（"）、斜杠（/）、问号（?）、@、冒号（:）和分号（;）。

- public java.lang.String **getPath()**

该方法返回服务器上的路径，当访问该路径下的资源时，Cookie 有效。

- public void **setPath**(java.lang.String uri)

为 Cookie 指定路径，当访问该路径下的资源时，Cookie 有效。

- public boolean **getSecure()**

如果浏览器在一个安全的协议上发送 Cookie，这个方法返回 true。

- public void **setSecure**(boolean flag)

指示浏览器是否应该仅仅使用安全的协议来发送 Cookie。例如 HTTPS 或者 SSL。

- public int **getVersion()**
- public void **setVersion**(int v)

上面两个方法用于获取和设置 Set-Cookie 响应报头的 Version 属性，0 表示 Cookie 遵从原始的 Netscape 规范，1 表示 Cookie 遵从 RFC 2109 规范。由于 RFC 2109 仍然有些新，在产品站点中不建议使用版本 1。

如果要发送 Cookie，则可以调用 HttpServletResponse 接口的 addCookie()方法。如果要从请求中取出 Cookie，则可以调用 HttpServletRequest 接口的 getCookies()方法，该方法返回客户端和这个请求一起发送的所有 Cookie 对象的数组。要注意的是，Servlet API 没有提供获取某一个 Cookie 对象的方法，只能获取 Cookie 对象的数组。

2．使用 Cookie 的实例

在这一节，我们编写一个登录程序，这个程序将不使用 Session 而使用 Cookie 来保存用户的登录信息。当用户初次登录时，要求输入用户名和密码，验证通过后，利用 Cookie

将用户名和密码保存到客户端机器的硬盘上。当用户再次访问页面时，浏览器会将先前保存的 Cookie 和请求一起发送到服务器，服务器端的 Web 应用程序从 Cookie 中取出用户名和密码进行验证，验证通过后，向用户显示欢迎信息。在这个程序中，用户只需要登录一次，以后就可以直接访问页面了，这种登录的实现方式，也是网上大多数论坛所采用的方式。实例的开发主要有下列步骤（记住在浏览器中启用 Cookie）。

Step1：编写 LoginServlet2.java 和 GreetServlet2.java

为了和第 5.2.2 节中的实例源程序相区别，我们将负责输出登录页面和进行登录验证的 Servlet 取名为 LoginServlet2，负责显示欢迎信息的 Servlet 取名为 GreetServlet2。编辑 LoginServlet2.java 和 GreetServlet2.java 源文件，将编写好的源文件放到 F:\JSPLesson\ch05\src 目录下。

LoginServlet2.java 的完整源代码如例 5-8 所示。

例 5-8　LoginServlet2.java

```
package org.sunxin.ch05.servlet;

import javax.servlet.*;
import java.io.*;
import javax.servlet.http.*;

public class LoginServlet2 extends HttpServlet
{
    public void doGet(HttpServletRequest req, HttpServletResponse resp)
                  throws ServletException,IOException
     {
         String action=req.getParameter("action");
         if("chk".equals(action))
         {
             String name=req.getParameter("user");
             String pwd=req.getParameter("password");
             if((name!=null) && (pwd!=null))
             {
                  if(name.equals("zhangsan") && pwd.equals("1234"))
                  {
                      StringBuffer sb=new StringBuffer();
                      sb.append("username-");
                      sb.append(name);
                      sb.append("&password-");
                      sb.append(pwd);
                      Cookie cookie=new Cookie("userinfo",sb.toString());
                      cookie.setMaxAge(1800);
                      resp.addCookie(cookie);
                      resp.sendRedirect("greet2");
```

```
                    return;
                }
                else
                {
                    resp.setContentType("text/html;charset=gb2312");
                    PrintWriter out=resp.getWriter();
                  out.println("用户名或密码错误，请<a href=login2>重新登录</a>");
                  return;
                }
            }
        }
        else
        {
            resp.setContentType("text/html;charset=gb2312");
            PrintWriter out=resp.getWriter();
            out.println("<html>");
            out.println("<meta http-equiv=\"Pragma\"content=\"no-cache\">");
            out.println("<head><title>登录页面</title></head>");
            out.println("<body>");
            out.println("<p>");
            out.println("<form method=post action=login2?action=chk>");
            out.println("<table>");
            out.println("<tr>");
            out.println("<td>请输入用户名</td>");
            out.println("<td><input type=text name=user></td>");
            out.println("</tr>");
            out.println("<tr>");
            out.println("<td>请输入密码</td>");
            out.println("<td><input type=password name=password></td>");
            out.println("</tr>");
            out.println("<tr>");
            out.println("<td><input type=reset value=重填></td>");
            out.println("<td><input type=submit value=登录></td>");
            out.println("</tr>");
            out.println("</table></form></body></html>");
            out.close();
        }
    }
```

```
73.
74.     public void doPost(HttpServletRequest req, HttpServletResponse resp)
75.                 throws ServletException,IOException
76.     {
77.         doGet(req,resp);
78.     }
79. }
```

我们先看代码的第 43～70 行，也就是 else 语句块的部分。当不带任何参数调用 LoginServlet2 时，将执行这部分代码。这部分代码用于向客户端发送一个登录页面。第 50 行，在指定处理表单的 URL 时，附加了一个查询字符串“action=chk”。下面我们回过头看第 12～40 行的代码。第 12 行，调用请求对象的 getParameter()方法，获取 action 参数的值。第 13 行，判断 action 参数的值是否等于“chk”，如果是，表明需要验证用户输入的登录信息是否正确。第 19 行判断输入的用户名和密码是否正确，在这里，为了演示方便，我们在代码中硬编码了用户名“zhangsan”和密码“1234”，在实际应用中，用户输入的用户名和密码应该和保存在持久存储设备（例如：文件、数据库、LDAP 服务器等）中的用户名和密码进行验证。第 21～25 行，构造一个包含用户名和密码的用户信息字符串，这个字符串将作为 Cookie 的值。第 26 行，构造一个名为“userinfo”的 Cookie，Cookie 的值是一个包含了用户名和密码的字符串。第 27 行，调用 Cookie 对象的 setMaxAge()方法设置 Cookie 的最大生存时间，以秒为单位。**如果要删除 Cookie，则可以将时间值设为 0，如果时间值为负数，那么当客户端的浏览器关闭时，Cookie 将会被删除。只要设置的时间值是正数，Cookie 就将会被保存到客户机器的硬盘上。**第 28 行，增加 Cookie 到响应中。第 29 行，调用响应对象的 sendRedirect()方法，将客户端重定向到 GreetServler2。第 34～36 行，如果用户登录失败，则发送错误信息，以及“重新登录”的链接。

GreetServlet2.java 的完整代码如例 5-9 所示。

例 5-9　GreetServlet2.java

```
package org.sunxin.ch05.servlet;

import javax.servlet.*;
import java.io.*;
import javax.servlet.http.*;

public class GreetServlet2 extends HttpServlet
{
    public void doGet(HttpServletRequest req, HttpServletResponse resp)
                throws ServletException,IOException
    {
        Cookie[] cookies=req.getCookies();
        if(null!=cookies && cookies.length!=0)
        {
            String name=null;
            String pwd=null;
            for(int i=0;i<cookies.length;i++)
```

```
18.             {
19.                 Cookie cookie=cookies[i];
20.                 String cName=cookie.getName();
21.
22.                 if(cName.equals("userinfo"))
23.                 {
24.                     String cValue=cookie.getValue();
25.                     String[] userInfo=cValue.split("&");
26.                     for(int j=0;j<userInfo.length;j++)
27.                     {
28.                         String[] value=userInfo[j].split("-");
29.                         if(value[0].equals("username"))
30.                         {
31.                             name=value[1];
32.                         }
33.                         if(value[0].equals("password"))
34.                         {
35.                             pwd=value[1];
36.                         }
37.                     }
38.                 }
39.             }
40.             if("zhangsan".equals(name) && "1234".equals(pwd))
41.             {
42.                 resp.setContentType("text/html;charset=gb2312");
43.                 PrintWriter out=resp.getWriter();
44.                 out.println("<html>");
45.                 out.println("<meta http-equiv=\"Pragma\" content=\"no-cache\">");
46.                 out.println("<head><title>欢迎页面</title></head>");
47.                 out.println("<body>");
48.                 out.println(name+",欢迎你");
49.                 out.println("<a href=login2>重新登录</a>");
50.                 out.println("</body></html>");
51.                 out.close();
52.                 return;
53.             }
54.         }
55.
56.         RequestDispatcher rd=req.getRequestDispatcher("login2");
57.         rd.forward(req,resp);
58.     }
59. }
```

代码的第 12 行，调用请求对象的 getCookies()获取客户端在这次请求中发送的所有 Cookie。如果 Cookie 存在（例如，用户已经登录过），那么在第 17～39 行，通过 for 循环从 Cookie 对象数组中取出所有的 Cookie 对象。第 22 行，在取出一个 Cookie 对象后，根据它的名字来判断这个 Cookie 是否是保存了用户信息的 Cookie。如果是，那么在第 24 行得到 Cookie 的值。因为在 LoginServlet2 中保存的 Cookie 的值是“username=zhangsan&password=1234”这样的一个字符串，所以第 25 行，我们利用 String 对象的 split()方法，根据“和”（&）号将整个字符串拆分为两个字符串，保存到 String 对象数组中。通过构造自定义格式的字符串作为 Cookie 的值，可以在一个 Cookie 中保存较多的信息。第 26～36 行，从拆分后的字符串中取出用户名和密码。第 40～53 行，判断用户名和密码是否正确，如果正确，则向客户端发送欢迎信息，以及“重新登录”的链接，然后返回。如果用户是第一次访问 GreetServlet2（不存在 Cookie 信息），或者 Cookie 中的信息不正确，那么在第 56～57 行，调用 RequestDispatcher 对象的 forward()方法将请求传递给 LoginServlet2 进行处理，由 LoginServlet2 向客户端发送一个登录页面。

Step2：编译上述两个 Java 源文件

打开命令提示符，进入源文件所在的目录 F:\JSPLesson\ch05\src，然后执行：

```
javac -d ..\WEB-INF\classes LoginServlet2.java
javac -d ..\WEB-INF\classes GreetServlet2.java
```

在 WEB-INF\classes\org\sunxin\ch05\servlet 目录中生成类文件 LoginServlet2.class 和 GreetServlet2.class。

Step3：部署 Servlet

编辑 WEB-INF 目录下的 web.xml 文件，添加对本例中的 Servlet 的配置，完整的内容如例 5-10 所示。

例 5-10　web.xml

```
…
<servlet>
        <servlet-name>GreetServlet2</servlet-name>
        <servlet-class>
            org.sunxin.ch05.servlet.GreetServlet2
        </servlet- class>
    </servlet>

    <servlet-mapping>
        <servlet-name>GreetServlet2</servlet-name>
        <url-pattern>/greet2</url-pattern>
    </servlet-mapping>

    <servlet>
        <servlet-name>LoginServlet2</servlet-name>
        <servlet-class>
            org.sunxin.ch05.servlet.LoginServlet2
        </servlet- class>
    </servlet>

    <servlet-mapping>
        <servlet-name>LoginServlet2</servlet-name>
```

```
        <url-pattern>/login2</url-pattern>
    </servlet-mapping>
...
Step4: 访问 Servlet
```

启动 Tomcat 服务器，打开浏览器，首先在地址栏中输入：http://localhost:8080/ch05/greet2，将看到如图 5-15 所示的页面。

注意图 5-15 中的登录页面是由 LoginServler2 产生的。输入错误的用户名或密码，单击“登录”按钮，将出现如图 5-16 所示的页面。

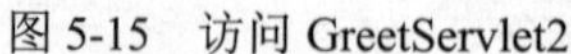

图 5-15　访问 GreetServlet2

图 5-16　登录失败，LoginServlet2 发送错误信息

单击“重新登录”链接，输入正确的用户名（zhangsan）和密码（1234），单击“登录”按钮，将看到如图 5-17 所示的页面。

图 5-17　登录成功，GreetServlet2 发送欢迎信息

关闭浏览器，再打开，然后输入 http://localhost:8080/ch05/greet2，可以看到没有出现登录页面，直接出现了如图 5-18 所示的页面。

图 5-18　两个浏览器访问 GreetServlet2

从图 5-18 中可以看到，保存到硬盘上的 Cookie 可以在多个浏览器进程之间共享。

> **注意** 利用 Cookie 保存登录用户的用户名和密码等敏感信息有很大的安全隐患。你可以设想一下，你在网吧上网，等你走后，其他的人可以从 Cookie 文件中轻松得到你的账号和密码等信息，后果是不堪设想的。另外，由于 Cookie 在网络上以明文传输，所以也可能被人截取或篡改。如果我们开发的 Web 应用程序，需要在用户的机器上保存用户名和密码等信息，那么应该提示一下用户，此外，对于密码这样的敏感信息，应该采用加密的方式进行存储。

一个 Cookie 中能保存的数据限制在 4096 字节。

5.2.4　Session 和 Cookie 的深入研究

Session 是一种服务器端技术，Session 对象在服务器端创建，通常采用散列表来存储信息，例如，Tomcat 的 Session 实现采用 HashMap 对象来存储属性名和属性值。

Cookie 是由 Netscape 公司发明的、用于跟踪用户会话的一种方式。Cookie 是由服务器发送给客户的片段信息，存储在客户端浏览器的内存中或硬盘上，在客户随后对该服务器的请求中发回它。

Session 与 Cookie 的最大的区别是，Session 在服务端保存信息，Cookie 在客户端保存信息。为了跟踪用户的会话，服务器端在创建 Session 后，需要将 Session ID 交给客户端，在客户端下次请求时，将这个 ID 随请求一起发送回来。可以采用 Cookie 或 URL 重写的方式，将 Session ID 发送给客户端。

在第 5.2.2 节的基于 Cookie 的会话跟踪的例子中，当访问了 Servlet 后，关闭浏览器，当再次打开浏览器访问 Servlet 时，可以看到开始了一次新的会话。如果我们同时打开两个浏览器，访问同一个 URL，那么每一个浏览器进程都将开始一个新的会话，如图 5-8 所示。而在“使用 Cookie 的实例”中，当我们登录后，关闭浏览器，再打开浏览器，访问 GreetServlet2 时，就直接出现了欢迎页面。然后我们同时打开两个浏览器，当访问 GreetServlet2 时，也直接出现了欢迎页面。**也就是说，在第 5.2.2 节的例子中，保存 Session ID 的 Cookie 在关闭浏览器后就删除了，不能在多个浏览器进程之间共享。而在“使用 Cookie 的实例”的例子中，保存用户名和密码的 Cookie 在浏览器关闭后，再次打开，仍然存在，可以在多个浏览器进程间共享。**

通常，我们将用于会话跟踪的 Cookie 叫作会话 Cookie，**在 Servlet 规范中，用于会话跟踪的 Cookie 的名字必须是 JSESSIONID，它通常保存在浏览器的内存中**。在浏览器内存中的会话 Cookie 不能被不同的浏览器进程所共享。

对于保存在硬盘上的 Cookie，因为是在外部的存储设备中存储，所以可以在多个浏览器进程间共享。

有些人对 Session 的使用存在着一种误解，认为浏览器一旦被关闭，Session 就消失了。这是因为有的人看到关闭浏览器后，再打开一个浏览器，就开始了一次新的会话，从而得出的结论。再回头看看第 5.1 节中的顾客在超市存包的例子，顾客存好包，购物完毕，忘了取包就走了，但存包处的管理员不知道顾客已经走了，所以他必须继续用柜子（相当于 Session）存放顾客的物品，直到长时间没有人来取（Session 的超时值发生），管理员才清除柜子。之所以会有“浏览器一旦被关闭，Session 就消失了”这种错误的认识，主要是因为保存 Session ID 的 Cookie 存储在浏览器的内存中，一旦浏览器被关闭，Cookie 将被删除，Session ID 也就丢失了。当再次打开浏览器连接服务器时，服务器没有收到 Session ID，当然也就无法找到先前的 Session，于是服务器就创建了一个新的 Session。而这个时候先前的 Session 是仍然存在的，直到设置的 Session 超时时间间隔发生，Session 才被服务器清除。

如果我们将会话 Cookie 保存到硬盘上，或者通过某种技术手段改写浏览器向服务器发送的请求报头，将原先的 Session ID 发送给服务器，则再次打开的浏览器就能够找到原来的 Session 了。

我们下面了解一下，用于会话跟踪的 Cookie 是如何创建的，以及为何只能保存在浏览器的内存中，而不能保存到用户的硬盘上。在 Tomcat 6.0.16.中，Session 的创建是调用 org.apache.catalina.connector.Request 类中的 doGetSession()方法来完成的。下面我们给出这个方法的代码片段：

```
protected Session doGetSession(boolean create)
{
    …
    // Creating a new session cookie based on that session
    if ((session != null) && (getContext() != null)
          && getContext().getCookies())
    {
       Cookie cookie = new Cookie(Globals.SESSION_COOKIE_NAME,
                                  session.getIdInternal());
       configureSessionCookie(cookie);
       response.addCookieInternal(cookie);
    }

    if (session != null)
    {
       session.access();
       return (session);
    }
    else
    {
       return (null);
    }
}

protected void configureSessionCookie(Cookie cookie)
{
    cookie.setMaxAge(-1);
    String contextPath = null;
    if (!connector.getEmptySessionPath() && (getContext() != null))
    {
       contextPath = getContext().getEncodedPath();
    }
    if ((contextPath != null) && (contextPath.length() > 0))
    {
       cookie.setPath(contextPath);
    }
    else
    {
       cookie.setPath("/");
    }
```

```
41.     if (isSecure())
42.     {
43.         cookie.setSecure(true);
44.     }
45. }
```

代码的第 8 行，我们看到非常熟悉的创建 Cookie 对象的代码，Cookie 的名字是 Globals.SESSION_COOKIE_NAME，SESSION_COOKIE_NAME 被定义为静态的常量，其值为 JSESSIONID。Cookie 的值是调用 session.getIdInternal()得到的 Session ID。第 10 行，调用了 configureSessionCookie()方法来配置会话 Cookie。我们转到 configureSessionCookie()方法中，第 27 行，调用 Cookie 对象的 setMaxAge()方法设置 Cookie 的生存时间，在“使用 Cookie 的实例”的例子中，我们说过，如果时间值为负数，那么当客户端的浏览器退出时，Cookie 将会被删除。看到这儿，我们就知道了为什么会话 Cookie 只能保存在内存中了，这是由 Tomcat 的实现决定的。第 35 行，调用 Cookie 对象的 setPath()方法，指定这个 Cookie 在当前 Web 应用程序的上下文路径下有效。

学习方法

我们在学习的时候，不仅要通过实验来掌握知识，更重要的是要思考、理解实验结果产生的原因，从现象看本质，这样才不至于得出错误的结论。然而，我们所掌握的知识是有限的，有时候又难免犯这样或那样的错误，但这不要紧，关键是要养成学习与思考的习惯，这样才能获得更大的进步。

5.3　Session 的持久化

考虑这样一种场景，你在网上书店选购了一些图书，放到购物车中，此时，网上书店的管理员由于某种原因重启了 Web 服务器，当你再一次往购物车中添加图书时，发现之前添加的图书没有了，你会不会很生气呢？☺

一个健壮的 Web 服务器会提供 Session 持久化的机制，在需要的时候（如服务器关闭的时候）将内存中的 Session 对象保存到持久存储设备中（如硬盘），这是通过对象序列化的技术来实现的；当需要重新加载 Session 对象时（如服务器再次启动的时候），通过对象反序列化的技术在内存中重新构造 Session 对象。**这就要求 HttpSession 的实现类要实现 java.io.Serializable 接口，同时 Session 中保存的对象所属的类也要实现 Serializable 接口。**

Tomcat 通过 Session Manager 来创建和维护 HTTP Session，Session Manager 的一个标准是实现 org.apache.catalina.session.StandardManager，当你没有配置其他的 Session Manager 实现时，默认使用 StandardManager 类。StandardManager 在 Tomcat 服务器正常关闭、重启或者 Web 应用程序停止时，将内存中的所有活动的 HttpSession 对象序列化到硬盘文件中；当 Web 应用程序重新开始运行时，反序列化 HttpSession 对象，在内存中重新构建 HttpSession 对象和 HttpSession 中保存的所有对象（假定 HttpSession 对象没有过期）。默认配置的 StandardManager 将序列化后的 HttpSession 对象保存到下面的文件中：

```
%CATALINA_HOME%\work\Catalina\localhost\<Context-Root>\SESSIONS.ser
```

读者可以使用第 5.2.2 节的例子测试一下 StandardManager 对 Session 的管理，启动 Tomcat 服务器，在浏览器的地址栏中输入 http://localhost:8080/ch05/login，出现登录页面后关闭 Tomcat 服务器，你将在%CATALINA_HOME%\work\Catalina\localhost\ch05 目录下看到 StandardManager 创建的 SESSIONS.ser 文件，该文件保存了 HttpSession 对象序列化后的信息。重启 Tomcat 服务器，启动完成后，你将发现 SESSIONS.ser 文件被删除了。刷新登录页面，你将看到仍然在同一个会话中，说明 StandardManager 已经在内存中反序列化了 HttpSession 对象，否则的话，应该开始一个新的会话。

除了 StandardManager 外，Tomcat 还提供了 Session Manager 的持久实现类 org.apache.catalina.session.PersistentManager，该类需要经过<Manager>元素的配置才能起作用，<Manager>作为<Context>元素的子元素使用。使用 PersistentManager，可以将 HttpSession 对象保存到文件中或者数据库表中。将 HttpSession 对象保存到数据库表中，这是一个令人心动的特性，这样就可以在集群环境中保持同一个会话。感兴趣的读者可以参看 Tomcat 的文档，文档地址如下：

```
%CATALINA_HOME%/webapps/docs/config/manager.html
```

5.4 小结

本章主要介绍了会话跟踪和使用 Session 对象来保存会话的状态。本章的内容包括以下几个方面。

- 基于 Cookie 的会话跟踪，在客户端不支持 Cookie 的情况下，使用 URL 重写的机制来实现会话跟踪。
- Cookie 的使用，可以利用 Cookie 在客户端保存用户信息。然而，Cookie 的使用存在着一些安全隐患，所以我们在编写程序的时候，一定要慎用 Cookie。
- Session 和 Cookie 的深入研究。通过分析 Session 和 Cookie 的工作原理，以及浏览器的工作方式，纠正了一些常见的错误认识。

最后，我们介绍了 Session 的持久化，并介绍了 Tomcat 的 Session 管理实现。

第 6 章

Servlet 的异常处理机制

本章要点

- 理解异常处理的重要性
- 掌握声明式异常处理
- 掌握程序式异常处理

我们在浏览网页的时候，如果访问的页面不存在，就会收到一个 HTTP 404 错误信息，如图 6-1 所示。

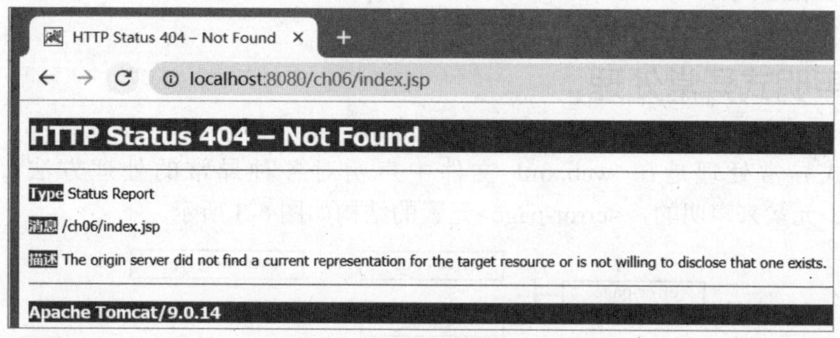

图 6-1　访问的页面不存在

这个问题的发生，可能是用户输入了错误的 URL，然而更多的情况是服务器端的页面链接出现了错误，比如页面移动了位置或者删除了，却忘记修改原来的链接。

还有一种让用户感觉非常不好的情况，那就是我们开发的 Web 应用程序本身有 Bug，在运行时出现了异常，服务器向用户显示一堆错误信息，如图 6-2 所示。

如果一个商业用户购买了你开发的 Web 应用程序，在运行时出现这样的错误，那么他会对你的程序产生抱怨，说不定还会找你退货。

我们所开发的 Web 应用程序，应该是一个健壮的、运行良好的程序，这就要求我们在开发时，对于可能出现的错误或异常提前做好处理，即使错误不可避免（例如，用户自己输入了错误的 URL），我们也应该向用户提供非常友好的提示信息，让用户意识到这个错误不是由程序本身产生的。

图 6-2　Web 应用程序运行时出现异常

在 Servlet 中，有两种服务器端异常处理机制：声明式异常处理（declarative exception handling）和程序式异常处理（programmatic exception handling）。

6.1　声明式异常处理

声明式异常处理是在 web.xml 文件中声明对各种异常的处理方法。这是通过<error-page>元素来声明的，<error-page>元素的结构如图 6-3 所示。

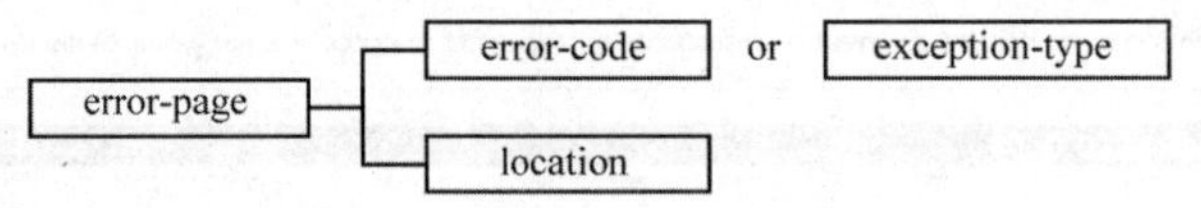

图 6-3　<error-page>元素的结构

其中<error-code>元素指定 HTTP 的错误代码。<exception-type>元素指定 Java 异常类的完整限定名。<location>元素给出用于响应 HTTP 错误代码或者 Java 异常的资源的路径，该路径是相对于 Web 应用程序根路径的位置，必须以斜杠（/）开头。

利用<error-page>元素可以声明两种类型的错误处理：一是指定对 HTTP 错误代码的处理；二是指定对程序中产生的 Java 异常的处理。

6.1.1　HTTP 错误代码的处理

HTTP 协议中定义了对客户端响应的状态代码，其中 4xx 状态代码表示客户端错误（请求有语法错误或请求无法实现），5xx 表示服务器端错误（服务器未能实现合法的请求），详细信息请参看附录 B。我们可以在 web.xml 文件的<error-page>元素中，针对这两类错误的代码，指定相应的处理页面。

我们可以在 web.xml 文件中对 HTTP 404 错误指定相应的错误处理页面，如例 6-1 所示。

例 6-1 web.xml

```
<?xml version="1.0" encoding="gb2312"?>

<web-app xmlns="http://xmlns.jcp.org/xml/ns/javaee"
  xmlns:xsi="http://www.w3.org/2001/XMLSchema-instance"
  xsi:schemaLocation="http://xmlns.jcp.org/xml/ns/javaee
                      http://xmlns.jcp.org/xml/ns/javaee/web-app_4_0.xsd"
  version="4.0">

    <error-page>
        <error-code>404</error-code>
        <location>/FileNotFound.html</location>
    </error-page>
</web-app>
```

在<error-page>元素中，<error-code>子元素指定了 HTTP 的错误代码，<location>子元素指定了响应 HTTP 404 错误的页面路径。FileNotFound.html 文件的内容如例 6-2 所示。

例 6-2 FileNotFound.html

```
<html>
    <head>
        <title>页面没有发现</title>
    </head>
    <body>
        你所访问页面并不存在，或者已经被移动到其他位置。<P>
        如有其他问题，请<a href="mailto:admin@sunxin.org">联系管理员</a>。
    </body>
</html>
```

读者可以自行配置本章例子程序的运行目录，笔者在本章的配置和前几章所述的方式是一样的。启动 Tomcat，打开浏览器，输入一个不存在的 URL：http://localhost:8080/ch06/index.jsp，将看到如图 6-4 所示的页面。

图 6-4 当发生 HTTP404 错误时，Servlet 容器以配置的页面进行响应

对客户而言，这样的提示信息比图 6-1 的错误信息显得更加友好。

> **提 示** 读者如果使用 IE 浏览器不能看到如图 6-4 所示的页面，请尝试进行如下的修改：
>
> 单击 IE 浏览器顶部最右侧的“工具”图标，单击【Internet 选项】，选择“高级”标签页，取消“显示友好 HTTP 错误信息”的复选。

刚才，我们是利用一个静态的页面对 HTTP 404 错误进行响应，也可以编写一个专门处理 HTTP 错误代码的 HttpErrorHandlerServlet 类来进行响应。代码如例 6-3 所示。

例 6-3　HttpErrorHandlerServlet.java

```
package org.sunxin.ch06.servlet;

import javax.servlet.*;
import java.io.*;
import javax.servlet.http.*;

public class HttpErrorHandlerServlet extends HttpServlet
{
    protected void service(HttpServletRequest req, HttpServletResponse resp)
                                throws ServletException, java.io.IOException
    {
        resp.setContentType("text/html;charset=GB2312");
        PrintWriter out = resp.getWriter();

        Integer status_code=(Integer)req.getAttribute("javax.servlet.error.status_code");

        out.println("<html><head><title>错误页面</title></head>");
        out.println("<body>");

        //如果你的 JDK 版本低于 1.5，那么你应该使用下面注释中的代码
        //int status=status_code.intValue();
        //switch(status){…}
        switch(status_code)
        {
        case 401:
            break;
        case 404:
            out.println("<h2>HTTP 状态代码："+status_code+"</h2>");
            out.println("你所访问页面并不存在，或者已经被移动到其他位置。");
            out.println("<P>如有其他问题，请<a href=mailto:admin@sunxin.org>联系管理员</a>。");
            break;
        default:
```

```
33.                 break;
34.         }
35.         out.println("</body></html>");
36.         out.close();
37.     }
38. }
```

因为 HttpErrorHandlerServlet 只是用来对 HTTP 错误代码进行处理的，不需要针对不同的 HTTP 方法做不同的处理，所以在这个类中直接重写了 HttpServlet 类的 service()方法。代码的第 15 行，调用请求对象的 getAttribute()方法得到 javax.servlet.error.status_code 属性的值，当发生 HTTP 错误时，Servlet 容器会自动将 HTTP 错误代码作为 javax.servlet.error.status_code 属性的值，保存到请求对象中。**为了帮助进行错误处理的 Servlet 分析问题，以及生成详细的响应，Servlet 容器在将请求转发给错误页面之前，会在请求中设置某些有用的属性**，如表 6-1 所示。

表 6-1　Servlet 容器在请求对象中设置的属性

属性的名字	属性的类型	属 性 说 明
javax.servlet.error.status_code	java.lang.Integer	HTTP 协议的状态代码
javax.servlet.error.exception_type	java.lang.Class	未捕获异常的 Class 类的对象
javax.servlet.error.message	java.lang.String	传递给 sendError()方法的消息，或者是在未捕获异常中的消息
javax.servlet.error.exception	java.lang.Throwable	调用错误页面的未捕获异常
javax.servlet.error.request_uri	java.lang.String	当前请求的 URI
javax.servlet.error.servlet_name	java.lang.String	导致错误页面被调用的 Servlet 的名字

请读者注意第 23 行的代码，status_code 变量的类型是 Integer，作为 switch 语句的参数时，原本应该转换为 int 类型再使用，然而，如果你使用的是 JDK 1.5 及之后的版本，那么就不需要做这样的转换了，因为 JDK 1.5 提供了基本类型的自动装箱和自动拆箱功能，使得基本类型和其对应的封装类对象之间可以直接转换。第 25～26 行，针对 401 错误（请求未经授权）的处理代码，我们没有编写，留给读者自己完成。

在 HttpErrorHandlerServlet 中，读者可以加入对其他 HTTP 错误进行处理的代码，使之成为一个通用的处理 HTTP 错误的 Servlet 类。

编译并部署 HttpErrorHandlerServlet，修改 web.xml 文件，如例 6-4 所示。

例 6-4　web.xml

```
<?xml version="1.0" encoding="UTF-8"?>

<web-app version="4.0"
xmlns="http://xmlns.jcp.org/xml/ns/javaee"
xmlns:xsi="http://www.w3.org/2001/XMLSchema-instance"
xsi:schemaLocation="http://xmlns.jcp.org/xml/ns/javaee
            http://xmlns.jcp.org/xml/ns/javaee/web-app_4_0.xsd">

    <!--
    <error-page>
```

```
10.         <error-code>404</error-code>
11.         <location>/FileNotFound.html</location>
12.     </error-page>
13.     -->
14.     <servlet>
15.         <servlet-name>HttpErrorHandlerServlet</servlet-name>
16.   <servlet-class>
17.        org.sunxin.ch06.servlet.HttpErrorHandlerServlet
18.     </serv- let-class>
19.     </servlet>
20.
21.     <servlet-mapping>
22.         <servlet-name>HttpErrorHandlerServlet</servlet-name>
23.         <url-pattern>/HttpErrHandler</url-pattern>
24.     </servlet-mapping>
25.
26.     <error-page>
27.         <error-code>401</error-code>
28.         <location>/HttpErrHandler</location>
29.     </error-page>
30.
31.     <error-page>
32.         <error-code>404</error-code>
33.         <location>/HttpErrHandler</location>
34.     </error-page>
35. </web-app>
```

第 24～32 行，我们对两种 HTTP 错误代码指定由 HttpErrHandler Servlet 进行处理。当然，读者还可以在 web.xml 文件中对更多的 HTTP 错误处理进行配置。

6.1.2 Java 异常的处理

利用<error-page>元素还可以声明对程序中产生的 Java 异常的处理。例如，一个 Servlet 从文件中读取配置信息，如果该文件不存在，就会抛出 java.io.FileNotFoundException 异常，如例 6-5 所示。

例 6-5　FileExceptionServlet.java

```
package org.sunxin.ch06.servlet;

import javax.servlet.*;
import java.io.*;
import java.util.Properties;
import javax.servlet.http.*;

public class FileExceptionServlet extends HttpServlet
{
   public void doGet(HttpServletRequest req, HttpServletResponse resp)
```

```
                  throws ServletException,IOException
        {
            FileInputStream fis=new FileInputStream("config.inc");
            Properties pps=new Properties();
            pps.load(fis);

            //读取属性的代码，省略。

            fis.close();
        }
    }
```

如果找不到config.inc文件，FileExceptionServlet就会抛出java.io.FileNotFoundException异常。

下面编写一个异常处理Servlet类，如例6-6所示。

例6-6 ExceptionHandlerServlet

```
    package org.sunxin.ch06.servlet;

    import javax.servlet.*;
    import java.io.*;
    import javax.servlet.http.*;

    public class ExceptionHandlerServlet extends HttpServlet
    {
        protected void service(HttpServletRequest req, HttpServletResponse
resp)
    throws ServletException, java.io.IOException
        {
            resp.setContentType("text/html;charset=GB2312");
            PrintWriter out = resp.getWriter();

            out.println("<html><head><title>错误页面</title></head>");
            out.println("<body>");

            out.println("应用程序运行出错。");
            out.println("<p>错误原因：服务器端文件可能被删除。请<a href=mailto:admin@
sunxin.org>报告管理员</a>。");

            out.println("</body></html>");
            out.close();
        }
    }
```

编译并部署ExceptionHandlerServlet，在web.xml文件中声明Servlet，以及声明Java异常的处理，如例6-7所示。

例 6-7　web.xml

```
...
    <servlet>
        <servlet-name>FileExceptionServlet</servlet-name>
        <servlet-class>
            org.sunxin.ch06.servlet.FileExceptionServlet
        </servlet-class>
    </servlet>

    <servlet-mapping>
        <servlet-name>FileExceptionServlet</servlet-name>
        <url-pattern>/fileexcep</url-pattern>
    </servlet-mapping>

    <servlet>
        <servlet-name>ExceptionHandlerServlet</servlet-name>
        <servlet-class>
            org.sunxin.ch06.servlet.ExceptionHandlerServlet
        </servlet-class>
    </servlet>

    <servlet-mapping>
        <servlet-name>ExceptionHandlerServlet</servlet-name>
        <url-pattern>/ExcepHandler</url-pattern>
    </servlet-mapping>

    <error-page>
        <exception-type>java.io.FileNotFoundException</exception-type>
        <location>/ExcepHandler</location>
    </error-page>
...
```

在<error-page>元素中，<exception-type>子元素指定了 Java 异常类的名字。<location>子元素指定了对异常进行处理的 Servlet 类。当然，你也可以设置一个静态的页面对异常进行响应。

启动 Tomcat 服务器，打开浏览器，输入 http://localhost:8080/ch06/fileexcep，你将看到如图 6-5 所示的页面。

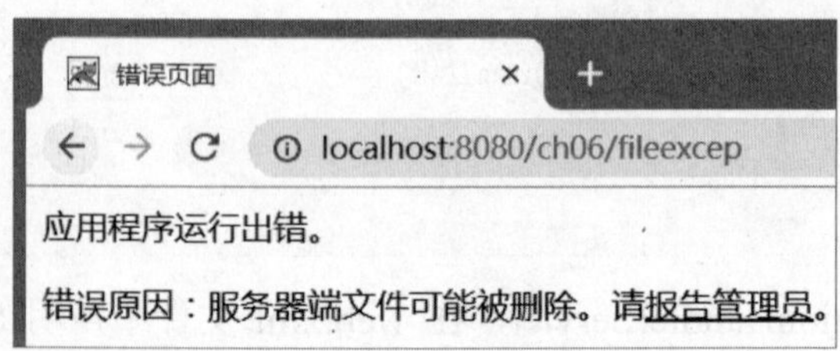

图 6-5　当发生异常时，Servlet 容器调用指定的 Servlet 进行响应

声明式异常处理主要是在 web.xml 文件中声明对各种异常的处理方法，它的好处是开发人员在开发 Web 应用程序时无须考虑什么时候会产生 HTTP 错误或抛出 Java 异常，这些都交给了 Servlet 容器进行处理。它的缺点是，必须针对可能出现的各种错误情况定义处理页面或 Servlet，否则某些 HTTP 错误或异常将无法处理。

6.2 程序式异常处理

程序式异常处理就是在 Web 程序中利用 try-catch 语句来捕获异常，并对捕获的异常进行相应的处理。

6.2.1 在 try-catch 语句中处理异常

下面我们通过例 6-8 来演示在 try-catch 语句中处理异常。

例 6-8　DBExceptionServlet.java

```
package org.sunxin.ch06.servlet;
import javax.servlet.*;
import java.io.*;
import javax.servlet.http.*;
import java.sql.*;
public class DBExceptionServlet extends HttpServlet
{
    public void init() throws ServletException
    {
        try
        {
            Class.forName("com.mysql.cj.jdbc.Driver");
        }
        catch(ClassNotFoundException ce)
        {
            throw new UnavailableException("加载数据库驱动失败！");
        }
    }
    public void doGet(HttpServletRequest req, HttpServletResponse resp)
            throws ServletException,IOException
    {
        Connection conn=null;
        Statement stmt=null;
        try
        {
            conn=DriverManager.getConnection(
```

```
31.          "jdbc:mysql://localhost:3306/bookstore?useSSL=false&serverTimezone=UTC","root", "12345678");
32.             stmt=conn.createStatement();
33.             stmt.executeUpdate("delete from jobs where job_id=13");
34.         }
35.         catch(SQLException se)
36.         {
37.
38.             getServletContext().log("ServletContext.log(): 数据库操作失败！"+ se.toString());
39.
40.             log("GenericServlet.log(): 数据库操作失败！"+se.toString());
41.             resp.sendError(
42.                    HttpServletResponse.SC_INTERNAL_SERVER_ERROR,
43.                    "数据库操作出现问题，请联系管理员。");
44.         }
45.         finally
46.         {
47.             if(stmt!=null)
48.             {
49.                 try
50.                 {
51.                     stmt.close();
52.                 }
53.                 catch(SQLException se)
54.                 {
55.                     log("关闭 Statement 失败！",se);
56                }
57.                 stmt=null;
58.             }
59.             if(conn!=null)
60.             {
61.                 try
62.                 {
63.                     conn.close();
64.                 }
65.                 catch(SQLException se)
66.                 {
67.                     log("关闭数据库连接失败！",se);
68.                 }
69.                 conn=null;
70.             }
71.         }
72.     }
73. }
```

代码的第 10～21 行，在 init()方法中加载并注册数据库驱动，如果没有找到驱动程序类，则抛出 UnavailableException 异常，并通知 Servlet 容器这个 Servlet 永久地不可用。

第 28～34 行，是一个 try 语句块，在 try 语句块中执行数据库操作代码，由于 jobs 表在 bookstore 数据库中根本不存在，因此这段代码会抛出 SQLException 异常，在第 35～44 行的 catch 语句块中捕获异常，并对异常进行处理。第 45～71 行，在 finally 语句块中关闭 Statement 对象和 Connection 对象。

第 38 行和第 40 行，分别利用 ServletContext 接口的 log()方法和 GenericServlet 抽象类的 log()方法记录数据库操作失败的原因，那么这两个 log()方法有什么区别呢？如果调用 GenericServlet 类的 log()方法，它会在日志消息的前面加上 Servlet 的名字，而调用 ServletContext 接口的 log()方法，则只记录消息本身。这两个 log()方法会把日志信息写入日志文件中，在 Tomcat 中，产生的日志文件名和文件存放的位置是：%CATALINA_HOME%\logs\localhost.当前日期.log。

> **注 意**　在 Tomcat 5.5 中调用 ServletContext 接口和 GenericServlet 类的 log()方法，Servlet 容器将把日志信息输出到标准输出设备中，也就是 Tomcat 的启动窗口中。

第 41 行，调用响应对象的 sendError()方法发送 HTTP 错误代码 500（在 HttpServletResponse 接口中定义为静态常量 SC_INTERNAL_SERVER_ERROR），告诉用户“数据库操作出现问题，请联系管理员”，Serlvet 容器会发送一个包含了这些信息的错误页面到浏览器。这也是我们在处理异常时经常采用的方式之一，另外一种方式，就是由 Servlet 发送一个错误页面给浏览器。

编译并部署 DBExceptionServlet，在 web.xml 文件中添加对 DBExceptionServlet 的配置，如例 6-9 所示。

例 6-9　web.xml

```
…
<servlet>
    <servlet-name>DBExceptionServlet</servlet-name>
    <servlet-class>
        org.sunxin.lesson.jsp.ch06.DBExceptionServlet
    </servlet-class>
</servlet>

<servlet-mapping>
    <servlet-name>DBExceptionServlet</servlet-name>
    <url-pattern>/dbexcep</url-pattern>
</servlet-mapping>
…
```

在访问 DBExceptionServlet 之前，要确保 MySQL 的 JDBC 驱动程序配置正确，将 MySQL 的 JDBC 驱动程序 mysql-connector-java-8.0.13.jar 复制到 F:\JSPLesson\ch06\WEB-INF\lib 目录下。启动 Tomcat，打开浏览器，输入 http://localhost:8080/ch06/dbexcep，可以看到如图 6-6 所示的错误页面。

打开%CATALINA_HOME%\logs\localhost.当前日期.log 文件，你将看到如图 6-7 所示的内容。

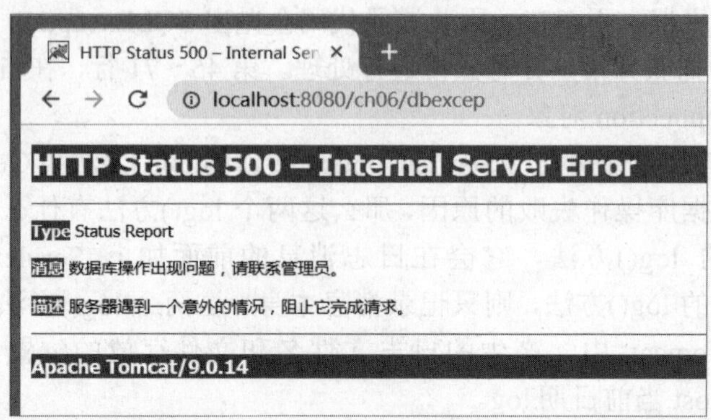

图 6-6　程序中调用 sendError()方法，向客户端显示错误信息

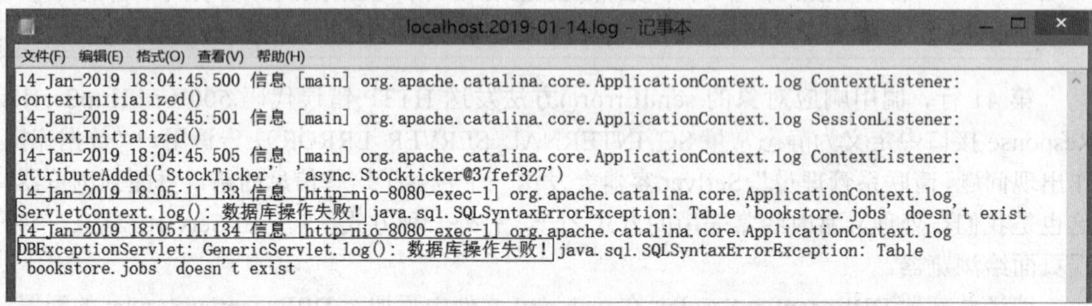

localhost.2019-01-14.log - 记事本

文件(F) 编辑(E) 格式(O) 查看(V) 帮助(H)

```
14-Jan-2019 18:04:45.500 信息 [main] org.apache.catalina.core.ApplicationContext.log ContextListener:
contextInitialized()
14-Jan-2019 18:04:45.501 信息 [main] org.apache.catalina.core.ApplicationContext.log SessionListener:
contextInitialized()
14-Jan-2019 18:04:45.505 信息 [main] org.apache.catalina.core.ApplicationContext.log ContextListener:
attributeAdded('StockTicker', 'async.Stockticker@37fef327')
14-Jan-2019 18:05:11.133 信息 [http-nio-8080-exec-1] org.apache.catalina.core.ApplicationContext.log
ServletContext.log(): 数据库操作失败! java.sql.SQLSyntaxErrorException: Table 'bookstore.jobs' doesn't exist
14-Jan-2019 18:05:11.134 信息 [http-nio-8080-exec-1] org.apache.catalina.core.ApplicationContext.log
DBExceptionServlet: GenericServlet.log(): 数据库操作失败! java.sql.SQLSyntaxErrorException: Table
'bookstore.jobs' doesn't exist
```

图 6-7　log()方法在日志文件中输出的异常信息

注意图 6-7 中矩形框中的内容，可以看到，GenericServlet 类的 log()方法在输出的信息前加上了 Servlet 类的名字，而 ServletContext 接口的 log()方法只输出了信息本身。

6.2.2　使用 RequestDispatcher 来处理异常

前面介绍过利用 RequestDispatcher 将请求转发给其他的 Servlet 进行处理，我们也可以将异常封装到一个请求中，然后利用 RequestDispatcher 转发给一个异常处理 Servlet 进行统一的处理。如果在一个 Web 应用程序有多个 Servlet 可能抛出相同的异常，那么采用这种方式对异常进行处理，就可以避免在多个 Servlet 中编写相同的异常处理代码。同样，我们通过一个例子程序来介绍如何使用 RequestDispatcher 来处理异常。

首先编写产生异常的 Servlet，如例 6-10 所示。

例 6-10　ExceptionServlet.java

```
package org.sunxin.ch06.servlet;

import javax.servlet.*;
import java.io.*;
import javax.servlet.http.*;

```

```
7. public class ExceptionServlet extends HttpServlet
8. {
9.     public void doGet(HttpServletRequest req, HttpServletResponse resp)
10.                 throws ServletException,IOException
11.     {
12.         try
13.         {
14.             int a=5;
15.             int b=0;
16.             int c=a/b;
17.         }
18.         catch(ArithmeticException ae)
19.         {
20.             req.setAttribute("javax.servlet.error.exception",ae);
21.             req.setAttribute("javax.servlet.error.request_uri",req.get
RequestURI());
22.             RequestDispatcher
rd=req.getRequestDispatcher("ExcepHandler2");
23.             rd.forward(req,resp);
24.         }
25.     }
26. }
```

这个 Servlet 非常简单，只是作为演示用。在 Servlet 的 doGet()方法中，执行一个除法运算，由于除数为 0，将产生 ArithmeticException 异常。代码的第 20～21 行，我们将异常对象和抛出异常的 Servlet 的位置作为 HttpServletRequest 对象的属性保存到请求对象中。第 22～23 行，通过请求对象的 getRequestDispatcher()方法得到 RequestDispatcher 对象，然后调用 RequestDispatcher 对象的 forward()方法将请求转发给 ExcepHandler2，而 ExcepHandler2 可以从请求对象中取出 javax.servlet.error.exception 和 javax.servlet.error.request_uri 属性。

接下来是异常处理的 Servlet 类，如例 6-11 所示。

例 6-11　ExceptionHandlerServlet2.java

```
package org.sunxin.ch06.servlet;

import javax.servlet.*;
import java.io.*;
import javax.servlet.http.*;

public class ExceptionHandlerServlet2 extends HttpServlet
{
    protected void service(HttpServletRequest req, HttpServletResponse resp)
throws ServletException, java.io.IOException

    {
        resp.setContentType("text/html;charset=GB2312");
        PrintWriter out = resp.getWriter();
```

```
14.
15.         out.println("<html><head><title>错误页面</title></head>");
16.         out.println("<body>");
17.
18.         String uri=(String)req.getAttribute("javax.servlet.error.
request_ uri");
19.        Object excep=req.getAttribute("javax.servlet.error.exception");
20.         out.println(uri+" 运行错误。");
21.         out.println("<p>错误原因: "+excep);
22.
23.         out.println("</body></html>");
24.         out.close();
25.     }
26. }
```

代码的第 18～19 行，调用请求对象 getAttribute()方法取出 javax.servlet.error.request_uri 和 javax. servlet.error.exception 属性，这样，就得到了抛出异常的 Servlet 的位置和异常对象。第 20～21 行，输出抛出异常的 Servlet 的位置和异常的描述。

编译并部署 ExceptionServlet 和 ExceptionHandlerServlet2，在 web.xml 文件中进行配置，如例 6-12 所示。

例 6-12　web.xml

```
...
<servlet>
    <servlet-name>ExceptionServlet</servlet-name>
    <servlet-class>
        org.sunxin.ch06.servlet.ExceptionServlet </servlet-class>
</servlet>

<servlet-mapping>
    <servlet-name>ExceptionServlet</servlet-name>
    <url-pattern>/excep</url-pattern>
</servlet-mapping>

<servlet>
    <servlet-name>ExceptionHandlerServlet2</servlet-name>
    <servlet-class>
       org.sunxin.ch06.servlet.ExceptionHandlerServlet2
    </servlet-class>
</servlet>

<servlet-mapping>
    <servlet-name>ExceptionHandlerServlet2</servlet-name>
    <url-pattern>/ExcepHandler2</url-pattern>
</servlet-mapping>
...
```

启动 Tomcat，打开浏览器，输入 http://localhost:8080/ch06/excep，将看到如图 6-8 所示的页面。

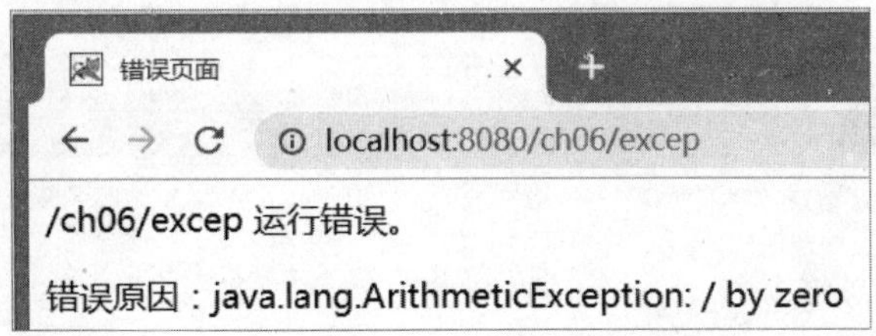

图 6-8　ExceptionServlet 抛出异常，由 ExceptionHandlerServlet2 输出错误信息

6.3　小结

本章主要介绍了 Servlet 的两种异常处理方式：声明式异常处理和程序式异常处理。

声明式异常处理实现简单，直接在 web.xml 文件中进行配置就可以了，可以处理 HTTP 错误代码和 Java 异常。它的缺点是，异常处理非常单一，针对每一种异常，都需要在 web.xml 文件中进行配置；另外由于抛出的异常被 Servlet 容器处理并做出响应，所以我们无法得知是哪一段程序代码出现了问题。

程序式异常处理容易了解异常在代码中产生的位置，而且对于同一种异常，可以由不同的程序段抛出，并在 catch 语句中进行不同的处理。此外，利用 RequestDispatcher，还可以将不同的异常交给同一个 Servlet 进行统一处理。程序式异常处理的缺点是无法处理 HTTP 错误，而且往往需要编写较多的异常处理代码。

读者在开发 Web 应用程序的时候，可以根据程序的功能和应用的需要，选择适合的异常处理方式。

第 7 章

开发线程安全的 Servlet

本章要点

- 理解 Servlet 的线程模型
- 掌握如何编写线程安全的 Servlet

在大型的 Web 应用中，Servlet 容器可能同时会接收到多个客户端的上千个请求，如何快速地服务每个请求将显得十分重要。如果采用串行化的方式，一个请求一个请求地处理，那么将导致响应时间让人无法接受。较好的解决方案是采用多线程并发地处理每个请求。在本章中，我们将介绍 Servlet 容器如何同时处理多个请求，以及如何开发线程安全的 Servlet。

7.1 多线程的 Servlet 模型

Servlet 规范定义，在默认情况下（Servlet 不在分布式的环境中部署），Servlet 容器对声明的每一个 Servlet 只创建一个实例。如果有多个客户请求同时访问这个 Servlet，那么 Servlet 容器如何处理这多个请求呢？答案是采用多线程，Servlet 容器维护了一个线程池来服务请求。**线程池实际上是等待执行代码的一组线程，这些线程叫作工作者线程（Worker Thread）。Servlet 容器使用一个调度者线程（Dispatcher Thread）来管理工作者线程。**当容器接收到一个访问 Servlet 的请求时，调度者线程从线程池中选取一个工作者线程，将请求传递给该线程，然后由这个线程执行 Servlet 的 service()方法，如图 7-1 所示。

当这个线程正在执行的时候，容器收到了另外一个请求，调度者线程将从池中选取另一个线程来服务新的请求。要注意的是，Servlet 容器并不关心这第二个请求是访问同一个 Servlet 还是另一个 Servlet。因此，如果容器同时收到访问同一个 Servlet 的多个请求，那么这个 Servlet 的 service()方法将在多个线程中并发地执行。图 7-2 显示了两个工作者线程都在执行同一个 Servlet 的 service()方法。

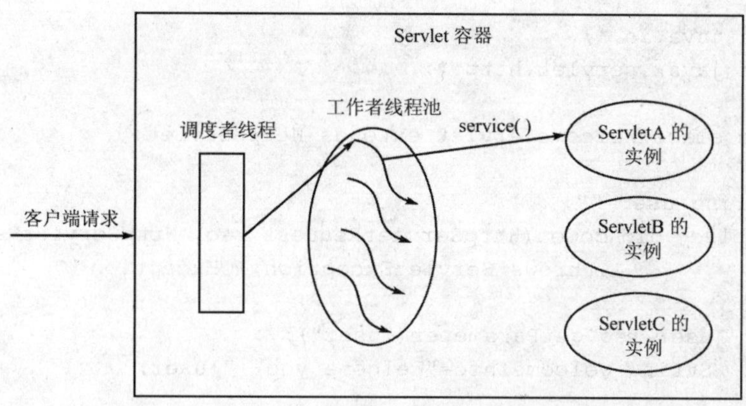

图 7-1　调度者线程选取一个工作者线程来服务请求

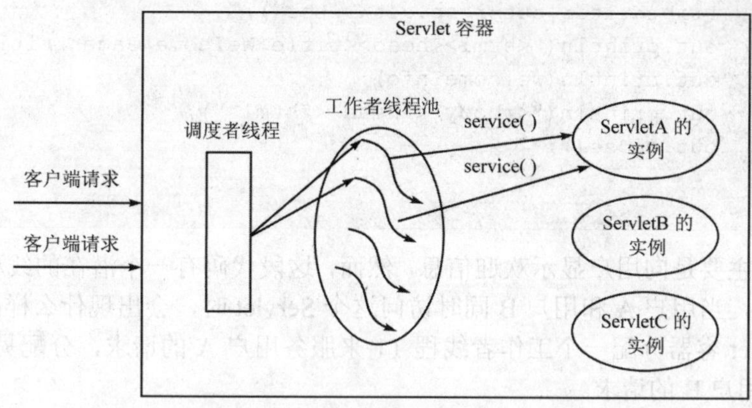

图 7-2　两个工作者线程同时执行一个 Servlet 的 service()方法

由于 Servlet 容器采用了单实例多线程的方式（这是 Servlet 容器默认的行为），最大限度地减少了产生 Servlet 实例的开销，显著地提升了对请求的响应时间。对于 Tomcat，可以在 server.xml 文件中通过<Connnector>元素设置线程池中线程的数目，具体的配置请参见附录 C 的第 C.2.1 节。

7.2　线程安全的 Servlet

Servlet 容器采用多线程，提高了性能，但同时也对 Servlet 的开发者提出了更高的要求，在开发 Servlet 时，要注意线程安全的问题。我们从以下两个方面来看看开发 Servlet 时，要注意的线程安全的问题。

7.2.1　变量的线程安全

我们先看一下例 7-1。

例 7-1　WelcomeServlet.java

```
import javax.servlet.*;
```

```
2. import java.io.*;
3. import javax.servlet.http.*;
4.
5. public class WelcomeServlet extends HttpServlet
6. {
7.     String user="";
8.     public void doGet(HttpServletRequest req, HttpServletResponse resp)
9.                 throws ServletException,IOException
10.    {
11.        user=req.getParameter("user");
12.        String welcomeInfo="Welcome you, "+user;
13.
14.        resp.setContentType("text/html");
15.        PrintWriter out=resp.getWriter();
16.        out.println("<html><head><title>Welcome Page</title><body>");
17.        out.println(welcomeInfo);
18.        out.println("</body></head></html>");
19.        out.close();
20.    }
21. }
```

这段代码主要是向用户显示欢迎信息，然而，这段代码有一个潜在的线程安全的问题。让我们看一下，当用户 A 和用户 B 同时访问这个 Servlet 时，会出现什么样的情况。

（1）Servlet 容器分配一个工作者线程 T1 来服务用户 A 的请求，分配另一个工作者线程 T2 来服务用户 B 的请求。

（2）操作系统首先调度 T1 运行。

（3）T1 执行代码第 11 行，从请求对象中获取用户的姓名，保存到变量 user 中，现在 user 的值是 A。

（4）当 T1 试图执行下面的代码时，时间片到期，操作系统调度 T2 运行。

（5）T2 执行代码第 11 行，从请求对象中获取用户的姓名，保存到变量 user 中，现在 user 的值是 B，而 T1 执行时保存的值丢失了。

（6）T2 继续执行后面的代码，向用户 B 输出“Welcome you, B”。

（7）T2 执行完毕，操作系统重新调度 T1 执行，T1 从上次执行的代码中断处继续往下执行，因为这个时候 user 变量的值已经变成了 B，所以 T1 向用户 A 发送“Welcome you, B”。

这个问题的产生是因为 user 是一个实例变量，它可以在多个同时运行 doGet()方法的线程中共享，在请求处理期间，该变量的值随时会被某个线程所改变。要解决这个问题，可以采取两种方式：第一种方式是将 user 定义为本地变量，如例 7-2 所示。

例 7-2 WelcomeServlet2.java

```
import javax.servlet.*;
import java.io.*;
import javax.servlet.http.*;

public class WelcomeServlet2 extends HttpServlet
{
```

```
    public void doGet(HttpServletRequest req, HttpServletResponse resp)
            throws ServletException,IOException
    {
        String user="";
        user=req.getParameter("user");
        String welcomeInfo="Welcome you, "+user;

        resp.setContentType("text/html");
        PrintWriter out=resp.getWriter();
        out.println("<html><head><title>Welcome Page</title><body>");
        out.println(welcomeInfo);
        out.println("</body></head></html>");
        out.close();
    }
}
```

因为 user 是本地变量，每一个线程都将拥有 user 变量的拷贝，线程对自己栈中的本地变量的改变不会影响其他线程的本地变量的拷贝，因此，在请求处理过程中，user 的值将不会被别的线程所改变。在 Servlet 的开发中，本地变量总是线程安全的。

第二种方式是同步 doGet()方法，如例 7-3 所示。

例 7-3　WelcomeServlet3.java

```
import javax.servlet.*;
import java.io.*;
import javax.servlet.http.*;

public class WelcomeServlet3 extends HttpServlet
{
    String user="";
    public synchronized void doGet(HttpServletRequest req, HttpServlet
Response resp) throws ServletException,IOException
    {
        user=req.getParameter("user");
        String welcomeInfo="Welcome you, "+user;

        resp.setContentType("text/html");
        PrintWriter out=resp.getWriter();
        out.println("<html><head><title>Welcome Page</title><body>");
        out.println(welcomeInfo);
        out.println("</body></head></html>");
        out.close();
    }
}
```

因为使用了同步，就可以防止多个线程同时调用 doGet()方法，也就避免了在请求处理过程中，user 实例变量被其他线程修改的可能。不过，对 doGet()方法使用同步，意味着访问同一个 Servlet 的请求将排队，在一个线程处理完请求后，才能执行另一个线程，这将严重影响性能，所以我们几乎不采用这种方式。

对于 Servlet 中的类变量（静态变量），因为它们在所有属于该类的实例中共享，所以也不是线程安全的。类变量在 Servlet 中常被用于存储只读的或常量的数据，例如存储 JDBC 驱动程序类名，连接 URL 等，如例 7-4 所示。

例 7-4 DBServlet.java

```
import javax.servlet.*;
import java.io.*;
import javax.servlet.http.*;
import java.sql.*;

public class DBServlet extends HttpServlet
{
    final static String driver="com.mysql.jdbc.Driver";
    final static String url="jdbc:mysql://localhost:3306/bookstore";
    final static String user="root";
    final static String password="12345678";

    public synchronized void doGet(HttpServletRequest req, HttpServlet
Response resp) throws ServletException,IOException
    {
        try
        {
            Class.forName(driver);
            Connection
conn=DriverManager.getConnection(url,user,password);
        }
        catch(Exception ce)
        {
            throw new UnavailableException("加载数据库驱动失败！");
        }
        …
    }
}
```

下面，我们分析一个在实际应用中曾经出现的线程安全的问题，如例 7-5 所示。

例 7-5 TestServlet.java

```
import java.io.*;
import javax.servlet.*;
import javax.servlet.http.*

import javax.sql.DataSource;
import java.sql.*
import javax.naming.*;

public class TestServlet extends HttpServlet
{
    Statement stmt;
```

```
    ResultSet rs;
    DataSource ds;

    public void init()
    {
        try
        {
            Context ctx = new InitialContext();
            ds=(DataSource)ctx.lookup("java:comp/env/jdbc/bookstore");
        }
        catch(Exception e)
        {
            e.printStackTrace();
        }
    }

    protected void service(HttpServletRequest request, HttpServletResponse response)
                throws ServletException, java.io.IOException
    {
        Connection conn=null;
        try
        {
            if (ds != null)
            {
                conn = ds.getConnection();
                if(conn!= null)
                {
                    stmt = conn.createStatement();
                }
                …
            }
        }
        catch(Exception e)
        {
            System.out.println(e);
        }
        finally
        {
            if (rs != null)
            {
                try
                {
                    rs.close();
                }
                catch (Exception ex)
                {
                    System.out.println(ex);
                }
```

```
60.       }
61.       if (stmt != null)
62.       {
63.         try
64.         {
65.           stmt.close();
66.         }
67.         catch(Exception ex)
68.         {
69.           System.out.println(ex);
70.         }
71.       }
72.       if (conn != null)
73.       {
74.         try
75.         {
76.           conn.close();
77.         }
78.         catch(Exception ex)
79.         {
80.           System.out.println(ex);
81.         }
82.       }
83.     }
84.   }
85. }
```

这段代码是使用数据源连接数据库，访问数据库的程序，读者可以通读一下这段代码，看看有没有什么问题。这段代码在多用户并发访问的时候会出现错误，问题的产生主要是代码编写者认为将 Connection 对象定义为本地变量（参见第 31 行），就不会有线程安全的问题了，然而因为 Statement 对象和 ResultSet 对象被定义为实例变量（参见第 11 行、第 12 行），导致在多用户并发访问时，在多个工作者线程中共享了这两个对象，当其中一个线程执行完毕，关闭了 Statement 对象和 ResultSet 对象时，错误就发生了。解决的办法是将 Statement 对象和 ResultSet 对象定义为本地变量。

在这里，我们顺便给读者再介绍一个在 Tomcat 文档中描述过的“Connection Closed Exception”，代码如例 7-6 所示。

例 7-6　TestServlet2.java

```
import java.io.*;
import java.sql.*;

import javax.servlet.*;
import javax.servlet.http.*;

import javax.naming.*;
import javax.sql.DataSource;

```

```
public class TestServlet2 extends HttpServlet
{
    DataSource ds=null;
    public void init()
    {
        try
        {
            Context ctx = new InitialContext();
            ds=(DataSource)ctx.lookup("java:comp/env/jdbc/bookstore");
        }
        catch(Exception e)
        {
            e.printStackTrace();
        }
    }

    protected void service(HttpServletRequest request, HttpServletResponse response)
                        throws ServletException, java.io.IOException
    {
        Connection conn = null;
        Statement stmt = null;
        ResultSet rs = null;
        try
        {
            conn = ds.getConnection(); //从连接池中得到连接
            stmt = conn.createStatement();
            rs = stmt.executeQuery("…");
            …

            rs.close();
            stmt.close();
            conn.close(); //连接被放回连接池

        }
        catch(Exception e)
        {
            System.out.println(e);
        }
        finally
        {
            if (rs != null)
            {
                try
                {
                    rs.close();
                }
                catch (Exception ex)
                {
```

```
58.                     System.out.println(ex);
59.                 }
60.             }
61.             if (stmt != null)
62.             {
63.                 try
64.                 {
65.                     stmt.close();
66.                 }
67.                 catch(Exception ex)
68.                 {
69.                     System.out.println(ex);
70.                 }
71.             }
72.             if (conn != null)
73.             {
74.                 try
75.                 {
76.                     conn.close();
77.                 }
78.                 catch(Exception ex)
79.                 {
80.                     System.out.println(ex);
81.                 }
82.             }
83.         }
84.     }
85. }
```

这段代码使用连接池获取数据库连接，从代码本身来看，好像没有任何问题，因为我们没有定义任何的实例变量，然而这段代码在执行时可能会发生连接已经关闭的异常，导致异常产生的过程如下。

（1）当服务一个请求的线程 T1 运行时，从连接池中得到一个数据库连接（第 34 行）。

（2）在线程 T1 中，当执行完数据库访问操作后，关闭数据库（第 41 行）。

（3）此时，操作系统调度另一个线程 T2 运行。

（4）T2 为另一个访问该 Servlet 的请求服务，从连接池中得到一个数据库连接（第 34 行），而这个连接正好是刚才在 T1 线程中调用 close()方法后，放回池中的连接。

（5）此时，操作系统调度线程 T1 运行。

（6）T1 继续执行后面的代码，在 finally 语句中，再次关闭数据库连接（第 76 行）。要注意，调用 Connection 对象的 close()方法只是关闭数据库连接，而对象本身并不为空，所以 finally 语句中的关闭操作才又一次执行。

（7）此时，操作系统调度线程 T2 运行。

（8）线程 T2 试图使用数据库连接，但却失败了，因为 T1 关闭了该连接。

上述问题在使用连接池的情况下才会发生，要避免出现上述的情况，就要求我们正确地编写代码，在关闭数据库对象后，将该对象设为 null。正确的代码如例 7-7 所示。

例 7-7　TestServlet3.java

```
import java.io.*;
import java.sql.*;

import javax.servlet.*;
import javax.servlet.http.*;

import javax.naming.*;
import javax.sql.DataSource;

public class TestServlet extends HttpServlet
{

    DataSource ds=null;

    public void init()
    {
        try
        {
            Context ctx = new InitialContext();

            ds = (DataSource)ctx.lookup("java:comp/env/jdbc/bookstore");
        }
        catch(Exception e)
        {
            e.printStackTrace();
        }
    }

    protected void service(HttpServletRequest request, HttpServletResponse
response) throws ServletException, java.io.IOException
    {
        Connection conn = null;
        Statement stmt = null;
        ResultSet rs = null;
        try
        {
            conn = ds.getConnection(); //从连接池中得到连接
            stmt = conn.createStatement();
            rs = stmt.executeQuery("…");
            …

            rs.close();
            rs = null;
            stmt.close();
            stmt = null;
            conn.close(); //连接被放回连接池
            conn = null;  //确保我们不会关闭连接两次
        }
```

```
        catch(Exception e)
        {
            System.out.println(e);
        }
        finally
        {
            if (rs != null)
            {
                try
                {
                    rs.close();
                }
                catch (Exception ex)
                {
                    System.out.println(ex);
                }
                rs=null;
            }
            if (stmt != null)
            {
                try
                {
                    stmt.close();
                }
                catch(Exception ex)
                {
                    System.out.println(ex);
                }
                stmt=null;
            }
            if (conn != null)
            {
                try
                {
                    conn.close();
                }
                catch(Exception ex)
                {
                    System.out.println(ex);
                }
                conn=null;
            }
        }
    }
}
```

7.2.2 属性的线程安全

在 Servlet 中，可以访问保存在 ServletContext、HttpSession 和 ServletRequest 对象中的

属性，这三种对象都提供了 getAttribute()和 setAttribute()方法用于读取和设置属性。那么这三种不同范围的对象的属性访问是否是线程安全的呢？下面我们看一下这三种对象的属性访问，哪些是线程安全的。

1. ServletContext

ServletContext 对象可以被 Web 应用程序中所有的 Servlet 访问，多个线程可以同时在 Servlet 上下文中设置或者读取属性，这将导致存储数据的不一致。例如，有两个 Servlet，LoginServlet 和 DisplayUsersServlet，LoginServlet 负责验证用户，并将用户名添加到保存在 Servlet 上下文中的列表里，当用户退出的时候，LoginServlet 从列表中删除用户名。LoginServlet 的代码如例 7-8 所示。

例 7-8　LoginServlet.java

```
public void service(HttpServletRequest req,HttpServletResponse res)
{
    String username = //验证用户
    if(authenticated)
    {
        List list = (List)getServletContext().getAttribute("usersList");
        list.add(userName);
    }
    else if(logout)
    {
        //从用户列表中删除用户名
        List list = (List)getServletContext().getAttribute("usersList");
        list.remove(username);
    }
    …
}
```

DisplayUsersServlet 负责输出用户列表中的所有用户名，代码如例 7-9 所示。

例 7-9　Display Users Servlet.java

```
public void service(HttpServletRequest req,HttpServletResponse res)
{
    PrintWriter out = res.getWriter();
    List list = (List) getServletContext().getAttribute("usersList");
    int count = list.size();
    out.println("<html><body>");
    for(int i=0; i<count; i++)
    {
        out.println(list.get(i)+ "<br>");
    }
    out.println("</body></html>");
    out.close();
}
```

usersList 属性在任何时候都可以被所有的 Servlet 访问，因此，当 DisplayUsersServlet

在循环输出用户名的时候，LoginServlet 可能从用户列表中删除了一个用户名，这将导致抛出 IndexOutOf BoundsException 异常（请读者思考一下，为什么会抛出这个异常）。从这个例子中可以看出，ServletContext 属性的访问不是线程安全的。为了避免出现问题，可以对用户列表的访问进行同步，或者对用户列表产生一个拷贝。但要注意的是，对用户列表的访问进行同步将造成性能的瓶颈，而拷贝方式的应用，如果用户数量较大，将导致开销的增加。在实际应用中，应该根据具体的情况，采用合理的方式。我们应该合理地设计系统，在 Servlet 上下文中只保存很少修改的数据，而对于其他经常需要修改的数据，则采用另外的方式在多个 Servlet 中共享。

2. HttpSession

HttpSession 对象在用户会话期间存活，它不像 ServletContext 对象，可以在 Web 应用程序的所有线程中被访问，HttpSession 对象只能在处理属于同一个 Session 的请求的线程中被访问。我们可以认为在一个时刻只有一个用户请求，因此，Session 对象的属性访问是线程安全的。然而，实际情况并非如此，用户打开多个同属于一个浏览器进程的窗口（例如现在很多浏览器采用的标签页窗口形式），在这些窗口中的访问请求属于同一个 Session，为了同时处理多个这样的请求，Servlet 容器会创建多个线程，而在这些线程中，就可以同时访问到 Session 对象的属性。例 7-10 是一个购物车的例子。

例 7-10　购物车

```
public void service(HttpServletRequest req,HttpServletResponse res)
{
    …
    String command=req.getParameter("command");
    HttpSession session = req.getSession();
    List itemsList= (List)session.getAttribute("itemsList");
    if("add".equals(command))
    {
        //增减条目到列表中
    }
    else if("remove".equals(command))
    {
        //从列表中移除条目
    }
    else if("view".equals(command))
    {
        int size = itemsList.size();
        for(i=0; i<size; i++)
        {
            out.println(itemsList.get(i)+ "<br>");
        }
    }
    …
}
```

如果用户在一个浏览器窗口中删除一个条目，同时又在另一个浏览器窗口中查看购物车中所有的条目，那么将导致抛出 IndexOutOfBoundsException 异常。要避免这个问题，可以对 Session 的访问进行同步，如例 7-11 所示。

例 7-11　修改后的购物车代码

```
public void service(HttpServletRequest req,HttpServletResponse res)
{
    …
    String command=req.getParameter("command");
    HttpSession session = req.getSession();
    synchronized(session)
    {
        List itemsList= (List)session.getAttribute("itemsList");
        if("add".equals(command))
        {
            //增减条目到列表中
        }
        else if("remove".equals(command))
        {
            //从列表中移除条目
        }
        else if("view".equals(command))
        {
            int size = itemsList.size();
            for(i=0; i<size; i++)
            {
                out.println(itemsList.get(i)+ "<br>");
            }
        }
    }
    …
}
```

3. ServletRequest

因为 Servlet 容器对它所接收到的每一个请求都创建一个新的 ServletRequest 对象，所以 ServletRequest 对象只在一个线程中被访问。因为只有一个线程服务请求，所以请求对象的属性访问是线程安全的。要注意的是，ServletRequest 对象是作为参数传进 Servlet 的 service()方法中的，在 service()方法的范围内，该请求对象是有效的，我们不要试图在 service()方法结束后，仍然保存请求对象的引用，如果那样的话，那么请求对象的行为将是不可预料的。

注意　笔者曾经看到有的开发者在 Servlet 中创建自己的线程来完成某个功能，Servlet 本身就是多线程的，在 Servlet 中再创建线程，将导致执行情况变得复杂，容易出现很多线程安全的问题。所以在这里，笔者建议读者不要采用这种方式，在设计系统时，尽量采用其他的技术来实现类似的功能。

提示 在多线程的环境中使用集合类对象时，应该使用同步的集合类，例如，用 Vector 代替 ArrayList，用 Hashtable 代替 HashMap。

7.3 SingleThreadModel 接口

javax.servlet.SingleThreadModel 接口没有任何的方法，它是一个标识接口。如果一个 Servlet 实现了这个接口，Servlet 容器将保证在一个时刻仅有一个线程可以在给定的 servlet 实例的 service()方法中执行。如果所有的客户请求都交由一个 Servlet 进行序列化处理，那么将严重地降低性能。为了避免降低性能的问题，Servlet 容器会创建多个 Servlet 实例，并将这些实例放到实例池中，对于每个客户请求，容器从池中分配 Servlet 实例，并在完成服务后，由容器将实例放回池中。

很多开发者认为只要 Servlet 实现了 SingleThreadModel 接口，就能够解决线程安全的问题，实际上，这是一种误解。使用 SingleThreadModel 接口，并不能真正解决并发访问的问题，反而容易让人忽视线程安全的问题。虽然，Servlet 容器保证了在一个时刻仅有一个线程可以在一个 servlet 实例的 service()方法中执行，但是 Servlet 容器会创建多个 Servlet 实例，为同时到来的请求服务，而这多个实例如果访问了共享的数据（例如，HttpSession 和 ServletContext 的属性，以及外部的文件），就将出现线程安全的问题。SingleThreadModel 接口在 Servlet 2.4 规范中就已经被废弃了（不赞成使用）。

7.4 小结

本章主要介绍了如何开发线程安全的 Servlet。

Servlet 规范定义，在默认情况下，Servlet 是多线程的，一个 Servlet 实例同时在多个线程中执行，并发地处理多个客户端请求。因为 Servlet 是多线程的，所以在开发 Servlet 时，要注意线程安全的问题。本章介绍了两个方面的线程安全问题，一个是变量的线程安全，本地变量总是线程安全的，实例变量和类变量不是线程安全的；另一个是属性的线程安全，请求对象的属性访问是线程安全的，而 Session 对象和上下文对象的属性访问不是线程安全的。

为了帮助读者开发线程安全的 Servlet，笔者提供如下的建议：

- 尽可能地在 Servlet 中只使用本地变量。
- 应该只使用只读的实例变量和静态变量。
- 不要在 Servlet 中创建自己的线程。
- 修改共享对象时，一定要使用同步，尽可能地缩小同步代码的范围，不要直接在 service()方法或 doXXX()方法上进行同步，以免影响性能。
- 如果在多个不同的 Servlet 中要对外部对象（例如，文件）进行修改操作，一定要加锁，做到互斥的访问。

JSP 篇

第 8 章 JSP 技术

本章要点

- JSP 的基础是 Servlet
- 掌握 JSP 的运行机制
- 掌握 JSP 的语法，包括指令元素、脚本元素、动作元素
- 掌握 JSP 的隐含对象
- 掌握对象和范围
- 编写留言板程序
- 了解 JSP 文档

在前面的章节中我们看到，使用 Servlet 产生动态网页，需要在代码中打印输出很多 HTML 的标签。此外，在 Servlet 中，我们不得不将静态显示的内容和动态产生内容的代码混合在一起。在使用 Servlet 开发动态网页时，程序员和网页编辑人员将无法一起工作，因为网页编辑人员不了解 Java 语言，无法修改 Servlet 的代码。为了解决这些问题，Sun 公司后来又推出了 JSP（Java Server Pages）技术。

本章将介绍 JSP 的运行机制、语法和隐含对象，以及 JSP 文档。

8.1 JSP 简介

JSP 是一种建立在 Servlet 规范功能之上的动态网页技术。和 ASP 类似，它们都在通常的网页文件中嵌入脚本代码，用于产生动态内容，不过 JSP 文件中嵌入的是 Java 代码和 JSP 标记。

JSP 文件在用户第一次请求时，会被编译成 Servlet，然后再由这个 Servlet 处理用户的请求，所以 JSP 也可以被看成是运行时的 Servlet。既然 JSP 也是 Servlet，那么我们为什么还要使用 JSP 呢？或者说 JSP 和 Servlet 的区别是什么呢？

- Servlet 是 Java 对 CGI 的回应。它们在服务器上执行和解释浏览器的请求，承担客户端和其他应用程序之间的中间层的角色。Servlet 主要把动态的内容混合到静态的内

容中以产生 HTML。

- JSP 页面在 HTML 元素中嵌入 Java 脚本代码和 JSP 标记，使得文件长度变短，格式更加清晰。另一方面，JSP 把静态和动态的内容分离开来，实现了内容和表示的分离。
- 使用 JSP，不需要单独配置每一个文件，只要扩展名是.jsp，JSP 容器（也是 Servlet 容器）就会自动识别，将其转换为 Servlet 为客户端服务。**术语 Web 容器和 JSP 容器是同义的**。

8.2 JSP 的运行机制

我们先来看一个简单的 JSP 文件，如例 8-1 所示。

例 8-1　hello.jsp

```
<html>
    <head><title>Hello</title></head>
<body>
    <%
        out.println("Hello World!");
    %>
    </body>
</html>
```

这个 JSP 页面向客户端输出“Hello World!”。我们把这个页面复制到%CATALINA_HOME%\webapps\ROOT 目录下，启动 Tomcat，打开浏览器，在地址栏中输入 http://localhost:8080/hello.jsp，看到“Hello World!”的输出后，读者可以转到%CATALINA_HOME%\work\Catalina\localhost 目录，在这个目录下，有一些读者熟悉的目录，这些目录都是以前面章节的 Web 应用程序的上下文路径命名的。在 ROOT\org\apache\jsp 目录下，可以看到两个文件：“hello_jsp.java”和“hello_jsp.class”，这两个文件就是在我们访问 hello.jsp 文件时，由 JSP 容器生成的，整个过程如图 8-1 所示。

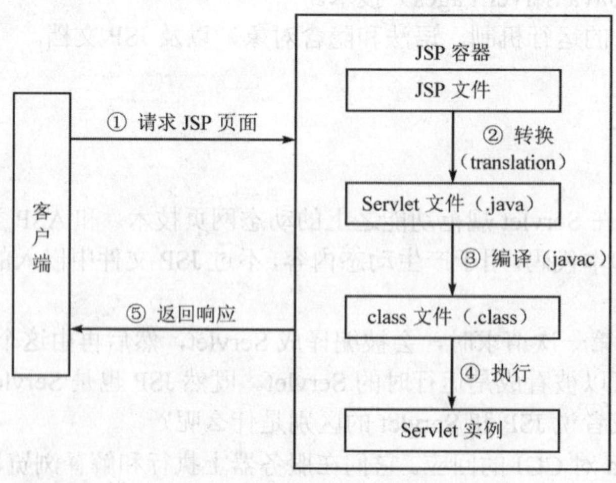

图 8-1　JSP 文件的执行过程

JSP 容器管理 JSP 页面生命周期的两个阶段：转换阶段（translation phase）和执行阶段（execution phase）。当有一个对 JSP 页面的客户请求到来时，JSP 容器检验 JSP 页面的语法是否正确，将 JSP 页面转换为 Servlet 源文件，然后调用 javac 工具类编译 Servlet 源文件生成字节码文件，这一阶段是转换阶段。接下来，Servlet 容器加载转换后的 Servlet 类，实例化一个对象处理客户端的请求，在请求处理完成后，响应对象被 JSP 容器接收，容器将 HTML 格式的响应信息发送到客户端，这一阶段是执行阶段。

当第一次加载 JSP 页面时，因为要将 JSP 文件转换为 Servlet 类，所以响应速度较慢。当再次请求时，JSP 容器就会直接执行第一次请求时产生的 Servlet，而不会重新转换 JSP 文件，所以其执行速度和原始的 Servlet 执行速度几乎相同。在 JSP 执行期间，JSP 容器会检查 JSP 文件，看是否有更新或修改。如果有更新或修改，则 JSP 容器会再次编译 JSP 或 Servlet；如果没有更新或修改，就直接执行前面产生的 Servlet，这也是 JSP 相对于 Servlet 的好处之一。

> 提示　如果你只是想编译 JSP 页面而不是执行它，那么可以在对 JSP 页面的请求中附加 jsp_precompile 参数，并将该参数设为 true。例如：http://localhost:8080/ch08/hello.jsp?jsp_precompile=true，这将编译 hello.jsp 页面，但不会执行它，也就是说，在客户端你不会看到 hello.jsp 的输出。

> 提示　所有以 jsp_开头的请求参数都是被保留的，JSP 页面应该忽略以 jsp_开头的请求参数。

下面我们看一下 JSP 容器在后台针对 hello.jsp 生成的 Servlet 源文件。虽然 JSP 页面转换为 Servlet 是在后台由 JSP 容器自动进行的，但通过阅读 JSP 容器生成的源代码来了解 JSP 背后运行的机制，将有助于我们更好地理解 JSP 页面的运行，编写更加健壮、安全的 JSP 页面。

在 Tomcat 9.0.14 中对 hello.jsp 转换后的 hello_jsp.java 的代码如例 8-2 所示。

例 8-2　hello_jsp.java

```java
package org.apache.jsp;

import javax.servlet.*;
import javax.servlet.http.*;
import javax.servlet.jsp.*;

public final class hello_jsp extends org.apache.jasper.runtime.HttpJspBase
    implements org.apache.jasper.runtime.JspSourceDependent,
                 org.apache.jasper.runtime.JspSourceImports {

  private static final javax.servlet.jsp.JspFactory _jspxFactory =
          javax.servlet.jsp.JspFactory.getDefaultFactory();

  ……（此处省略了部分代码）
```

```

  public void _jspInit() {
  }

  public void _jspDestroy() {
  }

  public void _jspService(final javax.servlet.http.HttpServletRequest request, final javax.servlet.http.HttpServletResponse response)
      throws java.io.IOException, javax.servlet.ServletException {

    ……（此处省略了部分代码）

    final javax.servlet.jsp.PageContext pageContext;
    javax.servlet.http.HttpSession session = null;
    final javax.servlet.ServletContext application;
    final javax.servlet.ServletConfig config;
    javax.servlet.jsp.JspWriter out = null;
    final java.lang.Object page = this;
    javax.servlet.jsp.JspWriter _jspx_out = null;
    javax.servlet.jsp.PageContext _jspx_page_context = null;


    try {
      response.setContentType("text/html");
      pageContext = _jspxFactory.getPageContext(this, request, response,
         null, true, 8192, true);
      _jspx_page_context = pageContext;
      application = pageContext.getServletContext();
      config = pageContext.getServletConfig();
      session = pageContext.getSession();
      out = pageContext.getOut();
      _jspx_out = out;

      out.write("<html>\r\n");
      out.write("    <head><title>Hello</title></head>\r\n");
      out.write("<body>\r\n");
      out.write("    ");

        out.println("Hello World!");

      out.write("\r\n");
      out.write("    </body>\r\n");
      out.write("</html>\r\n");
    } catch (java.lang.Throwable t) {
      if (!(t instanceof javax.servlet.jsp.SkipPageException)){
        out = _jspx_out;
```

```
61.         if (out != null && out.getBufferSize() != 0)
62.           try {
63.             if (response.isCommitted()) {
64.               out.flush();
65.             } else {
66.               out.clearBuffer();
67.             }
68.           } catch (java.io.IOException e) {}
69.         if (_jspx_page_context != null) _jspx_page_context.handlePageException(t);
70.         else throw new ServletException(t);
71.       }
72.     } finally {
73.       _jspxFactory.releasePageContext(_jspx_page_context);
74.     }
75.   }
76. }
```

代码的第5行，导入javax.servlet.jsp包中所有的类，与JSP相关的类定义在这个包中。JSP的API文档包含在Java EE SDK中。

在JSP 2.0规范中定义，JSP页面转换后的Servlet类必须实现javax.servlet.jsp.JspPage接口（与Servlet类似，Servlet类必须实现javax.servlet.Servlet接口），该接口继承自javax.servlet.Servlet接口。除了继承的方法外，JspPage接口还定义了下面两个方法：

- public void **jspInit()**

这个方法在JSP页面初始化时被调用，它类似于Servlet中的init()方法。页面编写者可以在JSP的声明元素中覆盖这个方法，以提供初始化工作。

- public void **jspDestroy()**

在JSP页面将要被销毁时调用这个方法。它与Servlet中的destroy()方法类似。页面编写者可以在JSP的声明元素中覆盖这个方法，以提供所有的JSP清除工作。

因为绝大多数情况下，JSP页面都使用HTTP协议，所以JSP页面转换后的Servlet类实际上必须实现javax.servlet.jsp.HttpJspPage接口，该接口继承自JspPage接口。除了继承的方法外，HttpJspPage接口只定义了一个方法：

- public void **_jspService**(javax.servlet.http.HttpServletRequest request, javax.servlet.http.HttpServlet Response response) throws javax.servlet.ServletException, java.io.IOException

该方法对应于JSP页面的主体（body）部分，它类似于Servlet中的service()方法。这个方法由JSP容器自动定义，页面编写者不应当提供该方法的实现。代码的第22～75行，就是JSP容器自动生成的_jspService()方法。

代码的第7行，hello_jsp类从org.apache.jasper.runtime.HttpJspBase类继承，HttpJspBase类是Tomcat提供的实现了HttpJspPage接口的类。HttpJspBase类的部分代码如下。

```
package org.apache.jasper.runtime;
```

```
import …;

public abstract class HttpJspBase extends HttpServlet implements HttpJspPage
{
    …

    @Override
    public final void init(ServletConfig config)
        throws ServletException
    {
        super.init(config);
        jspInit();
        _jspInit();
    }

    @Override
    public String getServletInfo() {
        return Localizer.getMessage("jsp.engine.info");
    }

    @Override
    public final void destroy() {
        jspDestroy();
        _jspDestroy();
    }

    @Override
    public final void service(HttpServletRequest request, HttpServlet
Response response)
        throws ServletException, IOException
    {
        _jspService(request, response);
    }

    @Override
    public void jspInit() {
    }

    public void _jspInit() {
    }

    @Override
    public void jspDestroy() {
    }

    protected void _jspDestroy() {
    }

    @Override
    public abstract void _jspService(HttpServletRequest request,
```

```
                                        HttpServletResponse response)
        throws ServletException, IOException;
}
```

读者看 HttpJspBase 类是否感觉非常熟悉，实际上，这就是一个实现了 HttpJspPage 接口的 Servlet 类，在 Servlet 类的 init()方法中调用 jspInit()方法，在 Servlet 类的 destory()方法中调用 jspDestroy()方法，在 Servlet 类的 service ()方法中调用_jspService ()方法。从 Tomcat 提供的 HttpJspBase 类可以看出，JSP 页面运行的底层仍然是 Servlet 技术。

在例 8-2 的第 27～32 行，定义了一些对象变量，第 39～45 行，分别对这些对象进行了初始化，这些代码都是由 JSP 容器自动产生的，也就是说，在 JSP 页面中，可以直接使用这些服务器端对象（详见第 8.4 节）。

代码的第 48～57 行，打印输出 HTML 页面，这段代码对应的是例 8-1 中 hello.jsp 文件的代码。

8.3　JSP 的语法

一个 JSP 页面由元素和模板数据组成。元素是必须由 JSP 容器处理的部分，而模板数据是 JSP 容器不处理的部分，例如，JSP 页面中的 HTML 内容，这些内容会直接发送到客户端。在 JSP 2.0 规范中，元素有三种类型：指令元素、脚本元素和动作元素。

8.3.1　指令元素（directive element）

指令元素主要用于为转换阶段提供整个 JSP 页面的相关信息，指令不会产生任何输出到当前的输出流中。指令元素的语法形式如下：

```
<%@ directive { attr="value" }* %>
```

在起始符号<%@之后和结束符号%>之前，可以加空格，也可以不加，但是要注意的是，在起始符号中的<和%之间、%和@之间，以及结束符号中的%和>之间不能有任何空格。指令元素有三种指令：page、include 和 taglib。

1. page 指令

page 指令作用于整个 JSP 页面，定义了许多与页面相关的属性，这些属性将被用于和 JSP 容器通信。page 指令的语法如下：

```
<%@ page attr1="value1" attr2="value2" … %>
```

在 JSP 规范中，还提供了 XML 语法格式的 page 指令（参见第 8.8 节），如下：

```
<jsp:directive.page attr1="value1" attr2="value2" …/>
```

page 指令有 15 个属性，如下所示：

- language="scriptingLanguage"

该属性用于指定在脚本元素中使用的脚本语言，默认值是 Java。在 JSP 2.0 规范中，该属性的值只能是 Java，以后可能会支持其他语言，例如，C、C++等。

- extends="className"

该属性用于指定 JSP 页面转换后的 Servlet 类从哪一个类继承，属性的值是完整的限定类名。通常不需要使用这个属性，JSP 容器会提供转换后的 Servlet 类的父类。在使用该属性时要格外小心，因为这可能会限制 JSP 容器为提升性能所做出的努力。

- import="importList"

该属性用于指定在脚本环境中可以使用的 Java 类。属性的值和 Java 程序中的 import 声明类似，该属性的值是以逗号分隔的导入列表，例如：

```
<%@ page import="java.util.Vector,java.io.*" %>
```

也可以重复设置 import 属性：

```
<%@ page import="java.util.Vector" %>
<%@ page import="java.io.*" %>
```

要注意的是，在 page 指令中只有 import 属性可以重复设置。import 默认导入的列表是：java.lang.*，javax.servlet.*，javax.servlet.jsp.*和 javax.servlet.http.*。

- session="true|false"

该属性用于指定 JSP 页面是否参与到 HTTP 会话中，如果为 true，则在 JSP 页面中可以使用隐含的 session 对象，如果为 false，则 session 对象不可用，对该对象的任何引用将导致一个严重的转换错误。该属性的默认值是 true。

- buffer="none|sizekb"

该属性用于指定 out 对象（类型为 JspWriter）使用的缓冲区大小，如果设置为 none，则将不使用缓冲区，所有的输出直接通过 ServletResponse 的 PrintWriter 对象写出。设置该属性的值只能以 kb 为单位，默认值是 8kb。

- autoFlush="true|false"

该属性用于指定当缓冲区满的时候，缓存的输出是否应该自动刷新。如果设置为 false，则当缓冲区溢出的时候，一个异常将被抛出。默认值为 true。

- isThreadSafe="true|false"

该属性用于指定对 JSP 页面的访问是否是线程安全的。如果设置为 true，则向 JSP 容器表明这个页面可以同时被多个客户端请求访问。如果设置为 false，则 JSP 容器将对转换后的 Servlet 类实现 SingleThreadModel 接口。由于 SingleThreadModel 接口在 Servlet 2.4 规范中已经声明为不赞成使用，所以也建议不要再使用该属性。默认值是 true。

- info="info_text"

该属性用于指定页面的相关信息，该信息可以通过调用 Servlet 接口的 getServletInfo() 方法来得到。

- errorPage="error_url"

该属性用于指定当 JSP 页面发生异常时，将转向哪一个错误处理页面。要注意的是，**如果一个页面通过使用该属性定义了错误页面，那么在 web.xml 文件中定义的任何错误页面将不会被使用。**

- isErrorPage="true|false"

该属性用于指定当前的 JSP 页面是否是另一个 JSP 页面的错误处理页面。默认值是 false。

● contentType="ctinfo"

该属性指定用于响应的 JSP 页面的 MIME 类型和字符编码。例如：

```
<%@ page contentType="text/html; charset=gb2312" %>
```

● pageEncoding="peinfo"

该属性指定 JSP 页面使用的字符编码。如果设置了这个属性，则 JSP 页面的字符编码使用该属性指定的字符集，如果没有设置这个属性，则 JSP 页面使用 contentType 属性指定的字符集，如果这两个属性都没有指定，则使用字符集“ISO-8859-1”。

● isELIgnored="true|false"

该属性用于定义在 JSP 页面中是否执行或忽略 EL 表达式。如果设置为 true，则 EL 表达式（关于 EL 表达式，请参见第 12 章）将被容器忽略，如果设置为 flase，则 EL 表达式将被执行。默认的值依赖于 web.xml 的版本，对于一个 Web 应用程序中的 JSP 页面，如果其中的 web.xml 文件使用 Servlet 2.3 或之前版本的格式，则默认值是 true，如果使用 Servle t 2.4 版本的格式，则默认值是 false。对应于该属性的 JSP 配置元素是<el-ignored>（参见附录 D 的第 D.15 节）。

● deferredSyntaxAllowedAsLiteral

该属性指示在 JSP 页面的模板文本中是否允许出现字符序列#{。如果该属性的值为 false（默认值），则当模板文本中出现字符序列#{时，将引发页面转换错误。

注意，该属性是在 JSP 2.1 规范中引入的，JSP 2.1 规范对 JSP 2.0 和 Java Server Faces 1.1 中的表达式语言进行了统一。在 JSP 2.1 中，字符序列#{被保留给表达式语言使用，你不能在模板本中使用字符序列#{。如果 JSP 页面运行在 JSP 2.1 之前版本的容器中，则没有这个限制。对于 JSP 2.1 的容器，如果在模板文本中需要出现字符序列#{，那么可以将该属性设置为 true。该属性对应的 JSP 配置元素是<deferred-syntaxsyntax-allowed-as-literal>，参见附录 D 的第 D.15 节。

● trimDirectiveWhitespaces

该属性指示模板中的空白应该如何处理。如果为 true，那么那些只包含空白的模板文本将从输出中被删除。默认值是 false，即不删除空白。这个属性用于删除指令末端没有跟随模板文本的无关空白。JSP 文档（参见第 8.8 节）忽略这个属性。该属性对应的 JSP 配置元素是<trim-directive-whitespaces>，参见附录 D 的第 D.15 节。

注意，该属性是在 JSP 2.1 规范中被引入的。

我们看一个使用 trimDirectiveWhitespaces 属性的例子。有如下的 JSP 页面：

```
<%@ page contentType="text/html;charset=GB2312" %>
<%@ page trimDirectiveWhitespaces="false" %>

<html>
 <head>
  <meta http-equiv="Content-Type" content="text/html;charset= GB2312">
  <title>欢迎页面</title>
 </head>

 <body>
  <h3>欢迎来到程序员之家</h3>
```

```
  <hr>
  程序员之家是程序员互相交流的技术天堂。
 </body>
</html>
```

该页面在客户端的输出如下（最前端有三个空行）：

```



<html>
 <head>
  <meta http-equiv="Content-Type" content="text/html;charset= GB2312">
  <title>欢迎页面</title>
 </head>

 <body>
  <h3>欢迎来到程序员之家</h3>

  <hr>
  程序员之家是程序员互相交流的技术天堂。
 </body>
</html>
```

虽然这些额外的空行并不会影响浏览器显示的输出效果，但是这些空行对响应增加了额外的负载，而且也易破坏 HTML 源代码的可读性。

当我们将 page 指令的 trimDirectiveWhitespaces 属性设置为 true 时，上述页面在客户端的输出为：

```
<html>
 <head>
  <meta http-equiv="Content-Type" content="text/html;charset= GB2312">
  <title>欢迎页面</title>
 </head>

 <body>
  <h3>欢迎来到程序员之家</h3>

  <hr>
  程序员之家是程序员互相交流的技术天堂。
 </body>
</html>
```

注意 无论将 page 指令放在 JSP 文件的哪个位置，它的作用范围都是整个 JSP 页面。然而，为了 JSP 程序的可读性，以及养成良好的编程习惯，我们应该将 page 指令放在 JSP 文件的顶部。

2. include 指令

include 指令用于在 JSP 页面中静态包含一个文件，该文件可以是 JSP 页面、HTML 网页、文本文件或一段 Java 代码。使用了 include 指令的 JSP 页面在转换时，JSP 容器会在其中插入所包含文件的文本或代码。include 指令的语法如下：

```
<%@ include file="relativeURLspec" %>
```

XML 语法格式的 include 指令如下：

```
<jsp:directive.include file="relativeURLspec"/>
```

file 属性的值被解释为相对于当前 JSP 文件的 URL。

例 8-3 是一个使用 include 指令的例子。

例 8-3 include 指令

```
greeting.jsp
<%@ page contentType="text/html;charset=gb2312" %>

<html>
    <head><title>欢迎你</title></head>
</html>
<body>
    欢迎你，现在的时间是
    <%@ include file="date.jsp" %>
</body>
</html>

                              date.jsp
<%
    out.println(new java.util.Date().toLocaleString());
%>
```

访问 greeting.jsp 页面，将输出下面的信息：

```
欢迎你，现在的时间是 2005-3-29 16:12:22
```

> **注意** 在被包含的文件中最好不要使用<html> </html> <body> </body>等标签，因为这会影响到原 JSP 文件中同样的标签，有时会导致错误。另外，因为原文件和被包含的文件可以互相访问彼此定义的变量和方法，所以在包含文件时要格外小心，避免在被包含的文件中定义了同名的变量和方法，而导致在转换时出错；或者不小心修改了另外文件中的变量值，而导致出现不可预料的结果。

3. taglib 指令

taglib 指令允许页面使用用户定制的标签（参见第 11 章）。taglib 指令的语法如下：

```
<%@ taglib (uri="tagLibraryURI" | tagdir="tagDir") prefix="tagPrefix" %>
```

XML 语法格式的 taglib 指令如下：

```
<jsp:directive.taglib (uri="tagLibraryURI" | tagdir="tagDir") prefix=
"tagPrefix"/>
```

taglib 指令有三个属性：

- uri

该属性唯一地标识和前缀（prefix）相关的标签库描述符，可以是绝对或者相对的 URI。这个 URI 被用于定位标签库描述符的位置。

- tagdir

该属性指示前缀（prefix）将被用于标识安装在/WEB-INF/tags/目录或其子目录下的标签文件（参见第 14 章）。一个隐含的标签库描述符被使用。下面三种情况将发生转换（translation）错误：

- 属性的值不是以/WEB-INF/tags/开始的。
- 属性的值没有指向一个已经存在的目录。
- 该属性与 uri 属性一起使用。

- prefix

定义一个 prefix:tagname 形式的字符串前缀，用于区分多个自定义标签。**以 jsp:，jspx:，java:，javax:，servlet:，sun:和 sunw:开始的前缀被保留。前缀的命名必须遵循 XML 名称空间的命名约定。在 JSP 2.0 规范中，空前缀是非法的。**

8.3.2 脚本元素（scripting element）

脚本元素包括三个部分：声明、脚本段和表达式。JSP 2.0 增加了 EL 表达式（参见第 12 章），作为脚本元素的另一个选择。声明脚本元素用于声明在其他脚本元素中可以使用的变量和方法，脚本段是一段 Java 代码，用于描述在对请求的响应中要执行的动作，表达式脚本元素是 Java 语言中完整的表达式，在响应请求时被计算，计算的结果将被转换为字符串，插入到输出流中。

这三种脚本元素都是基于<%的语法，如下所示：

```
<%! this is a declaration %>
<% this is a scriptlet %>
<%= this is an expression %>
```

在<%!、<%和<%=之后，%>之前，可以有空格，但是在<%与!、<%与=之间不能有空格。

1．声明（declaration）

声明脚本元素用于声明在 JSP 页面的脚本语言中使用的变量和方法。声明必须是完整的声明语句，遵照 Java 语言的语法。声明不会在当前的输出流中产生任何输出。声明以<%!开始，以%>结束，它的语法如下：

```
<%! declaration(s) %>
```

XML 语法格式的声明如下：

```
<jsp:declaration> declaration(s) </jsp:declaration>
```

声明的例子如下：

```
<%! int i; %>
<%! int i = 0; %>
<%! public String f(int i) { if (i<3) return("…"); … } %>
```

你可以在一个声明语句中声明多个变量和方法，也可使用多个声明语句。在声明变量的时候要注意，不要忘了变量名后面的分号（;），声明只在当前的 JSP 页面中有效。

> **注意**　利用<%! %>声明的变量，在 JSP 容器转换 JSP 页面为 Servlet 类时，将作为该类的实例变量或者类变量（声明时使用了 static 关键字），在多用户并发访问时，这将导致线程安全的问题，除非你确认是单用户访问或者变量是只读的。关于线程安全的问题，请读者参见第 7 章。

2．脚本段（scriptlet）

脚本段是在请求处理期间要执行的 Java 代码段。脚本段可以产生输出，并将输出发送到客户端，也可以是一些流程控制语句。脚本段以<%开始，以%>结束，它的语法如下：

```
<% scriptlet %>
```

XML 语法格式的脚本段如下：

```
<jsp:scriptlet> scriptlet </jsp:scriptlet>
```

脚本段的例子如下：

```
<%
   if (Calendar.getInstance().get(Calendar.AM_PM) == Calendar.AM)
   {
%>
      Good Morning
<%
   }
   else
   {
%>
      Good Afternoon
<%
   }
%>
```

在这个例子中，<%和%>之间的部分是脚本段，“Good Morning”和“Good Afternoon”是模板数据。为了便于读者理解，下面列出转换后的在_jspService ()方法中的代码片段：

```
if (Calendar.getInstance().get(Calendar.AM_PM) == Calendar.AM)
{
   out.write("\r\n");
   out.write("       Good Morning\r\n");
}
else
{
```

```
    out.write("\r\n");
    out.write("        Good Afternoon\r\n");
}
```

在脚本段中可以声明本地变量，在后面的脚本段中可以使用该变量，例如：

```
<% int i=0;%>
```

在后面的脚本段中可以访问变量 i，如下：

```
<% i++; %>
```

在 JSP 容器转换 JSP 页面为 Servlet 类时，页面中的代码段会按照出现的次序，依次被转换为_jspService()方法中的代码，在脚本段中声明的变量，将成为_jspService()方法中的本地变量，因此，脚本段中的变量是线程安全的。

3. 表达式（expression）

表达式脚本元素是 Java 语言中完整的表达式，在请求处理时计算这些表达式，计算的结果将被转换为字符串，插入到当前的输出流中。表达式以<%=开始，以%>结束，它的语法如下：

```
<%= expression %>
```

XML 语法格式的表达式如下：

```
<jsp:expression> expression </jsp:expression>
```

表达式的例子如下：

```
<html>
    <head></head>
</html>
<body>
    现在的时间是<%= (new java.util.Date()).toLocaleString() %>
</body>
</html>
```

要注意，在书写表达式的时候，一定不要在表达式后面添加任何的标点符号。

8.3.3 动作元素（action element）

动作元素为请求处理阶段提供信息。动作元素遵循 XML 元素的语法，有一个包含元素名的开始标签，可以有属性、可选的内容、与开始标签匹配的结束标签。动作元素也可以是一个空标签，可以有属性。与 XML 和 XHTML 一样，JSP 的标签也是区分大小写的。

JSP 2.0 规范定义了一些标准的动作。标准动作是一些标签，它们影响 JSP 运行时的行为和对客户端请求的响应，这些动作由 JSP 容器来实现。

从效果上来说，一个标准动作是嵌入到 JSP 页面中的一个标签。在页面被转换为 Servlet 期间，当 JSP 容器遇到这个标签，就用预先定义的对应于该标签的 Java 代码来代替它。动作元素的语法是基于 XML 的。

JSP 2.0 规范中定义了 20 个标准的动作元素。

1．<jsp:useBean>，<jsp:setProperty>和<jsp:getProperty>

这三个动作元素用于访问 JavaBean，详细的介绍请参看第 9 章。

2．<jsp:param>

这个动作元素被用来以“名－值对”的形式为其他标签提供附加信息。它和<jsp:include>、<jsp:forward>和<jsp:plugin>一起使用。它的语法为：

```
<jsp:param name="name" value="value" />
```

它有两个必备的属性 name 和 value。

- name

给出参数的名字。

- value

给出参数的值，可以是一个表达式。

3．<jsp:include>

这个动作元素用于在当前页面中包含静态和动态的资源，一旦被包含的页面执行完毕，则请求处理将在调用页面中继续进行。被包含的页面不能改变响应的状态代码或者设置报头，这防止了对类似 setCookie()这样的方法的调用，任何对这些方法的调用都将被忽略。这个约束和在 javax.servlet. Request Dispatcher 类的 include()方法上所施加的约束是一样的。

<jsp:include>动作的语法如下：

```
<jsp:include page="urlSpec" flush="true|false"/>
```

或

```
<jsp:include page="urlSpec" flush="true|false">
    { <jsp:param …. /> }*
</jsp:include>
```

<jsp:include>动作有两个属性 page 和 flush。

- page

指定被包含资源的相对路径，该路径是相对于当前 JSP 页面的 URL。

- flush

该属性是可选的。如果设置为 true，那么当页面输出使用了缓冲区，在进行包含工作之前，先要刷新缓冲区。如果设置为 false，则不会刷新缓冲区。该属性的默认值是 false。

<jsp:include>动作可以在它的内容中包含一个或多个<jsp:param>元素，为包含的页面提供参数信息。被包含的页面可以访问 request 对象，该对象包含了原始的参数和使用<jsp:param>元素指定的新参数。如果参数的名称相同，则原来的值保持不变，新的值的优先级比已经存在的值要高。例如，请求对象中有一个参数为 param=value1，然后又在<jsp:param>元素中指定了一个参数 param=value2，在被包含的页面中，接收到的参数为 param=value2, value1，调用 javax.servlet.ServletRequest 接口中的 getParameter()方法将返回 value2，可以使用 getParameterValues()返回指定参数的所有值。

那么<jsp:include>和 include 指令有什么区别呢？表 8-1 列出了两者的区别。

表 8-1　<jsp:include>和 include 指令的区别

语　法	相对路径	发生时间	包含的对象	描　述
<%@ include file="url" %>	相对于当前文件	转换期间	静态	包含的内容被 JSP 容器分析
<jsp:include page="url" />	相对于当前页面	请求处理期间	静态和动态	包含的内容不被分析，但在相应的位置被包含

要注意，表 8-1 中 include 指令包含的对象为静态，并不是指 include 指令只能包含像 HTML 这样的静态页面，include 指令也可以包含 JSP 页面。所谓静态和动态指的是：include 指令将 JSP 页面作为静态对象，将页面的内容（文本或代码）在 include 指令的位置处包含进来，这个过程发生在 JSP 页面的转换阶段。而<jsp:include>动作把包含的 JSP 页面作为动态对象，在请求处理期间，发送请求给该对象，然后在当前页面对请求的响应中包含该对象对请求处理的结果，这个过程发生在执行阶段（即请求处理阶段）。

include 指令的 file 属性所给出的路径是相对于当前文件的，而<jsp:include>动作的 page 属性所给出的路径是相对于当前页面的，要理解相对于当前文件和相对于当前页面的区别，就需要结合 include 指令和<jsp:include>动作对被包含资源的不同处理方式来考虑。

当采用 include 指令包含资源时，相对路径的解析在转换期间发生（相对于当前文件的路径来找到资源），资源的内容（文本或代码）在 include 指令的位置处被包含进来，成为一个整体，被转换为 Servlet 源文件。当采用<jsp:include>动作包含资源时，相对路径的解析在请求处理期间发生（相对于当前页面的路径来找到资源），当前页面和被包含的资源是两个独立的个体，当前页面将请求发送给被包含的资源，被包含资源对请求处理的结果将作为当前页面对请求响应的一部分发送到客户端。

为了更好地理解 include 指令和<jsp:include>动作包含资源的相对路径，搞清楚相对于当前文件和相对于当前页面的区别，我们给出了表 8-2 所示的例子。在这个例子中共用到 4 个文件：a.jsp、c.jsp、abc/b.jsp 和 abc/c.jsp。

表 8-2　在两个文件中分别使用 include 指令和<jsp:include>动作包含资源的例子

a.jsp	abc/b.jsp	结　果
<%@ include file="abc/b.jsp"%>	<%@ include file="c.jsp"%>	abc/c.jsp
<jsp:include page="abc/b.jsp"/>	<jsp:include page="c.jsp"/>	abc/c.jsp
<jsp:include page="abc/b.jsp"/>	<%@ include file="c.jsp"%>	abc/c.jsp
<%@ include file="abc/b.jsp"%>	<jsp:include page="c.jsp"/>	c.jsp

表 8-2 中前面 3 行的结果相信读者自己就能分析出来，这里笔者主要分析一下第 4 行的结果。a.jsp 页面使用的是 include 指令，在转换 a.jsp 时，JSP 指令所在的位置处会被包含的文件内容所替换，也就是说，在 a.jsp 页面转换后，会包含 abc/b.jsp 中的代码，如下所示：

```
<jsp:include page="c.jsp"/>
```

想一想，当用户请求 a.jsp 时，容器执行<jsp:include>动作，由于 page 属性的值是相对路径（相对于 a.jsp 页面的路径），因此调用 c.jsp 对请求进行处理，而不是调用 abc/c.jsp。

提示　理解表 8-2 前面以粗体显示的两段话，是对结果进行正确分析的关键。

4．<jsp:forward>

这个动作允许在运行时将当前的请求转发给一个静态的资源、JSP 页面或者 Servlet，请求被转向到的资源必须位于同 JSP 发送请求相同的上下文环境中。

这个动作会终止当前页面的执行，如果页面输出使用了缓冲，则在转发请求之前，缓冲区将被清除；如果在转发请求之前，缓冲区已经刷新，则将抛出 IllegalStateException 异常。如果页面输出没有使用缓冲，而某些输出已经发送，那么试图调用<jsp:forward>动作，将导致抛出 IllegalStateException 异常。这个动作的作用和 RequestDispatcher 接口的 forward() 方法的作用是一样的。

<jsp:forward>动作的语法如下：

```
<jsp:forward page="relativeURLspec"/>
```

或

```
<jsp:forward page="urlSpec">
   { <jsp:param …. /> }*
</jsp:forward>
```

<jsp:forward>动作只有一个属性 page。

- page

指定请求被转发的资源的相对路径，该路径是相对于当前 JSP 页面的 URL，也可以是经过表达式计算得到的相对 URL。

下面是使用<jsp:forward>动作的一个例子：

```
<%
   String command=request.getParameter("command");
   if(command.equals("reg"))
   {
%>
      <jsp:forward page="reg.jsp"/>
<%
   }
   else if(command.equals("logout"))
   {
%>
      <jsp:forward page="logout.jsp"/>
<%
   }
   else
   {
%>
      <jsp:forward page="login.jsp"/>
<%
   }
%>
```

5. <jsp:plugin>，<jsp:params>和<jsp:fallback>

<jsp:plugin>动作用于产生与客户端浏览器相关的 HTML 标签（<OBJECT>或<EMBED>），从而导致在需要时下载 Java 插件（Plug-in）软件，并在插件中执行指定的 Applet 或 JavaBean。<jsp:plugin>标签将根据客户端浏览器的类型被替换为<object>或<embed>标签。在<jsp:plugin>元素的内容中可以使用另外两个标签：<jsp:params>和<jsp:fallback>。

<jsp:params>是<jsp:plugin>动作的一部分，并且只能在<jsp:plugin>动作中使用。<jsp:params>动作包含一个或多个<jsp:param>动作，用于向 Applet 或 JavaBean 提供参数。

<jsp:fallback>是<jsp:plugin>动作的一部分，并且只能在<jsp:plugin>动作中使用，主要用于指定在 Java 插件不能启动时显示给用户的一段文字。如果插件能够启动，但是 Applet 或 JavaBean 没有发现或不能启动，那么浏览器会有一个出错信息提示。

<jsp:plugin>动作的语法如下：

```
<jsp:plugin type="bean|applet"
        code="objectCode"
        codebase="objectCodebase"
        { align="alignment" }
        { archive="archiveList" }
        { height="height" }
        { hspace="hspace" }
        { jreversion="jreversion" }
        { name="componentName" }
        { vspace="vspace" }
        { width="width" }
        { nspluginurl="url" }
        { iepluginurl="url" }>
    { <jsp:params>
        { <jsp:param name="paramName" value= "paramValue" /> }+
    </jsp:params> }
    { <jsp:fallback> arbitrary_text </jsp:fallback> }
</jsp:plugin>
```

<jsp:plugin>动作有 13 个属性，如下所示。

- type="bean|applet"

指定要执行的组件的类型是 JavaBean 还是 Applet。

- code="objectCode"

指定要执行的组件的完整的类名，以.class 结尾。该名字要么相对于 codebase，要么相对于当前页面。

- codebase="objectCodebase"

指定要执行的 Java 类所在的目录。

- align="alignment"

指定组件对齐的方式。可以是下面的值：

  - left——把组件放在网页左边，后面的文本会移至 applet 的右边。

➢ right——把组件放在网页右边，后面的文本会被移至applet的左边。
➢ bottom——把组件的底部与当前行文本底部对齐。
➢ top——把组件的顶部与当前行顶部对齐。
➢ texttop——把组件的顶部与当前行文本顶部对齐。
➢ middle——把组件的中部与当前行基线对齐。
➢ absmiddle——把组件的中部与当前行中部对齐。
➢ baseline——把组件的底部与当前行基线对齐。
➢ absbottom——把组件的底部与当前行底部对齐。

- archive="archiveList"

指定以逗号分隔的Java归档文件列表。在归档文件中可以包含组件要使用的类或需要的其他资源。

- height="height"和width="width"

指定组件的高度和宽度，以像素为单位。

- hspace="hspace"和vspace="vspace"

指定组件左右、上下留出的空间，以像素为单位。

- jreversion="jreversion"

指定组件运行时需要的JRE版本，默认值为1.2。

- name="componentName"

指定组件的名字。在编写脚本代码的时候，可以用该属性的值作为名字来引用这个组件。

- nspluginurl="url"

指定对于Netscape Navigator，可以下载JRE插件的URL。默认情况由实现定义。

- iepluginurl="url"

指定对于Internet Explorer，可以下载JRE插件的URL。默认情况由实现定义。

下面是使用<jsp:plugin>动作的一个例子：

```
plugin.jsp
<%@ page contentType="text/html;charset=gb2312" %>
<jsp:plugin type="applet"code="TestApplet.class" width="600" height="400">
    <jsp:params>
        <jsp:param name="font" value="楷体_GB2312"/>
    </jsp:params>
    <jsp:fallback>您的浏览器不支持插件</jsp:fallback>
</jsp:plugin>

TestApplet.java
import java.applet.*;
import java.awt.*;

public class TestApplet extends Applet
{
 String strFont;
 public void init()
 {
```

```
  strFont=getParameter("font");
 }

 public void paint(Graphics g)
 {
  Font f=new Font(strFont,Font.BOLD,30);
  g.setFont(f);
  g.setColor(Color.blue);
  g.drawString("这是使用<jsp:plugin>动作元素的例子",0,30);
 }
}
```

6. <jsp:element>

这个动作用于动态定义一个 XML 元素的标签。在<jsp:element>中，可以包含<jsp:attribute>和<jsp:body>。

<jsp:element>动作的语法如下：

```
<jsp:element name="name">
   optional body
</jsp:element>
```

或

```
<jsp:element name="name">
   jsp:attribute*
   jsp:body?
</jsp:element>
```

<jsp:element>动作只有一个属性 name。

- name

该属性用于指定动态产生的元素的名称。

我们看下面两个例子。

例 1：

```
<jsp:element name="football"/>
```

在执行后将产生一个空元素：

```
<football/>
```

例 2：

```
<jsp:element name="employee">
    <jsp:attribute name="name">张三</jsp:attribute>
    <jsp:body>张三是销售部的经理</jsp:body>
</jsp:element>
```

在执行后将产生一个包含属性和内容的元素：

```
<employee name="张三">张三是销售部的经理</employee>
```

7．<jsp:attribute>

<jsp:attribute>动作主要有两个用途：一是用于在 XML 元素的内容中定义一个动作属性的值。二是在<jsp:element>动作中使用，指定输出元素的属性。

<jsp:attribute>动作的语法如下：

```
<jsp:attribute name="name" trim="true|false">
   optional body
</jsp:attribute>
```

<jsp:attribute>动作有两个属性：name 和 trim。

- name

用于指定元素属性的名称。

- trim

用于指定在<jsp:attribute>元素的内容前后出现的空白（包括空格、回车、换行、制表符）是否被 JSP 容器忽略。如果为 true，则被忽略；如果为 false，则被保留。默认值是 true。

下面的两个例子分别示范了<jsp: attribute>动作的两种用途。

例 1：

```
<jsp:forward>
    <jsp:attribute name="page">reg.jsp</jsp:attribute>
</jsp:forward>
```

其作用和

```
<jsp:forward page="reg.jsp"/>
```

是一样的。

例 2：

见<jsp:element>一节中的例 2。

8．<jsp:body>

这个动作用于定义元素的内容，用法见<jsp:element>一节中的例 2。<jsp:body>动作没有任何的属性，它的语法如下：

```
<jsp:body>
   optional body
</jsp:body>
```

9．<jsp:text>

这个动作用于封装模板数据，它可以在模板数据允许出现的任何地方使用。<jsp:text>元素的作用和在 JSP 页面中直接书写模板数据一样。这个动作没有属性，它的语法如下：

```
<jsp:text> template data </jsp:text>
```

在<jsp:text>动作中不能嵌套其他的动作和脚本元素，但是可以有 EL 表达式。对于下面的例子：

```
<jsp:text>Hello World!</jsp:text>
```

执行后将产生输出：

```
Hello World!
```

10．<jsp:output>

<jsp:output>动作只能在 JSP 文档和以 XML 语法编写的标签文件中使用，主要用于输出 XML 声明和文档类型声明。**所谓 JSP 文档，是指使用 XML 语法编写的 JSP 页面**。这意味着 JSP 文档是格式良好的、结构化的文档（参见第 8.8 节）。

11．<jsp:invoke>和<jsp:doBody>

<js:invoke>和<jsp:doBody>动作元素只能在标签文件中使用。关于这两个元素的用法，请参见第 18 章。

12．其他标准动作

<jsp:root>、<jsp:declaration>、<jsp:scriptlet>和<jsp:expression>四个动作元素以 XML 语法格式来描述 JSP 页面。关于这四个元素的用法，参见第 8.8 节。

8.3.4 注释

在 JSP 页面中，可以使用两种类型的注释。一种是 HTML 注释，这种注释可以在客户端看到；一种是为 JSP 页面本身所做的注释，通常是给程序员看的，我们称之为 JSP 注释。

1）HTML 注释

语法如下：

```
<!-- comments … -->
```

在 HTML 注释中，可以包含动态的内容，这些动态的内容将被 JSP 容器处理，然后将处理的结果作为注释的一部分。我们看下面的例子：

```
<!--这是新闻部分-->
<!-- 1+1 = <%= 1+1 %> -->
```

在客户端浏览器中，通过查看源文件，可以看到如下的输出：

```
<!-- 这是新闻部分 -->
<!-- 1+1 = 2 -->
```

2）JSP 注释

语法如下：

```
<%-- comments --%>
```

JSP 容器将完全忽略这种注释。这种注释对开发人员是非常有用的，可以在 JSP 页面中对代码的功能做注释，而不用担心会被发送到客户端。另外，在脚本段中，我们也可以使用 Java 语言本身的注释机制，例如：

```
<% //comments %>
<% /*comments*/ %>
<% /**comments*/ %>
```

下面是一个使用 JSP 注释的例子：

```
<%-- 这个方法用于完成对字符串的转换 --%>
```

8.4　JSP 的隐含对象

从例 8-2 中可以看到，在 JSP 容器生成的 Servlet 类的_jspService()方法中，定义了几个对象，而这些对象就是我们在编写 JSP 页面时，可以使用的隐含对象。要注意的是，因为这些隐含对象是在_jspService()方法中定义的，所以我们只能在脚本段和表达式中使用这些对象。

在 JSP 页面中，总共有 9 个隐含对象：request、response、pageContext、session、application、out、config、page 和 exception。在基于 HTTP 协议的实现中，这 9 个隐含对象与它们各自的类型如表 8-3 所示。

表 8-3　JSP 隐含对象的类型

隐 含 对 象	类　型
request	javax.servlet.http.HttpServletRequest
response	javax.servlet.http.HttpServletResponse
pageContext	javax.servlet.jsp.PageContext
session	javax.servlet.http.HttpSession
application	javax.servlet.ServletContext
out	javax.servlet.jsp.JspWriter
config	javax.servlet.ServletConfig
page	java.lang.Object
exception	java.lang.Throwable

其中 request、response、session、application 和 config 对象所属的类及其用法在前面的 Servlet 章节中我们已经介绍过了，下面主要介绍一下其他的对象。

8.4.1　pageContext

pageContext 对象提供了访问其他隐含对象的方法，如下：

- public abstract javax.servlet.ServletRequest **getRequest**()
- public abstract javax.servlet.ServletResponse **getResponse**()
- public abstract javax.servlet.http.HttpSession **getSession**()
- public abstract javax.servlet.ServletContext **getServletContext**()
- public abstract JspWriter **getOut**()
- public abstract javax.servlet.ServletConfig **getServletConfig**()
- public abstract java.lang.Object **getPage**()
- public abstract java.lang.Exception **getException**()

在 pageContext 对象中，可以使用下面两个方法来保存和获取属性。

- public abstract void **setAttribute**(java.lang.String name, java.lang.Object value)
- public abstract java.lang.Object **getAttribute**(java.lang.String name)

在 pageContext 对象中保存的属性，只能在当前页面中获取，也就是说，pageContext 对象具有页面范围（详见第 8.5 节）。

利用 pageContext 对象，还可以设置和得到在其他范围对象中保存的属性。pageContext 对象提供了另外两个 setAttribute()和 getAttribute()方法，如下：

- public abstract void **setAttribute**(java.lang.String name, java.lang.Object value, int scope)
- public abstract java.lang.Object **getAttribute**(java.lang.String name, int scope)

其中的 scope 参数用于指定要获取哪一个范围对象的属性，有四个可能的取值，其中 PageContext. PAGE_SCOPE 表示页面范围，PageContext.REQUEST_SCOPE 表示请求范围，PageContext.SESSION_ SCOPE 表示会话范围，PageContext.APPLICATION_SCOPE 表示 Web 应用程序范围。

在 pageContext 对象中，可以使用下面两个方法来删除范围中的属性。

- public abstract void **removeAttribute**(java.lang.String name, int scope)

删除指定范围内名字为 name 的属性。

- public abstract void **removeAttribute**(java.lang.String name)

删除所有范围内名字为 name 的属性。

pageContext 对象还提供了搜索属性的方法：

- public abstract java.lang.Object **findAttribute**(java.lang.String name)

该方法会按照 page、request、session 和 application 范围的顺序搜索指定名字的属性，如果找到，则返回属性的值，如果没有找到，则返回 null。关于范围，请参见第 8.5 节。

pageContext 对象也提供了请求转发的两个方法 forward()和 include()，其内部实现是调用 RequestDispatcher 对象的 forward()和 include()方法。

从 pageContext 对象提供的方法可以看出，pageContext 对象实际上是为我们提供了访问其他隐含对象的统一入口，在多数情况下，直接利用 pageContext 对象就可以完成想要实现的功能。

8.4.2 out

out 对象的类型是 javax.servlet.jsp.JspWriter，该类从 java.io.Writer 类派生，以字符流的形式输出数据。**out 对象实际上是 PrintWriter 对象的带缓冲的版本（在 out 对象内部使用 PrintWriter 对象来输出数据）**，可以通过 page 指令的 buffer 属性来调整缓冲区的大小，默认的缓冲区是 8kb。

在 out 对象中，提供了几个和缓冲区操作相关的方法，如下所示。

- public abstract void **clear**() throws java.io.IOException

清除缓冲区中的内容。如果缓冲区已经被刷新，则 clear()方法将抛出 IOException 异常。

- public abstract void **clearBuffer**() throws java.io.IOException

清除缓冲区中的当前内容。这个方法和 clear()方法的区别是，如果缓冲区已经被刷新，那么这个方法不会抛出 IOException 异常。

- public abstract void **close**() throws java.io.IOException

刷新缓冲区，关闭输出流。**注意，我们在编写 JSP 页面时，不需要显式地去调用这个方法，因为在 JSP 容器所生成的代码中会自动包含对 close()方法的调用。**

- public abstract void **flush**() throws java.io.IOException

刷新缓冲区。

- public int **getBufferSize**()

获得 out 对象使用的缓冲区的大小。

- public abstract int **getRemaining**()

获得缓冲区中未使用的字节数。

- public boolean **isAutoFlush**()

判断 out 对象是否是自动刷新。

out 对象针对不同的数据类型，提供了多个重载的 print()和 println()方法，用于输出数据。要注意的是，虽然 println()方法会输出一个换行，但是客户端的浏览器在显示页面时会忽略输出的换行。

8.4.3 page

page 对象是当前页面转换后的 Servlet 类的实例。从转换后的 Servlet 类的代码中，可以看到这种关系：

```
Object page = this;
```

在 JSP 页面中，很少使用 page 对象。

8.4.4 exception

exception 对象表示了 JSP 页面运行时产生的异常，**该对象只有在错误页面（在 page 指令中指定属性 isErrorPage=true 的页面）中才可以使用。**

在 JSP 页面中，我们可以利用 page 指令的 errorPage 属性指定一个错误处理页面，当 JSP 页面运行发生错误时，JSP 容器会自动调用指定的错误处理页面。要注意的是，**如果一个 JSP 页面使用 errorPage 属性定义了错误页面，那么在 web.xml 文件中定义的任何错误页面将不会被使用。**

下面我们看一个例子：

```
                          price.jsp
<%@ page errorPage="excep.jsp" %>
<%
   String strPrice=request.getParameter("price");
   double price=Double.parseDouble(strPrice);

   out.println("Total price = "+price * 3);
%>
                          excep.jsp
<%@page isErrorPage="true" %>
<%
   out.println("exception.toString():");
```

```
    out.println("<br>");
    out.println(exception.toString());
    out.println("<p>");

    out.println("exception.getMessage():");
    out.println("<br>");
    out.println(exception.getMessage());

%>
```

在 price.jsp 页面中，通过 page 指令的 errorPage 属性指定错误处理页面为 excep.jsp。在 excep.jsp 页面中，通过 page 指令的 isErrorPage 属性指定当前页面是错误处理页面，只有设置了 isErrorPage 为 true，在此页面中才可以使用 exception 对象。

我们访问 price.jsp 页面时，输入 URL：http://localhost:8080/ch08/price.jsp?price=5.0

将看到输出：

```
Total price = 15.0
```

如果输入：http://localhost:8080/ch08/price.jsp?price=abc

将看到如下的错误信息：

```
exception.toString():
java.lang.NumberFormatException: For input string: "abc"
exception.getMessage():
For input string: "abc"
```

8.5 对象和范围

在 JSP 页面中的对象，包括用户创建的对象（例如，JavaBean 对象）和 JSP 的隐含对象，都有一个范围属性。范围定义了在什么时间内，在哪一个 JSP 页面中可以访问这些对象。例如，session 对象在会话期间内，可以在多个页面中被访问。application 对象在整个 Web 应用程序的生命周期中都可以被访问。在 JSP 中，有 4 种范围，如下所示。

- page 范围

具有 page 范围的对象被绑定到 javax.servlet.jsp.PageContext 对象中。在这个范围内的对象，只能在创建对象的页面中被访问。可以调用 pageContext 这个隐含对象的 getAttribute()方法来访问具有这种范围类型的对象（pageContext 对象还提供了访问其他范围对象的 getAttribute 方法），可以调用 pageContext 对象的 setAttribute()方法将对象保存到 page 范围中，pageContext 对象本身也属于 page 范围。当 Servlet 类的_jspService()方法执行完毕时，属于 page 范围的对象的引用将被丢弃。page 范围内的对象，在客户端每次请求 JSP 页面时创建，在页面向客户端发送回响应或请求被转发（forward）到其他的资源后被删除。

- request 范围

具有 request 范围的对象被绑定到 javax.servlet.http.HttpServletRequest 对象中，可以调用 request 这个隐含对象的 getAttribute()方法来访问具有这种范围类型的对象，可以调用 request 对象的 setAttribute()方法将对象保存到 request 范围中。在调用 forward()方法转向的页面或者调用 include()方法包含的页面时，都可以访问这个范围内的对象。要注意的是，因为请求对象对于每一个客户请求都是不同的，所以对于每一个新的请求，都要重新创建和删除这个范围内的对象。

- session 范围

具有 session 范围的对象被绑定到 javax.servlet.http.HttpSession 对象中，可以调用 session 这个隐含对象的 getAttribute()方法来访问具有这种范围类型的对象，可以调用 session 对象的 setAttribute()方法将对象保存到 session 范围中。JSP 容器为每一次会话，创建一个 HttpSession 对象，在会话期间，可以访问 session 范围内的对象。

- application 范围

具有 application 范围的对象被绑定到 javax.servlet.ServletContext 中，可以调用 application 这个隐含对象的 getAttribute()方法来访问具有这种范围类型的对象，可以调用 application 对象的 setAttribute()方法将对象保存到 application 范围中。在 Web 应用程序运行期间，所有的页面都可以访问在这个范围内的对象。

下面我们通过几个简单的例子，来看一下这 4 种范围对象的应用。

1. 测试 page 范围

```
test1.jsp
<%
   pageContext.setAttribute("name","zhangsan");

   out.println("test1.jsp: ");
   out.println(pageContext.getAttribute("name"));
   out.println("<p>");
   pageContext.include("test2.jsp");
%>
test2.jsp
<%
   out.println("test2.jsp: ");
   out.println(pageContext.getAttribute("name"));
%>
```

访问 test1.jsp，将看到如下的输出：

```
test1.jsp: zhangsan
test2.jsp: null
```

说明保存在 pageContext 对象中的属性具有 page 范围，只能在同一个页面中被访问。

2. 测试 request 范围

修改 test1.jsp 和 test2.jsp，如下所示。

```
test1.jsp
<%
   request.setAttribute("name","zhangsan");

   out.println("test1.jsp: ");
   out.println(request.getAttribute("name"));
```

```
    out.println("<p>");
    pageContext.include("test2.jsp");
%>
                          test2.jsp
<%
    out.println("test2.jsp: ");
    out.println(request.getAttribute("name"));
%>
```

访问 test1.jsp，将看到如下的输出：

```
test1.jsp: zhangsan
test2.jsp: zhangsan
```

说明保存在 request 对象中的属性具有 request 范围，在请求对象存活期间，可以访问这个范围内的对象。将

```
pageContext.include("test2.jsp");
```

这一句注释起来，先访问 test1.jsp，再访问 test2.jsp，可以看到如下输出：

```
test2.jsp: null
```

这是因为客户端开始了一个新的请求。

3．测试 session 范围

修改 test1.jsp 和 test2.jsp，如下所示。

```
                          test1.jsp
<%
    session.setAttribute("name","zhangsan");
%>
                          test2.jsp
<%
    out.println("test2.jsp: ");
    out.println(session.getAttribute("name"));
%>
```

先访问 test1.jsp，然后在同一个浏览器窗口中访问 test2.jsp，可以看到如下输出：

```
test2.jsp: zhangsan
```

说明保存在 session 对象中的属性具有 session 范围，在会话期间，可以访问这个范围内的对象。

如果我们在访问完 test1.jsp 后，关闭浏览器，重新打开浏览器窗口，访问 test2.jsp，将看到如下输出：

```
test2.jsp: null
```

这是因为客户端与服务器开始了一次新的会话。

4. 测试 application 范围

修改 test1.jsp 和 test2.jsp，如下所示。

```
                          test1.jsp
<%
   application.setAttribute("name","zhangsan");
%>
                          test2.jsp
<%
   out.println("test2.jsp: ");
   out.println(application.getAttribute("name"));
%>
```

先访问 test1.jsp，然后关闭浏览器，再打开浏览器窗口，访问 test2.jsp，可以看到如下输出：

```
test2.jsp: zhangsan
```

说明保存在 application 对象中的属性具有 application 范围，在 Web 应用程序运行期间，都可以访问这个范围内的对象。

8.6　留言板程序

在这一节中，我们为网上书店添加一个留言板，让读者可以发表图书的读后感想。通常留言板在显示用户留言的时候，都会采用分页显示，因为数据库中可能存储了上千条、甚至上万条留言，如果在一个页面中显示，则肯定会让用户看得头晕眼花。更重要的是，一次显示上千条记录，需要大量的处理时间，这会让用户等待较长的时间，这是用户无法忍受的。在本例中，我们将给读者介绍一种高效的分页查询技术。实例的开发主要有下列步骤。

Step1：创建 guestbook 表

首先在 bookstore 数据库中建立存放用户留言的数据库表 guestbook。在本例中，使用 MySQL 数据库，读者也可以选择其他的数据库，打开命令提示符窗口，输入：

```
mysql -uroot -p12345678 bookstore
```

进入 mysql 客户程序，访问 bookstore 数据库。输入创建 guestbook 表的 SQL 语句，如下：

```
create table guestbook(
   gst_id INT AUTO_INCREMENT not null primary key,
   gst_user VARCHAR(10) not null,
   gst_title VARCHAR(100) not null,
   gst_content TEXT,
   gst_time TIMESTAMP not null DEFAULT CURRENT_TIMESTAMP,
   gst_ip VARCHAR(15) not null);
```

guestbook 表的结构如表 8-4 所示。

表 8-4　guestbook 表的结构

字　段	描　述
gst_id	bookinfo 表的主键，整型，设置 AUTO_INCREMENT 属性，让该列的值自动从 1 开始增长
gst_user	字符串类型，留言的用户名，不能为空
gst_title	字符串类型，留言的标题，不能为空
gst_content	文本串类型，留言的内容，可以为空
gst_time	TIMESTAMP 类型，留言的时间，设置 DEFAULT CURRENT_TIMESTAMP，在插入数据时，无须给该列赋值，MySQL 会自动将该列设置为当前的日期和时间
gst_ip	字符串类型，用户的 IP 地址

Step2：配置留言板程序的运行目录和 JDBC 数据源

在%CATALINA_HOME%\conf\Catalina\localhost 目录下，新建 ch08.xml 文件，编辑此文件，内容如例 8-4 所示。

例 8-4　ch08.xml

```
<Context docBase="F:\JSPLesson\ch08" reloadable="true">
    <Resource name="jdbc/bookstore" auth="Container"
        type="javax.sql.DataSource"
        maxTotal="100" maxIdle="30" maxWaitMillis="10000"
        username="root" password="12345678"
        driverClassName="com.mysql.cj.jdbc.Driver"
        url="jdbc:mysql://localhost:3306/bookstore?useSSL=false&amp;
serverTimezone=UTC&amp;autoReconnect=true"/>
</Context>
```

Step3：编写 say.html

say.html 页面用于填写留言信息。将编写好的 say.html 文件放到 F:\JSPLesson\ch08\gst 目录下。完整的代码如例 8-5 所示。

例 8-5　say.html

```
<center>
  <form action="process.jsp" method="post">
 <table bgcolor="#B3B3FF">
     <caption>欢迎访问留言板</caption>
  <tr>
    <td>用户名：</td>
    <td><input type="text" name="name"></td>
  </tr>
  <tr>
    <td>主题：</td>
    <td><input type="text" name="title" size="40"></td>
  </tr>
  <tr>
```

```
    <td>内容：</td>
    <td>
   <textarea name="content" rows="10" cols="40"> </textarea>
   </td>
  </tr>
  <tr>
    <td><input type="submit" value="提交"></td>
    <td><input type="reset" value="重填"></td>
  </tr>
 </table>
  </form>
</center>
```

Step4：编写 util.jsp

util.jsp 中包含了一个静态的工具方法 toHtml()，用于对 HTML 中的保留字符和一些特殊字符进行转换。将编写好的 util.jsp 文件放到 F:\JSPLesson\ch08\gst 目录下。完整的源代码如例 8-6 所示。

例 8-6　util.jsp

```
<%!
    public static String toHtml(String str)
    {
        if(str==null)
            return null;
        StringBuffer sb = new StringBuffer();
        int len = str.length();
        for (int i = 0; i < len; i++)
        {
            char c = str.charAt(i);
            switch(c)
            {
            case ' ':
                sb.append(" ");
                break;
            case '\n':
                sb.append("<br>");
                break;
            case '\r':
                break;
            case '\'':
                sb.append("&#39;");
                break;
            case '<':
                sb.append("&lt;");
                break;
            case '>':
                sb.append("&gt;");
                break;
```

```
            case '&':
                sb.append("&amp;");
                break;
            case '"':
                sb.append("&#34;");
                break;
            case '\\':
                sb.append("&#92;");
                break;
            default:
                sb.append(c);
            }
        }
        return sb.toString();
    }
%>
```

用户在留言的时候，可能会输入一些特殊的字符，如果我们不对这些字符做相应的转换，那么用户输入的数据将不能正常显示。例如，用户输入了下面的数据：

```
<?xml version="1.0" encoding="gb2312"?>
```

如果这个 XML 声明没有经过转换，那么浏览器将不会显示这些数据。

在一些需要用户在线提交数据的网络应用程序中，例如论坛，都应该对保留字符和一些特殊字符做相应的转换，一方面可以保证数据的正常显示，另一方面也保证了 Web 应用程序的安全性。

Step5：编写 process.jsp

process.jsp 用于向数据库中插入用户的留言。编辑 process.jsp，将编写好的 JSP 文件放到 F:\JSPLesson\ch08\gst 目录下。完整的源代码如例 8-7 所示。

例 8-7　process.jsp

```
<%@ page contentType="text/html;charset=gb2312" %>
<%@ page import="java.sql.*,javax.sql.*,javax.naming.*" %>
<%@ include file="util.jsp" %>

<%
  request.setCharacterEncoding("gb2312");

  String name=request.getParameter("name");
  String title=request.getParameter("title");
  String content=request.getParameter("content");

  if(null==name || null==title || null==content)
  {
       response.sendRedirect("index.jsp");
       return;
  }
```

```
17.
18.    name=toHtml(name.trim());
19.    title=toHtml(title.trim());
20.    if(name.equals("") || title.equals(""))
21.    {
22.        response.sendRedirect("say.html");
23.        return;
24.    }
25.    content=toHtml(content.trim());
26.    String fromIP=request.getRemoteAddr();
27.
28.    Context ctx=new InitialContext();
29.    DataSource ds=(DataSource)ctx.lookup("java:comp/env/jdbc/bookstore");
30.    Connection conn=ds.getConnection();
31.
32.    PreparedStatement pstmt=conn.prepareStatement(
33.       "insert into guestbook(gst_user, gst_title, gst_content,gst_ip) values
(?,?,?,?)");
34.    pstmt.setString(1,name);
35.    pstmt.setString(2,title);
36.    pstmt.setString(3,content);
37.    pstmt.setString(4,fromIP);
38.
39.    pstmt.executeUpdate();
40.    pstmt.close();
41.    conn.close();
42.    response.sendRedirect("index.jsp");
43. %>
```

代码的第 1 行，利用 page 指令 contentType 属性设置页面的 MIME 类型是 text/html，字符编码是 gb2312。第 2 行，利用 page 指令 import 属性导入在页面中需要用到的 Java 类。第 3 行，利用 include 指令包含 util.jsp，这样，在页面中就可以使用 toHtml()方法了。

第 6 行，设置请求正文使用的字符编码是 gb2312。

第 12～16 行，判断 name、title 和 content 参数对象是否为空，一般情况下，用户都是访问 say.html 页面而间接调用 process.jsp。name、title 和 content 参数对象不会为空，但是为了防止用户直接访问 process.jsp 页面，从而导致空指针异常，所以在这里做一个判断，如果有任何一个参数对象为 null，则将客户端重定向到 index.jsp 页面。

第 18～19 行，首先去掉用户名和标题前后的空格，然后调用 toHtml()方法对用户名和标题中的特殊字符做处理。第 20～24 行，判断用户名和标题是否为空，如果为空，则让用户重新输入留言。因为在我们的留言板程序中，要求用户名和标题不能为空，而内容可以为空，所以在这里只判断用户名和标题是否为空。

第 26 行，调用请求对象的 getRemoteAddr()方法，得到客户端的 IP 地址，如果用户是通过代理服务器上网的，那么此处得到的 IP 地址将是代理服务器的 IP 地址。

第 28～30 行，利用数据源对象建立数据库的连接。

第 32～39 行，将用户留言的内容和客户端的 IP 地址存储到数据库的 guestbook 表中。

注意，在这里，我们并没有插入留言的时间，这是因为存储留言时间的字段 gst_time 的类型是 TIMESTAMP，在 MySQL 中，如果在一个 TIMESTAMP 列中插入 NULL，或者在插入新行时，没有给 TIMESTAMP 列赋值，那么 MySQL 会自动将该列设置为当前的日期和时间。这样我们在插入一条记录的时候，就不用考虑插入当前时间的问题了。通过这种方式，可以保证留言的当前日期和时间被正确地记录下来。不过要注意的是，这里利用了 MySQL 本身提供的特性，如果读者使用其他的数据库，则要采用另外的方法来插入当前日期和时间。

Step6：编写 index.jsp

index.jsp 是留言板的首页，用于显示用户的留言。编辑 index.jsp，将编写好的 JSP 文件放到 F:\JSPLesson\ch08\gst 目录下。完整的源代码如例 8-8 所示。

例 8-8　index.jsp

```
<%@ page contentType="text/html;charset=gb2312" %>
<%@ page import="java.sql.*,javax.sql.*,javax.naming.*" %>

<html>
    <head>
     <title>网上书店留言板</title>
    </head>
    <body>
     <a href="say.html">我要留言</a><br>
      <%
        Context ctx=new InitialContext();
        DataSource ds=(DataSource)ctx.lookup("java:comp/env/jdbc/bookstore");
        Connection conn=ds.getConnection();

        //创建可滚动的结果集
        Statement stmt=conn.createStatement(
         ResultSet.TYPE_SCROLL_INSENSITIVE,
         ResultSet.CONCUR_READ_ONLY);
        ResultSet rs=stmt.executeQuery("select * from guestbook order by gst_time desc");

        //移动游标至结果集的最后一行
        rs.last();

        //得到当前行的行数，也就得到了数据库中留言的总数
        int rowCount=rs.getRow();
        if(rowCount==0)
        {
          out.println("当前没有任何留言！");
          return;
        }
            else
          {
```

```
%>
        共有<strong><%=rowCount%></strong>条留言    
 <%
    }

  String strCurPage=request.getParameter("page");

  //表示当前的页数
  int curPage;

  if(strCurPage==null)
    curPage=1;
  else
    curPage=Integer.parseInt(strCurPage);

  //定义每页显示的留言数
  int countPerPage=5;

  //计算显示所有留言需要的总页数
  int pageCount=(rowCount+countPerPage-1)/countPerPage;

  //移动游标至结果集中指定的行。如果显示的是第一页，则 curPage=1
  //游标移动到第 1 行
  rs.absolute((curPage-1)*countPerPage+1);

  //如果是第 1 页，则显示不带链接的文字，如果不是第 1 页
  //则给用户提供跳转到第一页和上一页的链接
  if(curPage==1)
  {
%>
          第一页    
          上一页    
<%
  }
  else
  {
%>
      <a href="index.jsp?page=<%=1%>">第一页</a>
          
      <a href="index.jsp?page=<%=curPage-1%>">上一页</a>
          
<%
 }
 //如果当前页是最后一页，则显示不带链接的文字，如果不是最后一页
 //则给用户提供跳转到最后一页和下一页的链接
 if(curPage==pageCount)
 {
```

```
      %>
            下一页    
            最后页    
      <%
       }
       else
       {
      %>
            <a href="index.jsp?page=<%=curPage+1%>">下一页</a>
                
            <a href="index.jsp?page=<%=pageCount%>">最后页</a>
                
      <%
       }

       int i=0;

       //以循环的方式取出每页要显示的数据，因为在前面针对要显示的页数
       //调用了 rs.absolute((curPage-1)*countPerPage+1);
       //所以是从游标所在的位置取出当前页要显示的数据
       while(i<countPerPage && !rs.isAfterLast())
       {
            out.println("<hr color=\"blue\" size=\"2\"><br>");
            out.println("用户名: "+rs.getString("gst_user"));
            out.println("  ");

            Timestamp ts=rs.getTimestamp("gst_time");
            long lms=ts.getTime();
            Date date=new Date(lms);
            Time time=new Time(lms);

            out.println("留言时间: "+date+" "+time);

            out.println("  ");
            out.println("用户 IP: "+rs.getString("gst_ip")+ "<br>");
            out.println("主题: "+rs.getString("gst_title")+ "<br>");
            out.println("内容: "+rs.getString("gst_content"));
            i++;
            rs.next();
       }
       rs.close();
       stmt.close();
       conn.close();
      %>
   </body>
</html>
```

在这个页面中实现了留言板的分页功能。主要思路就是利用可滚动的结果集，根据要显示的页数和每页显示的留言数量，将游标移动到相应的位置，然后读取每页显示留言数

量的记录数。在实现过程中，主要就是逻辑的组织，例如，如何计算总的页数，如何判断用户要查看哪一页的留言（通过在 URL 后附加查询参数），什么时候应该让第一页、上一页、下一页和最后页的链接生效等。读者可仔细体会这段代码。

这段代码添加了注释，在这里我们就不再详细讲述了。不过，有一个地方需要提醒读者注意，代码的第 107～110 行，我们在取出留言时间后，做了一些转换。首先调用 Timestamp 类的 getTime()方法返回从 January 1, 1970, 00:00:00 GMT 开始的毫秒数，然后利用这个毫秒数构造 java.sql.Date 对象（表示留言的日期）和 java.sql.Time 对象（表示留言的时间），最后用这两个对象来共同输出留言的时间。那为什么不直接使用 Timestamp 对象来输出时间呢？这是因为如果直接用 ts.toString()来输出时间，则将会得到下列形式的时间值：

```
2005-04-05 19:35:04.0
```

注意在秒数后面还有一个“.0”，这是 Java 语言显示时间本身的问题。如果你不希望看到最后的“.0”，一种方式是通过字符串操作，从时间字符串中去掉“.0”，另外一种方式就是笔者在上面给读者提供的方法。

Step7：运行留言板程序

启动 Tomcat 服务器，打开 IE 浏览器，在地址栏中输入 http://localhost:8080/ch08/gst/index.jsp，将看到如图 8-2 所示的页面。

单击“我要留言”链接，将看到如图 8-3 所示的页面。

图 8-2　显示留言的页面－当前没有留言

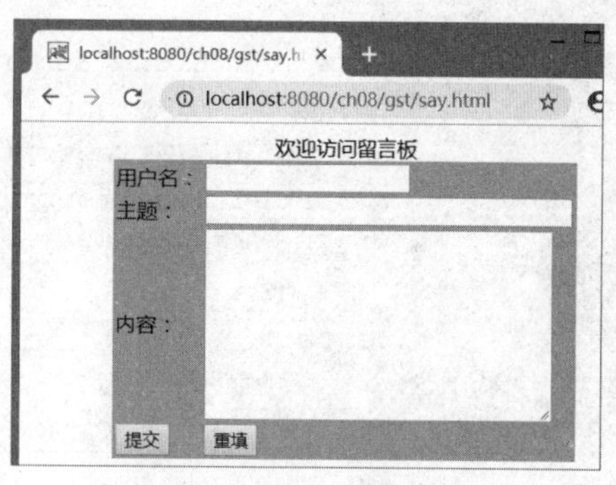

图 8-3　用户留言页面

填写留言的内容，单击“提交”按钮，将看到如图 8-4 所示的页面。

读者可以继续留言，当有 6 条以上留言的时候，“下一页”和“最后页”的文字将变成超链接，如图 8-5 所示。

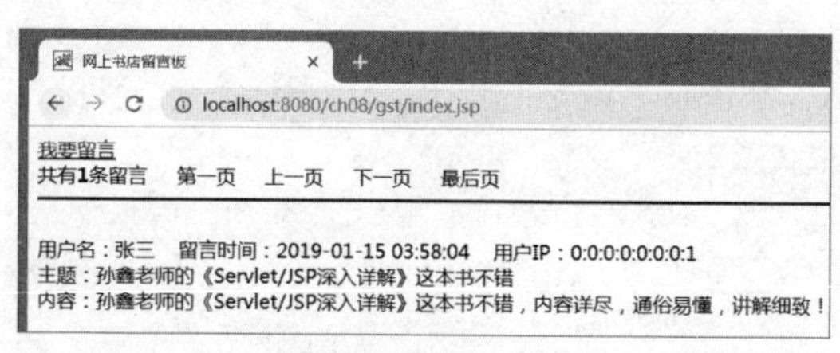

图 8-4　显示留言的页面——有 1 条留言

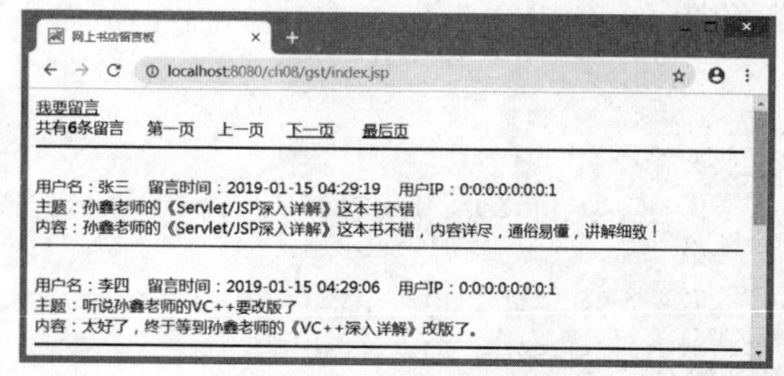

图 8-5　显示留言的页面——有 6 条留言

如果单击“下一页”的链接，将进入下一页面，此时“第一页”和“上一页”的文字将变成超链接。

8.7 留言板管理程序

现在的留言板只能发布留言，没有删除留言的功能，如果有的用户发布了反动的言论，或者一些无用的留言，就需要删除这些留言。删除留言应该由管理员来完成，所以还需要一个登录验证的程序。在这一节，我们将完成留言板的管理功能，实例的开发主要有下列步骤。

Step1：编写 admin_login.html

admin_login.html 是管理员登录页面。将编写好的文件放到 F:\JSPLesson\ch08\gst\admin 目录下，完整的代码如例 8-9 所示。

例 8-9　admin_login.html

```
<html>
    <head><title>管理员登录</title></head>
    <body>
        <center>
            <form action="admin_check.jsp" method="post">
             管理员姓名：<input type="text" name="name"><br>
             管理员密码：<input type="password" name="password"><p>
             <input type="submit" value="登录">
             <input type="reset" value="重填">
            </form>
        </center>
    </body>
</html>
```

Step2：编写 admin_check.jsp

admin_check.jsp 负责对管理员输入的用户名和密码进行验证。将编写好的文件放到 F:\JSPLesson\ ch08\gst\admin 目录下，完整的源代码如例 8-10 所示。

例 8-10　admin_check.jsp

```
<%@page contentType="text/html;charset=gb2312"%>
<%@ include file="../util.jsp" %>

<%
   request.setCharacterEncoding("GB2312");

   String name=request.getParameter("name");
   String pwd=request.getParameter("password");

```

```
10.    if(null==name || null==pwd)
11.    {
12.        response.sendRedirect("admin_login.html");
13.      return;
14.    }
15.
16.    name=toHtml(name.trim());
17.    pwd=toHtml(pwd.trim());
18.
19.    if(name.equals("") || pwd.equals(""))
20.    {
21.      out.println("用户名和密码不能为空，请重新<a href=admin_login.html>登录</a>");
22.      return;
23.    }
24.
25.    if(name.equals("sunxin") || pwd.equals("12345678"))
26.    {
27.      session.setAttribute("admin","true");
28.      response.sendRedirect("admin_index.jsp");
29.    }
30.    else
31.    {
32.      out.println("用户名或密码错误，请重新<a href=admin_login.html>登录</a>");
33.    }
34. %>
```

为了简单起见，在代码的第 25 行，我们将管理员的用户名和密码硬编码到代码中，在实际应用中，读者可以将管理员的用户名和密码保存到数据库中。在判断用户名和密码正确后，我们在 Session 中保存了 admin 属性，其值为 true，然后将客户端重定向到 admin_index.jsp 页面。因为服务器为每一个客户端分配的 Session 对象都是不同的，所以在其他页面，我们可以直接从 Session 对象中取出 admin 属性，如果存在，并且为 true，则说明管理员已经登录。

Step3：编写 admin_index.jsp

admin_index.jsp 页面完成的功能和留言板的 index.jsp 页面基本相同，都是分页显示留言数据的，不过在 admin_index.jsp 页面中添加了删除留言的链接。将编写好的 admin_index.jsp 文件放到 F:\JSPLesson\ch08\gst\admin 目录下。完整的源代码如例 8-11 所示。

例 8-11　admin_index.jsp

```
<%@page contentType="text/html;charset=gb2312"%>
<%@ page import="java.sql.*,javax.sql.*,javax.naming.*" %>

<%
   String admin=(String)session.getAttribute("admin");
   if(admin==null || !admin.equals("true"))
```

```
        {
         out.println("你无权访问这个页面!!!");
         return;
        }
%>
<html>
     <head>
      <title>网上书店留言板</title>
     </head>
     <body>
      <a href="../say.html">我要留言</a><br>
      <%
        Context ctx=new InitialContext();
        DataSource ds=(DataSource)ctx.lookup("java:comp/env/jdbc/bookstore");
        Connection conn=ds.getConnection();

        //创建可滚动的结果集
        Statement stmt=conn.createStatement(
          ResultSet.TYPE_SCROLL_INSENSITIVE,
          ResultSet.CONCUR_READ_ONLY);
        ResultSet rs=stmt.executeQuery("select * from guestbook order by gst_time desc");

        //移动游标至结果集的最后一行
        rs.last();

        //得到当前行的行数，也就得到了数据库中留言的总数
        int rowCount=rs.getRow();
        if(rowCount==0)
        {
          out.println("当前没有任何留言!");
          return;
        }

        String strCurPage=request.getParameter("page");

        //表示当前的页数
        int curPage;

        if(strCurPage==null)
          curPage=1;
        else
          curPage=Integer.parseInt(strCurPage);

        //定义每页显示的留言数
        int countPerPage=5;

        //计算显示所有留言需要的总页数
```

```
            int pageCount=(rowCount+countPerPage-1)/countPerPage;
            //移动游标至结果集中指定的行。如果显示的是第一页，则 curPage=1
            //游标移动到第 1 行
            rs.absolute((curPage-1)*countPerPage+1);
            //如果是第 1 页，则显示不带链接的文字，如果不是第 1 页
            //则给用户提供跳转到第一页和上一页的链接
            if(curPage==1)
            {
               %>
                      第一页    
                      上一页    
               <%
            }
            else
            {
               %>
                      <a href="admin_index.jsp?page=<%=1%>">第一页</a>
                          
                      <a href="admin_index.jsp?page=<%=curPage-1%>">上一页</a>
                          
               <%
            }
            //如果当前页是最后一页，则显示不带链接的文字，如果不是最后一页
            //则给用户提供跳转到最后一页和下一页的链接
            if(curPage==pageCount)
            {
               %>
                      下一页    
                      最后页    
               <%
            }
            else
            {
               %>
                      <a href="admin_index.jsp?page=<%=curPage+1%>">下一页</a>
                          
                      <a href="admin_index.jsp?page=<%=pageCount%>">最后页</a>
                          
            <%
            }
```

```
98.           int i=0;
99.
100.          //以循环的方式取出每页要显示的数据，因为在前面针对要显示的页数
101.          //调用了 rs.absolute((curPage-1)*countPerPage+1);
102.          //所以是从游标所在的位置取出当前页要显示的数据
103.          while(i<countPerPage && !rs.isAfterLast())
104.          {
105.        out.println("<hr color=\"blue\" size=\"2\"><br>");
106.        out.println("用户名："+rs.getString("gst_user"));
107.        out.println("  ");
108.
109.        Timestamp ts=rs.getTimestamp("gst_time");
110.        long lms=ts.getTime();
111.        Date date=new Date(lms);
112.        Time time=new Time(lms);
113.
114.        out.println("留言时间："+date+" "+time);
115.
116.        out.println("  ");
117.        out.println("用户 IP："+rs.getString("gst_ip")+ "<br>");
118.        out.println("主题："+rs.getString("gst_title")+ "<br>");
119.        out.println("内容："+rs.getString("gst_content"));
120.
121.        out.println("    ");
122.        out.println("<ahref=admin_del.jsp?gst_id="+rs. getInt(1)+">删除
</a>");
123.        i++;
124.        rs.next();
125.          }
126.          rs.close();
127.          stmt.close();
128.          conn.close();
129.          %>
130.    </body>
131. </html>
```

代码的第 5～10 行，通过 Session 对象中保存的 admin 属性来判断管理员是否已经登录。第 122 行，在每一个留言的后面添加删除的链接，并在 admin_del.jsp 后附加当前留言的 ID 号作为查询参数。

Step4：编写 admin_del.jsp

admin_del.jsp 页面的功能是删除管理员选择的留言。将编写好的 admin_del.jsp 文件放到 F:\JSPLesson\ch08\gst\admin 目录下。完整的源代码如例 8-12 所示。

例 8-12　admin_del.jsp

```
<%@page contentType="text/html;charset=gb2312"%>
<%@ page import="java.sql.*,javax.sql.*,javax.naming.*" %>
```

```
<%
 String admin=(String)session.getAttribute("admin");
 if(admin==null || !admin.equals("true"))
 {
  out.println("你无权访问这个页面!!!");
  return;
 }
%>

<%
 String strID=request.getParameter("gst_id");
 int id=Integer.parseInt(strID);

 Context ctx=new InitialContext();
   DataSource ds=(DataSource)ctx.lookup("java:comp/env/jdbc/bookstore");
   Connection conn=ds.getConnection();

 PreparedStatement pstmt=conn.prepareStatement("delete from guestbook
where gst_id=?");
 pstmt.setInt(1,id);
 pstmt.executeUpdate();
 response.sendRedirect("admin_index.jsp");
 pstmt.close();
 conn.close();
%>
```

Step5：测试留言板的管理功能

打开 IE 浏览器，在地址栏中输入 http://localhost:8080/ch08/gst/admin/admin_login.html，输入用户名“sunxin”，密码“12345678”，进入 amdin_index.jsp 页面，如图 8-6 所示。

可以看到在每一个留言的后面都有一个“删除”的链接，现在我们可以单击“删除”链接，删除一些无用的留言。

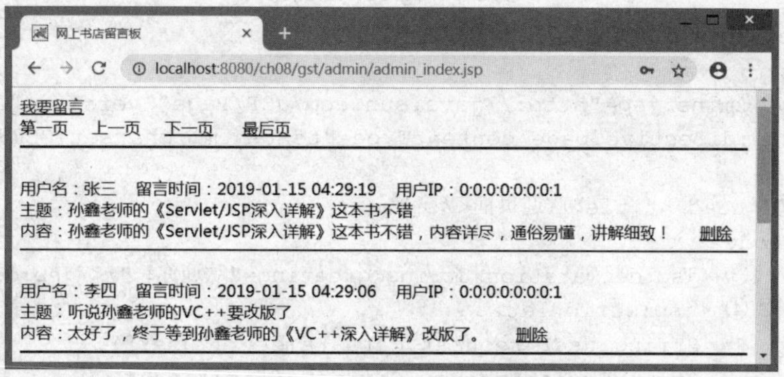

图 8-6 admin_index.jsp 页面

8.8 JSP 文档

在 JSP 规范中定义了两种语法，用于编写 JSP 页面。一种是标准的 JSP 语法格式，在前面几节中介绍和使用的就是 JSP 语法格式，另一种是 XML 语法格式。使用标准语法的 JSP 文件叫作 JSP 页面，使用 XML 语法的 JSP 文件叫作 JSP 文档。

下面，我们通过两个例子来看看采用标准 JSP 语法格式和采用 XML 语法格式的区别。例 8-13 的 greet.jsp 使用标准的 JSP 语法格式编写，该页面向用户显示欢迎信息；例 8-14 的 greet_xml.jsp 完成相同的功能，不过是采用 XML 语法编写的。

例 8-13 greet.jsp

```
① <%@ page contentType="text/html;charset=GB2312" %>

<html>
   ② <head><title>欢迎页面</title></head>
   <body>
      ③ <%! String greeting="欢迎你！"; %>
      ④ <%
         String user=request.getParameter("user");
         StringBuffer sb=new StringBuffer();
         sb.append(user);
         sb.append("，");
         sb.append(greeting);
      %>
      <center>
         ⑤ <h1>程序员之家留言板</h1>
         ⑥ <%=sb.toString()%>
      </center>
   </body>
</html>
```

例 8-14 greet_xml.jsp

```
<?xml version="1.0" encoding="GB2312"?>

<jsp:root xmlns:jsp="http://java.sun.com/JSP/Page" version="2.0">
   ① <jsp:directive.page contentType="text/html;charset=GB2312"/>
   <html>
      ② <head><title>欢迎页面</title></head>
      <body>
         ③ <jsp:declaration>String greeting="欢迎你！";</jsp:declaration>
         ④ <jsp:scriptlet>
            String user=request.getParameter("user");
            StringBuffer sb=new StringBuffer();
            sb.append(user);
            sb.append("，");
```

```
            sb.append(greeting);
        </jsp:scriptlet>
        <center>
            ⑤ <h1><jsp:text>程序员之家留言板</jsp:text></h1>
            ⑥ <jsp:expression>sb.toString()</jsp:expression>
        </center>
    </body>
  </html>
</jsp:root>
```

注意，在使用 XML 语法格式编写 JSP 文档时，一定要遵照 XML 格式良好的定义。JSP 文档可以直接由 JSP 容器解释运行，容器会检查 JSP 文档是否是格式良好的、结构化的文档。

8.8.1 JSP 文档的标识

在采用 XML 语法格式编写 JSP 页面时，需要向容器表明这是一个 JSP 文档。有 3 种方式可以标识一个 JSP 文档。

- 在 web.xml 文件中，通过<jsp-property-group>元素的子元素<is-xml>（参见附录 D 的第 D.15 节）来指明给出的文件是否是 JSP 文档。采用这种方式将覆盖其他的检测方式。如果没有采用这种方式，则采用下面的两种方式进行检测。
- 如果 Web 应用程序的 web.xml 文件遵照 Servlet 2.4 或 2.5 规范，而且文件的扩展名为.jspx，那么该文件就是 JSP 文档。
- 如果 JSP 页面的根元素为<jsp:root>，那么该文件被标识为 JSP 文档。这种方式提供了对 JSP 1.2 版本的向下兼容。

如果一个文件被标识为 JSP 文档，但不是格式良好、名称空间感知（namespace-aware）的 XML 文档，那么在转换阶段就会报错。

8.8.2 JSP 文档中的元素语法

JSP 文档使用 XML 名称空间来标识标准的指令、脚本和动作元素，以及自定义的动作元素。JSP 规范中定义的标准动作元素存在于 http://java.sun.com/JSP/Page 名称空间中，通常使用的名称空间前缀是 jsp。如例 8-14 第 3 行的代码所示：

```
<jsp:root xmlns:jsp="http://java.sun.com/JSP/Page" version="2.0">
```

在 JSP 文档中，如果要使用 JSP 规范中的标准元素，那么必须声明 http://java.sun.com/JSP/Page 名称空间。

下面我们介绍一下在 JSP 文档中可以使用的元素。

1．<jsp:root>

<jsp:root>元素只能作为 JSP 文档的根元素使用，不过 JSP 文档也可以不使用<jsp:root>元素（JSP 1.2 规范要求所有的 JSP 文档都以<jsp:root>作为它的根元素）。

<jsp:root>元素有两个作用，一个是用于标识 JSP 文件为 JSP 文档，另一个是用于包装非格式良好的 XML 文档。

<jsp:root>元素有一个必备的属性 version，用于指明页面使用的 JSP 规范的版本，如例 8-14 第 3 行的代码所示：

```
<jsp:root xmlns:jsp="http://java.sun.com/JSP/Page" version="2.0">
```

此外，<jsp:root>元素还可以有 0 个或多个 xmlns 属性，用于声明名称空间。在 JSP 文档中，不能使用 taglib 指令，取而代之的是使用 xmlns 属性，形式为 xmlns:prefix="uri"，uri 标识要使用的标签库。在 JSP 1.2 规范中，要求所有的标签库都要声明在<jsp:root>元素上，而 JSP 2.0 规范则没有这个要求，我们可以在使用标签时再声明。例如，我们要使用 JSTL 中的标签<c:forEach>（参见第 13 章），可以直接在<c:forEach>上声明使用的标签库，如下：

```
<c:forEach xmlns:c="http://java.sun.com/jsp/jstl/core"
                var="counter" begin="1" end="${3}">
    <row>${counter}</row>
</c:forEach>
```

2．<jsp:output>

<jsp:output>元素用于输出 XML 声明和文档类型声明，如果你使用 JSP 文档想要产生 XML 的输出，那么<jsp:output>元素将是非常有用的。

<jsp:output>元素的语法如下：

```
<jsp:output ( omit-xml-declaration="yes|no|true|false" ) { doctypeDecl } />
doctypeDecl ::= ( doctype-root-element="rootElement"
            doctype-public="PubidLiteral"
            doctype-system="SystemLiteral" )
            | ( doctype-root-element="rootElement"
            doctype-system="SystemLiteral" )
```

<jsp:output>元素有 4 个可选属性，如下所示。

1）omit-xml-declaration

指示是否忽略输出 XML 声明。有效的值为“true”“yes”“false”和“no”。如果 JSP 文档中有<jsp:root>元素，那么该属性的默认值是“yes”；如果 JSP 文档中没有<jsp:root>元素，那么该属性的默认值是“no”。例如：

```
<jsp:root xmlns:jsp="http://java.sun.com/JSP/Page" version="2.0">
     <number>
          <jsp:expression>2+3</jsp:expression>
     </number>
</jsp:root>
```

将输出下面的 XML 文档：

```
<number>5</number>
```

而

```
<jsp:root xmlns:jsp="http://java.sun.com/JSP/Page" version="2.0">
     <jsp:output omit-xml-declaration="no"/>
     <number>
```

```
        <jsp:expression>2+3</jsp:expression>
      </number>
   </jsp:root>
```

或者 JSP 文档（文件扩展名为.jspx 或者在 web.xml 文件中将<is-xml>元素设为 true）

```
<number xmlns:jsp="http://java.sun.com/JSP/Page">
   <jsp:expression>2+3</jsp:expression>
</number>
```

将输出下面的 XML 文档：

```
<?xml version="1.0" encoding="UTF-8"?>
<number>5</number>
```

输出的 XML 声明中的编码值是 HTTP 响应字符流的编码。

2）doctype-root-element

指定在输出的文档类型声明中的 XML 文档根元素的名称。只有在指定了 doctype-system 属性时，才可以而且必须使用该属性。

3）doctype-system

指定在输出的文档类型声明中的系统标识符。例如：

```
<jsp:root xmlns:jsp="http://java.sun.com/JSP/Page" version="2.0">
   <jsp:output omit-xml-declaration="no"
               doctype-root-element="number"
               doctype-system="number.dtd"/>
   <number>
      <jsp:expression>2+3</jsp:expression>
   </number>
</jsp:root>
```

将输出下面的 XML 文档：

```
<?xml version="1.0" encoding="UTF-8"?>
<!DOCTYPE number SYSTEM "number.dtd">
<number>5</number>
```

4）doctype-public

指定在输出的文档类型声明中的公共标识符。只有在指定了 doctype-system 属性时，才可以使用 doctype-public 属性。例如：

```
<?xml version="1.0" encoding="UTF-8" ?>
<html xmlns:jsp="http://java.sun.com/JSP/Page">
   <jsp:output doctype-root-element="html"
         doctype-public="-//W3C//DTD XHTML Basic 1.0//EN"
         doctype-system="http://www.w3.org/TR/xhtml-basic/xhtml- basic10.
dtd" />
   <body>
      <h1>Example XHTML Document</h1>
   </body>
</html>
```

将输出下面的 XML 文档：

```
<?xml version="1.0" encoding="UTF-8"?>
<!DOCTYPE html PUBLIC "-//W3C//DTD XHTML Basic 1.0//EN" "http://www.
w3.org/TR/xhtml- basic/xhtml-basic10.dtd">
<html><body><h1>Example XHTML Document</h1></body></html>
```

提示 如果在 JSP 文档中没有指定响应内容的 MIME 类型和字符编码，那么默认情况下 Tomcat 将以 text/xml 类型和 UTF-8 编码向客户端发送响应。可以通过<jsp:directive.page>指令元素来指定响应内容的 MIME 类型和字符编码，如下：

```
<jsp:directive.page contentType="text/html;charset=GB2312"/>
```

3. 指令与脚本元素

在 JSP 文档中可以使用 page 和 include 指令元素，它们的语法格式如下：

```
<jsp:directive.page attr1="value1" attr2="value2" …/>
<jsp:directive.include file="relativeURLspec"/>
```

page 和 include 指令元素的属性在标准 JSP 语法和 XML 语法中都是相同的。在 JSP 文档中，不能使用 taglib 指令。

脚本元素包含三个部分：声明、脚本段和表达式，它们在 JSP 文档中的语法格式如下所示：

```
<jsp:declaration> declaration(s) </jsp:declaration>
<jsp:scriptlet> scriptlet </jsp:scriptlet>
<jsp:expression> expression </jsp:expression>
```

例如：

```
<jsp:declaration>int count=0;</jsp:declaration>
<jsp:scriptlet>count++;</jsp:scriptlet>
<jsp:expression>count</jsp:expression>
```

在 JSP 页面中，对于请求时的属性值表示，可以使用表达式语法<%= expr %>，例如：

```
<% String url="2.jsp"; %>
<jsp:include page="<%=url%>"/>
```

而在 JSP 文档中，则要使用%= expr %，例如：

```
<jsp:scriptlet>String url="2.jsp";</jsp:scriptlet>
<jsp:include page="%=url%"/>
```

不过要注意，在 JSP 文档中，这种语法仅仅适用于标准动作元素或者自定义的动作元素。例如，HTML 中的<a>元素不是动作元素，语句：

```
<a href= »%=url% »>2.jsp</a>
```

被转换后，仍然是：

```
<a href="%=url%">2.jsp</a>
```

在 JSP 文档中，应该写为下面的形式：

```
<jsp:text><![CDATA[<a href="]]></jsp:text>
<jsp:expression>url</jsp:expression>
<jsp:text><![CDATA[">2.jsp</a>]]></jsp:text>
```

4．动作元素

动作元素的语法在 JSP 页面和 JSP 文档中是一致的，参看第 8.3.3 节。

5．文本与注释

在 JSP 文档中也可以直接书写要输出的文本或 XML 片段，不过在书写这些内容时要符合 XML 文档格式良好的约定。此外，还可以使用<jsp:text>元素来封装要输出的文本内容，该元素既可以用于输出固定的内容，也可以用于输出动态的内容。<jsp:text>元素的用法类似于 XSLT 中的<xsl:text>元素。

在 JSP 文档中，不能使用 JSP 注释，只能使用 XML（HTML）类型的注释，即

```
<!-- comments … -->
```

这对于程序员来说是非常不方便的，在 JSP 文档中没有注释的 Java 代码可能会让程序员不得不去回想先前所写代码的作用，而如果采用 XML（HTML）类型的注释，则又会在客户端暴露代码实现的细节。

8.9　小结

JSP 是一种建立在 Servlet 规范提供的功能之上的动态网页技术，我们可以把 JSP 看成是运行时的 Servlet。本章主要从以下几个方面介绍了 JSP 技术。

首先介绍了 JSP 的运行机制，我们通过分析 JSP 页面转换后的 Servlet 类的代码，帮助读者更好地理解 JSP 实际上是 Servlet 更高层次的封装。

接下来介绍了 JSP 的标准语法。一个 JSP 页面由元素和模板数据组成，元素有 3 种类型：指令元素、脚本元素和动作元素。

我们还介绍了 JSP 的隐含对象以及对象的范围。从转换后的 Servlet 类的代码中可以看到，JSP 容器自动产生了这些隐含对象。在 JSP 页面中，总共可以使用 9 个隐含对象，其中 exception 对象只能在错误页面（在 page 指令中指定属性 isErrorPage=true 的页面）中使用。

接着，我们通过一个完整的留言板程序，和读者一起感受了 JSP 的开发。

本章最后介绍了 JSP 文档的编写。在 JSP 规范中允许使用 XML 语法格式来编写 JSP 页面，称为 JSP 文档。可以使用 XML 编辑工具来编写 JSP 文档，也可以通过 XSLT 转换来产生 JSP 文档。使用 JSP 文档，可以很方便地向客户端输出 XML 内容，当然，通过指定响应内容的 MIME 类型，也可以输出非 XML 的内容。

第 9 章

JSP 与 JavaBean

本章要点

- 掌握 JavaBean 的编写
- 掌握在 JSP 中访问 JavaBean
- 编写网上书店程序

在第 8 章的留言板程序中，我们在 JSP 页面中嵌入了大量的 Java 代码，这些代码负责完成留言板的业务逻辑，以及留言数据的显示逻辑。JSP 页面中大量的 Java 代码与 HTML 代码的混杂，导致了修改和维护上的困难，也不利于页面编辑人员和 Java 程序员的分工协作。想象一下，一个页面编辑人员在修改页面显示外观的时候，不得不面对混杂在其中的大量 Java 代码，一不小心，就可能会删除一些 Java 代码，导致运行出错。而一个 Java 程序员，又不得不面对大量的 HTML 代码，如果他对 HTML 代码不是很熟，往往就会感到无从下手（不知道应该在何处添加 Java 代码）。

为了分离页面中的 HTML 代码和 Java 代码，一个很自然的想法就是单独编写一个类来封装页面的业务逻辑。在 JSP 页面中，只需简单地编写几句调用类中方法的代码，即可完成所需的功能。这种方式，不但提高了代码的复用率（多个页面可调用同一个类的方法），而且将页面的显示逻辑和业务逻辑也区分开了，使得页面编辑人员和 Java 程序员可以分别进行工作。在 JSP 技术中，负责完成业务逻辑的类，可以用 JavaBean 组件来实现。

9.1 JavaBean 简介

JavaBean[①]组件本质上就是一个 Java 类，只不过这个类需要遵循一些编码的约定。在 JSP 页面中，既可以像使用普通类一样实例化 JavaBean 类的对象，调用它的方法，也可以利用 JSP 技术中提供的动作元素来访问 JavaBean。

① 也称为 Bean。

为了提供 Java 平台下的软件组件模型开发，SUN 公司发布了 JavaBeans 规范，你可以在 SUN 公司的网站上（http://java.sun.com/beans）找到 JavaBeans 的规范。

一个标准的 JavaBean 组件具有以下几个特性：

（1）它是一个公开的类（public）。

（2）它有一个默认的构造方法，也就是不带参数的构造方法（在实例化 JavaBean 对象时，需要调用默认的构造方法）。

（3）它提供 setXXX()方法和 getXXX()方法来让外部程序设置和获取 JavaBean 的属性。

（4）它实现 java.io.Serializable 或者 java.io.Externalizable 接口，以支持序列化。

换句话说，符合上述条件的类，我们都可以把它看成是 JavaBean 组件。

9.1.1　属性的命名

属性（Property）是 JavaBean 组件内部状态的抽象表示，外部程序使用属性来设置和获取 JavaBean 组件的状态。为了让外部程序能够知道 JavaBean 提供了哪些属性，JavaBean 的编写者必须遵循标准的命名方式。

属性的命名很简单，例如，一个 String 类型的 name 属性，它所对应的方法如下：

```
public String getName()
public void setName(String name)
```

也就是为每一个属性添加 get 和 set 方法，其中属性名字的第一个字母大写，然后在名字前面相应地加上“get”和“set”。这样的属性是可读写的属性。如果一个属性只有 get 方法，那么这个属性是只读的属性；如果一个属性只有 set 方法，那么这个属性是只写的属性。

get/set 命名方式有一个例外，那就是对于 boolean 类型的属性，应该使用 is/set 命名方式（也可以使用 get/set 命名方式），例如，有一个 boolean 类型的属性 married，它所对应的方法如下：

```
public boolean isMarried()
public void setMarried(boolean b)
```

setMarried()方法用于设置是否结婚，而 isMarried()用于得到婚否的状态。

下面我们看一个例子：

```
public class User
{
   private String name;
   private int age;
   private String education;
   private boolean married=false;
   private static int id=0;

   public String getName()
   {
      return name;
   }
```

```
    public void setName(String name)
    {
        this.name=name;
    }

    public int getAge()
    {
        return age;
    }

    public void setAge(int age)
    {
        this.age=age;
    }

    public void setEducation(String education)
    {
        this.education=education;
    }

    public boolean isMarried()
    {
        return married;
    }

    public void setMarried(boolean b)
    {
        married=b;
    }

    public int getId()
    {
        return ++id;
    }
}
```

在这个 JavaBean 中，我们没有定义构造方法，Java 编译器在编译时，会自动为这个类提供一个默认的构造方法。在这个 JavaBean 中有 5 个属性 name、age、education、married 和 id，其中 name、age 和 married 是可读写的属性，education 是只写的属性，id 是只读的属性。

要注意的是，JavaBean 的属性和实例变量不是一个概念，属性和实例变量也不是一一对应的关系，属性可以不依赖于任何的实例变量而存在，而是 JavaBean 组件内部状态的抽象表示。我们看下面的代码片段：

```
…
    private int price;
    private double rate;

    public double getPrice()
```

```
        {
            return price*rate;
        }

        public String getInfo()
        {
            return new String("Hello");
        }
    …
```

属性price是由实例变量price乘以rate得到的，而属性info则没有与之对应的实例变量。也就是说，属性就是get/set后面的名字（将第一个字母小写），是实例变量更高层次的抽象。

9.1.2　属性的类型

JavaBean有4种类型的属性：简单属性（simple property）、索引属性（indexed property）、绑定属性（bound property）和约束属性（constrained property）。在JSP中，支持JavaBean的简单属性和索引属性，绑定属性和约束属性则主要用于图形界面编程中。在这里，我们主要介绍一下JavaBean的简单属性和索引属性，至于其他两种属性，感兴趣的读者可以参看相关书籍。

- 简单属性

简单属性就是接受单个值的属性。在前一节中介绍的属性都是简单属性，简单属性很容易编程，只要采用get/set命名约定即可。

- 索引属性

索引属性就是获取和设置数组时使用的属性。要运用索引属性，需要提供两对get/set方法，一对用于数组，另一对用于数组中的元素。语法格式如下：

```
    public PropertyType[] getPropertyName()
    public void setPropertyName(PropertyType[] values)
    public PropertyType getPropertyName(int index)
    public void setPropertyName(int index, PropertyType value)
```

例如，有一个索引属性interest，它的get/set方法如下：

```
    private String[] interest;
    public String[] getInterest(){ return interest; }
    public void setInterest(String[] interest){ this.interest=interest; }
    public String getInterest(int i){ return interest[i]; }
    public void setInterest(int i, String newInterest) { interest[i]=
newInterest; }
```

9.2　在JSP中使用JavaBean

在JSP中可以像使用普通类一样访问JavaBean，在脚本元素中实例化类的对象，调用对象的方法。为了充分利用 JavaBean 的特性，JSP 还提供了 3 个动作元素<jsp:useBean>、<jsp:setProperty>和<jsp:getProperty>来访问 JavaBean。

9.2.1 <jsp:useBean>

<jsp:useBean>动作用于实例化 JavaBean，或者定位一个已经存在的 JavaBean 实例，并把实例的引用赋给一个变量。下面是使用<jsp:useBean>动作元素的一个例子：

```
<jsp:useBean id="cart" scope="session" class="org.sunxin.ch09.bookstore.
CartBean"/>
```

<jsp:useBean>动作元素的语法如下：

```
<jsp:useBean id="name" scope="page|request|session|application" typeSpec />
```

其中，typeSpec 定义如下：

```
typeSpec::= class="className" |
            class="className" type="typeName" |
            type="typeName" class="className" |
            beanName="beanName" type="typeName" |
            type="typeName" beanName="beanName" |
            type="typeName"
```

<jsp:useBean>元素各属性的含义如下。

- id

用于标识 JavaBean 实例的名字，同时，该名字也是声明的脚本变量的名字，并被初始化为 JavaBean 实例的引用。要注意的是，指定的名字是区分大小写的，并遵照 Java 语言变量命名的约定。

- scope

指定一个范围，在这个范围内，JavaBean 实例的引用是可用的，实际上也是指定 JavaBean 实例的生命周期。可能的取值有：page、request、session 和 application，默认的值是 page（关于对象与范围，请参看第 8.5 节）。

- class

指定 JavaBean 对象的完整的限定类名。

- beanName

指定 JavaBean 的名字。该名字被提供给 java.beans.Beans 类的 instantiate()方法，来实例化一个 JavaBean。如果读者要了解更多的信息，就请参看 JavaBean 规范或 instantiate()方法的 API 文档。

- type

指定定义的脚本变量的类型。这个类型可以是 JavaBean 类本身、它的父类，或者由 JavaBean 类实现的接口。该属性默认的值和 class 属性的值一样。

<jsp:useBean>动作的行为如下：

（1）JSP 容器在<jsp:useBean>元素指定的范围中查找指定 id 的 JavaBean 对象。

（2）如果找到相应的对象，并且在元素中指定了 type 属性，那么 JSP 容器会试图把找到的对象转换为指定的 type。如果类型转换失败，则抛出 java.lang.ClassCastException 异常。

（3）如果没有在指定的范围中找到对象，并且在元素中没有指定 class 或 beanName 属性，则会抛出 java.lang.InstantiationException 异常。

（4）如果没有在指定的范围中找到对象，并且在元素中指定了 class 属性，则利用这个类创建一个新的对象，将这个对象的引用赋值给由属性 id 所指定的名字的变量，并将这个对象保存到属性 scope 指定的范围中（在调用 setAttribute()方法时，以属性 id 指定的名字作为属性名）。

（5）如果没有在指定的范围中找到对象，并且在元素中指定了 beanName 属性，则用 beanName 作为参数调用 java.beans.Beans 类中的 instantiate()方法。如果这个方法执行成功，则把新创建的对象的引用赋值给由属性 id 所指定的名字的变量，并将这个对象保存到属性 scope 指定的范围中（在调用 setAttribute()方法时，以属性 id 指定的名字作为属性名）。

9.2.2　<jsp:setProperty>

<jsp:setProperty>动作和<jsp:useBean>一起使用，用来设置 JavaBean 的简单属性和索引属性。<jsp:setProperty>动作使用 JavaBean 中的 setXXX()方法，在 JavaBean 中设置一个或多个属性值。在 JSP 中，经常使用<jsp:setProperty>动作元素将客户端提交的数据保存到 JavaBean 的属性中。

<jsp:setProperty>动作元素的语法如下：

```
<jsp:setProperty name="beanName" prop_expr />
```

其中，prop_expr 定义如下：

```
prop_expr ::= property="*" |
              property="propertyName"|
              property="propertyName" param="parameterName"|
              property="propertyName" value="propertyValue"
```

<jsp:setProperty >元素各属性的含义如下：

- name

JavaBean 实例的名字，它必须是已经在<jsp:useBean>元素中通过 id 属性定义的名字。JavaBean 的实例必须包含可写（具有 setXXX()方法）的属性。

- property

被设置的属性的名字。**如果 property 属性的值是"*"，标签就会在请求对象中查找所有的请求参数，看是否有参数的名字和 JavaBean 属性的名字相同，如果找到匹配的参数和属性，就会按照正确的类型（自动进行类型转换）将参数的值设置为属性的值。如果一个参数的值为空（""），对应的属性的值不会被修改。**

- param

指定请求对象中参数的名字。**在设置 JavaBean 的属性时，如果请求参数的名字和 JavaBean 属性的名字不同，可以用 param 来指定参数的名字。**如果没有使用 param，那么就认为请求参数的名字和 Java Bean 属性的名字相同。在<jsp:setProperty >元素中，不能同时出现 param 和 value 属性。

- value

指定要赋给 JavaBean 属性的值。可以用一个请求时属性表达式（a request-time attribute expression）作为 value 属性的值。在**<jsp:setProperty >**元素中，**不能同时出现 param 和 value** 属性。

9.2.3 <jsp:getProperty>

<jsp:getProperty>动作用来访问一个 JavaBean 的属性，并把属性的值转化成一个 String，然后发送到输出流中。如果属性是一个对象，那么将调用该对象的 toString()方法。

<jsp:getProperty>动作元素的语法如下：

```
<jsp:getProperty name="name" property="propertyName" />
```

<jsp:setProperty >元素各属性的含义如下。

- name

JavaBean 实例的名字，从这个实例中可以得到属性。

- property

要得到的属性的名字，JavaBean 的实例必须包含可读（具有 getXXX 方法）的属性。

9.2.4 示例

在这一节中，我们将通过一个简单的例子来演示如何在 JSP 页面中访问 JavaBean。在这个例子中，首先提供一个注册表单，让用户输入相关的信息，在用户提交表单后，我们将用户的注册信息保存到 JavaBean 对象中，然后在另一个页面通过读取 JavaBean 的属性来获得用户的注册信息。实例的开发主要有下列步骤。

Step1：配置本章例子程序的运行目录

在%CATALINA_HOME%\conf\Catalina\localhost 目录下，新建 ch09.xml 文件，编辑此文件，内容如例 9-1 所示。

例 9-1 ch09.xml

```
<Context docBase="F:\JSPLesson\ch09" reloadable="true"/>
```

Step2：编写 UserBean.java

将编写好的 UseBean.java 源文件放到 F:\JSPLesson\ch09\src 目录下。完整的源代码如例 9-2 所示。

例 9-2 UserBean.java

```
package org.sunxin.ch09.beans;

import java.io.Serializable;
```

```
public class UserBean implements Serializable
{
    private String name;
    private int sex;
    private String education;
    private String email;

    public String getName()
    {
        return name;
    }

    public void setName(String name)
    {
        this.name=name;
    }

    public int getSex()
    {
        return sex;
    }

    public void setSex(int sex)
    {
        this.sex=sex;
    }

    public String getEducation()
    {
        return education;
    }

    public void setEducation(String education)
    {
        this.education=education;
    }

    public String getEmail()
    {
        return email;
    }

    public void setEmail(String email)
    {
        this.email=email;
    }
}
```

UserBean 用于保存用户提交的注册信息。在编写 JavaBean 的时候，有两个地方需要注意：一、**必须为 JavaBean 指定一个包名，否则 JSP 将无法调用 JavaBean**；二、我们让 UserBean 实现了 java.io.Serializable 接口，也就是让 UserBean 对象支持序列化。**在 Web 开发中，JavaBean 对象常常作为数据的持有者，需要在不同的运行环境中传递，或者需要保存到持久存储设备中，所以你应该让你的 JavaBean 类实现 Serializable 接口。**

Step3：编写 reg.html

reg.html 向用户显示一个表单，用于填写用户信息。编辑 reg.html，将编写好的 reg.html 文件放到 F:\JSPLesson\ch09 目录下。完整的代码如例 9-3 所示。

例 9-3　reg.html

```
<html>
    <head><title>用户信息填写</title></head>
    <body>
        <form action="reg.jsp" method="post">
            <table>
                <tr>
                    <td>用户名：</td>
                    <td><input type="text" name="name"></td>
                </tr>
                <tr>
                    <td>性别：</td>
                    <td>
                        <input type="radio" name="sex" value="1" checked>男
                        <input type="radio" name="sex" value="0">女
                    </td>
                </tr>
                <tr>
                    <td>学历</td>
                    <td>
                        <select size=1 name="education">
                            <option value= "" selected>…</option>
                            <option value="高中">高中</option>
                            <option value="大学">大学</option>
                            <option value="硕士">硕士</option>
                            <option value="博士">博士</option>
                        </select>
                    </td>
                </tr>
                <tr>
                    <td>Email</td>
                    <td><input type="text" name="mail"></td>
                </tr>
                <tr>
                    <td><input type="reset" value="重填"></td>
                    <td><input type="submit" value="提交"></td>
```

```
            </tr>
        </table>
    </form>
</body>
</html>
```

Step4：编写 reg.jsp

reg.jsp 页面用于将用户提交的信息保存到 UserBean 对象中。编辑 reg.jsp，将编写好的 JSP 文件放到 F:\JSPLesson\ch09 目录下。完整的源代码如例 9-4 所示。

例 9-4　reg.jsp

```
1. <%@ page contentType="text/html; charset=GB2312" %>
2. <%
3.     request.setCharacterEncoding("GB2312");
4. %>
5. <jsp:useBean id="user" scope="session" class="org.sunxin.ch09.beans.UserBean"/>
6. <jsp:setProperty name="user" property="*"/>
7. <jsp:setProperty name="user" property="email" param="mail"/>
8.
9. 注册成功！
```

因为从客户端传来的数据中包含了中文，所以在代码的第 3 行，我们调用 request 隐含对象的 setCharacterEncoding()方法设置请求正文所使用的字符编码为 GB2312。随后，我们使用<jsp:useBean>动作元素实例化 UserBean，并设置 UserBean 对象的范围是 session，这样，在同一个会话中，使用 user 变量访问的就是同一个 UserBean 对象。第 6～7 行，使用<jsp:setProperty>设置 UserBean 的属性。第 6 行设置 property 属性的值为“*”，表示将请求参数中与 UserBean 的属性同名的参数的值赋给匹配的属性。因为 reg.html 页面的表单中用于填写 E-mail 的文本域的名字是 mail，和 UserBean 的属性 E-mail 不同名，所以第 7 行再次调用<jsp:setProperty>元素，使用属性 param 指定请求对象中参数的名字。

Step5：编写 userinfo.jsp

userinfo.jsp 页面用于从 UserBean 对象中获取用户提交的信息。编辑 userinfo.jsp，将编写好的 JSP 文件放到 F:\JSPLesson\ch09 目录下。完整的源代码如例 9-5 所示。

例 9-5　userinfo.jsp

```
<%@ page contentType="text/html; charset=GB2312" %>
<jsp:useBean id="user" scope="session" type="org.sunxin.ch09.beans.UserBean"/>

你的姓名：<jsp:getProperty name="user" property="name"/><br>
你的性别：<%
            int sex=user.getSex();
            if(1==sex)
                out.println("男");
```

```
9.          else if(0==sex)
10.             out.println("女");
11.         %><br>
12. 你的学历：<jsp:getProperty name="user" property="education"/><br>
13. 你的 E-mail：<jsp:getProperty name="user" property="email"/><br>
```

代码的第 2 行，使用<jsp:useBean>动作元素，JSP 容器会在 Session 范围中查找 user 所标识的 UserBean 对象，如果找不到名为“user”的对象，那么将抛出 InstantiationException 异常。由于在 reg.jsp 中，我们已经使用<jsp:useBean>动作元素（带有 class 属性）创建了 UserBean 对象，并将它保存到 session 范围中（属性名为“user”），所以在 userinfo.jsp 中可以直接从 session 对象中取出 UserBean 对象。第 4 行、第 12 行和第 13 行，利用<jsp:getProperty>动作来访问 UserBean 的属性。第 5～11 行，是利用通常的对象访问方式，调用 user 对象的 getSex()方法来得到用户的性别。

> **提示** 在<jsp:useBean>中，如果使用了 class 属性，那么当对象在指定范围中不存在时，这个对象将被创建。如果在页面中需要访问已经存在的 JavaBean 对象，那么应该使用 type 属性来取代 class 属性。当对象不存在时，<jsp:useBean>将抛出 InstantiationException 异常，这样就可以给我们一个警示，让我们知道程序中可能存在着错误。反之，如果使用 class 属性，那么当 JavaBean 对象不存在时，一个新对象会被创建，这可能会让我们忽视某些隐藏的错误。

Step6：编译和部署 UserBean

首先在 F:\JSPLesson\ch09 目录下建立 WEB-INF\classes 目录。然后打开命令提示符，进入 UserBean.java 源文件所在的目录 F:\JSPLesson\ch09\src，然后执行：

```
javac -d ..\WEB-INF\classes UserBean.java
```

在 F:\JSPLesson\ch09\WEB-INF\classes 目录下生成了 org\sunxin\lesson\jsp\ch09 目录及类文件 UserBean.class。笔者在网上经常看到有的网友问“JavaBean 的字节码文件要放在什么地方，才能让 JSP 页面访问到”，JavaBean 的类和 Servlet 类放置的位置是一样的，都是放在 WEB-INF\classes 目录下。

Step7：运行例子程序

启动 Tomcat，打开浏览器，在地址栏中输入 http://localhost:8080/ch09/reg.html，输入用户的信息，单击“提交”按钮，如图 9-1 所示。

在显示“注册成功！”后，不要关闭浏览器，继续在地址栏中输入 http://localhost:8080/ch09/userinfo.jsp，将看到如图 9-2 所示的信息。

图 9-1　用户注册页面

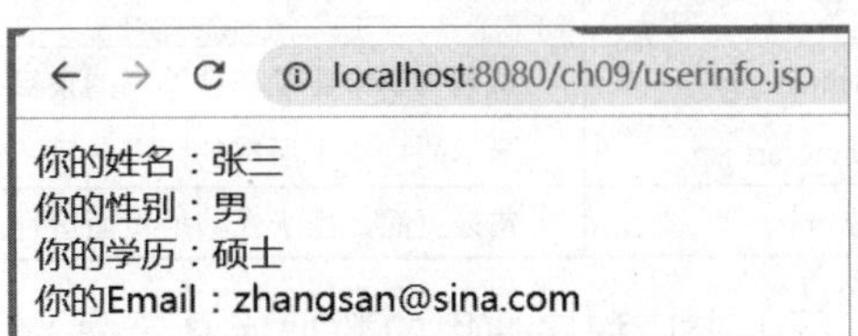

图 9-2　显示用户信息页面

9.3　网上书店程序

在这一节中，我们将利用 JSP 和 JavaBean 技术来完成一个简单的网上购书程序。在这个例子程序中，有 4 个 JavaBean 和 9 个 JSP 页面。JavaBean 的源文件名及其各自的功能如表 9-1 所示。

表 9-1　网上书店程序中的 JavaBean

文　件　名	功 能 描 述
BookBean.java	存储图书的信息，其中的属性和第 8 章所建的数据库表 bookinfo 的字段是一一对应的
CartItemBean.java	表示用户放到购物车中的一项条目，条目中包含的内容有表示图书信息的 BookBean 对象、购买图书的数量和本项条目的合计价格
CartBean.java	代表了虚拟的购物车，提供了增加、删除购物车条目的功能
BookDBBean.java	封装了对数据库的操作，包括查询图书信息、更新图书库存数量等功能

BookBean、CartItemBean 和 CartBean 之间的关系如图 9-3 所示。

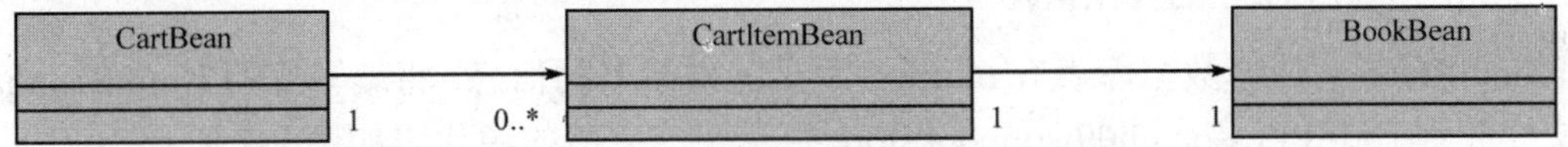

图 9-3　BookBean、CartItemBean 和 CartBean 之间的关系

从图 9-3 中的关系，我们可以知道一个购物车中可以包含零个或多个购书的条目，而一个条目对应一种图书。

网上书店程序包含的 JSP 页面及其各自的功能如表 9-2 所示。

表 9-2　网上书店程序中的 JSP 页面

文　件　名	功 能 描 述
index.jsp	这是网上书店程序的首页，给用户提供两种方式查看图书，一种是查看所有图书，另一种是通过关键字搜索图书
common.jsp	包含了其他页面所需要的公共代码
catalog.jsp	显示书店中所有的图书，客户可以将选中的图书放进购物车中
bookinfo.jsp	显示详细的图书信息，包括作者、出版社和出版日期等
search.jsp	显示所有搜索到的图书信息，客户可以将选中的图书放进购物车中
additem.jsp	向购物车中增加一项购书的条目

续表

文 件 名	功 能 描 述
delitem.jsp	从购物车中删除一项购书的条目
showcart.jsp	显示购物车中所有的购书条目，客户可以修改购书的数量和删除购书条目
error.jsp	错误页面，用于在其他页面运行出错时，向客户显示出错信息

网上书店程序使用的数据库是第 4 章建立的 bookstore 数据库，如果读者还没有建立 bookstore 数据库和 bookinfo 表，请参看第 4 章。网上书店程序的开发主要有下列步骤。

Step1：配置 JDBC 数据源

编辑%CATALINA_HOME%\conf\Catalina\localhost 目录下的 ch09.xml 文件，添加 JDBC 数据源的配置，内容如例 9-6 所示。

例 9-6　ch09.xml

```
<Context path="/ch09" docBase="F:\JSPLesson\ch09" reloadable="true">
    <Resource name="jdbc/bookstore" auth="Container"
        type="javax.sql.DataSource"
        maxTotal="100" maxIdle="30" maxWaitMillis="10000"
        username="root" password="12345678"
        driverClassName="com.mysql.cj.jdbc.Driver"
        url="jdbc:mysql://localhost:3306/bookstore?useSSL=false&amp;server
Timezone=UTC&amp;autoReconnect=true"/>
</Context>
```

Step2：编写 BookBean.java

BookBean 对应于数据库表 bookinfo，用于提供图书的信息。将编写好的 BookBean.java 源文件放到 F:\JSPLesson\ch09\src\bookstore 目录下。完整的源代码如例 9-7 所示。

例 9-7　BookBean.java

```
package org.sunxin.ch09.bookstore;

import java.io.Serializable;

public class BookBean implements Serializable
{
    private int id;
    private String title;
    private String author;
    private String bookconcern;
    private String publish_date;
    private float price;
    private int amount;
    private String remark;

```

```
    public BookBean()
    {
    }

public BookBean(int id, String title, String author, String bookconcern,
            String publish_date, float price, int amount, String remark)
    {
        this.id=id;
        this.title=title;
        this.author=author;
        this.bookconcern=bookconcern;
        this.publish_date=publish_date;
        this.price=price;
        this.amount=amount;
        this.remark=remark;
    }

    public int getId()
    {
        return id;
    }

    public void setTitle(String title)
    {
        this.title = title;
    }

    public void setAuthor(String author)
    {
        this.author = author;
    }

    public void setBookconcern(String bookconcern)
    {
        this.bookconcern = bookconcern;
    }

    public void setPublish_date(String publish_date)
    {
        this.publish_date = publish_date;
    }

    public void setPrice(float price)
    {
        this.price = price;
    }

```

```
63.     public void setAmount(int amount)
64.     {
65.        this.amount = amount;
66.     }
67.
68.     public void setRemark(String remark)
69.     {
70.        this.remark = remark;
71.     }
72.
73.     public String getTitle()
74.     {
75.        return title;
76.     }
77.
78.     public String getAuthor()
79.     {
80.        return author;
81.     }
82.
83.     public String getBookconcern()
84.     {
85.        return bookconcern;
86.     }
87.
88.     public String getPublish_date()
89.     {
90.        return publish_date;
91.     }
92.
93.     public float getPrice()
94.     {
95.        return price;
96.     }
97.
98.     public int getAmount()
99.     {
100.       return amount;
101.    }
102.
103.    public String getRemark()
104.    {
105.       return remark;
106.    }
107. }
```

UserBean 的属性和 bookinfo 表的字段是一一对应的。第 20 行，定义了一个带参数的构造方法，其中的参数和 UserBean 提供的属性是对应的，这主要是为了方便对 UserBean 对象的初始化。在这里，提醒一下读者，如果你在一个 Bean 中提供了带参数的构造方法，那么 Java 编译器就不会再给你的类添加默认的构造方法，你必须自己提供一个无参数的构造方法。

Step3：编写 CartItemBean.java

CartItemBean 的对象表示用户放到购物车中的一项条目，包含了 BookBean 对象、购买图书的数量和本项条目的合计价格。将编写好的 CartItemBean.java 源文件放到 F:\JSPLesson\ch09\src\bookstore 目录下。完整的源代码如例 9-8 所示。

例 9-8 CartItemBean.java

```
package org.sunxin.ch09.bookstore;

import java.io.Serializable;

public class CartItemBean implements Serializable
{
    private BookBean book=null;

    //表示选购的图书的数量
    private int quantity=0;

    public CartItemBean()
    {
    }

    public CartItemBean(BookBean book)
    {
        this.book=book;
        this.quantity=1;
    }

    public void setBook(BookBean book)
    {
        this.book = book;
    }

    public BookBean getBook()
    {
        return book;
    }

    public void setQuantity(int quantity)
    {
        this.quantity = quantity;
    }
```

```
    public int getQuantity()
    {
        return quantity;
    }

    /**
    *得到本条目所购图书总的价格，总价 = 图书的单价 * 数量
    */
    public float getItemPrice()
    {
        float price=book.getPrice()*quantity;
        long val=Math.round(price*100);
        return val/100.0f;
    }
}
```

CartItemBean.java 代码比较简单，此处不再赘述。

Step4：编写 CartBean．java

CartBean 表示购物车，提供了增加、删除购物车条目的功能。将编写好的 CartBean.java 源文件放到 F:\JSPLesson\ch09\src\bookstore 目录下。完整的源代码如例 9-9 所示。

例 9-9　CartBean.java

```
package org.sunxin.ch09.bookstore;

import java.util.HashMap;
import java.util.Iterator;
import java.util.Collection;
import java.io.Serializable;

public class CartBean implements Serializable
{
    private HashMap<Integer,CartItemBean> items=null;
    private int numOfItems=0;

    public CartBean()
    {
        items=new HashMap<Integer,CartItemBean>();
    }

    /**
    * 在购物车中增加一个条目。如果购物车中已经存在该条目，则什么也不做
    */
    public synchronized void addItem(Integer bookId, BookBean book)
    {
        if(!items.containsKey(bookId))
```

```
        {
            CartItemBean item=new CartItemBean(book);
            items.put(bookId,item);
            numOfItems++;
        }
    }

    /**
    * 从购物车删除一个图书条目
    */
    public synchronized void deleteItem(Integer bookId)
    {
        if(items.containsKey(bookId))
        {
            items.remove(bookId);
            numOfItems--;
        }
    }

    /**
    * 清除购物车中所有的图书条目
    */
    public synchronized void clear()
    {
        items.clear();
        numOfItems=0;
    }

    /**
    * 得到购物车中图书条目的总数
    */
    public synchronized int getNumOfItems()
    {
        return numOfItems;
    }

    /**
    * 设置某本图书的购买数量
    */
    public synchronized void setItemNum(Integer bookId,int quantity)
    {
        if(items.containsKey(bookId))
        {
            CartItemBean item=(CartItemBean)items.get(bookId);
            //如果设置的图书数量为 0 或小于 0，则删除购物车中相应的图书条目
            if(quantity<=0)
                items.remove(bookId);
```

```
            else
                item.setQuantity(quantity);
        }
    }

    /**
    * 得到购物车中所有图书的价格
    */
    public synchronized float getTotalPrice()
    {
        float amount=0.0f;
        Iterator<CartItemBean> it=items.values().iterator();
        while(it.hasNext())
        {
            CartItemBean item=(CartItemBean)it.next();
            amount+=item.getItemPrice();
        }
        return amount;
    }

    /**
    * 得到购物车中所有的图书条目
    */
    public synchronized Collection<CartItemBean> getItems()
    {
        return items.values();
    }

    /**
    * 判断图书是否已经加入购物车中
    */
    public synchronized boolean isExist(Integer bookId)
    {
        if(items.containsKey(bookId))
            return true;
        else
            return false;
    }
}
```

Step5：编写 BookDBBean.java

BookDBBean 主要封装了对数据库的操作，实现了查询图书信息和购买图书的功能。将编写好的 BookDBBean.java 源文件放到 F:\JSPLesson\ch09\src\bookstore 目录下。完整的源代码如例 9-10 所示。

例 9-10　BookDBBean.java

```
package org.sunxin.ch09.bookstore;
```

```
import java.io.Serializable;
import java.util.ArrayList;
import java.util.Collection;
import java.util.Iterator;
import java.sql.*;
import javax.sql.DataSource;
import javax.naming.Context;
import javax.naming.InitialContext;
import javax.naming.NamingException;

public class BookDBBean implements Serializable
{
    private DataSource ds=null;

    public BookDBBean() throws NamingException
    {
        Context ctx = new InitialContext();
        ds = (DataSource) ctx.lookup("java:comp/env/jdbc/bookstore");
    }

    /**
    * 得到数据库连接
    */
    public Connection getConnection() throws SQLException
    {
       return ds.getConnection();
    }

    /**
    * 关闭连接对象
    */
    protected void closeConnection(Connection conn)
    {
        if(conn!=null)
        {
            try
            {
                conn.close();
                conn=null;
            }
            catch (SQLException ex)
            {
                ex.printStackTrace();
            }
        }
    }
```

```
/**
* 关闭 Statement 对象
*/
protected void closeStatement(Statement stmt)
{
    if(stmt!=null)
    {
        try
        {
            stmt.close();
            stmt=null;
        }
        catch (SQLException ex)
        {
            ex.printStackTrace();
        }
    }
}

/**
* 关闭 PreparedStatement 对象
*/
protected void closePreparedStatement(PreparedStatement pstmt)
{
    if(pstmt!=null)
    {
        try
        {
            pstmt.close();
            pstmt=null;
        }
        catch (SQLException ex)
        {
            ex.printStackTrace();
        }
    }
}

/**
* 关闭 ResultSet 对象
*/
protected void closeResultSet(ResultSet rs)
{
    if(rs!=null)
    {
        try
```

```
            {
                rs.close();
                rs=null;
            }
            catch (SQLException ex)
            {
                ex.printStackTrace();
            }
        }
    }

    /**
    * 得到数据库中所有的图书信息
    */
    public Collection<BookBean> getBooks() throws SQLException
    {
        Connection conn=null;
        Statement stmt=null;
        ResultSet rs=null;
        ArrayList<BookBean> bookList=new ArrayList<BookBean>();

        try
        {
            conn = getConnection();
            stmt = conn.createStatement();
            rs = stmt.executeQuery("select * from bookinfo");
            while (rs.next())
            {

                BookBean book=new BookBean(rs.getInt(1),rs.getString(2),
                                        rs. getString(3),rs.getString(4),
                                         rs.getString(5),rs.getFloat(6),
                                            rs.getInt(7),rs.getString(8));
                 bookList.add(book);
            }
            return bookList;
        }
        finally
        {
            closeResultSet(rs);
            closeStatement(stmt);
            closeConnection(conn);
        }
    }

    /**
    *得到选择的图书信息
```

```
    */
    public BookBean getBook(int bookId) throws SQLException
    {
       Connection conn=null;
       PreparedStatement pstmt=null;
       ResultSet rs=null;

       try
       {
          conn = getConnection();
          pstmt = conn.prepareStatement("select * from bookinfo where id
= ?");
          pstmt.setInt(1,bookId);
          rs=pstmt.executeQuery();
          BookBean book=null;
          if(rs.next())
          {
                    book= new BookBean(rs.getInt(1),rs.getString(2),
                                  rs.getString(3),rs.getString(4),
                                  rs.getString(5),rs.getFloat(6),
                                    rs.getInt(7),rs.getString(8));
          }
          return book;
       }
       finally
       {
          closeResultSet(rs);
          closePreparedStatement(pstmt);
          closeConnection(conn);
       }
    }

    /**
    * 通过关键字搜索图书的信息
    */
    public Collection<BookBean> searchBook(String keyword) throws
SQLException
    {
       Connection conn=null;
       Statement stmt=null;
       ResultSet rs=null;

       ArrayList<BookBean> bookList=new ArrayList<BookBean>();
       try
       {
          conn=getConnection();
          stmt=conn.createStatement();
```

```
            String sql="select * from bookinfo where title like '%"+keyword+"%'";
            rs=stmt.executeQuery(sql);

            while (rs.next())
            {

                BookBean book=new BookBean(rs.getInt(1),rs.getString(2),
                                          rs.getString(3),rs.getString(4),
                                          rs.getString(5),rs.getFloat(6),
                                            rs.getInt(7),rs.getString(8));
                bookList.add(book);
            }
            return bookList;
        }
        finally
        {
            closeResultSet(rs);
            closeStatement(stmt);
            closeConnection(conn);
        }
    }

    /**
    * 判断剩余的图书的数量是否大于客户购买的数量
    */
    public boolean isAmountEnough(int bookId, int quantity) throws
SQLException
    {
        Connection conn=null;
        Statement stmt=null;
        ResultSet rs=null;
        boolean bEnough=false;
        try
        {
            conn=getConnection();
            stmt=conn.createStatement();
            rs=stmt.executeQuery("select amount from bookinfo where id =
"+bookId);
            while(rs.next())
            {
                int amount=rs.getInt(1);
                if(amount >= quantity)
                    bEnough=true;
            }
        }
        finally
        {
```

```
            closeResultSet(rs);
            closeStatement(stmt);
            closeConnection(conn);
        }
        return bEnough;
    }

    /**
    * 购买购物车中所有的图书
    */
    public synchronized void buyBooks(CartBean cart) throws SQLException
    {
        Connection conn=null;
        PreparedStatement pstmt=null;
        Iterator<CartItemBean> it=cart.getItems().iterator();
        try
        {
            conn=getConnection();
            String sql="update bookinfo set amount = amount - ? where id = ?";
            pstmt=conn.prepareStatement(sql);

            while(it.hasNext())
            {
                CartItemBean item=(CartItemBean)it.next();
                BookBean book=item.getBook();
                int bookId=book.getId();
                int quantity=item.getQuantity();

                pstmt.setInt(1,quantity);
                pstmt.setInt(2,bookId);

                pstmt.addBatch();
            }

            pstmt.executeBatch();
        }
        finally
        {
            closePreparedStatement(pstmt);
            closeConnection(conn);
        }
    }
}
```

在这个类中，我们单独定义了 4 个 closeXXX()方法，用于关闭 ResultSet 对象、PreparedStatement 对象、Statement 对象和 Connection 对象。为了确保打开的对象能够关闭，我们将 closeXXX()方法放到 finally 语句中去调用。

在 buyBooks()方法中，我们利用批量更新来执行购买购物车中所有图书的数据库操作。在 buyBooks()方法中我们使用的是 PreparedStatement 对象，在第 4 章的例子中使用的是 Statement 对象，注意这两者的区别。在第 4 章，我们曾经介绍过用 PreparedStatement 对象表示一条预编译过的 SQL 语句，在批量更新操作中，如果更新操作只是参数不同，那么使用 PreparedStatement 对象将显著地提高性能；如果采用 Statement 对象，那么这些参数不同的 SQL 语句将会被 SQL 引擎看成是不同的 SQL 语句，因而这些语句都要被分析和编译。

在数据库操作中，采用批量更新可以提高性能，减少服务器的负载。在 buyBooks()方法中，如果要确保所有的更新操作全部完成或者回滚，那么可以添加事务处理机制（参见第 4.3.4 节）。

Step6：编写 common.jsp

common.jsp 包含了其他页面所需要的公共代码。将编写好的 common.jsp 文件放到 F:\JSPLesson\ch09\bookstore 目录下。完整的源代码如例 9-11 所示。

例 9-11　common.jsp

```
<%@page import="org.sunxin.ch09.bookstore.*"%>
<%@page errorPage="error.jsp"%>
<jsp:useBean id="bookdb" scope="application"
             class="org.sunxin.ch09.bookstore.BookDBBean"/>
```

因为封装数据库操作的 BookDBBean 对象在多个 JSP 页面中都要用到，所以我们将其放在一个单独的页面中，并将 BookDBBean 的对象 bookdb 的范围定义为 application。

Step7：编写 index.jsp

index.jsp 是网上书店程序的首页，给用户提供两种方式查看图书：一种是查看所有图书；另一种是通过关键字搜索图书。将编写好的 index.jsp 文件放到 F:\JSPLesson\ch09\bookstore 目录下。完整的源代码如例 9-12 所示。

例 9-12　index.jsp

```
<%@page contentType="text/html; charset=GB2312"%>

<html>
    <head><title>欢迎光临网上书店</title></head>
    <body>
        <center>
            <h1>欢迎光临网上书店</h1>
            搜索图书<br>
            <form method="GET" action="search.jsp">
                请输入关键字：<input type="text" name="keyword"/>
                <input type="submit" value="搜索"/>
            </form>
            <br><a href="catalog.jsp">查看所有图书</a>
        </center>
```

```
    </body>
</html>
```

Step8：编写 catalog.jsp

catalog.jsp 列出书店中所有的图书，客户可以将选中的图书放进购物车中。将编写好的 catalog.jsp 文件放到 F:\JSPLesson\ch09\bookstore 目录下。完整的源代码如例 9-13 所示。

例 9-13 catalog.jsp

```
<%@page contentType="text/html; charset=GB2312"%>
<%@ include file="common.jsp" %>
<%@page import="java.util.Collection,java.util.Iterator"%>
<jsp:useBean id="cart" scope="session" class="org.sunxin.ch09.bookstore.CartBean"/>

<html>
    <head><title>欢迎光临网上书店</title></head>
    <body>

        <jsp:include page="additem.jsp" flush="false"/>

        <h1>本网站销售的图书有：</h1><p>
        <%
            Collection<BookBean> cl=bookdb.getBooks();
            Iterator<BookBean> it=cl.iterator();
        %>
        <table>
            <tr>
                <th>书名</th>
                <th>价格</th>
                <th>购买</th>
            </tr>
        <%
            while(it.hasNext())
            {
                BookBean book=(BookBean)it.next();
                String title=book.getTitle();
                int bookId=book.getId();
                float price=book.getPrice();
        %>

            <tr>
                <td><a href="bookinfo.jsp?id=<%=bookId%>">《<%=title%>》</a></td>
                <td><%=price%></td>
                <td><a href="catalog.jsp?add=<%=bookId%>">加入购物车</a></td>
            </tr>
```

```
37.         <%
38.
39.             }
40.         %>
41.         </table><p>
42.         购物车中现有<%=cart.getNumOfItems()%>种图书
43.           p;  
44.         <a href="showcart.jsp">查看购物车</a>
45.     </body>
46. </html>
```

代码的第 4 行，我们将购物车对象的范围定义为 session，这样，每一个客户在本次会话中都有唯一的一个购物车对象，当会话结束的时候，购物车对象被销毁。

代码的第 33 行，将列出的图书的书名作为一个链接，附加的查询参数是唯一标识图书的 ID 号，当客户单击某个书名的链接时，调用 bookinfo.jsp 页面显示这本图书的详细信息。

代码的第 35 行，在每本图书后添加一个“加入购物车”的链接，它的 URL 仍然是 catalog.jsp 页面，只不过附加了一个“add”请求参数，当客户单击某本书后的“加入购物车”链接时，由第 10 行的<jsp:include>动作所包含的 additem.jsp 页面来负责完成加入图书到购物车的功能。

Step9：编写 additem.jsp

additem.jsp 向购物车中增加一项购书的条目。将编写好的 additem.jsp 文件放到 F:\JSPLesson\ch09\bookstore 目录下。完整的源代码如例 9-14 所示。

例 9-14　additem.jsp

```
<%@include file="common.jsp"%>
<jsp:useBean id="cart" scope="session"
             class="org.sunxin.ch09.bookstore.CartBean"/>
<%
    String strBookId=request.getParameter("add");
    if(strBookId!=null && !"".equals(strBookId))
    {
        int bookId=Integer.parseInt(strBookId);
        BookBean book=bookdb.getBook(bookId);
        cart.addItem(new Integer(bookId),book);
    }
%>
```

Step10：编写 bookinfo.jsp

bookinfo.jsp 显示图书的详细信息，包括作者、出版社和出版日期等。将编写好的 bookinfo.jsp 文件放到 F:\JSPLesson\ch09\bookstore 目录下。完整的源代码如例 9-15 所示。

例 9-15　bookinfo.jsp

```
<%@page contentType="text/html; charset=GB2312"%>
<%@include file="common.jsp"%>
```

```
<jsp:useBean id="cart" scope="session"
             class="org.sunxin.ch09.bookstore.CartBean"/>
<html>
    <head><title>欢迎光临网上书店</title></head>
    <body>
        <jsp:include page="additem.jsp" flush="false"/>
        <%
            String strBookId = request.getParameter("id");
            if (null == strBookId || "".equals(strBookId))
            {
                response.sendRedirect("catalog.jsp");
                return;
            }
            else
            {
                int bookId = Integer.parseInt(strBookId);
                BookBean book = bookdb.getBook(bookId);
        %>
        <table border="1">
            <tr>
                <th>书名</th>
                <th>作者</th>
                <th>出版社</th>
                <th>出版日期</th>
                <th>价格</th>
            </tr>
            <tr>
                <td>《<%=book.getTitle() %>》</td>
                <td><%=book.getAuthor() %></td>
                <td><%=book.getBookconcern() %></td>
                <td><%=book.getPublish_date() %></td>
                <td><%=book.getPrice() %></td>
            </tr>
        </table>
        <%
                if (cart.isExist(new Integer(bookId)))
                {
                    out.println("该图书已在购物车中<br>");
                }
                else
                {
        %>
        <a href="bookinfo.jsp?add=<%=bookId%>&id=<%=bookId%>">加入购物车</a>
        <br>
        <%
                }
        %>
```

```
        购物车中现有<%=cart.getNumOfItems()%>种图书
            
        <a href="showcart.jsp">查看购物车</a>
            
        <a href="catalog.jsp">查看所有图书</a>
        <%
            }
        %>
    </body>
</html>
```

Step11：编写 showcart.jsp

showcart.jsp 显示购物车中所有的购书条目，客户可以在这个页面中修改购书的数量，或者删除购书的条目。将编写好的 showcart.jsp 文件放到 F:\JSPLesson\ch09\bookstore 目录下。完整的源代码如例 9-16 所示。

例 9-16　showcart.jsp

```
<%@ page contentType="text/html; charset=GB2312" %>
<%@include file="common.jsp"%>
<%@page import="java.util.Collection,java.util.Iterator" %>
<jsp:useBean id="cart" scope="session"
             class="org.sunxin.ch09.bookstore.CartBean"/>
<html>
    <head><title>欢迎光临网上书店</title></head>
    <body>
    <%
        request.setCharacterEncoding("GB2312");
        String action=request.getParameter("action");

        if(action!=null && action.equals("保存修改"))
        {
            String strItemNum=request.getParameter("itemnum");
            if(null==strItemNum || "".equals(strItemNum))
            {
                throw new ServletException("非法的参数");
            }
            int itemNum=Integer.parseInt(strItemNum);
            for(int i=0;i<itemNum;i++)
            {
                String strNum=request.getParameter("num_"+i);
                String strBookId=request.getParameter("book_"+i);

                int quantity=Integer.parseInt(strNum);
                int bookId=Integer.parseInt(strBookId);

                boolean bEnough=bookdb.isAmountEnough(bookId,quantity);
                if(bEnough)
```

```
                {
                    cart.setItemNum(new Integer(bookId),quantity);
                }
                else
                {
                    BookBean book=bookdb.getBook(bookId);
                    out.println("<font color=\"red\" size=\"4\">");
                    out.print("《"+book.getTitle()+"》");
                      out.print("的库存数量只有"+book.getAmount()+"本，请调整购买数量!<p>");
                    out.println("</font>");
                }
            }
        }
    %>
    <%
        Collection<CartItemBean> cl=cart.getItems();
        if(cl.size()<=0)
        {
            out.println("购物车中没有图书<p>");
    %>
        <a href="index.jsp">继续购物</a>
    <%
            return;
        }
        Iterator<CartItemBean> it=cl.iterator();
    %>
        <form name="theform" action="showcart.jsp" method="POST">
            <table border="1">
                <tr>
                    <th>书名</th>
                    <th>价格</th>
                    <th>数量</th>
                    <th>小计</th>
                    <th>取消</th>
                </tr>
    <%
        int i=0;
        while(it.hasNext())
        {
            CartItemBean cartItem=(CartItemBean)it.next();
            BookBean book=cartItem.getBook();
            int bookId=book.getId();
            String fieldNum="num_"+i;
            String fieldBook="book_"+i;
    %>
                <tr>
```

```
                        <td><%=book.getTitle() %></td>
                        <td><%=book.getPrice() %></td>
                        <td>
                            <input type="text" name="<%=fieldNum%>"
                                  value="<%=cartItem.getQuantity() %>"
                                  size="2"/>
                            <input type="hidden" name="<%=fieldBook%>"
                                  value="<%=bookId%>"/>
                        </td>
                        <td><%=cartItem.getItemPrice() %></td>
                        <td><a href="delitem.jsp?id=<%=bookId%>">删除</a></td>
                    </tr>
      <%
               i++;
            }
      %>
                    <tr>
                        <td>合计</td>
                        <td colspan="4"><%=cart.getTotalPrice() %></td>
                    </tr>
                </table><p>
                <input type="hidden" name="itemnum" value="<%=i%>"/>
                <input type="submit" name="action" value="保存修改"/>
                     
                 <a href="index.jsp">继续购物</a>
                     
                 进入结算中心
              </form>
          </body>
      </html>
```

showcart.jsp 页面以表格的形式显示购物车中的购书条目。在其他页面中，不管客户在同一本书上单击多少次“加入购物车”，在购物车中该书的数量始终是 1，这主要是为了避免客户的误操作。为了让客户能够很方便地选购多本图书，我们在 showcart.jsp 页面中提供了修改购书数量的功能，这是通过向客户提供一个用于输入购买图书数量的文本域来实现的，如图 9-4 所示。

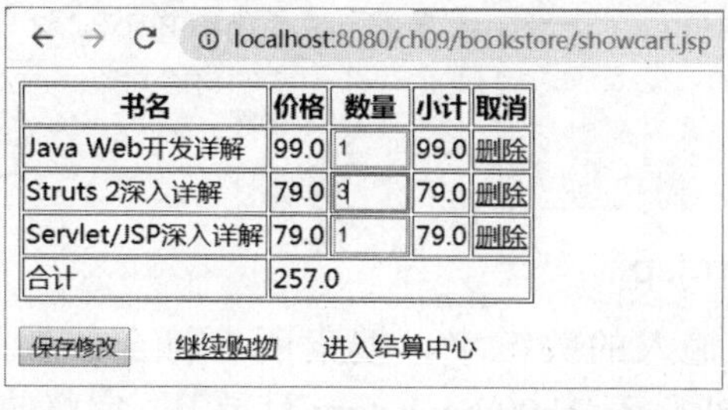

图 9-4　客户可以在 showcart.jsp 页面中修改购书的数量

在购物车中的每一本图书的数量都可以修改，那么我们在程序中如何才能够准确地定位是哪一本图书的数量被修改了呢？为此，我们在 shwocart.jsp 代码的第 83 行，为每一个动态生成的用于修改数量的文本域，都相应地创建了一个隐藏的表单域，它的值是每本图书的 ID 号。图书数量的文本域和对应的隐藏表单域的名字是动态产生的，在用户提交表单后，服务器端程序可以动态构造这两个表单元素的名字，然后取出它们的值。代码的第 98 行，还创建了一个隐藏的表单域，它的值是购物车中购书条目的数目。

代码的第 13 行，判断用户是否单击了"保存修改"按钮来提交表单。第 15 行，得到购物车中购书条目的数目。第 21～42 行，循环获取每本图书的 ID 和购买数量，然后判断图书库存的数量是否足够，如果客户购买的数量大于库存的数量，则提示客户"剩余的图书数量不足，请调整购买数量"。如果客户购买的数量小于库存的数量，则在第 32 行，设置新的图书购买数量。

第 103 行，"进入结算中心"的功能，我们没有编写，这交给读者自己完成。当客户进入结算中心后，让客户填写个人信息，包括姓名、电话、送货地址等内容。然后让客户选择付款方式，根据不同的付款方式进行相应的处理。最后生成确认订单，当客户查看无误后，单击"确认"按钮，生成最终的订单，同时更新数据库中图书的库存数量（调用 BookDBBean 类的 buyBooks 方法完成）。

Step12：编写 delitem.jsp

delitem.jsp 从购物车中删除一项购书的条目。将编写好的 delitem.jsp 文件放到 F:\JSPLesson\ch09\ bookstore 目录下。完整的源代码如例 9-17 所示。

例 9-17　delitem.jsp

```
<jsp:useBean id="cart" scope="session"
             class="org.sunxin.ch09.bookstore.CartBean"/>

<%
    String strBookId=request.getParameter("id");
    if(null==strBookId || "".equals(strBookId))
    {
        response.sendRedirect("index.jsp");
        return;
    }
    else
    {
        cart.deleteItem(Integer.valueOf(strBookId));
        response.sendRedirect("showcart.jsp");
    }
%>
```

Step13：编写 search.jsp

search.jsp 根据客户输入的关键字，搜索所有符合条件的图书信息。将编写好的 search.jsp 文件放到 F:\JSPLesson\ch09\bookstore 目录下。完整的源代码如例 9-18 所示。

例 9-18　search.jsp

```
<%@ page contentType="text/html; charset=GB2312" %>
<%@include file="common.jsp"%>
<%@page import="java.util.Collection,java.util.Iterator" %>
<jsp:useBean id="cart" scope="session"
             class="org.sunxin.ch09.bookstore.CartBean"/>

<html>
   <head><title>欢迎光临网上书店</title></head>
   <body>
      <jsp:include page="additem.jsp" flush="false"/>

   <%
      String strKeyword=request.getParameter("keyword");
      if(null==strKeyword || strKeyword.equals(""))
      {
         response.sendRedirect("catalog.jsp");
         return;
      }
      Collection<BookBean> cl=bookdb.searchBook(strKeyword);
      if(cl.size()<=0)
      {
         out.println("对不起，没有找到符合条件的图书。");
         out.println("<a href=\"index.jsp\">返回</a>");
         return;
      }
   %>
      <table>
         <tr>
            <th>书名</th>
            <th>价格</th>
            <th>查看</th>
            <th>购买</th>
         </tr>
   <%
      Iterator<BookBean> it=cl.iterator();
      while(it.hasNext())
      {
         BookBean book=(BookBean)it.next();
         String title=book.getTitle();
         int bookId=book.getId();
         float price=book.getPrice();
   %>
         <tr>
            <td><a href="bookinfo.jsp?id=<%=bookId%>">《<%=title%>》
</a></td>
            <td><%=price%></td>
```

```
                <td><a href="bookinfo.jsp?id=<%=bookId%>">详细信息</a></td>
                <td>
                 <a href="search.jsp?keyword=<%=strKeyword%>&add=<%=
bookId%>">
                  加入购物车
                  </a>
                </td>
            </tr>
        <%
            }
        %>
        </table><p>
        购物车中现有<%=cart.getNumOfItems()%>种图书
            
        <a href="showcart.jsp">查看购物车</a>
            
        <a href="index.jsp">回到主页</a>
    </body>
</html>
```

Step14：编写 error.jsp

error.jsp 是错误页面，用于在其他页面运行出错时向客户显示出错信息。将编写好的 error.jsp 文件放到 F:\JSPLesson\ch09\bookstore 目录下。完整的源代码如例 9-19 所示。

例 9-19　error.jsp

```
<%@ page contentType="text/html; charset=GB2312" %>
<%@ page isErrorPage="true" %>
<html>
    <head><title>错误页面</title></head>
    <body>
        <h1>Web 应用程序发生错误</h1>
        错误原因：<%=exception.toString() %>
    </body>
</html>
```

Step15：编译和部署 JavaBean

打开命令提示符，进入 JavaBean 的源文件所在的目录 F:\JSPLesson\ch09\src\ bookstore 下，然后执行：

```
javac -d ..\..\WEB-INF\classes *.java
```

在 F:\JSPLesson\ch09\WEB-INF\classes 目录下生成了 org\sunxin\ch09\bookstore 目录及相应的类文件。

Step16：运行网上书店程序

启动 Tomcat 服务器，打开浏览器，在地址栏中输入 http://localhost:8080/ch09/ bookstore/，将看到网上书店的首页，如图 9-5 所示。读者可以输入关键字搜索图书，也可以单击“查看所有图书”。如图 9-6 所示是所有图书的列表。读者可以通过单击书名来查看每本图书的详细信息，如图 9-7 所示。当选购完图书后，单击“查看购物车”，将看到如图 9-8 所示的页面。在 showcart.jsp 页面中，读者可以修改某本图书的购买数量或者删除其中的某项购书条目。

图 9-5　网上书店首页

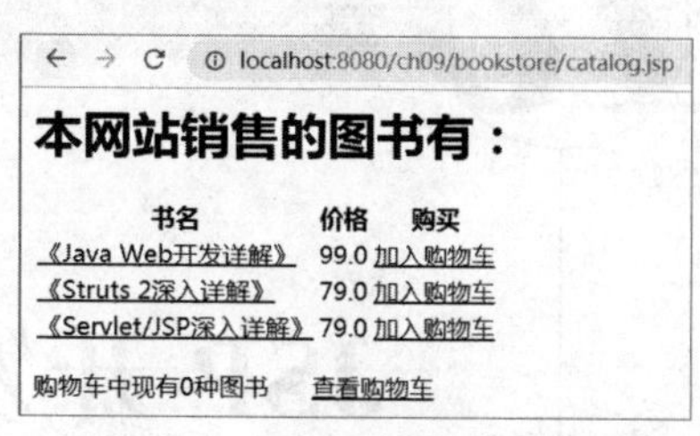

图 9-6　所有图书的列表

图 9-7　每本图书的详细信息

localhost:8080/ch09/bookstore/showcart.jsp

书名	价格	数量	小计	取消
Java Web开发详解	99.0	1	99.0	删除
Struts 2深入详解	79.0	1	79.0	删除
Servlet/JSP深入详解	79.0	1	79.0	删除
合计	257.0			

保存修改　继续购物　进入结算中心

图 9-8　购物车页面

更多的测试运行就交由读者自己去完成了。不过要提醒读者，在本例中，因为图书较少，所以提供了显示所有图书的功能。在一个大型的购书网站中，可能会有成千上万种图书，所以应该提供分类显示的功能，例如可以分为计算机类图书、经济类图书等，在计算机类图书中又可以分成 C 语言系列、Java 语言系列等，同时在显示较多图书时，应该采用分页显示。

9.4　小结

本章主要介绍了 JavaBean 的编写，以及在 JSP 页面中访问 JavaBean。利用 JavaBean 组件来封装业务逻辑，避免了在 HTML 中嵌入大量的 Java 代码，使得页面的显示和业务逻辑分离，提高了代码的可维护性。

本章最后通过一个网上书店程序，向读者演示了在实际开发过程中，如何利用 JavaBean 组件和 JSP 页面的相互配合来完成一项应用。

第10章 JSP开发的两种模型

本章要点

- 掌握模型1的开发
- 掌握模型2的开发
- 掌握MVC架构模式

使用JSP技术开发Web应用程序，有两种架构模型可供选择，通常称为模型1（Model 1）和模型2（Model 2）。本章主要介绍JSP开发的这两种模型，并结合实例分析讲解两种架构模型各自的优缺点及它们的应用场合。

10.1 模型1

模型1使用JSP＋JavaBeans技术将页面显示和业务逻辑处理分开。JSP实现页面的显示，JavaBean对象用来承载数据和实现商业逻辑。模型1的结构如图10-1所示。在模型1中，JSP页面独自响应请求并将处理结果返回给客户，所有的数据通过JavaBeans来处理，JSP实现页面的显示。

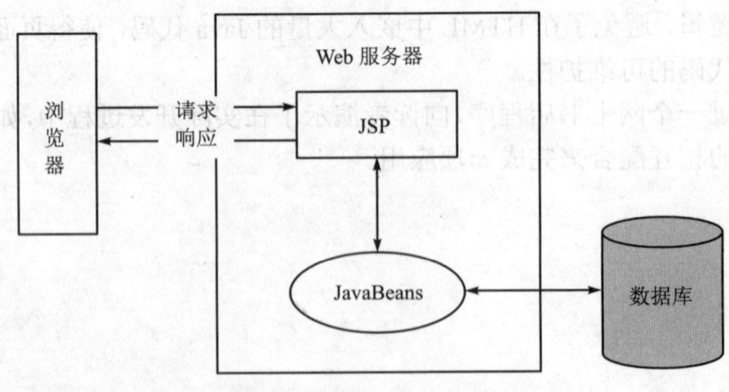

图10-1 模型1的JSP架构

下面我们按照模型 1 的架构编写一个用户登录验证的程序。在这个例子程序中有两个 JavaBean 类：UserBean 和 UserCheckBean，UserBean 对象负责保存用户数据，UserCheckBean 对象负责实现对用户登录信息进行验证的业务逻辑。实例的开发主要有下列步骤。

开发步骤

Step1：配置本章例子程序的运行目录

在%CATALINA_HOME%\conf\Catalina\localhost 目录下，新建 ch10.xml 文件，编辑此文件，内容如例 10-1 所示。

例 10-1　ch10.xml

```
<Context docBase="F:\JSPLesson\ch10" reloadable="true"/>
```

在 F:\JSPLesson\ch10 目录下，按照 Web 应用程序的目录结构，建立 WEB-INF 目录和 WEB-INF\classes 目录。

Step2：编写 UserBean.java

UserBean 用于保存用户的登录信息，以及在多个 JSP 页面中传递用户数据。将编写好的 UserBean.java 源文件放到 F:\JSPLesson\ch10\src\model1 目录下。完整的源代码如例 10-2 所示。

例 10-2　UserBean.java

```
package org.sunxin.ch10.model1.beans;

public class UserBean
{
   private String name;
   private String password;

   public String getName()
   {
      return name;
   }

   public void setName(String name)
   {
      this.name=name;
   }

   public String getPassword()
   {
      return password;
   }

   public void setPassword(String password)
```

```
    {
        this.password=password;
    }
}
```

Step3：编写 UserCheckBean.java

UserCheckBean 用于对用户名和密码进行验证，登录验证功能的主要业务逻辑在这个 Bean 中完成。将编写好的 UserCheckBean.java 源文件放到 F:\JSPLesson\ch10\src\model1 目录下。完整的源代码如例 10-3 所示。

例 10-3　UserCheckBean.java

```
package org.sunxin.ch10.model1.beans;

public class UserCheckBean
{
    protected UserBean user;

    public UserCheckBean()
    {
    }

    public UserCheckBean(UserBean user)
    {
        this.user=user;
    }

    public UserBean getUser()
    {
        return user;
    }

    public void setUser(UserBean user)
    {
        this.user=user;
    }

    public boolean validate()
    {
        String name=user.getName();
        String password=user.getPassword();

        //实际应用中，你应该查询数据库，验证用户名和密码
        if("张三".equals(name) && "1234".equals(password))
        {
            return true;
        }
        else
```

```
        {
            return false;
        }
    }
}
```

Step4：编写 login.jsp

将编写好的 login.jsp 文件放到 F:\JSPLesson\ch10\model1 目录下。完整的代码如例 10-4 所示。

例 10-4　login.jsp

```
<%@ page contentType="text/html;charset=GB2312" %>
<html>
    <head><title>登录页面</title></head>
    <body>
        <form method="post" action="loginchk.jsp">
            用户名：<input type="text" name="name"><br>
            密码：<input  type="password" name="password"><p>
            <input type="reset" value="重填">
            <input type="submit" value="登录">
        </form>
    </body>
</html>
```

Step5：编写 loginchk.jsp

将编写好的 loginchk.jsp 文件放到 F:\JSPLesson\ch10\model1 目录下。完整的源代码如例 10-5 所示。

例 10-5　loginchk.jsp

```
<%@ page contentType="text/html;charset=GB2312" %>
<%@ page import="org.sunxin.ch10.model1.beans.UserCheckBean" %>

<%request.setCharacterEncoding("GB2312");%>

<jsp:useBean id="user" scope="session"
  class="org.sunxin.ch10.model1.beans.UserBean"/>
<jsp:setProperty name="user" property="*"/>

<%
    UserCheckBean uc=new UserCheckBean(user);
    if(uc.validate())
    {
%>
<jsp:forward page="welcome.jsp"/>
<%
    }
    else
```

```
    {
        out.println("用户名或密码错误，请<a href=\"login.html\">重新登录</a>");
    }
%>
```

在这个页面中，首先利用<jsp:useBean>动作元素创建 UserBean 对象，并设定该对象在 Session 的范围内可用。接着调用<jsp:setProperty>设置 user 对象的属性，然后创建 UserCheckBean 对象，调用它的 validate()方法对用户名和密码进行验证，如果验证通过，则利用<jsp:forward>动作元素将请求转发给 welcome.jsp 页面，否则输出错误提示信息。

Step6：编写 welcome.jsp

将编写好的 welcome.jsp 文件放到 F:\JSPLesson\ch10\model1 目录下。完整的源代码如例 10-6 所示。

例 10-6　welcome.jsp

```
<%@ page contentType="text/html;charset=GB2312" %>
<jsp:useBean id="user" scope="session"
   type="org.sunxin.ch10.model1.beans.UserBean"/>

欢迎你，<jsp:getProperty name="user" property="name"/>!
```

Step7：编译 JavaBean

打开命令提示符，进入源文件所在的目录 F:\JSPLesson\ch10\src\model1 下，然后执行：

```
javac -d ..\..\WEB-INF\classes *.java
```

在 F:\JSPLesson\ch10\WEB-INF\classes 目录下生成了 org\sunxin\ch10\model1\beans 目录及相应的类文件。

Step8：测试登录验证程序

启动 Tomcat 服务器，打开浏览器，在地址栏中输入 http://localhost:8080/ch10/model1/login.jsp，在登录表单中分别输入错误的和正确的用户名、密码进行测试。

通过这个例子程序可以看到，模型 1 实现了页面显示和业务逻辑的分离，不足之处是在 JSP 页面中仍然需要编写流程控制和调用 JavaBean 的代码，当需要处理的业务逻辑非常复杂时，这种情况会变得更加糟糕。在 JSP 页面中嵌入大量的 Java 代码将会使程序变得异常复杂，对于前端页面设计人员来说，大量地嵌入代码使他们无从下手。

模型 1 不能满足大型应用的需要，但是对于小型应用，因为该模型简单，且不涉及过多的要素，从而可以很好地满足小型应用的需要，所以在简单应用中，应该优先考虑模型 1。

10.2　模型 2

在模型 1 中，JSP 页面嵌入了流程控制代码和部分的逻辑处理代码，我们可以将这部分代码提取出来，放到一个单独的角色中，这个角色就是控制器角色，而这样的 Web 架构就是模型 2 了。模型 2 符合 MVC 架构模式，MVC 即模型-视图-控制器（Model-View-Controller）。

MVC 架构有助于将应用程序分割成若干逻辑部件，使程序设计变得更加容易。MVC 架构提供了一种按功能对各种对象进行分割的方法（这些对象是用来维护和表现数据的），其目的是为了将各对象之间的耦合程度降至最低。MVC 架构原本是为了将传统的输入（input）、处理（processing）和输出（output）任务运用到图形化用户交互模型中而设计的，但是，将这些概念运用到基于 Web 的企业级多层应用领域也是很适合的。

在 MVC 架构中，一个应用被分成三个部分，模型（Model）、视图（View）和控制器（Controller）。

模型代表应用程序的数据及用于访问控制和修改这些数据的业务规则。当模型发生改变时，它会通知视图，并为视图提供查询模型相关状态的能力。同时，它也为控制器提供访问封装在模型内部的应用程序功能的能力。

视图用来组织模型的内容。它从模型那里获得数据并指定这些数据如何表现。当模型变化时，视图负责维护数据表现的一致性。视图同时将用户的请求通知控制器。

控制器定义了应用程序的行为。它负责对来自视图的用户请求进行解释，并把这些请求映射成相应的行为，这些行为由模型负责实现。在独立运行的 GUI 客户端，用户的请求可能是一些鼠标单击或是菜单选择操作。在一个 Web 应用程序中，它们的表现形式可能是一些来自客户端的 GET 或 POST 的 HTTP 请求。模型所实现的行为包括处理业务和修改模型的状态。根据用户请求和模型行为的结果，控制器选择一个视图作为对用户请求的响应。图 10-2 描述了在 MVC 应用程序中模型、视图、控制器三部分的关系。

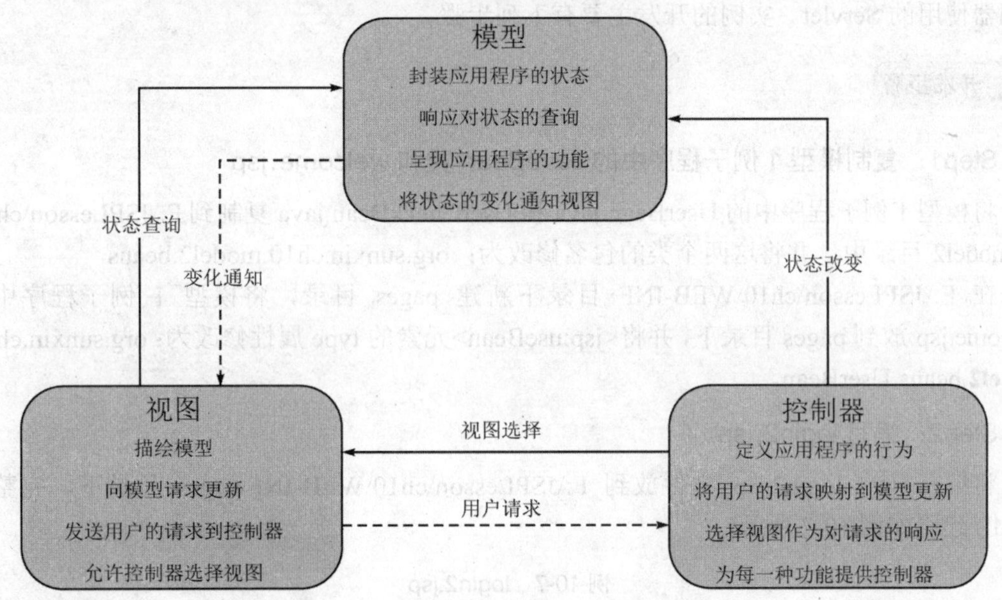

图 10-2 MVC 模型、视图、控制器的关系图

在模型 2 中，控制器的角色由 Servlet 来实现，视图的角色由 JSP 页面来实现，模型的角色由 JavaBeans 来实现。模型 2 的架构如图 10-3 所示。

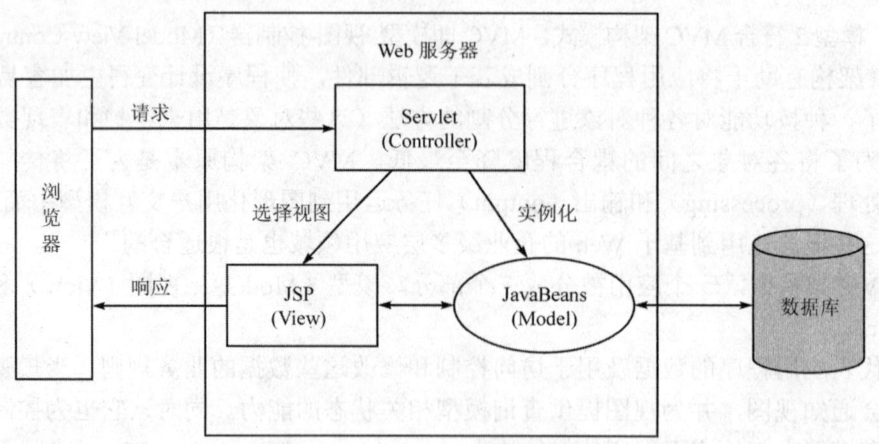

图 10-3　模型 2 架构示意图

Servlet 充当控制器的角色，它接受请求，负责实例化 JavaBean 对象对业务逻辑进行处理，并为 JSP 页面准备承载了数据的 JavaBean 对象，接着将请求分发给适当的 JSP 页面来产生响应。JSP 视图可以使用<jsp:userBean>和<jsp:getProperty>动作元素来得到 JavaBean 中的数据，呈现给用户。

作为模型的 JavaBean 主要有两类：一类用于封装业务逻辑，另一类用于承载数据。

下面我们按照模型 2 的架构重写用户登录验证的程序。在本例中，两个 JavaBean 类（UserBean 和 UserCheckBean）和 welcome.jsp 仍然用模型 1 例子中的程序，主要增加作为控制器使用的 Servlet。实例的开发主要有下列步骤。

开发步骤

Step1：复制模型 1 例子程序中的 JavaBean 类和 welcome.jsp

将模型 1 例子程序中的 UserBean.java 和 UserCheckBean.java 复制到 F:\JSPLesson\ch10\src\model2 目录中，并将这两个类的包名修改为：org.sunxin.ch10.model2.beans。

在 F:\JSPLesson\ch10\WEB-INF 目录下新建 pages 目录，将模型 1 例子程序中的 welcome.jsp 放到 pages 目录下，并将<jsp:useBean>元素的 type 属性修改为：org.sunxin.ch10.**model2**.beans.UserBean。

Step2：编写 login2.jsp

将编写好的 login2.jsp 文件放到 F:\JSPLesson\ch10\WEB-INF\pages 目录下。完整的 HTML 代码如例 10-7 所示。

例 10-7　login2.jsp

```
<%@ page contentType="text/html;charset=GB2312" %>
<%
 //得到上下文路径，对于 Servlet 2.5 规范，还可以使用下面注释中的代码
 //String path = application.getContextPath();
 String path = request.getContextPath();
%>
```

```
<html>
    <head><title>登录页面</title></head>
    <body>
        <form method="post" action="<%=path %>/controller">
            <input type="hidden" name="action" value="login">
            用户名：<input type="text" name="name"><br>
            密码：<input  type="password" name="password"><p>
            <input type="reset" value="重填">
            <input type="submit" value="登录">
        </form>
    </body>
</html>
```

在例 10-7 中，<form>元素的 action 属性使用了 JSP 表达式，主要是为了构建访问 Controller 这个 Servlet 的 URI，对于本例，path 表达式的值是/ch10（上下文路径总是以斜杠开始），访问 Controller Servlet 的 URI 为/ch10/ controller。在例 10-7 中，我们还设置了一个隐藏输入域，用于向服务器端传递 action 请求参数。

Step3：编写 ControllerServlet.java

ControllerServlet 充当控制器角色，它接受客户登录的信息，调用 JavaBean 组件对用户登录信息进行验证，并根据验证的结果，调用 JSP 页面返回给客户端。将编写好的 ControllerServlet.java 源文件放到 F:\JSPLesson\ch10\src\model2 目录下。完整的源代码如例 10-8 所示。

例 10-8　ControllerServlet.java

```
package org.sunxin.ch10.model2.servlet;

import java.io.IOException;

import javax.servlet.RequestDispatcher;
import javax.servlet.ServletException;
import javax.servlet.http.HttpServlet;
import javax.servlet.http.HttpServletRequest;
import javax.servlet.http.HttpServletResponse;
import javax.servlet.http.HttpSession;

import org.sunxin.ch10.model2.beans.UserBean;
import org.sunxin.ch10.model2.beans.UserCheckBean;

public class ControllerServlet extends HttpServlet
{
    public void service(HttpServletRequest request, HttpServletResponse 
response)
                throws ServletException,IOException
    {
        request.setCharacterEncoding("GBK");
```

```
        response.setContentType("text/html;charset=GBK");

        String action=request.getParameter("action");

        if (!isValidated(request) && !("login".equals(action)))
        {
            gotoPage("/WEB-INF/pages/login2.jsp",request,response);  ①
            return;
        }
        if("login".equals(action))
        {
            UserBean user=new UserBean();
            user.setName(request.getParameter("name"));
            user.setPassword(request.getParameter("password"));

            UserCheckBean uc=new UserCheckBean(user);

            if(uc.validate())
            {
                HttpSession session = request.getSession();
                //将 user 对象保存到 Session 对象中，在 welcome.jsp 中通过
                //<jsp:useBean>动作元素从 Session 中得到 user 对象
                session.setAttribute("user",user);
                //验证成功，将请求转向 welcome.jsp。
                gotoPage("/WEB-INF/pages/welcome.jsp", request, response);
            }
            else
            {
                //验证失败，将请求转向 loginerr.jsp。
                gotoPage("/WEB-INF/pages/loginerr.jsp", request, response);
            }
        }
        //对于其他的 action 请求，可在后面的 else if…else 语句中继续处理
        /*else if
        {
        }
        else
        {
        }*/
    }

    /**
    * 判断用户是否已经登录了
    */
    private boolean isValidated(HttpServletRequest request)
    {
        HttpSession session = request.getSession();
```

```
        if (session.getAttribute("user") != null)
              return true;
        else
              return false;
    }

    /**
    * 将请求导向指定的页面
    */
    private void gotoPage(String targetURL, HttpServletRequest request,
                              HttpServletResponse response)
                    throws IOException, ServletException
    {
        RequestDispatcher rd;
        rd=request.getRequestDispatcher(targetURL);
        rd.forward(request, response);
    }
}
```

我们在第 2.1.4 节曾经讲述过，在 WEB-INF 目录下的所有资源都不能被客户端直接访问到，但对于 Servlet 代码是可见的。我们可以通过 RequestDispatcher 的 forward()或者 include()方法将 WEB-INF 目录下的内容呈现给客户端。在 MVC 架构模式中，用户直接请求作为控制器的 Servlet，控制器根据用户的请求信息，实例化模型对象处理业务逻辑，并为 JSP 页面准备需要呈现给用户的模型数据，然后将请求转发给 JSP 页面，JSP 页面从模型中获取数据呈现给用户。在这个过程中，为了避免用户跳过控制器而直接访问 JSP 页面导致出错，我们应该将 JSP 页面放到 WEB-INF 目录或其子目录下，从而强制用户访问控制器，以便让控制器发挥它的职责。

Step4：编写 loginerr.jsp

将编写好的 loginerr.jsp 文件放到 F:\JSPLesson\ch10\WEB-INF\pages 目录下。完整的源代码如例 10-9 所示。

例 10-9　loginerr.jsp

```
<%@ page contentType="text/html;charset=GB2312" %>
<%
 String path = request.getContextPath();
%>
用户名或密码错误，请<a href="<%=path %>/controller">重新登录</a>
```

Step5：编译 ControllerServlet.java 和 JavaBean 类

打开命令提示符，进入源文件所在的目录 F:\JSPLesson\ch10\src\model2 下，然后执行：

```
javac -d ..\..\WEB-INF\classes *.java
```

在 F:\JSPLesson\ch10\WEB-INF\classes 目录下生成了包所对应的目录及相应的类文件。

Step6：部署 Servlet

在 F:\JSPLesson\ch10\WEB-INF 目录下建立 web.xml 文件，配置 ControllerServlet，完整的内容如例 10-10 所示。

例 10-10　web.xml

```
<?xml version="1.0" encoding="UTF-8"?>

  <web-app xmlns="http://xmlns.jcp.org/xml/ns/javaee"
 xmlns:xsi="http://www.w3.org/2001/XMLSchema-instance"
 xsi:schemaLocation="http://xmlns.jcp.org/xml/ns/javaee
                   http://xmlns.jcp.org/xml/ns/javaee/web-app_4_0.xsd"
 version="4.0">

   <servlet>
       <servlet-name>ControllerServlet</servlet-name>
       <servlet-class>
           org.sunxin.ch10.model2.servlet.ControllerServlet
       </servlet-class>
   </servlet>

   <servlet-mapping>
       <servlet-name>ControllerServlet</servlet-name>
       <url-pattern>/controller</url-pattern>
   </servlet-mapping>
</web-app>
```

Step7：测试登录验证程序

启动 Tomcat 服务器，打开浏览器，在地址栏中输入 http://localhost:8080/ch10/controller，在登录表单中分别输入错误的和正确的用户名、密码进行测试。

在这个例子中，ControllerServlet 根据用户的请求创建相应的 JavaBean 对象，然后利用 JavaBean 对象提供的功能完成用户验证的业务逻辑，再根据验证的结果，将请求导向到不同的页面。对于需要动态显示数据的 JSP 页面，控制器还负责为其准备保存数据的 JavaBean 对象。本例中的 JSP 页面不包含任何的流程控制和业务处理逻辑，它只是简单地检索控制器创建的 JavaBean 对象，然后将动态内容插入预定义的模板中。

采用模型 2 的架构，可以将页面的显示、业务逻辑的处理和流程的控制很清晰地区分开，JSP 负责数据的显示，JavaBean 负责承载数据及对业务逻辑的处理，Servlet 负责流程的控制。采用模型 2 架构的 Web 应用程序很容易维护和扩展，因为作为视图的 JSP 页面之间没有直接的关联。另外，在大型项目的开发过程中，采用模型 2 的架构，可以充分利用前端页面设计人员和后端 Java 开发人员所掌握的不同技能，页面设计人员可以发挥自己的美术和设计才能来表现页面，程序编写人员可以发挥自己擅长逻辑思维的特点，实现项目中的业务处理。

在项目中，采用哪种模型要根据实际的业务需求来确定。一般来说，对于小型的、业务逻辑处理不多的应用，采用模型 1 比较合适。如果应用有着较复杂的逻辑，并且返回的视图也不同，那么采用模型 2 较为合适。

10.3　MVC 模式的实现总结

在 MVC 架构模式的实现中，控制器（Controller）由 Servlet 来实现，视图（View）由 JSP 来实现，模型（Model）由 JavaBean 来实现。Servlet 负责创建和调用 JavaBean 的方法，并为 JSP 页面准备模型数据。数据的传递过程是：Servlet 将 JavaBean 对象保存到范围对象（如 HttpServletRequest 或 HttpSession 对象）中，然后 JSP 页面通过<jsp:userBean>和<jsp:getProperty>动作元素来得到 JavaBean 中的数据，或者使用第 12 章介绍的表达式语言来输出 JavaBean 中的数据，如图 10-4 所示。

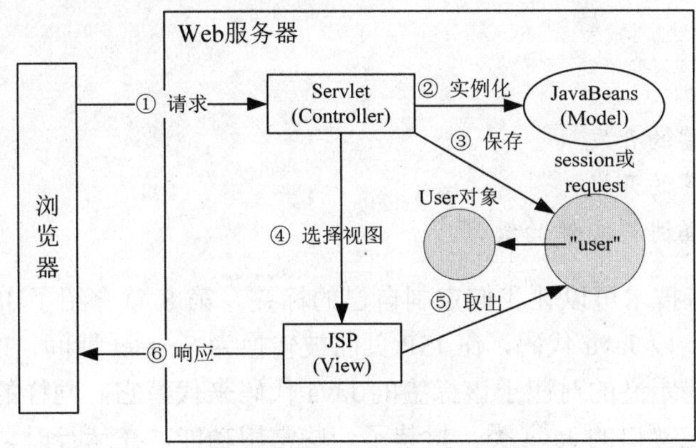

图 10-4　MVC 模式的实现过程

10.4　小结

本章主要介绍了 JSP 开发的两种架构模型：模型 1 和模型 2，并通过两个例子程序讲述了这两种模型的应用。

第11章 标签库（Tag Library）

本章要点

- 掌握传统标签的开发
- 掌握简单标签的开发
- 掌握标签库描述符文件的编写

JSP 中的标签库技术可以让我们定制自己的标签。第 8 章介绍了 JSP 的动作元素，动作元素在本质上是一段 Java 代码，在 JSP 页面被转换为 Servlet 期间，JSP 容器遇到动作元素的标签，就用预先定义的对应于该标签的 Java 代码来代替它。同样的，自定义标签实际上是一个实现了特定接口的 Java 类，封装了一些常用功能，在运行时，标签将被相应的代码所替换。标签的集合构成了标签库，本章主要介绍自定义标签库的开发。

11.1 标签库 API

标签库 API 定义在 javax.servlet.jsp.tagext 包中，其中主要接口和类如图 11-1 所示。

要开发自定义标签，其核心就是要编写标签处理器类，一个标签对应一个标签处理器类，而一个标签库则是很多标签处理器的集合。所有的标签处理器类都要实现 JspTag 接口。这个接口是在 JSP 2.0 中新增加的一个标识接口，它没有任何方法，主要是作为 Tag 和 SimpleTag 接口的共同基类。在 JSP 2.0 之前，所有的标签处理器类都要实现 Tag 接口，我们称这样的标签为**传统标签（Classic Tag）**。后来为了简化标签的开发，JSP 2.0 规范又定义了一种新的类型的标签，称为**简单标签（Simple Tag）**，其对应的处理器类要实现 SimpleTag 接口。本章将分别对传统标签和简单标签进行介绍。

11.1.1 标签的形式

在介绍标签库 API 之前，我们再复习一下标签的几种形式。自定义标签和其他已有标签一样，有以下四种形式。

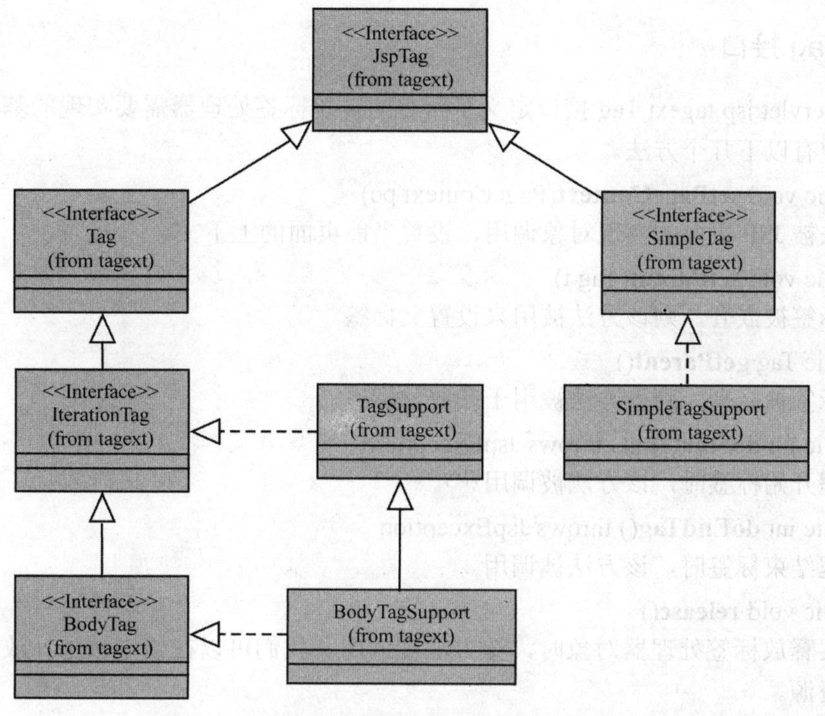

图 11-1　标签库中主要的接口及类的继承实现关系

- 空标签

```
<hello/>
```

- 带有属性的空标签

```
<max num1="13" num2="32"/>
```

- 带有内容的标签

```
<greeting>
   Welcome you!
</greeting>
```

<greeting>称为开始标签，</greeting>称为结束标签，在开始标签和结束标签之间的内容称为标签体。

- 带有内容和属性的标签

```
<greeting name="zhangsan">
   Welcome you!
</greeting>
```

注 意　在 XML 中，元素是指开始标签、结束标签及两者之间的一切内容，包括属性、文本、注释及子元素。标签是一对尖括号（<>）和两者之间的内容，包括元素名和所有属性。例如，<font color="blue">是一个标签，</font>也是一个标签；而<font color="blue"> Hello World</font>则是一个元素。不过，在 JSP 规范中，术语标签指的是整个元素。

11.1.2 Tag 接口

javax.servlet.jsp.tagext.Tag 接口定义了所有的传统标签处理器需要实现的基本方法。在这个接口中有以下几个方法。

- public void **setPageContext**(PageContext pc)

该方法被 JSP 页面的实现对象调用，设置当前页面的上下文。

- public void **setParent**(Tag t)

如果标签被嵌套，则该方法被用来设置父标签。

- public Tag **getParent**()

如果标签被嵌套，则该方法被用于获取父标签。

- public int **doStartTag**() throws JspException

当处理开始标签时，该方法被调用。

- public int **doEndTag**() throws JspException

当处理结束标签时，该方法被调用。

- public void **release**()

当需要释放标签处理器对象时，该方法被调用。我们可以在该方法中释放标签处理器所使用的资源。

在 Tag 接口中，还定义了如下几种常量。

- public static final int **EVAL_BODY_INCLUDE**

该常量作为 doStartTag()方法的返回值，表示标签体要被执行，执行结果输出到当前的输出流中。

- public static final int **SKIP_BODY**

该常量作为 doStartTag()方法的返回值，表示忽略标签体。

- public static final int **EVAL_PAGE**

该常量作为 doEndTag()方法的返回值，表示 JSP 页面的余下部分将继续执行。

- public static final int **SKIP_PAGE**

该常量作为 doEndTag()方法的返回值，表示忽略 JSP 页面的余下部分。

实现了 Tag 接口的标签处理器的生命周期，如图 11-2 所示。

① 容器在创建标签处理器的实例后，调用 setPageContext()方法设置标签的页面上下文，然后调用 setParent()方法设置这个标签的父标签，如果该标签没有父标签，则设置为 null。

② 调用标签处理器的 setXXX()方法，设置标签的属性。如果没有定义属性，则没有这一步骤。

③ 调用 doStartTag()方法，该方法可以返回 EVAL_BODY_INCLUDE 或者 SKIP_BODY。如果返回 EVAL_BODY_INCLUDE，则将标签体输出到当前的输出流中；如果返回 SKIP_BODY，则忽略标签体。

④ 调用 doEndTag()方法，该方法可以返回 EVAL_PAGE 或者 SKIP_PAGE。如果返回 EVAL_PAGE，则执行 JSP 页面的余下部分；如果返回 SKIP_PAGE，则忽略 JSP 页面的余下部分。

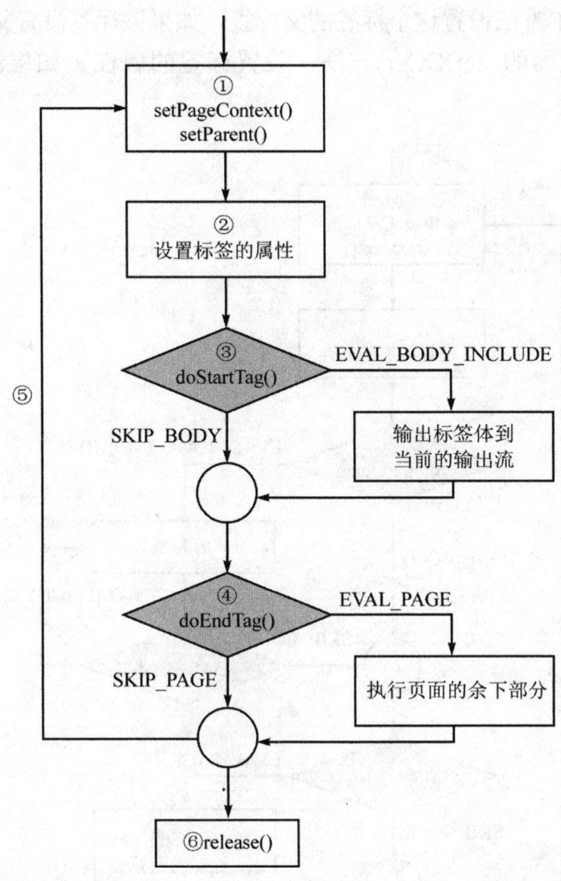

图 11-2　实现 Tag 接口的标签处理器的生命周期

⑤ 容器会缓存标签处理器实例，一旦遇到同样的标签，则重复使用缓存的标签处理器实例。

⑥ 当需要释放标签处理器实例时，release()方法才被调用。

11.1.3　IterationTag 接口

javax.servlet.jsp.tagext.IterationTag 接口继承自 Tag 接口，它新增了一个方法和一个用作返回值的常量，主要用于控制对标签体的重复处理。新增的方法如下所示。

- public int **doAfterBody**() throws JspException

该方法在每次对标签体处理之后被调用，如果没有标签体要处理，那么这个方法将不会被调用。

新增的常量如下所示。

- public static final int **EVAL_BODY_AGAIN**

该常量作为 doAfterBody()方法的返回值，请求重复执行标签体。

实现 IterationTag 接口的标签处理器的生命周期，如图 11-3 所示。

① 容器在创建标签处理器的实例后，调用 setPageContext()方法设置标签的页面上下

文，然后调用 setParent()方法设置这个标签的父标签，如果该标签没有父标签，则设置为 null。

② 调用标签处理器的 setXXX()方法，设置标签的属性。如果没有定义属性，则没有这一步骤。

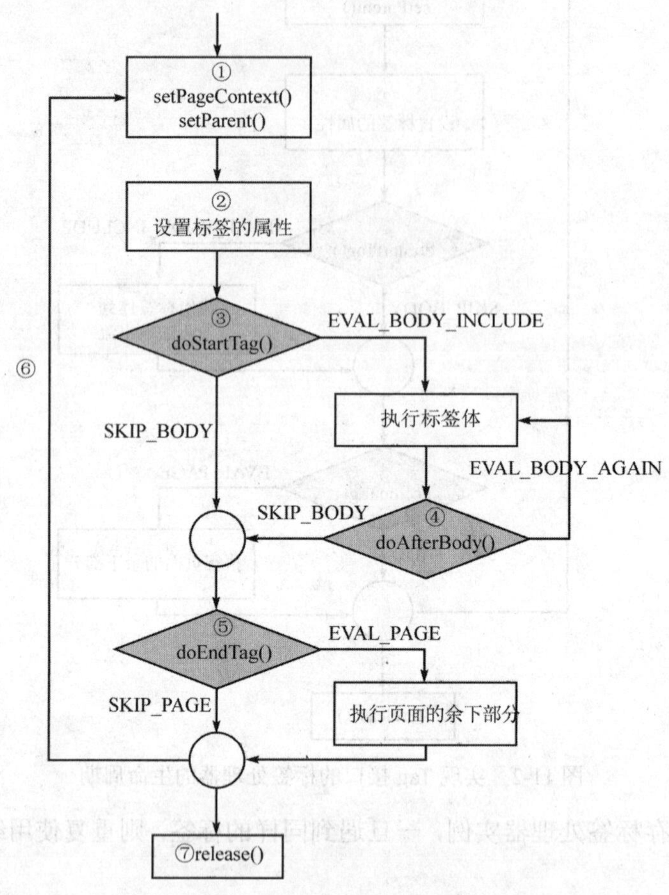

图 11-3　实现 IterationTag 接口的标签处理器的生命周期

③ 调用 doStartTag()方法，该方法可以返回 EVAL_BODY_INCLUDE 或者 SKIP_BODY。如果返回 EVAL_BODY_INCLUDE，则执行标签体；如果返回 SKIP_BODY，则忽略标签体。

④ 在执行完标签体之后，doAfterBody()方法被调用，该方法可以返回 EVAL_BODY_AGAIN 或者 SKIP_BODY。如果返回 EVAL_BODY_AGAIN，则重复执行标签体。如果返回 SKIP_BODY，则不再执行标签体。需要注意的是，在调用 doAfterBody()方法之前，标签体已经被执行了一遍，如果想忽略标签体，需要在 doStartTag()方法中返回 SKIP_BODY。

⑤ 调用 doEndTag()方法，该方法可以返回 EVAL_PAGE 或者 SKIP_PAGE。如果返回 EVAL_PAGE，则执行 JSP 页面的余下部分；如果返回 SKIP_PAGE，则忽略 JSP 页面的余下部分。

⑥ 容器会缓存标签处理器实例，一旦遇到同样的标签，则重复使用缓存的标签处理器实例。

⑦ 当需要释放标签处理器实例时，release()方法才被调用。

11.1.4　BodyTag 接口

javax.servlet.jsp.tagext.BodyTag 接口继承自 IterationTag 接口，它新增了两个方法和一个用作返回值的常量。实现该接口的标签处理器可以在其内部对标签体执行后的内容进行处理。新增的方法如下所示。

- public void **setBodyContent**(BodyContent b)

该方法被 JSP 页面的实现对象调用，设置 bodyContent 属性。对于空标签，该方法不会被调用；对于非空标签，如果 doStartTag() 方法的返回值是 SKIP_BODY 或者 EVAL_BODY_INCLUDE，那么该方法也不会被调用。

- public void **doInitBody**() throws JspException

在 setBodyContent()方法被调用之后，标签体第一次被执行之前，该方法被调用，为标签体的执行做准备。

新增的常量如下所示。

- public static final int EVAL_BODY_BUFFERED

该常量作为 doStartTag()方法的返回值，只有实现了 BodyTag 接口的标签处理器的 doStartTag()方法才可以返回这个值。如果 doStartTag()方法返回该值，则会创建 BodyContent 对象来执行标签体。需要注意的是，在标签体执行后，BodyContent 对象的内容是执行的结果。

javax.servlet.jsp.tagext.BodyContent 是一个抽象类，关于该类的详细信息，请读者参看 JSP 的 API 文档。

实现 BodyTag 接口的标签处理器的生命周期，如图 11-4 所示。

① 容器在创建标签处理器的实例后，调用 setPageContext()方法设置标签的页面上下文。然后调用 setParent()方法设置这个标签的父标签，如果该标签没有父标签，则设置为 null。

② 调用标签处理器的 setXXX()方法，设置标签的属性。如果没有定义属性，则没有这一步骤。

③ 调用 doStartTag()方法，该方法可以返回 EVAL_BODY_INCLUDE、SKIP_BODY 和 EVAL_BODY_BUFFERED 三个值中的一个。如果返回 EVAL_BODY_INCLUDE，则执行标签体；如果返回 EVAL_BODY_BUFFERED，而标签体不为空，则进入第④步，如果返回 SKIP_BODY，则忽略标签体。

④ 调用 setBodyContent() 方法设置标签处理器的 bodyContent 属性，接着调用 doInitBody()方法，为标签体的执行做准备。

⑤ 在执行完标签体之后，doAfterBody()方法被调用，该方法可以返回 EVAL_BODY_AGAIN 或者 SKIP_BODY。如果返回 EVAL_BODY_AGAIN，则重复执行标签体。如果返回 SKIP_BODY，则不再执行标签体。

⑥ 调用 doEndTag() 方法，该方法可以返回 EVAL_PAGE 或者 SKIP_PAGE。如果返回 EVAL_PAGE，则执行 JSP 页面的余下部分；如果返回 SKIP_PAGE，则忽略 JSP 页面的余下部分。

⑦ 容器会缓存标签处理器实例，一旦遇到同样的标签，则重复使用缓存的标签处理器实例。

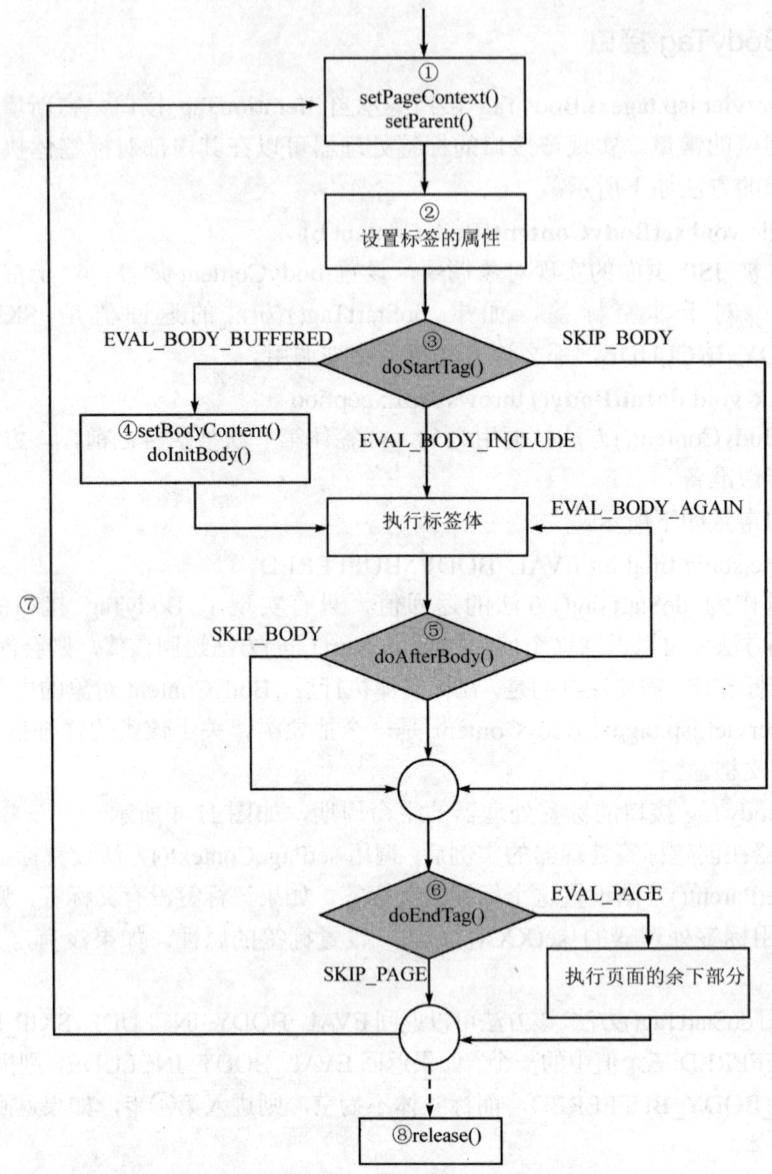

图 11-4　实现 BodyTag 接口的标签处理器的生命周期

⑧ 当需要释放标签处理器实例时，release()方法才被调用。

为了简化标签处理器的开发，在 javax.servlet.jsp.tagext 包中还提供了 TagSupport 和 BodyTagSupport 两个实现类，TagSupport 类实现了 IterationTag 接口，BodyTagSupport 类继承自 TagSupport，实现了 BodyTag 接口。

11.2　标签库描述符

编写好标签处理器类后，为了使用标签，还需要在标签库描述符文件中配置标签的相关信息。标签库描述符（Tag Library Descriptor，TLD）是一个 XML 文档，用来描述一个标签库，包含了标签的名字、标签处理器类和标签的属性等信息。JSP 容器使用标签库描述符来解释页面中使用的自定义标签。

标签库描述符文件使用的扩展名是“.tld”。**当标签库部署在 JAR 文件中时，标签库描述符文件必须放在 META-INF 目录或其子目录下；当标签库直接部署到 Web 应用程序中时，标签库描述符文件必须放在 WEB-INF 目录或其子目录下，但不能放在 /WEB-INF/classes 或/WEB-INF/lib 目录下。**

标签库描述符的元素结构如图 11-5 所示。

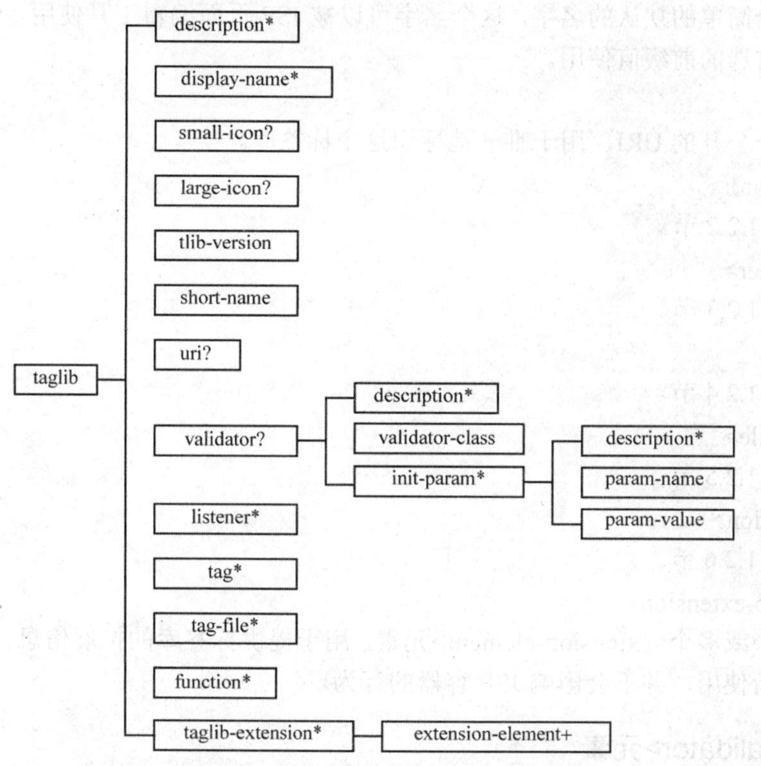

图 11-5　标签库描述符的元素结构图

图中的“*”“?”和“+”与 DTD 中的含义相同。下面我们对这些元素做一下介绍。

11.2.1　<taglib>元素

<taglib>元素是标签库描述符的根元素，它包含 13 个子元素，如下所示。

- <description>

为标签库提供一个文本描述。

- <display-name>

为标签库指定一个简短的名字，这个名字可以被一些工具所显示。

- <small-icon>

为标签库指定小图标（GIF 或 JPEG 格式），大小为 16×16，该图标可以在图形界面工具中显示。

- <large-icon>

为标签库指定大图标（GIF 或 JPEG 格式），大小为 32×32，该图标可以在图形界面工具中显示。

- <tlib-version>

指定标签库的版本。例如，<tlib-version>1.0</tlib-version>。要注意的是，版本号并不是固定的值，开发人员使用这个元素来指明所开发的标签库的版本号。

- <short-name>

定义一个简单的默认的名字，这个名字可以被 JSP 页面编辑工具使用。例如，在 taglib 指令中作为首选的前缀值使用。

- <uri>

定义一个公开的 URI，用于唯一地标识这个标签库。

- <validator>

参见第 11.2.2 节。

- <listener>

参见第 11.2.3 节。

- <tag>

参见第 11.2.4 节。

- <tag-file>

参见第 11.2.5 节。

- <function>

参见第 11.2.6 节。

- <taglib-extension>

包含一个或多个<extension-element>元素，用于提供标签库的扩展信息。这些信息只是被某些工具所使用，并不会影响 JSP 容器的行为。

11.2.2 <validator>元素

<validator>元素有 3 个子元素，如下所示。

- <description>

为验证器提供一个文本描述。

- <validator-class>

指定标签库的验证类，该类必须继承自 javax.servlet.jsp.tagext.TagLibraryValidator。

- <init-param>

用于指定验证类的初始化参数，有 3 个子元素，如下所示。

  - <description>

  为初始化参数提供一个文本描述。

  - <param-name>

  指定初始化参数的名字。

➢ <param-value>

指定初始化参数的值。

11.2.3　<listener>元素

<listener>元素有 4 个子元素，其结构如图 11-6 所示。

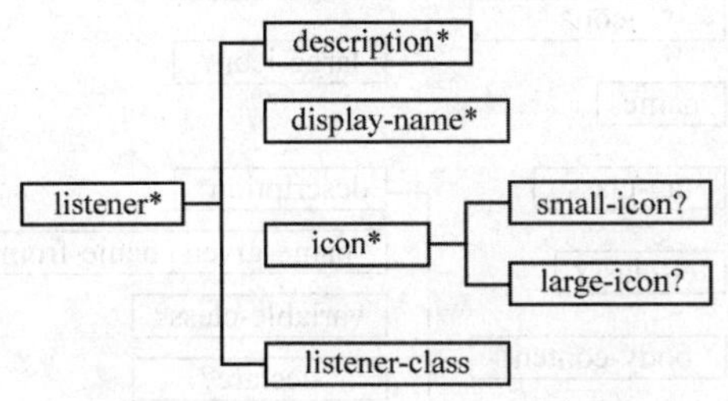

图 11-6　<listener>元素的结构图

- <description>

为监听器提供一个文本描述。

- <display-name>

为监听器指定一个简短的名字，这个名字可以被一些工具所显示。

- <icon>

用于为监听器指定大小图标，有两个子元素，如下所示。

➢ <small-icon>

为监听器指定小图标（GIF 或 JPEG 格式），大小为 16×16，该图标可以在图形界面工具中显示。

➢ <large-icon>

为监听器指定大图标（GIF 或 JPEG 格式），大小为 32×32，该图标可以在图形界面工具中显示。

➢ <listener-class>

指定监听器类的完整限定名。该类必须实现相应的监听器接口，监听器接口定义在 javax.servlet 和 javax.server.http 包中。

11.2.4　<tag>元素

<tag>元素有 12 个子元素，用于指定自定义标签的相关信息，其结构如图 11-7 所示。

- <description>

为自定义标签提供一个文本描述。

- <display-name>

为标签指定一个简短的名字，这个名字可以被一些工具所显示。

- <icon>

用于为标签指定大小图标，有两个子元素，如下所示。

➢ <small-icon>

为标签指定小图标（GIF 或 JPEG 格式），大小为 16×16，该图标可以在图形界面工具中显示。

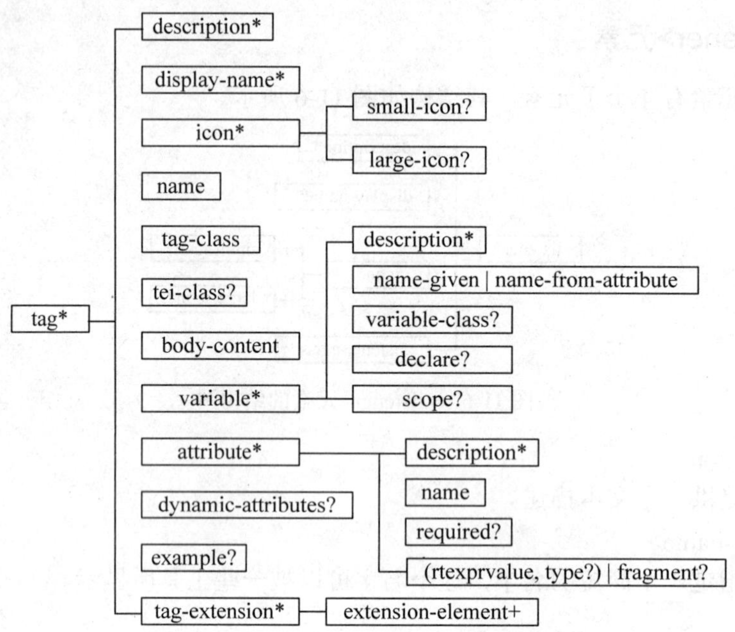

图 11-7 <tag>元素的结构图

➢ <large-icon>

为标签指定大图标（GIF 或 JPEG 格式），大小为 32×32，该图标可以在图形界面工具中显示。

- <name>

指定自定义标签的名称。

- <tag-class>

指定标签处理器类的完整限定名。

- <tei-class>

为这个标签指定 javax.servlet.jsp.tagext.TagExtraInfo 类的子类，该子类用于在转换阶段为 JSP 容器提供有关这个标签的附加信息。关于 TagExtraInfo 类的详细信息，请参看 API 文档。

- <body-content>

指定标签体的格式。可能的取值有 4 种：empty、JSP、scriptless 和 tagdependent。empty 表示标签没有标签体；JSP 表示标签的标签体中可以包含 JSP 代码；scriptless 表示标签体中可以包含 EL 表达式和 JSP 的动作元素，但不能包含 JSP 的脚本元素；tagdependent 表示标签的标签体交由标签本身去解析处理。如果指定 tagdependent，那么你在标签体中所写的任何代码都会原封不动地传给标签处理器，而不是将执行的结果传给标签处理器。

- <variable>

定义标签处理器提供给 JSP 页面使用的脚本变量，有 6 个子元素，如下所示。

➢ <description>

为该变量提供一个文本描述。

➢ <name-given>

直接给出变量的名称。

➢ <name-from-attribute>

表示自定义标签的某个属性值作为变量的名称。

➢ <variable-class>

指定变量所属的类型，默认值为 java.lang.String。

➢ <declare>

指定变量是否声明，默认值为 true。

➢ <scope>

指定变量的范围。可能的取值有 3 种：AT_BEGIN、NESTED 和 AT_END。AT_BEGIN 表示变量的范围从开始标签到 JSP 页面结束；NESTED 表示变量的范围在开始标签和结束标签之间；AT_END 表示变量的范围从结束标签到 JSP 页面结束。默认值是 NESTED。

- <attribute>

用于设置标签的属性，有 6 个子元素，如下所示。

➢ <description>

为该属性提供一个文本描述。

➢ <name>

指定属性的名称。

➢ <required>

指定该属性是否是必需的。默认值是 false。

➢ <rtexprvalue>

指定该属性是否是一个运行时的属性类型。如果设置为 true，则属性值可以是运行时的表达式，例如，<my:max num1="<%=num1%>" num2="<%=num2%>"/>。

➢ <type>

指定属性的类型。

➢ <fragment>

指定属性是否是 JspFragment 对象，默认值是 false。

- <dynamic-attributes>

指定标签是否支持动态属性，取值为 true 或者 false。支持动态属性的标签的标签处理器类必须实现 javax.servlet.jsp.tagext.DynamicAttribute 接口。

- <example>

用于提供一个使用该标签例子的信息描述。

- <tag-extension>

包含一个或多个<extension-element>元素，用于提供这个标签的扩展信息。这些信息只是被某些工具所使用，并不会影响 JSP 容器的行为。

11.2.5 <tag-file>元素

<tag-file>元素有 7 个子元素，用于指定标签文件的相关信息，其结构如图 11-8 所示。

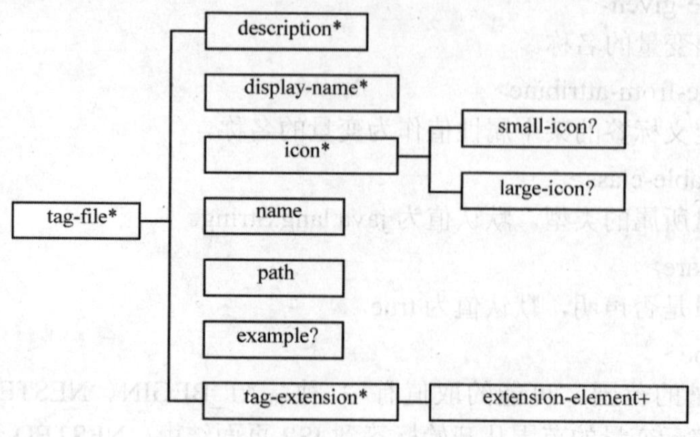

图 11-8 <tag-file>元素的结构图

- <description>

为标签文件提供一个文本描述。

- <display-name>

为标签文件指定一个简短的名字，这个名字可以被一些工具所显示。

- <icon>

用于为标签文件指定大小图标，有两个子元素，如下所示。

➢ <small-icon>

为标签文件指定小图标（GIF 或 JPEG 格式），大小为 16×16，该图标可以在图形界面工具中显示。

➢ <large-icon>

为标签文件指定大图标（GIF 或 JPEG 格式），大小为 32×32，该图标可以在图形界面工具中显示。

- <name>

指定标签文件的名称。

- <path>

指定标签文件的路径。

- <example>

用于提供一个使用该标签例子的信息描述。

- <tag-extension>

包含一个或多个<extension-element>元素，用于提供这个标签的扩展信息。这些信息只是被某些工具所使用，并不会影响 JSP 容器的行为。

11.2.6 <function>元素

<function>元素有 8 个子元素，用于指定在表达式语言（Expression Language，简称 EL）

中使用的函数，其结构如图 11-9 所示。

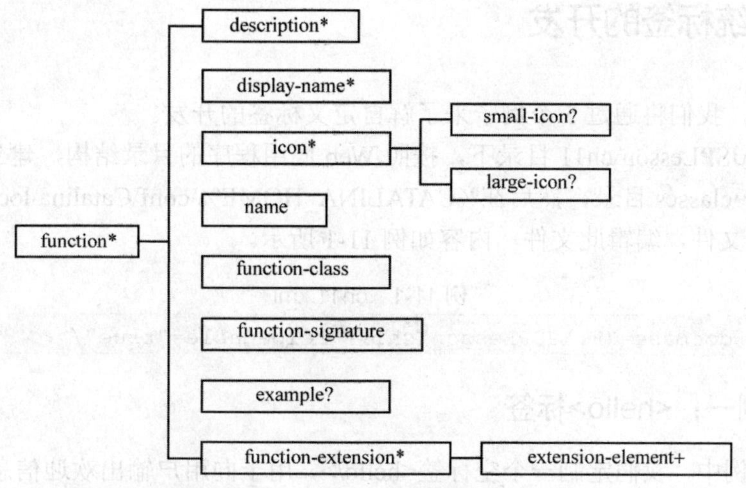

图 11-9　<function>元素的结构图

- <description>

为 EL 函数提供一个文本描述。

- <display-name>

为 EL 函数指定一个简短的名字，这个名字可以被一些工具所显示。

- <icon>

用于为 EL 函数指定大小图标，有两个子元素，如下所示。

  - <small-icon>

  为 EL 函数指定小图标（GIF 或 JPEG 格式），大小为 16×16，该图标可以在图形界面工具中显示。

  - <large-icon>

  为 EL 函数指定大图标（GIF 或 JPEG 格式），大小为 32×32，该图标可以在图形界面工具中显示。

- <name>

指定 EL 函数的名称。

- <function-class>

指定实现了该函数的 Java 类的名称。

- <function-signture>

指定 EL 函数的原型，遵照 Java 语言规范。

- <example>

用于提供一个使用该函数例子的信息描述。

- <function-extension>

包含一个或多个<extension-element>元素，用于提供关于这个函数的额外的信息。这些信息只是被某些工具所使用，并不会影响 JSP 容器的行为。

11.3 传统标签的开发

在这一节，我们将通过 5 个例子来了解自定义标签的开发。

首先在 F:\JSPLesson\ch11 目录下，按照 Web 应用程序的目录结构，建立 WEB-INF 目录和 WEB-INF\classes 目录，然后在%CATALINA_HOME%\conf\Catalina\localhost 目录下，新建 ch11.xml 文件，编辑此文件，内容如例 11-1 所示。

例 11-1　ch11.xml

```
<Context docBase="F:\JSPLesson\ch11" reloadable="true"/>
```

11.3.1 实例一：<hello>标签

在这个实例中，我们定制一个空标签<hello/>，用于向用户输出欢迎信息。在前面介绍过，要开发自定义标签，其核心就是要编写标签处理器类，所以我们首先编写一个标签处理器类 HelloTag，它实现了 Tag 接口。实例的开发主要有下列步骤。

Step1：编写 HelloTag.java

将编写好的 HelloTag.java 源文件存放到 F:\JSPLesson\ch11\src 目录下。完整的源代码如例 11-2 所示。

例 11-2　HelloTag.java

```
package org.sunxin.ch11.tags;

import java.io.IOException;
import javax.servlet.jsp.*;
import javax.servlet.jsp.tagext.*;

public class HelloTag implements Tag
{
    private PageContext pageContext;
    private Tag parent;

    public void setPageContext(PageContext pc)
    {
        this.pageContext=pc;
    }

    public void setParent(Tag t)
    {
        this.parent=t;
    }

    public Tag getParent()
    {
```

```
        return parent;
    }

    public int doStartTag() throws JspException
    {
        return SKIP_BODY;
    }

    public int doEndTag() throws JspException
    {
        //利用 pageContext 对象的 getOut()方法得到 JspWriter 对象
        JspWriter out=pageContext.getOut();
        try
        {
            //利用 JspWriter 对象，向客户端输出欢迎信息
            out.print("欢迎来到孙鑫的个人网站");
        }
        catch(IOException e)
        {
            System.err.println(e.toString());
        }
        return EVAL_PAGE;
    }

    public void release(){}
}
```

注 意　我们编写的标签处理器类必须要有包名。

Step2：编译和部署 HelloTag.java

要编译 HelloTag.java 需要在 CLASSPATH 环境变量下设置包含了标签库 API 的 JAR 包的路径。%CATALINA_HOME%\lib\jsp-api.jar 文件包含了与 JSP 开发相关的 API。读者可以自行设置 CLASSPATH 环境变量，包含 jsp-api.jar 文件的全路径名。设置完 CLASSPATH 环境变量后，打开命令提示符，进入 HelloTag.java 所在的目录 F:\JSPLesson\ch11\src 下，然后执行：

```
javac -d ..\WEB-INF\classes HelloTag.java
```

在 F:\JSPLesson\ch11\WEB-INF\classes 目录下生成了 org\sunxin\ch11\tags 目录及相应的类文件。

注：在本章后面的实例中，编译源文件这一步骤将省略，请读者注意。

Step3：在 TLD 文件中配置<hello>标签

在 WEB-INF 目录下新建 tlds 目录，在这个目录下放置标签库描述符文件。读者也可以给所建的目录取别的名字，通常我们将其命名为 tlds 或 tld。在 tlds 目录下新建文件

MyTaglib.tld，“.tld”是标签库描述符文件的扩展名。编辑 MyTaglib.tld 文件，配置本例中的<hello>标签，内容如例 11-3 所示。

例 11-3　MyTaglib.tld

```
<taglib xmlns="http://java.sun.com/xml/ns/j2ee"
   xmlns:xsi="http://www.w3.org/2001/XMLSchema-instance"
   xsi:schemaLocation="http://java.sun.com/xml/ns/j2ee
   web-jsptaglibrary_2_1.xsd"
   version="2.1">

   <tlib-version>1.0</tlib-version>
   <short-name>my</short-name>
 <display-name>My Tag</display-name>
   <description>Custom Tag library</description>

   <tag>
      <name>hello</name>
      <tag-class>org.sunxin.ch11.tags.HelloTag</tag-class>
      <body-content>empty</body-content>
   </tag>
</taglib>
```

在根元素<taglib>上声明了使用的 XML Schema 的版本（版本 2.1 只能在支持 JSP 2.1 规范的容器中运行），这段代码是固定的，你无须记忆它，只要知道复制/粘贴就可以了。注意：<tlib-version>元素指定的版本号并不是固定的，它是根据你开发的标签库的版本来设置的。

Step4：在 web.xml 文件中配置标签库信息

在 F:\JSPLesson\ch11\WEB-INF 目录下建立 web.xml 文件，配置标签库信息。这个配置是为了让容器可以定位 TLD 文件的位置，完整的内容如例 11-4 所示。

例 11-4　web.xml

```
<?xml version="1.0" encoding="UTF-8"?>

 <web-app xmlns="http://xmlns.jcp.org/xml/ns/javaee"
  xmlns:xsi="http://www.w3.org/2001/XMLSchema-instance"
  xsi:schemaLocation="http://xmlns.jcp.org/xml/ns/javaee
                    http://xmlns.jcp.org/xml/ns/javaee/web-app_4_0.xsd"
  version="4.0">

   <jsp-config>
      <taglib>
         <taglib-uri>/mytag</taglib-uri>
         <taglib-location>/WEB-INF/tlds/MyTaglib.tld</taglib-location>
      </taglib>
   </jsp-config>
</web-app>
```

<jsp-config>元素用于为 Web 应用程序中的 JSP 文件提供全局的配置信息。<taglib>元素用于指定 JSP 页面使用的标签库信息。有两个子元素<taglib-uri>和<taglib-location>，<taglib-uri>元素指定在 Web 应用程序中使用的标签库的 URI 标识，JSP 页面的 taglib 指令通过这个 URI 读取到 TLD 文件。<taglib-location>元素指定 TLD 文件的位置。

Step5：编写测试页面 hello.jsp

将编写好的 hello.jsp 文件存放到 F:\JSPLesson\ch11 目录下。完整的源代码如例 11-5 所示。

例 11-5　hello.jsp

```
<%@ page contentType="text/html;charset=GB2312" %>
<%@ taglib uri="/mytag" prefix="my"%>

<html>
   <head><title><my:hello/></title></head>
   <body><my:hello/></body>
</html>
```

需要注意的是，taglib 指令中的属性 URI 的值要和 web.xml 文件中的<taglib-uri>元素的内容一致。

Step6：测试<hello>标签

启动 Tomcat 服务器，打开浏览器，在地址栏中输入 http://localhost:8080/ch11/hello.jsp，将会看到输出的欢迎信息。

11.3.2　实例二：<max>标签

在这个实例中，我们定制一个带有两个属性的标签<max>，用于计算两个数的最大值。为了简化标签处理器的开发，我们让处理器类 MaxTag 继承自 TagSupport 类。实例的开发主要有下列步骤。

Step1：编写 MaxTag.java

将编写好的 MaxTag.java 源文件存放到 F:\JSPLesson\ch11\src 目录下。完整的源代码如例 11-6 所示。

例 11-6　MaxTag.java

```
package org.sunxin.ch11.tags;

import java.io.IOException;
import javax.servlet.jsp.*;
import javax.servlet.jsp.tagext.*;

public class MaxTag extends TagSupport
{
   private int num1;
```

```
    private int num2;

    public void setNum1(int num1)
    {
        this.num1=num1;
    }

    public void setNum2(int num2)
    {
        this.num2=num2;
    }

    public int doEndTag() throws JspException
    {
        JspWriter out=pageContext.getOut();
        try
        {
            out.print(num1>num2 ? num1:num2);
        }
        catch(IOException e)
        {
            System.err.println(e);
        }
        return EVAL_PAGE;
    }
}
```

在 MaxTag 类中，提供了两个 setXXX()方法，JSP 页面的实现对象会调用这两个方法，设置标签的属性。在 doEndTag()方法中，计算出两个数的最大值，然后将最大值输出。

Step2：在 TLD 文件中配置<max>标签

编辑 WEB-INF\tlds\MyTaglib.tld 文件，配置本例中的<max>标签，内容如例 11-7 所示。

例 11-7　MyTaglib.tld

```
…
 <tag>
        <name>max</name>
        <tag-class>org.sunxin.ch11.tags.MaxTag</tag-class>
        <body-content>empty</body-content>
        <attribute>
            <name>num1</name>
            <required>true</required>
            <rtexprvalue>true</rtexprvalue>
        </attribute>
        <attribute>
            <name>num2</name>
            <required>true</required>
```

```
        <rtexprvalue>true</rtexprvalue>
    </attribute>
</tag>
...
```

两个属性的设置，<required>元素都为 true，表明这两个属性是必需的。<rtexprvalue>元素设置为 true，表明属性值可以接受运行时的表达式。

Step3：编写测试页面 max.jsp

将编写好的 max.jsp 文件存放到 F:\JSPLesson\ch11 目录下。完整的源代码如例 11-8 所示。

例 11-8　max.jsp

```
<%@ page contentType="text/html;charset=GB2312" %>
<%@ taglib uri="/WEB-INF/tlds/MyTaglib.tld" prefix="my" %>
<%
    int num1=Integer.parseInt(request.getParameter("num1"));
    int num2=Integer.parseInt(request.getParameter("num2"));
%>

最大值是：<my:max num1="<%=num1%>" num2="<%=num2%>"/>
```

需要注意的是，在本例中，我们将 taglib 指令的属性 uri 直接设置为了 TLD 文件所在的位置，采用这种方式，就不需要在 web.xml 文件中对标签库进行配置了。读者可以将 web.xml 文件中的相关配置信息注释掉，如例 11-9 所示。

例 11-9　web.xml

```
...
    <!--
    <jsp-config>
        <taglib>
            <taglib-uri>/mytag</taglib-uri>
            <taglib-location>/WEB-INF/tlds/MyTaglib.tld</taglib-location>
        </taglib>
    </jsp-config>
    -->
...
```

Step4：测试<max>标签

启动 Tomcat 服务器，打开浏览器，在地址栏中输入 http://localhost:8080/ch11/ max.jsp?num1=56&num2=23，将会看到输出最大值是 56。

11.3.3　实例三：<greet>标签

在这个实例中，我们定制一个带标签体的标签<greet>，用于循环输出标签体的内容。为了在标签处理器中得到标签体的内容，我们让处理器类 GreetTag 继承自 BodyTagSupport。实例的开发主要有下列步骤。

Step1：编写 GreetTag.java

将编写好的 GreetTag.java 源文件存放到 F:\JSPLesson\ch11\src 目录下。完整的源代码如例 11-10 所示。

例 11-10　GreetTag.java

```
package org.sunxin.ch11.tags;

import java.io.IOException;
import javax.servlet.jsp.*;
import javax.servlet.jsp.tagext.*;

public class GreetTag extends BodyTagSupport
{
    private int count;

    /**
    *只有当 doStartTag()方法的返回值是 EVAL_BODY_BUFFERED 时，
    *JSP 页面的实现对象才会创建 BodyContent 对象，
    *调用 setBodyContent()和 doInitBody()方法
    */
    public int doStartTag() throws JspException
    {
     count=0;
        return EVAL_BODY_BUFFERED;
    }

    /**
    *因为在 doAfterBody()方法被调用之前，标签体已经被执行过一次，
    *所以在这里虽然是两次循环，但实际上会输出三段标签体的内容
    */
    public int doAfterBody() throws JspException
    {
        if(count<2)
        {
            count++;
            return EVAL_BODY_AGAIN;
        }
        else
        {
            return SKIP_BODY;
        }
    }

    public int doEndTag() throws JspException
    {
        JspWriter out=bodyContent.getEnclosingWriter();
        try
```

```
        {
            out.println(bodyContent.getString());
        }
        catch(IOException e)
        {
            System.err.println(e);
        }
        return EVAL_PAGE;
    }
}
```

因为 BodyTagSupport 类本身有一个 protected 类型的成员变量 bodyContent，所以在子类中可以直接使用。

Step2：在 TLD 文件中配置<greet>标签

编辑 WEB-INF\tlds\MyTaglib.tld 文件，配置本例中的<greet>标签，内容如例 11-11 所示。

例 11-11　MyTaglib.tld

```
…
    <description>Custom Tag library</description>
    <uri>/mytag</uri>
…
  <tag>
        <name>greet</name>
        <tag-class>org.sunxin.ch11.tags.GreetTag</tag-class>
        <body-content>JSP</body-content>
    </tag>
…
```

注意　我们在 TLD 文件中，添加了<uri>元素的设置。<body-content>元素的值为 JSP，表示标签的标签体中可以包含 JSP 代码。

Step3：编写测试页面 greet.jsp

将编写好的 greet.jsp 文件存放到 F:\JSPLesson\ch11 目录下。完整的源代码如例 11-12 所示。

例 11-12　greet.jsp

```
<%@ page contentType="text/html;charset=GB2312" %>
<%@ taglib uri="/mytag" prefix="my" %>

<%! int size=3; %>
<html>
    <head><title><my:hello/></title></head>
    <body>
        <my:greet>
            <font size=<%=size++%> color=blue>
```

```
                欢迎访问孙鑫的个人网站
            </font><p>
        </my:greet>
    </body>
</html>
<%
    if(size>5) size=3;
%>
```

需要注意的是，taglib 指令的 uri 属性值为/mytag，和我们在 MyTaglib.tld 文件中设置的<uri>元素的内容是一致的，但是这两个地方的设置并没有给出 TLD 文件的位置信息，而我们在 web.xml 文件中对 TLD 的配置信息，也已经被注释了，那么 JSP 容器能否找到 TLD 文件的位置，从而将 TLD 中设置的 URI 和 JSP 页面中设置的 URI 对应起来呢？

答案是肯定的，在 JSP 容器启动时，会搜索 WEB-INF 目录及其子目录下所有扩展名为.tld 的文件，找到一个文件后，如果该 TLD 文件设置了<uri>元素，那么容器就会创建一个新的<taglib>元素，将<taglib>元素的子元素<taglib-uri>的值设置为<uri>元素的值，将<taglib-location>子元素的值设置为 TLD 文件的位置。

至此，我们已经向读者介绍了三种引用标签库的方式。**第一种方式，需要在 web.xml 文件中设置<taglib>元素。第二种方式，直接将页面的 taglib 指令的 uri 属性指定为 TLD 文件的位置。第三种方式，在 TLD 文件中设置<uri>元素。**

> 提示 在 JSP 2.0 版本之前，开发人员必须在 web.xml 文件中使用<taglib>元素来配置标签库的 URI 和标签库描述符文件位置的映射，但从 JSP 2.0 版本开始，则变为可选的了。

另外，需要提醒读者注意的是，TLD 文件不能放置在 WEB-INF\classes 或 WEB-INF\lib 目录下。

Step4：测试<greet>标签

启动 Tomcat 服务器，打开浏览器，在地址栏中输入 http://localhost:8080/ch11/greet.jsp，可以看到标签体的内容按照不同的字体大小输出了三次。

11.3.4 实例四：<switch>标签

在这个实例中，我们定制三个标签<switch>、<case>和<default>，用于完成 Java 语言中 switch 语句的功能，其中<switch>为父标签，<case>和<default>为子标签。要定制三个标签，就需要编写三个标签处理器类。实例的开发主要有下列步骤。

Step1：编写 SwitchTag.java

将编写好的 SwitchTag.java 源文件存放到 F:\JSPLesson\ch11\src 目录下。完整的源代码如例 11-13 所示。

例 11-13 SwitchTag.java

```
package org.sunxin.ch11.tags;
```

```
import javax.servlet.jsp.*;
import javax.servlet.jsp.tagext.*;

public class SwitchTag extends TagSupport
{
    //boolean 类型的变量，用于判断子标签是否已经执行
    private boolean subTagExecuted;

    public SwitchTag()
    {
        subTagExecuted=false;
    }

    public int doStartTag() throws JspException
    {
        //当遇到<switch>的起始标签时，子标签还没有开始执行，
        //所以将 subTagExecuted 设置为 false
        subTagExecuted = false;
        return EVAL_BODY_INCLUDE;
    }

    /**
    * 这个方法由子标签处理器对象调用，用于判断是否可以执行自身的标签体
    */
    public synchronized boolean getPermission()
    {
        return (!subTagExecuted);
    }

    /**
    * 如果其中一个子标签满足了条件，则调用这个方法，通知父标签
    * 这样，其他的子标签将忽略它们的标签体，从而实现 switch…case 功能
    */
    public synchronized void subTagSucceeded()
    {
        subTagExecuted = true;
    }

    public void release()
    {
        subTagExecuted=false;
    }
}
```

在 SwitchTag 类中，我们定义了一个私有的 boolean 类型的成员变量 subTagExecuted，用于判断子标签是否已经执行。每当一个子标签要执行标签体之前，都先调用父标签处理

器（SwitchTag）对象的 getPermission()方法，了解是否已经有子标签符合条件，如果没有，则判断自身是否满足条件。如果满足条件，则调用 SwitchTag 对象的 subTagSucceeded()方法通知父标签，并执行标签体，否则，忽略标签体。

Step2：编写 CaseTag.java

将编写好的 CaseTag.java 源文件存放到 F:\JSPLesson\ch11\src 目录下。完整的源代码如例 11-14 所示。

例 11-14　CaseTag.java

```
package org.sunxin.ch11.tags;

import javax.servlet.jsp.*;
import javax.servlet.jsp.tagext.*;

public class CaseTag extends TagSupport
{
    private boolean cond;

    public CaseTag()
    {
        cond=false;
    }

    public void release()
    {
        cond=false;
    }

    public void setCond(boolean cond)
    {
        this.cond=cond;
    }

    public int doStartTag() throws JspException
    {
        Tag parent=getParent();

       //判断是否可以执行自身的标签体。
        if (!((SwitchTag) parent).getPermission())
            return SKIP_BODY;

        //如果条件为true，则通知父标签，已经有一个子标签满足条件了
        //否则，忽略标签体
        if (cond)
        {
            ((SwitchTag)parent).subTagSucceeded();
```

```
            return EVAL_BODY_INCLUDE;
        }
        else
        {
            return SKIP_BODY;
        }
    }
}
```

<caset>标签有一个属性 cond，作为判断的条件。

Step3：编写 DefaultTag.java

将编写好的 DefaultTag.java 源文件存放到 F:\JSPLesson\ch11\src 目录下。完整的源代码如例 11-15 所示。

例 11-15　DefaultTag.java

```
package org.sunxin.ch11.tags;

import javax.servlet.jsp.*;
import javax.servlet.jsp.tagext.*;

public class DefaultTag extends TagSupport
{
    public int doStartTag() throws JspException
    {
        Tag parent=getParent();

        //判断标签体是否可以执行。
        if (!((SwitchTag) parent).getPermission())
              return SKIP_BODY;

        //如果没有<case>标签满足条件，则执行<default>标签的标签体。
        ((SwitchTag)parent).subTagSucceeded();
        return EVAL_BODY_INCLUDE;
    }
}
```

Step4：在 TLD 文件中配置<switch>、<case>和<default>标签

编辑 WEB-INF\tlds\MyTaglib.tld 文件，配置本例中的<switch>、<case>和<default>标签，内容如例 11-16 所示。

例 11-16　MyTaglib.tld

```
…
 <tag>
       <name>switch</name>
       <tag-class>org.sunxin.ch11.tags.SwitchTag</tag-class>
       <body-content>JSP</body-content>
```

```
    </tag>

    <tag>
        <name>case</name>
        <tag-class>org.sunxin.ch11.tags.CaseTag</tag-class>
        <body-content>JSP</body-content>
        <attribute>
            <name>cond</name>
            <required>true</required>
            <rtexprvalue>true</rtexprvalue>
        </attribute>
    </tag>

    <tag>
        <name>default</name>
        <tag-class>org.sunxin.ch11.tags.DefaultTag</tag-class>
        <body-content>JSP</body-content>
    </tag>
…
```

Step5：编写测试页面 switch.jsp

将编写好的 switch.jsp 文件存放到 F:\JSPLesson\ch11 目录下。完整的源代码如例 11-17 所示。

例 11-17　switch.jsp

```
<%@ page contentType="text/html;charset=GB2312" %>
<%@ taglib uri="/mytag" prefix="my" %>

<%
   String name=request.getParameter("name");
%>

<my:switch>
   <my:case cond='<%=name.equals("zhangsan")%>'>
      <%out.println(name+" is manager!");%>
   </my:case>
   <my:case cond='<%=name.equals("lisi")%>'>
      <%out.println(name+" is salesman!");%>
   </my:case>
   <my:default>
      <%out.println(name+" is employee!");%>
   </my:default>
</my:switch>
```

Step6：测试<switch>标签

启动 Tomcat 服务器，打开浏览器，在地址栏中输入 http://localhost:8080/ch11/switch.jsp?name=zhangsan，可以看到输出“zhangsan is manager!”，更换查询参数 name 的值，可以看

到不同的输出内容。

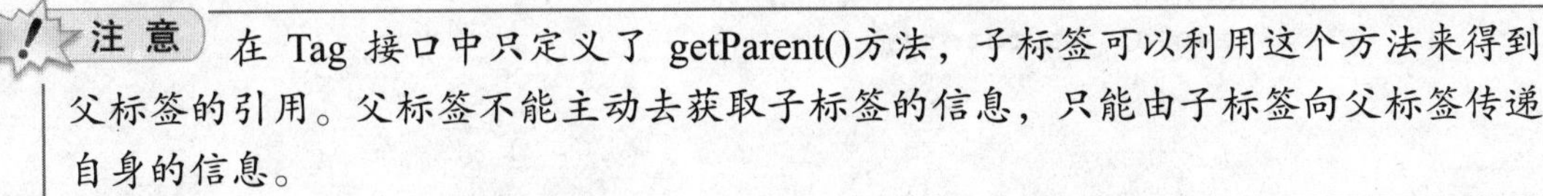
注意　在 Tag 接口中只定义了 getParent()方法，子标签可以利用这个方法来得到父标签的引用。父标签不能主动去获取子标签的信息，只能由子标签向父标签传递自身的信息。

11.3.5　实例五：<iterate>标签

在 Web 应用中，经常需要迭代输出集合中的元素，在本例中，我们将定制一个用于迭代输出集合中所有元素的标签<iterate>。实例的开发主要有下列步骤。

Step1：编写 IterateTag.java

将编写好的 IterateTag.java 源文件存放到 F:\JSPLesson\ch11\src 目录下。完整的源代码如例 11-18 所示。

例 11-18　IterateTag.java

```
package org.sunxin.ch11.tags;

import java.io.IOException;
import java.util.Collection;
import java.util.Iterator;

import javax.servlet.jsp.*;
import javax.servlet.jsp.tagext.*;

public class IterateTag extends TagSupport
{

    private Iterator items;
    private String itemId;
    private Object item;

    public IterateTag()
    {
        items=null;
    }

    public void release()
    {
        items=null;
    }

    /**
    * 得到集合的迭代对象
    */
    public void setItems(Collection cl)
```

```
    {
        if(cl.size()>0)
            items=cl.iterator();
    }

    /**
    * var 作为<iterate>标签的属性
    */
    public void setVar(String var)
    {
        itemId=var;
    }

    public int doStartTag() throws JspException
    {
        if(items.hasNext())
        {
            item=items.next();
        }
        else
        {
            return SKIP_BODY;
        }
        putVariable();
        return EVAL_BODY_INCLUDE;
    }

    public int doAfterBody() throws JspException
    {
        if(items.hasNext())
        {
            item=items.next();
        }
        else
        {
            return SKIP_BODY;
        }
        putVariable();
        return EVAL_BODY_AGAIN;
    }

    /**
    * 将从集合中取出的元素保存到 pageContext 对象中
    */
    public void putVariable()
    {
        if(null==item)
            pageContext.removeAttribute(itemId,PageContext.PAGE_SCOPE);
```

```
        else
            pageContext.setAttribute(itemId,item);

    }
}
```

请读者注意 doStartTag()方法中的代码。当<iterate>标签的标签体刚执行的时候，doAfterBody()方法还没有被调用，此时为了能够在标签体中使用集合中的元素，我们必须在 doStartTag()方法中先取出一个元素，并调用 putVariable()方法，将该元素保存到 pageContext 对象中。集合中剩下的元素的迭代是通过循环调用 doAfterBody()方法来实现的，这意味着标签的标签体将被重复执行。在 doAfterBody()方法中，每当从集合中取出一个元素，我们就调用 putVariable()方法，将这个元素作为 pageContext 对象的属性保存到 pageContext 对象中，属性名是<iterate>标签的 var 属性的值。

我们在 JSP 页面中使用<iterate>标签的时候，在该标签的标签体中，就可以从 pageContext 对象中来得到集合中的元素。

Step2：编写 UserBean.java

UserBean 对象用于保存用户信息。我们将在页面中构造多个 UserBean 对象，并保存到集合对象中，然后利用<iterate>标签从集合中取出保存的 UserBean 对象。将编写好的 UserBean.java 源文件存放到 F:\JSPLesson\ch11\src 目录下。完整的源代码如例 11-19 所示。

例 11-19　UserBean.java

```
package org.sunxin.ch11.beans;

import java.io.Serializable;

public class UserBean implements Serializable
{
    private String name;
    private int age;
    private String education;
    private String email;

    public UserBean(){}

    public UserBean(String name,int age,String education,String email)
    {
        this.name=name;
        this.age=age;
        this.education=education;
        this.email=email;
    }
    public String getName()
    {
        return name;
```

```
    }

    public void setName(String name)
    {
        this.name=name;
    }

    public int getAge()
    {
        return age;
    }

    public void setAge(int age)
    {
        this.age=age;
    }

    public String getEducation()
    {
        return education;
    }

    public void setEducation(String education)
    {
        this.education=education;
    }

    public void setEmail(String email)
    {
        this.email=email;
    }

    public String getEmail()
    {
        return email;
    }
}
```

Step3：在 TLD 文件中配置<iterate>标签

编辑 WEB-INF\tlds\MyTaglib.tld 文件，配置本例中的<iterate>标签，内容如例 11-20 所示。

例 11-20　MyTaglib.tld

```
…
    <tag>
        <name>iterate</name>
        <tag-class>org.sunxin.ch11.tags.IterateTag</tag-class>
        <body-content>jsp</body-content>
```

```
        <attribute>
            <name>var</name>
            <required>true</required>
            <rtexprvalue>false</rtexprvalue>
        </attribute>
        <attribute>
            <name>items</name>
            <required>true</required>
            <rtexprvalue>true</rtexprvalue>
        </attribute>
    </tag>
…
```

因为属性 var 的值是用于保存当前迭代条目的范围变量的名字，我们需要利用这个范围变量来得到用户的信息，所以它的值不能是运行时表达式。在 TLD 中，我们将<rtexprvalue>子元素设置为 false。

Step4：编写测试页面 iterate.jsp

将编写好的 iterate.jsp 文件存放到 F:\JSPLesson\ch11 目录下。完整的源代码如例 11-21 所示。

例 11-21　iterate.jsp

```
<%@ page contentType="text/html;charset=GB2312" %>
<%@ taglib uri="/mytag" prefix="my" %>
<%@ page import="java.util.ArrayList" %>
<%@ page import="org.sunxin.ch11.beans.UserBean" %>

<%
    ArrayList al=new ArrayList();
    UserBean user1=new UserBean("张三",24,"大本","zhangsan@sina.com");
    UserBean user2=new UserBean("李四",26,"硕士","lisi@163.com");
    UserBean user3=new UserBean("王五",30,"博士","wangwu@netease.com");

     al.add(user1);
     al.add(user2);
     al.add(user3);
%>

<table border="1">
    <caption>用户信息</caption>
    <tr>
        <th>姓名</th>
        <th>年龄</th>
        <th>学历</th>
        <th>邮箱</th>
    <tr>
    <my:iterate var="user" items="<%=al%>">
```

```
26.         <tr>
27.             <td><jsp:getProperty name="user" property="name"/></td>
28.             <td>${user["age"]}</td>
29.             <td>${user.education}</td>
30.             <td><jsp:getProperty name="user" property="email"/></td>
31.         </tr>
32.     </my:iterate>
33. </table>
```

代码的第 27 行和第 30 行，使用动作元素<jsp:getProperty>得到 JavaBean 对象 user 的姓名和邮箱。有的读者可能会感到不解，为什么在这个页面中没有看到创建 JavaBean 对象的代码，却可以使用<jsp:getProperty>。这是因为我们在标签处理器中，将集合中的 UserBean 对象作为属性保存到了 pageContext 对象中，属性的名字就是<iterate>标签的 var 属性的值。当容器遇到<jsp:getProperty>动作元素时，会在 pageContext 对象中查找 UserBean 对象，从而取出 UserBean 对象的属性值。

代码的第 28 行和第 29 行，使用的是 EL 表达式（参见第 12 章）。

Step5：测试<iterate>标签

启动 Tomcat 服务器，打开浏览器，在地址栏中输入 http://localhost:8080/ch11/iterate.jsp，可以看到以表格形式输出的用户信息。

Step6：在 TLD 中定义脚本变量

编辑 WEB-INF\tlds\MyTaglib.tld 文件，定义在 JSP 页面中使用的脚本变量，内容如例 11-22 所示。

例 11-22　MyTaglib.tld

```
…
 <tag>
        <name>iterate</name>
        <tag-class>org.sunxin.lesson.jsp.ch11.IterateTag</tag-class>
        <body-content>jsp</body-content>
        <attribute>
            <name>var</name>
            <required>true</required>
            <rtexprvalue>false</rtexprvalue>
        </attribute>
        <attribute>
            <name>items</name>
            <required>true</required>
            <rtexprvalue>true</rtexprvalue>
        </attribute>
        <variable>
            <name-from-attribute>var</name-from-attribute>
            <variable-class>
                org.sunxin.ch11.beans.UserBean
            </variable-class>
```

```
            <scope>NESTED</scope>
        </variable>
    </tag>
...
```

在 TLD 文件中，使用<variable>元素定义了一个脚本变量，变量的名字是<iterate>标签 var 属性的值，变量的类型是 UserBean 类，变量的范围在<iterate>标签的开始标签和结束标签之间。对于脚本变量，读者可以这样理解：<variable>元素定义的脚本变量就是可以在 JSP 声明和脚本段中使用的变量，变量的使用范围要看<variable>元素的子元素<scope>的定义。

在 TLD 中定义变量后，就可以在 JSP 页面中使用该变量了，我们将例 11-21 iterate.jsp 页面的第 30 行修改为：

```
<td><%=user.getEmail()%></td>
```

user 变量的名称是<iterate>标签 var 属性的值。

读者再次访问 iterate.jsp 页面，将会看到同样的结果。

需要注意的是，脚本变量的定义并不是随意的，当你定义了一个脚本变量，然后在 JSP 页面中使用，容器在转换 JSP 页面时，会产生类似下面的代码：

```
org.sunxin.ch11.beans.UserBean user = null;
user = (org.sunxin.ch11.beans.UserBean) _jspx_page_context.findAttribute
("user");
```

从上面的代码中可以看出，脚本变量的使用必然和一个已经存在的对象绑定在一起，而这个对象是作为某个范围对象（即 pageContex 对象、request 对象、session 对象或者 application 对象）的属性保存下来的。同时，变量的取名和属性的名字也要匹配，否则，就无法找到这个对象了。在本例中，UserBean 对象是在标签处理器中调用 pageContext.setAttribute()方法作为属性保存的，属性名是<iterate>标签 var 属性的值，在 TLD 中定义的脚本变量的名字也是 var 属性的值，所以在页面中才能够调用 user.getEmail()来访问 JavaBean 的属性。

11.4　简单标签的开发

在传统标签的开发中，我们需要根据定制标签的功能来选择实现哪一个接口，或从哪一个类继承，并实现相应的方法，另外还要考虑方法的返回值。为了简化标签的开发，JSP 2.0 规范定义了一种新的标签类型，称为简单标签，相应的接口是 SimpleTag。

11.4.1　SimpleTag 接口

javax.servlet.jsp.tagext.SimpleTag 接口定义了下面 5 个方法。

- public void **setJspContext**(JspContext pc)

该方法被容器调用，设置 JspContext。JspContext 是 PageContext 的基类。

- public void **setParent(JspTag** parent)

如果标签被嵌套，该方法被用来设置父标签。

● public JspTag **getParent()**

如果标签被嵌套，该方法被用于获取父标签。

● public void **setJspBody(JspFragment** jspBody)

该方法用于设置标签体。标签体作为 JspFragment 对象提供。可以把 JspFragment 看作是在一个对象中封装的一段 JSP 代码，该对象可以根据需要而被执行多次。

● public void **doTag() throws** JspException, java.io.IOException

该方法由标签的开发者实现，对标签和标签体的处理在这个方法中实现。

实现了 SimpleTag 接口的标签处理器的生命周期，如图 11-10 所示。

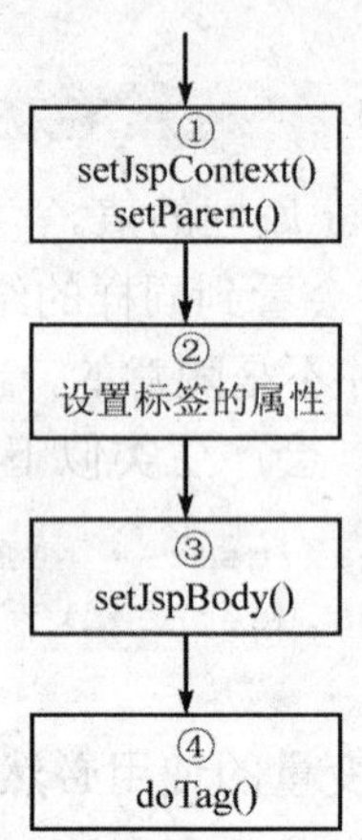

图 11-10　实现 SimpleTag 接口的标签处理器的生命周期

① 容器在创建标签处理器的实例后，调用 setJspContext()方法设置 JspContext。如果该标签没有被嵌套，则不会调用 setParent()方法；如果被嵌套，则调用 setParent()方法设置它的父标签。注意，这和传统标签的处理不太一样，在传统标签的处理中，不管标签是否被嵌套，setParent()方法都会被调用。

② 调用标签处理器的 setXXX()方法，设置标签的属性。如果没有定义属性，则没有这一步骤。

③ 如果存在标签体，容器则调用 setJspBody()方法，设置标签体。如果标签体不存在，则没有这一步骤。

④ 容器调用 doTag()方法，在这个方法中，完成标签处理器的主要逻辑。

请读者注意的是，简单标签的标签处理器实例并不会被缓存而重复使用，每当遇到标签时，容器就会创建一个新的标签处理器实例，这是和传统标签处理器不一样的地方。

为了简化简单标签的开发，在 javax.servlet.jsp.tagext 包中还提供了 SimpleTag 接口的实现类 SimpleTagSupport，在开发简单标签时，只需要从 SimpleTagSupport 类继承，然后重写 doTag()方法即可。

下面我们通过两个实例来看一下简单标签的开发。

11.4.2　实例一：<welcome>标签

在这个实例中，我们定制一个简单标签，它包含属性和标签体，属性用于设置人名、标签体是欢迎信息，整个标签的作用是将属性和标签体结合起来，然后输出欢迎某人的信息。为了简化标签处理器的开发，我们让处理器类 WelcomeSimpleTag 从 SimpleTagSupport 类继承。实例的开发主要有下列步骤。

Step1：编写 WelcomeSimpleTag.java

将编写好的 WelcomeSimpleTag.java 源文件存放到 F:\JSPLesson\ch11\src 目录下。完整的源代码如例 11-23 所示。

例 11-23　WelcomeSimpleTag.java

```
package org.sunxin.ch11.tags;

import java.io.IOException;
import javax.servlet.jsp.*;
import javax.servlet.jsp.tagext.*;

public class WelcomeSimpleTag extends SimpleTagSupport
{
    private JspFragment body;
    private String name;

    public void setName(String name)
    {
        this.name=name;
    }

    public void setJspBody(JspFragment jspBody)
    {
        this.body=jspBody;
    }

    public void doTag() throws JspException, java.io.IOException
    {
        JspContext jspCtx=getJspContext();
        JspWriter out=jspCtx.getOut();
        out.print(name);
        out.print(", ");

        //将标签体的内容输出到当前输出流中
        body.invoke(null);
    }
}
```

JspFragment 的 invoke()方法执行标签体，并将执行结果输出到给定的 java.io.Writer 对象中。如果向该方法传递 null，那么标签体的内容将被输出到响应输出流中。JspFragment 没有定义 getContent()或者 getBody()这样的方法，因此你无法直接得到标签体的内容。如果你想访问标签体，那么可以为 invoke()方法传递一个 Writer 对象，然后利用 Writer 对象的方法来访问标签体的内容。

Step2：在 TLD 文件中配置<welcome>标签

编辑 WEB-INF\tlds\MyTaglib.tld 文件，配置本例中的<welcome>标签，内容如例 11-24 所示。

例 11-24　MyTaglib.tld

```
…
 <tag>
       <name>welcome</name>
       <tag-class>org.sunxin.ch11.tags.WelcomeSimpleTag</tag-class>
       <body-content>tagdependent</body-content>
       <attribute>
           <name>name</name>
           <required>true</required>
           <rtexprvalue>true</rtexprvalue>
       </attribute>
    </tag>
…
```

要注意的是，JSP fragment 不支持脚本元素，它只能包含模板文本、JSP 动作元素和自定义标签。简单标签的标签体是作为 JSP Fragment 对象，通过 setJspBody()传给标签处理器的，所以简单标签的<body-content>元素的内容不能是 JSP。

Step3：编写测试页面 welcome.jsp

将编写好的 welcome.jsp 文件存放到 F:\JSPLesson\ch11 目录下。完整的源代码如例 11-25 所示。

例 11-25　welcome.jsp

```
<%@ page contentType="text/html;charset=GB2312" %>
<%@ taglib uri="/mytag" prefix="my" %>

<my:welcome name="张三">
    欢迎你来到孙鑫的个人网站。
</my:welcome>
```

Step4：测试<welcome>标签

启动 Tomcat 服务器，打开浏览器，在地址栏中输入 http://localhost:8080/ch11/welcome.jsp，可以看到输出的欢迎信息。

11.4.3　实例二：<max_ex>标签

在传统标签的开发中，我们定制了一个<max>标签，用于计算两个数的最大值，在本例中，我们将定制一个<max_ex>标签，用于计算任意多个数的最大值。要完成这一功能，标签处理器类需要实现 DynamicAttribute 接口，该接口只有一个方法，如下所示。

- public void **setDynamicAttribute**(java.lang.String uri, java.lang.String localName, java.lang.Object value) throws JspException

该方法被容器调用，用于向标签处理器传递动态属性。uri 是属性的名称空间，如果属性在默认的名称空间中，uri 为 null。localName 是属性的名字，value 是属性的值。

实例的开发主要有下列步骤。

Step1：编写 MaxExSimpleTag.java

将编写好的 MaxExSimpleTag.java 源文件存放到 F:\JSPLesson\ch11\src 目录下。完整的源代码如例 11-26 所示。

例 11-26　MaxExSimpleTag.java

```
package org.sunxin.ch11.tags;

import java.io.IOException;
import java.util.ArrayList;
import javax.servlet.jsp.*;
import javax.servlet.jsp.tagext.*;

public class MaxExSimpleTag
      extends SimpleTagSupport implements Dynamic Attributes
{
   private ArrayList<String> al=new ArrayList<String>();

   public void setDynamicAttribute(java.lang.String uri,
                        java.lang.String localName,
                        java.lang.Object value)
                  throws JspException
   {
      //将所有属性的值保存到 ArrayList 对象中
      al.add((String)value);
   }

   public void doTag() throws JspException, java.io.IOException
   {
      JspContext jspCtx=getJspContext();
      JspWriter out=jspCtx.getOut();

      int max=Integer.parseInt(al.get(0));

      int size=al.size();
```

```
        int num;

        //循环比较，找出最大值
        for(int i=1;i<size;i++)
        {
            num=Integer.parseInt(al.get(i));
            max=max > num ? max : num;
        }
        //将最大值作为属性 max 的值，保存到页面范围
        jspCtx.setAttribute("max",new Integer(max));
    }
}
```

Step2：在 TLD 文件中配置<max_ex>标签

编辑 WEB-INF\tlds\MyTaglib.tld 文件，配置本例中的<max_ex>标签，内容如例 11-27 所示。

例 11-27　MyTaglib.tld

```
…
  <tag>
        <name>max_ex</name>
        <tag-class>org.sunxin.lesson.jsp.ch11.MaxExSimpleTag</tag-class>
        <body-content>empty</body-content>

        <dynamic-attributes>true</dynamic-attributes>

        <variable>
            <name-given>max</name-given>
            <variable-class>Integer</variable-class>
            <declare>true</declare>
            <scope>AT_END</scope>
        </variable>
    </tag>
…
```

要让标签支持动态属性，需要在 TLD 中将<dynamic-attributes>元素设置为 true。另外，我们还定义了一个脚本变量 max，其范围从结束标签到 JSP 页面结束。要注意的是，max 变量的定义是和标签处理器中的 jspCtx.setAttribute("max",new Integer(max))的调用相对应的，否则，max 变量将不能正常使用，其原因在第 11.3.5 节的例子中已经介绍过了。

Step3：编写测试页面 max_ex.jsp

将编写好的 max_ex.jsp 文件存放到 F:\JSPLesson\ch11 目录下。完整的源代码如例 11-28 所示。

例 11-28　max_ex.jsp

```
<%@ page contentType="text/html;charset=GB2312" %>
```

```
<%@ taglib uri="/mytag" prefix="my" %>

<my:max_ex num1="123" num2="897" num3="78" num4="234"/>
最大值是：<%=max%>
```

在<max_ex>标签中，我们设置了四个属性，读者还可以继续添加属性。获取最大值时，使用的是 JSP 表达式来得到变量 max 的值，也可以使用 EL 表达式：${max}。**如果是通过 EL 表达式来得到最大值，可以不用在 TLD 中定义脚本变量。**

Step4：测试<max_ex>标签

启动 Tomcat 服务器，打开浏览器，在地址栏中输入 http://localhost:8080/ch11/max_ex.jsp，可以看到计算出的最大值。

11.5 自定义标签开发总结

自定义标签的开发主要有以下几个步骤：

（1）设计标签和属性；

（2）编写标签处理器类；

（3）编写标签库描述符文件；

（4）在 JSP 页面中进行测试。

11.6 小结

本章详细介绍了自定义标签库的开发。标签库（Tag Libraries）提供了建立可重用代码块的简单方式，从本质上来说，标签就是可重用的代码结构。

在标签库技术中，有两种类型的标签，一种是从 JSP 1.1 开始就有的传统标签，另一种是从 JSP 2.0 开始新增加的简单标签，根据应用的需要，可以选择开发不同类型的标签。

使用标签库技术和表达式语言，可以真正做到 JSP 页面的零 Java 代码，使得 JSP 页面更容易开发、测试和维护。自定义标签相对于 JavaBean 的最大好处是，对于非程序员来说，掌握标签的使用远比掌握 Java 语法来得容易，这使得页面设计人员和 Java 开发人员的分工协作成为可能。

第12章 表达式语言（EL）

本章要点

- 掌握EL表达式的语法
- 掌握EL中的隐含对象
- 学会编写EL函数

本章主要介绍JSP中的表达式语言（Expression Language，简称EL），它最初是定义在JSTL 1.0规范中，EL从JSTL中剥离出来，放到了JSP规范中，成为了JSP 2.0规范的一部分，并增加了新的特性。JSP 2.1版本统一了JSP 2.0和Java Server Faces 1.1规范中定义的表达式语言，新的统一标准的表达式语言在它自己的规范中定义。

在JSP页面中使用表达式语言，可以简化对变量和对象的访问。

12.1 语法

EL的语法简单，使用方便。所有的EL表达式都是以“${”开始，以“}”结束，例如${expr}。当EL表达式作为标签的属性值时，还可以使用#{expr}语法，这是在JSP 2.1版本中引入的延迟表达式（Deferred Expression）的语法，你需要在标签库描述符中指定JSP版本是2.1。EL可以直接在JSP页面的模板文本中使用，也可以作为元素属性的值，还可以在自定义或者标准动作元素的内容中使用，但不能在脚本元素中使用。

12.1.1 “[ ]”和“.”操作符

EL使用“[ ]”和“.”操作符来访问数据，${expr-a.identifier-b}等价于${expr-a["identifyier-b"]}。例如，访问JavaBean对象user的属性name，可以写成如下两种形式：

```
${user.name}
${user["name"]}
```

如果使用“.”操作符，点号左边的变量要求是一个 Map（点号右边给出 Map 的 key），或者是一个 JavaBean（点号右边给出 Map 的属性）。举例如下。

在 Servlet 中：

```
java.util.Map names  = new java.util.HashMap();
names.put("one","zhangsan");
names.put("two","lisi");
names.put("three","wangwu");
request.setAttribute("names",names);
```

在 JSP 中：

第 1 个姓名是${names.one}。

如果使用“[ ]”操作符，左边的变量可以是 Map、JavaBean、List 或者数组。举例如下。

在 Servlet 中：

```
String[] names = {"zhangsan","lisi","wangwu"};
request.setAttribute("names",names);
```

在 JSP 中：

第 1 个姓名是${names[0]}//，也可以使用${names["0"]}，在 EL 中，数组和 List 中的 String 类型的索引会被强制转换为 int。

注 意 EL 中的“[ ]”操作符并不是 Java 中的数组访问操作符。

12.1.2 算术操作符

在 EL 中，有 5 个算术操作符，如表 12-1 所示。

表 12-1 EL 中的算术操作符

算术操作符	说　明	示　例	结　果
+	加	${23+5}	28
–	减	${23–5}	18
*	乘	${23*5}	115
/（或 div）	除	${23/5}或${23 div 5}	4.6
%（或 mod）	取模（求余）	${23%5}或${23 mod 5}	3

需要注意的是，对于除法运算 A{/, div}B，如果 A 和 B 为 null，则返回(Long)0；如果 A 和 B 的类型是 BigDecimal 或 BigInteger，则将被强制转换为 BigDecimal，然后返回 A.divide(B,BigDecimal.ROUND_HALF_UP)。对于其他情况，则将 A 和 B 强制转换为 Double，然后进行相除。这就是为什么我们在表格中看到${23/5}的结果是 4.6，而不是 4 的原因。

在 Tomcat 提供的例子程序中，也包含了使用表达式语言的实例，这些实例程序位于%CATALINA_HOME%\webapps\examples\jsp\jsp2\el 目录中。其中使用算术操作符的例子是：%CATALINA_HOME%\ webapps\examples\jsp\jsp2\el\basic-arithmetic.jsp，读者可以通过 Tomcat 的 manager 管理程序运行这个例子，并查看它的源代码。

12.1.3 关系操作符

在 EL 中，有 6 个关系操作符，如表 12-2 所示。

表 12-2 EL 中的关系操作符

关系操作符	说　明	示　例	结　果
= =（或 eq）	等于	${23= =5}或${23 eq 5}	false
!= （或 ne）	不等于	${23!=5}或${23 ne 5}	true
<（或 lt）	小于	${23 < 5}或${23 lt 5}	false
>（或 gt）	大于	${23 > 5}或${23 gt 5}	true
<=（或 le）	小于等于	${23 <= 5}或${23 le 5}	false
>=（或 ge）	大于等于	${23 >= 5}或${23 ge 5}	true

Tomcat 中使用关系操作符的例子程序位于：%CATALINA_HOME%\webapps\examples\jsp\jsp2\el basic-comparisons.jsp。

12.1.4 逻辑操作符

在 EL 中，有 3 个逻辑操作符，如表 12-3 所示。

表 12-3 EL 中的逻辑操作符

逻辑操作符	说　明	示　例	结　果
&&（或 and）	逻辑与	如果 A 为 true，B 为 false，则 A && B（或 A and B）	false
||（或 or）	逻辑或	如果 A 为 true，B 为 false，则 A || B（或 A or B）	true
!（或 not）	逻辑非	如果 A 为 true，则!A（或 not A）	false

12.1.5 Empty 操作符

Empty 操作符是一个前缀操作符，用于检测一个值是否为 null 或者为 empty。例如，变量 A 不存在，则${empty A}返回的结果为 true。

12.1.6 条件操作符

EL 中的条件操作符是"?:"。例如，${A ? B:C}，如果 A 为 true，计算 B 并返回其结果，如果 A 为 false，计算 C 并返回其结果。

12.1.7 圆括号

圆括号用于改变执行的优先级。例如，${23*(5-2)}。

12.1.8 操作符的优先级

EL 中操作符的优先级如下所示（从高到低，从左到右）：

- [] .
- ()

- - (unary) not ! empty
- * / div % mod
- + - (binary)
- < > <= >= lt gt le ge
- == != eq ne
- && and
- || or
- ? :

12.2 隐含对象

在 EL 中，定义了 11 个隐含对象，如下所示。

1）pageContext

javax.servlet.jsp.PageContext 对象。利用 pageContext，可以访问 ServletContext、Request、Response 和 Session 等对象。例如：

${pageContext.servletContext.serverInfo}

${pageContext.request.requestURL}

${pageContext.response.characterEncoding}

${pageContext.session.creationTime}

2）pageScope

类型是 java.util.Map，将页面范围内的属性名和它的值进行映射。主要用于获取页面范围内的属性的值。例如，${pageScope.user}。

如果 user 是一个 JavaBean 对象，那么还可以直接取出其属性值，例如，${pageScope.user.name}。

3）requestScope

类型是 java.util.Map，将请求范围内的属性名和它的值进行映射。主要用于获取请求范围内的属性的值。例如：${requestScope.user.age}。注意这不是 request 对象，要获取 request 对象，请调用${pageContext. request}。

4）sessionScope

类型是 java.util.Map，将会话范围内的属性名和它的值进行映射。主要用于获取会话范围内的属性的值。例如，${sessionScope.user.education}。注意这不是 session 对象，要获取 session 对象，请调用${pageContext.session}。

5）applicationScope

类型是 java.util.Map，将应用程序范围内的属性名和它的值进行映射。主要用于获取应用程序范围内的属性的值。例如：${applicationScope.user.email}。

6）param

类型是 java.util.Map，将请求中的参数的名字和单个的字符串值进行映射。主要用于获取请求中的参数值，等同于调用 ServletRequest.getParameter（String name）。例如，一个请求 URL：http://localhost:8080/ch12/user.jsp?name=zhangsan，要得到请求参数 name 的值，可以按照如下方式调用：${param.name}。

7）paramValues

类型是 java.util.Map，将请求中的参数的名字和一个包含了该参数所有值的 String 类型的数组进行映射。主要用于获取请求中的参数的值，等同于调用 request.getParameter Values（String name）。

8）header

类型是 java.util.Map，将请求报头的名字和单个的字符串值进行映射。主要用于获取请求报头的值，等同于调用 ServletRequest.getHeader（String name）。例如：${header["User-Agent"]}。

需要注意的是，对于包含连字符（-）或其他一些特殊字符的字符串只能用“[ ]”操作符，而不能用“.”操作符，这也是“[ ]”和“.”操作符的区别。

9）headerValues

类型是 java.util.Map，将请求报头的名字和一个包含了该报头所有值的 String 类型的数组进行映射。主要用于获取请求报头的值，等同于调用 ServletRequest.getHeaders（String name）。

10）cookie

类型是 java.util.Map，将 Cookie 的名字和一个 Cookie 对象进行映射。主要用于获取 Cookie 对象，如同调用 HttpServletRequest.getCookies()后，从返回的 Cookie 数组中找到匹配名字的第一个 Cookie 对象。例如，要得到一个名为 userinfo 的 Cookie 对象，可按照如下方式调用：${cookie.userinfo}。如果要得到 Cookie 中的值，则可以按照如下方式调用：${cookie.userinfo.value}。

11）initParam

类型是 java.util.Map，将上下文的初始化参数的名字和它们的值进行映射。主要用于获取 Web 应用程序初始化参数的值，等同于调用 ServletContext.getInitParameter(String name)。例如，在 web.xml 文件中，使用<context-param>元素配置了一个 driver 参数，要得到它的值，可以按照如下方式调用：${initParam.driver}。

在 JSP 中的等价调用是：application.getInitParameter（"driver"）。

Tomcat 中使用隐含对象的例子程序位于：%CATALINA_HOME%\webapps\examples\jsp\jsp2\el\implicit-objects.jsp。

12.3 命名变量

在 EL 中，对于命名变量值的查找是通过 PageContext.findAttribute（String）方法来完成的。例如，${user}。这个表达式将按照 page、request、session、application 范围的顺序查找命名的属性 user，如果属性没有找到，将返回 null。我们也可以利用 pageScope、requestScope、sessionScope 和 applicationScope 指定范围，例如，${sessionScope.user}。

12.4 保留的关键字

EL 保留的关键字如表 12-4 所示。

表 12-4　EL 保留的关键字

and	eq	gt	true
instanceof	or	ne	le
false	empty	not	lt
ge	null	div	mod

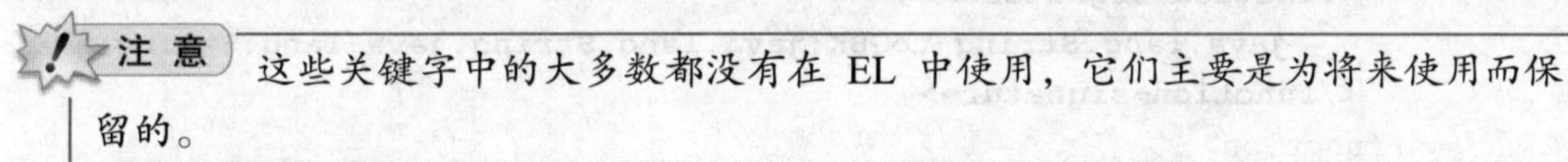

注意　这些关键字中的大多数都没有在 EL 中使用，它们主要是为将来使用而保留的。

12.5 函数

在 EL 中，允许定义和使用函数。函数的语法如下：

```
ns:func(a1,a2, ..., an)
```

其中前缀 ns 必须匹配包含了函数的标签库的前缀，func 是函数的名字，a1,a2, ..., an 是函数的参数。

函数的定义和使用机制类似于标签库。例如，我们编写一个将字符串从一种字符集转换为 GBK 编码的函数，首先编写一个 Java 类，将这个函数声明为公开的、静态的，如例 12-1 所示。

例 12-1　MyFuncs.java

```java
package org.sunxin.ch12;

public class MyFuncs
{
    public static String toGBK(String str,String charset)
            throws java.io.UnsupportedEncodingException
    {
        return new String(str.getBytes(charset),"GBK");
    }
}
```

然后在标签库描述符文件中对函数进行声明，如例 12-2 所示。

例 12-2　WEB-INF\tlds\myfuncs.tld

```xml
<taglib xmlns="http://java.sun.com/xml/ns/j2ee"
    xmlns:xsi="http://www.w3.org/2001/XMLSchema-instance"
```

```
    xsi:schemaLocation="http://java.sun.com/xml/ns/j2ee
    web-jsptaglibrary_2_0.xsd"
    version="2.0">

    <tlib-version>1.0</tlib-version>

    <uri>/myfuncs</uri>

    <function>
        <name>toGBK</name>
        <function-class>org.sunxin.ch12.MyFuncs</function-class>
        <function-signature>
            java.lang.String toGBK(java.lang.String,java.lang.String)
        </function-signature>
    </function>
</taglib>
```

接下来，我们可以编写两个测试页面，如例 12-3 和例 12-4 所示。

例 12-3　test.html

```
<html>
    <head>
        <title>测试</title>
    </head>
    <body>
        <form action="test.jsp" method="get">
            输入用户名：<input type="text" name="username"><br>
            <input type="submit" value="提交">
        </form>
    </body>
</html>
```

例 12-4　test.jsp

```
<%@ page contentType="text/html;charset=GB2312" %>
<%@ taglib uri="/myfuncs" prefix="myfn" %>

欢迎你，${myfn:toGBK(param.username,"ISO-8859-1")}!
```

在测试时，输入 URL：http://localhost:8080/ch12/test.html，然后在文本输入框中输入中文姓名，如“张三”，可以看到正确的中文字符。

注 意　Tomcat 7.x 及之前版本默认采用 ISO-8859-1 来处理接受请求参数，也由此导致了很多中文乱码问题的出现；从 Tomcat 8.0 版本开始，默认采用 UTF-8 来处理请求参数。本例如果直接在本书所用的 Tomcat 9.0.14 下运行，将看不到正确的中文信息，只会看到乱码。对于本节的例子，要看到正确的结果，需要修改 Tomcat 默认处理请求的编码方式，打开%CATALINA_HOME%\conf\server.xml 文件，找到下面的代码并进行修改。

```
<Connector port="8080" protocol="HTTP/1.1"
           connectionTimeout="20000"
           redirectPort="8443"
           URIEncoding = "ISO-8859-1"/>
```

粗体部分就是我们新增的配置参数。接下来启动 Tomcat 服务器，运行本章的例子，就能看到正确的信息了。

Tomcat 中使用自定义函数的例子程序位于：%CATALINA_HOME%\webapps\examples\jsp\jsp2\el\functions.jsp，自定义函数的代码可查看 Functions.java.html 页面。

12.6　小结

本章主要介绍了 JSP 中表达式语言的语法及用法。

第13章 JSP 标准标签库（JSTL）

本章要点

- 了解什么是 JSTL
- 掌握 JSTL 中的 Core 标签库
- 了解 JSTL 中的 I18N 标签库
- 了解 JSTL 中的 XML 标签库
- 了解 JSTL 中的 SQL 标签库
- 了解 JSTL 中的 Functions 标签库

JSP 提供的自定义标签的功能，扩展了 JSP 对标签的处理能力。很多开发人员都定制了自身应用的标签库，用于完成某些功能，然而同一功能由不同的开发人员去实现，定制的标签可能是不同的，这使得自定义标签的使用变得十分个性化。在 Web 开发中，有许多功能都是开发人员经常要用到的，那么，为什么不定义一套标准的标签库供所有人使用呢？为此 SUN 公司制定了一套标签库的规范，这就是 JSP 标准标签库（JavaServer Pages Standard Tag Library，JSTL）。本章将详细介绍 JSTL 中的标签。

13.1 JSTL 简介

JSTL 规范由 SUN 公司制定，Apache 的 Jakarta 小组负责实现，在写作本书时的最新版本是 JSTL 1.2。JSTL 1.0 版本需要支持 Java Servlet 2.3 版本和 JSP 1.2 版本的 Web 容器，JSTL 1.1 版本需要支持 Java Servlet 2.4 版本和 JSP 2.0 版本的 Web 容器，JSTL 1.2 版本需要支持 Java Servlet 2.5 版本和 JSP 2.1 版本的 Web 容器。

EL 最初定义在 JSTL 1.0 规范中，在 JSP 2.0 版本之后，EL 已经正式成为 JSP 规范的一部分。在 JSTL 1.1 和 1.2 规范中，已经没有了 EL 的部分，不过，在 JSTL 中仍然可以使用 EL。

JSTL 的目标是为了简化 JSP 页面的设计。对于页面设计人员来说，使用脚本语言（默认值是 Java 语言）操作动态数据是比较困难的，而采用标签和表达式语言则相对容易一些，

JSTL 的使用为页面设计人员和程序开发人员的分工协作提供了便利。

JSTL 虽然叫作标准标签库，但实际上是由 5 个不同功能的标签库组成的。在 JST 1.2 版本中，为这 5 个标签库分别指定了不同的 URI，并对标签库的前缀做出了约定，如表 13-1 所示。

表 13-1　JSTL 标签库

功 能 范 围	URI	前　　缀
core	http://java.sun.com/jsp/jstl/core	c
I18N	http://java.sun.com/jsp/jstl/fmt	fmt
SQL	http://java.sun.com/jsp/jstl/sql	sql
XML	http://java.sun.com/jsp/jstl/xml	x
Funcions	http://java.sun.com/jsp/jstl/functions	fn

JSTL 规范、JSTL 的 API 文档及 TLD 文档的下载地址是：http://jcp.org/aboutJava/communityprocess/mrel/jsr052/index2.html。

13.2　配置 JSTL

JSTL 规范中定义的功能由 Apache 的 Jakarta 小组负责实现（从 Java EE 5 开始，JSTL 的实现也包含在了其 SDK 中），为了使用 JSTL，我们需要从 Apache 的网站上下载 JSTL 的安装包，下载地址是：https://tomcat.apache.org/download-taglibs.cgi。在下载页面中找到 JSTL 的规范和实现的两个 JAR 包进行下载，如图 13-1 所示：

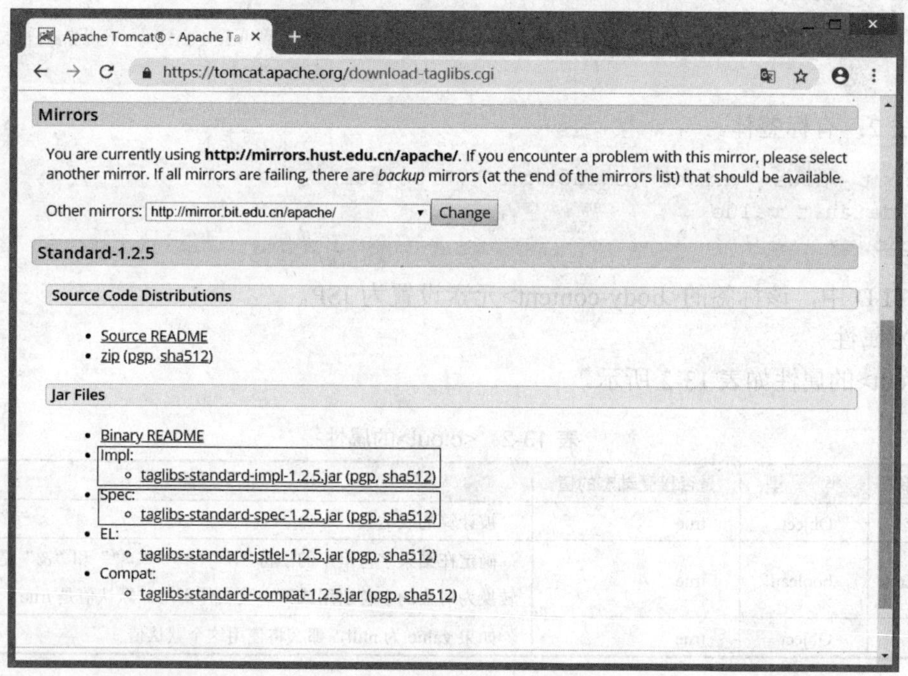

图 13-1　JSTL 的下载页面

taglibs-standard-spec-1.2.5.jar 中包含的是 JSTL 规范中定义的接口和相关的类；taglibs-standard-impl-1.2.5.jar 中包含的是 Jakarta 小组对 JSTL 的实现和 JSTL 中 5 个标签库的 TLD 文件。

在使用 JSTL 时，需要将 taglibs-standard-spec-1.2.5.jar 和 taglibs-standard-impl-1.2.5.jar 两个文件复制到 %CATALINA_HOME%\lib 目录下，如果只是在当前 Web 应用程序中使用，可以将这两个文件复制到 Web 应用程序的 WEB-INF\lib 目录下。

13.3 Core 标签库

Core 标签库主要包括了一般用途的标签、条件标签、迭代标签和与 URL 相关的标签。在 JSP 页面中使用 Core 标签库，要使用 taglib 指令，指定引用的标签库，如下：

```
<%@ taglib uri="http://java.sun.com/jsp/jstl/core" prefix="c" %>
```

13.3.1 一般用途的标签

一般用途的标签有：<c:out>、<c:set>、<c:remove>和<c:catch>。

1. <c:out>

<c:out>用于计算一个表达式并将结果输出到当前的 JspWriter 对象。<c:out>标签的功能类似于 JSP 的表达式<%=expression%>，或者 EL 表达式${el-expression}。

（1）语法

语法 1：没有标签体。

```
<c:out value="value" [escapeXml="{true|false}"] [default="defaultValue"]
/>
```

语法 2：有标签体。

```
<c:out value="value" [escapeXml="{true|false}"]>
   default value
</c:out>
```

在 TLD 中，该标签的<body-content>元素设置为 JSP。

（2）属性

<c:out>的属性如表 13-2 所示。

表 13-2 <c:out>的属性

名 称	类 型	是否接受动态的值	描 述
value	Object	true	被计算的表达式
escapeXml	boolean	true	确定在结果字符串中的字符“<”“>”“'”“"”和“&”是否应该被转换为对应的字符引用或预定义实体引用。默认值是 true
default	Object	true	如果 value 为 null，那么将使用这个默认值

除了以下两种情况，JSTL 中的标签的属性值总是被指定为动态的。

- XML 标签的 select 属性，这个属性在 JSTL 中是保留的，指定一个字符串字面量（literal），表示一个 XPath 表达式。
- 被 JSLT 标签导出的范围变量的名字和范围属性。

所谓动态的值是指属性的值可以是 Java 表达式、EL 表达式，或者通过<jsp:attribute>设置的值。

（3）null 和错误处理

如果 value 为 null，则输出 default 的值。如果没有指定 default 值，则输出空字符串。

（4）说明

如果属性 value 计算的结果不是 java.io.Reader 对象，那么这个结果将被强制转换为 String 对象，然后输出到当前的 JspWriter 对象。如果计算的结果是 java.io.Reader 对象，那么数据首先从 Reader 对象中读取，然后写入当前的 JspWriter 对象中。

如果属性 escapeXml 是 true，那么字符“<”“>”“'”“"”和“&”将按照表 13-3 进行转换。

表 13-3　字符转换

字　符	字符实体代码
<	<
>	>
'	'
"	"
&	&

默认值可以通过属性 default 指定（采用语法 1），也可以直接在标签体中指定（采用语法 2）。

（5）示例

例 1：

```
<c:out value="${customer.address.city}" default="unknown"/>
```

例 2：

```
<c:out value="${sessionScope.book.desc}" escapeXml="false">
   no description
</c:out>
```

2．<c:set>

<c:set>用于设置范围变量（即范围属性）的值或者 JavaBean 对象的属性。

（1）语法

语法 1：使用 value 属性设置范围变量的值。

```
<c:set value="value" var="varName" [scope="{page|request|session|
application}"]/>
```

语法 2：使用标签体的内容设置范围变量的值。

```
<c:set var="varName" [scope="{page|request|session|application}"]>
```

```
    body content
</c:set>
```

语法 3：使用 value 属性设置 target 对象的属性。

```
<c:set value="value" target="target" property="propertyName"/>
```

语法 4：使用标签体的内容设置 target 对象的属性。

```
<c:set target="target" property="propertyName">
    body content
</c:set>
```

在 TLD 中，该标签的<body-content>元素设置为 JSP。

（2）属性

<c:set>的属性如表 13-4 所示。

表 13-4　<c:set>的属性

名　称	类　型	是否接受动态的值	描　述
value	Object	true	被计算的表达式
var	String	false	被导出的保存了 value 属性计算结果的范围变量的名称。这个范围变量的类型是属性 value 指定的表达式计算结果的类型
scope	String	false	var 的 JSP 范围。默认值是 page
target	Object	true	要设置属性的对象。必须是 JavaBean 对象（相应的属性有 setter 方法）或者 java.util.Map 对象
property	String	true	要设置的 target 对象的属性的名称

注意　var 和 scope 属性不能接受动态的值，对于后面将要介绍的其他标签的这两个同名属性，都不能接受动态的值。

（3）null 和错误处理

- 语法 3 和语法 4 在下列情况下会抛出一个异常。
  - target 为 null。
  - targe 不是 java.util.Map 对象或者支持 setter 方法的 JavaBean 对象。
- 如果 value 为 null

语法 1：由 var 和 scope 定义的范围变量将被移除。

如果指定了 scope，那么将按照 PageContext.removeAttribute（varName, scope）方法的行为移除范围变量。否则，按照 PageContext.removeAttribute（varName）方法的行为移除范围变量。

语法 3：如果 target 是一个 Map 对象，则从 Map 中移除 property 所标识的键-值对。如果 target 是一个 JavaBean 对象，则将 property 指定的属性设置为 null。

（4）说明

语法 1 和语法 2 设置由 var 和 scope 所标识的范围变量的值。

语法 3 和语法 4：如果 target 是 java.util.Map 对象，则设置与 property 所标识的键对应的元素的值。如果这个元素不存在，则把它加入 Map 对象中。否则，设置 JavaBean 对象的属性的值。

> **注 意** JSTL 中的标签，如果没有特别的说明，导出的范围变量的范围都是 AT_END（参见第 11.2.4 节中的<variable>元素）。

（5）示例

例 1：

```
<c:set var="user" value="zhangsan" scope="session"/>
```

例 2：

```
<c:set var="name">
    zhangsan
</c:set>
```

例 3：

```
<c:set target="${user}" property="age" value="18"/>
```

例 4：

```
<c:set target="${preferences}" property="color">
 ${param.color}
</c:set>
```

3. <c:remove>

<c:remove>用于移除范围变量。

（1）语法

```
<c:remove var="varName" [scope="{page|request|session|application}"]/>
```

（2）属性

<c:remove >的属性如表 13-5 所示。

表 13-5 <c:remove>的属性

名 称	类 型	是否接受动态的值	描 述
var	String	false	要移除的范围变量的名称
scope	String	false	var 的 JSP 范围。默认值是 page

（3）说明

如果没有指定 scope 属性，那么将按照 PageContext.removeAttribute（varName）方法的行为移除范围变量。如果指定了 scope 属性，那么将按照 PageContext.removeAttribute（varName, scope）方法的行为移除范围变量。

（4）示例

```
<c:remove var="user" scope="session"/>
```

4．<c:catch>

<c:catch>用于捕获在其中嵌套的操作所抛出的异常对象（java.lang.Throwable 对象），并将异常信息保存到变量中。

（1）语法

```
<c:catch [var="varName"]>
 nested actions
</c:catch>
```

在 TLD 中，该标签的<body-content>元素设置为 JSP。

（2）属性

<c:catch >的属性如表 13-6 所示。

表 13-6　<c:catch >的属性

名　　称	类　　型	是否接受动态的值	描　　述
var	String	false	指定被导出的范围变量的名字，该范围变量保存了从嵌套的操作中抛出的异常。这个范围变量的类型是抛出的异常的类型

（3）描述

<c:catch>允许页面作者以一种统一的方式来处理任何操作抛出的异常。我们将可能抛出异常的代码放置在开始标签<c:catch>和结束标签</c:catch>之间，如果其中的代码抛出异常，那么异常将被捕获，并被保存到 var 所标识的范围变量中，该变量总有 page 范围。如果没有异常发生，而 var 所标识的范围变量存在，那么它将被移除。

如果没有指定 var 属性，异常只是简单地被捕获，那么异常信息并不会被保存。

（4）示例

```
<c:catch var="exception">
 <%
  int i=5;
  int j=0;
  int k=i/j;
 %>
</c:catch>
<c:out value="${exception}"/><p>
<c:out value="${exception.message}"/><p>
${exception.message}相当于调用 exception.getMessage()
```

13.3.2　条件标签

条件标签包括<c:if>、<c:choose>、<c:when>和<c:otherwise>。

1．<c:if>

<c:if>用于实现 Java 语言中 if 语句的功能。

（1）语法

语法 1：没有标签体。

```
<c:if test="testCondition" var="varName" [scope="{page|request|session|
application}"]/>
```

语法 2：有标签体。

```
<c:if test="testCondition" [var="varName"] [scope="{page|request|session|
application}"]>
   body content
</c:if>
```

在 TLD 中，该标签的<body-content>元素设置为 JSP。

（2）属性

<c:if>的属性如表 13-7 所示。

表 13-7　<c:if>的属性

名　称	类　型	是否接受动态的值	描　述
test	boolean	true	测试的条件，用于判断标签体是否应该被执行
var	String	false	被导出的保存了测试条件结果值的范围变量的名字。这个范围变量的类型是 Boolean
scope	String	false	var 的 JSP 范围。默认值是 page

（3）约束

如果指定了 scope 属性，那么必须指定 var 属性。

（4）说明

如果属性 test 计算为 true，那么标签体将被 JSP 容器执行，执行的结果将被输出到当前的 JspWriter 对象。对于语法 1，var 属性是必须要提供的，在标签执行后，可以用保存了条件结果的范围变量做进一步的判断。

（5）示例

例 1：

```
<c:if test="${user.visitCount == 1}">
 This is your first visit. Welcome to the site!
</c:if>
```

例 2：

```
<c:if test="${param.name=='admin'}" var="result"/>
<c:out value="${result}"/>
```

2．<c:choose>

<c:choose>、<c:when>和<c:otherwise>一起实现互斥条件的执行，类似于 Java 语言的 if/else if/else 语句。

（1）语法

```
<c:choose>
   body content (<when> and <otherwise> subtags)
</c:choose>
```

在 TLD 中，该标签的<body-content>元素设置为 JSP。

（2）约束

<c:choose>是作为<c:when>和<c:otherwise>的父标签使用的，除了空白字符外，<c:choose>的标签体只能包含这两个标签。

（3）说明

在运行时，判断<c:when>标签的测试条件是否为 true，第一个测试条件为 true 的<c:when>标签的标签体将被 JSP 容器执行。如果没有满足条件的<c:when>标签，那么<c:otherwise>的标签体将被执行。

<c:choose>、<c:when>和<c:otherwise>的实现过程和我们在第 11.3.4 节中自定义的标签<switch>、<case>和<default>类似。

3. <c:when>

<c:when>作为<c:choose>的子标签，表示一个可选的条件。

（1）语法

```
<c:when test="testCondition">
   body content
</c:when>
```

在 TLD 中，该标签的<body-content>元素设置为 JSP。

（2）属性

<c:when>的属性如表 13-8 所示。

表 13-8 <c:when>的属性

名　称	类　型	是否接受动态的值	描　述
test	boolean	true	测试的条件，用于判断标签体是否应该被执行

（3）约束

<c:when>标签必须有一个直接的父标签<c:choose>，而且必须在同一个父标签下的<c:otherwise>标签之前出现。

（4）说明

在运行时，判断<c:when>标签的测试条件是否为 true，第一个测试条件为 true 的<c:when>标签的标签体将被 JSP 容器执行。

4. <c:otherwise>

<c:otherwise>作为<c:choose>的子标签，表示最后的选择。

（1）语法

```
<c:otherwise>
 conditional block
</c:otherwise>
```

在 TLD 中，该标签的<body-content>元素设置为 JSP。

（2）约束

<c:otherwise>标签必须有一个直接的父标签<c:choose>，而且必须是<c:choose>标签中最后一个嵌套的标签。

（3）说明

在运行时，如果没有满足条件的<c:when>标签，那么<c:otherwise>的标签体将被 JSP 容器执行。

（4）示例

```
<c:choose>
     <c:when test="${param.name=='zhangsan'}">
         ${param.name} is manager!
    </c:when>
     <c:when test="${param.name=='lisi'}">
         ${param.name} is salesman!
    </c:when>
     <c:otherwise>
         ${param.name} is employee!
    </c:otherwise>
</c:choose>
```

13.3.3　迭代标签

迭代标签有<c:forEach>和<c:forTokens>。

1．<c:forEach>

<c:forEach>用于对包含了多个对象的集合进行迭代，重复执行它的标签体，或者重复迭代固定的次数。

（1）语法

语法 1：对包含了多个对象的集合进行迭代。

```
<c:forEach[var="varName"] items="collection" [varStatus="varStatusName"]
        [begin="begin"] [end="end"] [step="step"]>
 body content
</c:forEach>
```

语法 2：迭代固定的次数。

```
<c:forEach [var="varName"] [varStatus="varStatusName"] begin="begin"
end="end" [step="step"]>
 body content
</c:forEach>
```

在 TLD 中，该标签的<body-content>元素设置为 JSP。

（2）属性

<c:forEach>的属性如表 13-9 所示。

表 13-9 <c:forEach>的属性

名　称	类　型	是否接受动态的值	描　述
var	String	false	被导出的保存了当前迭代条目的范围变量的名字。这个范围变量的范围是 NESTED，它的类型依赖于集合中的对象
items	数组、字符串和各种集合类型	true	要迭代的集合对象
varStatus	String	false	被导出的保存了迭代状态的范围变量的名字。被导出对象的类型是 javax.servlet.jsp.jstl.core.LoopTagStatus，这个范围变量的范围是 NESTED
begin	int	true	如果指定了 items，那么就从指定索引处的项目开始迭代，集合中第一个条目的索引是 0。如果没有指定 items，那么将从指定的索引值开始迭代
end	Int	true	如果指定了 items，那么迭代将终止于指定索引处的项目（包含该项目）。如果没有指定 items，那么将在索引达到指定的值时结束迭代
step	int	true	迭代的步长，默认的步长是 1

（3）约束

如果指定了 begin 属性，则 begin 必须大于等于 0。如果指定了 end 属性，而 end 小于 begin，那么循环将不会执行。如果指定了 step 属性，则 step 必须大于等于 1。

（4）null 和错误处理

如果 items 是 null，那么它被当作是一个空的集合，这时，迭代不会执行。

（5）说明

如果 begin 属性大于或等于 items 的大小，则迭代不会执行。items 支持的类型如下所示。

- 数组，包括基本数据类型的数组和对象数组。对于基本数据类型的数组，迭代的当前条目将自动被转换为其对应的封装类型。例如，int 被转换为 Integer，float 被转换为 Float。
- java.util.Collection 接口的实现。
- java.util.Iterator 接口的实现。
- java.util.Enumeration 接口的实现。
- java.util.Map 接口的实现。

通过 var 属性所导出的范围变量的类型是 Map.Entry，这个变量将具有 key 和 value 两个属性，分别用于得到存储在 Map 中的键和值。

- String

一列以逗号（,）分隔的字符串值。在迭代时，将以逗号字符作为分隔符，连续地进行处理。

对于语法 1，除了基本类型的数组和 Map 外，通过 var 属性所导出的范围变量的类型就是集合中对象的类型。对于语法 2，导出的范围变量的类型是 Integer。

（6）示例

例 1：

```
<c:forEach var="entry" items="${myHashMap}">
```

```
 下一个元素的键是 ${entry.key}
 下一个元素的值是 ${entry.value}<p>
</c:forEach>
```

这个例子将迭代输出 Map 中存储的键-值对。

例 2：

```
<table>
    <c:forEach var="user" items="<%=arrList%>" varStatus="status">
        <tr>
            <td>${status.count}</td>
            <td>${status.index}</td>
            <td>${status.first}</td>
            <td>${status.last}</td>
          <td>${user.name}</td>
        </tr>
    </c:forEach>
</table>
```

注 意 status 范围变量的类型是 javax.servlet.jsp.jstl.core.LoopTagStatus，所以可以访问 LoopTagStatus 类中的属性，关于 LoopTagStatus 类，可以参看 JSTL 的 API 文档。这个例子将以表格的形式输出迭代的次数，当前迭代的索引，是否是第一个迭代的对象，是否是最后一个迭代的对象，以及用户的姓名。

例 3：

```
<c:forEach var="i" begin="100" end="110">
 ${i}
</c:forEach>
```

这个例子将输出 100～110（包含 110）之间的整数数字。如果添加属性 step="2"，那么输出的结果将是：100 102 104 106 108 110。

2．<c:forTokens>

<c:forTokens>用于迭代字符串中由分隔符分隔的各成员。

（1）语法

```
<c:forTokens items="stringOfTokens" delims="delimiters"
        [var="varName"] [varStatus="varStatusName"]
        [begin="begin"] [end="end"] [step="step"]>
 body content
</c:forTokens>
```

在 TLD 中，该标签的<body-content>元素设置为 JSP。

（2）属性

<c:forTokens>的属性如表 13-10 所示。

表 13-10　<c:forTokens>的属性

名　称	类　型	是否接受动态的值	描　述
var	String	false	被导出的保存了当前迭代条目的范围变量的名字。这个范围变量的范围是 NESTED
items	String	true	要迭代的 String 对象
delims	String	true	指定分隔字符串的分隔符
varStatus	String	false	被导出的保存了迭代状态的范围变量的名字。被导出对象的类型是 javax.servlet.jsp.jstl.core.LoopTagStatus，这个范围变量的范围是 NESTED
begin	int	true	指定迭代开始的位置，字符串中被分隔的第一个部分的索引为 0
end	int	true	指定迭代结束的位置
step	int	true	迭代的步长，默认的步长是 1

（3）约束

如果指定了 begin 属性，则 begin 必须大于等于 0。如果指定了 end 属性，而 end 小于 begin，那么循环将不会执行。如果指定了 step 属性，则 step 必须大于等于 1。

（4）null 和错误处理

如果 items 是 null，那么它被当作一个空的集合，这时，迭代不会执行。如果 delims 是 null，那么 items 所表示的字符串将被看作只由一个单独的整体部分组成。

（5）说明

<c:forTokens>标签通过 java.util.StringTokenizer 实例来完成字符串的分隔，属性 items 和 delims 作为构造 StringTokenizer 实例的参数。

（6）示例

```
<c:forTokens items="zhangsan:lisi:wangwu" delims=":" var="name">
    ${name}
</c:forTokens>
```

13.3.4　URL 相关的标签

超链接、页面的包含和重定向是 Web 应用中常用的功能，在 JSTL 中，也提供了相应的标签来完成这些功能，这些标签包括<c:import>、<c:url>、<c:redirect>和<c:param>。

1．<c:import>

<c:import>用于导入一个基于 URL 的资源。这个标签类似于<jsp:include>动作元素，和<jsp:include>的区别是，<c:import>不仅可以在页面中导入同一个 Web 应用程序下的资源，还可以导入不同 Web 应用程序下的资源，甚至是其他网站的资源。

（1）语法

语法 1：资源的内容作为 String 对象被导出。

```
<c:import url="url" [context="context"] [var="varName"]
        [scope="{page|request|session|application}"]
        [charEncoding="charEncoding"]>
```

```
 optional body content for <c:param> subtags
</c:import>
```

语法 2：资源的内容作为 Reader 对象被导出。

```
<c:import url="url" [context="context"] varReader="varReaderName"
           [charEncoding="charEncoding"]>
 body content where varReader is consumed by another action
</c:import>
```

在 TLD 中，该标签的<body-content>元素设置为 JSP。

（2）属性

<c:import>的属性如表 13-11 所示。

表 13-11　<c:import>的属性

名　称	类　型	是否接受动态的值	描　述
url	String	true	要导入的资源的 URL
context	String	true	当使用相对 URL 来访问一个外部资源的时候，指定其上下文的名字
var	String	false	被导出的保存了资源内容的范围变量的名字，这个范围变量的类型是 String
scope	String	false	var 的 JSP 范围，默认值是 page
charEncoding	String	true	导入的资源内容的字符编码
varReader	String	false	被导出的保存了资源内容的范围变量的名字，这个范围变量的类型是 Reader，这个范围变量的范围是 NESTED

（3）null 和错误处理

如果 url 是 null，空或者无效，则抛出 JspException。

（4）说明

使用语法 1，导入的资源内容默认被写到当前的 JspWriter 对象。如果指定了 var 属性，资源的内容将被保存到一个字符串对象中。使用语法 2，资源的内容将被保存为 Reader 对象。**要注意的是，导出的 Reader 对象只能在<c:import>的开始标签和结束标签之间使用。**

在导入资源时，可以通过 charEncoding 属性设置资源内容的字符编码。

在指定导入资源的 URL 时，可以使用相对 URL，也可以使用绝对 URL，有下面几种情况。

1）使用相对 URL 访问同一个上下文中的资源

处理过程和<jsp:include>动作相同。指定的 URL 可以是相对于上下文的路径，也可以是相对于页面的路径。相对于上下文的路径以“/”开始，被解释为相对于 JSP 页面所属的 Web 应用程序根路径。相对于页面的路径不以“/”开始，被解释为相对于当前 JSP 页面。在这种情况下的导入，当前页面的 request、session 对象对被导入的资源都是可用的。我们看下面两个例子：

```
<c:import url="a.jsp"/>
```

a.jsp 和当前页面在同一个目录下。

```
<c:import url="/b.jsp"/>
```

b.jsp 在 Web 应用程序的根路径下。

2）使用相对 URL 访问外部上下文中的资源

资源在另一个 Web 应用程序中，该 Web 应用程序和当前页面所属的 Web 应用程序在同一个容器中。在导入资源时，通过 context 属性来指定外部 Web 应用程序的上下文名字。指定的 URL 必须以“/”开始，上下文的名字也必须以“/”开始。在这种情况下的导入，只有当前页面的请求环境对被导入的资源是可用的。我们看下面两个例子：

```
<c:import url="/hello.jsp" context="/ch13"/>
```

导入 Web 应用程序 ch13 中的 hello.jsp 页面。

```
<c:import url="/max.jsp" context="/ch13">
    <c:param name="num1" value="23"/>
    <c:param name="num2" value="16"/>
</c:import>
```

导入 Web 应用程序 ch13 中的 max.jsp 页面，并用<c:param>标签向被导入的页面传递两个参数。<c:import>向被导入页面传递参数的行为和<jsp:include>包含页面的行为是一样的，新的参数值将优先于原来的参数值。

需要注意的是，要跨 Web 应用程序访问资源，需要在当前 Web 应用程序的<context>元素的设置中，指定 crossContext 属性的值为 true。例如，本章的例子程序要访问第 11 章的 Web 应用程序页面，需要对本章的 Web 应用程序配置如下：

```
<Context path="/ch13" docBase="F:\JSPLesson\ch13" reloadable="true"
        crossContext="true"/>
```

3）使用绝对 URL

当使用绝对 URL 来导入资源时，当前执行环境的所有一切（例如，request 和 session）对被导入的资源都是不可用的，即使绝对 URL 引用的是同一个 Web 应用程序下的资源。因此，当前页面的请求参数将不能传递给被导入的资源。这主要是因为<c:import>标签的标签处理器对相对 URL 和绝对 URL 的处理方式不同。对于相对 URL，采用的是 RequestDispatcher 的 include()方法；对于绝对 URL，采用的是 java.net.URL 和 java.net.URLConnection 类的方法。<c:import>不仅支持 HTTP 协议，也支持 FTP 协议，我们看下面两个例子：

```
<c:import url="http://www.sunxin.org?keyword=computer"/>
<c:import url="ftp://ftp.sunxin.org/copyright"/>
```

2. <c:url>

<c:url>使用正确的 URL 重写规则构造一个 URL。

（1）语法

语法 1：没有标签体。

```
<c:url value="value" [context="context"] [var="varName"]
      [scope="{page|request|session|application}"]/>
```

语法 2：有标签体，在标签体中指定查询字符串参数。

```
<c:url value="value" [context="context"] [var="varName"]
      [scope="{page|request|session|application}"]>
 <c:param> subtags
</c:url>
```

在 TLD 中，该标签的<body-content>元素设置为 JSP。

（2）属性

<c:url>的属性如表 13-12 所示。

表 13-12　<c:url>的属性

名　称	类　型	是否接受动态的值	描　述
value	String	true	要处理的 URL
context	String	true	当使用的相对 URL 标识了一个外部资源的时候，指定其上下文的名字
var	String	false	被导出的保存了处理后的 URL 的范围变量的名字，这个范围变量的类型是 String
scope	String	false	var 的 JSP 范围，默认值是 page

（3）说明

<c:url>对 URL 进行处理，并在需要的时候重写 URL。需要注意的是，只有相对 URL 会被重写，所以，如果采用 URL 重写来跟踪会话，那么必须使用相对 URL 链接到一个本地资源。<c:url>可以和<c:param>一起使用，通过<c:param>为 URL 添加查询字符串。在默认情况下，URL 处理的结果将被写入当前的 JspWriter 对象，如果指定了 var 属性，那么 URL 处理的结果将被保存到 JSP 范围变量中。

（4）示例

例 1：

```
<c:url value="http://www.sunxin.org/register" var="myUrl">
  <c:param name="name" value="${param.name}"/>
  <c:param name="email" value="${param.email}"/>
</c:url>
<a href='<c:out value="${myUrl}"/>'>Register</a>
```

执行的结果将产生一个如下的链接：

```
<a
href='http://www.sunxin.org/register?name=lisi&amp;email=sunxin%40sunxin.
org'>Register</a>
```

例 2：

```
<c:url value="/abc/a.jsp"/>
```

以“/”开始的相对 URL，<c:url>会自动在路径前面添加上下文路径，如果上下文路径是/ch13，那么执行的结果将输出如下的 URL：/ch13/abc/a.jsp。

3．<c:redirect>

<c:redirect>将客户端的请求重定向到另一个资源。

（1）语法

语法 1：没有标签体。

```
<c:redirect url="value" [context="context"]/>
```

语法 2：有标签体，在标签体中指定查询字符串参数。

```
<c:redirect url="value" [context="context"]/>
 <c:param> subtags
</c:redirect>
```

在 TLD 中，该标签的<body-content>元素设置为 JSP。

（2）属性

<c:redirect>的属性如表 13-13 所示。

表 13-13　<c:redirect>的属性

名　称	类　型	是否接受动态的值	描　述
url	String	true	重定向目标资源的 URL
context	String	true	当使用相对 URL 重定向到一个外部资源的时候，指定其上下文的名字

（3）说明

<c:redirect>发送一个 HTTP 重定向到客户端，中断当前页面的处理（在 doEndTag()方法中返回 SKIP_PAGE）。

<c:redirect>遵循和<c:url>同样的重写规则。

（4）示例

例 1：

```
<c:redirect url="a.jsp"/>
```

将客户端的请求重定向到 a.jsp 页面。

例 2：

```
<c:redirect url="/max.jsp" context="/ch15">
    <c:param name="num1" value="15"/>
    <c:param name="num2" value="23"/>
</c:redirect>
```

将客户端的请求重定向到 Web 应用程序 ch11 下的 max.jsp 页面，并传递请求参数 num1 和 num2 给 max.jsp 页面。

4．<c:param>

<c:param>为一个 URL 添加请求参数。

（1）语法

语法 1：在属性 value 中指定参数值。

```
<c:param name="name" value="value"/>
```

语法 2：在标签体中指定参数值。

```
<c:param name="name">
 parameter value
</c:param>
```

在 TLD 中，该标签的<body-content>元素设置为 JSP。

（2）属性

<c:param>的属性如表 13-14 所示。

表 13-14　<c:param>的属性

名　称	类　型	是否接受动态的值	描　述
name	String	true	查询字符串参数的名字
value	String	true	参数的值

（3）null 和错误处理

如果 name 是 null 或者空，那么<c:param>标签什么也不做。如果 value 是 null，那么将作为空值处理。

（4）说明

<c:param>作为<c:import>、<c:url>和<c:redirect>的嵌套标签使用，为 URL 添加请求参数，并对参数中的特殊字符进行正确的编码。例如，空格被编码为“+”。

13.4　I18N 标签库

I18N 标签库主要用于编写国际化的 Web 应用程序，它分为两个部分，第一部分是国际化，第二部分是日期、时间和数字的格式化。在 JSP 页面中使用 I18N 标签库，要使用 taglib 指令，指定引用的标签库，如下：

```
<%@ taglib uri="http://java.sun.com/jsp/jstl/fmt" prefix="fmt" %>
```

在学习本节内容之前，建议读者先学习第 17 章的内容。

13.4.1　国际化标签

国际化标签包括<fmt:setLocale>、<fmt:bundle>、<fmt:setBundle>、<fmt:message>、<fmt:param>和<fmt:requestEncoding>。

1．<fmt:setLocale>

<fmt:setLocale>用于设置用户的本地语言环境，并将指定的 Locale 保存到 javax.servlet.jsp.jstl.fmt.locale 配置变量中。

在 JSTL 中，预定义了一些配置变量，javax.servlet.jsp.jstl.fmt.locale 就是其中一个配置

变量的名字，在使用一些标签的时候，JSTL 会自动设置这些变量的值。为了简化对这些变量的访问，javax.servlet.jsp.jstl.core.Config 类还定义了对应的 Java 常量，javax.servlet.jsp.jstl.fmt.locale 对应的 Java 常量是 Config.FMT_LOCALE，可以通过 Config 类的静态方法 get()和 find()方法得到这些变量的值。例如，下面两种调用方式是等价的：

```
Config.find(pageContext,"javax.servlet.jsp.jstl.fmt.locale")
```

```
Config.find(pageContext,Config.FMT_LOCALE)
```

关于 Config 类的更多信息，读者可以参看 Config 类的 API 文档。

（1）语法

```
<fmt:setLocale value="locale" [variant="variant"]
             [scope="{page|request|session|application}"]/>
```

在 TLD 中，该标签的<body-content>元素设置为 empty。

（2）属性

<fmt:setLocale>的属性如表 13-15 所示。

表 13-15　<fmt:setLocale>的属性

名 称	类　型	是否接受动态的值	描　述
value	String 或 java.util.Locale	true	语言和地区代码。必须包含两个小写字母的语言代码（在 ISO-639 中定义），还可以包含两个大写字母的国家或地区代码（在 ISO-3166 中定义）。语言和地区代码必须以连字符（-）或下划线（_）分隔
variant	String	true	供应商或浏览器的代码。例如，WIN 表示 Windows，MAX 表示 Macintosh，POSIX 表示 POSIX
scope	String	false	locale 配置变量的 JSP 范围，默认值是 page

（3）null 和错误处理

如果 value 是 null 或空，则使用默认的 Locale。

（4）说明

<fmt:setLocale>将 value 属性指定的 locale 保存到由属性 scope 指定的范围中。如果 value 的类型是 java.util.Locale，那么 variant 被忽略。

应该在 I18N 标签库中的其他标签前使用<setLocale>标签，通常<setLocale>标签都应该放在页面的开始处。如果没有使用<setLocale>标签，I18N 标签库中的其他标签将会根据客户端浏览器的 Locale 设置来得到 Locale（通过调用 ServletRequest.getLocales()方法）。

（5）示例

```
<fmt:setLocale value="en"/>
<fmt:setLocale value="zh_CN"/>
```

2. <fmt:bundle>

<fmt:bundle>用于创建它的标签体使用的 I18N 本地上下文环境。

（1）语法

```
<fmt:bundle basename="basename" [prefix="prefix"]>
      body content
</fmt:bundle>
```

在 TLD 中，该标签的<body-content>元素设置为 JSP。

（2）属性

<fmt:bundle>的属性如表 13-16 所示。

表 13-16　<fmt:bundle>的属性

名　称	类　型	是否接受动态的值	描　述
basename	String	true	资源包的基名
prefix	String	true	指定在嵌套的<fmt:message>标签的消息键前面要添加的前缀

（3）null 和错误处理

如果 basename 是 null 或空，或者资源包没有发现，那么空的资源包将被保存到 I18N 的本地上下文环境中。

（4）说明

<fmt:bundle>创建一个 I18N 本地上下文环境，加载资源包到上下文中。资源包的名字通过 basename 属性指定。需要注意的是，<fmt:bundle>所创建的 I18N 本地上下文环境只对它的标签体有效。

有时候我们在编写资源时，使用了较长的 key，例如：

```
form.table.name=Please input your name:
form.table.email=Please input your email:
form.table.reset=reset
form.table.submit=submit
```

那么在使用时，需要指定完整的 key，如下：

```
<fmt:bundle basename="MyResource">
   <fmt:message key="form.table.name"/>
   <fmt:message key="form.table.email"/>
   <fmt:message key="form.table.reset"/>
   <fmt:message key="form.table.submit"/>
</fmt:bundle>
```

如果使用了 prefix 属性，就可以简化为：

```
<fmt:bundle basename="MyResource" prefix="form.table.">
   <fmt:message key="name"/>
   <fmt:message key="email"/>
   <fmt:message key="reset"/>
   <fmt:message key="submit"/>
</fmt:bundle>
```

3. <fmt:setBundle>

<fmt:setBundle>用于创建一个I18N本地上下文环境，将它保存到范围变量中或保存到 javax.servlet. jsp.jstl.fmt.localizationContext 配置变量中。

（1）语法

```
<fmt:setBundle basename="basename" [var="varName"]
             [scope="{page|request|session|application}"]/>
```

在 TLD 中，该标签的<body-content>元素设置为 empty。

（2）属性

<fmt:setBundle>的属性如表 13-17 所示。

表 13-17 <fmt:setBundle>的属性

名　称	类　型	是否接受动态的值	描　述
basename	String	true	资源包的基名
var	String	false	被导出的保存了 I18N 本地上下文的范围变量的名字。被导出对象的类型是 javax.servlet.jsp.jstl.fmt.LocalizationContext
scope	String	false	var 或者本地上下文配置变量的 JSP 范围，默认值是 page

（3）null 和错误处理

如果 basename 是 null 或空，或者没有发现资源包，那么空的资源包将被保存到 I18N 的本地上下文环境中。

（4）说明

<fmt:setBundle>创建一个 I18N 本地上下文环境，加载资源包到上下文中。资源包的名字通过 basename 属性指定。如果没有指定 var 属性，<fmt:setBundle>创建的本地上下文将成为指定范围内默认的 I18N 本地上下文。

（5）示例

```
<fmt:setBundle basename="MyResource" var="resBundle"/>
${resBundle.locale}
```

需要注意的是，resBundle 范围变量的类型是 javax.servlet.jsp.jstl.fmt.LocalizationContext，所以可以访问 LocalizationContext 类中的属性，关于 LocalizationContext 类，可以参看 JSTL 的 API 文档。${resBundle.locale}将输出当前 I18N 本地上下文的语言环境。

4. <fmt:message>

<fmt:message>从资源包中查找一个指定键的值，用于显示本地化的消息。

（1）语法

语法 1：没有标签体。

```
<fmt:message key="messageKey" [bundle="resourceBundle"]
          [var="varName"] [scope="{page|request|session|application}"]/>
```

语法 2：有标签体，在标签体中指定消息参数。

```
<fmt:message key="messageKey" [bundle="resourceBundle"]
          [var="varName"] [scope="{page|request|session|application}"]>
    <fmt:param> subtags
</fmt:message>
```

语法 3：有标签体，在标签体中指定键和可选的消息参数。

```
<fmt:message [bundle="resourceBundle"] [var="varName"]
          [scope="{page|request|session|application}"]>
    key
    optional <fmt:param> subtags
</fmt:message>
```

在 TLD 中，该标签的<body-content>元素设置为 JSP。

（2）属性

<fmt:message>的属性如表 13-18 所示。

表 13-18　<fmt:message>的属性

名　称	类　型	是否接受动态的值	描　述
key	String	true	要查找的消息的键
bundle	LocalizationContext	true	使用的资源包
var	String	false	被导出的保存了本地消息的范围变量的名字
scope	String	false	var 的 JSP 范围，默认值是 page

（3）约束

如果指定了 scope 属性，则必须指定 var 属性。

（4）null 和错误处理

如果 key 是 null 或空，则产生“?????”形式的错误消息。如果没有找到资源包，则产生“???<key>???”形式的错误消息。

（5）说明

如果在<fmt:message>标签中没有使用属性 key，那么将使用标签体作为 key。如果没有指定 var 属性，那么<fmt:message>将输出本地消息；如果指定了 var 属性，那么<fmt:message>把本地消息保存到范围变量中。

关于<fmt:param>在<fmt :message>中的使用，请参见下一部分。

（6）示例

例 1：

```
<fmt:setBundle basename="MyResource" var="resBundle"/>
<fmt:message key="name" bundle="${resBundle}"/>
```

输出资源包中的键 name 对应的值。

例 2：

```
<fmt:setBundle basename="MyResource" var="resBundle"/>
<fmt:message bundle="${resBundle}" var="nameLabel">
   name
</fmt:message>
${nameLabel}
```

以<fmt:message>的标签体作为键，将资源包中对应的值保存到 nameLabel 范围变量中，然后通过 EL 表达式输出 nameLabel。

5. <fmt:param>

<fmt:param>提供一个参数，用于在<fmt:message>中做参数置换。

（1）语法

语法 1：通过 value 属性指定参数值。

```
<fmt:param value="messageParameter"/>
```

语法 2：通过标签体指定参数值。

```
<fmt:param>
   body content
</fmt:param>
```

在 TLD 中，该标签的<body-content>元素设置为 JSP。

（2）属性

<fmt:param>的属性如表 13-19 所示。

表 13-19　<fmt:param>的属性

名　称	类　型	是否接受动态的值	描　述
value	Object	true	用于参数替换的参数值

（3）约束

<fmt:param>标签必须嵌套在<fmt:message>标签中，也就是作为<fmt:message>的子标签使用。

（4）说明

在国际化应用中，有时候需要输出的本地资源内容能够动态地改变。例如，在一个国际化的 Web 应用程序中，当一个用户登录网站的时候，向他显示欢迎信息，同时显示当前的日期和时间。由于用户名、日期和时间都是不固定的，所以我们在设置欢迎字符串资源的时候，可以按照如下的方式来设置：

welcome=欢迎{0}登录，现在是{1,date,full}，时间是{2,time,full}。

其中的大括号（{}）的部分是要被替换的部分；0、1、2 是参数的索引，对于数字、日期和时间，需要指定格式化的类型和样式，例如，日期的格式化类型是 date，格式化的样式可以选择 short、medium、long 和 full，默认是 medium。对于字符串，给出参数索引即可。关于这些格式化的详细信息，读者可以参看 java.text.MessageFormat 类的 API 文档。

需要显示字符串资源“welcome”时，可以采用如下的调用方式：

```
<fmt:setBundle basename="MyResource"/>
<fmt:message key="welcome">
    <fmt:param value="${param.user}"/>
    <fmt:param value="<%=new Date()%>"/>
    <fmt:param value="<%=new Date()%>"/>
</fmt:message>
```

在执行时，就会发生参数置换，参数置换的顺序按照<fmt:param>标签出现的顺序。例如用户 zhangsan 登录网站，在中文环境下，将显示如下的欢迎信息：

欢迎 zhangsan 登录，现在是 2005 年 5 月 26 日星期四，时间是下午 12 时 20 分 35 秒。

6. <fmt:requestEncoding>

<fmt:requestEncoding>设置请求的字符编码。

（1）语法

```
<fmt:requestEncoding [value="charsetName"]/>
```

在 TLD 中，该标签的<body-content>元素设置为 empty。

（2）属性

<fmt:requestEncoding>的属性如表 13-20 所示。

表 13-20　<fmt:requestEncoding>的属性

名　称	类　型	是否接受动态的值	描　述
value	String	true	字符编码的名字

（3）说明

<fmt:requestEncoding>标签和 ServletRequest 接口的 setCharacterEncoding()方法的作用一样。如果没有指定 value 属性，那么<fmt:requestEncoding>会自动查找合适的编码，如果没有找到，则使用默认的字符编码 ISO-8859-1。

（4）示例

```
<fmt:requestEncoding value="GBK">
```

13.4.2　格式化标签

格式化标签包括<fmt:timeZone>、<fmt:setTimeZone>、<fmt:formatNumber>、<fmt:parseNumber>、<fmt:formatDate>和<fmt:parseDate>。

1. <fmt:timeZone>

<fmt:timeZone>用于指定时区，其标签体的时间信息将按照这个时区进行格式化或者解析。

（1）语法

```
<fmt:timeZone value="timeZone">
   body content
</fmt:timeZone>
```

在 TLD 中，该标签的<body-content>元素设置为 JSP。

（2）属性

<fmt:timeZone>的属性如表 13-21 所示。

表 13-21　<fmt:timeZone>的属性

名　称	类　型	是否接受动态的值	描　述
value	String 或者 java.util.TimeZone	true	使用的时区。要了解更多的信息，请参看 java.util.TomeZone 类的 API 文档

（3）null 和错误处理

如果 value 是 null 或空，则使用 GMT 时区。

（4）说明

<fmt:timeZone>指定的时区只对它的标签体有效。如果时区以字符串的形式给出，那么将使用 java.util.TimeZone.getTimeZone(String ID)方法来得到 java.util.TimeZone 对象。

2．<fmt:setTimeZone>

<fmt:setTimeZone>用于指定时区，并将它保存到范围变量中，或保存到 javax.servlet.jsp.jstl.fmt. timeZone 配置变量中。

（1）语法

```
<fmt:setTimeZone value="timeZone" [var="varName"]
            [scope="{page|request|session|application}"]/>
```

在 TLD 中，该标签的<body-content>元素设置为 empty。

（2）属性

<fmt:setTimeZone>的属性如表 13-22 所示。

（3）null 和错误处理

如果 value 是 null 或空，则使用 GMT 时区。

（4）说明

如果指定了 var 属性，则<fmt:setTimeZone>将指定的时区保存到范围变量中。如果没有指定 var 属性，则指定的时区将被保存到 javax.servlet.jsp.jstl.fmt.timeZone 配置变量中，这个时区也成为给定范围内新的默认时区。如果时区以字符串的形式给出，那么将使用 java.util.TimeZone.getTimeZone（String ID）方法来得到 java.util.TimeZone 对象。

表 13-22　<fmt:settimeZone>的属性

名　称	类　型	是否接受动态的值	描　述
value	String 或者 java.util.TimeZone	true	使用的时区。要了解更多的信息，请参看 java.util.TomeZone 类的 API 文档
var	String	false	被导出的保存了时区的范围变量的名字。被导出对象的类型是 java.util.TimeZone
scope	String	false	var 的 JSP 范围，默认值是 page

3．<fmt:formatNumber>

<fmt:formatNumber>按照区域或者定制的方式将数字的值格式化为数字、货币或者百分数。

（1）语法

语法 1：没有标签体。

```
<fmt:formatNumber value="numericValue"
            [type="{number|currency|percent}"]
            [pattern="customPattern"]
            [currencyCode="currencyCode"]
            [currencySymbol="currencySymbol"]
            [groupingUsed="{true|false}"]
            [maxIntegerDigits="maxIntegerDigits"]
```

```
                [minIntegerDigits="minIntegerDigits"]
                [maxFractionDigits="maxFractionDigits"]
                [minFractionDigits="minFractionDigits"]
                [var="varName"]
                [scope="{page|request|session|application}"]/>
```

语法 2：有标签体，在标签体中指定了要被格式化的数字值。

```
<fmt:formatNumber [type="{number|currency|percent}"]
                  [pattern="customPattern"]
                  [currencyCode="currencyCode"]
                  [currencySymbol="currencySymbol"]
                  [groupingUsed="{true|false}"]
                  [maxIntegerDigits="maxIntegerDigits"]
                  [minIntegerDigits="minIntegerDigits"]
                  [maxFractionDigits="maxFractionDigits"]
                  [minFractionDigits="minFractionDigits"]
                  [var="varName"]
                  [scope="{page|request|session|application}"]>
    numeric value to be formatted
</fmt:formatNumber>
```

在 TLD 中，该标签的<body-content>元素设置为 JSP。

（2）属性

<fmt:formatNumber>的属性如表 13-23 所示。

表 13-23 <fmt:formatNumber>的属性

名 称	类 型	是否接受动态的值	描 述
value	String 或者 Number	true	要格式化的数字值
type	String	true	指定这个值按照什么类型（数字、货币、百分数）格式化。默认值是 number
pattern	String	true	自定义的格式化样式
currencyCode	String	true	ISO 4217 货币代码，只适用于格式化货币，对于其他格式化类型则忽略
currencySymbol	String	true	货币符号，例如“$”，只适用于格式化货币，对于其他格式化类型则忽略
groupingUsed	boolean	true	指定格式化的输出是否包含用于分组的分隔符，例如 12 456。默认值是 true
maxIntegerDigits	int	true	指定格式化输出的整数部分的最大数字位数
minIntegerDigits	int	true	指定格式化输出的整数部分的最小数字位数
maxFractionDigits	int	true	指定格式化输出的小数部分的最大数字位数
minFractionDigits	int	true	指定格式化输出的小数部分的最小数字位数
var	String	false	被导出的保存了格式化后的结果的范围变量的名字。被导出对象的类型是 String
scope	String	false	var 的 JSP 范围，默认值是 page

（3）约束

如果指定了 scope 属性，则必须指定 var 属性。currencyCode 属性的值必须是有效的 ISO 4217 货币代码。

（4）null 和错误处理

- 如果<fmt:formatNumber>无法确定格式化的区域，则它使用 Number.toString()作为输出的格式。
- 如果属性 pattern 是 null 或者空，则忽略 pattern。

（5）说明

如果没有指定 value 属性，则<fmt:formatNumber>从标签体中读取要格式化的数字值。

属性 type 指定按照什么类型来格式化数字值，可选的值有 number、currency 和 percent，分别表示数字、货币和百分数，默认值是 number。

属性 pattern 用于指定格式化的样式，例如：

```
<fmt:formatNumber value="12.3" pattern=".000"/>
```

将输出 12.300。应用样式“.000”，将使格式化后的数字的小数部分有三位，不足三位的，则以 0 补足。又如：

```
<fmt:formatNumber value="123456.7891" pattern="#,#00.0#"/>
```

将输出 123456.79。应用样式“#,#00.0#”，将使格式化后的数字整数部分最少有两位；小数部分最少有一位，最多有两位；每三个整数数字为一组，用分隔符分开。因为 123456.7891 的小数部分有四位，所以自动进行四舍五入。需要注意的是，在格式化数字值时，属性 pattern 优先于属性 type。关于 pattern 的更多信息，请读者参看 java.text.DecimalFormat 类的 API 文档。

- 属性 currencyCode——用于指定货币代码，例如，CNY 表示人民币，USD 表示美元。ISO 4217 货币代码的列表，可以在 www.google.com 上通过搜索关键字“ISO 4217”找到。
- 属性 currencySymbol——用于指定货币符号，例如“$”“￥”。
- 属性 maxIntegerDigits——指定格式化输出的整数部分的最大数字位数，如果 value 的整数部分的位数大于 maxIntegerDigits，则多余的位数将被截断。例如，value 是 123456，而 maxIntegerDigits 是 3，则格式化后的结果是 456。
- 属性 minIntegerDigits——指定格式化输出的整数部分的最小数字位数。如果 value 的整数部分的位数小于 minIntegerDigits，则不足部分以 0 填充。例如，value 是 123，而 minIntegerDigits 是 5，则格式化后的结果是 00,123。
- 属性 maxFractionDigits——指定格式化输出的小数部分的最大数字位数。如果 value 的小数部分的位数大于 maxFractionDigits，则多余的位数将被截断。例如，value 是 123456.789 1，而 maxFractionDigits 是 2，则格式化后的结果是 123456.79。
- 属性 minFractionDigits——指定格式化输出的小数部分的最小数字位数。如果 value 的小数部分的位数小于 minFractionDigits，则不足的部分以 0 填充。例如，value 是 23.12，而 minFractionDigits 是 3，则格式化后的结果是 23.120。

- 如果没有指定 var 属性，则格式化后的结果将被输出到当前的 JspWriter 对象。如果指定了 var 属性，那么格式化后的结果将被保存到范围变量中。

4．<fmt:parseNumber>

<fmt:parseNumber>用于将已经格式化后的字符串形式的数字、货币和百分数转换为数字类型。

（1）语法

语法 1：没有标签体。

```
<fmt:parseNumber value="numericValue"
                [type="{number|currency|percent}"]
                [pattern="customPattern"]
                [parseLocale="parseLocale"]
                [integerOnly="{true|false}"]
                [var="varName"]
                [scope="{page|request|session|application}"]/>
```

语法 2：有标签体，在标签体中指定了要被解析的数字值。

```
<fmt:parseNumber [type="{number|currency|percent}"]
                 [pattern="customPattern"]
                 [parseLocale="parseLocale"]
                 [integerOnly="{true|false}"]
                 [var="varName"]
                 [scope="{page|request|session|application}"]>
    numeric value to be parsed
</fmt:parseNumber>
```

在 TLD 中，该标签的<body-content>元素设置为 JSP。

（2）属性

<fmt:parseNumber>的属性如表 13-24 所示。

表 13-24　<fmt:parseNumber>的属性

名　称	类　型	是否接受动态的值	描　述
value	String	true	要解析的字符串
type	String	true	指定 value 属性的值按照什么类型（数字、货币、百分数）被解析。默认值是 number
pattern	String	true	自定义的格式化样式，用于确定 value 属性的值如何被解析
parseLocale	String 或者 java.util.Locale	true	指定按照哪一个地区的语言和格式习惯解析 value 属性的值
integerOnly	boolean	true	指定是否只解析数字值的整数部分。默认值是 false
var	String	false	被导出的保存了解析后的结果的范围变量的名字。被导出对象的类型是 java.lang.Number
scope	String	false	var 的 JSP 范围，默认值是 page

（3）约束

如果指定了 scope 属性，则必须指定 var 属性。

（4）说明

如果没有指定 value 属性，则<fmt:parseNumber>从标签体中读取要解析的数字值。

属性 integerOnly 用于指定是否只解析数字值的整数部分。例如：

```
<fmt:parseNumber value="456.92" type="number" integerOnly="true"/>
```

解析后的结果是 456。

如果没有指定 var 属性，则解析后的结果将被输出到当前的 JspWriter 对象。如果指定了 var 属性，那么解析后的结果将被保存到范围变量中。

<fmt:parseNumber>标签和<fmt:formatNumber>标签的用法类似，作用正好相反，在某些应用中，可以配合使用。例如，在数据库中存储的是格式化后的货币值，在显示的时候，直接取出显示即可。当需要参与运算的时候，取出这个值，使用<fmt:parseNumber>标签解析得到数字值，然后执行算术运算，在得到结果后，使用<fmt:formatNumber>标签进行格式化，再将格式化后的货币值保存回数据库。

（5）示例

例 1：

```
<fmt:parseNumber value="123,456.92" type="number"/>
```

解析后的结果是 123456.92。

例 2：

```
<fmt:parseNumber value="$123.50" type="currency"
      parseLocale="<%=Locale. US%>"/>
```

解析后的结果是 123.5。需要注意的是，在中文环境下，如果没有指定属性 parseLocale 为 Locale.US，将导致解析错误。

例 3：

```
<fmt:parseNumber value="72%" type="percent"/>
```

解析后的结果是 0.72。

5. <fmt:formatDate>

<fmt:formatDate>按照区域或者定制的方式对日期和时间进行格式化。

（1）语法

```
<fmt:formatDate value="date"
            [type="{time|date|both}"]
            [dateStyle="{default|short|medium|long|full}"]
            [timeStyle="{default|short|medium|long|full}"]
            [pattern="customPattern"]
            [timeZone="timeZone"]
            [var="varName"]
            [scope="{page|request|session|application}"]/>
```

在 TLD 中，该标签的<body-content>元素设置为 empty。

（2）属性

<fmt:formatDate>的属性如表 13-25 所示。

表 13-25　<fmt:formatDate>的属性

名　称	类　型	是否接受动态的值	描　述
value	java.util.Date	true	要格式化的日期、时间
type	String	true	指定 value 的日期部分或者时间部分要被格式化，或者都要被格式化。默认值是 date
dateStyle	String	true	日期的预定义格式化样式。详细信息，请参看 java.text.DateFormat 类的 API 文档。默认值是 default
timeStyle	String	true	时间的预定义格式化样式。详细信息，请参看 java.text.DateFormat 类的 API 文档。默认值是 default
pattern	String	true	自定义的格式化日期和时间的样式
timeZone	String 或者 java.uti.timeZone	true	使用的时区
var	String	false	被导出的保存了格式化后的结果的范围变量的名字。被导出对象的类型是 String
scope	String	false	var 的 JSP 范围，默认值是 page

（3）约束

如果指定了 scope 属性，则必须指定 var 属性。

（4）说明

在 value 中指定日期值，类型是 java.util.Date。type 属性用于指定是格式化日期部分、时间部分，还是两者都格式化，可能的取值有 3 个，分别为：time、date 和 both。例如，在中文环境下：

```
<fmt:formatDate value="<%=new java.util.Date()%>" type="date"/>
```

格式化的结果是 2019-1-15。

```
<fmt:formatDate value="<%=new java.util.Date()%>" type="time"/>
```

格式化的结果是 16:50:49。

```
<fmt:formatDate value="<%=new java.util.Date()%>" type="both"/>
```

格式化的结果是 2019-1-15 16:51:12。

- 属性 dateStyle 和 timeStyle——用于表示日期和时间显示的详细程度，可能的取值有 5 个：default、short、medium、long 和 full，不同的取值对日期和时间显示的影响如表 13-26 所示（在简体中文环境下）。其中，default 的值就是 medium。更多信息，请参看 java.text.DateFormat 类的 API 文档。
- 属性 pattern——用于自定义格式化日期和时间的样式，自定义样式必须使用在 java.text.SimpleDateFormat 类中定义的样式语法。详细信息，请读者参看 SimpleDateFormat 类的 API 文档。一旦指定了 pattern 属性，那么 type、dateStyle 和 timeStyle 就将被忽略。

表 13-26　dateStyle 和 timeStyle 不同的取值对日期和时间显示的影响（简体中文环境下）

设 置 的 值	显示的日期	显示的时间
default	2019-1-15	9:39:25
short	19-1-15	上午 9:39
medium	2019-1-15	9:39:25
long	2019 年 1 月 15 日	上午 09 时 39 分 25 秒
full	2019 年 1 月 15 日星期二	上午 09 时 39 分 25 秒 CST

- 属性 timeZone——用于指定时区。指定不同的时区，格式化后的日期和时间值将不同。指定时区在某些情况下是很有用的，例如，服务器程序在一个时区，而访问 Web 应用程序的客户端在另一个时区，可以通过指定时区，将服务器端的时间转换为客户端所在时区的时间。关于时区的信息，请参看 java.util.TimeZone 类的 API 文档。

如果没有指定 var 属性，则格式化后的结果将被输出到当前的 JspWriter 对象。如果指定了 var 属性，那么格式化后的结果将被保存到范围变量中。

6．<fmt:parseDate>

<fmt:parseDate>用于将已经格式化后的字符串形式的日期和时间转换为日期类型。

（1）语法

语法 1：没有标签体。

```
<fmt:parseDate value="dateString"
          [type="{time|date|both}"]
          [dateStyle="{default|short|medium|long|full}"]
          [timeStyle="{default|short|medium|long|full}"]
          [pattern="customPattern"]
          [timeZone="timeZone"]
          [parseLocale="parseLocale"]
          [var="varName"]
          [scope="{page|request|session|application}"]/>
```

语法 2：有标签体，在标签体中指定要被解析的日期值。

```
<fmt:parseDate [type="{time|date|both}"]
          [dateStyle="{default|short|medium|long|full}"]
          [timeStyle="{default|short|medium|long|full}"]
          [pattern="customPattern"]
          [timeZone="timeZone"]
          [parseLocale="parseLocale"]
          [var="varName"]
          [scope="{page|request|session|application}"]>
   date value to be parsed
</fmt:parseDate>
```

在 TLD 中，该标签的<body-content>元素设置为 JSP。

（2）属性

<fmt:parseDate>的属性如表 13-27 所示。

表 13-27　<fmt:parseDate>的属性

名　称	类　型	是否接受动态的值	描　述
value	String	true	要解析的日期字符串
type	String	true	指定 value 属性的值包含的是日期还是时间，或者两者都有。默认值是 date
dateStyle	String	true	日期的预定义格式化样式。详细信息，请参看 java.text.DateFormat 类的 API 文档。默认值是 default
timeStyle	String	true	时间的预定义格式化样式。详细信息，请参看 java.text.DateFormat 类的 API 文档。默认值是 default
pattern	String	true	自定义的格式化样式，用于确定 value 属性的值如何被解析
timeZone	String 或者 java.util.timeZone	true	使用的时区
parseLocale	String 或者 java.util.Locale	true	指定按照那一个地区的语言和日期时间格式习惯解析 value 属性的值
var	String	false	被导出的保存了解析后的结果的范围变量的名字。被导出对象的类型是 java.util.Date
scope	String	false	var 的 JSP 范围，默认值是 page

（3）约束

如果指定了 scope 属性，则必须指定 var 属性。

（4）说明

- 属性 type——用于指定日期字符串中包含的是日期还是时间，或者两者都有。日期和时间的预定义格式化样式由属性 dateStyle 和 timeStyle 来指定。例如，一个日期字符串是：

```
2019 年 1 月 15 日 星期二 上午 9:39
```

要解析这个日期字符串，需要如下调用：

```
<fmt:parseDate value="2019 年 1 月 15 日 星期二 上午 9:39"
               type="both"
               dateStyle="full"
               timeStyle="short"/>
```

解析后的结果是 Tue Jan 15 09:39:00 CST 2019。

- 属性 parseLocale——用于指定语言环境，因为不同的地区，在日期中使用的符号不同。例如，日期字符串“2019 年 1 月 15 日星期二”在美语环境下解析，则会发生异常。

如果没有指定 var 属性，那么解析后的结果将被输出到当前的 JspWriter 对象。如果指定了 var 属性，那么解析后的结果将被保存到范围变量中。

<fmt:parseDate>标签和<fmt:formatDate>标签的用法类似，作用正好相反，在某些应用中可以配合使用。例如，有一个日期字符串值“2019-1-15 9:39:25”，需要格式化为更详细的显示，可以首先使用<fmt:parseDate>标签解析得到 java.util.Date 对象，如下：

```
<fmt:parseDate value="2019-1-15 9:39:25" type="both"
```

```
                    dateStyle="default" timeStyle="default" var="d"/>
```

然后使用<fmt:formatDate>标签对日期和时间进行格式化，如下：

```
<fmt:formatDate value="${d}" type="both"
                    dateStyle="full" timeStyle="full"/>
```

最后得到格式化的结果如下：

```
2019年1月15日 星期二 上午09时39分25秒 CST
```

13.5 SQL 标签库

在 Web 应用中，访问数据库已经成为一个必不可少的功能。通常我们会按照 MVC 架构模式来设计 Web 应用程序，将对数据库的操作封装在作为模型的 JavaBean 组件中。然而，在一些小型的、简单的应用中，可能需要在 JSP 页面中直接编写访问数据库的代码，而过多的 Java 代码会导致页面难以维护，现在我们多了一个选择，就是使用 JSTL 中的 SQL 标签库。

SQL 标签库提供了基本的访问关系型数据库的能力，提供了查询、插入、更新、删除，以及事务处理等功能。在 JSP 页面中使用 SQL 标签库，要使用 taglib 指令，指定引用的标签库，如下：

```
<%@ taglib uri="http://java.sun.com/jsp/jstl/sql" prefix="sql" %>
```

SQL 标签库包含了<sql:setDataSource>、<sql:query>、<sql:param>、<sql:dateParam>、<sql:upate>和<sql:transaction>6 个标签。

13.5.1 <sql:setDataSource>

<sql:setDataSource>用于设置数据源。

（1）语法

```
<sql:setDataSource {dataSource="dataSource" | url="jdbcUrl"
                [driver="driverClassName"]
                [user="userName"]
                [password="password"]}
                [var="varName"]
                [scope="{page|request|session|application}"]/>
```

在 TLD 中，该标签的<body-content>元素设置为 empty。

（2）属性

<sql:setDataSource>的属性如表 13-28 所示。

表 13-28　<sql:setDataSource>的属性

名　称	类　型	是否接受动态的值	描　述
dataSource	String 或者 javax.sql.DataSource	true	指定数据源
url	String	true	指定 JDBC URL

续表

名　称	类　型	是否接受动态的值	描　述
driver	String	true	指定 JDBC 驱动的类名
user	String	true	指定连接数据库的用户名
password	String	true	指定连接数据库的用户密码
var	String	false	被导出的保存了指定数据源的范围变量的名字。被导出对象的类型可以是 String 或者 DataSource
scope	String	false	var 的 JSP 范围，默认值是 page

（3）null 和错误处理

如果 dataSource 是 null，则抛出 JspException。

（4）说明

属性 dataSource 的值有两种形式，一种是指定数据源的 JNDI 名的相对路径。例如，数据源的 JNDI 名是 java:comp/env/jdbc/bookstore，因为 java:comp/env 是 J2EE 应用程序的标准的 JNDI 根，所以只需要将属性 dataSource 设置为 jdbc/bookstore 即可。另一种方式是指定 java.sql.DriverManager 类需要的参数，其语法格式如下：

```
url[,[driver][,[user][,password]]]
```

例如：

```
    jdbc:mysql://localhost:3306/bookstore?useSSL=false&serverTimezone=UTC&
autoReconnect=true, com.mysql.cj.jdbc.Driver,root,12345678
```

除了使用属性 dataSource 设置数据源外，还可以通过 url、driver、user 和 password 这 4 个属性设置数据源。例如：

```
    <sql:setDataSource url="jdbc:mysql://localhost:3306/bookstore?useSSL=
false&serverTimezone=UTC& autoReconnect=true"
                   driver="com.mysql.cj.jdbc.Driver"
                   user="root"
                   password="12345678"/>
```

在设置数据源时，我们应该总是使用 JNDI 的方式，因为这样可以得到连接管理的特性。

如果指定了 var 属性，则设置的数据源将被保存到范围变量中，在随后的调用中可以使用这个范围变量。如果没有指定 var 属性，那么设置的数据源将被保存到 javax.servlet.jsp.jstl.sql.dataSource 配置变量中。

13.5.2　<sql:query>

<sql:query>用于对数据库进行查询。

（1）语法

语法 1：没有标签体。

```
    <sql:query sql="sqlQuery" var="varName"
              [scope="{page|request|session|application}"]
              [dataSource="dataSource"]
```

```
            [maxRows="maxRows"]
            [startRow="startRow"]/>
```

语法 2：有标签体，在标签体中指定查询参数。

```
<sql:query sql="sqlQuery" var="varName"
            [scope="{page|request|session|application}"]
            [dataSource="dataSource"]
            [maxRows="maxRows"]
            [startRow="startRow"]>
      <sql:param> actions
</sql:query>
```

语法 3：有标签体，在标签体中指定查询语句和可选的查询参数。

```
<sql:query var="varName"
            [scope="{page|request|session|application}"]
            [dataSource="dataSource"]
            [maxRows="maxRows"]
            [startRow="startRow"]>
      query
      optional <sql:param> actions
</sql:query>
```

在 TLD 中，该标签的<body-content>元素设置为 JSP。

（2）属性

<sql:query>的属性如表 13-29 所示。

表 13-29　<sql:query>的属性

名　称	类　型	是否接受动态的值	描　述
sql	String	true	SQL 查询语句
dataSource	String 或者 javax.sql.DataSource	true	指定数据源
maxRows	int	true	指定在查询结果中包含的记录的最大行数。如果该属性没有设置，或者设置为–1，则对查询结果的记录行数没有限制
startRow	int	true	指定返回的结果集起始的行数。原始的查询结果集第一行的索引是 0
var	String	false	被导出的保存了查询结果的范围变量的名字。被导出对象的类型是 javax.servlet.jsp.jstl.sql.Result
scope	String	false	var 的 JSP 范围，默认值是 page

（3）约束

如果指定了 dataSource 属性，则<sql:query>标签不能在<sql:transaction>中嵌套。如果指定了 maxRows 属性，则其值必须大于等于–1。

（4）null 和错误处理

如果 dataSource 是 null，则抛出 JspException。

（5）说明

可以在属性 sql 中指定 SQL 查询语句，也可以在标签体中写上查询语句。

如果指定了属性 dataSource，则<sql:query>使用 dataSource 指定的数据源。如果没有指定属性 dataSource，则使用 Config.find()方法查找配置变量 javax.servlet.jsp.jstl.sql. dataSource 的值，将这个值作为数据源。

- 属性 maxRows——指定在结果集中包含的记录的最大行数。
- 属性 startRow——指定返回结果集起始的行数，例如，startRow 的值是 10，返回结果集的起始行将从索引 10 的位置开始，原始查询结果集的 0～9 行将被跳过。

使用这两个属性，可以在一个包含大量记录行的原始结果集中控制访问记录行的位置和数量。需要注意的是，<sql:query>并不直接控制从数据库返回的记录行数，而是先返回查询语句执行后的所有记录，然后再根据属性 maxRows 和属性 startRow 设定的值返回处理后的另一个结果集。

属性 var 必须指定，<sql:query>将查询得到的结果集保存到 var 指定的范围变量中。

我们看一个例子：

```
<sql:query sql="select * from bookinfo" var="books"/>
```

或者

```
<sql:query var="books">
   select * from bookinfo
</sql:query>
```

在执行后，查询的结果将被保存到范围变量 books 中，因为在这个例子中没有指定 scope 属性，所以在默认情况下 books 的范围是 page。

在得到 books 范围变量后，我们要如何取出其中的数据呢？导出的范围变量 books 的类型是 javax.servlet.jsp.jstl.sql.Result，在这个接口中定义了以下 5 个方法。

1）public java.lang.String[] **getColumnNames**()

返回结果集中列的名称。

2）public int **getRowCount**()

返回结果集中行的数目。

3）public java.util.SortedMap[] **getRows**()

以 SortedMap 对象数组的形式返回查询的结果。每一个 SortedMap 对象表示一行，以列的名字作为 key，相应列的数据作为 key 的值。

4）public java.lang.Object[][] **getRowsByIndex**()

以二维数组的形式返回查询的结果。第一维表示查询结果的行，第二维表示查询结果的列。

5）public boolean **isLimitedByMaxRows**()

判断查询是否受到属性 maxRows 设置的限制。如果返回的原始记录行数大于 maxRows，则该方法返回 true；如果返回的原始记录行数小于或等于 maxRows，则该方法返回 false。

如果将 books 作为 JavaBean 对象，它就有 5 个属性，分别是 columnNames、rowCount、 rows、rowsByIndex 和 limitedByMaxRows。有了这 5 个属性，要取出结果集中的数据，就很简单了。例如，

```
    <sql:setDataSource
url="jdbc:mysql://localhost:3306/bookstore?useSSL=false&serverTimezone=UTC&a
utoReconnect=true"
                               driver="com.mysql.cj.jdbc.Driver"
                               user="root"
                               password="12345678"/>
    <sql:query sql="select * from bookinfo" var="books"/>
    <table>
       <c:forEach var="book" items="${books.rows}">
       <tr>
           <td><c:out value="${book.title}"/></td>
           <td><c:out value="${book.author}"/></td>
           <td><c:out value="${book.price}"/></td>
       </tr>
       </c:forEach>
    </table>
```

或者

```
    <sql:setDataSource
url="jdbc:mysql://localhost:3306/bookstore?useSSL=false&serverTimezone=UTC&a
utoReconnect=true"
                              driver="com.mysql.cj.jdbc.Driver"
                              user="root"
                             password="12345678"/>
    <sql:query sql="select * from bookinfo" var="books"/>
    <table>
       <c:forEach var="book" items="${books.rowsByIndex}">
       <tr>
           <td><c:out value="${book[1]}"/></td>
           <td><c:out value="${book[2]}"/></td>
           <td><c:out value="${book[5]}"/></td>
       </tr>
       </c:forEach>
    </table>
```

或者

```
    <sql:setDataSource url="
jdbc:mysql://localhost:3306/bookstore?useSSL=false&amp;serverTimezone=UTC&au
toReconnect=true"
                              driver="com.mysql.cj.jdbc.Driver"
                              user="root"
                              password="12345678"/>
    <sql:query sql="select * from bookinfo" var="books"/>
    <table border="1">
       <tr>
           <th>${books.columnNames[1]}</th>
```

```
        <th>${books.columnNames[2]}</th>
        <th>${books.columnNames[5]}</th>
    </tr>

    <c:forEach var="book" items="${books.rowsByIndex}">
    <tr>
        <td>${book[1]}</td>
        <td>${book[2]}</td>
        <td>${book[5]}</td>
    </tr>
    </c:forEach>
</table>
```

13.5.3　<sql:param>

<sql:param>用于设置 SQL 语句中标记为问号（?）的参数的值，类似于 PreparedStatement 的 setXXX()方法的作用。该标签作为<sql:query>和<sql:update>标签的子标签使用。

（1）语法

语法 1：在属性 value 中指定参数值。

```
<sql:param value="value"/>
```

语法 2：在标签体中指定参数值。

```
<sql:param>
    parameter value
</sql:param>
```

在 TLD 中，该标签的<body-content>元素设置为 JSP。

（2）属性

<sql:param>的属性如表 13-30 所示。

表 13-30　<sql:param>的属性

名　称	类　型	是否接受动态的值	描　述
value	Object	true	参数的值

（3）null 和错误处理

如果 value 是 null，则参数被设置为 SQL 值 NULL。

（4）说明

第 4 章介绍过，在 SQL 语句中，可以用问号（?）来标识 PreparedStatement 的参数，然后调用 PreparedStatement 对象的 setXXX()方法来设置参数的值。同样地，JSTL 的 SQL 标签库也提供了相似的功能，利用<sql:param>来设置 SQL 语句中标记为问号（?）的参数的值。在<sql:query>或<sql:update>中，按照<sql:param>出现的顺序来设置参数的值。需要注意的是，如果参数的类型为日期或者时间，则需要用<sql:dateParam>来设置参数的值。

（5）示例

```
<sql:query var="books">
```

```
    select * from bookinfo where id = ?
    <sql:param value="1"/>
</sql:query>
```

13.5.4 <sql:dateParam>

<sql:dateParam>标签用 java.util.Date 类型的值设置 SQL 语句中标签为问号(?)的参数。该标签作为<sql:query>和<sql:update>标签的子标签使用。

（1）语法

```
<sql:dateParam value="value" [type="{timestamp|time|date}"]/>
```

在 TLD 中，该标签的<body-content>元素设置为 empty。

（2）属性

<sql:dateParam>的属性如表 13-31 所示。

表 13-31 <sql:dateParam>的属性

名　称	类　型	是否接受动态的值	描　述
value	java.util.Date	true	用日期或时间值指定参数的值，对应的数据库表中列的类型为 DATE、TIME 或者 TIMESTAMP
type	String	true	可能的取值有 3 个：date、time、timestamp。默认值是 timestamp

（3）null 和错误处理

如果 value 是 null，则参数被设置为 SQL 值 NULL。

（4）说明

<sql:dateParam>和<sql:param>的用法类似，只不过<sql:dateParam>用于设置日期和时间值。

属性 value 的值需要指定 java.util.Date 类型，<sql:dateParam>会根据 type 属性的值，将 java.util.Date 实例转换为 java.sql.Date、java.sql.Time 或 java.sql.Timestamp 类型。

（5）示例

```
<fmt:parseDate value="2004-06-01" type="date"
               dateStyle="default" var="publish_date"/>
<sql:query var="books">
    select * from bookinfo where publish_date > ?
    <sql:dateParam value="${publish_date}" type="date"/>
</sql:query>
```

我们先利用<fmt:parseDate>标签将字符串形式的日期转换为 java.util.Date 类型，然后将转换结果作为<sql:dateParam>标签的属性 value 的值。

13.5.5 <sql:update>

<sql:update>用于执行 insert、update 或者 delete 语句，还可以用于执行 SQL DDL 语句。

（1）语法

语法 1：没有标签体。

```
<sql:update sql="sqlUpdate" [dataSource="dataSource"] [var="varName"]
        [scope="{page|request|session|application}"]/>
```

语法 2：有标签体，在标签体中指定更新参数。

```
<sql:update sql="sqlUpdate" [dataSource="dataSource"] [var="varName"]
        [scope="{page|request|session|application}"]>
   <sql:param> actions
</sql:update>
```

语法 3：有标签体，在标签体中指定 SQL 更新语句和可选的更新参数。

```
<sql:update [dataSource="dataSource"] [var="varName"]
        [scope="{page|request|session|application}"]>
   update statement
   optional <sql:param> actions
</sql:update>
```

在 TLD 中，该标签的<body-content>元素设置为 JSP。

（2）属性

<sql:update>的属性如表 13-32 所示。

表 13-32　<sql:update>的属性

名　称	类　型	是否接受动态的值	描　述
sql	String	true	SQL 更新语句
dataSource	String 或者 javax.sql.DataSource	true	指定数据源
var	String	false	被导出的保存了数据库更新结果的范围变量的名字。被导出对象的类型是 java.lang.Integer
scope	String	false	var 的 JSP 范围，默认值是 page

（3）约束

如果指定了 scope 属性，则必须指定 var 属性。如果指定了 dataSource 属性，则<sql:update>标签不能在<sql:transaction>中嵌套。

（4）null 和错误处理

如果 dataSource 是 null，则抛出 JspException。

（5）说明

可以在属性 sql 中指定 SQL 更新语句，也可以在标签体中写上更新语句。

在更新语句中，也可以包含问号（?）来标识 JDBC PreparedStatement 的参数，然后通过嵌套的<sql:param>和<sql:dateParam>标签来设置参数的值。

如果指定了属性 dataSource，则<sql:update>使用 dataSource 指定的数据源。如果没有指定属性 dataSource，则使用 Config.find()方法查找配置变量 javax.servlet.jsp.jstl.sql.dataSource 的值，将这个值作为数据源。

如果指定了 var 属性，则更新的结果将被保存到范围变量中。这个结果表示的是更新所影响的数据库记录的行数。如果 SQL 语句的执行没有影响任何一行数据，则返回的结果是 0。<sql:update>标签的行为和 Statement 的 executeUpdate()方法的行为是一致的。

（6）示例

例 1：

```
<sql:setDataSource dataSource="jdbc/bookstore" var="ds"/>
<sql:update sql="update bookinfo set amount = amount-5 where id = 1"
           dataSource="${ds}"/>
```

例 2：

```
<sql:update>
     insert into bookinfo(id,title,author,bookconcern,publish_date,price,
amount) values (?,?,?,?,?,?,?)
    <sql:param>8</sql:param>
     <sql:param>Java 实例入门</sql:param>
    <sql:param>小明</sql:param>
     <sql:param>小明出版社</sql:param>
    <sql:param>2005-05-23</sql:param>
     <sql:param>55.00</sql:param>
    <sql:param>20</sql:param>
</sql:update>
```

例 3：

```
<sql:update var="result">
     delete from bookinfo where id = 0 or id >3
</sql:update>
```

删除的行数是：${result}

13.5.6 <sql:transaction>

<sql:transaction>用于为<sql:query>和<sql:update>子标签建立事务处理上下文。

（1）语法

```
<sql:transaction [dataSource="dataSource"] [isolation=isolationLevel]>
   <sql:query> and <sql:update> statements
</sql:transaction>

isolationLevel ::= "read_committed"
                 | "read_uncommitted"
                 | "repeatable_read"
                 | "serializable"
```

在 TLD 中，该标签的<body-content>元素设置为 JSP。

（2）属性

<sql:transaction>的属性如表 13-33 所示。

表 13-33　<sql:transaction>的属性

名　称	类　型	是否接受动态的值	描　述
dataSource	String 或者 javax.sql.DataSource	true	指定数据源
isolation	String	true	事务的隔离级别。如果没有指定该属性，那么将使用数据源配置的隔离级别

（3）约束

任何在<sql:transaction>中嵌套的<sql:query>和<sql:update>标签不能使用 dataSource 属性。

（4）null 和错误处理

如果 dataSource 是 null，则抛出 JspException。

（5）说明

<sql:transaction>标签将其中嵌套的<sql:query>和<sql:update>放到一个事务当中。

属性 isolation 的可能取值有 4 个：read_committed、read_uncommitted、repeatable_read 和 serializable，事务的隔离级别在 java.sql.Connection 接口中定义。如果没有指定属性 isolation，那么将使用数据源配置的隔离级别。

（6）示例

```
<sql:setDataSource dataSource="jdbc/bookstore" var="ds"/>
<sql:transaction dataSource="${ds}" isolation="serializable">
    <sql:update sql="update bookinfo set amount = ? where id = 3">
        <sql:param>7</sql:param>
   </sql:update>
    <sql:update sql="update account set balance = ? where userid = ?">
        <sql:param>266.00</sql:param>
       <sql:param>甲</sql:param>
    </sql:update>
</sql:transaction>
```

13.6　XML 标签库

XML 标签库让我们无须了解 DOM 和 SAX，也可以对 XML 文档进行操作。

在 JSP 页面中使用 XML 标签库，要使用 taglib 指令，指定引用的标签库，如下：

```
<%@ taglib uri="http://java.sun.com/jsp/jstl/xml" prefix="x" %>
```

XML 标签库中的标签是基于 XPath 语言的，我们可以在标签的 select 属性中使用 XPath 表达式（需要配置 Xalan 处理器[①]，将 xalan.jar 复制到 Web 应用程序的 WEB-INF\lib 目录下），来查找和定位 XML 文档的内容。为了在 XPath 表达式中能够很容易地访问 Web 应用程序数据，XPath 引擎支持表 13-34 中列出的表达式语法。

① Xalan 是一个开放源代码的 XSLT 处理器。

表 13-34　XPath 引擎支持的表达式语法

表 达 式	映　射
$foo	pageContext.findAttribute("foo")
$param:foo	request.getParameter("foo")
$header:foo	request.getHeader("foo")
$cookie:foo	映射 cookie 的值到名字 foo
$initParam:foo	application.getInitParameter("foo")
$pageScope:foo	pageContext.getAttribute("foo", PageContext.PAGE_SCOPE)
$requestScope:foo	pageContext.getAttribute("foo", PageContext.REQUEST_SCOPE)
$sessionScope:foo	pageContext.getAttribute("foo", PageContext.SESSION_SCOPE)
$applicationScope:foo	pageContext.getAttribute("foo", PageContext.APPLICATION_SCOPE)

通过这些映射，JSP 的范围变量、请求参数、请求报头和 cookies，以及上下文初始化参数都可以很容易地在 XPath 表达式中使用。例如：

```
/foo/bar[@x=$param:name]
```

表示查找 foo 元素节点下的 bar 子元素节点，并且 bar 元素的属性 x 的值，等于 HTTP 请求参数 name 的值。

XML 标签库中的标签按照功能可以分为三类：XML 核心操作、XML 流程控制操作和 XML 转换操作。

13.6.1　核心操作

XML 核心操作包括<x:parse>、<x:out>和<x:set>这三个标签。

1. <x:parse>

<x:parse>用于解析 XML 文档。

（1）语法

语法 1：通过 String 或者 Reader 对象来指定 XML 文档。

```
<x:parse doc="XMLDocument"
      {var="var" [scope="scope"]|varDom="var" [scopeDom="scope"]}
       [systemId="systemId"]
       [filter="filter"]/>
```

语法 2：通过标签体来指定 XML 文档。

```
<x:parse {var="var" [scope="scope"]|varDom="var" [scopeDom="scope"]}
      [systemId="systemId"]
      [filter="filter"]>
   XML Document to parse
</x:parse>
```

在上述语法中，scope 属性的值是{page|request|session|application}。

在 TLD 中，该标签的<body-content>元素设置为 JSP。

（2）属性

<x:parse>的属性如表 13-35 所示。

表 13-35　<x:parse>的属性

名　称	类　型	是否接受动态的值	描　述
doc	String，Reader	true	被解析的源 XML 文档
systemId	String	true	用于解析 XML 文档的系统标识符（XML 文档的 URI）
filter	org.xml.sax.XMLFilter	true	被应用到源文档的过滤器
var	String	false	被导出的保存了解析后的 XML 文档的范围变量的名字
scope	String	false	var 的 JSP 范围，默认值是 page
varDom	String	false	被导出的保存了解析后的 XML 文档的范围变量的名字，这个范围变量的类型是 org.w3c.dom.Document
scopeDom	String	false	varDom 的 JSP 范围，默认值是 page

（3）null 和错误处理

- 如果源 XML 文档是 null 或者为空，将抛出 JspException 异常。
- 如果属性 filter 是 null，那么将不会执行过滤。

（4）说明

<x:parse>标签解析一个 XML 文档，并在属性 var 或者 varDom 所指定的范围变量中保存结果对象。<x:parse>标签不执行任何的有效性验证。

XML 文档可以由 doc 属性指定，也可以直接在标签体中给出。

需要注意的是，如果使用的是 var 属性，那么结果对象的类型在 JSTL 规范中没有定义，由具体的实现来决定。

（5）示例

有如下的 XML 文件：

```
student.xml
<?xml version="1.0"?>
<student>
    <name>zhangsan</name>
    <age>18</age>
</student>
```

例 1：

```
<c:import url="student.xml" var="doc"/>
<x:parse doc="${doc}" var="stuXml"/>
```

先利用<c:import>标签将 XML 文件的内容导入范围变量 doc 中，然后用<x:parse>解析 XML 文档。如果要输出<name>元素的内容，那么可以调用如下内容：

```
<x:out select="$stuXml/student/name"/>
```

例 2：

可以在<c:parse>标签的标签体中直接给出 XML 文档的内容，此时属性 doc 就不需要了，例如：

```
<x:parse var="stuXml">
    <student>
        <name>zhangsan</name>
        <age>18</age>
    </student>
</x:parse>
```

也可以在<c:parse>标签的标签体中使用<c:import>标签，例如：

```
<x:parse var="stuXml">
      <c:import url="student.xml"/>
</x:parse>
```

2．<x:out>

<x:out>计算一个 XPath 表达式，并将计算的结果输出到当前的 JspWriter 对象。<x:out>标签的功能类似于 JSP 的表达式<%=expression%>，或者 Core 标签库中的<c:out>标签。

（1）语法

```
<x:out select="XPathExpression" [escapeXml="{true|false}"]/>
```

在 TLD 中，该标签的<body-content>元素设置为 empty。

（2）属性

<x:out>的属性如表 13-36 所示。

表 13-36　<x:out>的属性

名　　称	类　　型	是否接受动态的值	描　　述
select	String	false	要计算的 XPath 表达式
escapeXml	boolean	true	确定在结果字符串中的字符“<”“>”“'”“"”和“&”是否应该被转换为对应的字符引用或预定义实体引用。默认值是 true

（3）示例

```
<x:parse var="stuXml">
    <student>
        <name>zhangsan</name>
        <age>18</age>
    </student>
</x:parse>
```

要输出<age>元素的内容，可以调用如下：

```
<x:out select="$stuXml//age"/>
```

3．<x:set>

<x:set>计算一个 XPath 表达式，并将计算的结果保存到一个范围变量中。

（1）语法

```
<x:set select="XPathExpression"
```

```
    var="varName" [scope="{page|request|session|application}"]/>
```

在 TLD 中，该标签的<body-content>元素设置为 empty。

（2）属性

<x:set>的属性如表 13-37 所示。

表 13-37　<x:set>的属性

名　称	类　型	是否接受动态的值	描　述
select	String	false	要计算的 XPath 表达式
var	String	false	被导出的保存了计算结果的范围变量的名字
scope	String	false	var 的 JSP 范围，默认值是 page

（3）示例

首先用<x:parse>解析 XML 文档，如下：

```
<x:parse var="stuXml">
   <c:import url="student.xml"/>
</x:parse>
```

例 1：

```
<x:set select="$stuXml/student/age" var="age"/>
```

注 意　要输出<age>元素的内容（即学生的年龄 18），不能调用<c:out>，而要调用<x:out>，例如：<x:out select="$age"/>。

例 2：

```
<x:set select="$stuXml/student" var="student"/>
<x:out select="$student/name"/>
```

13.6.2　流程控制

XML 流程控制操作基于 XPath 表达式的值提供流程的控制，包括<x:if>、<x:choose>、<x:when>、<x:otherwise>和<x:forEach>标签。XML 流程控制操作类似于 Core 标签库中的<c:if>、<c:choose>和<c:forEach>标签，不同的是，XML 流程控制操作应用的是 XPath 表达式。

1. <x:if>

<x:if>计算在 select 属性中指定的 XPath 表达式，如果计算结果为 true，则执行标签体的内容。

（1）语法

语法 1：没有标签体。

```
<x:if select="XPathExpression"
   var="varName" [scope="{page|request|session|application}"]/>
```

语法 2：有标签体。

```
<x:if select="XPathExpression"
```

```
    [var="varName"] [scope="{page|request|session|application}"]>
    body content
</x:if>
```

在 TLD 中，该标签的<body-content>元素设置为 JSP。

（2）属性

<x:if>的属性如表 13-38 所示。

表 13-38 <x:if>的属性

名 称	类 型	是否接受动态的值	描 述
select	String	false	测试的条件，用于判断标签体是否应该被执行
var	String	false	被导出的保存了测试条件结果值的范围变量的名字。这个范围变量的类型是 Boolean
scope	String	false	var 的 JSP 范围，默认值是 page

（3）约束

如果指定了 scope 属性，那么必须指定 var 属性。

（4）示例

有下列的 XML 文档：

```
<students>
    <student id="1">
        <name>zhangsan</name>
        <age>18</age>
    </student>
    <student id="2">
        <name>lisi</name>
        <age>20</age>
    </student>
</students>
```

例 1：

```
<x:if select="$stuXml//student[@id='1']">
    姓名为：<x:out select="$stuXml/students/student/name"/>
</x:if>
```

例 2：

```
<x:if select="$stuXml//student[@id='2']" var="boolId"/>
<c:if test="${boolId}">
    编号为 2 的学生存在。
</c:if>
```

2. <x:choose>

<x:choose>，<x:when>和<x:otherwise>一起实现互斥条件的执行。

（1）语法

```
<x:choose>
```

```
    body content (<x:when> and <x:otherwise> subtags)
</x:choose>
```

在 TLD 中，该标签的<body-content>元素设置为 JSP。

（2）约束

<x:choose>的标签体只能包含下列内容：

- 空白。
- 1 个或多个<x:when>标签。
- 0 个或 1 个<x:otherwise>标签，并且<x:otherwise>必须是<x:choose>内容中最后出现的标签。

（3）说明

在运行时，判断<x:when>标签的测试条件是否为 true，第一个测试条件为 true 的<x:when>标签的标签体将被执行。如果没有满足条件的<x:when>标签，那么<x:otherwise>的标签体将被执行。

<x:choose>、<x:when>和<x:otherwise>使用类似于 XSLT 规范中的<xsl:choose>、<xsl:when>和<xsl:otherwise>元素。

3．<x:when>

<x:when>作为<x:choose>的子标签，表示一个可选的条件。

（1）语法

```
<x:when select="XPathExpression">
    body content
</x:when>
```

在 TLD 中，该标签的<body-content>元素设置为 JSP。

（2）属性

<x:when>的属性如表 13-39 所示。

表 13-39　<x:when>的属性

名　称	类　型	是否接受动态的值	描　述
select	String	false	测试的条件，用于判断标签体是否应该被执行

（3）约束

<x:when>标签必须有一个直接的父标签<x:choose>，而且必须在同一个父标签下的<x:otherwise>标签之前出现。

（4）说明

在运行时，判断<x:when>标签的测试条件是否为 true，第一个测试条件为 true 的<x:when>标签的标签体将被 JSP 容器执行，结果被输出到当前的 JspWriter 对象。

4．<x:otherwise>

<x:otherwise>作为<x:choose>的子标签，表示最后的选择。

（1）语法

```
<x:otherwise>
   conditional block
</x:otherwise>
```

在 TLD 中，该标签的<body-content>元素设置为 JSP。

（2）约束

<x:otherwise>标签必须有一个直接的父标签<x:choose>，而且必须是<x:choose>标签中最后一个嵌套的标签。

（3）说明

在运行时，如果没有满足条件的<x:when>标签，那么<x:otherwise>的标签体将被 JSP 容器执行，结果被输出到当前的 JspWriter 对象。

5. <x:forEach>

<x:forEach>计算一个给定的 XPath 表达式，依据计算的结果重复执行它的标签体。

（1）语法

```
<x:forEach [var="varName"] select="XPathExpression">
        [varStatus="varStatusName"]
        [begin="begin"] [end="end"] [step="step"]>
   body content
</x:forEach>
```

在 TLD 中，该标签的<body-content>元素设置为 JSP。

（2）属性

<x:forEach>的属性如表 13-40 所示。

表 13-40 <x:forEach>的属性

名　称	类　型	是否接受动态的值	描　述
var	String	false	被导出的保存了当前迭代条目的范围变量的名字。这个范围变量的范围是 NESTED，它的类型依赖于 select 属性中 XPath 表达式计算的结果
select	String	false	要计算的 XPath 表达式
varStatus	String	false	被导出的保存了迭代状态的范围变量的名字。被导出对象的类型是 javax.servlet.jsp.jstl.core.LoopTagStatus，这个范围变量的范围是 NESTED
begin	int	true	从指定索引处的项目开始迭代，集合中第一个项目的索引是 0
end	int	true	迭代终止于指定索引处的项目（包含该项目）
step	int	true	迭代的步长，默认的步长是 1

（3）约束

如果指定了 begin 属性，则 begin 必须大于等于 0。如果指定了 end 属性，而 end 小于 begin，那么循环将不会执行。如果指定了 step 属性，则 step 必须大于等于 1。

（4）null 和错误处理

如果 select 为空，那么将抛出 JspException 异常。

（5）示例

有下列的 XML 文档：

```
<students>
    <student id="1">
        <name>zhangsan</name>
        <age>18</age>
    </student>
    <student id="2">
       <name>lisi</name>
        <age>20</age>
    </student>
</students>
```

例 1：

```
<x:forEach var="student" select="$stuXml//student" varStatus="status">
    ${status.index}: <x:out select="$student/name"/>
</x:forEach>
```

输出的结果是：0: zhangsan 1: lisi。

例 2：

```
<x:forEach select="$stuXml//student" varStatus="status"begin="1"end="1">
     ${status.index}: <x:out select="age"/>
</x:forEach>
```

输出的结果是 1: 20。

13.6.3　转换操作

XML 转换操作支持使用 XSLT 样式表转换 XML 文档，包括<x:transform>和<x:param>标签。

1．<x:transform>

<x:transform>使用指定的 XSLT 样式表转换 XML 文档。

（1）语法

语法 1：没有标签体。

```
<x:transform doc="XMLDocument" xslt="XSLTStylesheet"
         [docSystemId="XMLSystemId"]
         [xsltSystemId="XSLTSystemId"]
      [{var="varName" [scope="scopeName"]|result="resultObject"}]
```

语法 2：在标签体中指定转换的参数。

```
<x:transform doc="XMLDocument" xslt="XSLTStylesheet"
         [docSystemId="XMLSystemId"]
         [xsltSystemId="XSLTSystemId"]
      [{var="varName" [scope="scopeName"]|result="resultObject"}]
    <x:param> actions
</x:transform>
```

语法 3：在标签体中指定 XML 文档和可选的转换参数。

```
<x:transform xslt="XSLTStylesheet"
         [docSystemId="XMLSystemId"]
         xsltSystemId="XSLTSystemId"
         [{var="varName" [scope="scopeName"]|result="resultObject"}]
    XML Document to parse
    optional <x:param> actions
</x:transform>
```

在上述语法中，scope 属性的值是{page|request|session|application}。

在 TLD 中，该标签的<body-content>元素设置为 JSP。

（2）属性

<x:transform>的属性如表 13-41 所示。

（3）null 和错误处理

- 如果源 XML 文档为 null 或者为空，则抛出 JspException 异常。
- 如果源 XSLT 文档为 null 或者为空，则抛出 JspException 异常。

（4）说明

<x:transform>标签使用指定的 XSLT 样式表（由属性 xslt 指定）转换一个 XML 文档（由属性 doc 指定或者在标签体中给出）。

在默认情况下，转换的结果被输出到页面。此外，还可以按照下面的两种方式来保存转换后的结果。

- 由属性 result 指定的 javax.xml.transform.Result 对象。
- 由属性 var 和 scope 指定的范围变量中保存的 org.w3c.dom.Document 对象。

表 13-41　<x:transform>的属性

名　称	类　型	是否接受动态的值	描　述
doc	String，Reader，javax.xml.transform.Source，org.w3c.dom.Document 或者是被<x:parse>和<x:set>导出的对象	true	被转换的源 XML 文档。如果是<x:set>导出的对象，则它必须是格式良好的 XML 文档，而不能是文档的一部分
xslt	String，Reader 或者 javax.xml.transform.Source	true	转换样式表
docSystemId	String	true	用于解析 XML 文档的系统标识符（XML 文档的 URI）
xsltSystemId	String	true	用于解析 XSLT 样式表的系统标识符（样式表文档的 URI）
var	String	false	被导出的保存了转换后的 XML 文档的范围变量的名字。这个范围变量的类型是 org.w3c.dom.Document
scope	String	false	var 的 JSP 范围，默认值是 page
result	javax.xml.transform.Result	true	保存转换结果的对象

（5）示例

例 1：

```
<c:import url="employees.xml" var="doc"/>
<c:import url="employees.xsl" var="xslt"/>
<x:transform doc="${doc}" xslt="${xslt}"/>
```

转换的结果将输出到页面中。

例 2：

```
<c:import url="employees.xml" var="doc"/>
<c:import url="employees.xsl" var="xslt"/>
<x:transform doc="${doc}" xslt="${xslt}" var="empResult"/>
```

转换的结果将保存到范围变量 empResult 中。接着可以按照如下的调用方式输出某个元素的内容：

```
<x:out select="$empResult/table/tr/td"/>
```

2．<x:param>

<x:param>设置转换的参数，在<x:transform>标签中嵌套使用。

（1）语法

语法 1：在属性 value 中指定参数值。

```
<x:param name="name" value="value"/>
```

语法 2：在标签体中指定参数值。

```
<x:param name="name">
  parameter value
</x:param>
```

在 TLD 中，该标签的<body-content>元素设置为 JSP。

（2）属性

<x:param>的属性如表 13-42 所示。

表 13-42　<x:param>的属性

名　称	类　型	是否接受动态的值	描　述
name	String	true	转换参数的名字
value	Object	true	参数的值

（3）说明

<x:param>必须嵌套在<x:transform>中使用，用于设置转换参数。参数的值可以通过 value 属性来指定，也可以在标签体中给出。

（4）示例

```
<c:import url="employees.xml" var="doc"/>
<c:import url="employees.xsl" var="xslt"/>
<x:transform doc="${doc}" xslt="${xslt}">
```

```
    <x:param name="evenline-color" value="#FF0000"/>
</x:transform>
```

13.7 Functions 标签库

Functions 标签库是在 JSTL 中定义的标准的 EL 函数集。在 Functions 标签库中定义的函数，基本上都是对字符串进行操作的函数。

在 JSP 页面中使用 Functions 标签库，要使用 taglib 指令，指定引用的标签库，例如：

```
<%@ taglib uri="http://java.sun.com/jsp/jstl/functions" prefix="fn" %>
```

下面我们分别介绍 Functions 标签库中的 16 个函数。

13.7.1 fn:contains

判断一个字符串是否包含了指定的子串。

（1）语法

```
fn:contains(string, substring) → boolean
```

（2）参数和返回值

fn:contains 的参数和返回值如表 13-43 所示。

表 13-43 fn:contains 的属性

参　数	类　型	描　述
string	String	源字符串
substring	String	要查找的字符串
返回值	boolean	如果 string 包含了 substring，则返回 true，否则返回 false

（3）null 和错误处理

如果 string 是 null，则它被作为空字符串处理。如果 substring 是 null，则它被作为空字符串处理。

（4）说明

如果 substring 是空，那么将匹配 string 的开始处，函数的返回值是 true。

（5）示例

例 1：

```
${fn:contains("zhangsan","san")}
```

函数将返回 true。

例 2：

```
${fn:contains("LISI","li")}
```

函数将返回 false。

13.7.2 fn:containsIgnoreCase

判断一个字符串是否包含了指定的子串，忽略大小写。

（1）语法

```
fn:containsIgnoreCase(string, substring) → boolean
```

（2）参数和返回值

fn:containsIgnoreCase 的参数和返回值如表 13-44 所示。

表 13-44 fn:containsIgnoreCase 的属性

参 数	类 型	描 述
string	String	源字符串
substring	String	要查找的字符串
返回值	boolean	以与大小写无关的方式判断 string 是否包含了 substring。如果包含了 substring，则返回 true，否则返回 false

（3）null 和错误处理

如果 string 是 null，则它被作为空字符串处理。如果 substring 是 null，则它被作为空字符串处理。

（4）说明

fn:containsIgnoreCase 函数和 fn:contains 函数的行为相同，只是 fn:containsIgnoreCase 函数是以与大小写无关的方式进行字符串的比较。

（5）示例

例 1：

```
${fn:containsIgnoreCase("zhangsan","san")}
```

函数将返回 true。

例 2：

```
${fn:containsIgnoreCase("LISI","li")}
```

函数将返回 true。

13.7.3 fn:startsWith

判断一个字符串是否以指定的前缀字符串开头。

（1）语法

```
fn:startsWith(string, prefix) → boolean
```

（2）参数和返回值

fn:startsWith 的参数和返回值如表 13-45 所示。

表 13-45　fn:startsWith 的属性

参　数	类　型	描　述
string	String	源字符串
prefix	String	要查找的前缀字符串
返回值	boolean	如果 string 是以 prefix 开头的，则返回 true，否则返回 false

（3）null 和错误处理

如果 string 是 null，则它被作为空字符串处理。如果 prefix 是 null，则它被作为空字符串处理。

（4）说明

如果 prefix 是空，那么将匹配 string 的开始处，函数的返回值是 true。

（5）示例

例 1：

```
${fn:startsWith("zhangsan","zhang")}
```

函数将返回 true。

例 2：

```
${fn:startsWith("lisi","si")}
```

函数将返回 false。

13.7.4　fn:endsWith

判断一个字符串是否以指定的后缀字符串结尾。

（1）语法

```
fn:endsWith(string, suffix) → boolean
```

（2）参数和返回值

fn:endsWith 的参数和返回值如表 13-46 所示。

表 13-46　fn:endsWith 的属性

参　数	类　型	描　述
string	String	源字符串
suffix	String	要查找的后缀字符串
返回值	boolean	如果 string 以 suffix 结尾，则返回 true，否则返回 false

（3）null 和错误处理

如果 string 是 null，则它被作为空字符串处理。如果 suffix 是 null，则它被作为空字符串处理。

（4）说明

如果 suffix 是 null，那么将匹配 string 的结尾处，函数的返回值是 true。

（5）示例

例 1：

```
${fn:endsWith("zhangsan","san")}
```

函数将返回 true。

例 2：

```
${fn:endsWith("lisi","li")}
```

函数将返回 false。

13.7.5　fn:indexOf

在一个字符串中查找指定的子串，并返回最先匹配的字符串的第一个字符的索引位置。

（1）语法

```
fn:indexOf(string, substring) → int
```

（2）参数和返回值

fn:indexOf 的参数和返回值如表 13-47 所示。

表 13-47　fn:indexOf 的属性

参　数	类　型	描　述
string	String	源字符串
substring	String	要查找的字符串
返回值	int	如果在 string 中找到 substring，则返回 string 中最先匹配 substring 的第一个字符的索引位置。如果在 string 中没有找到 substring，则返回−1

（3）null 和错误处理

如果 string 是 null，则它被作为空字符串处理。如果 substring 是 null，则它被作为空字符串处理。

（4）说明

如果 substring 是空，那么将匹配 string 的开始处，函数的返回值是 0。

（5）示例

例 1：

```
${fn:indexOf("zhangsan", "san")}
```

函数将返回 5。

例 2：

```
${fn:indexOf("zhangsan", "")}
```

函数将返回 0。

13.7.6　fn:replace

将一个字符串中的某一部分替换为另外的字符串，并返回替换后的结果。

（1）语法

```
fn:replace(inputString, beforeSubstring, afterSubstring) → String
```

（2）参数和返回值

fn:replace 的参数和返回值如表 13-48 所示。

（3）null 和错误处理

如果 inputString 是 null，则它被作为空字符串处理。如果 beforeSubstring 是 null，则它被作为空字符串处理。如果 afterSubstring 是 null，则它被作为空字符串处理。

表 13-48　fn:replace 的属性

参　　数	类　　型	描　　述
inputString	String	源字符串
beforeSubstring	String	在 inputString 中要被替换的子串
afterSubstring	String	要替换 beforeSubstring 的子串
返回值	String	返回替换后的字符串

（4）说明

如果 inputString 是空字符串，则函数将返回一个空字符串。如果 beforeSubstring 是空字符串，则函数直接返回 inputString。如果 afterSubstring 是空字符串，则从 inputString 中删除 beforeSubstring 子串，返回处理后的结果。

（5）示例

例 1：

```
${fn:replace("hello, zhangsan","zhangsan","lisi")}
```

函数返回 hello, lisi。

例 2：

```
${fn:replace("hello, zhangsan",", zhangsan","")}
```

函数返回 hello。

13.7.7　fn:substring

截取字符串中的某一部分。

（1）语法

```
fn:substring(string, beginIndex, endIndex) → String
```

（2）参数和返回值

fn:substring 的参数和返回值如表 13-49 所示。

表 13-49　fn:substring 的属性

参　　数	类　　型	描　　述
string	String	源字符串
beginIndex	int	欲截取的字符串开始的索引（包含该索引位置的字符）
endIndex	int	欲截取的字符串结尾的索引（不包含该索引位置的字符）
返回值	String	返回截取的字符串

（3）null 和错误处理

- 如果 string 是 null，则它被作为空字符串处理。
- 如果 beginIndex 超过了 string 中字符的最大索引，则函数返回一个空字符串。
- 如果 beginIndex 小于 0，则它的值被修改为 0。
- 如果 endIndex 小于 0，或者大于 string 的长度，则它的值被修改为 string 的长度。
- 如果 endIndex 小于 beginIndex，则函数返回一个空字符串。

（4）说明

fn:substring 函数用于从 string 中截取从 beginIndex（包含该位置的字符）到 endIndex（不包含该位置的字符）的字符串。在 string 中字符的索引从 0 开始。

（5）示例

例 1：

```
${fn:substring("hello, lisi", 0,5)}
```

函数返回 hello。

例 2：

```
${fn:substring("hello, lisi", 7, -1)}
```

函数返回 lisi。

13.7.8　fn:substringBefore

返回一个字符串中指定子串之前的字符串。

（1）语法

```
fn:substringBefore(string, substring) → String
```

（2）参数和返回值

fn:substringBefore 的参数和返回值如表 13-50 所示。

表 13-50　fn:substringBefore 的属性

参　数	类　型	描　述
string	String	源字符串
substring	String	指定 string 中的某个子串，在该子串之前的部分将被返回
返回值	String	返回截取的字符串

（3）null 和错误处理

如果 string 是 null，则它被作为空字符串处理。如果 substring 是 null，则它被作为空字符串处理。

（4）说明

fn:substringBefore 函数用于从 string 中截取 substring 之前的字符串。如果 string 是空字符串，则函数返回一个空字符串。如果 substring 是空字符串，那么它匹配 string 的开始处，函数返回空字符串。如果 substring 在 string 中并不存在，则函数返回空字符串。

（5）示例

例 1：

```
${fn:substringBefore("hello, lisi", ", lisi")}
```

函数返回 hello。

13.7.9 fn:substringAfter

返回一个字符串中指定子串之后的字符串。

（1）语法

```
fn:substringAfter(string, substring) → String
```

（2）参数和返回值

fn:substringAfter 的参数和返回值如表 13-51 所示。

表 13-51 fn:substringAfter 的属性

参 数	类 型	描 述
string	String	源字符串
substring	String	指定 string 中的某个子串，在该子串之后的部分将被返回
返回值	String	返回截取的字符串

（3）null 和错误处理

如果 string 是 null，则它被作为空字符串处理。如果 substring 是 null，则它被作为空字符串处理。

（4）说明

fn:substringAfter 函数用于从 string 中截取 substring 之后的字符串。如果 string 是空字符串，则函数返回一个空字符串。如果 substring 是空字符串，那么它匹配 string 的开始处，函数返回 string。如果 substring 在 string 中并不存在，则函数返回空字符串。

（5）示例

例 1：

```
${fn:substringAfter("hello, lisi", "hello, ")}
```

函数返回 lisi。

例 2：

```
${fn:substringAfter("hello, lisi", "")}
```

函数返回 hello, lisi。

13.7.10 fn:split

将一个字符串拆分为字符串数组。

（1）语法

```
fn:split(string, delimiters) → String
```

（2）参数和返回值

fn:split 的参数和返回值如表 13-52 所示。

表 13-52　fn:split 的属性

参　数	类　型	描　述
string	String	要被拆分的字符串
delimiters	String	用于拆分字符串的定界符
返回值	String[]	返回拆分后的字符串数组

（3）null 和错误处理

如果 string 是 null，则它被作为空字符串处理。如果 delimiters 是 null，则它被作为空字符串处理。

（4）说明

如果 string 是空字符串，那么返回的数组只包含了一个元素，该元素是空字符串。如果 delimiters 是空字符串，那么返回的数组只包含了一个元素，该元素是 string。

（5）示例

例 1：

```
<c:set value='${fn:split("Welcome you to China", " ")}' var="welcome"/>
```

以空格作为定界符。

```
<c:forEach items="${welcome}" var="token">
    ${token}
</c:forEach>
```

将依次输出 Welcome、you、to 和 China。

例 2：

```
<c:set value='${fn:split("Welcome you to China", "")}' var="welcome"/>
```

定界符是空字符串，返回的数组将只有一个元素，该元素就是要被拆分的字符串“Welcome you to China”。

```
<%=((String[])pageContext.getAttribute("welcome"))[0]%>
```

将输出 Welcome you to China。

13.7.11　fn:join

将数组中所有的元素连接为一个字符串。

（1）语法

```
fn:join(array, separator) → String
```

（2）参数和返回值

fn:join 的参数和返回值如表 13-53 所示。

表 13-53　fn:join 的属性

参　　数	类　　型	描　　述
array	String[]	要被连接的字符串数组
separator	String	在结果字符串中分隔数组中每个元素的字符串
返回值	String	返回连接后的字符串

（3）null 和错误处理

如果 array 是 null，则返回一个空字符串。如果 separator 是 null，则它被作为空字符串处理。

（4）说明

将字符串数组中的所有元素，用指定的分隔符连接为一个字符串。如果 separator 是空字符串，那么连接后的字符串没有分隔符。

（5）示例

例 1：

```
<%
    String[] welcome=new String[]{"Welcome","you","to","China"};
    pageContext.setAttribute("welcome",welcome);
%>
${fn:join(welcome," ")}
```

以空格作为分隔符，fn:join 函数将返回 Welcome you to China。

例 2：

```
<%
    String[] welcome=new String[]{"Welcome","you","to","China"};
    pageContext.setAttribute("welcome",welcome);
%>
${fn:join(welcome,"-")}
```

以连字符（-）作为分隔符，fn:join 函数将返回 Welcome-you-to-China。

13.7.12　fn:toLowerCase

将字符串中所有的字符都转成小写字符。

（1）语法

```
fn:toLowerCase(string) → String
```

（2）参数和返回值

fn:toLowerCase 的参数和返回值如表 13-54 所示。

表 13-54　fn:toLowerCase 的属性

参　　数	类　　型	描　　述
string	String	源字符串
返回值	String	转换为小写字符后的字符串

（3）null 和错误处理

如果 string 是 null，则它被作为空字符串处理，函数返回一个空字符串。

（4）示例

```
${fn:toLowerCase("ZhangSan")}
```

返回全部都是小写字符的字符串“zhangsan”。

13.7.13　fn:toUpperCase

将字符串中所有的字符都转成大写字符。

（1）语法

```
fn:toUpperCase(string) → String
```

（2）参数和返回值

fn:toUpperCase 的参数和返回值如表 13-55 所示。

表 13-55　fn:toUpperCase 的属性

参　　数	类　　型	描　　述
string	String	源字符串
返回值	String	转换为大写字符后的字符串

（3）null 和错误处理

如果 string 是 null，则它被作为空字符串处理，函数返回一个空字符串。

（4）示例

```
${fn:toUpperCase("ZhangSan")}
```

返回全部都是大写字符的字符串“ZHANGSAN”。

13.7.14　fn:trim

去掉字符串前后的空白字符。

（1）语法

```
fn:trim(string) → String
```

（2）参数和返回值

fn:trim 的参数和返回值如表 13-56 所示。

表 13-56　fn:trim 的属性

参　　数	类　　型	描　　述
string	String	源字符串
返回值	String	去掉前后空白后的字符串

（3）null 和错误处理

如果 string 是 null，则它被作为空字符串处理，函数返回一个空字符串。

（4）示例

```
fn:trim(" zhangsan ")
```

返回去掉前后空白字符后的字符串“zhangsan”。

13.7.15 fn:escapeXml

将字符串中的字符“<”“>”“'”“"”和“&”转换为对应的字符引用或预定义实体引用。

（1）语法

```
fn:escapeXml(string) → String
```

（2）参数和返回值

fn:escapeXml 的参数和返回值如表 13-57 所示。

表 13-57 fn:escapeXml 的属性

参　数	类　型	描　述
string	String	源字符串
返回值	String	转换后的字符串

（3）null 和错误处理

如果 string 是 null，则它被作为空字符串处理。

（4）说明

fn:escapeXml 函数的转换行为和<c :out>标签的转换行为（escapeXml 属性设置为 true）是相同的。

如果 string 是空字符串，则函数返回空字符串。

（5）示例

```
${fn:escapeXml("<br>")}
```

返回转换后的字符串“
”。

13.7.16 fn:length

返回集合中元素的数目，或者字符串中字符的数目。

（1）语法

```
fn:length(input) → int
```

（2）参数和返回值

fn:length 的参数和返回值如表 13-58 所示。

（3）null 和错误处理

如果 input 是 null，则它被作为空集合处理，返回的值是 0。如果 input 是空字符串，则返回的值是 0。

表 13-58　fn:length 的属性

参　数	类　型	描　述
input	String 或者<for:Each>标签的 items 属性支持的任何类型	要计算长度的集合或字符串
返回值	int	集合或字符串的长度

（4）示例

例 1：

```
${fn:length("zhangsan")}
```

将返回字符串的长度 8。

例 2：

```
<%
    ArrayList arrList=new ArrayList();
    arrList.add("zhangsan");
    arrList.add("lisi");
    arrList.add("wangwu");
    pageContext.setAttribute("employees",arrList);
%>
${fn:length(employees)}
```

将返回集合中元素的数目 3。

13.8　小结

本章主要介绍了 JSTL 中各种标签的使用。JSTL 由 5 个不同功能的标签库组成，如下所示。

- Core 标签库

用于完成一些常用的功能。

- I18N 标签库

用于编写国际化的 Web 应用程序。

- SQL 标签库

用于对数据库进行操作。

- XML 标签库

用于对 XML 文档进行操作。

- Functions 标签库

JSTL 中定义的 EL 函数集，提供了对字符串操作的各种 EL 函数。

在 Web 开发中，结合 JSTL 和 EL，可以简化 Web 程序的开发，非 Java 程序员通过简单的学习，也能够使用 JSTL 和 EL 进行动态网页的开发。

第 14 章

标签文件（Tag Files）

本章要点

- 掌握标签文件的编写
- 掌握标签文件的隐含对象
- 掌握<jsp:invoke>动作元素的使用
- 掌握<jsp:doBody>动作元素的使用

为了进一步简化自定义标签的开发，JSP 2.0 中新增了标签文件（Tag File）的功能。我们在第 11 章介绍的传统标签和简单标签的开发，需要使用 Java 语言编写标签处理器类，而标签文件允许 JSP 页面编写人员仅使用 JSP 语法来定制标签，不需要了解 Java 语言。

本章主要介绍如何使用标签文件来定制标签。读者在学习这一章的时候最好和第 11 章的 11.4 节结合起来，分析标签文件和简单标签在开发上的异同点，这样能够更好地理解标签文件。

14.1 标签文件的语法

标签文件的语法与 JSP 页面的语法类似，也就是说，在 JSP 页面中可以使用的语法在标签文件中也可以使用，不同之处在于：

- JSP 页面中的 page 指令在标签文件中不能使用，标签文件增加了 tag 指令、attribute 指令和 variable 指令。
- <jsp:invoke>和<jsp:doBody>两个标准动作元素只能在标签文件中使用。

14.2 一个简单的标签文件

在开始学习标签文件的编写之前，我们先来看一个最简单的标签文件，如例 14-1 所示。

例 14-1　hello.tag

```
<%@ tag pageEncoding="GB2312" %>

欢迎来到孙鑫的个人网站!
```

tag 指令只能在标签文件中使用，用于取代 JSP 页面中的 page 指令。pageEncoding 属性指定标签文件使用的字符编码。

JSP 2.0 规范规定，标签文件的扩展名是.tag 或者.tagx（使用 XML 语法的标签文件的扩展名）。

编写好的标签文件要在 JSP 页面中使用，需要存放在指定的位置。标签文件可以放在两个地方：一是放在/WEB-INF/tags 目录或/WEB-INF/tags 目录的子目录下，容器会自动搜索/WEB-INF/tags 目录及其子目录下所有扩展名为.tag 和.tagx 的文件，这些文件将被容器识别为标签文件。二是放在 JAR 文件的/META-INF/tags 目录或/META-INF/tags 目录的子目录下。

请读者按照 Web 应用程序的目录层次结构配置好本章例子程序的运行目录。然后在/WEB-INF 目录下建立 tags 目录，将 hello.tag 放到/WEB-INF/tags 目录下。

下面我们编写一个 JSP 页面，如例 14-2 所示。

例 14-2　hello.jsp

```
<%@ page contentType="text/html;charset=GB2312" %>
<%@ taglib tagdir="/WEB-INF/tags/" prefix="my" %>

<my:hello/>
```

注 意　在 taglib 指令中，属性 tagdir 指定标签文件所在的路径。自定义标签<hello>的名字是标签文件去掉扩展名后的文件名。

读者可以启动 Tomcat，访问 hello.jsp 页面，在笔者机器的浏览器中输入 URL：

```
http://localhost:8080/ch14/hello.jsp
```

可以看到输出的欢迎信息。

从这个例子中，我们发现，使用标签文件来开发自定义标签，不需要编写标签处理器类（也就不需要了解 Java 语言的类、接口、方法等知识），也不需要编写 TLD 文件。

那么使用标签文件来定制标签和第 11 章讲述的自定义标签的实现过程有什么内在的联系吗？在运行时，标签文件被转换成一个 Java 类，在下面的目录中可以找到 hello_tag.java 文件。

```
%CATALINA_HOME%\work\Catalina\localhost\ch14\org\apache\jsp\tag\web
```

下面是 hello_tag.java 的代码片段，如例 14-3 所示。

例 14-3　hello_tag.java

```
package org.apache.jsp.tag.web;

```

```
import javax.servlet.*;
import javax.servlet.http.*;
import javax.servlet.jsp.*;

public final class hello_tag
    extends javax.servlet.jsp.tagext.SimpleTagSupport
    implements org.apache.jasper.runtime.JspSourceDependent,
                 org.apache.jasper.runtime.JspSourceImports {

  private static final javax.servlet.jsp.JspFactory _jspxFactory =
          javax.servlet.jsp.JspFactory.getDefaultFactory();

  ……

  private javax.servlet.jsp.JspContext jspContext;
  ……

  public void setJspContext(javax.servlet.jsp.JspContext ctx) {
    ……
    this.jspContext = new org.apache.jasper.runtime.JspContextWrapper(this, ctx, _jspx_nested, _jspx_at_begin, _jspx_at_end, null);
  }

  public javax.servlet.jsp.JspContext getJspContext() {
    return this.jspContext;
  }

  ……

  private void _jspInit(javax.servlet.ServletConfig config) {
    ……
  }

  public void _jspDestroy() {
  }

  public void doTag() throws javax.servlet.jsp.JspException, java.io.IOException {
    javax.servlet.jsp.PageContext _jspx_page_context = (javax.servlet.jsp.PageContext)jspContext;
    javax.servlet.http.HttpServletRequest request = (javax.servlet.http.HttpServletRequest) _jspx_page_context.getRequest();
    javax.servlet.http.HttpServletResponse response = (javax.servlet.http.HttpServletResponse) _jspx_page_context.getResponse();
    javax.servlet.http.HttpSession session = _jspx_page_context.getSession();
```

```
        javax.servlet.ServletContext application = _jspx_page_context.getServletContext();
        javax.servlet.ServletConfig config = _jspx_page_context.getServletConfig();
        javax.servlet.jsp.JspWriter out = jspContext.getOut();
        _jspInit(config);
        jspContext.getELContext().putContext(javax.servlet.jsp.JspContext.class,jspContext);

        try {
          out.write("\r\n");
          out.write("\r\n");
          out.write("欢迎来到孙鑫的个人网站！");
        } catch( java.lang.Throwable t ) {
          if( t instanceof javax.servlet.jsp.SkipPageException )
              throw (javax.servlet.jsp.SkipPageException) t;
          if( t instanceof java.io.IOException )
              throw (java.io.IOException) t;
          if( t instanceof java.lang.IllegalStateException )
              throw (java.lang.IllegalStateException) t;
          if( t instanceof javax.servlet.jsp.JspException )
              throw (javax.servlet.jsp.JspException) t;
          throw new javax.servlet.jsp.JspException(t);
        } finally {
          jspContext.getELContext().putContext(javax.servlet.jsp.JspContext.class,super.getJspContext());
          ((org.apache.jasper.runtime.JspContextWrapper) jspContext).syncEndTagFile();
        }
    }
}
```

从代码中可以看出，hello_tag 类继承自 javax.servlet.jsp.tagext.SimpleTagSupport 类，也就是说，**标签文件在本质上就是简单标签**。在标签文件中所写的代码被转换为 hello_tag 类的 doTag()方法中的代码。

既然标签文件在本质上是简单标签，而简单标签是需要在 TLD 中进行配置的，那么标签文件是否也有 TLD 呢？答案是：容器会为“/WEB-INF/tags”目录或其下的每一个目录生成一个隐含的 TLD，并在 TLD 中设置下列元素：

- <tlib-version>元素设置为 1.0。
- <short-name>元素的内容根据路径名来定。如果是“/WEB-INF/tags”目录，则元素的内容为 tags。否则，元素的内容是完整的目录路径（相对于 Web 应用程序根路径）去掉/WEB-INF/tags 目录前缀，接着，将剩余的目录路径中的所有目录分隔符（/）替换为连字符（-）。例如，目录为/WEB-INF/tags/a/b，则<short-name>元素的内容为 a-b。要注意的是，<short-name>元素的内容并不保证是唯一的。例如，/WEB-INF/tags

目录和/WEB-INF/tags/tags/目录将产生同样的值；又如，/WEB-INF/tags/a-b 目录和/WEB-INF/tags/a/b 目录将产生同样的值。

- 为该目录中的每一个标签文件使用<tag-file>元素，它的子元素<name>设置为标签文件的文件名（去掉.tag 扩展名），子元素<path>设置为标签文件的路径，这个路径是相对于 Web 应用程序的根，也就是以/WEB-INF/tags/开始。

例如，在/WEB-INF/tags/bar/baz 目录下有一个 hello.tag 标签文件，容器会为该目录生成一个隐含的标签库描述符，内容如下：

```
<taglib>
    <tlib-version>1.0</tlib-version>
    <short-name>bar-baz</short-name>
    <tag-file>
        <name>hello</name>
        <path>/WEB-INF/tags/bar/baz/hello.tag</path>
    </tag-file>
</taglib>
```

通过上面的分析，我们可以知道，标签文件和简单标签实质上没有什么不同，标签文件的出现是为了简化自定义标签的开发。

如果我们将标签文件放到 JAR 文件中，那么必须在 JAR 文件的/META-INF 目录下提供 TLD 文件，使用<tag-file>元素配置标签文件的相关信息，其中<path>子元素必须以/META-INF/tags 开始。下面是本例的标签文件的配置。

```
<taglib xmlns="http://java.sun.com/xml/ns/j2ee"
    xmlns:xsi="http://www.w3.org/2001/XMLSchema-instance"
    xsi:schemaLocation="http://java.sun.com/xml/ns/j2ee
    http://java.sun.com/xml/ns/j2ee/web-jsptaglibrary_2_0.xsd"
    version="2.0">

    <tlib-version>1.0</tlib-version>
    <short-name>my</short-name>
    <uri>/mytag</uri>

    <tag-file>
        <name>hello</name>
        <path>/META-INF/tags/hello.tag</path>
    </tag-file>
</taglib>
```

14.3 标签文件的隐含对象

编写标签文件和编写 JSP 页面一样，可以访问一些隐含对象，这些隐含对象在脚本段和表达式中使用。我们注意到例 14-3 中的第 12 行，第 39～45 行，总共定义了 7 个对象，这 7 个对象就是在标签文件中可以使用的 7 个隐含对象，如表 14-1 所示。

表 14-1　标签文件中的隐含对象

隐含对象	类　型	范　围
jspContext	javax.servlet.jsp.JspContext	page
request	javax.servlet.http.HttpServletRequest	request
response	javax.servlet.http.HttpServletResponse	page
session	javax.servlet.http.HttpSession	session
application	javax.servlet.ServletContext	application
config	javax.servlet.ServletConfig	page
out	javax.servlet.jsp.JspWriter	page

标签中的隐含对象除了 jspContext 外，其他的隐含对象和 JSP 中的隐含对象是一样的（参见第 12 章的 12.4 节）。JspContext 是 PageContext 的基类，提供了管理各种范围的属性的方法，如下所示：

- public abstract void **setAttribute**(java.lang.String name, java.lang.Object value)
- public abstract void **setAttribute**(java.lang.String name, java.lang.Object value, int scope)
- public abstract java.lang.Object **getAttribute**(java.lang.String name)
- public abstract java.lang.Object **getAttribute**(java.lang.String name, int scope)
- public abstract java.lang.Object **findAttribute**(java.lang.String name)
- public abstract void **removeAttribute**(java.lang.String name)
- public abstract void **removeAttribute**(java.lang.String name, int scope)

关于这些方法的说明，请读者参见第 8.4.1 节或查看 JSP 的 API 文档。

14.4　标签文件的指令

在标签文件中使用的指令包括 taglib、include、tag、attribute 和 variable。其中 taglib 和 include 指令与 JSP 页面的 taglib 和 include 指令是相同的，而 tag、attribute 和 variable 指令只能在标签文件中使用。

下面我们主要介绍 tag、attribute 和 variable 指令。

14.4.1　tag 指令

tag 指令类似于 JSP 页面的 page 指令，语法如下：

```
<%@ tag tag_directive_attr_list %>
tag_directive_attr_list ::=
                    { display-name="display-name" }
                    { body-content="scriptless|tagdependent|empty" }
                    { dynamic-attributes="name" }
                    { small-icon="small-icon" }
                    { large-icon="large-icon" }
                    { description="description" }
                    { example="example" }
```

```
                    { language="scriptingLanguage" }
                    { import="importList" }
                    { pageEncoding="peinfo" }
                    { isELIgnored="true|false" }
```

tag 指令有 11 个可选的属性，如下所示。

- display-name

为标签指定一个简短的名字，这个名字可以被一些工具所显示。默认值是标签文件的名字去掉扩展名。

- body-content

指定标签体的格式。可能的取值有 empty、scriptless 和 tagdependent。因为标签文件在本质上是简单标签，而简单标签的<body-content>不能是 JSP，所以属性 body-content 的值也不能是 JSP。默认值是 scriptless。

- dynamic-attributes

指定动态属性的名字。容器会在转换标签文件生成的标签处理器类中构造一个 Map 对象，用于存放动态属性的名字和值。其中属性的名字作为 Map 的 key，属性的值作为 Map 的 value。

- small-icon

为标签指定小图标（GIF 或 JPEG 格式）的路径、相对于上下文的路径，或者是相对于标签文件的路径，大小为 16×16，该图标可以在图形界面工具中显示。默认没有小图标。

- large-icon

为标签指定大图标（GIF 或 JPEG 格式）的路径、相对于上下文的路径，或者是相对于标签文件的路径，大小为 32×32，该图标可以在图形界面工具中显示。默认没有大图标。

- description

为标签提供一个文本描述。默认没有标签的描述。

- example

用于提供一个使用这个标签的例子的信息描述。默认没有例子的描述信息。

- language

与 JSP 页面的 page 指令的 language 属性相同。

- import

与 JSP 页面的 page 指令的 import 属性相同。

- pageEncoding

与 JSP 页面的 page 指令的 pageEncoding 属性相同。要注意的是，pageEncoding 属性不能在以 XML 语法格式书写的标签文件中使用。

- isELIgnored

与 JSP 页面的 page 指令的 isELIgnored 属性相同。对于标签文件来说，默认总是计算表达式。

使用 tag 指令的示例如下：

```
<%@ tag display-name="Addition"
        body-content="scriptless"
```

```
        dynamic-attributes="dyn"
        small-icon="/WEB-INF/sample-small.jpg"
        large-icon="/WEB-INF/sample-large.jpg"
        description="Sample usage of tag directive"
        pageEncoding="GB2312" %>
```

14.4.2　attribute 指令

attribute 指令类似于 TLD 中的<attribute>元素，用于声明自定义标签的属性。attribute 指令的语法如下：

```
<%@ attribute attribute_directive_attr_list %>
attribute_directive_attr_list ::=
                name="attribute-name"
                { required="true|false" }
                { fragment="true|false" }
                { rtexprvalue="true|false" }
                { type="type" }
                { description="description" }
```

attribute 指令有 1 个必需的属性 name 和 5 个可选的属性，如下所示。

● name

指定属性的名称。

● required

指定该属性是否是必需的，默认值是 false。

● fragment

指定属性是否是 JspFragment 对象，默认值是 false。要注意的是，如果属性 fragment 设置为 true，则不能使用 rtexprvalue 和 type 这两个属性，属性 rtexprvalue 的值被固定为 true，属性 type 的值被固定为 javax.servlet.jsp.tagext.JspFragment。

● rtexprvalue

指定属性的值是否可以是一个运行时表达式，默认值是 true。

● type

指定属性值的类型，不能指定为 Java 基本类型，默认值是 java.lang.String。

● description

为该属性提供一个文本描述，默认没有属性的描述。

使用 attribute 指令的示例如下：

```
<%@ attribute name="x" required="true" fragment="false"
          rtexprvalue="false" type="java.lang.Integer"
          description="The first operand" %>
<%@ attribute name="y" type="java.lang.Integer" %>
<%@ attribute name="prompt" fragment="true" %>
```

14.4.3　variable 指令

variable 指令类似于 TLD 中的<variable>元素，用于定义标签处理器提供给 JSP 页面使用的变量的详细信息。variable 指令的语法如下：

```
<%@ variable variable_directive_attr_list %>
variable_directive_attr_list ::=
                        (   name-given="output-name"
                          | ( name-from-attribute="attr-name"
                              alias="local-name"
                            )
                        )
                        { variable-class="output-type" }
                        { declare="true|false" }
                        { scope="AT_BEGIN|AT_END|NESTED" }
                        { description="description" }
```

variable 指令有 7 个属性，如下所示。

- name-given

指定在 JSP 页面中使用的脚本变量的名称。在 variable 指令中，要么使用该属性，要么使用 name-from-attribute 属性。

- name-from-attribute

表示自定义标签的某个属性的值作为变量的名称。要么使用该属性，要么使用 name-given 属性。

- alias

定义一个本地范围的属性来保存这个变量的值。容器将对它的值和变量的值进行同步。当指定 name-from-attribute 属性时，需要同时指定 alias 属性。

- variable-class

可选的属性，指定变量的类型，默认值为 java.lang.String。

- declare

可选的属性，指定变量是否声明，默认值为 true。

- scope

可选的属性，指定变量的范围，可能的取值有 AT_BEGIN、NESTED 和 AT_END，默认值是 nested。

- description

可选的属性，为该变量提供一个文本描述，默认没有变量的描述。

使用 attribute 指令的示例如下：

```
<%@ variable name-given="sum"
             variable-class="java.lang.Integer"
             scope="NESTED"
             declare="true"
             description="The sum of the two operands" %>
<%@ variable name-given="op1"
             variable-class="java.lang.Integer"
             description="The first operand" %>
<%@ variable name-from-attribute="var" alias="result" %>
```

14.5 标签文件实例讲解

在这一节中，我们将通过两个例子，来介绍如何使用标签文件定制标签。

14.5.1 实例一：<welcome>标签

在这个例子中，我们用标签文件实现一个和第 11.4.2 节的<welcome>标签功能一样的标签，名字也叫<welcome>。

welcome.tag 的完整内容如例 14-4 所示。

例 14-4　welcome.tag

```
<%@ tag pageEncoding="GB2312" %>
<%@ attribute name="user" required="true" fragment="true"%>

<jsp:invoke fragment="user"/>, <jsp:doBody/>
```

在这个文件中，我们声明了一个必需的属性，它的名字为 user，<welcome>标签的 user 属性的值将作为 javax.servlet.jsp.tagext.JspFragment 对象传给标签处理器。在这里，将 attribute 指令的 fragment 属性设置为 true，是为了向读者演示这种类型的属性在标签文件和 JSP 页面中应该如何处理。

我们注意到，在标签文件中使用了<jsp:invoke>和<jsp:doBody>这两个动作元素（参见第 14.6 节和第 14.7 节）。这两个元素只能在标签文件中使用，<jsp:invoke>用于输出一个 JspFragment 类型的属性，<jsp:invoke>的属性 fragment 用于指定类型为 JspFragment 的属性的名称。因为标签文件在本质上是简单标签，所以标签的标签体都是以 JspFragment 对象传给标签处理器的，要输出标签的内容就要使用<jsp:doBody>元素。

接下来我们编写一个测试页面 welcome.jsp，例 14-5 是该页面的代码。

例 14-5　welcome.jsp

```
<%@ page contentType="text/html;charset=GB2312" %>
<%@ taglib tagdir="/WEB-INF/tags/" prefix="my" %>

<my:welcome>
    <jsp:attribute name="user">
        ${param.name}
    </jsp:attribute>
    <jsp:body>
        欢迎你来到孙鑫的个人网站。
    </jsp:body>
</my:welcome>
```

在这里需要注意的是，如果你在标签文件中将属性设置为 JspFragment 类型，那么对于属性的赋值，就必须使用<jsp:attribute>动作元素。而一旦你使用了<jsp:attribute>动作元素来设置属性的值，那么就必须使用<jsp:body>动作元素来设置标签的标签体。

将标签文件放到/WEB-INF/tags 目录下，启动 Tomcat，在浏览器中输入下面的 URL：

```
http://localhost:8080/ch14/welcome.jsp?name=zhangsan
```

你将看到输出的欢迎信息。

14.5.2 实例二：<toHtml>标签

当显示一个网页的时候，浏览器会解析其中的 HTML 标签，然后输出相应的格式信息。有时候，我们可能需要在网页中显示 HTML 代码，在这个例子中，我们就编写一个<toHtml>标签，用于输出标签体中的 HTML 代码。

toHtml.tag 的完整内容如例 14-6 所示。

例 14-6 toHtml.tag

```
<%@ tag pageEncoding="GB2312" %>
<%@ attribute name="escapeHtml"required="true"type="java.lang.Boolean"%>
<%@ taglib uri="http://java.sun.com/jsp/jstl/core" prefix="c" %>

<%!
    public String toHtml(String str)
    {
        if(str==null)
           return null;
         StringBuffer sb = new StringBuffer();
         int len = str.length();
         for (int i = 0; i < len; i++)
         {
            char c = str.charAt(i);
            switch(c)
            {
            case '\'':
                sb.append("&#39;");
                break;
            case '<':
                sb.append("&lt;");
                break;
            case '>':
                sb.append("&gt;");
                break;
            case '&':
                sb.append("&amp;");
                break;
            case '"':
                sb.append("&#34;");
                break;
            default:
                sb.append(c);
```

```
34.             }
35.         }
36.         return sb.toString();
37.     }
38. %>
39.
40. <c:choose>
41.     <c:when test="${escapeHtml}">
42.         <jsp:doBody var="content"/>
43.         <%
44.             out.println(toHtml((String)jspContext.getAttribute("content")));
45.         %>
46.     </c:when>
47.     <c:otherwise>
48.         <jsp:doBody/>
49.     </c:otherwise>
50. </c:choose>
```

代码的第 2 行，声明了一个属性 escapeHtml，类型是 Boolean，用于控制是否输出 HTML 代码。第 6～37 行，定义了一个将 HTML 中的特殊字符转换成对应的字符引用和预定义实体引用的方法 toHtml()。第 40～50 行，使用 JSTL 中的<c:choose>、<c:when>和<c:otherwise>标签，根据属性 escapeHtml 的值，来决定是否对 HTML 中的特殊字符进行转换。

要注意的是第 42 行，我们在<jsp:doBody>标签中使用了属性 var，目的是为了将<toHtml>标签的标签体内容以字符串的形式保存到范围变量 content 中，而不是直接输出到 JspWriter 对象中。在第 44 行，利用 JspContext 的 getAttribute()方法得到属性 content 的值，再调用 toHtml()方法对其中的特殊字符进行转换。

第 48 行，如果属性 escapeHtml 为 false，则调用<jsp:doBody/>直接将标签体的内容输出到当前的 JspWriter 对象中。

接下来我们编写一个测试页面 tohtml.jsp，例 14-7 是该页面的代码。

例 14-7　tohtml.jsp

```
<%@ page contentType="text/html;charset=GB2312" %>
<%@ taglib tagdir="/WEB-INF/tags/" prefix="my" %>

现在显示的是网页内容：<br>
<my:toHtml escapeHtml="false">
    <font color="red" size="3"> 标签文件的讲解</font>
</my:toHtml>

<p>
现在显示的是网页的 HTML 代码：<br>
<my:toHtml escapeHtml="true">
    <font color="red" size="3"> 标签文件的讲解</font>
</my:toHtml>
```

访问 tohtml.jsp，将看到如图 14-1 所示的页面。

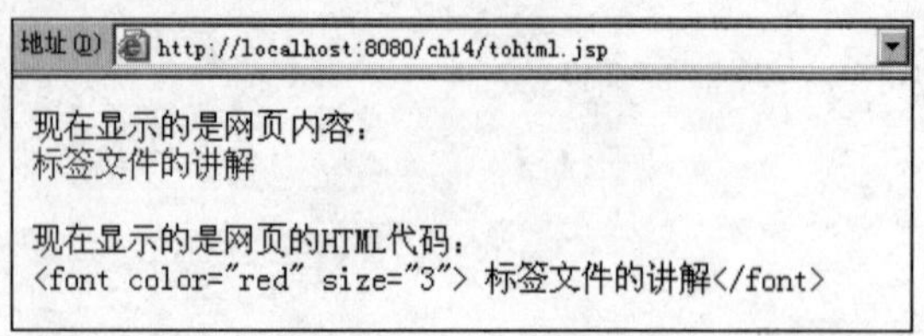

图 14-1　tohtml.jsp 页面

14.6　<jsp:invoke>动作元素

<jsp:invoke>动作元素将 JspFragment 类型的属性的执行结果输出到 JspWriter 对象，或者保存到指定的范围变量中。

<jsp:invoke>元素有 4 个属性，如下所示。

● fragment

这是必需的属性。用于指定类型为 JspFragment 的属性的名称。例如：

```
<jsp:invoke fragment="frag1"/>
```

● var

可选的属性。指定一个范围变量的名字，类型是 java.lang.String，该变量保存了 JspFragment 对象执行的结果。属性 var 和属性 varReader 只能指定其一，如果两者都没有指定，则 JspFragment 对象执行的结果将输出到当前的 JspWriter 对象中。例如：

```
<jsp:invoke fragment="frag2" var="resultString" scope="session"/>
```

● varReader

可选的属性。指定一个范围变量的名字，类型是 java.io.Reader，该变量保存了 JspFragment 对象执行的结果。例如：

```
<jsp:invoke fragment="frag3" varReader="resultReader" scope="page"/>
```

● scope

可选的属性。指定变量的 JSP 范围，默认值是 page。

14.7　<jsp:doBody>动作元素

<jsp:doBody>用于执行标签体（JspFragment 对象），将结果输出到 JspWriter 对象，或者保存到指定的范围变量中。<jsp:doBody>的行为和<jsp:invoke>的行为是相同的，除了<jsp:doBody>是对标签体进行操作的，而<jsp:invoke>是对 JspFragment 类型的属性进行操作的。

<jsp:doBody>元素有 3 个可选的属性：var、varReader 和 scope，属性的含义和使用与<jsp:invoke>相同，在这里就不再介绍了。

14.8 小结

本章主要介绍了如何使用标签文件来定制标签。

标签文件的语法与 JSP 页面的语法非常相似，标签文件中的隐含对象和 JSP 页面的隐含对象也大多相同，标签文件比 JSP 页面少了 pageContext、page 和 exception 这三个隐含对象，多了一个 jspContext 对象。标签文件有三个指令元素：tag、attribute 和 variable，其中 attribute 指令用于声明标签的属性，variable 指令用于定义标签处理器提供给 JSP 页面使用的变量的详细信息。

本章最后介绍了<jsp:invoke>和<jsp:doBody>这两个只能在标签文件中使用的动作元素。

应用篇

第15章 Servlet 监听器

本章要点

- 理解 Servlet 监听器的作用
- 掌握监听器的开发与部署
- 编写在线人数统计程序

在 Web 应用中，有时候你可能想要在 Web 应用程序启动和关闭时来执行一些任务（如数据库连接的建立和释放），或者你想要监控 Session 的创建和销毁，你还希望在 ServletContext、HttpSession，以及 ServletRequest 对象中的属性发生改变时得到通知，那么你可以通过 Servlet 监听器来实现你的这些目的。

15.1 监听器接口

Servlet API 中定义了 8 个监听器接口，可以用于监听 ServletContext、HttpSession 和 ServletRequest 对象的生命周期事件，以及这些对象的属性改变事件。这 8 个监听器接口如表 15-1 所示。

表 15-1 Servlet API 中的 8 个监听器接口

监听器接口	方　法	说　明
javax.servlet.ServletContext Listener	contextDestroyed contextInitialized	如果想要在 Servlet 上下文对象初始化时或者将要被销毁时得到通知，可以实现这个接口。**实现该接口的类必须在 Web 应用程序的部署描述符中进行配置**
javax.servlet.ServletContext AttributeListener	attributeAdded attributeRemoved attributeReplaced	如果想要在 Servlet 上下文中的属性列表发生改变时得到通知，可以实现这个接口。**实现该接口的类必须在 Web 应用程序的部署描述符中进行配置**
javax.servlet.http.HttpSessionListener	sessionCreated sessionDestroyed	如果想要在 Session 创建后或者在 Session 无效前得到通知，可以实现这个接口。**实现该接口的类必须在 Web 应用程序的部署描述符中进行配置**

续表

监听器接口	方　法	说　明
javax.servlet.http.HttpSessionActivationListener	sessionDidActivate sessionWillPassivate	实现这个接口的对象，如果绑定到 Session 中，当 Session 被钝化或激活时，那么 Servlet 容器将通知该对象
javax.servlet.http.HttpSessionAttributeListener	attributeAdded attributeRemoved attributeReplaced	如果想要在 Session 中的属性列表发生改变时得到通知，则可以实现这个接口
javax.servlet.http.HttpSessionBindingListener	valueBound valueUnbound	如果想让一个对象在绑定到 Session 中或者从 Session 中被删除时得到通知，那么可以让这个对象实现该接口
javax.servlet.ServletRequestListener	requestDestroyed requestInitialized	如果想要在请求对象初始化时或者将要被销毁时得到通知，则可以实现这个接口
javax.servlet.ServletRequestAttributeListener	attributeAdded attributeRemoved attributeReplaced	如果想要在 Servlet 请求对象中的属性发生改变时得到通知，则可以实现这个接口

HttpSessionAttributeListener 和 HttpSessionBindingListener 接口的主要区别是：前者用于监听 Session 中何时添加、删除或者替换了某种类型的属性；而后者是由属性自身来实现，以便属性知道它何时添加到一个 Session 中，或者何时从 Session 中被删除。

15.2 ServletContextListener 接口

有时候我们可能希望 Web 应用程序在启动时执行一些初始化的任务，那么我们可以编写一个实现了 ServletContextListener 接口的监听器类。

ServletContextListener 接口提供了下面的方法。

1）public void contextInitialized(ServletContextEvent sce)

当 Web 应用程序初始化进程正开始时，Web 容器调用这个方法。该方法将在所有的过滤器和 Servlet 初始化之前被调用。

2）public void contextDestroyed(ServletContextEvent sce)

当 Servlet 上下文将要被关闭时，Web 容器调用这个方法。该方法将在所有的 Servlet 和过滤器销毁之后被调用。

Web 容器通过 ServletContextEvent 对象来通知实现了 ServletContextListener 接口的监听器，监听器可以利用 ServletContextEvent 对象来得到 ServletContext 对象。

javax.servlet.ServletContextEvent 类除了构造方法外，只定义了一个方法，如下所示。

public ServletContext getServletContext()

该方法用于得到 ServletContext 对象。

我们看一个实现了 ServletContextListener 接口的监听器例子。我们在 Web 应用程序启动时初始化 DataSource 对象，然后将它放到 ServletContext 中，Servlet 从 ServletContext 中访问 DataSource 对象，进而得到数据库连接，访问数据库。代码如例 15-1 所示。

例 15-1 MyServletContextListener.java

```
package org.sunxin.ch15.listener;

import javax.naming.Context;
import javax.naming.InitialContext;
import javax.naming.NamingException;
import javax.servlet.ServletContext;
import javax.servlet.ServletContextEvent;
import javax.servlet.ServletContextListener;
import javax.sql.DataSource;

public class MyServletContextListener implements ServletContextListener
{
 @Override
 public void contextDestroyed(ServletContextEvent sce){}

 @Override
 public void contextInitialized(ServletContextEvent sce)
 {
  ServletContext sc = sce.getServletContext();
  //得到 Servlet 上下文参数
  String jndi = sc.getInitParameter("jndi");
  Context ctx;
  try
  {
   ctx = new InitialContext();
   DataSource ds = (DataSource) ctx.lookup(jndi);
   //将 DataSource 对象保存为 ServletContext 的属性
   sc.setAttribute("dataSource", ds);
  }
  catch (NamingException e)
  {
   e.printStackTrace();
  }
 }
}
```

在 Servlet 中可以使用如例 15-2 所示的代码来访问 ServletContext 中的 DataSource 对象，进而获取数据库连接，访问数据库。

例 15-2 在 Servlet 中访问 ServletContext 中的 DataSource 对象

```
…
 DataSource ds=(DataSource)getServletContext().getAttribute("dataSource");
 Connection conn = ds.getConnection();
 Statement stmt = conn.createStatement();
 ResultSet rs = stmt.executeQuery("...");
...
```

要让 Web 容器在 Web 应用程序启动时通知 MyServletContextListener，你需要在 web.xml 文件中使用<listener>元素来配置监听器类。对于本例，MyServletContextListener 的配置如例 15-3 所示。

例 15-3 web.xml

```
<?xml version="1.0" encoding="UTF-8"?>
  <web-app xmlns="http://xmlns.jcp.org/xml/ns/javaee"
 xmlns:xsi="http://www.w3.org/2001/XMLSchema-instance"
 xsi:schemaLocation="http://xmlns.jcp.org/xml/ns/javaee
                     http://xmlns.jcp.org/xml/ns/javaee/web-app_4_0.xsd"
 version="4.0">

 <context-param>
  <param-name>jndi</param-name>
  <param-value>java:comp/env/jdbc/bookstore</param-value>
 </context-param>

 <listener>
  <listener-class>
   org.sunxin.ch15.listener.MyServletContextListener
  </listener-class>
 </listener>
</web-app>
```

在配置监听器时，不需要告诉容器你实现了什么监听器接口，容器自己会发现。

15.3 HttpSessionBindingListener 接口

如果一个对象实现了 HttpSessionBindingListener 接口，当这个对象被绑定到 Session 中或者从 Session 中被删除时，Servlet 容器会通知这个对象，而这个对象在接收到通知后，可以做一些初始化或清除状态的操作。

例如，在网络购物应用中，可以让购物车对象实现 HttpSessionBindingListener 接口，当顾客选购商品时，Web 应用程序创建购物车对象，保存在 Session 中，并在购物车中放入预选的商品。当顾客没有结账就离开了站点，或者顾客在浏览商品介绍的时候 Session 超时，这个时候，Servlet 容器就会通知购物车对象，它要从 Session 中被删除了。购物车对象在得到通知后，可以把顾客选购的商品信息保存到数据库中。当顾客再次来到网站购物的时候，Web 应用程序再将购物车对象保存（绑定）到 Session 中时，Servlet 容器会通知购物车对象，此时，购物车对象可以从数据库中加载先前保存的商品信息。顾客会惊奇地发现，以前预购的商品信息仍然存在。

javax.servlet.http.HttpSessionBindingListener 接口提供了下面的方法。

- public void **valueBound**(HttpSessionBindingEvent event)

当对象正在被绑定到 Session 中时，Servlet 容器调用这个方法来通知该对象。

- public void **valueUnbound**(HttpSessionBindingEvent event)

当从 Session 中删除对象时，Servlet 容器调用这个方法来通知该对象。

Servlet 容器通过 HttpSessionBindingEvent 对象来通知实现了 HttpSessionBindingListener 接口的对象，而该对象可以利用 HttpSessionBindingEvent 对象来访问与它相联系的 HttpSession 对象。javax.servlet.http.HttpSessionBindingEvent 类提供了以下两种方法。

- public **HttpSessionBindingEvent**(HttpSession session, java.lang.String name)
- public **HttpSessionBindingEvent**(HttpSession session, java.lang.String name, java.lang.Object value)

上面两个构造方法构造一个事件对象，当一个对象被绑定到 Session 中或者从 Session 中被删除时，用这个事件对象来通知它。

- public java.lang.String **getName**()

返回绑定到 Session 中或者从 Session 中被删除的属性的名字。

- public java.lang.Object **getValue**()

返回被添加、删除或替换的属性的值。如果属性被添加或者被删除，这个方法返回属性的值；如果属性被替换，这个方法返回属性先前的值。

- public HttpSession **getSession**()

返回 HttpSession 对象。

15.4 在线人数统计程序

下面，我们利用 HttpSessionBindingListener 接口，编写一个统计在线人数的程序。当一个用户登录后，显示欢迎信息，同时显示出当前在线的总人数和用户名单。当一个用户退出登录或者 Session 超时值发生时，从在线用户名单中删除这个用户，同时将在线的总人数减 1。这个功能的完成，主要是利用一个实现了 HttpSessionBindingListener 接口的对象，当这个对象被绑定到 Session 中或者从 Session 中被删除时，更新当前在线的用户名单。实例的开发主要有下列步骤。

Step1：配置 Web 应用程序的运行目录

在%CATALINA_HOME%\conf\Catalina\localhost\目录下新建 ch15.xml 文件，输入如例 15-4 所示的内容。

例 15-4　ch15.xml

```
<Context docBase="F:\JSPLesson\ch15" reloadable="true"/>
```

Step2：编写 login.html

将编写好的 login.html 文件放到 F:\JSPLesson\ch15\online 目录下。完整的代码如例 15-5 所示。

例 15-5　login.html

```
<html>
    <head>
        <title>登录页面</title>
    </head>
    <body>
        <form action="online" method="post">
            <table>
                <tr>
                    <td>请输入用户名：</td>
                    <td><input type="text" name="user"></td>
                </tr>
                <tr>
                    <td>请输入密码：</td>
                    <td><input type="password" name="password"></td>
                </tr>
                <tr>
                    <td><input type="reset" value="重填"></td>
                    <td><input type="submit" value="登录"></td>
                </tr>
            </table>
        </form>
    </body>
</html>
```

Step3：编写 UserList.java、User.java、OnlineUserServlet.java 和 LogoutServlet.java

为了和本章其他例子中的类相区别，本例中的类定义在 org.sunxin.ch15.online 包中。编写 UserList.java、User.java、OnlineUserServlet.java 和 LogoutServlet.java 源文件，将编写好的源文件放到 F:\JSPLesson\ch15\src\online 目录下。

UserList.java 的完整代码如例 15-6 所示。

例 15-6　UserList.java

```
package org.sunxin.ch15.online;

import java.util.Vector;
import java.util.Enumeration;

public class UserList
{
    private static final UserList userList=new UserList();
    private Vector<String> v;

    private UserList()
    {
        v=new Vector<String>();
    }

    public static UserList getInstance()
```

```
17.     {
18.         return userList;
19.     }
20.
21.     public void addUser(String name)
22.     {
23.         if(name!=null)
24.             v.addElement(name);
25.     }
26.
27.     public void removeUser(String name)
28.     {
29.         if(name!=null)
30.             v.remove(name);
31.     }
32.
33.     public Enumeration<String> getUserList()
34.     {
35.         return v.elements();
36.     }
37.
38.     public int getUserCount()
39.     {
40.         return v.size();
41.     }
42. }
```

在 UserList 这个类的设计上，我们应用了单例（Singleton）设计模式。关于设计模式的知识，读者可以参阅相关的书籍。UserList 是一个单例类，所谓单例类，是指一个类只有一个实例，而且自行实例化并向整个系统提供这个实例。单例类的一个最重要的特点是类的构造方法是私有的，从而避免了外部利用该类的构造方法直接创建多个实例。在代码的第 8 行，定义一个静态的常量 userList，它表示了 UserList 类的一个对象。在 UserList 类加载的时候，这个对象就产生了。第 11～14 行，声明 UserList 类的构造方法为 private，这是为了避免在外部使用 UserList 类的构造方法创建其对象。要注意的是，如果在类中不写构造方法，那么 Java 编译器就会为这个类提供一个默认的不带参数的公开的构造方法，这样，在外部就可以通过类的构造方法创建对象了，那么 UserList 也就不再是一个单例类了。既然 UserList 类的构造方法是私有的，那么在外部就不能用 new 去构造对象，于是在代码的第 16～19 行，定义了一个静态的方法 getInstance()，在这个方法中，返回在类加载时创建的 UserList 类的对象。因为 getInstance()方法本身是静态的，所以可以直接通过类名来调用。

那么为什么要将 UserList 设计成单例类呢？这是因为 UserList 类的对象用于存储和获取在线用户的列表，而这个用户列表对于所有的页面来说都应该是同一个，所以将 UserList 类设计成单例类，这样，所有的类访问的就是同一个 UserList 对象了。

代码的第 9 行，定义了一个私有的 Vector 类型的变量，在 UserList 类的构造方法中，对 Vector 类型的变量 v 进行了初始化，用于存放 String 类型的对象。注意，在这个地方没有使用 ArrayList，是考虑到 UserList 对象可能会被多个线程同时访问，因为 ArrayList 不是同步的，而 Vector 是同步的，所以采用 Vector 来保存用户列表。

User.java 的完整代码如例 15-7 所示。

例 15-7 User.java

```
1.  package org.sunxin.ch15.online;
2.
3.  import javax.servlet.http.HttpSessionBindingListener;
4.  import javax.servlet.http.HttpSessionBindingEvent;
5.
6.  public class User implements HttpSessionBindingListener
7.  {
8.      private String name;
9.      private UserList ul=UserList.getInstance();
10.
11.     public User()
12.     {
13.     }
14.     public User(String name)
15.     {
16.         this.name=name;
17.     }
18.     public void setName(String name)
19.     {
20.         this.name=name;
21.     }
22.     public String getName()
23.     {
24.         return name;
25.     }
26.     public void valueBound(HttpSessionBindingEvent event)
27.     {
28.         ul.addUser(name);
29.     }
30.     public void valueUnbound(HttpSessionBindingEvent event)
31.     {
32.         ul.removeUser(name);
33.     }
34. }
```

User 类实现了 HttpSessionBindingListener 接口，表示登录的用户。代码第 9 行，通过 UserList 类的静态方法 getInstance()得到 UserList 类的对象；第 26～29 行，当 User 对象加入 Session 中时，Servlet 容器将调用 valueBound()方法，我们将用户的名字保存到用户列表中；第 30～33 行，当 User 对象从 Session 中被删除时，Servlet 容器将调用 valueUnbound()方法，我们从用户列表中删除该用户。

OnlineUserServlet.java 的完整代码如例 15-8 所示。

例 15-8　OnlineUserServlet.java

```
package org.sunxin.ch15.online;

import javax.servlet.*;
import java.io.*;
import javax.servlet.http.*;
import java.util.Enumeration;

public class OnlineUserServlet extends HttpServlet
{
    public void doGet(HttpServletRequest req, HttpServletResponse resp)
                throws ServletException,IOException
    {
        req.setCharacterEncoding("gb2312");
        String name=req.getParameter("user");
        String pwd=req.getParameter("password");

        if(null==name || null==pwd || name.equals("") || pwd.equals(""))
        {
            resp.sendRedirect("login.html");
        }
        else
        {
            HttpSession session=req.getSession();
            User user=(User)session.getAttribute("user");
            if(null==user || !name.equals(user.getName()))
            {
                user=new User(name);
                session.setAttribute("user",user);
            }

            resp.setContentType("text/html;charset=gb2312");
            PrintWriter out=resp.getWriter();

            out.println("欢迎用户<b>"+name+"</b>登录");
            UserList ul=UserList.getInstance();
            out.println("<br>当前在线的用户列表：<br>");
            Enumeration<String> enums=ul.getUserList();
            int i=0;
            while(enums.hasMoreElements())
            {
                out.println(enums.nextElement());
                out.println("    ");
                if(++i==10)
                {
                    out.println("<br>");
                }
```

```
47.             }
48.             out.println("<br>当前在线的用户数: "+i);
49.             out.println("<p><a href=logout>退出登录</a>");
50.             out.close();
51.         }
52.     }
53.
54.     public void doPost(HttpServletRequest req, HttpServletResponse resp)
55.                 throws ServletException,IOException
56.     {
57.         doGet(req,resp);
58.     }
59. }
```

OnlineUser 类用于向用户显示欢迎信息、当前在线用户列表和在线用户数。代码的第 24～29 行，首先从 Session 中获取名为 user 的属性对象，通过判断它是否为空来判断在此次会话中用户是否已经登录。如果 user 对象不为 null，那么接着判断在同一个会话中，用户是否更换了一个用户名登录。如果 user 对象为空或者当前登录的用户名和先前登录的用户名不同，则以用户的当前登录名创建一个 user 对象，将这个对象绑定到 Session 中，这个时候，Servlet 容器就会调用 user 对象的 valueBound()方法，将这个用户的名字保存在用户列表中。第 35 行，得到 UserList 类的对象。第 37 行，得到用户列表的枚举对象。第 39～47 行，循环取出在线用户的名字并输出，一旦输出超过 10 个用户名，就输出一个换行(<br>)。第 48 行，输出当前在线的用户数。第 49 行，输出“退出登录”的链接。

LogoutServlet.java 的完整代码如例 15-9 所示。

例 15-9　LogoutServlet.java

```
package org.sunxin.ch15.online;

import javax.servlet.*;
import java.io.*;
import javax.servlet.http.*;

public class LogoutServlet extends HttpServlet
{
    public void doGet(HttpServletRequest req, HttpServletResponse resp)
                throws ServletException,IOException
  {
      resp.setContentType("text/html;charset=gb2312");

      HttpSession session=req.getSession();
      User user=(User)session.getAttribute("user");
      session.invalidate();

      PrintWriter out=resp.getWriter();
      out.println("<html><head><title>退出登录</title></head><body>");
```

```
20.         out.println(user.getName()+"，你已退出登录<br>");
21.         out.println("<a href=login.html>重新登录</a>");
22.         out.println("</body></html>");
23.         out.close();
24.     }
25. }
```

LogoutServlet 类用于退出登录。代码第 16 行，调用 HttpSession 对象的 invalidate()方法，使 Session 失效，从而删除绑定到这个 Session 中的 user 对象，Servlet 容器就会调用这个 user 对象的 valueUnbound()方法，从用户列表中删除该用户。

Step4：编译上述四个 Java 源文件

打开命令提示符，进入源文件所在的目录 F:\JSPLesson\ch15\src\online，然后执行：

```
javac -d ..\..\WEB-INF\classes *.java
```

在 WEB-INF\classes 目录下生成 4 个源文件对应的包和类文件。

Step5：部署 Servlet

编辑 WEB-INF 目录下的 web.xml 文件，添加对本例中的 Servlet 的配置，内容如例 15-10 所示。

例 15-10　web.xml

```
…
<servlet>
    <servlet-name>OnlineUserServlet</servlet-name>
    <servlet-class>org.sunxin.ch15.online.OnlineUserServlet
    </servlet-class>
</servlet>

<servlet-mapping>
    <servlet-name>OnlineUserServlet</servlet-name>
    <url-pattern>/online/online</url-pattern>
</servlet-mapping>

<servlet>
    <servlet-name>logout</servlet-name>
    <servlet-class>org.sunxin.ch15.online.LogoutServlet</servlet-class>
</servlet>

<servlet-mapping>
    <servlet-name>logout</servlet-name>
    <url-pattern>/online/logout</url-pattern>
</servlet-mapping>
…
```

注 意　实现 HttpSessionBindingListener 接口的监听器类不需要在 web.xml 中进行配置。

Step6：运行在线人数统计程序

启动 Tomcat 服务器，打开浏览器，首先在地址栏中输入：

```
http://localhost:8080/ch15/online/login.html
```

在出现登录页面后，输入用户名和密码，将看到如图 15-1 所示的页面。

读者可以再打开一个浏览器，输入 http://localhost:8080/ch15/online/login.html，然后登录，将看到如图 15-2 所示的页面。

图 15-1　OnlineUserServlet 显示一个用户在线

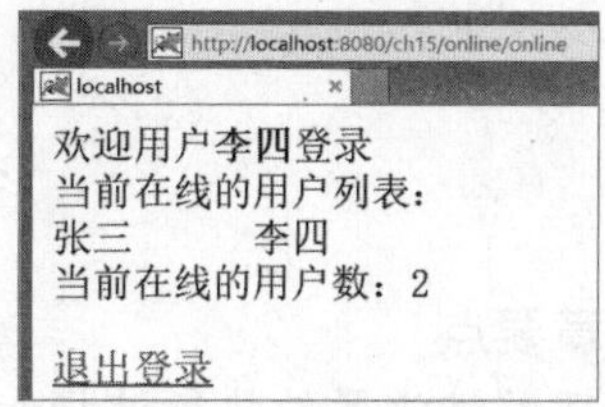

图 15-2　OnlineUserServlet 显示有两个用户在线

读者可以退出其中一个用户的登录，然后刷新另外一个窗口中的页面，可以看到显示的在线用户数为 1。读者可以多打开几个浏览器进行测试。

在线人数统计程序存在的问题：在第 5.2.4 节“Session 和 Cookie 的深入研究”中介绍过，如果用户没有退出登录而直接关闭了浏览器，那么在服务器端的 Session 中，这个用户仍然是存在的，直到 Session 的超时值发生。所以在线人数统计只能做到在一个时间段内统计出大致的在线人数，而不能统计出精确的人数。为了提高统计的精确性，可以在客户端设置脚本，当浏览器关闭时，自动向服务器发送一个请求，在服务器收到这个请求后，使 Session 失效。不过，这也不能做到 100%的精确，因为还存在着客户端的浏览器异常终止，或者客户机器崩溃的可能性。

注 意　我们说“从 Session 中删除对象”，并不是说将这个对象从内存中删除。在第 5.2.4 节“Session 和 Cookie 的深入研究”中介绍过，Tomcat 的 Session 实现采用 HashMap 来存储属性，从 Session 中删除对象，也就是删除该对象在散列表中存放的位置，从而断开了该对象与 Session 的联系（也叫作 Unbind）。当然，如果该对象没有任何的引用，那么在随后的时间内，该对象所在的内存将被 Java 的垃圾收集器所回收。

15.5　小结

本章主要介绍了 Servlet 监听器的应用和开发，并通过两个例子程序向读者演示了 ServletContextListener 和 HttpSessionBindingListener 接口的应用，其中在线人数统计程序具有实用价值。

第16章 Filter在Web开发中的应用

本章要点

- 理解过滤器的执行过程和作用
- 掌握过滤器的开发与部署
- 编写对用户进行统一验证的过滤器
- 编写对请求和响应数据进行替换的过滤器
- 编写对响应内容进行压缩的过滤器

过滤器（Filter）是从Servlet 2.3规范开始新增的功能，并在Servlet 2.4规范中得到增强。本章主要介绍过滤器在Web开发中的应用。

16.1 过滤器概述

过滤器，顾名思义，就是在源数据和目的数据之间起过滤作用的中间组件。例如，污水净化设备可以看作现实中的一个过滤器，它负责将污水中的杂质过滤，从而使进入的污水变成净水。而对于Web应用程序来说，过滤器是一个驻留在服务器端的Web组件，它可以截取客户端和资源之间的请求与响应信息，并对这些信息进行过滤，如图16-1所示。

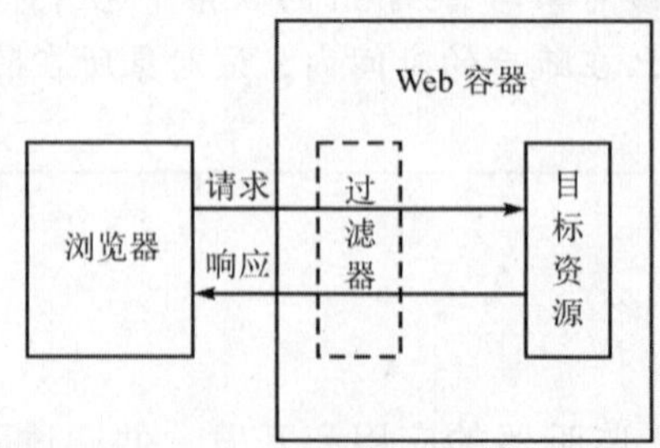

图16-1 过滤器在Web应用程序中的位置

当Web容器接收到一个对资源的请求时，它将判断是否有过滤器与这个资源相关联。

如果有，那么容器将把请求交给过滤器进行处理。在过滤器中，你可以改变请求的内容，或者重新设置请求的报头信息，然后再将请求发送给目标资源。当目标资源对请求做出响应时，容器同样会将响应先转发给过滤器，在过滤器中，你可以对响应的内容进行转换，然后再将响应发送到客户端。从上述过程可以看出，客户端和目标资源并不需要知道过滤器的存在，也就是说，在 Web 应用程序中部署过滤器，对客户端和目标资源来说是透明的。

在一个 Web 应用程序中，可以部署多个过滤器，这些过滤器组成了一个过滤器链。过滤器链中的每个过滤器负责特定的操作和任务，客户端的请求在这些过滤器之间传递，直到目标资源，如图 16-2 所示。

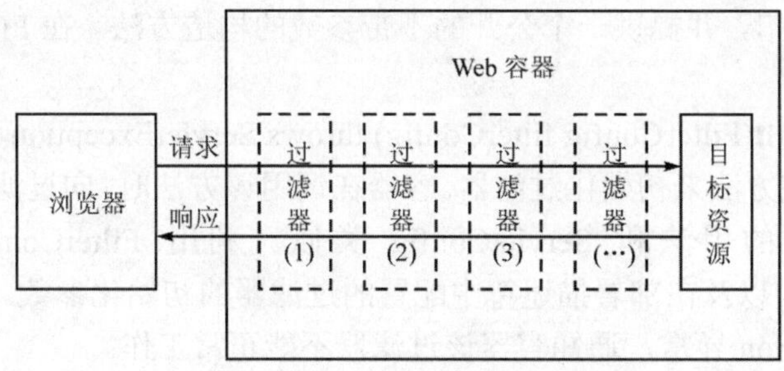

图 16-2　多个过滤器组成过滤器链

在请求资源时，过滤器链中的过滤器将依次对请求进行处理，并将请求传递给下一个过滤器，直到目标资源；在发送响应时，则按照相反的顺序对响应进行处理，直到客户端。

过滤器并不是必须要将请求传送到下一个过滤器（或目标资源），它也可以自行对请求进行处理，然后发送响应给客户端，或者将请求转发给另一个目标资源。

下面是过滤器在 Web 开发中的一些主要应用：

- 对用户请求进行统一认证。
- 对用户的访问请求进行记录和审核。
- 对用户发送的数据进行过滤或替换。
- 转换图像格式。
- 对响应内容进行压缩，减少传输量。
- 对请求和响应进行加密与解密处理。
- 触发资源访问事件。
- 对 XML 的输出应用 XSLT。

16.2　Filter API

与过滤器开发相关的接口和类都包含在 javax.servlet 和 javax.servlet.http 包中，主要有下面的接口和类。

- javax.servlet.Filter 接口
- javax.servlet.FilterConfig 接口
- javax.servlet.FilterChain 接口

- javax.servlet.ServletRequestWrapper 类
- javax.servlet.ServletResponseWrapper 类
- javax.servlet.http.HttpServletRequestWrapper 类
- javax.servlet.http.HttpServletResponseWrapper 类

下面我们先对三个主要的接口做详细介绍。

16.2.1 Filter 接口

与开发 Servlet 要实现 javax.servlet.Servlet 接口类似，开发过滤器要实现 javax.servlet.Filter 接口，并提供一个公开的不带参数的构造方法。在 Filter 接口中，定义了下面的 3 个方法。

1）public void **init**(FilterConfig filterConfig) throws ServletException

Web 容器调用该方法来初始化过滤器。容器在调用该方法时，向过滤器传递 FilterConfig 对象，FilterConfig 的用法和 ServletConfig 类似。利用 FilterConfig 对象可以得到 ServletContext 对象，以及在部署描述符中配置的过滤器的初始化参数。在这个方法中，可以抛出 ServletException 异常，通知容器该过滤器不能正常工作。

2）public void **doFilter**(ServletRequest request, ServletResponse response, FilterChain chain) throws java.io.IOException, ServletException

doFilter()方法类似于 Servlet 接口的 Service()方法。当客户端请求目标资源的时候，容器就会调用与这个目标资源相关联的过滤器的 doFilter()方法。在这个方法中，可以对请求和响应进行处理，实现过滤器的特定功能。在特定的操作完成后，可以调用 chain.doFilter(request, response)将请求传给下一个过滤器（或目标资源），也可以直接向客户端返回响应信息，或者利用 RequestDispatcher 的 forward()和 include()方法，以及 HttpServletResponse 的 sendRedirect()方法将请求转向到其他资源。需要注意的是，这个方法的请求和响应参数的类型是 ServletRequest 和 ServletResponse，也就是说，过滤器的使用并不依赖于具体的协议。

3）public void **destroy**()

Web 容器调用该方法指示过滤器的生命周期结束。在这个方法中，可以释放过滤器使用的资源。

与开发 Servlet 不同的是，Filter 接口并没有相应的实现类可供继承，要开发过滤器，只能直接实现 Filter 接口。

16.2.2 FilterConfig 接口

javax.servlet.FilterConfig 接口类似于 javax.servlet.ServletConfig 接口，用于在过滤器初始化时向其传递信息。FilterConfig 接口由容器实现，容器将其实例作为参数传入过滤器对象的 init()方法中。在 FilterConfig 接口中，定义了以下 4 个方法。

1）public java.lang.String **getFilterName**()

得到在部署描述符中指定的过滤器的名字。

2）public java.lang.String **getInitParameter**(java.lang.String name)

返回在部署描述中指定的名字为 name 的初始化参数的值。如果这个参数不存在，那么该方法将返回 null。

3）public java.util.Enumeration **getInitParameterNames()**

返回过滤器的所有初始化参数的名字的枚举集合。如果过滤器没有初始化参数，那么这个方法将返回一个空的枚举集合。

4）public ServletContext **getServletContext()**

返回 Servlet 上下文对象的引用。

16.2.3 FilterChain 接口

javax.servlet.FilterChain 接口由容器实现，容器将其实例作为参数传入过滤器对象的 doFilter()方法中。过滤器对象使用 FilterChain 对象调用过滤器链中的下一个过滤器，如果该过滤器是链中最后一个过滤器，那么将调用目标资源。FilterChain 接口只有如下一个方法：

- public void **doFilter**(ServletRequest request, ServletResponse response) throws java.io. IOException, ServletException

调用该方法将使过滤器链中的下一个过滤器被调用。如果调用该方法的过滤器是链中最后一个过滤器，那么目标资源被调用。

16.3 过滤器的部署

在实现一个过滤器后，需要在部署描述符中对过滤器进行配置，这是通过<filter>和<filter-mapping>元素来完成的。

<filter>元素用于在 Web 应用程序中声明一个过滤器。<filter>元素的结构如图 16-3 所示。

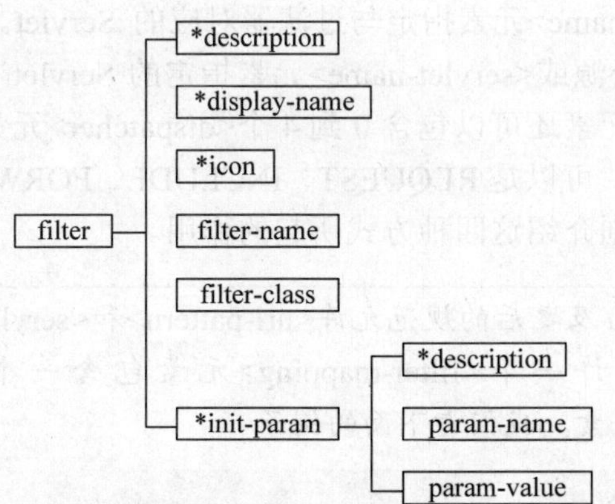

图 16-3　<filter>元素的结构

其中<description>、<display-name>、<icon>元素在第 3.3.1 节中已经介绍过了，其作用

是相同的。<filter-name>元素用于为过滤器指定一个名字，该元素的内容不能为空。<filter-class>元素用于指定过滤器的完整的限定类名。<init-param>元素用于为过滤器指定初始化参数，它的子元素<param-name>指定参数的名字，<param-value>指定参数的值。在过滤器中，可以使用 FilterConfig 接口对象来访问初始化参数。

下面是使用<filter>元素的一个例子：

```
    <filter>
        <filter-name>GuestbookFilter</filter-name>
        <filter-class>org.sunxin.ch16.Filter.GuestbookFilter</filter-
class>
        <init-param>
            <param-name>word_file</param-name>
            <param-value>/WEB-INF/word.txt</param-value>
        </init-param>
    </filter>
```

Servlet 容器对部署描述符中声明的每一个过滤器只创建一个实例。与 Servlet 类似，容器将在同一个过滤器实例上运行多个线程来同时为多个请求服务，因此，在开发过滤器时，也要注意线程安全的问题。如果在部署时，对同一个过滤器类声明了两次，那么容器将会创建两个相同的过滤器类的实例。

<filter-mapping>元素用于指定与过滤器关联的 URL 样式或者 Servlet。<filter-mapping>元素的结构如图 16-4 所示。

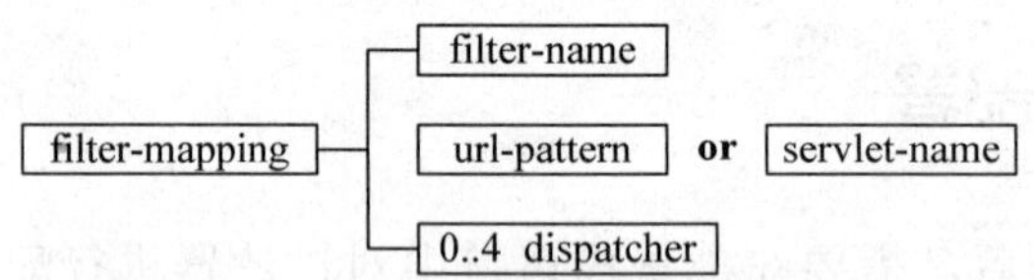

图 16-4 <filter-mapping>元素的结构

其中<filter-name>子元素的值必须是在<filter>元素中声明过的过滤器的名字。<url-pattern>元素和<servlet-name>元素可以选择一个；<url-pattern>元素指定与过滤器关联的 URL 样式；<servlet-name>元素指定与过滤器对应的 Servlet。用户在访问<url-pattern>元素指定的 URL 上的资源或<servlet-name>元素指定的 Servlet 时，该过滤器才会被容器调用。<filter-mapping>元素还可以包含 0 到 4 个<dispatcher>元素，<dispatcher>元素指定过滤器对应的请求方式，可以是 REQUEST、INCLUDE、FORWARD 或者 ERROR，默认为 **REQUEST**。下面分别介绍这四种方式所起的作用。

提示 Servlet 3.0 及之后的规范允许<url-pattern>和<servlet-name>元素出现多次，之前的规范只允许一个<filter-mapping>元素包含一个<url-pattern>或者一个<servlet-name>子元素。我们看下面的例子：

```
    <filter-mapping>
        <filter-name>Demo Filter</filter-name>
        <url-pattern>/foo/*</url-pattern>
        <servlet-name>Servlet1</servlet-name>
```

```
        <servlet-name>Servlet2</servlet-name>
        <url-pattern>/bar/*</url-pattern>
    </filter-mapping>
```

此外，Servlet 3.0 及之后的规范还允许为<servlet-name>元素指定 * 号，来匹配所有的 Servlet。我们看下面的例子：

```
    <filter-mapping>
        <filter-name>All Dispatch Filter</filter-name>
        <servlet-name>*</servlet-name>
        <dispatcher>FORWARD</dispatcher>
    </filter-mapping>
```

- REQUEST

当用户直接访问页面时，Web 容器将会调用过滤器。如果目标资源是通过 RequestDispatcher 的 include()或 forward()方法访问，那么该过滤器将不会被调用。

- INCLUDE

如果目标资源是通过 RequestDispatcher 的 include()方法访问，那么该过滤器将被调用。除此之外，过滤器不会被调用。

- FORWARD

如果目标资源是通过 RequestDispatcher 的 forward()方法访问，那么该过滤器将被调用。除此之外，过滤器不会被调用。

- ERROR

如果目标资源是通过声明式异常处理机制调用，那么该过滤器将被调用。除此之外，过滤器不会被调用。

下面是使用<filter-mapping>元素的例子：

```
<filter-mapping>
      <filter-name>GuestbookFilter</filter-name>
      <url-pattern>/process.jsp</url-pattern>
</filter-mapping>
```

当用户访问 process.jsp 页面时，容器就会调用 GuestbookFilter 过滤器。

```
<filter-mapping>
    <filter-name>GuestbookFilter</filter-name>
    <url-pattern>/index.jsp</url-pattern>
    <dispatcher>REQUEST</dispatcher>
    <dispatcher>FORWARD</dispatcher>
</filter-mapping>
```

当用户直接访问 index.jsp 页面，或者通过 RequestDispatcher 的 forward()方法访问时，容器就会调用 GuestbookFilter 过滤器。

16.4 过滤器的开发

这一节我们将编写一个简单的过滤器，来体验一下过滤器的开发、部署和运行情况。实例的开发有下列步骤。

开发步骤

Step1：编写过滤器类

我们编写的过滤器类的名字为 SimpleFilter，它实现了 Filter 接口，完整的代码如例 16-1 所示。

例 16-1 SimpleFilter.java

```
package org.sunxin.ch16.filter;

import java.io.*;
import javax.servlet.*;

public class SimpleFilter implements Filter
{
    public void init(FilterConfig filterConfig) throws ServletException {}

    public void doFilter(ServletRequest request,
                         ServletResponse response,
                         FilterChain chain)
                throws IOException, ServletException
    {
        response.setContentType("text/html;charset=GB2312");
        PrintWriter out= response.getWriter();
        out.println("before doFilter()");
        chain.doFilter(request, response);
        out.println("after doFilter()");
        out.close();
    }

   public void destroy(){}
}
```

注意代码中以粗体显示的部分，我们在“chain.doFilter (request, response);”语句之前和之后分别向客户端输出“before doFilter()”和“after doFilter()”，这主要是为了让读者了解过滤器运行时的工作情况。

Step2：编写测试页面

编写了过滤器类，还需要提供一个测试页面，我们将它命名为 test.jsp，内容如例 16-2 所示。

例 16-2　test.jsp

```
<%@ page contentType="text/html;charset=GB2312" %>

这是测试页面！
```

Step3：编译和部署过滤器

请读者按照 Web 应用程序的目录层次结构建立 WEB-INF 和 WEB-INF\classes 目录，在笔者的机器上，本章的例子程序存放于 F:\JSPLesson\ch16 目录下。编译 SimpleFilter.java，将 SimpleFilter 类和与包结构对应的目录一起复制到 WEB-INF\classes 目录下。

编写 WEB-INF\web.xml 文件，对过滤器进行配置。web.xml 文件的完整内容如例 16-3 所示。

例 16-3　web.xml

```
<?xml version="1.0" encoding="gb2312"?>

<web-app xmlns="http://xmlns.jcp.org/xml/ns/javaee"
  xmlns:xsi="http://www.w3.org/2001/XMLSchema-instance"
  xsi:schemaLocation="http://xmlns.jcp.org/xml/ns/javaee
                      http://xmlns.jcp.org/xml/ns/javaee/web-app_4_0.xsd"
  version="4.0">
    <filter>
        <filter-name>SimpleFilter</filter-name>
        <filter-class>org.sunxin.lesson.jsp.ch16.SimpleFilter</filter
-class>
    </filter>

    <filter-mapping>
        <filter-name>SimpleFilter</filter-name>
        <url-pattern>/test.jsp</url-pattern>
    </filter-mapping>
</web-app>
```

当用户访问 test.jsp 页面时，容器就会调用 SimpleFilter。

Step4：配置本章例子程序的运行目录

在%CATALINA_HOME%\conf\Catalina\localhost 目录下，新建 ch16.xml 文件，编辑此文件，内容如例 16-4 所示。

例 16-4　ch16.xml

```
<Context docBase="F:\JSPLesson\ch16" reloadable="true"/>
```

Step5：运行 Web 应用程序，测试过滤器

启动 Tomcat 服务器，打开浏览器，在地址栏中输入 http://localhost:8080/ch16/test.jsp，你将会看到输出的内容为："before doFilter()这是测试页面！ after doFilter()"。

从结果中可以看到，当我们在过滤器的 doFilter()方法中调用 chain.doFilter (request,

response)方法后，目标资源被调用，在响应中输出“这是测试页面！”，之后又回到过滤器的 doFilter()方法中，继续执行 chain.doFilter (request, response)后面的代码，输出“after doFilter()”。图 16-5 演示了过滤器链的工作流程。

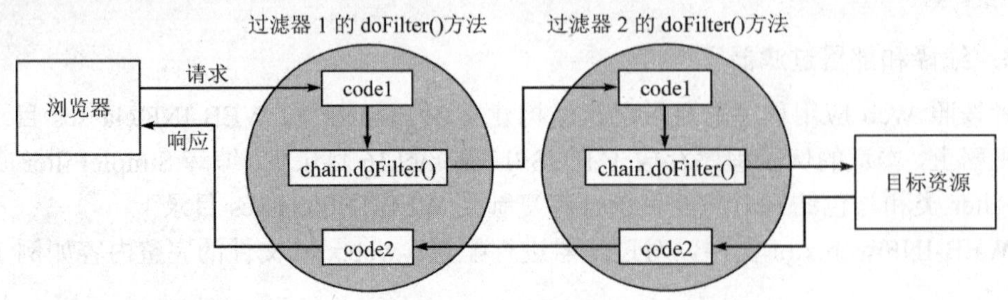

图 16-5　过滤器链的工作流程

了解了过滤器链的工作流程，我们就可以开始开发一些实用的过滤器了。

16.5　对用户进行统一验证的过滤器

对用户请求进行认证，这是 Web 应用程序中常见的功能。通常的做法是，当用户访问受保护的资源时，要求用户输入用户名和密码进行验证，在验证通过后，将某个标记（flag）保存到 Session 对象中；当用户再次访问受保护的资源时，则取出 Session 中的标记进行判断，如果用户已验证，则允许用户访问受保护的资源，如果用户还没有验证，则向客户端发送登录表单或错误信息。在这种实现方式中，所有的被保护资源（JSP 页面或 Servlet）都需要添加“从 Session 中取出标记进行判断”的代码。如果一个系统的所有资源原先是开放的，而后来又要求一部分资源只有授权用户才能访问，那么为每一个受保护页面添加这样的代码将是非常烦琐的，而且还容易出错。由于过滤器在请求到达目标资源之前，会先被容器调用，而且过滤器的配置对于客户端和目标资源来说是透明的，因此采用过滤器来实现对用户的统一验证是一个非常好的办法。

在对用户进行验证后的通常处理方式为：当用户验证成功后，向用户发送成功登录信息，并给出一个首页链接，让用户可以进入首页；当用户验证失败后，向用户发送错误信息，并给出一个返回到登录页面的链接，让用户可以重新登录。在实际操作中，有这样一种情况，当用户访问一个受保护的页面时，服务器端发送登录页面，用户在输入了正确的用户名和密码后，希望能自动进入先前访问的页面，而不是进入首页。在论坛程序中经常会遇到这种情况，现在大多数的论坛都允许未登录用户浏览帖子，而发布和回复帖子则需要登录。我们在未登录的情况下浏览帖子，看到一个帖子想回复，而论坛程序要求我们登录，当成功登录后，如果论坛程序只给出了进入首页的链接，这对我们来说是不方便的。

为了让用户在登录后直接进入先前的页面（用户直接访问登录页面除外），我们需要在将登录页面发送给客户端之前保存用户先前访问页面的 URL。下面的代码获取用户的请求 URI 和查询字符串，并保存到请求对象中，然后将请求转发（forward）给登录页面。

```
String request_uri=request.getRequestURI();
```

```
String strQuery= request.getQueryString();
if(null!=strQuery)
{
      request_uri=request_uri+"?"+strQuery;
}
request.setAttribute("origin_uri",request_uri);

RequestDispatcher rd=request.getRequestDispatcher("logon.jsp");
rd.forward(request,response);
```

在登录页面中，只需要包含一个隐藏输入域，它的值为用户先前的请求 URL，代码如下：

```
<input type="hidden" name="origin_uri" value="${requestScope.origin_uri}">
```

当用户提交登录表单时，我们就得到了用户先前的请求 URL，在验证通过后，可以将客户端重定向到先前访问的页面。

对用户进行统一验证的过滤器实例的开发有下列步骤。

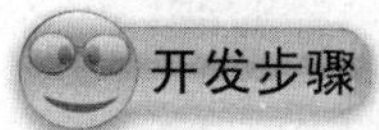

开发步骤

Step1：编写登录页面

登录页面的名字为 logon.jsp，代码如例 16-5 所示。

例 16-5　logon.jsp

```
<%@ page contentType="text/html;charset=GB2312" %>
<form method="post" action="logon.jsp?action=logon">
    <table>
        <tr>
            <td>用户名：</td>
            <td><input type="text" name="name"></td>
        </tr>
        <tr>
            <td>密码：</td>
            <td><input type="password" name="password"></td>
        </tr>
        <tr>
            <input type="hidden" name="origin_uri" value="${requestScope.o
rigin_uri}">
        </tr>
        <tr>
            <td><input type="reset" value="重填"></td>
            <td><input type="submit" value="提交"></td>
        </tr>
    </table>
</form>
```

Step2：编写过滤器类

过滤器类的名字为 LogonFilter，代码如例 16-6 所示。

例 16-6 LogonFilter.java

```
package org.sunxin.ch16.Filter;

import java.io.*;
import javax.servlet.*;
import javax.servlet.http.*;

public class LogonFilter implements Filter
{
    private static final String LOGON_URI="logon_uri";
    private static final String HOME_URI="home_uri";

    private String logon_page;
    private String home_page;

    public void init(FilterConfig filterConfig) throws ServletException
    {
        //从部署描述符中获取登录页面和首页的 URI
        logon_page=filterConfig.getInitParameter(LOGON_URI);
        home_page=filterConfig.getInitParameter(HOME_URI);

        if(null==logon_page || null==home_page)
            throw new ServletException("没有指定登录页面或主页！");
    }

    public void doFilter(ServletRequest request,
                    ServletResponse response,
                    FilterChain chain)
                throws IOException, ServletException
    {
        //将请求对象和响应对象的类型转换为 HttpServletRequest 和 HttpServletResponse
        HttpServletRequest httpReq=(HttpServletRequest)request;
        HttpServletResponse httpResp=(HttpServletResponse)response;
        HttpSession session=httpReq.getSession();

        //得到用户的请求 URI
        String request_uri=httpReq.getRequestURI();
        //得到 Web 应用程序的上下文路径
        String ctxPath=httpReq.getContextPath();
        //去除上下文路径，得到剩余部分的路径
        String uri=request_uri.substring(ctxPath.length());

        //判断用户访问的是否是登录页面
        if(logon_page.equals(uri))
        {
```

```
        //如果是登录页面，则通过查看是否有附加的查询参数，来判断用户
        //是访问登录页面，还是提交登录信息
        String strLogon=httpReq.getParameter("action");

        if("logon".equals(strLogon))
        {
            //如果是提交登录信息，则对用户进行验证
            String name=httpReq.getParameter("name");
            String password=httpReq.getParameter("password");

            if("zhangsan".equals(name) && "1234".equals(password))
            {
                //验证通过后，在 Session 对象中设置 isLogon 属性为 true
                session.setAttribute("isLogon","true");
                //在 Session 对象中保存用户名
                session.setAttribute("user",name);

                //从请求对象中取出用户先前访问页面的 URI
                String origin_uri=httpReq.getParameter("origin_uri");
                //如果 origin_uri 不为空，则将客户端重定向到用户先前访问的页面，
                //否则将客户端重定向到首页
                if(null!=origin_uri && !"".equals(origin_uri))
                    httpResp.sendRedirect(origin_uri);
                else
                    httpResp.sendRedirect(ctxPath+home_page);
                return;
            }
            else
            {
                //如果验证失败，则从请求对象中获取用户先前访问页面的 URI
                //如果该 URI 存在，则再次将它作为 origin_uri 属性的值保存
                //到请求对象中
                String origin_uri=httpReq.getParameter("origin_uri");
                if(null!=origin_uri && !"".equals(origin_uri))
                {
                    httpReq.setAttribute("origin_uri",origin_uri);
                }
                httpResp.setContentType("text/html;charset=GB2312");
                PrintWriter out=httpResp.getWriter();
                out.println("<h2>用户名或密码错误，请重新输入。</h2>");
                RequestDispatcher rd=httpReq.getRequestDispatcher(logon_
page);

                rd.include(httpReq,httpResp);
                return;
            }
        }
        else
```

```
            {
                //如果用户不是提交登录信息，则调用 chain.doFilter()方法，
                //调用登录页面
                chain.doFilter(request, response);
                return;
            }
        }
        else
        {
            //如果访问的不是登录页面，则判断用户是否已经登录
            String isLogon=(String)session.getAttribute("isLogon");
            if("true".equals(isLogon))
            {
               chain.doFilter(request, response);
               return;
            }
            else
            {
                //如果用户没有登录，则将用户的请求 URI 作为 origin_uri 属性的值
                //保存到请求对象中
                String strQuery=httpReq.getQueryString();
                if(null!=strQuery)
                {
                    request_uri=request_uri+"?"+strQuery;
                }
                httpReq.setAttribute("origin_uri",request_uri);

                //将用户请求转发给登录页面
                RequestDispatcher rd=httpReq.getRequestDispatcher(logon_
page);
                rd.forward(httpReq,httpResp);
                return;
            }
        }
    }

    public void destroy(){}
}
```

在 doFilter()方法的代码中，有一处需要注意，那就是当用户验证失败后的处理，这部分代码如下所示：

```
…
    else
    {
        //如果验证失败，则从请求对象中获取用户先前访问页面的 URI
        //如果该 URI 存在，则再次将它作为 origin_uri 属性的值保存
        //到请求对象中
```

```
        String origin_uri=httpReq.getParameter("origin_uri");
        if(null!=origin_uri || !"".equals(origin_uri))
        {
            httpReq.setAttribute("origin_uri",origin_uri);
        }
        httpResp.setContentType("text/html;charset=GB2312");
        PrintWriter out=httpResp.getWriter();
        out.println("<h2>用户名或密码错误，请重新输入。</h2>");
        RequestDispatcher rd=httpReq.getRequestDispatcher(logon_page);
        rd.include(httpReq,httpResp);
        return;
    }
...
```

这段代码有两个地方需要注意：一个是将用户先前的请求 URI 保存到请求对象中，另一个是使用 RequestDispatcher.include()方法来包含登录页面。这样做的原因是为了在验证失败后，让登录页面中的隐藏输入域的值仍然保持为用户先前的请求 URI。要提醒读者的是，隐藏输入域的值是通过${request Scope.origin_uri}来获取的，对于用户的每一次请求，容器创建的请求对象都是不同的，因此必须在同一个请求中完成保存原始 URI 和向用户发送登录页面的操作。

Step3：编写首页页面

我们将首页取名为 home.jsp，内容如例 16-7 所示。

例 16-7　home.jsp

```
<%@ page contentType="text/html;charset=gb2312" %>

${sessionScope.user}，欢迎你
```

Step4：编译和部署过滤器

编译 LogonFilter.java，将 LogonFilter 类以及与包结构对应的目录一起复制到 WEB-INF\classes 目录下。

编辑 web.xml 文件，将 SimpleFilter 的配置注释起来，添加对本例的过滤器的配置。修改后的内容如例 16-8 所示。

例 16-8　web.xml

```
...
    <!--
    <filter>
        <filter-name>SimpleFilter</filter-name>
        <filter-class>org.sunxin.lesson.jsp.ch16.SimpleFilter</filter-
class>
    </filter>

    <filter-mapping>
        <filter-name>SimpleFilter</filter-name>
```

```
        <url-pattern>/test.jsp</url-pattern>
    </filter-mapping>
    -->

    <filter>
        <filter-name>LogonFilter</filter-name>
        <filter-class>org.sunxin.lesson.jsp.ch16.LogonFilter</filter- class>

        <init-param>
            <param-name>logon_uri</param-name>
            <param-value>/logon.jsp</param-value>
        </init-param>
        <init-param>
            <param-name>home_uri</param-name>
            <param-value>/home.jsp</param-value>
        </init-param>
    </filter>

    <filter-mapping>
        <filter-name>LogonFilter</filter-name>
        <url-pattern>/*</url-pattern>
    </filter-mapping>
...
```

当用户访问该 Web 应用程序下的任何内容时，容器都会调用 LogonFilter 对用户进行验证。

Step5：运行 Web 应用程序，测试 LogonFilter

启动 Tomcat 服务器，打开浏览器，在地址栏中输入 http://localhost:8080/ch16/test.jsp，将会出现登录页面，输入正确的用户名（zhangsan）和密码（1234）并提交，你将会看到 test.jsp 页面的内容“这是测试页面！”（这是用户先前访问的页面）。

下面直接访问 logon.jsp，在地址栏中输入 http://localhost:8080/ch16/logon.jsp，在输入正确的用户名和密码后，将会看到 home.jsp 的内容“zhangsan，欢迎你。”

读者可以试着输入错误的用户名和密码，然后再输入正确的，你仍将会看到先前要访问的页面的内容。

本节给读者提供了一种对用户进行统一验证的实现方式，并向读者介绍了如何在用户登录后，将客户端重定向到用户先前要访问的页面（并考虑到验证失败后再次登录的情况）。在实际应用中，读者可以根据需要来调整验证处理的方式。

16.6 对请求和响应数据进行替换的过滤器

考虑这样的一个情景，一个项目组开发了一个留言板程序，在运行过程中发现了两个问题：问题一是用户在留言时经常输入 HTML 代码，破坏了留言板的正常显示，并带来了一些安全隐患；问题二是一些用户在留言时输入了不雅的字句，这些字句的显示给网站带来了不好的影响。现在请你来解决这两个问题，你可能立即就会想到解决方法。对于问题一，只要把用户输入的一些特殊字符转换为对应的实体引用或字符引用就可以解决；对于问题二，可以在不雅的字句显示前进行过滤，用字符串"xxx"对不雅的字句进行替换。

到了真正解决问题的时候了，你不想对现有代码进行修改，毕竟读懂别人的代码也要花费一段时间。于是你想到了过滤器，因为它可以在请求到达目标资源之前和响应到达客户端之前截取请求和响应数据，而且过滤器的部署对客户端和目标资源都是透明的，不需要修改现有的代码。

不过在查看 API 文档后我们发现，HtttpServletRequest 类并没有提供对请求信息进行修改的 setXXX()方法，而 HttpServletResponse 类也没有提供得到响应数据的方法。也就是说，虽然过滤器可以截取到请求和响应对象，但是却无法直接使用这两个对象对它们的数据进行替换。

虽然不能直接改变请求和响应对象的状态，但是我们可以利用请求和响应的包装（wrapper）类来间接改变请求和响应的信息。在 Servlet 规范中，共定义了 4 个包装类：ServletRequestWrapper、ServletResponseWrapper、HttpServletRequestWrapper 和 HttpServlet ResponseWrapper，这 4 个包装类分别实现了请求或响应的接口，如下所示：

- public class ServletRequestWrapper implements ServletRequest
- public class ServletResponseWrapper implements ServletResponse
- public class HttpServletRequestWrapper implements HttpServletRequest
- public class HttpServletResponseWrapper implements HttpServletResponse

从表面上看，这 4 个类就好像是真正的请求和响应类，不过实质上是：它们在构造方法中接受真正的请求或响应对象，然后利用该对象的方法来完成自己需要实现的方法。包装类是装饰（Decorator）设计模式的运用，装饰模式给我们提供了一种不使用继承而修改或增加现有对象功能的方法。

有了包装类，要改变请求和响应信息就变得非常简单了，我们只需要编写一个包装类的子类，然后覆盖想要修改的方法就可以了。例如，我们想要为所有的请求添加一个查询字符串，可以编写一个类，从 HttpServletRequestWrapper 类继承，并重写 getQueryString()方法。代码如下：

```
import javax.servlet.http.HttpServletRequest;
import javax.servlet.http.HttpServletRequestWrapper;

public class MyRequestWrapper extends HttpServletRequestWrapper
{
    public MyRequestWrapper(HttpServletRequest request)
    {
        //利用 super 变量调用父类的构造方法，传递请求对象
        super(request);
    }

    public java.lang.String getQueryString()
    {
```

```
        String str="abc=123";
        //利用 super 变量调用父类的同名方法，得到原有的查询字符串
        String strQuery=super.getQueryString();
        if(null!=strQuery)
        {
          strQuery=strQuery+"&"+str;
          return strQuery;
        }
        else
        {
          return str;
        }
    }
}
```

然后在过滤器类的 doFilter()方法中，构造 MyRequestWrapper 类的对象，将其作为参数传给 chain.doFilter()方法，代码如下：

```
…
public void doFilter(ServletRequest request,
                     ServletResponse response,
                     FilterChain chain)
             throws IOException, ServletException
   {
       HttpServletRequest httpReq=(HttpServletRequest)request;
       chain.doFilter(new MyRequestWrapper(httpReq), response);
   }
…
```

在目标资源的代码中，如果调用 request.getQueryString()就会得到附加了字符串“abc=123”的查询字符串。

利用包装类和过滤器就可以解决留言板程序中存在的两个问题。对于第一个问题，可以编写一个 HttpServletRequestWrapper 类的子类，然后重写 getParameter()方法，在这个方法中，对请求参数的值进行过滤，将特殊字符转换为对应的实体引用或字符引用。对于第二个问题，当然也是编写一个 HttpServletResponseWrapper 类的子类，但如何才能得到响应的内容呢？需要注意的是，响应的内容是通过字符（PrintWriter）或字节（ServletOutputStream）输出流对象向客户端输出的，而字符和字节输出流对象则是通过 HttpServletResponse.getWriter()和 HttpServletResponse.getOutputStream()方法得到的。在正常情况下，响应的内容将被容器直接发送到客户端，要想得到响应的内容，就要替换默认的输出流对象，并且新的输出流对象应该是内存输出流对象，也就是当我们调用该输出流对象的 write()方法时，数据被写到内存的缓冲区中。我们可以使用 java.io 包中的 ByteArrayOutputStream 类，让数据写到字节数组中，同时重写 HttpServletResponse 类的 getWriter()和 getOutputStream()方法，返回构建在 ByteArrayOutputStream 之上的 PringWriter 对象和 ServletOutputStream 对象。

下面我们看具体的实现。实例的开发有下列步骤。

开发步骤

Step1：编写 MyRequestWrapper.java

MyRequestWrapper 类从 HttpServletRequestWrapper 类继承，并重写了 getParameter()方法，对请求参数的值进行过滤，将特殊字符转换为对应的实体引用或字符引用。完整的代码如例 16-9 所示。

例 16-9　MyRequestWrapper.java

```
package org.sunxin.ch16.filter;

import javax.servlet.http.HttpServletRequest;
import javax.servlet.http.HttpServletRequestWrapper;

public final class MyRequestWrapper extends HttpServletRequestWrapper
{
    public MyRequestWrapper(HttpServletRequest request)
    {
        super(request);
    }

    /**
     * 覆盖基类的 getParameter()方法，对请求参数的值进行过滤
     */
    public java.lang.String getParameter(java.lang.String name)
    {
        String value=super.getParameter(name);
        if(null!=value)
            return toHtml(value.trim());
        else
            return null;
    }

    /**
     * 将特殊字符转换为对应的实体引用或字符引用
     */
    private String toHtml(String str)
    {
        if(str==null)
              return null;
        StringBuffer sb = new StringBuffer();
        int len = str.length();
        for (int i = 0; i < len; i++)
        {
            char c = str.charAt(i);
            switch(c)
            {
```

```
                case ' ':
                    sb.append(" ");
                    break;
                case '\n':
                    sb.append("<br>");
                    break;
                case '\r':
                    break;
                case '\'':
                    sb.append("&#39;");
                    break;
                case '<':
                    sb.append("&lt;");
                    break;
                case '>':
                    sb.append("&gt;");
                    break;
                case '&':
                    sb.append("&amp;");
                    break;
                case '"':
                    sb.append("&#34;");
                    break;
                case '\\':
                    sb.append("&#92;");
                    break;
                default:
                    sb.append(c);
                }
            }
            return sb.toString();
        }
    }
```

Step2：编写 ByteArrayServletOutputStream.java

ByteArrayServletOutputStream 类从 ServletOuputStream 类继承，该类的对象用于替换 HttpServletResponse.getOutputStream()方法返回的 ServletOuputStream 对象，其内部使用 java.io.ByteArrayOutputStream 的 write(int b)方法实现 ServletOuputStream 类的 write(int b)方法。完整的代码如例 16-10 所示。

例 16-10　ByteArrayServletOutputStream.java

```
package org.sunxin.ch16.filter;

import java.io.ByteArrayOutputStream;
import java.io.IOException;
import javax.servlet.ServletOutputStream;
import javax.servlet.WriteListener;
```

```
public class ByteArrayServletOutputStream extends ServletOutputStream
{
    ByteArrayOutputStream baos;

    ByteArrayServletOutputStream(ByteArrayOutputStream baos)
    {
        this.baos = baos;
    }
    public void write(int data) throws IOException
    {
        baos.write(data);
    }

 public boolean isReady()
    {
        return true;
    }

    public void setWriteListener(WriteListener listener){}
}
```

isReady()和 setWriteListener()方法是 Servlet 3.1 规范中新增的抽象方法，用于实现非阻塞式 IO 的写入操作，在本例中我们用不上。

Step3：编写 MyResponseWrapper.java

MyResponseWrapper 类从 HttpServletResponseWrapper 类继承，并重写了 getWriter()和 getOutputStream()方法，用构建在 ByteArrayOutputStream 之上的 PrintWriter 对象和 ServletOuputStream 对象替换 Web 容器创建的 PrintWriter 和 ServletOuputStream 对象。完整的代码如例 16-11 所示。

例 16-11　MyResponseWrapper.java

```
package org.sunxin.ch16.filter;

import java.io.*;
import javax.servlet.*;
import javax.servlet.http.*;


public class MyResponseWrapper extends HttpServletResponseWrapper
{
    private ByteArrayOutputStream baos;
    private ByteArrayServletOutputStream basos;
    private PrintWriter pw;

    public MyResponseWrapper(HttpServletResponse response)
```

```
    {
        super(response);
        //创建 ByteArrayOutputStream 对象
        baos=new ByteArrayOutputStream();

        //用 ByteArrayOutputStream 对象作为参数，
        //构造 ByteArrayServletOutputStream 对象
        basos=new ByteArrayServletOutputStream(baos);

        //用 ByteArrayOutputStream 对象作为参数，
        //构造 PrintWriter 对象
        pw=new PrintWriter(baos);
    }

    public PrintWriter getWriter()
    {
        return pw;
    }

    public ServletOutputStream getOutputStream()
    {
        return basos;
    }

    /**
     * 以字节数组的形式返回输出流缓冲区中的内容
     */
    public byte[] toByteArray()
    {
        return baos.toByteArray();
    }
}
```

Step4：编写 GuestbookFilter.java

GuestbookFilter 是过滤器类，它利用 MyRequestWrapper 和 MyResponseWrapper 类来替换请求中的特殊字符和响应中的不雅字句。不雅字句与替换的内容以 Java 属性文件的格式保存到一个文件中，文件的路径名作为过滤器类的初始化参数在 web.xml 文件中进行配置。完整的代码如例 16-12 所示。

例 16-12 GuestbookFilter.java

```
package org.sunxin.ch16.filter;

import java.io.*;
import java.util.*;
import javax.servlet.*;
import javax.servlet.http.*;
```

```
public class GuestbookFilter implements Filter
{
    private static final String WORD_FILE="word_file";

    HashMap<String,String> hm=new HashMap<String,String>();

    /**
     * 在 init()方法中，读取保存了不雅字句和替换内容的文件，
     * 并以不雅字句作为 key，替换内容作为 value，保存到 Hashmap 对象中
     */
    public void init(FilterConfig filterConfig) throws ServletException
    {
        String configPath=filterConfig.getInitParameter(WORD_FILE);

        ServletContext sc=filterConfig.getServletContext();
        String filePath=sc.getRealPath(configPath);

        try
        {
            FileReader fr=new FileReader(filePath);
            BufferedReader br=new BufferedReader(fr);

            String line;
            while(null!=(line=br.readLine()))
            {
                String[] strTemp=line.split("=");
                hm.put(strTemp[0],strTemp[1]);
            }
        }
        catch(IOException ie)
        {
            throw new ServletException("读取过滤文件信息出错！");
        }
    }

    public void doFilter(ServletRequest request,
                         ServletResponse response,
                         FilterChain chain)
                throws IOException, ServletException
    {

        HttpServletRequest httpReq=(HttpServletRequest)request;
        HttpServletResponse httpResp=(HttpServletResponse)response;

        //得到请求和响应对象的封装类对象
        MyRequestWrapper reqWrapper=new MyRequestWrapper(httpReq);
```

```
        MyResponseWrapper respWrapper=new MyResponseWrapper(httpResp);

        chain.doFilter(reqWrapper,respWrapper);

        String content = new String(respWrapper.toByteArray());
        String result=replaceText(content);
        httpResp.setContentType("text/html;charset=GB2312");
        PrintWriter out = httpResp.getWriter();
        out.println(result);
        out.close();
    }

    /**
     * 对内容中的不雅字句进行过滤
     */
    public String replaceText(String content) throws IOException
    {
        StringBuffer sb=new StringBuffer(content);
        Set keys=hm.keySet();
        Iterator it=keys.iterator();
        while(it.hasNext())
        {
            String key=(String)it.next();
            int index=sb.indexOf(key);
            while(-1!=index)
            {
                sb.replace(index,index+key.length(),(String)hm.get(key));
 index=sb.indexOf(key);
            }
        }
        return sb.toString();

    }
    public void destroy(){}
}
```

Step5：准备留言板程序

读者可以将第 8 章的留言板程序中的部分文件复制到本章 Web 应用程序的目录下，需要复制的文件包括 say.html、process.jsp 和 index.jsp 文件。修改 process.jsp，删除第 3 行的 <%@ include file="util.jsp" %>，删除第 18、19、25 行的对 toHtml()方法的调用（可参见第 8.6 节的 Step5）。修改 index.jsp，在下面两段代码处添加 out.flush()语句（可参见第 8.6 节的 Step6）。

```
                        //原第 26～30 行
    if(rowCount==0)
```

```
{
 out.println("当前没有任何留言!");
 out.flush();
 return;
}
                                    //原最后一行
</html><%out.flush();%>
```

注 意 out.flush()的调用非常重要，否则 MyResponseWrapper 类的 toByteArray()方法将得不到缓冲区中的内容。

Step6：配置 JDBC 数据源

编辑%CATALINA_HOME%\conf\Catalina\localhost\ch16.xml 文件，配置 JDBC 数据源，内容如例 16-13 所示。

例 16-13　ch16.xml

```
<Context docBase="F:\JSPLesson\ch16" reloadable="true">
    <Resource name="jdbc/bookstore" auth="Container"
        type="javax.sql.DataSource"
        maxTotal="100" maxIdle="30" maxWaitMillis="10000"
        username="root" password="12345678"
        driverClassName="com.mysql.cj.jdbc.Driver"
        url="jdbc:mysql://localhost:3306/bookstore?useSSL=false&amp;
serverTimezone=UTC&amp;autoReconnect=true"/>
</Context>
```

注 意 运行本节例子程序的前提条件是用于保存留言数据的数据库表已经存在，如果读者还没有创建，可参见第 8.6 节的 Step1。

Step7：创建不雅字句与替换内容的文件

笔者将保存不雅字句和替换内容的文件 word.txt 存放到 WEB-INF 目录下。不雅字句的内容读者可以自己来定，笔者给出了下面三个不雅词汇与替换内容，如例 16-14 所示。

例 16-14　word.txt

```
我靠=我*
fuck=****
他妈的=他**
```

Step8：编译源文件，部署过滤器

打开命令提示符，进入 F:\JSPLesson\ch16\src 目录，执行下面的命令：

```
javac -d ..\WEB-INF\classes *.java
```

编辑 web.xml 文件，**将前面两节的过滤器配置注释起来**，添加对本例的过滤器的配置。修改后的内容如例 16-15 所示。

例 16-15 web.xml

```
...
    <filter>
        <filter-name>GuestbookFilter</filter-name>
        <filter-class>org.sunxin.ch16.filter.GuestbookFilter</filter-class>
        <init-param>
            <param-name>word_file</param-name>
            <param-value>/WEB-INF/word.txt</param-value>
        </init-param>
    </filter>

    <filter-mapping>
        <filter-name>GuestbookFilter</filter-name>
        <url-pattern>/process.jsp</url-pattern>
    </filter-mapping>

    <filter-mapping>
        <filter-name>GuestbookFilter</filter-name>
        <url-pattern>/index.jsp</url-pattern>
        <dispatcher>REQUEST</dispatcher>
        <dispatcher>FORWARD</dispatcher>
    </filter-mapping>
...
```

当用户直接访问 index.jsp 页面，或者在程序中通过 RequestDispatcher.forward()方法访问时，容器都将会调用 GuestbookFilter。

欢迎访问留言板

用户名： 张三

主题： 过滤测试

内容： <h1>我靠</h1>，<font size="4" color="red">fuck</font>，看看过滤情况。

提交 重填

图 16-6 在留言时输入 HTML 代码和不雅字句

Step9：运行 Web 应用程序，测试 GuestbookFilter

启动 Tomcat 服务器，打开浏览器，在地址栏中输入 http://localhost:8080/ch16/say.html，出现页面后，输入一些 HTML 代码及不雅的字句，如图 16-6 所示。

单击“提交”按钮，你将看到如图 16-7 所示的内容。

从图 16-7 中可以看到，我们编写的过滤器已经生效了，用户输入的 HTML 代码被原封不动地显示了出来，而输入的不雅字句则被屏蔽了。

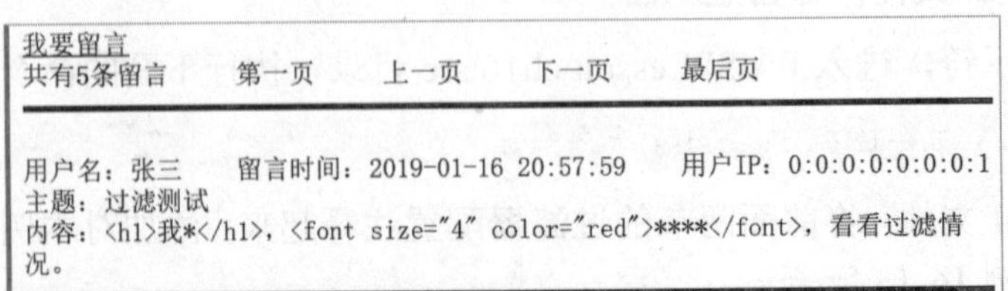

图 16-7 过滤特殊字符和不雅字句后的留言显示页面

提示 有读者问：在利用包装类和过滤器解决留言板程序中的两个问题的例子中，用自己编写的 MyResponseWrapper 类重写 getWriter()和 getOutputStream()方法，并将该类的对象用 chain.doFilter()方法发送给目标资源，但是 JSP 页面的 out 对象是使用 PageContext 的 getOut()方法得到的，是 JspWriter 类型，和用 getWriter()得到的 PrintWriter 对象好像并没有什么关系啊？

笔者的回答：在第 8.4.2 节介绍 JSP 的 out 对象时就已经说过，"out 对象实际上是 PrintWriter 对象的带缓冲的版本（在 out 对象内部使用 PrintWriter 对象来输出数据）"。

16.7 对响应内容进行压缩的过滤器

一个网站的访问速度由多种因素共同决定，这些因素包括服务器性能、网络带宽、Web 应用程序的响应速度、服务器与客户端之间的网络传输速度等。从软件的角度来说，要提升网站的访问速度，首先要尽可能地提高 Web 应用程序的执行速度，这可以通过优化代码的执行效率和使用缓存来实现。如果在此基础上，你还想进一步提升网页的浏览速度，那么可以对响应内容进行压缩，以节省网络的带宽，提高用户的访问速度。

目前主流的浏览器和 Web 服务器都支持网页的压缩，浏览器和 Web 服务器对于压缩网页的通信过程如下。

（1）如果浏览器能够接受压缩后的网页内容，那么它会在请求中发送 Accept-Encoding 请求报头，值为"gzip, deflate"，表明浏览器支持 gzip 和 deflate 这两种压缩方式。

（2）Web 服务器通过读取 Accept-Encoding 请求报头的值来判断浏览器是否接受压缩内容，如果接受，则 Web 服务器就将目标页面的响应内容采用 gzip 压缩方式压缩后再发送到客户端，同时设置 Content-Encoding 实体报头，值为 gzip，以告知浏览器实体正文采用了 gzip 压缩编码。

（3）在浏览器接收到响应内容后，根据 Content-Encoding 实体报头的值对响应内容解压缩，然后显示响应页面的内容。

我们可以通过过滤器来对目标页面的响应内容进行压缩，其实现过程类似于上一节的"对请求和响应数据进行替换的过滤器"，实现原理就是使用包装类对象替换原始的响应对象，并使用 java.util.zip.GZIPOutputStream 作为响应内容的输出流对象。GZIPOutputStream 是过滤流类，它使用 GZIP 压缩格式写入压缩数据。

下面我们看具体的实现。实例的开发有下列步骤。

Step1：编写 GZIPServletOutputStream.java

GZIPServletOutputStream 继承自 ServletOutputStream，该类的对象用于替换 HttpServletResponse.getOutputStream()方法返回的 ServletOuputStream 对象，其内部使用

GZIPOutputStream 的 write (int b)方法实现 ServletOuputStream 类的 write (int b)方法，以达到压缩数据的目的。完整的代码如例 16-16 所示。

例 16-16　GZIPServletOutputStream.java

```
package org.sunxin.ch16.filter;

import java.io.IOException;
import java.util.zip.GZIPOutputStream;

import javax.servlet.ServletOutputStream;
import javax.servlet.WriteListener;

public class GZIPServletOutputStream extends ServletOutputStream
{
 private GZIPOutputStream gzipos;
 public GZIPServletOutputStream(ServletOutputStream sos) throws IOException
 {
  //使用响应输出流对象构造 GZIPOutputStream 过滤流对象
  this.gzipos = new GZIPOutputStream(sos);
 }

 public void write(int data) throws IOException
 {
  //将写入操作委托给 GZIPOutputStream 对象的 write()方法，从而实现响应输出流的压缩
  gzipos.write(data);
 }

 /**
  * 返回 GZIPOutputStream 对象，过滤器需要访问这个对象，以便完成将压缩数据写入输出流
  * 的操作
  */
 public GZIPOutputStream getGZIPOutputStream()
 {
  return gzipos;
 }

 /**
  * Servlet 3.1 规范新增的方法
  */
   public boolean isReady()
   {
    return true;
   }

 /**
  * Servlet 3.1 规范新增的方法
  */
   public void setWriteListener(WriteListener listener){}
}
```

Step2：编写 CompressionResponseWrapper.java

CompressionResponseWrapper 类从 HttpServletResponseWrapper 类继承，并重写了 getWriter()和 getOutputStream()方法，用 GZIPServletOutputStream 替换了 ServletOuputStream 对象。完整的代码如例 16-17 所示。

例 16-17　CompressionResponseWrapper.java

```
package org.sunxin.ch16.filter;

import java.io.IOException;
import java.io.PrintWriter;
import java.util.zip.GZIPOutputStream;

import javax.servlet.ServletOutputStream;
import javax.servlet.http.HttpServletResponse;
import javax.servlet.http.HttpServletResponseWrapper;

public class CompressionResponseWrapper extends HttpServletResponse Wrapper
{

 private GZIPServletOutputStream gzipsos;
 private PrintWriter pw;

 public CompressionResponseWrapper(HttpServletResponse response)
throws IOException
 {
  super(response);

  //用响应输出流创建 GZIPServletOutputStream 对象
  gzipsos=new GZIPServletOutputStream(response.getOutputStream());
  //用 GZIPServletOutputStream 对象作为参数，构造 PrintWriter 对象
  pw = new PrintWriter(gzipsos);
 }

 /**
  * 重写 setContentLength()方法，以避免 Content-Length 实体报头所指出的长度
  * 和压缩后的实体正文长度不匹配
  */
 @Override
 public void setContentLength(int len){}

 @Override
 public ServletOutputStream getOutputStream() throws IOException
 {
  return gzipsos;
 }

 @Override
```

```
    public PrintWriter getWriter() throws IOException
    {
     return pw;
    }

    /**
     * 过滤器调用这个方法来得到GZIPOutputStream对象，以便完成将压缩数据写入输出流的操作
     */
    public GZIPOutputStream getGZIPOutputStream()
    {
     return gzipsos.getGZIPOutputStream();
    }
}
```

Step3：编写 CompressionFilter.java

CompressionFilter 是过滤器类，它使用 CompressionResponseWrapper 对象来实现对响应内容的压缩。完整的代码如例 16-18 所示。

例 16-18　CompressionFilter.java

```
package org.sunxin.ch16.filter;

import java.io.IOException;
import java.util.zip.GZIPOutputStream;

import javax.servlet.Filter;
import javax.servlet.FilterChain;
import javax.servlet.FilterConfig;
import javax.servlet.ServletException;
import javax.servlet.ServletRequest;
import javax.servlet.ServletResponse;
import javax.servlet.http.HttpServletRequest;
import javax.servlet.http.HttpServletResponse;

public class CompressionFilter implements Filter
{
 public void init(FilterConfig filterConfig) throws ServletException{}

 public void destroy(){}

 @Override
 public void doFilter(ServletRequest request, ServletResponse response,
   FilterChain chain) throws IOException, ServletException
 {
  HttpServletRequest httpReq = (HttpServletRequest) request;
  HttpServletResponse httpResp = (HttpServletResponse) response;

  String acceptEncodings = httpReq.getHeader("Accept-Encoding");
```

```
  if (acceptEncodings != null && acceptEncodings.indexOf("gzip") > -1)
  {
   // 得到响应对象的封装类对象
   CompressionResponseWrapper respWrapper = new CompressionResponseWrapper(
     httpResp);

   // 设置 Content-Encoding 实体报头，告诉浏览器实体正文采用了 gzip 压缩编码
   respWrapper.setHeader("Content-Encoding", "gzip");
   chain.doFilter(httpReq, respWrapper);

   //得到 GZIPOutputStream 输出流对象
   GZIPOutputStream gzipos = respWrapper.getGZIPOutputStream();
   //调用 GZIPOutputStream 输出流对象的 finish()方法完成将压缩数据写入响应输出流的
   //操作，无须关闭输出流
   gzipos.finish();
  }
  else
  {
   chain.doFilter(httpReq, httpResp);
  }

 }
}
```

Step4：编译源文件，部署过滤器

打开命令提示符，进入 F:\JSPLesson\ch16\src 目录，执行下面的命令：

```
javac -d ..\WEB-INF\classes *.java
```

编辑 web.xml 文件，添加对本例的过滤器的配置。修改后的 web.xml 如例 16-19 所示。

例 16-19 web.xml

```
<?xml version="1.0" encoding="UTF-8"?>
   <web-app xmlns="http://xmlns.jcp.org/xml/ns/javaee"
  xmlns:xsi="http://www.w3.org/2001/XMLSchema-instance"
  xsi:schemaLocation="http://xmlns.jcp.org/xml/ns/javaee
                    http://xmlns.jcp.org/xml/ns/javaee/web-app_4_0.xsd"
  version="4.0">

   <!--
   <filter>
       <filter-name>SimpleFilter</filter-name>
       <filter-class>org.sunxin.ch16.filter.SimpleFilter</filter-class>
   </filter>

   <filter-mapping>
       <filter-name>SimpleFilter</filter-name>
       <url-pattern>/test.jsp</url-pattern>
```

```
    </filter-mapping>
     -->
    <!--
    <filter>
        <filter-name>LogonFilter</filter-name>
        <filter-class>org.sunxin.ch16.filter.LogonFilter</filter-class>

        <init-param>
            <param-name>logon_uri</param-name>
            <param-value>/logon.jsp</param-value>
        </init-param>
        <init-param>
            <param-name>home_uri</param-name>
            <param-value>/home.jsp</param-value>
        </init-param>
    </filter>

    <filter-mapping>
        <filter-name>LogonFilter</filter-name>
        <url-pattern>/*</url-pattern>
    </filter-mapping>
     -->
    <filter>
        <filter-name>CompressionFilter</filter-name>
        <filter-class>org.sunxin.ch16.filter.CompressionFilter</filter-
class>
    </filter>

    <filter-mapping>
        <filter-name>CompressionFilter</filter-name>
        <url-pattern>*.jsp</url-pattern>
        <url-pattern>*.html</url-pattern>
    </filter-mapping>

    <filter>
        <filter-name>GuestbookFilter</filter-name>
        <filter-class>org.sunxin.ch16.filter.GuestbookFilter</filter-
class>
        <init-param>
            <param-name>word_file</param-name>
            <param-value>/WEB-INF/word.txt</param-value>
        </init-param>
    </filter>

    <filter-mapping>
        <filter-name>GuestbookFilter</filter-name>
        <url-pattern>/process.jsp</url-pattern>
```

```
    </filter-mapping>

    <filter-mapping>
        <filter-name>GuestbookFilter</filter-name>
        <url-pattern>/index.jsp</url-pattern>
        <dispatcher>REQUEST</dispatcher>
        <dispatcher>FORWARD</dispatcher>
    </filter-mapping>

</web-app>
```

新添加的内容以粗体显示。

> **注 意**　（1）**过滤器按照在 web.xml 文件中配置的先后顺序执行**。（2）CompressionFilter 过滤器的配置应该放到 GuestbookFilter 过滤器的前面（读者想想过滤器的执行顺序就明白为什么要这样做了）。（3）在 CompressionFilter 过滤器的配置中，在 <filter-mapping>元素内部我们使用了两个<url-pattern>子元素，这在 Servlet 2.5 及之后的规范中是合法的，但在之前的 Servlet 规范中则会出现 XML 解析错误，因此本例需要运行在支持 Servlet 2.5 规范的 Web 容器中。（4）网络上的图像文件（JPEG 或 GIF 图像）本身就是压缩格式，因此我们不需要对它们应用 CompressionFilter 过滤器。还可以应用 CompressionFilter 过滤器的资源是 CSS 文件和 JavaScript 脚本文件。

Step5：运行 Web 应用程序，测试 CompressionFilter

启动 Tomcat 服务器，打开浏览器，访问留言板程序，你将看到正常的页面输出，如图 16-8 所示。

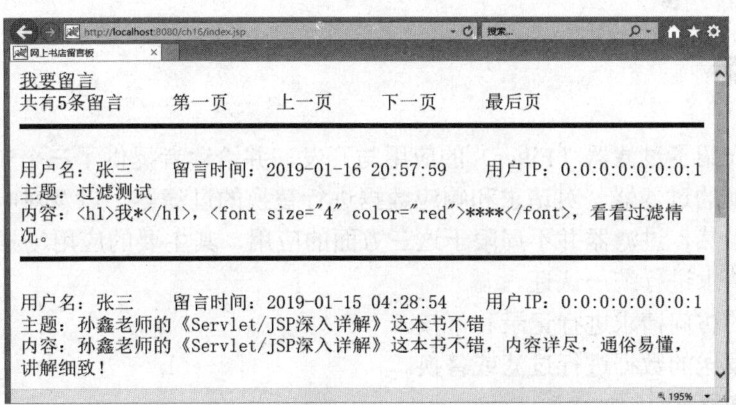

图 16-8　应用了 CompressionFilter 过滤器的页面

光看页面你可能感觉不到 CompressionFilter 过滤器是否起作用了，读者可以按照附录 B 的第 B.6 节给出的实验步骤，通过 telnet 来测试 CompressionFilter 过滤器是否起作用。在命令提示符窗口中输入下面的命令：

```
telnet localhost 8080
```

然后再输入：

```
GET /ch16/index.jsp HTTP/1.1
Host: localhost
Accept-Encoding: gzip
```

连续输入两个回车后，如果你看到一堆乱码，就说明 CompressionFilter 过滤器已经起作用了，如图 16-9 所示。

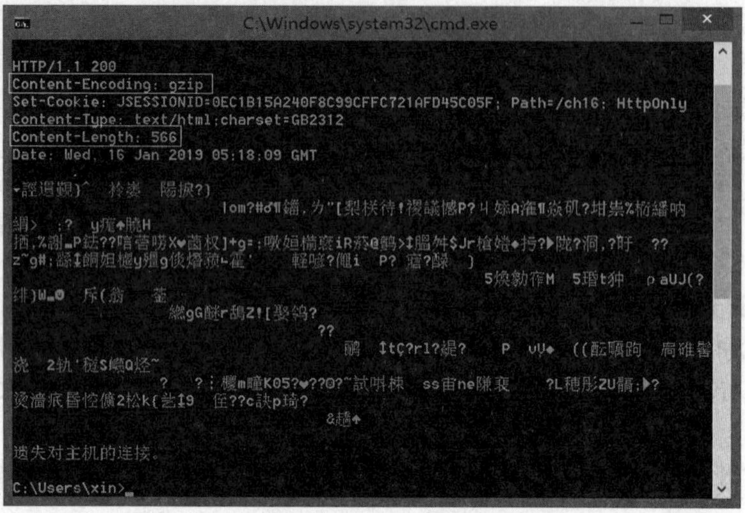

图 16-9 通过 telnet 来测试 CompressionFilter

读者可以将压缩后的 index.jsp 页面的正文长度（Content-Length 实体报头的值）和没有使用 CompressionFilter 过滤器的 index.jsp 页面的正文长度进行比较。

16.8 小结

本章主要介绍了过滤器（Filter）的应用与开发，并给读者提供了三个实用程序：对用户进行统一验证的过滤器、对请求和响应数据进行替换的过滤器，以及对响应内容进行压缩的过滤器。当然，过滤器并不局限于这三方面的应用，其主要的应用场景如下：

- 对用户请求进行统一认证。
- 对用户的访问请求进行记录和审核。
- 对用户发送的数据进行过滤或替换。
- 转换图像格式。
- 对响应内容进行压缩，减少传输量。
- 对请求和响应进行加解密处理。
- 触发资源访问事件。
- 对 XML 的输出应用 XSLT。

在下一章中我们还将看到一个使用过滤器解决中文问题的例子。

第17章 中文乱码问题与国际化

本章要点

- 掌握中文乱码产生的原因
- 学会分析和解决中文乱码问题
- 编写过滤器解决中文问题
- 让 Tomcat 支持中文文件名
- 理解国际化和本地化
- 编写国际化的 Web 应用程序

在我们利用 Servlet/JSP 技术开发 Web 应用程序的时候，不可避免地会遇到中文问题，本章主要介绍中文问题产生的由来，分析 Java 语言对字符处理的过程，以及提出中文问题的解决方案。最后，我们将介绍如何开发一个适合多国语言的 Web 应用程序。

17.1 中文乱码问题产生的由来

在计算机中，只有二进制的数据，不管数据是在内存中，还是在外部存储设备上。对于我们所看到的字符，也是以二进制数据的形式存在的。不同字符对应二进制数的规则就是字符的编码，字符编码的集合称为字符集。

17.1.1 常用字符集

在早期的计算机系统中，使用的字符非常少，这些字符包括 26 个英文字母、数字符号和一些常用符号（包括控制符号），对这些字符进行编码，用 1 个字节就足够了（1 个字节可以表示 2^8=256 种字符）。然而实际上，表示这些字符只使用了 1 个字节的 7 位，这就是 ASCII 编码。

1. ASCII

ASCII（American Standard Code for Information Interchange，美国信息交换标准代码），是基于常用的英文字符的一套计算机编码系统。每一个 ASCII 码与一个 8 位（bit）二进制数对应。其最高位是 0，相应的十进制数是 0～127。例如，数字字符“0”的编码用十进制数表示就是 48。另有 128 个扩展的 ASCII 码，最高位都是 1，由一些图形和画线符号组成。ASCII 是现今最通用的单字节编码系统。

ASCII 用一个字节来表示字符，最多能够表示 256 种字符。随着计算机的普及，许多国家和地区都将本地的语言符号引入计算机中，扩展了计算机中字符的范围，于是就出现了各种不同的字符集。

2. ISO 8859-1

因为 ASCII 码中缺少￡、ü 和许多书写其他语言所需的字符，为此，可以通过指定 128 以后的字符来扩展 ASCII 码。国际标准化组织（ISO）定义了几个不同的字符集，它们是在 ASCII 码基础上增加了其他语言和地区需要的字符。其中最常用的是 ISO 8859-1，通常叫作 Latin-1。Latin-1 包括了书写所有欧洲语言不可缺少的附加字符，其中 0～127 的字符与 ASCII 码相同。ISO 8859 另外定义了 14 个适用于不同文字的字符集(8859-2 到 8859-15)。这些字符集共享 0～127 的 ASCII 码，只是每个字符集都包含了 128～255 的其他字符。

3. GB2312 和 GBK

GB2312 是中华人民共和国国家标准汉字信息交换用编码，全称《信息交换用汉字编码字符集——基本集》，标准号为 GB2312—1980，是一个由中华人民共和国国家标准总局发布的关于简化汉字的编码，通行于中国大陆和新加坡，简称国标码。

因为中文字符数量较多，所以采用两个字节来表示一个字符，分别称为高位和低位。为了和 ASCII 码有所区别，中文字符的每一个字节的最高位都用 1 来表示。GB2312 字符集是几乎所有的中文系统和国际化的软件都支持的中文字符集，也是最基本的中文字符集。它包含了大部分常用的一、二级汉字和 9 区的符号，其编码范围是高位 0xa1~0xfe，低位也是 0xa1~0xfe，汉字从 0xb0a1 开始，结束于 0xf 7fe。

为了对更多的字符和符号进行编码，由前电子部科技质量司和国家技术监督局标准化司于 1995 年 12 月颁布了 GBK（K 是“扩展”的汉语拼音第一个字母）编码规范。在新的编码系统里，除了完全兼容 GB2312 外，还对繁体中文、一些不常用的汉字和许多符号进行了编码。它也是现阶段 Windows 和其他一些中文操作系统的默认字符集，但并不是所有的国际化软件都支持该字符集。不过要注意的是 GBK 不是国家标准，它只是规范。GBK 字符集包含了 20 902 个汉字，其编码范围是 0x8140~0xfefe。

每个国家（或地区）都规定了计算机信息交换用的字符编码集，这就造成了交流上的困难。想像一下，你发送一封中文邮件给一位远在西班牙的朋友，当邮件通过网络发送出去的时候，你所书写的中文字符会按照本地的字符集 GBK 转换为二进制编码数据，然后发送出去。当你的朋友接收到邮件（二进制数据）后，查看信件时，会按照他所用系统的字符集，将二进制编码数据解码为字符，然而由于两种字符集之间编码的规则不同，导致转换出现乱码。这是因为，在不同的字符集之间，同样的数字可能对应了不同的符号，也可能在另一种字符集中，该数字没有对应符号。

为了解决上述问题，统一全世界的字符编码，由 Unicode 协会[①]制定并发布了 Unicode 编码。

4．Unicode

Unicode（统一的字符编码标准集）使用 0～65 535 的双字节无符号数对每一个字符进行编码。它不仅包含来自英语和其他西欧国家字母表中的常见字母和符号，也包含来自古斯拉夫语、希腊语、希伯来语、阿拉伯语和梵语的字母表。另外还包含汉语和日语的象形汉字及韩国的 Hangul 音节表。

目前已经定义了 40000 多个不同的 Unicode 字符，剩余 25000 个空缺留给将来扩展使用。其中大约 20 000 个字符用于汉字，另外 11 000 个左右的字符用于韩语音节。Unicode 中 0～255 的字符与 ISO 8859-1 中的一致。

Unicode 编码对于英文字符采取前面加“0”字节的策略实现等长兼容。如“a”的 ASCII 码为 0x61，Unicode 码就为 0x00 0x61。

5．UTF-8

使用 Unicode 编码，一个英文字符要占用两个字节。在 Internet 上，大多数的信息都是用英文来表示的，如果都采用 Unicode 编码，将会使数据量增加一倍。为了减少存储和传输英文字符数据的数据量，可以使用 UTF-8 编码。

UTF-8 全称是 Eight-bit UCS Transformation Format（UCS，Universal Character Set，通用字符集，UCS 是所有其他字符集标准的一个超集）。对于常用的字符，即 0～127 的 ASCII 字符，UTF-8 用一个字节来表示，这意味着只包含 7 位 ASCII 字符的字符数据在 ASCII 和 UTF-8 两种编码方式下是一样的。如果字符对应的 Unicode 码是 0x0000，或在 0x0080 与 0x007f 之间，则对应的 UTF-8 编码是两个字节；如果字符对应的 Unicode 码在 0x0800 与 0xffff 之间，则对应的 UTF-8 编码是三个字节。因为中文字符的 Unicode 编码在 0x0800 与 0xffff 之间，所以数据如果是中文，则采用 UTF-8 编码数据量会增加 50%。

Unicode 与 UTF-8 转换的规则简述如下。

（1）如果 Unicode 编码的 16 位二进制数的前 9 位是 0，则 UTF-8 编码用 1 个字节来表示，这个字节的首位是“0”，剩下的 7 位与原二进制数据的后 7 位相同。例如：

Unicode 编码：\u0061 = 00000000 01100001

UTF-8 编码：01100001 = 0x61

（2）如果 Unicode 编码的 16 位二进制数的头 5 位是 0，则 UTF-8 编码用 2 个字节来表示，首字节以“110”开头，后面的 5 位与原二进制数据除去前 5 个零后的最高 5 位相同；第二个字节以“10”开头，后面的 6 位与原二进制数据中的低 6 位相同。例如：

Unicode 编码：\u00A9 = 00000000 10101001

UTF-8 编码：11000010 10101001 = 0xC2 0xA9

---

① Unicode 协会是由 IBM、微软、Adobe、SUN、加州大学伯克利分校等公司和组织所组成的非营利性组织。

（3）如果不符合上述两个规则，则用三个字节表示。第一个字节以“1110”开头，后四位为原二进制数据的高四位；第二个字节以“10”开头，后六位为原二进制数据中间的六位；第三个字节以“10”开头，后六位为原二进制数据的低六位。例如：

Unicode 编码：\u4E2D = 01001110 00101101

UTF-8 编码：11100100 10111000 10101101 = 0xE4 0xB8 0xAD

> **注 意** 在 UTF-8 编码的多字节串中，第一个字节开头“1”的数目就是整个字符串中字节的数目。

17.1.2 对乱码产生过程的分析

为了让使用 Java 语言编写的程序能在各种语言的平台下运行，Java 在其内部使用 Unicode 字符集来表示字符，这样就存在 Unicode 字符集和本地字符集进行转换的过程。当在 Java 中读取字符数据的时候，需要将本地字符集编码的数据转换为 Unicode 编码，而在输出字符数据的时候，则需要将 Unicode 编码转换为本地字符集编码。

例如，在中文系统下，从控制台读取一个字符“中”，实际上读取的是“中”的 GBK 编码 0xD6D0，在 Java 语言中要将 GBK 编码转换为 Unicode 编码 0x4E2D，此时，在内存中，字符“中”对应的数值就是 0x4E2D；当我们向控制台输出字符时，Java 语言将 Unicode 编码再转换为 GBK 编码，输出到控制台，中文系统再根据 GBK 字符集画出相应的字符。

从上述过程来看，读取和写入的过程是可逆的，那么理应不会出现中文乱码问题。然而，实际应用的情形比上述过程要复杂得多。在 Web 应用中，通常都包括浏览器、Web 服务器、Web 应用程序和数据库等部分，每一部分都有可能使用不同的字符集，从而导致字符数据在各种不同的字符集之间转换时出现乱码的问题。

在 Java 语言中，不同字符集编码的转换，都是通过 Unicode 编码作为中介来完成的。例如，GBK 编码的字符“中”要转换为 ISO-8859-1（同 **ISO 8859-1**）编码，其过程如下。

（1）因为在 Java 中的字符，都是用 Unicode 来表示的，所以 GBK 编码的字符“中”要转换为 Unicode 表示：0xD6D0→0x4E2D。

（2）将字符“中”的 Unicode 编码转换为 ISO-8859-1 编码，因为 Unicode 编码 0x4E2D 在 ISO-8859-1 中没有对应的编码，于是得到 0x3f，也就是字符“?”。

下面的代码演示了这一过程：

```
//GBK 编码的字符“中”转换为 Unicode 编码表示
String str="中";
//将字符“中”的 Unicode 编码转换为 ISO-8859-1 编码
byte[] b=str.getBytes("ISO-8859-1");

for(int i=0;i<b.length;i++)
{
 //输出转换后的二进制代码
 System.out.print(b[i]);
}
```

当从 **Unicode** 编码向某个字符集转换时，如果在该字符集中没有对应的编码，则得到 **0x3f**（即问号字符?）。这就是为什么有时候我们输入的是中文，在输出时却变成了问号。

从其他字符集向 Unicode 编码转换时，如果这个二进制数在该字符集中没有标识任何的字符，则得到的结果是 0xfffd。例如一个 GBK 的编码值 0x8140，从 GB2312 向 Unicode 转换，然而由于 0x8140 不在 GB2312 字符集的编码范围（0xa1a1~0xfefe），当然也就没有对应任何的字符，所以转换后会得到 0xfffd。下面的代码演示了这一过程。

```
//构造一个二进制数据 .
byte[] buf={(byte)0x81,(byte)0x40,(byte)0xb0,(byte)0xa1};
//将二进制数据按照 GB2312 向 Unicode 编码转换
String str=new String(buf,"GB2312");

for(int i=0;i<str.length();i++)
{
    //取出字符串中的每个 Unicode 编码的字符
    char ch=str.charAt(i);
    //将该字符对应的 Unicode 编码以十六进制的形式输出
    System.out.print(Integer.toHexString((int)ch));
    System.out.print("--");
    //输出该字符
    System.out.println(ch);
}
```

在输出字符和字符串的时候，会从 Unicode 编码向中文系统默认的编码 GBK 转换，由于 Unicode 编码 0xfffd 在 GBK 字符集中没有对应的编码，于是得到 0x3f，输出字符“?”。最后输出的结果如下：

```
fffd--?
40--@
554a--啊
```

由上述可知，由于存在着多种不同的字符集，在各种字符集之间进行转换，就有可能出现乱码，同样是中文字符集 GB2312 和 GBK，由于编码范围的不同，某些字符在转换时也会出现乱码。

在一个使用了数据库的 Web 应用程序中，乱码可能会在多个环节产生。由于浏览器会根据本地系统默认的字符集来提交数据，而 Web 容器（例如 Tomcat 7.x 及之前的版本）默认采用的是 ISO-8859-1 的编码方式解析 POST 数据，在浏览器提交中文数据后，Web 容器会按照 ISO-8859-1 字符集来解码数据，在这一环节可能会导致乱码的产生。由于大多数数据库的 JDBC 驱动程序默认采用 ISO-8859-1 的编码方式在 Java 程序和数据库之间传递数据，我们的程序在向数据库中存储包含中文的数据时，JDBC 驱动首先将程序内部的 Unicode 编码格式的数据转化为 ISO-8859-1 的格式，然后传递到数据库中，在这一环节可能会导致乱码的产生。目前流行的关系型数据库系统都支持数据库编码，也就是说在创建数据库时可以指定它自己的字符集设置，数据库的数据以指定的编码形式存储。当 JDBC 驱动向数据库中保存数据时，可能还会发生字符集的转换。正是由于在 Web 应用程序运行过程中，输入的中文字符需要在不同的字符集之间来回转换，所以导致了中文乱码问题的频繁出现。

图 17-1 描述了在 Web 应用的请求响应过程中发生的字符编码转换过程，其中浏览器是 IE 6.0，Web 容器是 Tomcat 6.0.16。

从图 17-1 描述的过程中可以看到，如果在 Web 应用程序中不指定任何的字符集，从浏览器端传来的中文字符，输出回浏览器时，可以正常显示（以简体中文的方式查看网页）。然而，事情并没有这么简单，在 Servlet/JSP 中，可能存在着直接写入的或从其他来源读取的中文字符，如果这些字符对应的 Unicode 码是从 GB2312 编码转换而来的，那么以 ISO-8859-1 编码方式输出，这些字符将不能正常显示。所以对于中文的处理，应该在图 17-1 ②和⑤的位置明确指定使用 GB2312 或 GBK 字符集。

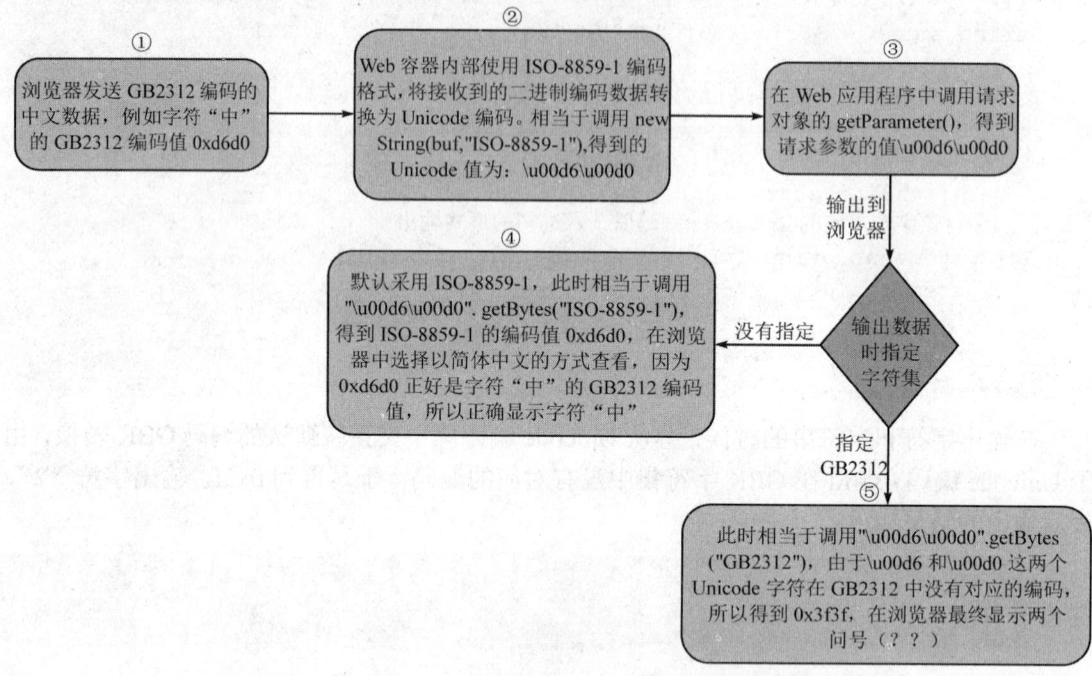

图 17-1　在 Web 请求响应过程中，中文字符编码的转换过程

17.2　中文乱码问题的解决方案

只要掌握了中文乱码问题产生的原因，然后对症下药，就可以顺利地解决这些问题。下面我们对容易产生乱码问题的场景进行分析，并提出解决方案。

1. 以 POST 方法提交的表单数据中有中文字符

由于 Web 容器（从 Tomcat 8.0 开始，默认采用的编码方式是 UTF-8）默认的编码方式是 ISO-8859-1，在 Servlet/JSP 程序中，通过请求对象的 getParameter()方法得到的字符串是以 ISO-8859-1 转换而来的，这是导致乱码产生的原因之一。为了避免容器以 ISO-8859-1 的编码方式返回字符串，对于以 POST 方法提交的表单数据，可以在获取请求参数值之前，调用 request.setCharacterEncoding("GBK")，明确指定请求正文使用的字符编码方式是 GBK。

在向浏览器发送中文数据之前，调用 response.setContentType ("text/html;charset=GBK")，指定输出内容的编码方式是 GBK。

对于 JSP 页面，在获取请求参数值之前，写上下面的代码：

```
<%request.setCharacterEncoding("GBK");%>
```

为了指定输出内容的编码格式，设置 page 指令 contentType 属性，如下：

```
<%@ page contentType="text/html; charset=GBK" %>
```

在 Web 容器转换 JSP 页面后的 Servlet 类中，会自动添加下面的代码：

```
response.setContentType("text/html; charset=GBK");
```

2．以 GET 方法提交的表单数据中有中文字符

当提交表单采用 GET 方法时，提交的数据作为查询字符串被附加到 URL 的末端，发送到服务器，此时在服务器端调用 setCharacterEncoding()方法也就没有作用了。我们需要在得到请求参数的值后，自己做正确的编码转换。

```
String name = request.getParameter("name");
name=new String(name.getBytes("ISO-8859-1"),"GBK");
```

在第 1 行，调用 getParameter()方法得到的字符串 name 的 Unicode 值是以 ISO-8859-1 编码转换而来的，调用 name.getBytes ("ISO-8859-1")，将得到原始的 GBK 编码值，接着，对 new String()的调用将以 GBK 字符集重新构造字符串的 Unicode 编码。

为了方便从 ISO-8859-1 编码到 GBK 的转换，我们可以编写一个工具方法，如下：

```
public String toGBK(String str)
            throws java.io.UnsupportedEncodingException
{
   return new String(str.getBytes("ISO-8859-1"),"GBK");
}
```

注意：上述方式对 Tomcat 8.0 及之后的版本（默认编码是 UTF-8）不起作用，可参看第 12.5 节最后的注意部分。针对 Tomcat 8.0 及之后的版本，可以在页面和程序中统一采用 UTF-8 编码，即可避免中文乱码问题。

3．在数据库中存储和读取中文数据

对于大多数数据库的 JDBC 驱动程序，在 Java 程序和数据库之间传递数据都是以 ISO-8859-1 为默认编码格式，所以，我们在程序中向数据库存储包含中文的数据时，JDBC 驱动程序首先把程序内部的 Unicode 编码格式的数据转化为 ISO-8859-1 编码，然后传递到数据库中，加上数据库本身也有字符集，这就是为什么我们常常在数据库中读取中文数据时，读到的是乱码。

要解决上述问题，只需要将数据库默认的编码格式改为 GBK 或 GB2312 即可。不同的数据库还提供了另外的方式来处理字符编码转换的问题，读者在实际应用过程中，可针对具体情况再做具体处理，只要理解了编码转换的过程，就能找到问题的所在，进而解决问题。

4. Servlet/JSP 在不同语言系统的平台下运行

有时候，我们在中文系统平台下开发的Web应用程序移植到英文系统平台下，在Servlet和JSP中直接书写的中文字符串在输出时将显示为乱码。这是因为在编译Servlet类或者JSP文件时，如果没有使用-encoding 参数指定 Java 源程序的编码格式，javac 会获取本地操作系统默认采用的字符集，以该字符集将 Java 源程序转换为 Unicode 编码保存到内存中，然后将源程序编译为字节码文件（字节码文件采用的是 UTF-8 编码），保存到硬盘上。

在英文平台下，采用的默认编码格式是 ISO-8859-1，所以在编译转换后，执行输出时，原先在源文件中书写的中文字符串就变成了乱码。

要解决这个问题，在编译 Servlet 类的源程序时，可以用-encoding 参数指定编码为 GBK 或 GB2312，例如：

```
javac -encoding GBK HelloServlet.java
```

对于 JSP 页面，只要在 page 指令中用 contentType 属性或 pageEncoding 属性指定编码格式为 GBK 或 GB2312，Web 容器就可以正确转换和编译 JSP 文件了。例如：

```
<%@ page contentType="text/html; charset=GBK" %>
```

或

```
<%@ page pageEncoding="GBK" %>
```

在实际的 Web 应用中，乱码问题产生的原因多种多样，然而只要我们理解了字符编码的转换过程，仔细地分析乱码产生的原因，找到问题的关键，就能对症下药，解决问题。

17.3 使用过滤器解决中文问题

在使用非英文字符的 Web 应用程序中，可以通过过滤器来统一设置请求正文和响应正文的编码。在这个实例中，提供了 HTML、JSP 和 Servlet 三种类型的页面进行测试。在这些页面中，都没有设置请求正文和响应正文的编码，我们要测试输出的中文是否会变成乱码。实例的开发主要有下列步骤。

Step1：配置本章例子程序的运行目录

在%CATALINA_HOME%\conf\Catalina\localhost 目录下，新建 ch17.xml 文件，编辑此文件，内容如例 17-1 所示。

例 17-1 ch17.xml

```
<Context docBase="F:\JSPLesson\ch17" reloadable="true"/>
```

在 F:\JSPLesson\ch17 目录下，按照 Web 应用程序的目录结构，建立 WEB-INF 目录和 WEB-INF\ classes 目录。

Step2：编写过滤器（SetCharacterEncodingFilter.java）

完整的代码如例 17-2 所示。

例 17-2　SetCharacterEncodingFilter.java

```
package org.sunxin.ch17.filter;

import java.io.IOException;
import javax.servlet.*;

public class SetCharacterEncodingFilter implements Filter
{
    protected String encoding = null;
    protected FilterConfig filterConfig = null;
    protected boolean ignore = true;

    public void init(FilterConfig filterConfig) throws ServletException
    {
        this.filterConfig = filterConfig;
        this.encoding = filterConfig.getInitParameter("encoding");
        String value = filterConfig.getInitParameter("ignore");

        if (value == null)
            this.ignore = true;
        else if (value.equalsIgnoreCase("true"))
            this.ignore = true;
        else if (value.equalsIgnoreCase("yes"))
            this.ignore = true;
        else
            this.ignore = false;
    }

    public void doFilter(ServletRequest request,
                         ServletResponse response,
                         FilterChain chain)
                throws IOException, ServletException
    {
        if (ignore || (request.getCharacterEncoding() == null))
        {
            String encoding = selectEncoding(request);
            if (encoding != null)
                request.setCharacterEncoding(encoding);
        }
        response.setCharacterEncoding(encoding);
        chain.doFilter(request, response);
    }

    protected String selectEncoding(ServletRequest request)
    {
        return (this.encoding);
    }
```

```
47.
48.    public void destroy()
49.    {
50.        this.encoding = null;
51.        this.filterConfig = null;
52.    }
53. }
```

这个过滤器程序利用在 web.xml 文件中配置的两个初始化参数来设置请求正文使用的编码。这两个参数一个是 encoding，用于设定使用的编码；另一个是 ignore，用于设定是否忽略客户端所指定的编码，默认值为 true。

第 12～26 行，在 init()方法中，获取过滤器的初始化参数，并根据参数 ignore 设定的值，确定 boolean 类型的实例变量 ignore 的值。

第 33～38 行，判断 ignore 是否为 true，以及客户端是否指定了编码方式，然后根据判断的结果设置请求正文的编码方式。

第 39 行，设置响应正文的编码方式。这一句必须在 chain.doFilter()之前调用。

第 40 行，调用下一个过滤器，如果没有下一个过滤器，那么请求将转给目标资源。

Step3：编写 index.html

将编写好的 index.html 文件放到 F:\JSPLesson\ch17 目录下。完整的 HTML 代码如例 17-3 所示。

例 17-3　index.html

```
<html>
   <head>
       <title>测试</title>
       <SCRIPT LANGUAGE="JavaScript">
           <!--
               function fsubmit()
               {
                if(theForm.page[0].checked)
                {
                  theForm.action="test.jsp"
                }
                else if(theForm.page[1].checked)
                {
                 theForm.action="test"
                }
               }
             //-->
       </SCRIPT>
     </head>
     <body>
         这是 HTML 页面测试
         <form name="theForm"action=""method="post"onClick="fsubmit()">
```

```
23.             <input type="radio" name="page">JSP 页面<p>
24.             <input type="radio" name="page">Servlet 页面<p>
25.             请输入测试内容：<input type="text" name="content"><p>
26.             <input type="submit" value="提交">
27.         </form>
28.     </body>
29. </html>
```

第 4～18 行脚本代码的作用是根据用户的选择来动态地设置提交的 URL。在这个页面中，提供了两个单选按钮，分别用于选择访问 JSP 页面还是 Servlet。

Step4：编写 test.jsp

将编写好的 test.jsp 文件放到 F:\JSPLesson\ch17 目录下。完整的源代码如例 17-4 所示。

例 17-4　test.jsp

```
<%@ page pageEncoding="GBK" %>
<%
    String content=request.getParameter("content");
    out.println("这是 JSP 页面测试<p>");
    out.println("内容是："+content);
%>
```

第 1 行，我们设置 page 指令的 pageEncoding 属性的值为 GBK，是为了避免 JSP 页面中书写的中文字符串在 Tomcat 转换页面的过程中按照 ISO-8859-1 进行转换。不过，也由于添加了这一指令，在 Web 容器生成的 Servlet 源代码中，会自动添加下面的代码：

```
response.setContentType("text/html;charset=GBK");
```

于是，我们在过滤器中对响应正文编码的设置就变得没有意义了。

在 JSP 页面中，没有设置请求正文的编码方式，我们在过滤器中进行了统一设置。

Step5：编写 TestServlet.java

将编写好的 TestServlet.java 源文件放到 F:\JSPLesson\ch17\src 目录下。完整的源代码如例 17-5 所示。

例 17-5　TestServlet.java

```
package org.sunxin.ch17.servlet;

import java.io.*;
import javax.servlet.*;
import javax.servlet.http.*;

public class TestServlet extends HttpServlet
{
    public void doPost(HttpServletRequest request,
                       HttpServletResponse response)
                throws IOException, ServletException
```

```
    {
        String content=request.getParameter("content");
        PrintWriter out=response.getWriter();
        out.println("这是 Servlet 测试<p>");
        out.println("内容是: "+content);
        out.close();
    }
}
```

在 Servlet 中，没有设置请求正文的编码方式，因为我们在过滤器中进行了统一设置。

Step6：编译 Servlet 和过滤器类

打开命令提示符，进入源文件所在的目录 F:\JSPLesson\ch17\src 下，然后执行：

```
javac -d ..\WEB-INF\classes *.java
```

在 F:\JSPLesson\ch17\WEB-INF\classes 目录下生成了包所对应的目录及相应的类文件。

Step7：部署 Servlet 和过滤器

在 F:\JSPLesson\ch17\WEB-INF 目录下建立 web.xml 文件，配置 Servlet 和过滤器类，完整的内容如例 17-6 所示。

例 17-6 web.xml

```
<?xml version="1.0" encoding="gb2312"?>

  <web-app xmlns="http://xmlns.jcp.org/xml/ns/javaee"
 xmlns:xsi="http://www.w3.org/2001/XMLSchema-instance"
 xsi:schemaLocation="http://xmlns.jcp.org/xml/ns/javaee
                   http://xmlns.jcp.org/xml/ns/javaee/web-app_4_0.xsd"
 version="4.0">

 <servlet>
  <servlet-name>TestServlet</servlet-name>
  <servlet-class>
   org.sunxin.ch17.servlet.TestServlet
  </servlet-class>
 </servlet>

 <servlet-mapping>
  <servlet-name>TestServlet</servlet-name>
  <url-pattern>/test</url-pattern>
 </servlet-mapping>

 <filter>
  <filter-name>SetCharacterEncodingFilter</filter-name>
  <filter-class>
   org.sunxin.ch17.filter.SetCharacterEncodingFilter
  </filter-class>
```

```
  <init-param>
   <param-name>encoding</param-name>
   <param-value>GBK</param-value>
  </init-param>
  <init-param>
   <param-name>ignore</param-name>
   <param-value>true</param-value>
  </init-param>
 </filter>

 <filter-mapping>
  <filter-name>SetCharacterEncodingFilter</filter-name>
  <url-pattern>/*</url-pattern>
 </filter-mapping>
</web-app>
```

Step8：运行 Web 应用程序，测试过滤器

启动 Tomcat 服务器，打开浏览器，在地址栏中输入 http://localhost:8080/ch17/index.html，任意选择"JSP 页面"或"Servlet 页面"，然后在文本域中输入一段中文，单击"提交"按钮，你将看到中文字符在浏览器中正常显示。

17.4　让 Tomcat 支持中文文件名

有时候，在 Web 应用程序中我们可能会使用具有中文文件名的文件，然而，Tomcat 在默认情况下不能正常访问具有中文文件名的文件。为了让 Tomcat 支持中文文件名，找到%CATALINA_HOME%\ conf\server.xml 文件，在<Connector>元素中添加 URIEncoding 属性，并将它的值设为"UTF-8"，如下所示：

```
<Connector port="8080"
     maxThreads="150" minSpareThreads="25" maxSpareThreads="75"
     enableLookups="false" redirectPort="8443" acceptCount="100"
     connectionTimeout="20000" disableUploadTimeout="true"
     URIEncoding= "UTF-8"/>
```

注意：Tomcat 8.0 及之后版本不需要设置 URIEncoding 参数，默认就是 UTF-8。

绝大多数浏览器在传输 URI 时都是以 UTF-8 进行编码的。

在 Web 应用程序中，如果调用 response.sendRedirect()方法重定向到中文文件名的页面，需要以如下方式调用：

```
response.sendRedirect(java.net.URLEncoder.encode("员工信息.html","UTF-8"));
```

也就是在使用重定向语句的时候，需要用 java.net.URLEncoder 类的静态方法 encode()按照指定的字符编码将 URI 字符串编码为 application/x-www-form-urlencoded 格式。

除此之外，对于其他访问方式，可以直接写上中文文件名，不需要进行编码，如下所示：

```
<img src="images/图片.jpg">
```

```
<jsp:forward page="数据.jsp"/>
<jsp:include page="数据.jsp"/>
RequestDispatcher rd=request.getRequestDispatcher("数据.jsp");
```

17.5 国际化与本地化

互联网将不同国家、不同地区的人们联系在了一起，共同分享互联网上的各种 Web 资源。在互联网上，大多数的资源都是英文的，对于非英文国家的人来说，要想阅读这些英文资料，首先要过语言关。而在中国，大多数的 Web 程序采用的是中文字符，也给其他国家的人造成了阅读上的困难。一些业务范围扩展到海外的国际型公司，为了让不同国家的人都能了解公司的产品信息，于是定制了多个语言的版本，通过不同的 URL 进行访问。例如，中国的用户访问微软中文网站输入 https://www.microsoft.com/zh-cn/。而日本的用户访问微软日文网站输入 https://www.microsoft.com/ja-jp/。

为不同的国家定制不同语言版本的 Web 资源，这是一种解决信息交流障碍的方式。然而，随着信息的国际化，如何动态构建一个具有各种不同语言版本的 Web 应用程序，成为了面向国际应用的企业和个人需要考虑的问题。Java 语言在其内部采用 Unicode 字符集，为我们建立国际化的 Web 应用程序奠定了基础。

国际化（Internationalization）是使程序在不做任何修改的情况下，就可以在不同的国家/地区和不同的语言环境下，按照当地的语言和格式习惯显示字符。例如，一个数字 123456.78，在法国它的书写格式是 123 456,78，在德国是 123.456,78，而在美国则是 123,456.78。国际化又被称为 **I18N**，因为国际化的英文是 Internationalization，它以 I 开头，以 N 结尾，中间共 18 个字母。

一个国际化的程序，当它运行在本地机器上时，需要根据本地机器的语言和地区设置显示相应的字符，这个过程就叫作**本地化（Localization）**，通常简称为 **L10N**。

在 Java 中编写国际化程序主要通过两个类来完成：java.util.Locale 类和 java.util.ResourceBundle 抽象类。Locale 类用于提供本地信息，通常称它为语言环境。不同的语言、不同的国家和地区采用不同的 Locale 对象来表示。ResourceBundle 类称为资源包，包含了特定于语言环境的资源对象。当程序需要一个特定于语言环境的资源时（如字符串资源），程序可以从适合当前用户语言环境的资源包中加载它。采用这种方式，可以编写独立于用户语言环境的程序代码，而与特定语言环境相关的信息则通过资源包来提供。

下面我们对 Locale 和资源包进行介绍。

17.5.1 Locale

java.util.Locale 类的常用构造方法如下：

- public **Locale**(String language)
- public **Locale**(String language, String country)

其中 language 表示语言，它的取值是由 ISO-639 定义的小写的、两个字母组成的语言代码。要查看完整的语言代码列表，可以访问网址 http://www.loc.gov/standards/iso639-2/

englangn.html。country 表示国家和地区，它的取值是由 ISO-3166 定义的大写的、两个字母组成的代码。要查看完整的国家和地区代码列表，可以访问网址 https://www.iso.org/obp/ui/#search/code/。

表 17-1 列出了常用的 ISO-639 语言代码。

表 17-1　常用的 ISO-639 语言代码

语　　言	代　　码
汉语（Chinese）	zh
英语（English）	en
德语（German）	de
法语（French）	fr
日语（Japanese）	ja
朝鲜语（Korean）	ko

表 17-2 列出了常用的 ISO-3166 国家（地区）代码。

表 17-2　常用的 ISO-3166 国家代码

国家（地区）	代　　码
中国（China）	CN
美国（United States）	US
英国（Great Britain）	GB
加拿大（Canada）	CA
德国（Germany）	DE
日本（Japan）	JP
韩国（Korea）	KR

例如，应用于中国的 Locale 为：

```
Locale locale = new Locale("zh","CN");
```

应用于美国的 Locale 为：

```
Locale locale = new Locale("en","US");
```

应用于英国的 Locale 为：

```
Locale locale = new Locale("en","GB");
```

为了简化 Locale 对象的构造，在 Locale 类中还定义了许多 Locale 对象常量。应用于国家或地区的 Locale 对象有：

- Locale.CANADA
- Locale.CANADA_FRENCH
- Locale.CHINA
- Locale.FRANCE
- Locale.GERMANY

- Locale.ITALY
- Locale.JAPAN
- Locale.KOREA
- Locale.PRC
- Locale.US

应用于语言的 Locale 对象（这些 Locale 对象只设定语言，没有设定国家和地区）有：

- Locale.CHINESE
- Locale.ENGLISH
- Locale.FRENCH
- Locale.GERMAN
- Locale.ITALIAN
- Locale.JAPANESE
- Locale.KOREAN
- Locale.SIMPLIFIED_CHINESE
- Locale.TRADITIONAL_CHINESE

另外，在 Locale 类中，还定义了一个静态的方法 getDefault()，用于获得本地系统默认的 Locale 对象。

要查看 Java 支持的所有语言环境，可以调用 Locale 类的静态方法 getAvailableLocales()，该方法返回一个 Locale 对象数组。

17.5.2 资源包

最理想的实现国际化的方法是将要显示的字符内容从程序中分离，然后统一存储到一个资源包中，当显示时，从资源包中取出和 Locale 对象相一致的字符内容。在 Java 中，这种资源包是由类来实现的，这个类必须扩展 java.util.ResourceBundle。

我们在编写国际化程序时，要为不同的国家和语言编写不同的资源类，这些资源类同属一个资源系列，共享同一个基名（base name）。不同语言所对应的资源类的名称为基名加上 ISO-639 标准的语言代码；而应用于某个特定国家或地区的资源类的名称，则是在基名和语言代码后加上 ISO-3166 标准的国家或地区代码。例如，有一个资源包系列的基名是“MyResource”，那么说中文的所有国家或地区共享的资源则属于 MyResource_zh 类。一个资源包系列可以有一个默认的资源包，它的名字就是基名，当请求的资源包不存在时，将使用默认的资源包。

要获取某个资源包，可以调用 java.util.ResourceBundle 类中的静态方法 getBundle()，如下。

- public static final ResourceBundle **getBundle**(String baseName)

根据基名得到资源包，使用系统默认的 Locale 对象。

- public static final ResourceBundle **getBundle**(String baseName, Locale locale)

根据基名和 Locale 对象得到资源包。

利用 getBundle()方法可以得到对应于某个 Locale 对象的资源包，然后就可以利用

ResourceBundle 类的 getString()方法得到相应语言版本的字符串。

- public final String **getString**(String key)

从资源包中根据关键字得到字符串。

例如：

```
Locale locale = new Locale("zh","CN");
bundle = ResourceBundle.getBundle("MyResource",locale);
String name = bundle.getString("name");
```

利用 ResourceBundle 类的 getObject()方法，还可以从资源包中得到任意的对象。

- public final Object **getObject**(String key)

从资源包中根据关键字得到对象。前面说了，要编写自己的资源类，必须扩展 ResourceBundle 类，需要实现下面两个方法：

- public abstract Enumeration **getKeys**()

返回资源包中关键字的枚举。

- protected abstract Object **handleGetObject**(String key)

从资源包中根据关键字得到对象。

getString()和 getObject()方法调用的是你所编写的 handleGetObject()方法。

为了简化资源包类的编写，在 java.util 包中另外提供了两个资源类：ListResourceBundle 和 Property ResourceBundle，这两个类都是从 ResourceBundle 类派生而来的。

使用 ListResourceBundle 类，只需要将所有的资源放入一个对象数组中即可，这个类本身提供了资源查找的功能。下面的代码示范了如何基于 ListResourceBundle 类来编写自己的资源类。

```
public class MyResource_zh_CN extends ListResourceBundle
{
    public Object[][] getContents()
    {
        return contents;
    }

    static final Object[][] contents =
    {
        {"OkButton", "确定"},
        {"CancelButton", "取消"}
    };
}

public class MyResource_en extends ListResourceBundle
{
    public Object[][] getContents()
    {
        return contents;
    }

    static final Object[][] contents =
```

```
    {
        {"OkButton", "Ok"},
        {"CancelButton", "Cancel"}
    };
}
```

如果全部的资源都是字符串型，那么我们可以使用更加方便的 PropertyResourceBundle 类。针对不同的语言和国家（地区），分别提供一个属性文件，属性文件的命名遵照资源类的命名方式，其扩展名为.properties，将所有的字符串资源以键-值对的形式写入到属性文件中。例如：

```
                    MyResource_zh_CN.properties
OkButton=确定
CancelButton=取消

                    MyResource_en.properties
OkButton= Ok
CancelButton= Cancel
```

加载资源，可以调用 ResourceBundle 类的静态方法 getBundle()。getBundle()方法首先去加载资源类，如果没有成功，则试着去加载属性资源文件；如果成功，则创建一个新的 PropertyResourceBundle 对象。对于 PropertyResourceBundle 类，我们从来不需要直接去使用它。

有了属性资源文件的机制，编写国际化程序就变得非常简单了。我们可以针对不同的语言编写对应的资源文件，在程序中，根据不同的 Locale 对象加载不同的资源显示给用户。要修改显示信息时，只需要修改相应的资源文件，对于程序部分，不需要做任何的修改。

在属性文件中保存的字符串资源通常是 7 位的 ASCII 码字符，**对于中文字符，需要将其转换为相应的 Unicode 编码，其格式为\uXXXX**。在 JDK 的开发工具包中，提供了一个实用工具 native2ascii，用于将本地非 ASCII 字符转换为 Unicode 编码。其命令为：

```
native2ascii MyResource.tmp MyResource_zh_CN.properties
```

将 MyResources.tmp 文件中的非 ASCII 字符转换为 Unicode 编码，保存到 MyResources_zh_CN.properties 文件中。

如果要将 Unicode 编码转换为本地字符编码，可以采用如下的命令：

```
native2ascii -reverse MyResource_zh_CN.properties MyResource.tmp
```

将 MyResource_zh_CN.properties 文件中的 Unicode 编码，转换为本地字符，保存到 MyResource.tmp 文件中。

17.5.3 消息格式化

在资源文件中的消息文本可以带有参数，例如：

```
greeting={0}，欢迎来到程序员之家。
```

花括号中的数字是一个占位符，可以被动态数据所替换。在消息文本中的占位符可以使用 0 到 9 的数字，也就是说，消息文本中的参数最多可以有 10 个。例如：

```
greeting={0}，欢迎来到程序员之家。今天是{1}。
```

要替换消息文本中的占位符，可以使用 java.text.MessageFormat 类，该类提供了一个静态方法 format()，用来格式化带参数的文本。format()方法如下所示：

```
public static String format(String pattern, Object... arguments)
```

我们看一个例子，假定在 MyResource_zh_CN.properties 文件中存在下列字符串资源：

```
greeting={0}，欢迎来到程序员之家。今天是{1}。
```

我们编写代码如下：

```
Locale loc = Locale.getDefault();
ResourceBundle bundle = ResourceBundle.getBundle("MyResource",loc);
String greeting = bundle.getString("greeting");
String msg = MessageFormat.format(greeting,"张三",new java.util.Date());
```

消息文本中的数字占位符将按照 MessageFormat.format()方法参数的顺序（从第二个参数开始）而被替换，在本例中，占位符{0}被“张三”替换，{1}被 new java.util.Date()所替换。

提示　format()方法参数的顺序是与占位符的数字顺序对应的，而不是与占位符出现在消息文本中的顺序对应。例如，消息文本改为：

```
greeting=今天是{1}。{0}，欢迎来到程序员之家。
```

format()方法的调用不变，如下：

```
MessageFormat.format(greeting,"张三",new java.util.Date());
```

最后的输出结果如下：

```
今天是 08-3-12 下午 8:54。张三，欢迎来到程序员之家。
```

MessageFormat 类的静态方法 format()使用当前默认的 Locale 对消息文本进行格式化。如果你要使用特定的 Locale，需要构造一个 MessageFormat 对象，然后使用非静态的 format()方法对消息文本格式化，如下所示：

```
MessageFormat mf = new MessageFormat(greeting, locale);
String msg = mf.format(new Object[]{"zhangsan",new Date()});
```

消息文本中的数字占位符将按照 Object[]数组中元素的顺序而被替换。

关于 MessageFormat 更多的用法，请参阅 MessageFormat 类的 API 文档。

17.5.4　编写国际化的 Web 应用程序

在这一节中，我们将编写一个国际化的 Web 应用程序，它可以根据访问者所使用的语言来显示页面信息。那么如何才能够获取到访问者所使用的语言信息呢？可以利用浏览器发送的 Accept-Language 请求报头，根据这个报头的值，创建相应的 Locale 对象，不过这一步不需要我们去做了。在 ServletRequest 接口中定义了 getLocale()方法，该方法的实现就是根据浏览器发送的 Accept-Language 请求报头的值来创建对应的 Locale 对象。在获取到 Locale 对象后，我们就可以利用 ResourceBundle 类的 getBundle()方法来加载对应于特定 Locale 对象的资源包。实例的开发主要有下列步骤。

Step1：准备属性资源文件

在 F:\JSPLesson\ch17\WEB-INF\classes 目录下，新建两个文件，分别为 MyResource.tmp 和 MyResource_en.properties，编辑这两个文件，内容如例 17-7 和例 17-8 所示。

例 17-7　MyResource.tmp

```
title=用户注册
name=请输入你的姓名：
email=请输入你的邮件地址：
reset=重填
submit=提交
```

例 17-8　MyResource_en.properties

```
title=User Register
name=Please input your name:
email=Please input your email:
reset=reset
submit=submit
```

打开命令提示符，进入属性文件所在的目录 F:\JSPLesson\ch17\WEB-INF\classes 下，然后执行：

```
native2ascii MyResource.tmp MyResource_zh_CN.properties
```

在当前目录下生成了 MyResource_zh_CN.properties 文件，其内容如例 17-9 所示。

例 17-9　MyResource_zh_CN.properties

```
title=\u7528\u6237\u6ce8\u518c
name=\u8bf7\u8f93\u5165\u4f60\u7684\u59d3\u540d\uff1a
email=\u8bf7\u8f93\u5165\u4f60\u7684\u90ae\u4ef6\u5730\u5740\uff1a
reset=\u91cd\u586b
submit=\u63d0\u4ea4
```

属性文件需要存放到 WEB-INF\classes 目录下，否则将找不到属性文件。

Step2：编写 SetLocaleFilter.java

SetLocaleFilter 是一个过滤器类，它根据浏览器发送的语言信息加载相应的资源包，设置响应正文的编码方式。将编写好的 SetLocaleFilter.java 源文件放到 F:\JSPLesson\ ch17\src 目录下。完整的源代码如例 17-10 所示。

例 17-10　SetLocaleFilter.java

```
package org.sunxin.ch17.filter;

import java.io.IOException;
```

```
import javax.servlet.*;
import javax.servlet.http.*;
import java.util.Locale;
import java.util.ResourceBundle;

public class SetLocaleFilter implements Filter
{
    private String resourceName = null;

    public void init(FilterConfig filterConfig) throws ServletException
    {
        //获取过滤器的初始化参数，resourceName 参数用于指定资源包系列的基名
        resourceName=filterConfig.getInitParameter("resourceName");
        if(null==resourceName)
        {
            throw new UnavailableException("no define resource");
        }
    }

    public void doFilter(ServletRequest request,
                         ServletResponse response,
                         FilterChain chain)
              throws IOException, ServletException
    {
        HttpServletRequest httpReq=(HttpServletRequest)request;
        HttpServletResponse httpResp=(HttpServletResponse)response;

        //返回客户端首选的 Locale 对象
        Locale locale=request.getLocale();
        //如果 locale 为 null，创建对应于英文的 Locale 对象
        if(null == locale)
        {
            locale=new Locale("en");
        }

        ResourceBundle bundle=
              ResourceBundle.getBundle(resourceName, locale);;

        HttpSession session=httpReq.getSession();

        //将资源包对象设置为 Session 对象的属性，
        //在其他页面中，可以直接从 Session 对象中得到资源包
        session.setAttribute("resource",bundle);

        //设置响应正文的编码方式为 UTF-8
        httpResp.setCharacterEncoding("UTF-8");
        chain.doFilter(request, response);
```

```
    }

    public void destroy()
    {
        resourceName=null;
    }
}
```

虽然我们不清楚客户端所用的语言，但我们知道程序中会选择合适的字符资源向用户显示。对于非 ASCII 码字符（如中文字符），我们已经将其转换为 Unicode 码保存了，所以可以直接以 UTF-8 编码方式向客户端发送响应数据。

Step3：编写 form.jsp

form.jsp 用于向用户显示一个表单，表单中的字符信息是根据用户本地语言的设置而显示的，核心功能已经由过滤器 SetLocaleFilter 完成了，在 form.jsp 中，只是简单地调用 ResourceBundle 类的 getString()方法得到指定语言版本的字符串。将编写好的 form.jsp 文件放到 F:\JSPLesson\ch17 目录下。完整的源代码如例 17-11 所示。

例 17-11　form.jsp

```
<%@ page import="java.util.ResourceBundle" %>

<%
    ResourceBundle bundle=(ResourceBundle)session.getAttribute("resource");
%>

<html>
    <head><title><%=bundle.getString("title")%></title><head>
    <body>
        <form action="" method="post">
        <%=bundle.getString("name")%> <input type="text" name="name"><br>
        <%=bundle.getString("email")%> <input type="text" name="email"><p>
        <input type="reset" value=<%=bundle.getString("reset")%>>
        <input type="submit" value=<%=bundle.getString("submit")%>>
</form>
    <body>
</html>
```

Step4：编译过滤器类

打开命令提示符，进入源文件所在的目录 F:\JSPLesson\ch17\src 下，然后执行：

```
javac -d ..\WEB-INF\classes SetLocaleFilter.java
```

在 F:\JSPLesson\ch17\WEB-INF\classes 目录下生成相应的类文件。

Step5：部署过滤器

编辑 web.xml 文件，添加对本例中的过滤器的配置，修改后的内容如例 17-12 所示。

例 17-12　web.xml

```
<?xml version="1.0" encoding="gb2312"?>
  …
    <!--
    <filter>
       <filter-name>SetCharacterEncodingFilter</filter-name>
     <filter-class>
   org.sunxin.ch17.filter.SetCharacterEncodingFilter
    </filter-class>
       <init-param>
            <param-name>encoding</param-name>
            <param-value>GBK</param-value>
       </init-param>
       <init-param>
            <param-name>ignore</param-name>
            <param-value>true</param-value>
       </init-param>
    </filter>

    <filter-mapping>
         <filter-name>SetCharacterEncodingFilter</filter-name>
         <url-pattern>/*</url-pattern>

    </filter-mapping>
    -->

    <filter>
       <filter-name>SetLocaleFilter</filter-name>
       <filter-class>
           org.sunxin.ch17.filter.SetLocaleFilter
       </filter- class>
       <init-param>
            <param-name>resourceName</param-name>
            <param-value>MyResource</param-value>
       </init-param>
    </filter>

    <filter-mapping>
       <filter-name>SetLocaleFilter</filter-name>
       <url-pattern>/form.jsp</url-pattern>
    </filter-mapping>
</web-app>
```

Step6：访问 form.jsp

启动 Tomcat 服务器，打开浏览器，在地址栏中输入 http://localhost:8080/ch17/form.jsp，将出现中文信息的表单；如果你在英文平台下访问 form.jsp，将会看到英文信息的表单。

提示 一个国际化的程序往往还会涉及数字、货币、日期和时间的显示问题。对于数字和货币，可以利用 java.text.NumberFormat 类针对特定的 Locale 进行格式化；对于日期和时间，可以利用 java.text.DateFormat 类针对特定的 Locale 进行格式化。

17.6 小结

本章主要分析了中文乱码问题产生的根本原因并提出了相应的解决方法。接着，介绍了如何编写过滤器程序来统一设置 Web 应用程序的字符编码。最后，介绍了国际化和本地化，以及如何编写一个国际化的 Web 应用程序，让它可以根据用户浏览器的语言设置显示相应语言版本的 Web 信息。

第18章

开发安全的Web应用程序

本章要点

- 理解验证、授权、数据完整性和机密性的概念
- 理解角色的概念
- 了解 Servlet 规范中定义的 4 种验证机制
- 掌握声明式安全的配置方式
- 掌握基本验证和表单验证的实现
- 掌握程序式安全的实现方式
- 学会如何避免 SQL 注入攻击

随着 Internet 的日益普及，越来越多的企业以 Internet 为媒介，发布产品信息，进行在线交易；越来越多的人通过 Internet 购买商品、在线汇款。在 Internet 上，每天都有大量的交易发生，无数的敏感信息在网上传输，而所有的这一切，都需要有一个强健的安全机制来保障。

本章主要介绍如何让我们开发的 Web 应用程序更加安全。

18.1 概述

大多数网络资源都是免费的，可以被所有的用户访问。然而，有些资源是需要特定的用户才可以访问的。例如，我开发了一个论坛系统，所有的访客都可以浏览帖子，但不可以发表帖子，注册用户可以发表帖子，只有管理员可以访问论坛系统的后台管理程序。要让不同身份的用户访问不同的资源，就需要我们采用某些安全机制来保护 Web 应用程序中的资源，避免关键信息被未授权的用户所访问。

Servlet 规范定义了在 Web 应用程序中实现安全性的一些方法，Servlet 容器在其底层架构中对安全的实现提供了支持。Web 应用程序的安全涉及多个方面，在介绍 Servlet 规范提供的安全特性的实现细节之前，我们先来了解一些概念。

1）验证（Authentication）

验证是确定一个用户是谁的过程。例如，身份证是我们每个人的标识，你说你是张三，那好，看看你的身份证就知道了。在生活中，验证随时在发生，当驾驶员在路上违反交规的时候，交警总是说“请拿出你的驾照”，对其身份进行验证。在互联网上，通常使用用户名和密码验证一个用户的身份。

2）授权（Authorization）

一旦用户被验证，他必须被授权。授权是决定一个用户是否允许访问他所请求的特定资源的过程。例如，虽然大家都是银行的储户，但是你没有被授权访问其他储户的账号。虽然驾驶员都有驾照，但有些驾驶员被授权可以开卡车，而有的驾驶员则只能开小轿车。授权通常是通过访问控制列表（Access Control List，ACL）来实现的，这个列表指定了用户和他们所能访问的资源的类型。需要注意的是，授权和验证往往是结合在一起应用的。例如，现在很多公司都有门禁系统，你去公司上班，在进入办公室之前，要在门口刷一下你的胸卡，这个过程就包含了验证和授权。核对胸卡上的信息以确定你是否是本公司的职员，这是验证。判断你是否被允许进入这个办公室（例如，财务室只能让公司的财务人员进入），这是授权。

3）数据完整性（Data Integrity）

数据完整性确保数据在传输过程中没有被篡改。例如，你通过网络支付购买商品的费用 200 元，那么接收方得到的数据应该也是 200 元，而不能是其他的数字。通常，我们对要传输的数据进行单向散列算法，得到一个散列值（哈希值），或者对传输的数据进行数字签名，然后将这个散列值或者数字签名和数据一起传输，接收方通过校验数据和散列值来确保数据是完整的。

4）机密性或者数据保密（Confidentiality or Data Privacy）

机密性确保只有指定的用户可以访问敏感信息的过程。例如，你登录某个网站的时候，会被要求输入用户名和密码，而这些信息如果是以明文的方式在网上传输的，某个黑客就可能通过监测 HTTP 数据包的手段而得到这些信息。在这种情况下，数据就不是机密的。要实现数据的保密，可以对数据进行加密，从而只有指定的用户才可以解密，这样，即使黑客得到了数据，无法解密数据，也就无法使用它了。目前，大多数网站都使用 HTTPS 协议来传输加密的信息。授权和机密性的区别是对信息保护的方式不同，授权是防止信息到达非授权的用户的，而机密性确保信息即使被窃取也无法使用。

5）角色（Role）

在安全系统设计中，权限被分配给某个角色，而不是实际的用户，用户所获得的权限是通过他所扮演的角色来获得的。例如，公司的财务人员可以访问员工的工资信息，而财务人员是谁并没有关系，财务人员可以随着时间而改变，张三今天分配到财务部（扮演财务人员的角色），那么他就可以访问员工的工资信息，明天他调离了财务部，也就不能再访问工资信息了。角色的使用，对于权限的设置提供了更多的灵活性。一个用户可以扮演多个角色，例如，李四既是财务部主管，又负责销售部，那么他就扮演了两个角色，可以同时访问工资信息和销售数据。在实际的安全系统设计中，往往还有用户组，用户属于用户组，角色可以分配给用户组，也可以分配给单独的用户，作为一个用户组的成员，自然就具有这个

用户组的角色。通过用户、用户组、角色的多重关系，可以设计出强大而又非常灵活的权限系统。

了解了以上这些关于安全的基本概念，下面我们看看如何在 Web 应用程序中实现验证。

18.2　理解验证机制

在 Servlet 规范中，定义了四种验证用户的机制。

18.2.1　HTTP Basic Authentication

HTTP 基本验证是在 HTTP 1.0 规范中定义的、基于用户名和密码的验证机制。当 Web 客户端（浏览器）请求受保护的资源时，Web 服务器会请求客户端验证用户，此时，客户端会弹出一个对话框，让用户输入用户名和密码。Web 客户端从用户处得到用户名和密码，传输给 Web 服务器。如果用户名和密码正确，则服务器将发送用户所请求的资源。图 18-1 是采用 HTTP 基本验证时浏览器弹出对话框，让用户输入用户名和密码。

图 18-1　HTTP 基本验证

当 Web 应用程序采用基本验证时，浏览器和服务器端交互的详细过程如下。

（1）浏览器请求受保护的资源。此时，浏览器并不知道请求的资源是受保护的，它按照通常的方式发送 HTTP 请求，例如：

```
GET /ch18/ HTTP/1.1
```

（2）服务器发现客户端请求的资源是受保护的，于是向客户端发送 401（未授权的）响应消息。在响应消息中，包含了 WWW-Authenticate 响应报头，用于告诉浏览器访问这个资源需要基本验证。服务器发送的响应消息形式如下：

```
HTTP/1.1 401 Unauthorized
…
WWW-Authenticate: Basic realm="Basic Auth Test"
Content-Type: text/html;charset=utf-8
Content-Length: 952
…
```

在 WWW-Authenticate 响应报头中，包含了一个 Realm（领域）字符串，Realm 值定义了保护区域。通过使用 Realm，可以将服务器上的受保护资源分隔为不同的保护区域，这些区域有各自的验证方案或授权数据库。Realm 值是一个字符串，由服务器来分配。请读者注意图 18-1 中矩形框的部分。当浏览器向服务器传输用户名和密码后，服务器在指定的 Realm（领域）内验证用户。

（3）当接收到服务器发送的 401 响应后，浏览器弹出一个对话框，让用户输入用户名和密码，如图 18-1 所示。

（4）用户输入了用户名和密码后，浏览器发送 Authorization 请求报头，将用户名和密码一起发送出去。用户名和密码的发送形式为“用户名:密码”，将这个字符串以 Base64 编码作为 Authorization 报头的值。

```
GET /ch18/ HTTP/1.1
…
Authorization: Basic YWRtaW46MTIzNDU2Nzg=
```

（5）当服务器接收到包含了 Authorization 报头的请求时，就验证用户名和密码。如果用户名和密码正确，就发送用户请求的资源，否则发送 403（被禁止的）响应消息。服务器通常会给出不提供服务的原因，例如，“对请求资源的访问被拒绝”。

（6）浏览器显示请求的资源（验证通过），或者显示服务器发送的错误页面（验证失败）。

要注意的是，基本验证虽然配置简单，但它不是一个安全的验证协议。因为在传输过程中，用户密码并没有被加密（Base64 编码不是一种加密的方法）。如果确定客户端与服务器的连接本身是安全的，则可以使用基本验证。

18.2.2 HTTP Digest Authentication

HTTP 摘要验证与 HTTP 基本验证类似，也是基于用户名和密码来验证用户的，不同的是，使用摘要验证，用户密码是以加密的形式（对密码采用 MD5 摘要算法）传输的，这比采用 Base64 编码要安全得多。虽然摘要验证比基本验证更加安全，但目前并没有得到广泛的使用，Servlet 规范也没有要求所有的 Servlet 容器必须实现摘要验证（**Tomcat 服务器支持摘要验证**）。

18.2.3 HTTPS Client Authentication

HTTPS（Secure HTTP）是在 SSL（Secure Socket Layer，安全套接字层）之上的 HTTP 协议。SSL 是 1995 年由 Netscape 公司提出的一种安全协议，用于在两个套接字（Web 浏览器和 Web 服务器通过套接字建立连接）之间建立一个安全的连接。SSL 由两个子协议组成，一个用于建立安全的连接，另一个使用安全的连接。当建立了安全连接后，通信双方使用同一个“会话密钥”对传输的信息进行加密和解密。

使用 HTTPS 的客户端验证是强壮的验证机制。这种机制需要客户端拥有一个公钥证书（Public Key Certificate，PKC）。HTTPS 客户端验证主要在电子商务应用程序中使用。几乎所有的浏览器和主流的 Servlet 容器都支持 HTTPS 协议。HTTPS 客户端验证是四种验证机制中最安全的，不过实现的代价也是最高的。

18.2.4 Form Based Authentication

基于表单的验证类似于基本验证。不同之处是，基于表单的验证使用定制的 HTML 表单让用户输入用户名和密码，而不是使用浏览器的弹出对话框。

使用基于表单的验证，开发者可以定制表单的显示外观，不过<form>元素的 action 属性必须指定为 j_security_check，输入用户名的文本域的名字必须是 j_username，输入密码的口令域的名字必须是 j_password，如下所示：

```
<form method="POST" action="j_security_check">
 <input type="text" name="j_username">
 <input type="password" name="j_password">
</form>
```

当浏览器请求一个资源的时候，服务器将保存原始的请求参数，然后发送验证表单给浏览器。用户在表单中输入用户名和密码，然后提交给服务器，在服务器验证通过后，重定向客户端到请求的资源。

基于表单的验证实现简单，同时可以定制用户登录页面的外观。不过，与基本验证一样，基于表单的验证同样是不安全的，用户名和密码是以明文（没有任何的加密或编码）的方式传输的。另外，基于表单的验证只能在使用 Cookie 或 SSL 会话来跟踪 Session 的情况下使用，如果采用 URL 重写的机制跟踪 Session，则不能使用基于表单的验证。

18.3　声明式安全

声明式安全是在 web.xml 文件中指定 Web 应用程序的安全处理机制，这使得一个 Web 应用程序无须修改任何代码就可以获得安全性。在默认情况下，Web 应用程序的所有资源对每一个人都是可以访问的，通过在 web.xml 文件中配置<security-constraint>和<login-config>元素来限制对资源的访问。

18.3.1　<security-constraint>元素

<security-constraint>元素用于为 Web 应用程序资源的访问定义安全约束。该元素的结构如图 18-2 所示。

1．<web-resource-collection>子元素

<web-resource-collection>元素用于标识受保护的 Web 资源，以及对这些资源进行访问的 HTTP 方法，这些资源和 HTTP 方法的组合将被应用安全约束。一个用户只有通过验证并得到授权，才能够访问在<web-resource-collection>元素下所标识的资源。在<security-constraint>元素中，可以定义一个或多个 Web 资源集合。

<web-resource-collection>元素有 4 个子元素，其中<web-resource-name>元素为受保护的 Web 资源指定一个名称标识，这个名称标识可能会被某些工具所使用，除此之外，不会在其他地方用到这个名字；<url-pattern>元素指定受保护资源的 URL 样式，可以同时指定多个 URL 样式；<http-method>元素指定哪些 HTTP 方法访问资源时将被应用安全约束，这个元素让我们可以更加细粒度地控制 HTTP 请求对资源的访问，例如对某个资源，我们可以让 GET 请求随意访问，而限制 POST 请求只能是授权的用户才可以访问。

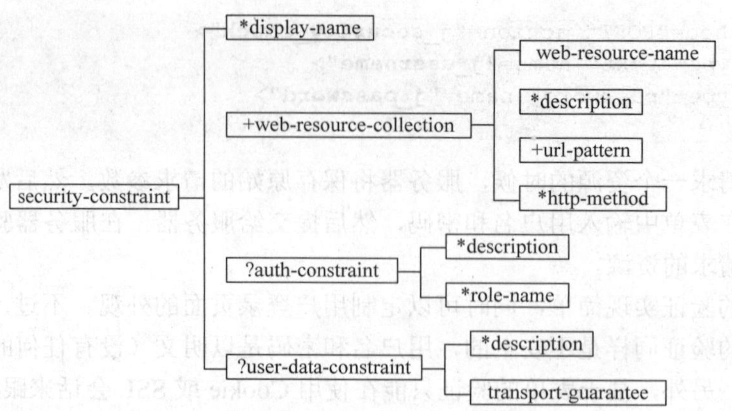

图 18-2 <security-constraint>元素的结构

我们看下面的例子：

```
<web-app …>
    …
    <security-constraint>
        <web-resource-collection>
            <web-resource-name>Protected Area</web-resource-name>
            <url-pattern>*.html</url-pattern>
            <url-pattern>*.jsp</url-pattern>

            <http-method>GET</http-method>
            <http-method>POST</http-method>
        </web-resource-collection>
        …
    </security-constraint>
    …
</web-app>
```

在这个例子中，指定 Web 资源的名称为“Protected Area”，对所有的 HTML 和 JSP 页面的访问，都要应用安全约束。通过使用两个<http-method>元素，指定 HTTP 方法 GET 和 POST，意味着这两个方法的请求将被应用安全约束，而对于其他的 HTTP 方法，不管是哪一个用户访问 HTML 和 JSP 页面都没有任何的安全限制。**如果在<web-resource- collection>元素下没有使用<http-method>子元素，那么意味着对所有的 HTTP 方法都要施加安全限制；如果使用了<http-method>子元素，那么只有指定的 HTTP 方法会被应用安全约束，其他未指定的 HTTP 方法将不受约束。**

2. <auth-constraint>子元素

<auth-constraint>元素指定可以访问受保护资源的角色。它有两个子元素：<description>和<role- name>。<role-name>指定角色的名字，这个名字必须是在<security-role>元素中由其子元素<role-name>指定的角色名，或者使用保留的角色名“*”，表示 Web 应用程序中所有的角色。

我们看下面的例子：

```
<web-app …>
  …
  <security-constraint>
     <web-resource-collection>
        <web-resource-name>Protected Area</web-resource-name>
        <url-pattern>/index.jsp</url-pattern>
     </web-resource-collection>

     <auth-constraint>
        <role-name>admin</role-name>
     </auth-constraint>
  </security-constraint>
  …
  <security-role>
     <role-name>admin</role-name>
  </security-role>
  <security-role>
     <role-name>manager</role-name>
  </security-role>
  …
</web-app>
```

在这个例子中，定义了两个安全角色 admin 和 manager，不过只有 admin 角色中的所有用户才能够访问 index.jsp 页面。

如果在<auth-constraint>元素中没有指定<role-name>子元素，则意味着在任何情况下，没有任何用户可以访问受保护的资源；如果<role-name>子元素指定为“*”，那么所有的用户都可以访问受保护的资源。

如果没有使用<auth-constraint>元素，那么容器允许用户不经认证就可以访问受保护的资源。

3．<user-data-constraint>子元素

<user-data-constraint>元素指示在客户端和容器之间的通信数据应该如何被保护。它有两个子元素：<description>和<transport-guarantee>。

<transport-guarantee>元素的取值可以是：NONE（这是默认值）、INTEGRAL 或者 CONFIDENTIAL。NONE 表示数据在传输过程中，对于数据的完整性和机密性不需要任何的保证；INTEGRAL 表示在数据传输过程中要保证数据的完整性；CONFIDENTIAL 表示在数据传输过程中要保证数据的机密性。通常，当<transport-guarantee>元素的值设置为 NONE 时，使用的是 HTTP 协议；而当设置为 INTEGRAL 或者 CONFIDENTIAL 时，使用的则是 HTTPS 协议。

我们看下面的例子：

```
<web-app …>
  …
  <security-constraint>
     <web-resource-collection>
        <web-resource-name>Protected Area</web-resource-name>
```

```
            <url-pattern>/index.jsp</url-pattern>
        </web-resource-collection>

        <auth-constraint>
            <role-name>admin</role-name>
        </auth-constraint>

        <user-data-constraint>
            <transport-guarantee>CONFIDENTIAL</transport-guarantee>
        </user-data-constraint>
    </security-constraint>
    …
</web-app>
```

注意 尽管规范里没有要求，但在实际中几乎所有的容器都使用了 SSL 来实现可靠传输，这说明 INTEGRAL 和 CONFIDENTIAL 的效果是一样的，任意一个都能同时提供数据的完整性和机密性。

18.3.2 多个安全约束的联合

假设在部署描述符中包含了下列的安全约束：

```
<security-constraint>
 <web-resource-collection>
  <web-resource-name>restricted methods</web-resource-name>
  <url-pattern>/*</url-pattern>
  <url-pattern>/acme/wholesale/*</url-pattern>
  <url-pattern>/acme/retail/*</url-pattern>
  <http-method>DELETE</http-method>
  <http-method>PUT</http-method>
 </web-resource-collection>
 <auth-constraint />
</security-constraint>

<security-constraint>
 <web-resource-collection>
  <web-resource-name>wholesale</web-resource-name>
  <url-pattern>/acme/wholesale/*</url-pattern>
  <http-method>GET</http-method>
  <http-method>PUT</http-method>
 </web-resource-collection>
 <auth-constraint>
  <role-name>SALESCLERK</role-name>
 </auth-constraint>
</security-constraint>

<security-constraint>
 <web-resource-collection>
  <web-resource-name>wholesale</web-resource-name>
  <url-pattern>/acme/wholesale/*</url-pattern>
```

```
    <http-method>GET</http-method>
    <http-method>POST</http-method>
  </web-resource-collection>
  <auth-constraint>
    <role-name>CONTRACTOR</role-name>
  </auth-constraint>
</security-constraint>

<security-constraint>
  <web-resource-collection>
    <web-resource-name>retail</web-resource-name>
    <url-pattern>/acme/retail/*</url-pattern>
    <http-method>GET</http-method>
    <http-method>POST</http-method>
  </web-resource-collection>
  <auth-constraint>
    <role-name>*</role-name>
  </auth-constraint>
</security-constraint>
```

上述配置所产生的安全约束如表 18-1 所示。

表 18-1　配置 JDBCRealm 使用的<Realm>元素的属性

url-pattern	http-method	许可的角色
/*	DELETE	访问拒绝
/*	PUT	访问拒绝
/acme/wholesale/*	DELETE	访问拒绝
/acme/wholesale/*	GET	SALESCLERK、CONTRACTOR
/acme/wholesale/*	POST	CONTRACTOR
/acme/wholesale/*	PUT	访问拒绝
/acme/retail/*	DELETE	访问拒绝
/acme/retail/*	GET	所有人
/acme/retail/*	POST	所有人
/acme/retail/*	PUT	访问拒绝

18.3.3　<login-config>元素

<login-config>元素用于指定 Web 应用程序使用的验证机制。<login-config>元素的结构如图 18-3 所示。

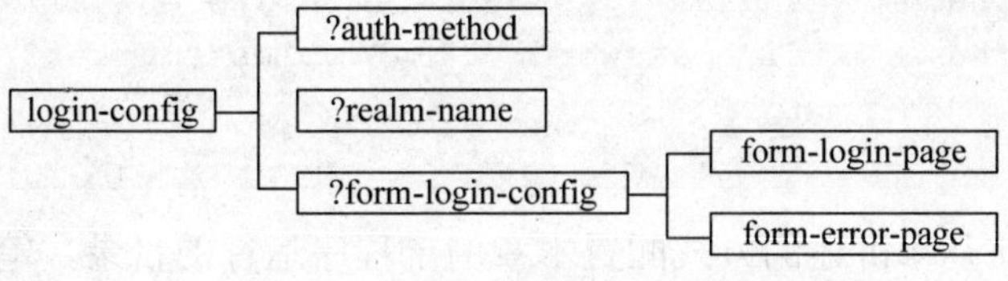

图 18-3　<login-config>元素的结构

<auth-method>元素配置 Web 应用程序验证的机制，该元素的值必须是 BASIC、DIGEST、FORM 和 CLIENT-CERT 其中之一，或者是产品供应商指定的验证模式。除了 FORM 验证外，其他 3 种验证只要在<auth-method>元素中进行配置就可以了，其他的工作容器会帮我们完成。

<realm-name>元素指定在 HTTP 基本验证中使用的领域的名称。对于其他验证机制，该元素没有任何意义。

<form-login-config>指定在基于表单的验证中使用的登录页面和错误页面。如果没有使用 FROM 验证，这个元素将被忽略。它有两个子元素：<form-login-page>和<form-error-page>。<form-login-page>元素指定登录页面，<form-login-error>元素指定错误页面。

我们看下面的例子：

```
<web-app …>
    …
    <login-config>
        <auth-method>FORM</auth-method>
        <form-login-config>
            <form-login-page>/login.jsp</form-login-page>
            <form-error-page>/error.jsp</form-error-page>
        </form-login-config>
    </login-config>
    …
</web-app>
```

18.3.4 基本验证的实现

基本验证的实现非常简单，只需要在 web.xml 文件中进行配置即可。可以在 web.xml 文件中指定要保护的资源，以及可以访问这些资源的角色。

假设有两个用户 zhangsan 和 lisi。zhangsan 分配的角色是 sales，lisi 分配的角色是 market。Tomcat 的用户和角色保存在%CATALINA_HOME%\conf\tomcat-users.xml 文件中。编辑 tomcat-users.xml 文件，添加本例所使用的用户和角色，如例 18-1 所示。

例 18-1 tomcat-users.xml

```
<?xml version='1.0' encoding='utf-8'?>
<tomcat-users>
    …
    <role rolename="sales"/>
    <role rolename="market"/>
    <user username="zhangsan" password="1234" roles="sales"/>
    <user username="lisi" password="1234" roles="market"/>
  …
</tomcat-users>
```

接下来，按照前几章讲述的方式配置本章例子程序运行的目录，笔者配置的运行目录为 F:\JSPLesson\ch18。建立好本章 Web 应用程序的目录结构，编辑 web.xml，完整的内容如例 18-2 所示。

例 18-2 web.xml

```
<?xml version="1.0" encoding="UTF-8"?>

<web-app xmlns="http://xmlns.jcp.org/xml/ns/javaee"
  xmlns:xsi="http://www.w3.org/2001/XMLSchema-instance"
  xsi:schemaLocation="http://xmlns.jcp.org/xml/ns/javaee
                   http://xmlns.jcp.org/xml/ns/javaee/web-app_4_0.xsd"
  version="4.0">

    <security-constraint>
        <web-resource-collection>
            <web-resource-name>sales area</web-resource-name>
            <url-pattern>*.jsp</url-pattern>
        </web-resource-collection>
        <auth-constraint>
            <role-name>sales</role-name>
        </auth-constraint>
    </security-constraint>

    <security-constraint>
        <web-resource-collection>
            <web-resource-name>market area</web-resource-name>
            <url-pattern>*.html</url-pattern>
        </web-resource-collection>
        <auth-constraint>
            <role-name>market</role-name>
        </auth-constraint>
    </security-constraint>

    <login-config>
        <auth-method>BASIC</auth-method>
        <realm-name>Basic Auth Test</realm-name>
    </login-config>

    <security-role>
        <role-name>sales</role-name>
    </security-role>
    <security-role>
        <role-name>market</role-name>
    </security-role>
</web-app>
```

对于 Web 应用程序下的所有 JSP 页面，只有 sales 角色中的用户才能访问。而 Web 应用程序下的所有 HTML 页面，只有 market 角色中的用户才能访问。

最后，写两个测试页面，如例 18-3 所示。

例 18-3　index.html 和 index.jsp

```
                        index.html
<html>
    <head><title>HTML 页面</title></head>
    <body>这是 HTML 页面</body>
</html>

                        index.jsp
<%@ page contentType="text/html;charset=GBK" %>
<html>
    <head><title>JSP 页面</title></head>
    <body>这是 JSP 页面</body>
</html>
```

运行 Tomcat，打开浏览器，先访问 index.html 页面，输入 http://localhost:8080/ch18/index.html，将看到如图 18-1 所示的页面。输入用户名（zhangsan）和密码（1234），将看到如图 18-4 所示的错误页面。

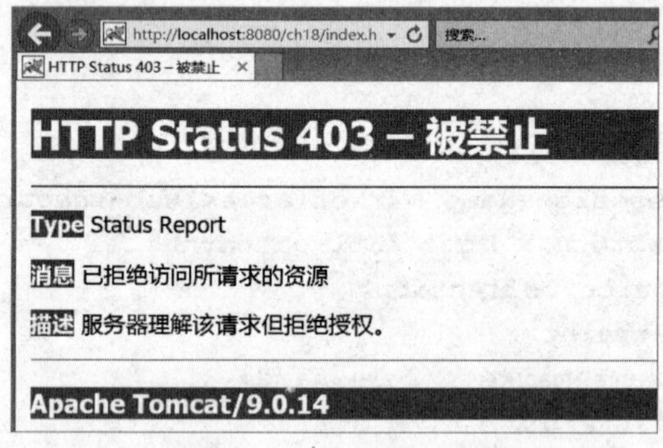

图 18-4　采用基本验证机制，访问被拒绝

关闭浏览器并再次打开，重新访问 index.html 页面，输入用户名（lisi）和密码（1234），将看到正确的页面。读者可以自行测试访问 index.jsp。

> 提示　如果要使用摘要验证，那么你唯一要做的就是修改<auth-method>元素的值，并将其指定为 DIGEST。

18.3.5　基于表单验证的实现

基于表单的验证，需要指定登录页面和错误页面。Tomcat 提供了基于表单验证的例子程序，该程序位于%CATALINA_HOME%\webapps\examples\jsp\security\protected 目录下，读者可以仿照这个目录下的 login.jsp 和 error.jsp 编写自己的登录页面和错误页面。

本节例子程序中的登录页面的完整内容如例 18-4 所示。

例 18-4　login.html

```
<html>
    <head><title>登录页面</title>
```

```
    <body>
        <form method="POST" action="j_security_check">
            <table>
                <tr>
                    <td>用户名：</td>
                    <td><input type="text" name="j_username"></td>
                </tr>
                <tr>
                    <td>密码：</td>
                  <td><input type="password" name="j_password"></td>
              </tr>
              <tr>
                  <td><input type="reset" value="重填"></td>
                  <td><input type="submit" value="提交"></td>
              </tr>
          </table>
        </form>
    </body>
</html>
```

要让 Web 容器能够正常工作，表单 action 的值必须是 j_security_check，输入用户名和密码的表单元素的名字必须是 j_username 和 j_password。

错误页面的完整内容如例 18-5 所示。

例 18-5　error.html

```
<html>
    <head><title>错误页面</title></head>
    <body>
        用户名或密码错误，请<a href="login.html">重新登录</a>!
    </body>
</html>
```

修改 web.xml 文件，配置基于表单的验证机制，内容如例 18-6 所示。

例 18-6　web.xml

```
<?xml version="1.0" encoding="gb2312"?>

   <web-app xmlns="http://xmlns.jcp.org/xml/ns/javaee"
  xmlns:xsi="http://www.w3.org/2001/XMLSchema-instance"
  xsi:schemaLocation="http://xmlns.jcp.org/xml/ns/javaee
                    http://xmlns.jcp.org/xml/ns/javaee/web-app_4_0.xsd"
  version="4.0">

    <security-constraint>
        <web-resource-collection>
            <web-resource-name>protected area</web-resource-name>
            <url-pattern>*.jsp</url-pattern>
            <http-method>GET</http-method>
```

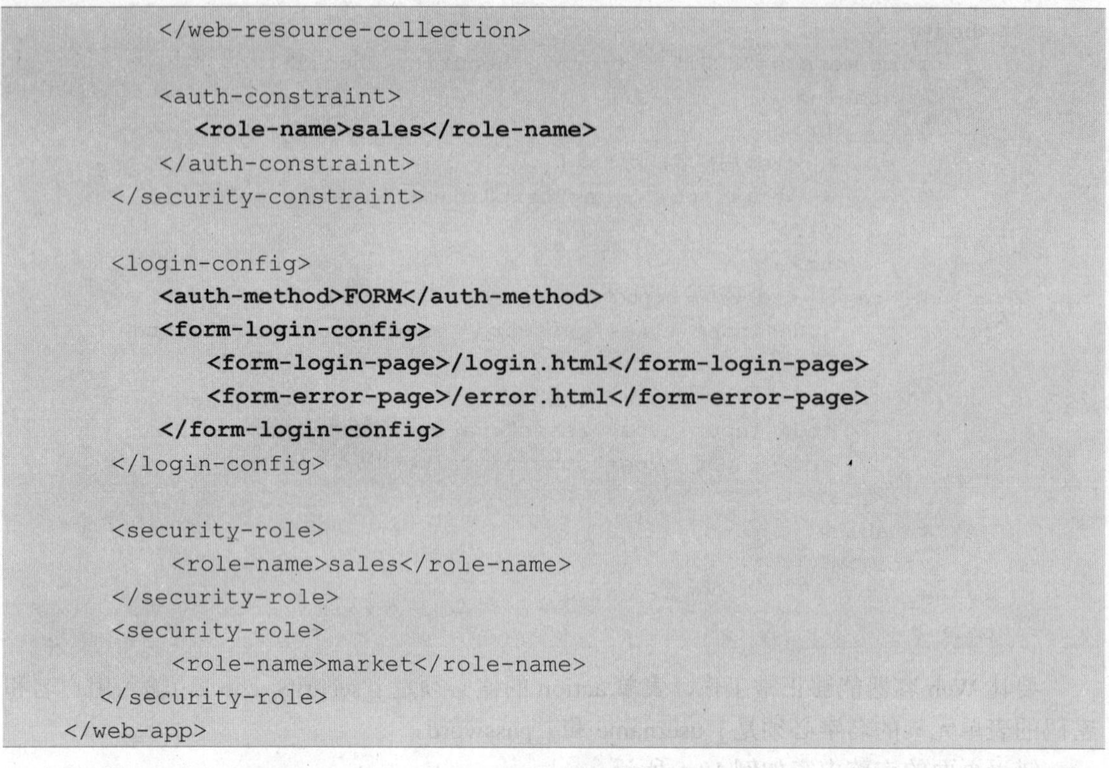

```
        </web-resource-collection>

        <auth-constraint>
           <role-name>sales</role-name>
        </auth-constraint>
    </security-constraint>

    <login-config>
        <auth-method>FORM</auth-method>
        <form-login-config>
           <form-login-page>/login.html</form-login-page>
           <form-error-page>/error.html</form-error-page>
        </form-login-config>
    </login-config>

    <security-role>
         <role-name>sales</role-name>
    </security-role>
    <security-role>
         <role-name>market</role-name>
   </security-role>
</web-app>
```

如果是 GET 访问请求，那么对于 Web 应用程序下的所有 JSP 页面，只有 sales 角色中的用户可以访问。如果是其他 HTTP 方法访问请求，那么可以直接访问页面，没有任何的安全约束。对于 Web 应用程序下其他类型的资源（HTML 页面、Servlet 等），则可以直接访问。

重启 Tomcat，在浏览器的地址栏中输入 http://localhost:8080/ch18/index.jsp，将看到如图 18-5 所示的页面。输入用户名（zhangsan）和密码（1234），将看到正确的页面。先关闭浏览器，然后再打开，再次访问 index.jsp 页面，输入错误的用户名或密码［注意，用户名不要输入 lisi，密码不要输入 1234，因为 lisi 是一个存在的用户，但它是 market 角色的成员，这将导致服务器发送 HTTP 403（被禁止的）响应消息］，将看到如图 18-6 所示的页面。

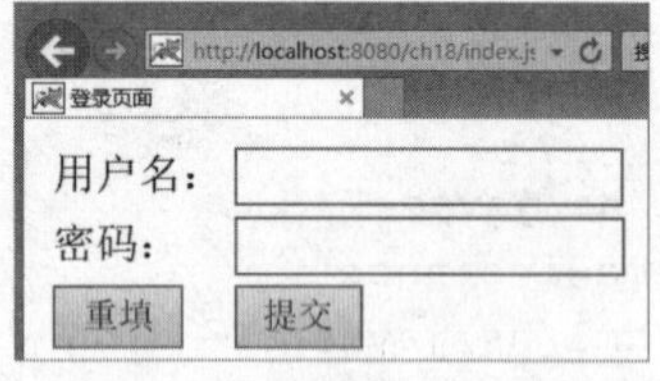

图 18-5　Form 验证的登录页面

图 18-6　Form 验证的错误页面

单击“重新登录”链接，然后输入正确的用户名（zhangsan）和密码（1234），将看到正确的页面。

如果是 HTTP POST 方法访问 index.jsp，则可以直接访问。我们提供下面的测试页面，如例 18-7 所示。

例 18-7　test.html

```
<html>
    <body>
        <form action="index.jsp" method="post">
            <input type="text" name="username">
        </form>
    </body>
</html>
```

先关闭浏览器，然后再打开，输入下面的 URL：http://localhost:8080/ch18/test.html，将鼠标光标的焦点放置到文本域上，然后按下回车键，将直接看到 index.jsp 页面。

18.3.6　使用数据库保存用户名和密码

在实际的应用中，通常将用户信息和角色信息保存在数据库中。Tomcat 对 Servlet 规范中定义的验证机制的实现提供了广泛的支持，我们既可以将用户信息和角色信息保存到文件（tomcat-users.xml）中，也可以将这些信息保存到数据库中，甚至保存到 LDAP 服务器中。

在 Tomcat 中，定义了 Realm 的概念（注意：这和基本验证中使用的 Realm 是不同的概念）。在 Tomcat 文档中，对 Realm 的定义是：Realm 是用户名和密码的“数据库”，该“数据库”标识了一个 Web 应用程序（或者一组 Web 应用程序）的有效用户，以及与每个有效用户相关联的角色列表的枚举。在 Tomcat 中，定义了 org.apache.catalina.Realm 接口，通过将实现该接口的类作为插件，可以将 Servlet 容器与产品中现有的验证机制集成起来。此外，Tomcat 还提供了 6 个标准的插件实现，用于支持各种不同的验证信息源，其中就包括了访问存储在关系数据库中的验证信息。要了解详细的 Realm 信息，请读者参阅下面的文档：

```
%CALALINA_HOME%\webapps\docs\realm-howto.html
```

在前面的例子中使用的是 MemoryRealm，它从 conf\tomcat-users.xml 文件中读取用户和角色信息，然后保存到一个内存对象中，当需要验证时，就直接访问这个内存对象。本节主要介绍 **JDBCRealm 和 DataSourceRealm，这两个 Realm** 都用于访问存储在关系数据库中的验证信息，前者通过 JDBC 驱动访问，后者通过 JDBC 数据源的方式访问。

1．JDBCRealm

要在 Tomcat 中配置 JDBCRealm，需要下面几个步骤。

Step1：建立用户名和用户角色表

在你所用的数据库中建立两张表：一张表用于保存用户名和密码，在这张表中，至少要有两个字段，一个字段保存用户名，另一个字段保存密码，至于是否需要其他的字段，则根据你的应用来确定；另一张表用于保存用户名和它所属的角色，同样地，在这张表中最少也要有两个字段，其中一个字段保存用户名，该字段的名字必须和用户表中的相同，另一个字段保存用户具有的角色名。

在这里，我们使用 MySQL 数据库，打开命令提示符，输入下面的命令：

```
mysql -uroot -p12345678 bookstore
```

进入 mysql 客户程序，访问 bookstore 数据库（参见第 4 章），输入创建 users 表和 roles 表的 SQL 语句，如下所示：

```
create table users (
  username        varchar(15) not null primary key,
  password        varchar(15) not null
);
create table roles (
  username        varchar(15) not null,
  rolename        varchar(15) not null,
  primary key (username, rolename)
);
```

接下来，我们创建两个用户和它们所属的角色。输入下面的 SQL 语句：

```
insert into users values('wangwu','1234');
insert into users values('zhaoliu','1234');
insert into roles values('wangwu','sales');
insert into roles values('zhaoliu','market');
```

为了和 tomcat-users.xml 文件中的用户名相区别，我们另外设定了两个用户名。

Step2：配置 MySQL 的 JDBC 驱动

如果读者在前面的章节中已经配置了 MySQL 的 JDBC 驱动，那么可以跳过这一步。将 MySQL 的 JDBC 驱动（mysql-connector-java-8.0.13.jar）拷贝到%CATALINA_HOME%\lib 下。

Step3：设置<Realm>元素

在%CATALINA_HOME%\conf\server.xml 文件中设置<Realm>元素，这是为了让 Tomcat 知道从哪一个数据库的哪两张表中得到用户信息和角色信息。要配置 JDBCRealm，我们所使用的<Realm>元素的属性如表 18-2 所示。

表 18-2　配置 JDBCRealm 使用的<Realm>元素的属性

属　性	说　明
className	实现 org.apache.catalina.Realm 接口的类的完整限定名，在这里，必须指定为 org.apache.catalina.realm.JDBCRealm
connectionName	用来建立 JDBC 连接的数据库用户名
connectionPassword	用来建立 JDBC 连接的数据库密码
connectionURL	用来建立 JDBC 连接的数据库 URL
digest	为了避免密码以明文方式存储所带来的安全隐患，可以使用该属性指定用于密码的摘要算法。有效的值必须是被 java.security.MessageDigest 类所支持的摘要算法。如果没有使用该属性，则密码以明文的方式存放
driverName	JDBC 驱动的类名
userTable	保存用户信息的表名
userNameCol	保存用户名的字段名，该字段同时用于用户表和用户角色表

续表

属　性	说　明
userCredCol	用户表中保存用户密码的字段名
userRoleTable	保存用户角色信息的表名
roleNameCol	用户角色表中保存角色名的字段名

配置代码如下所示。

```
<Realm  className="org.apache.catalina.realm.JDBCRealm"
        driverName="com.mysql.cj.jdbc.Driver"
        connectionURL="jdbc:mysql://localhost:3306/bookstore?useSSL=
false&amp;serverTimezone=UTC"
        connectionName="root" connectionPassword="12345678"
        userTable="users" userNameCol="username" userCredCol="password"
        userRoleTable="roles" roleNameCol="rolename" />
```

除了 className 属性以外，其他的属性都被重新进行了设置。

现在我们可以进行测试了，启动 Tomcat，打开浏览器，输入下面的 URL：http://localhost:8080/ch18/index.jsp，出现登录页面，输入错误的用户名或密码，将看到错误页面；输入正确的用户名（wangwu）和密码（1234），将看到正确的页面。

2. DataSourceRealm

使用 DataSourceRealm，需要配置 JDBC 数据源（参见第 4.5 节）。在 Tomcat 中配置 DataSource Realm，需要下面几个步骤。

Step1：配置 JDBC 数据源

在 server.xml 文件中配置 JDBC 数据源，该数据源需要配置为全局的 JNDI 资源。编辑 conf\server.xml 文件，在<GlobalNamingResources>元素中配置 JDBC 数据源，如下所示。

```
<Server port="8005" shutdown="SHUTDOWN">
  …
  <!-- Global JNDI resources
       Documentation at /docs/jndi-resources-howto.html
  -->
  <GlobalNamingResources>

    <!-- Editable user database that can also be used by
         UserDatabaseRealm to authenticate users
    -->
    <Resource name="UserDatabase" auth="Container"
              type="org.apache.catalina.UserDatabase"
              description="User database that can be updated and saved"
              factory="org.apache.catalina.users.MemoryUserDatabaseFactory"
              pathname="conf/tomcat-users.xml" />

    <Resource name="jdbc/bookstore" auth="Container"
          type="javax.sql.DataSource"
          maxTotal="100" maxIdle="30" maxWaitMillis="10000"
```

```
        username="root" password="12345678"
        driverClassName="com.mysql.cj.jdbc.Driver"
        url="jdbc:mysql://localhost:3306/bookstore?useSSL=false&amp;
serverTimezone=UTC&amp;autoReconnect=true"/>

  </GlobalNamingResources>
...
```

注意：不要在<Engine>、<Host>或<Context>元素内配置 JDBC 数据源，否则 Tomcat 会找不到配置的数据源，抛出 javax.naming.NameNotFoundException 异常。

Step2：设置<Realm>元素

要配置 DataSourceRealm，使用的<Realm>元素的属性如表 18-3 所示。

表 18-3　配置 DataSourceRealm 使用的<Realm>元素的属性

属　性	说　明
className	实现 org.apache.catalina.Realm 接口的类的完整限定名，在这里，必须指定为 org.apache.catalina.realm.DataSourceRealm
dataSourceName	JDBC 数据源的 JNDI 名
digest	为了避免密码以明文方式存储所带来的安全隐患，可以使用该属性指定用于密码的摘要算法。有效的值必须是被 java.security.MessageDigest 类所支持的摘要算法。如果没有使用该属性，则密码以明文的方式存放
userTable	保存用户信息的表名
userNameCol	保存用户名的字段名，该字段同时用于用户表和用户角色表
userCredCol	用户表中保存用户密码的字段名
userRoleTable	保存用户角色信息的表名
roleNameCol	用户角色表中保存角色名的字段名

在 server.xml 文件中，将 JDBCRealm 的配置注释起来，添加 DataSourceRealm 的配置，内容如下。

```
  <Engine name="Catalina" defaultHost="localhost">
      ...
      <Realm  className="org.apache.catalina.realm.DataSourceRealm"
          dataSourceName="jdbc/bookstore"
          userTable=" users" userNameCol="username"
userCredCol="password"
          userRoleTable="roles" roleNameCol="rolename" />

      <!--
      <Realm  className="org.apache.catalina.realm.JDBCRealm"
          driverName="com.mysql.cj.jdbc.Driver"
          connectionURL="jdbc:mysql://localhost:3306/bookstore?server
Timezone=UTC&amp;autoReconnect=true"
          connectionName="root" connectionPassword="12345678"
          userTable="users" userNameCol="username" userCredCol="password"
```

```
        userRoleTable="roles" roleNameCol="rolename" />
    -->
    …
```

在配置完毕后，重启 Tomcat，访问 http://localhost:8080/ch18/index.jsp 页面，进行测试。

18.4 程序式安全

在实际应用中存在着这样一种情况，多个用户或多个角色都有权限访问某个资源，而我们需要根据不同的用户或不同的角色来控制程序的执行。例如，在 BBS 程序中，为管理员角色生成带有删除操作的页面，而为普通用户则生成正常功能的页面。

这种更细粒度的安全控制，采用声明式安全无法做到，在这种情况下，我们可以在程序代码中进一步实现细粒度的安全控制。程序式安全由 HttpServletRequest 接口中定义的三个方法组成，如下所示。

1）public java.lang.String **getRemoteUser()**

如果用户已经被验证，则该方法返回用户的登录名。如果用户还没有被验证，则该方法返回 null。

2）public java.security.Principal **getUserPrincipal()**

返回一个 java.security.Principal 对象，该对象包含了当前已经验证的用户名。如果用户还没有被验证，则该方法返回 null。

3）public boolean **isUserInRole**(java.lang.String role)

这个方法用于判断已验证的用户是否属于指定的角色。如果用户还没有被验证，则该方法返回 false。

下面，我们编写一个 JSP 页面，根据用户所属的角色产生不同的输出，完整的源代码如例 18-8 所示。

例 18-8　security.jsp

```
<%@ page contentType="text/html;charset=GBK" %>

<html>
    <head><title>程序化安全测试页面</title></head>
<body>

    欢迎<b><%=request.getRemoteUser()%></b>登录。

<%
    if(request.isUserInRole("manager"))
    {
%>
      这是经理专用页面。
<%
    }
    else
```

```
    {
%>
    这是销售人员页面。
<%
    }
%>
</body></html>
```

在这个页面中，根据用户是否在 manager 角色中而输出不同的内容。在实际应用中，读者可以实现更复杂的控制。

接下来，进入MySQL的客户端程序，输入以下的SQL语句，在第18.3.6节下“JDBCRealm”创建的 users 和 roles 表中添加用户信息和角色信息。

```
insert into users values('zhangsan','1234');
insert into roles values('zhangsan','sales');
insert into roles values('zhangsan','admin');
```

细心的读者可能注意到，zhangsan 被分配了两个角色，一个是 sales 角色，另一个是 admin 角色，并没有例 18-8 的程序代码中判断的 manager 角色。

在程序中进行安全控制，需要对角色名硬编码，而在部署时，如果也必须指定同样名字的角色，那么一旦修改角色名，程序代码也需要修改，这样就限制了实现的灵活性。我们可以在部署描述符中使用<security-role-ref>元素来配置代码中使用的安全角色引用，它有两个子元素：<role-name>指定代码中使用的角色名；<role-link>指定到一个安全角色的引用。

由于<security-role-ref>是<servlet>元素的子元素，所以我们需要使用<servlet>元素来声明一个 JSP 页面。编辑 WEB-INF\web.xml 文件，完整的内容如例 18-9 所示。

例 18-9　web.xml

```
<?xml version="1.0" encoding="UTF-8"?>

<web-app xmlns="http://xmlns.jcp.org/xml/ns/javaee"
  xmlns:xsi="http://www.w3.org/2001/XMLSchema-instance"
  xsi:schemaLocation="http://xmlns.jcp.org/xml/ns/javaee
                    http://xmlns.jcp.org/xml/ns/javaee/web-app_4_0.xsd"
  version="4.0">

   <servlet>
       <servlet-name>SecurityJsp</servlet-name>
       <jsp-file>/security.jsp</jsp-file>
       <security-role-ref>
           <role-name>manager</role-name>  <!--代码中使用的角色名-->
           <role-link>admin</role-link>  <!--在 Servlet 容器中定义的角色名-->
       </security-role-ref>
   </servlet>

   <servlet-mapping>
```

```
        <servlet-name>SecurityJsp</servlet-name>
        <url-pattern>/security.jsp</url-pattern>
    </servlet-mapping>

    <security-constraint>
        <web-resource-collection>
            <web-resource-name>protected area</web-resource-name>
            <url-pattern>*.jsp</url-pattern>
            <http-method>GET</http-method>
        </web-resource-collection>

        <auth-constraint>
            <!--sales 角色的用户可以访问所有的 JSP 页面-->
            <role-name>sales</role-name>
        </auth-constraint>
    </security-constraint>

    <login-config>
        <auth-method>FORM</auth-method>
        <form-login-config>
            <form-login-page>/login.html</form-login-page>
            <form-error-page>/error.html</form-error-page>
        </form-login-config>
    </login-config>

    <security-role>
        <role-name>sales</role-name>
    </security-role>
    <security-role>
        <role-name>market</role-name>
    </security-role>
    <security-role>
        <role-name>admin</role-name>
    </security-role>
</web-app>
```

注意内容中的粗体部分。

启动 Tomcat，打开浏览器，输入下面的 URL：http://localhost:8080/ch18/security.jsp，输入用户名 zhangsan，输入密码 1234，将看到如图 18-7 所示的页面。输入用户名 wangwu，输入密码 1234，将看到如图 18-8 所示的页面。

图 18-7　security.jsp 显示经理页面

图 18-8　security.jsp 显示销售人员页面

18.5 SQL 注入攻击的防范

Web 应用程序的安全性涉及多个方面，前面讲述的是通过验证和授权来防止未授权的用户访问受保护的资源。但有时候，安全问题往往是由系统本身的漏洞或程序员在编码上的疏忽而引起的。

我们看下面的一段代码：

```
…
    String name=request.getParameter("name");
    String pwd=request.getParameter("password");

    if(null==name || null==pwd)
    {
     response.sendRedirect("login.jsp");
     return;
    }

    if(name.equals("") || pwd.equals(""))
    {
     out.println("用户名和密码不能为空，请重新<a href=login.jsp>登录</a>");
     return;
    }

    …

    Statement stmt=conn.createStatement();
    String strCmd="select username from managers where username="+"
'"+name+"' and password='"+pwd+"'";
    ResultSet rs=stmt.executeQuery(strCmd);

    if(rs.next())
    {
       session.setAttribute("user",name);
       response.sendRedirect("admin.jsp");
       return;
    }
    else
    {
       response.sendRedirect("login.jsp");
       return;
    }
 …
```

这段代码比较简单，主要是判断登录的用户是否是管理员，如是，则显示管理页面。管理员的信息保存在数据中，通过一个 SQL 语句查询登录用户的用户名和密码是否与数据库中保存的信息相匹配，这个 SQL 语句是根据用户登录时输入的用户名和密码动态构造的。

输入用户名 zhangsan 和密码 1234 后，构造的 SQL 语句如下所示：

```
select username from managers where username='zhangsan' and password='1234'
```

假设此时一个恶意的用户通过查看网页源代码，知道了表单中输入用户名的文本域和口令域的名字，直接在浏览器的地址栏中输入如下的 URL：http://localhost:8080/ch22/loginchk.jsp? name=abc&password =1111111' or '1'='1，那么他就能顺利地访问到管理页面。为什么随便一个用户名和密码就能访问管理页面呢？我们看一下代码中构造的 SQL 语句就明白了，如下所示：

```
    select username from managers where username='abc' and password='1111111'
or '1'='1'
```

注意最后的“or '1'='1'”，这是一个恒等的条件。原来这个恶意的用户利用 SQL 语句的特点构造了一个特殊的查询，让原本不成立的条件（用户名和密码的匹配条件）成立了。这就是“大名鼎鼎”的 SQL 注入（SQL Injection）攻击的一个例子。

SQL 注入利用某些系统没有对用户输入的数据进行充分的检查，而在用户输入的数据中注入非法的 SQL 语句段或 SQL 命令，从而利用系统的 SQL 引擎完成恶意行为的做法。

我们只要了解了攻击的方式，就可以进行有效的防范。对于 Java 语言来说，要防范上述的攻击非常简单，无须去判断用户输入的数据中是否有特殊的字符或语句，对于动态 SQL 语句的执行，只要用 PreparedStatement 取代 Statement 就可以了。我们将上述执行 SQL 语句的代码段修改如下：

```
…
    PreparedStatement pstmt=conn.prepareStatement("select username from
managers where username=? and password=?");
    pstmt.setString(1,name);
    pstmt.setString(2,pwd);
    ResultSet rs=pstmt.executeQuery();
…
```

如果恶意用户输入下面的 URL：http://localhost:8080/ch22/loginchk.jsp?name=abc&password=1111111' or '1'='1，那么将不能再访问到管理页面，读者可以自行测试一下。

在 Java 语言中使用 PreparedStatement，可以有效地防范上述形式的 SQL 注入攻击。对于其他的程序语言，可能就需要仔细检查用户输入的数据，过滤一些特殊字符，例如单引号、双引号、斜杠、反斜杠、冒号、空白等字符。SQL 注入攻击的形式多种多样，有些还利用了数据库系统本身的一些系统功能。在实际应用中，如果执行动态 SQL 语句，则要使用 PreparedStatement，而不要用 Statement。此外，对于你所用的数据库，如果要了解有哪些安全的漏洞，则可以咨询数据库管理员，最简单的方法是上网查找相关 SQL 注入攻击的资料，从而加以防范。

很多时候，安全的问题都是人为造成的。知识的缺乏、编码的疏忽、管理的漏洞（密码过于简单）等都会给系统留下安全的隐患。在开发 Web 应用程序时，有以下一些经验可以遵循：

- 系统的出错信息不要直接提供给客户端。有的程序在运行出错时，直接向客户端显示异常信息，有的甚至将自己调试阶段输出的信息也输出到了客户端（发布产品时忘了删除调试语句），有经验的用户根据这些信息就足以攻击系统了。当系统出错时，只应提供一些一般化的错误信息，而不应该给出任何与错误有关的具体信息。

- 用户输入数据的检查应充分。很多程序员会在客户端通过 JavaScript 来检查输入数据，而在服务器端则不再检查。有经验的恶意用户很容易就可以避开 JavaScript 的检查，从而将带有特殊字符的数据传给服务器端。所以，在客户端和服务器端都应该对用户输入的数据进行严格的检查，如果有需要，还可以过滤输入数据中包含的特殊字符。

18.6 小结

本章主要介绍了 Servlet 规范中定义的对用户进行验证的 4 种机制，对于基本验证和基于表单的验证，还分别给出了实例。Tomcat 提供了 6 个标准的 Realm 插件实现，让我们可以将用户信息保存到多种存储机制中。利用 HttpServletRequest 接口中定义的 3 个与安全相关的方法，可以在程序中实施更细粒度的安全控制。

最后，本章介绍了 SQL 注入攻击的实现原理，并提供了防范的建议。

第19章 避免表单的重复提交

本章要点

- 掌握如何在客户端避免表单的重复提交
- 掌握如何在服务器端避免表单的重复提交

当用户在表单中填写完信息，单击“提交”按钮后，可能会因为没有看到成功信息而再次单击“提交”按钮，从而导致在服务端接收到两条同样的信息，如果这个信息是要保存到数据库中的，那么就会出现两条重复的信息，或者出现数据库操作异常（假设字段设置了唯一性约束）。在实际应用中，如果用户没有及时看到响应信息，就会导致重复提交时有发生。响应不及时有可能是因为在这个时段服务器的负载较大，或者服务器上的某个应用占用了较多的资源，导致对用户提交数据的处理时间过长，又或者这个处理本身就是比较耗时的操作。

有时候，即使响应及时，也有可能会出现重复提交的情况。服务器端的程序在处理完用户提交的信息后，调用 RequestDispatcher.forward()方法将用户请求转发给成功页面，在用户看到成功信息后，单击“刷新”按钮，此时浏览器将再次提交用户先前输入的数据。这是因为调用 RequestDispatcher.forward()方法，浏览器所保留的 URL 是先前表单提交的 URL，如果采用 HttpServletResponse.sendRedirect()方法将客户端重定向到成功页面，就不会出现重复提交的问题了。

本节将分别介绍如何在客户端和服务器端避免表单的重复提交。

19.1 在客户端避免表单的重复提交

在客户端可以通过 JavaScript 脚本来控制表单提交的次数。我们可以在 JavaScript 脚本中设置一个变量，初始将其设为 true，当提交后，将它设为 false。根据该变量的值为 true 还是为 false，来决定是否提交表单。

在客户端控制表单提交的例子如例 19-1 所示。

例 19-1　index.jsp

```
<%@ page contentType="text/html;charset=GBK" %>

<html>
    <head>
        <title>登录页面</title>
        <script language="javascript">
            <!--
                var checkSubmitFlg=true;
                function checkSubmit()
                {
                    if(true==checkSubmitFlg)
                    {
                        //document.theForm.btnSubmit.disabled=true;
                        document.theForm.submit();
                        checkSubmitFlg=false;
                    }
                    else
                    {
                        alert("你已经提交了表单，请不要重复提交！");
                    }
                }
            //-->
        </script>
    </head>
    <body>
        <form method="post" action="handler" name="theForm">
            <table>
                <tr>
                    <td>用户名：</td>
                    <td><input type="text" name="username"></td>
                </tr>
                <tr>
                    <td>邮件地址：</td>
                    <td><input type="text" name="email"></td>
                </tr>
                <tr>
                    <td><input type="reset" value="重填"></td>
                    <td><input type="button" name="btnSubmit" value="提
交" onClick= "checkSubmit();"/></td>
                </tr>
            </table>
        </form>
    </body>
</html>
```

注意 JavaScript 脚本中注释的语句“**document.theForm.btnSubmit.disabled=true;**”，

这句话的作用是将“提交”按钮变灰，禁止它使用，如果使用这句代码，就不需要 else 语句的部分了。读者在实际应用中，也可以采用这种方式，即用户单击“提交”按钮后，直接将按钮 disable（变灰，不可用），这样就不需要弹出警告对话框了。读者可以根据情况，选择使用这两种方式之一。

为了便于测试，我们编写了如例 19-2 所示的 Servlet 类。

例 19-2　HandlerServlet.java

```
package org.sunxin.ch19.servlet;

import java.io.IOException;
import java.io.PrintWriter;

import javax.servlet.ServletException;
import javax.servlet.http.HttpServlet;
import javax.servlet.http.HttpServletRequest;
import javax.servlet.http.HttpServletResponse;

public class HandlerServlet extends HttpServlet
{
    int count=0;
    public void doPost(HttpServletRequest req, HttpServletResponse resp)
                throws ServletException,IOException
    {
        resp.setContentType("text/html;charset=GBK");

        PrintWriter out=resp.getWriter();
        try
        {
            Thread.sleep(5000);
        }
        catch(InterruptedException e)
        {
            System.err.println(e);
        }

        System.out.println("submit : "+count);
        if(count%2==1)
            count=0;
        else
            count++;
        out.println("success");
        out.close();
    }
}
```

为了更好地演示客户端对重复提交的控制，我们在 HandlerServlet 类中调用 Thread.sleep()

方法，让当前线程睡眠 5 秒钟（即暂停执行 5 秒钟），然后再继续执行。同时，通过变量 count，在服务器端记录客户端提交的次数。

在 WEB-INF\web.xml 文件中，添加对 HandlerServlet 类的配置，如例 19-3 所示。

例 19-3 web.xml

```
…
    <servlet>
         <servlet-name>HandlerServlet</servlet-name>
         <servlet-class>
             org.sunxin.ch19.servlet.HandlerServlet
         </servlet- class>
    </servlet>

    <servlet-mapping>
         <servlet-name>HandlerServlet</servlet-name>
         <url-pattern>/handler</url-pattern>
    </servlet-mapping>
…
```

启动 Tomcat 服务器，打开浏览器，在地址栏中输入 http://localhost:8080/ch19/index.jsp，连续两次单击“提交”按钮，将看到如图 19-1 所示的画面。虽然在客户端单击了两次“提交”按钮，但实际上只提交了一次，这从服务器端的输出就可以看出，如图 19-2 所示。

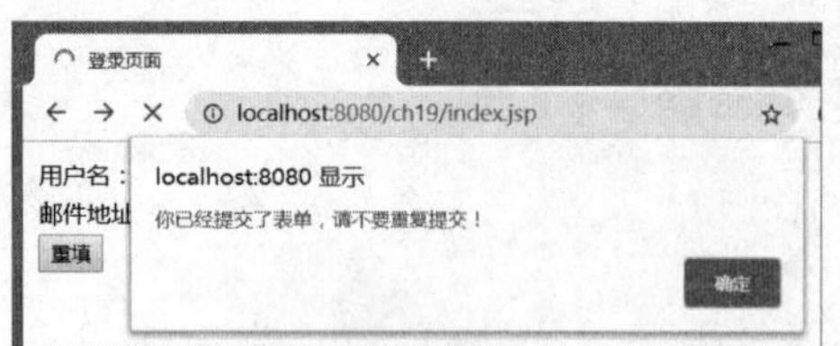

图 19-1 客户端通过 JavaScript 脚本控制表单的重复提交

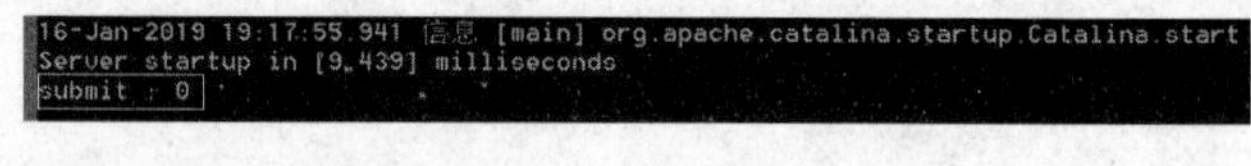

图 19-2 服务器端显示的信息表明表单只提交了一次

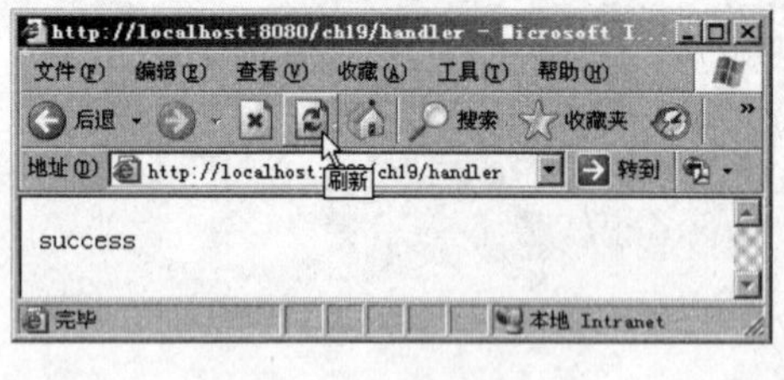

图 19-3 显示成功信息

在客户端通过 JavaScript 脚本控制表单的重复提交，也有它的不足之处。当显示成功信息后，如图 19-3 所示。用户单击“刷新”按钮，将导致表单的再次提交；或者用户单击“后退”按钮后，再次提交表单，那么也将导致表单的重复提交。

对于这两种情况，可以利用在服务器端产生同步令牌（Token）的方式来避免。

19.2 在服务器端避免表单的重复提交

利用同步令牌来解决重复提交的基本原理如下。

（1）用户访问包含表单的页面，服务器端在这次会话中创建一个 Session 对象，并产生一个令牌值，将这个令牌值作为隐藏输入域（<input>元素的 type 属性为 hidden）的值，随表单一起发送到客户端，同时将令牌值保存到 Session 中。

（2）用户提交页面，服务器端首先判断请求参数中的令牌值和 Session 中保存的令牌值是否相等，如果相等，则清除 Session 中的令牌值，然后执行数据处理操作；如果不相等，则提示用户已经提交过了表单，同时新产生一个令牌值，保存到 Session 中，当用户重新访问提交数据页面时（刷新页面），将新产生的令牌值作为隐藏输入域的值。

本节将介绍如何利用同步令牌来避免表单的重复提交。

在 Struts（一个开发源代码的 Web 框架）中给出了同步令牌的一个参考实现，org.apache.struts.util.TokenProcessor 类封装了对同步令牌进行处理的方法，这个类是一个单例类，以保证在 Web 应用程序运行过程中使用的都是同一个实例。TokenProcessor 类主要提供了下列方法。

1）public java.lang.String **generateToken**(HttpServletRequest request)

该方法根据当前用户会话 ID 和当前的系统时间生成一个唯一的令牌值。

2）public void **saveToken**(HttpServletRequest request)

该方法调用 generateToken()方法产生一个令牌值，并将它保存到 Session 中，如果 Session 不存在，则创建一个新的 Session。

3）public void **resetToken**(HttpServletRequest request)

清除保存在用户 Session 中的令牌值。

4）public boolean **isTokenValid**(HttpServletRequest request)

5）public boolean **isTokenValid**(HttpServletRequest request, boolean reset)

以上 4）和 5）两个方法获取请求参数中的令牌值，并与保存在用户 Session 中的令牌值进行比较，以判断是否相等。这两个方法在下述 4 种情况下将返回 false：

- 与参数 request 关联的 Session 对象不存在。
- Session 中没有保存的令牌值。
- 请求参数中没有包含令牌值。
- 请求参数中的令牌值与用户 Session 中保存的令牌值不匹配。

参数 reset 表示在检测后是否要清除保存在用户 Session 中的令牌值。前一个方法调用后一个方法，并给 reset 参数传递 false（即在检测后不清除 Session 中的令牌值）。

我们仿照 org.apache.struts.util.TokenProcessor 类编写了一个令牌处理类，并做了适当的简化与补充，这个类也命名为 TokenProcessor，属于 org.sunxin.ch19.util 包，完整的源代码如例 19-4 所示。

例 19-4　TokenProcessor.java

```
package org.sunxin.ch19.util;

import java.security.MessageDigest;
import java.security.NoSuchAlgorithmException;

import javax.servlet.http.HttpServletRequest;
import javax.servlet.http.HttpSession;
```

```
/**
 * TokenProcessor 类是一个单例类
*/
public class TokenProcessor
{
    static final String TOKEN_KEY="org.sunxin.token";

    private static TokenProcessor instance = new TokenProcessor();

    /**
     * getInstance()方法得到单例类的实例
     */
    public static TokenProcessor getInstance()
    {
        return instance;
    }

    /**
     * 最近一次生成令牌值的时间戳
     */
    private long previous;

    /**
     * 判断请求参数中的令牌值是否有效
     */
    public synchronized boolean isTokenValid(HttpServletRequest request)
    {
        //得到请求的当前 Session 对象
        HttpSession session = request.getSession(false);
        if (session == null)
        {
            return false;
        }

        //从 Session 中取出保存的令牌值
        String saved = (String) session.getAttribute(TOKEN_KEY);
        if (saved == null) {
            return false;
        }

        //清除 Session 中的令牌值
        resetToken(request);


        //得到请求参数中的令牌值
        String token = request.getParameter(TOKEN_KEY);
        if (token == null) {
```

```
            return false;
        }

        return saved.equals(token);
    }

    /**
     * 清除 Session 中的令牌值
     */
    public synchronized void resetToken(HttpServletRequest request)
    {

        HttpSession session = request.getSession(false);
        if (session == null) {
            return;
        }
        session.removeAttribute(TOKEN_KEY);
    }

    /**
     * 产生一个新的令牌值，保存到 Session 中，
     * 如果当前 Session 不存在，则创建一个新的 Session
     */
    public synchronized void saveToken(HttpServletRequest request)
    {

        HttpSession session = request.getSession();
        String token = generateToken(request);
        if (token != null) {
            session.setAttribute(TOKEN_KEY, token);
        }

    }

    /**
     * 根据用户会话 ID 和当前的系统时间生成一个唯一的令牌
     */
    public synchronized String generateToken(HttpServletRequest request)
    {

        HttpSession session = request.getSession();
        try
        {
            byte id[] = session.getId().getBytes();
            long current = System.currentTimeMillis();
            if (current == previous)
```

```
        {
            current++;
        }
        previous = current;
        byte now[] = new Long(current).toString().getBytes();
        MessageDigest md = MessageDigest.getInstance("MD5");
        md.update(id);
        md.update(now);
        return toHex(md.digest());
    }
    catch (NoSuchAlgorithmException e)
    {
        return null;
    }
}

/**
 * 将一个字节数组转换为一个十六进制数字的字符串
 */
private String toHex(byte buffer[])
{
    StringBuffer sb = new StringBuffer(buffer.length * 2);
    for (int i = 0; i < buffer.length; i++)
    {
        sb.append(Character.forDigit((buffer[i] & 0xf0) >> 4, 16));
        sb.append(Character.forDigit(buffer[i] & 0x0f, 16));
    }
    return sb.toString();
}

/**
 * 从 Session 中得到令牌值，如果 Session 中没有保存令牌值，则生成一个新的令牌值
 */
public synchronized String getToken(HttpServletRequest request)
{
    HttpSession session = request.getSession(false);
    if(null==session)
        return null;
    String token=(String)session.getAttribute(TOKEN_KEY);
    if(null==token)
    {
       token = generateToken(request);
        if (token != null)
        {
            session.setAttribute(TOKEN_KEY, token);
            return token;
```

```
            }
            else
                return null;
        }
        else
            return token;
    }
}
```

接下来，我们修改提交信息的页面 index.jsp，增加一个隐藏输入域，并以服务器端产生的令牌值作为它的值。修改后的代码如例 19-5 所示。

例 19-5　index.jsp

```
<%@ page contentType="text/html;charset=GBK" %>
<%@ page import="org.sunxin.ch19.util.TokenProcessor" %>

<html>
    <head>
        <title>登录页面</title>
        <script language="javascript">
            <!--
                var checkSubmitFlg=true;
                function checkSubmit()
                {
                    if(true==checkSubmitFlg)
                    {
                        document.theForm.submit();
                        checkSubmitFlg=false;
                    }
                    else
                    {
                        alert("你已经提交了表单，请不要重复提交！");
                    }
                }
            //-->
        </script>
    </head>
    <body>
        <%
            TokenProcessor processor=TokenProcessor.getInstance();
            String token=processor.getToken(request);
        %>
        <form method="post" action="handler" name="theForm">
            <table>
                <tr>
                    <td>用户名：</td>
                    <td><input type="text" name="username"></td>
```

```
                </tr>
                <tr>
                    <td>邮件地址：</td>
                    <td>
                        <input type="text" name="email">
                        <input type="hidden" name="org.sunxin.token" value="
<%=token%>"/>
                    </td>
                </tr>
                <tr>
                    <td><input type="reset" value="重填"></td>
                    <td><input type="button" name="btnSubmit" value="提交"
onClick= "checkSubmit();"/></td>
                </tr>
            </table>

        </form>
    </body>
</html>
```

新添加的代码以粗体显示。注意隐藏输入域的名字要和 TokenProcessor 类中定义的静态常量 TOKEN_KEY 的值保持一致，如果不一致，就需要修改 TokenProcessor 类中从请求对象得到令牌值的代码。

为了使用同步令牌机制，我们还需要修改 HandlerServlet 类，修改后的代码如例 19-6 所示。

例 19-6 HandlerServlet.java

```
package org.sunxin.ch19.servlet;

import java.io.IOException;
import java.io.PrintWriter;

import javax.servlet.ServletException;
import javax.servlet.http.HttpServlet;
import javax.servlet.http.HttpServletRequest;
import javax.servlet.http.HttpServletResponse;

import org.sunxin.ch19.util.TokenProcessor;

public class HandlerServlet extends HttpServlet
{
    int count=0;
    public void doPost(HttpServletRequest req, HttpServletResponse resp)
                throws ServletException,IOException
    {
        resp.setContentType("text/html;charset=GBK");
```

```
            PrintWriter out=resp.getWriter();

            TokenProcessor processor=TokenProcessor.getInstance();
            if(processor.isTokenValid(req))
            {
                try
                {
                    Thread.sleep(5000);
                }
                catch(InterruptedException e)
                {
                    System.out.println(e);
                }

                System.out.println("submit : "+count);
                if(count%2==1)
                    count=0;
                else
                    count++;
                out.println("success");
            }
            else
            {
                processor.saveToken(req);
                out.println("你已经提交了表单，同一表单不能提交两次。");
            }
            out.close();
        }
    }
```

新添加的代码以粗体显示。代码中在对提交的数据进行处理前（通过 Thread.sleep()方法来模拟），先判断请求参数中的令牌值是否有效，如果有效，则进行下一步的处理，此时 Session 中的令牌值已在 isTokenValid()方法中被移除，当用户重复提交时，isTokenValid()方法将会返回 false，于是输出"已经重复提交"的提示信息。

当用户下一次（或者另一个用户）访问提交页面时，在隐藏输入域和 Session 中将保存相同的新的令牌值。利用同步令牌机制，可以有效地解决重复提交的问题，而对新用户的访问则没有任何的影响。

下面我们对同步令牌机制进行测试，完成编译和部署工作后，重启 Tomcat 服务器，打开浏览器，在地址栏中输入 http://localhost:8080/ch19/index.jsp，单击"提交"按钮，当出现"success"信息后，单击"刷新"按钮，将看到如图 19-4 所示的页面。若用户看到这个信息后，还不死心，则单击"后退"按钮，再次单击"提交"按钮，于是又一次看到了同样的提示信息。我们从服务器端的输出（Tomcat

图 19-4　服务器端提示用户已经提交过了表单

的运行窗口）可以看到，实际只提交了一次。

通过上面的实验可以看出，结合客户端的 JavaScript 脚本和服务器端的同步令牌可以有效地解决重复提交的问题。

19.3 小结

本章通过实例，介绍了在 Web 开发中如何解决表单重复提交的问题。

第 20 章

使用 Eclipse 开发 Web 应用

本章要点

- 掌握 Eclipse 的使用
- 了解文件上传的格式
- 学会使用 commons-fileupload 组件开发文件上传程序
- 掌握文件下载程序的编写
- 掌握如何给图片添加水印和文字

本章主要介绍如何使用 Eclipse 来开发多种用途的文件上传和下载程序，以及如何给图片添加水印和文字。

20.1 Eclipse 介绍

Eclipse 是一个开放源代码的、基于 Java 的可扩展的开发平台。大多数人都是将 Eclipse 作为 Java 的集成开发环境使用的。虽然 Eclipse 是使用 Java 语言开发的，但 Eclipse 不仅可以用于 Java 的开发，还可以用于其他语言的开发，如 C/C++。

Eclipse 只是一个框架和一组服务，它通过各种插件来构建开发环境，因此只要提供支持 C/C++或其他编程语言的插件，Eclipse 就可以作为这些语言的集成开发环境。

Eclipse 最早是由 IBM 开发的，后来，IBM 将 Eclipse 作为一个开放源代码的项目发布。现在 Eclipse 在 Eclipse.org 协会的管理与指导下开发。

20.1.1 下载并安装 Eclipse

在写作本书时，Eclipse 的最新版本是 2018-12(4.10.0)（网站：https://www.eclipse.org/）。不过，由于我们要开发 Web 应用程序，因此选择“Eclipse IDE for Enterprise Java Developers”版本进行下载。打开浏览器，输入网址 https://www.eclipse.org/downloads/packages/，出现如图 20-1 所示的页面。

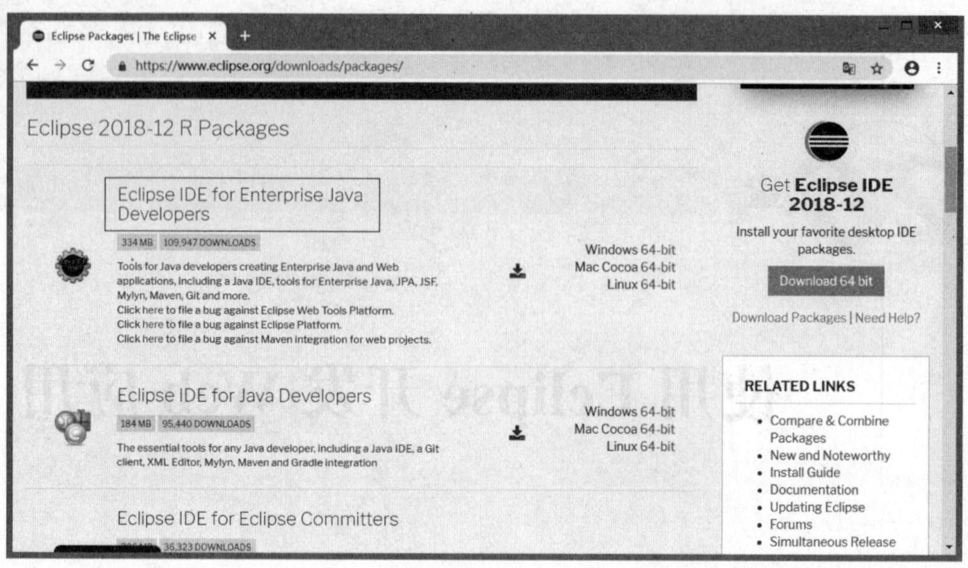

图 20-1　Eclipse 各版本的下载页面

选择“Eclipse IDE for Enterprise Java Developers”进行下载，单击右侧的“Windows 64-bit”进入该版本的下载页面。在下载完成后，你将得到一个名为 eclipse-jee-2018-12-R-win32-x86_64.zip 的压缩文件，解压缩该文件，得到 eclipse 目录，在该目录下有一个 eclipse.exe 文件，双击这个可执行文件，就可以启动 Eclipse for Java EE 的集成开发环境。

20.1.2　Eclipse 开发环境介绍

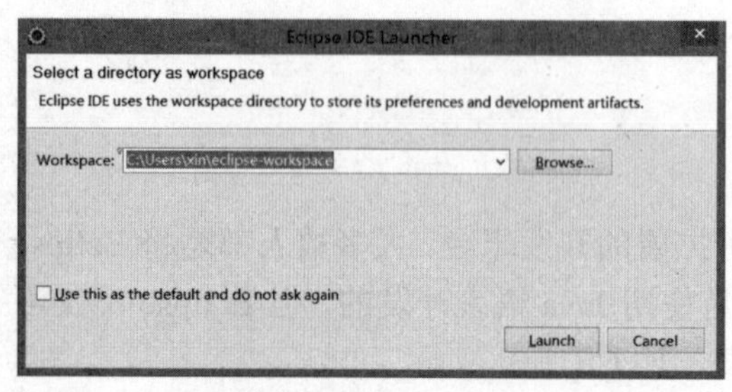

图 20-2　选择工作空间对话框

在 eclipse 目录下用鼠标双击 eclipse.exe，启动 Eclipse，你将看到如图 20-2 所示的对话框窗口。

Eclipse 将项目保存在一个称为工作空间的文件夹中，这个对话框窗口就是让你选择用于本次会话的工作空间文件夹。笔者在 F 盘上创建了 workspace 文件夹，将其用作本章例子程序的工作空间文件夹。读者可以根据自身的情况选择用作工作空间的文件夹。如果不想每次启动都看到这个窗口，则可以将“Use this as the default and do not ask again”复选框选中。

在选择好工作空间文件夹后，单击“Launch”按钮，你将看到如图 20-3 所示的欢迎界面。

单击右上角的“Workbench”图标，可以进入工作台窗口（即桌面开发环境），如图 20-4 所示。欢迎页面右侧的 4 个链接，从上到下，依次是“Eclipse 功能概述”“Eclipse 指南”“Eclipse 实例”“新增内容”，可以作为学习资源使用。

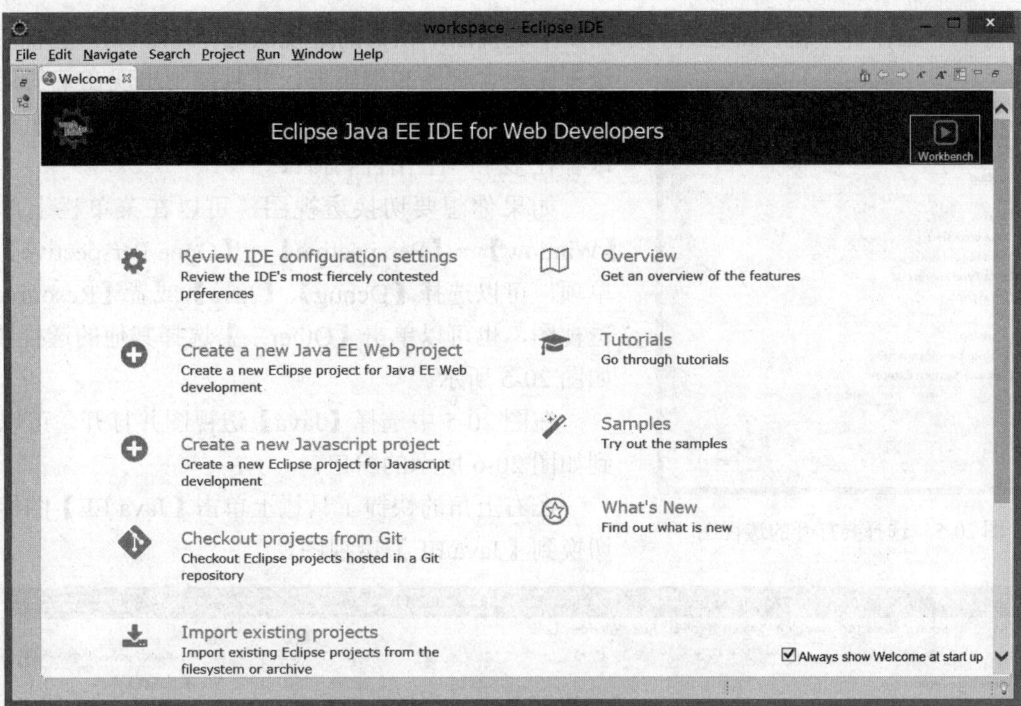

图 20-3　Eclipse 的欢迎界面

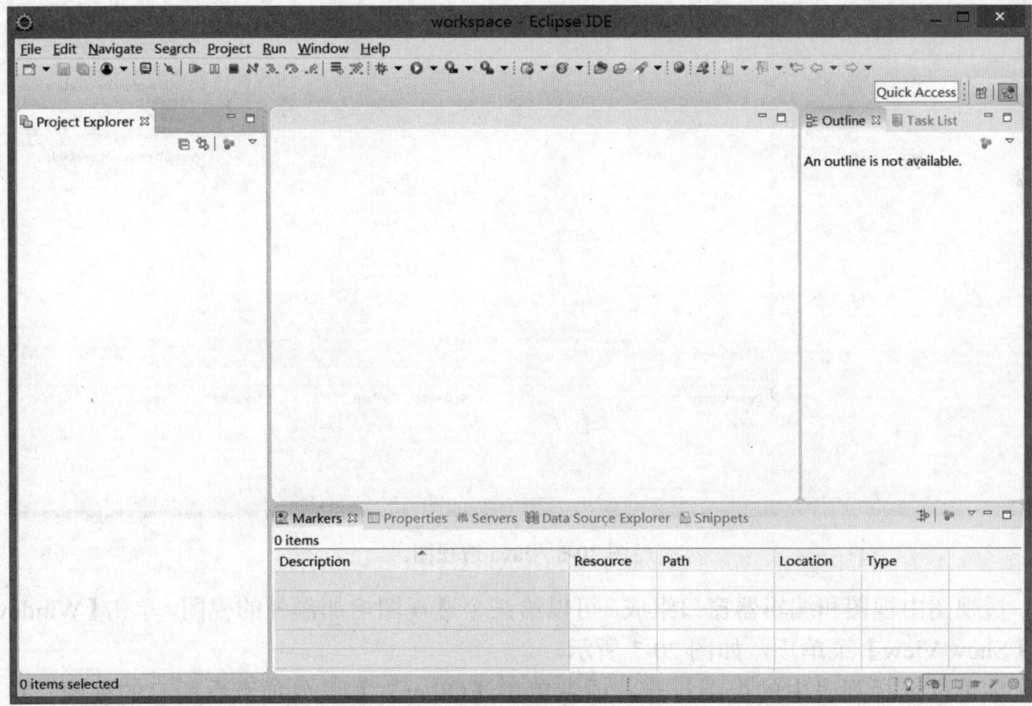

图 20-4　Eclipse 的工作台窗口

每个“工作台”窗口都包含一个或多个透视图，默认的透视图是“Java EE”透视图。透视图包含视图和编辑器，并且控制出现在某些菜单栏和工具栏中的内容。在任何给定时间，桌面上都可以存在多个“工作台”窗口。

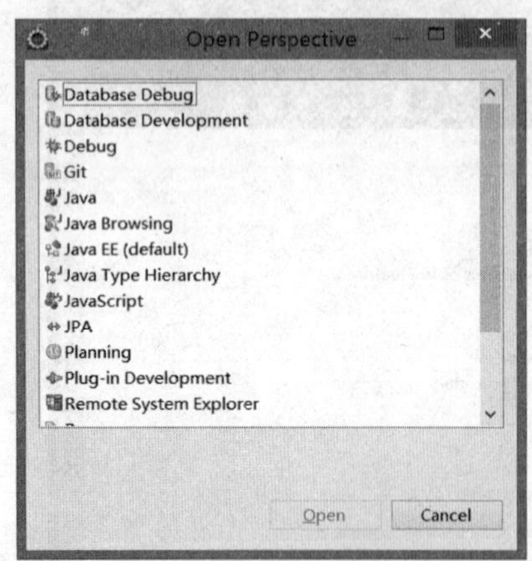

图 20-5　选择要打开的透视图

如果你想要切换透视图，可以在菜单栏上单击【Window】→【Perspective】→【Open Perspective】菜单项，可以选择【Debug】、【Java】或者【Resource】透视图，也可以单击【Other...】选择其他的透视图，如图 20-5 所示。

在图 20-5 中选择【Java】透视图并打开，可以看到如图 20-6 所示的窗口。

在右上角的快捷工具栏上单击【Java EE】图标可切换到【Java EE】透视图。

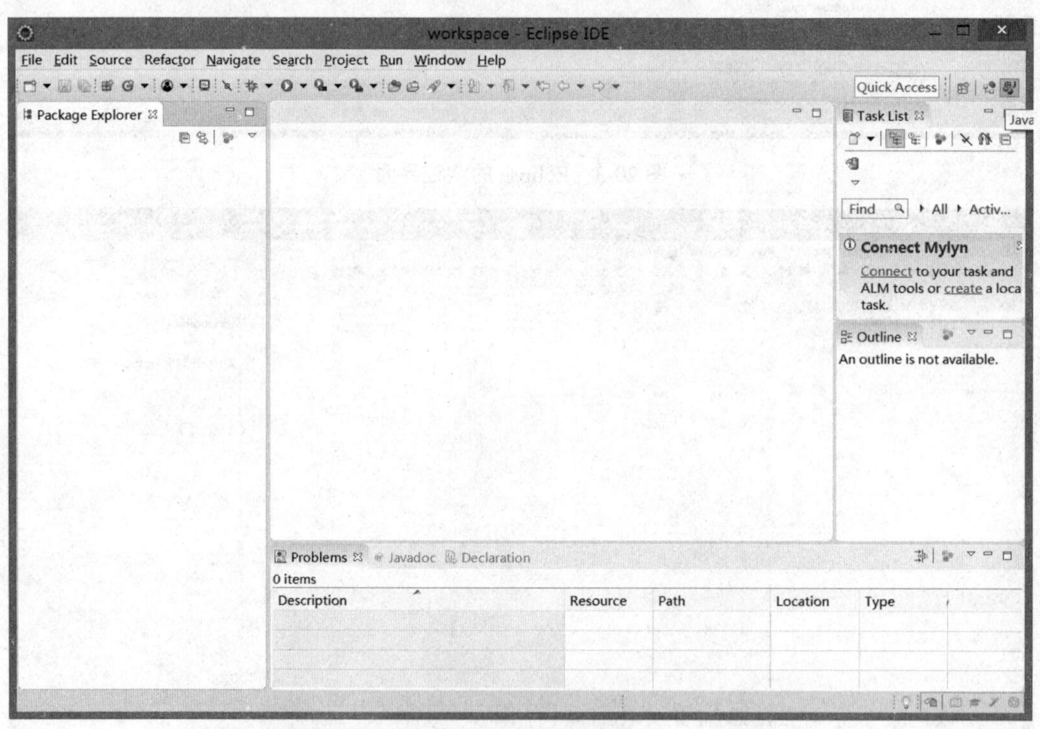

图 20-6　Java 透视图

透视图由视图和编辑器窗口组成。可以给某个透视图增加额外的视图，单击【Window】→【Show View】菜单项，如图 20-7 所示。

你可以选择列表中的视图打开，或者单击【Other...】菜单项查看所有的视图。单击【Bookmarks】菜单项，在【Java EE】透视图中打开 Bookmarks 视图，如图 20-8 所示。

注意图 20-8 中矩形框中的部分。可以单击视图标签右上角的叉号（×）来关闭视图窗口。

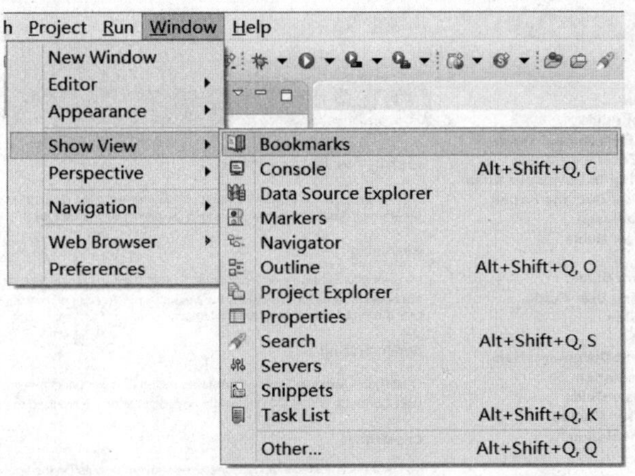

图 20-7　选择显示的视图

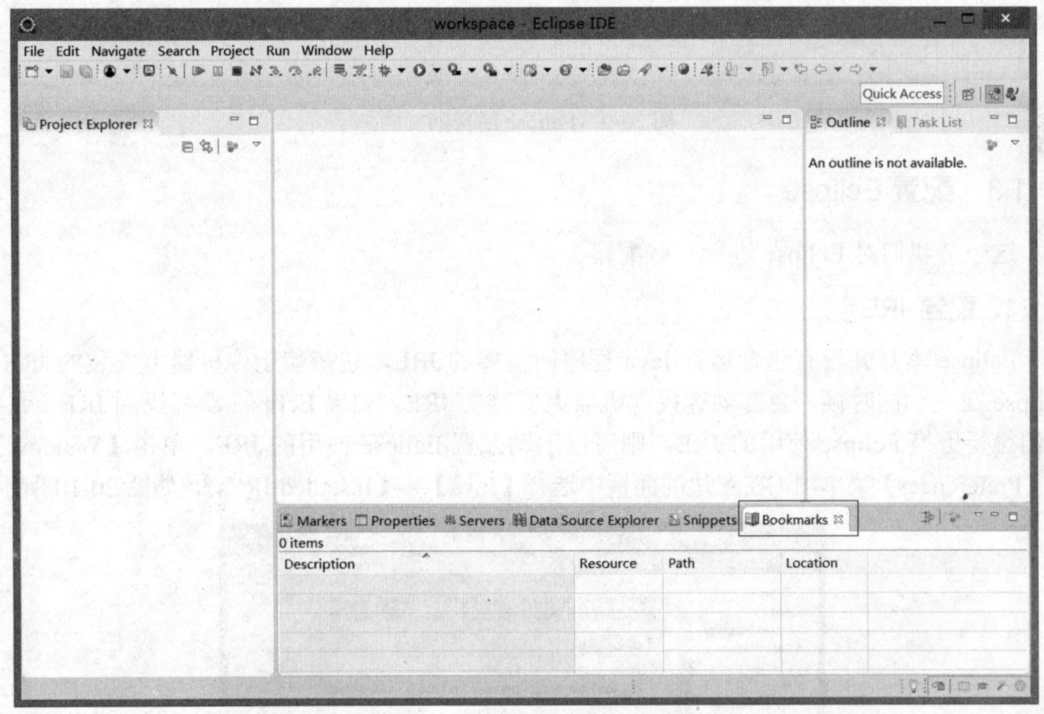

图 20-8　在【Java EE】透视图中显示 Bookmarks 视图

如果想要查看 Eclipse 的帮助文档，则可以单击菜单栏上的【Help】→【Help Contents】菜单项，如图 20-9 所示。

其中“Workbench User Guide”教你如何使用 Eclipse 这个开发工具，“Java development user guide”教你如何利用 Eclipse 开发 Java 程序，“Plug-in Development Environment Guide”教你如何开发 Eclipse 的插件。

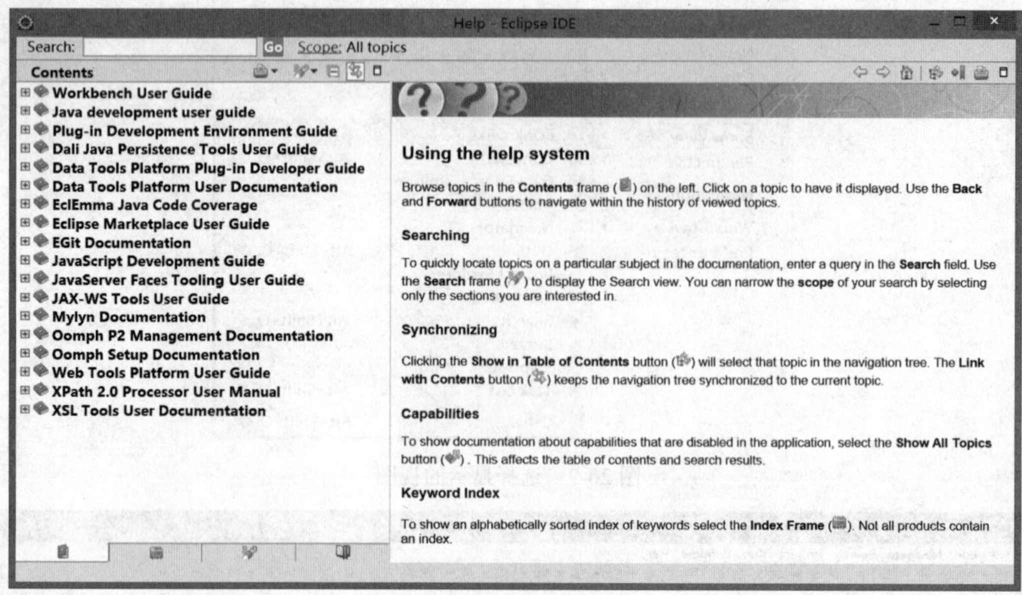

图 20-9　Eclipse 的帮助文档

20.1.3　配置 Eclipse

这一节我们对 Eclipse 进行一些配置。

1．配置 JRE

Eclipse 本身并没有包含运行 Java 程序所需要的 JRE，它依赖于你机器上安装的 JRE。Eclipse 在启动的时候，会自动查找你机器上安装的 JRE。如果 Eclipse 没有找到 JRE，或者我们想要更换 Eclipse 使用的 JRE，则可以手动配置 Eclipse 使用的 JRE。单击【Window】→【Preferences】菜单项，在左边的面板中选择【Java】→【Installed JREs】，如图 20-10 所示。

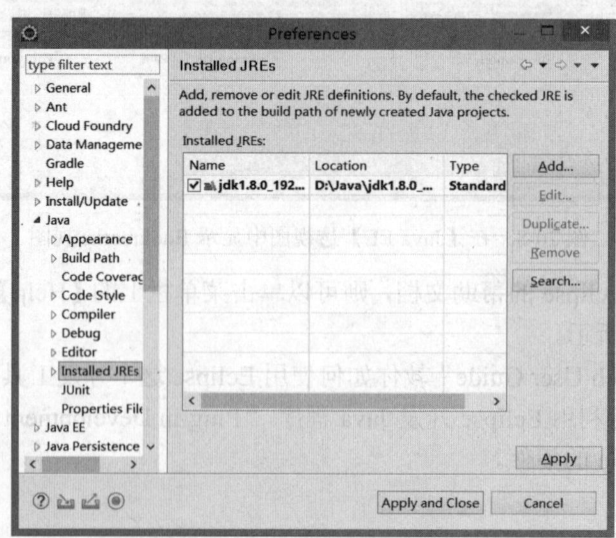

图 20-10　已安装的 JRE

单击右边窗口的“Add…”按钮，出现如图 20-11 所示的界面。

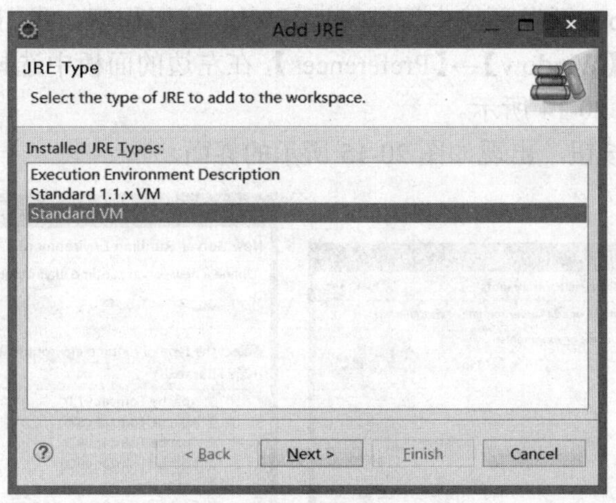

图 20-11　选择 JRE 的类型

选中“Standard VM”，单击“Next”按钮，出现如图 20-12 所示的界面。

单击“Directory…”按钮，选择 JRE 的安装目录（也可以直接选择 JDK 的安装目录），然后单击“选择文件夹”，回到“Add JRE”窗口，如图 20-13 所示。

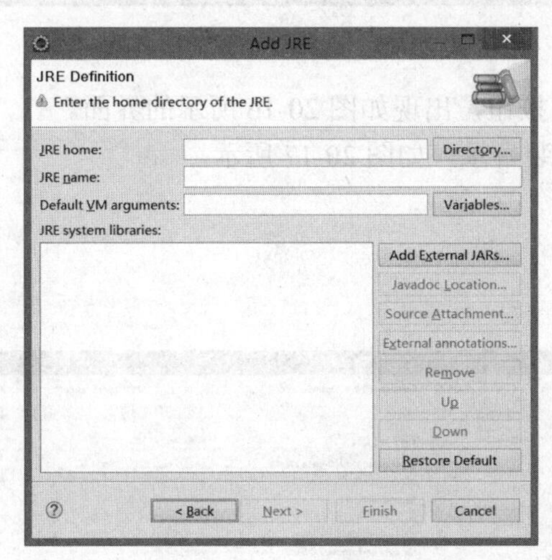

图 20-12　添加 JRE 配置

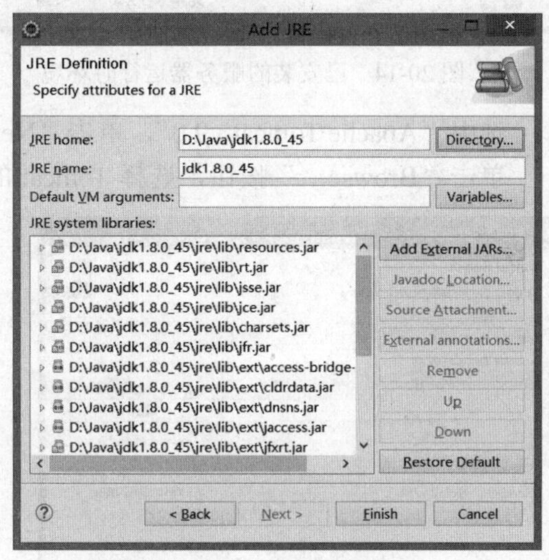

图 20-13　配置好的 JRE

单击“Finish”按钮，回到“Preferences”窗口，选中你想使用的 JRE，单击右下方的“Apply”按钮，结束 JRE 的配置。

提 示　在安装 JDK 时，会分别安装 JDK 和 JRE，此外在 JDK 的安装目录下也有一个 JRE，两个 JRE 是一样的，在开发时选择哪一个 JRE 都可以。但要注意的是，在安装 JDK 11 版本时，不会同时安装 JRE。

2. 配置 Tomcat 服务器

为了能够在 Eclipse 开发环境中调试和运行 Web 应用程序，我们需要在 Eclipse 中配置 Tomcat 服务器。单击【Window】→【Preferences】，在左边的面板中选择【Server】→【Runtime Environments】，如图 20-14 所示。

单击“Add...”按钮，出现如图 20-15 所示的界面。

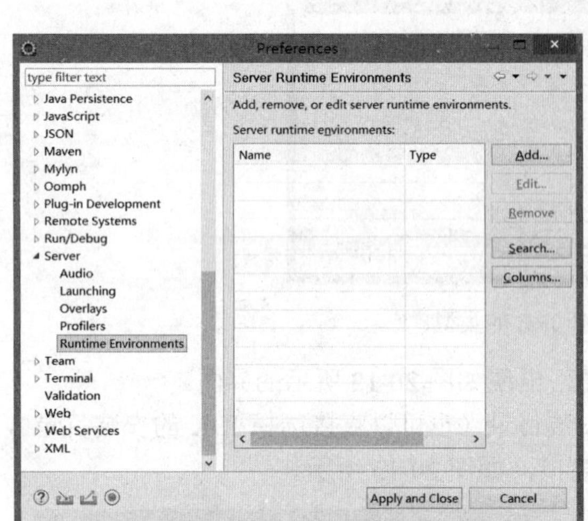

图 20-14　已安装的服务器运行时环境

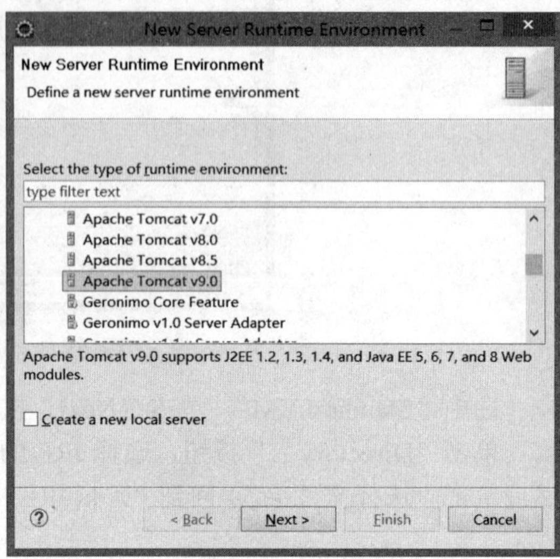

图 20-15　选择要配置的服务器

选中“Apache Tomcat v9.0”，单击“Next”按钮，出现如图 20-16 所示的界面。

单击“Browse...”按钮，选择 Tomcat 的安装目录，如图 20-17 所示。

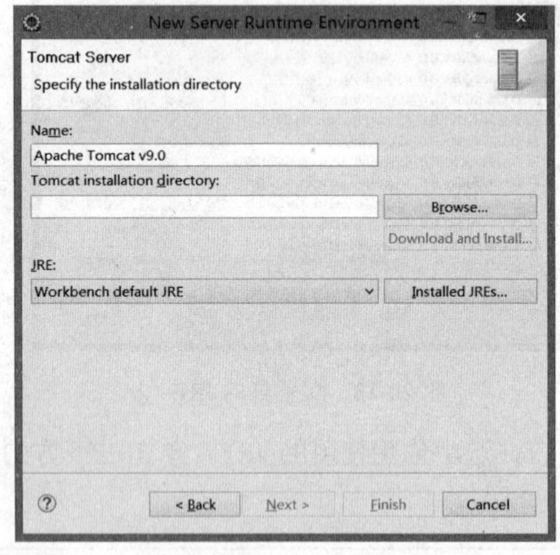

图 20-16　配置 Tomcat 服务器

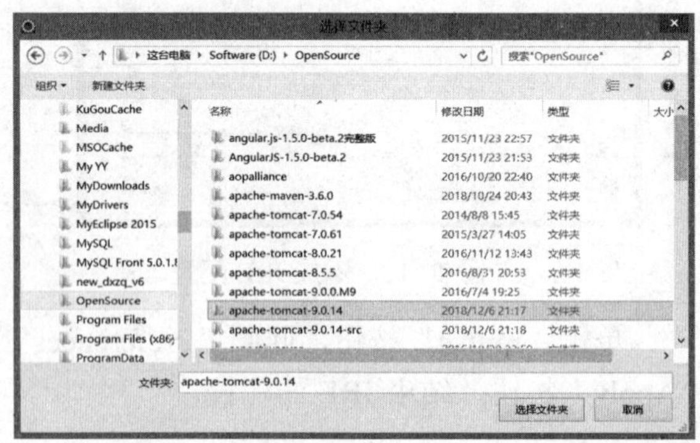

图 20-17　选择 Tomcat 的安装目录

单击“选择文件夹”按钮，回到“New Server Runtime Environment”窗口，单击“Finish”按钮，完成 Tomcat 服务器的配置。

在【Java EE】透视图的下方选中“Servers”标签页，如图 20-18 所示。

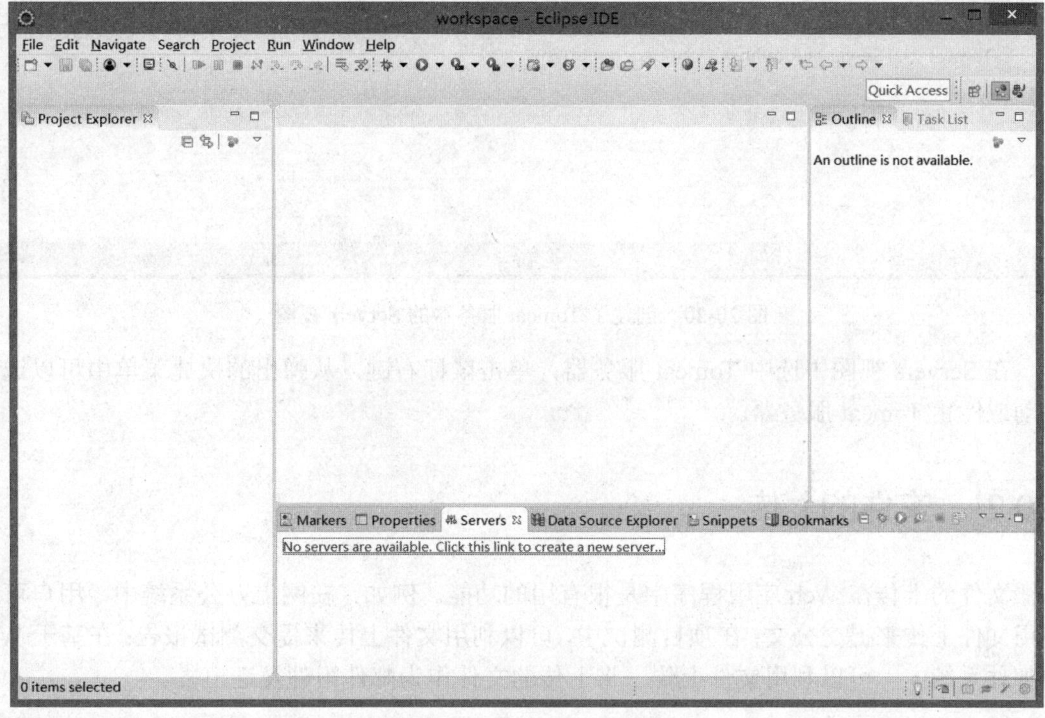

图 20-18　打开“Servers”视图

在下方的窗口中单击“Click this link to create a new server”链接，选中刚才配置的“Tomcat v9.0 Server”，如图 20-19 所示。

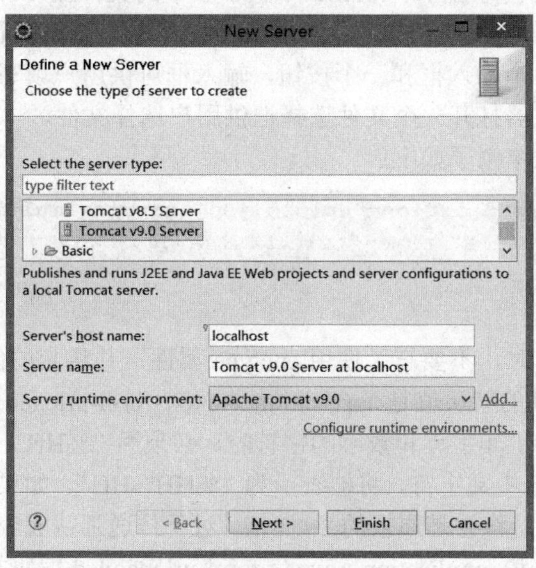

图 20-19　新建 Tomcat 服务器

单击“Finish”按钮，完成 Tomcat 服务器的创建，你将看到如图 20-20 所示的 Servers 视图。

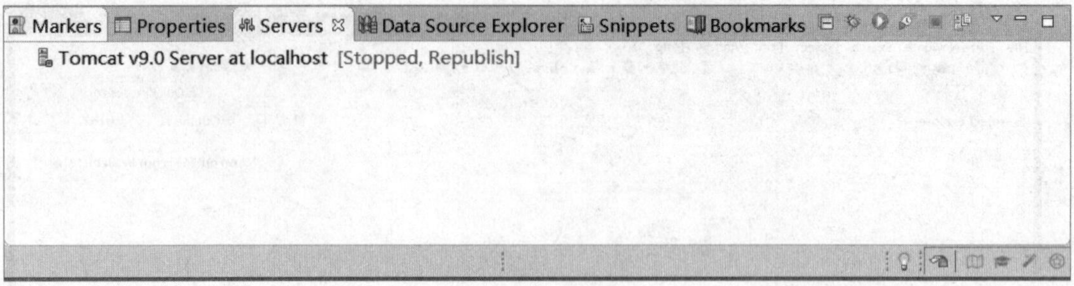

图 20-20　创建了 Tomcat 服务器的 Servers 视图

在 Servers 视图中选中 Tomcat 服务器，单击鼠标右键，从弹出的快捷菜单中可以选择启动或停止 Tomcat 服务器。

20.2 文件的上传

文件的上传在 Web 应用程序中是很有用的功能。例如，在网上办公系统中，用户可以使用文件上传来提交公文；在项目测试中，可以利用文件上传来提交测试报告；在基于 Web 的邮件系统中，可以利用文件上传，将上传的文件作为邮件附件发送出去。

20.2.1 基于表单的文件上传

在早期的 HTML 中，表单不能实现文件的上传，这多少限制了一些网页的功能。1995 年 11 月发布的 RFC1867 规范（即 HTML 中基于表单的文件上传）对表单做了扩展，增加了一个表单元素（<input type="file">）。如果在表单中使用了这个元素，那么浏览器在解析表单时，会自动生成一个输入框和一个按钮，输入框可供用户填写本地文件的文件名和路径名，按钮可以让浏览器打开一个文件选择框供用户选择文件。

一个文件上传的表单例子如下：

```
<form method="post" action="upload.jsp enctype="multipart/form-data">
    <input type="file" name="file1" size="40"><p>
    <input type="submit" value="上传">
</form>
```

注意：在建立表单时，不要忘了使用 enctype 属性，并将它的值指定为 multipart/form-data。表单 enctype 属性的默认值是 application/x-www-form-urlencoded，这种编码方案使用有限的字符集，当使用了非字母和数字的字符时，必须用“%HH”代替（这里的 H 表示十六进制数字），例如一个中文字符，将被表示为“%HH%HH”。如果采用这种编码方式上传文件，那么上传的数据量将会是原来的 2～3 倍。对于传送那些大容量的二进制数据或包含非 ASCII 字符的文本来说，application/x-www-form-urlencoded 编码类型远远不能满足要求，于是 RFC1867 定义了一种新的媒体类型：multipart/form-data，这是一种将填写好的表单内容从客户端传送到服务器端的高效方式。新的编码类型只是在传送数据的周围加上简单的头部来标识文件的内容。

20.2.2　文件上传格式分析

为了更好地理解文件上传功能的实现，我们有必要对文件上传的数据格式进行分析。笔者编写了一个文件上传的表单，如下：

```
<form action="upload.jsp" method="post" ENCTYPE="multipart/form-data">
    <input type="file" name="file1" size="50"><br>
    <input type="file" name="file2" size="50"><br>
    <input type="text" name="desc"><p>
    <input type="submit" value="上传">
</form>
```

笔者使用 IE 浏览器上传两个文件 hello.txt（内容为“Hello World!”）和 welcome.txt（内容为“Welcome you!”），并在文本输入控件中填写了“这两个文件用于测试”，当单击“上传”按钮时，在服务器端接收到的数据格式如下：

```
POST /ch20/upload.jsp HTTP/1.1
…
Content-Type: multipart/form-data; boundary=---------------------------7d524726803a2
…
Content-Length: 493
…
Cache-Control: no-cache
(CRLF)
-----------------------------7d524726803a2
Content-Disposition: form-data; name="file1"; filename="F:\JSPLesson\hello.txt"
Content-Type: text/plain
(CRLF)
Hello World!
-----------------------------7d524726803a2
Content-Disposition: form-data; name="file2"; filename="F:\JSPLesson\welcome.txt"
Content-Type: text/plain
(CRLF)
Welcome you!
-----------------------------7d524726803a2
Content-Disposition: form-data; name="desc"
(CRLF)
这两个文件用于测试
-----------------------------7d524726803a2--
```

像所有的 MIME 传输一样，在用 POST 方式传送表单内容的时候，CRLF（表示回车换行）被用作行的分隔符。

可以看到在消息报头部分，实体报头域 Content-Type 的值是 multipart/form-data，指明客户端传送的是文件内容，如果 Content-Type 的值不是 multipart/form-data，那么可以认为这次的请求不是上传文件。在 Content-Type 报头域中，还有一个属性 boundary，用于指明传送内容的分隔符，不过要注意，**这个分隔符是随机的，而且不同的浏览器采用的分隔符**

形式也是不同的。

实体报头域 Content-Length 用于指明传送内容的总长度，如果服务器端要限制上传文件的大小，可以利用 ServletRequest 接口的 getContentLength()方法得到请求正文的长度，然后判断是否接收客户端上传的文件内容。

在一个空行后面，就是由多组传送的数据组成的请求正文部分，以分隔符开始，不过要注意，在请求正文中使用的分隔符和 Content-Type 报头域的属性 boundary 设置的分隔符不完全一样，在请求正文中使用的分隔符在前面多加了两个连字符（--）。其形式如下：

```
Content-type: multipart/form-data, boundary=AaB03x
```

在请求正文中使用的分隔符为：--AaB03x。

在请求正文的每一部分内容中，都可以看到 Content-Disposition 报头域，它的值是 form-data，它的属性 name 指明了在表单中的字段名。例如：

```
Content-Disposition: form-data; name="file1"
```

这里的 file1 就是对应于表单中该字段的字段名。我们可以通过判断 Content-Disposition 报头域是否包含 filename 属性，来确定该部分的内容是否为文件的内容。

对所有的多部分 MIME 类型来说，每一部分都有一个可选的 Content-Type，默认的值是 text/plain。如果文件的内容通过填写表单上传，那么文件输入就被标识为 application/octet-stream，不过，如果浏览器知道文件内容是什么类型的，就标识为相应的媒体类型。

在每一部分的空行之后，就是上传文件的内容或者表单中相应字段的值。最后的结尾是分隔符加上两个连字符（--），我们在获取请求正文的文件数据时，可以通过判断分隔符之后是否还有两个连续的连字符（--），来确定数据处理是否完成。

对于文件上传来说，要读取文件的内容，不能使用 ServletRequest 接口的 getParameter()方法，而需要调用 ServletRequest 接口的 getInputStream()方法来得到输入流，然后从输入流中读取传送的内容，再根据文件上传的格式进行分析，取出上传文件的内容和表单中其他字段的内容。

文件上传的格式和实现文件上传功能的基本方法，笔者已经介绍完了，感兴趣的读者可以自己实现文件上传的功能。不过，笔者需要提醒读者的是，在分析文件上传格式的时候，不能简单地进行字符串比较，因为传送的内容有可能是二进制数据（例如，上传图片），而不单纯是字符数据。

20.2.3 commons-fileupload 组件

Commons 是 Apache 开放源代码组织中的一个 Java 子项目，该项目主要涉及一些在开发中常用的模块，例如文件上传、命令行处理、数据库连接池、XML 配置文件处理等。这些项目集合了来自世界各地软件工程师的心血，其在性能和稳定性等方面都经受得住实际应用的考验，有效地利用这些项目将会给开发带来显而易见的效果。Fileupload 就是其中用来处理基于表单的文件上传的子项目，commons-fileupload 组件性能优异，而且支持任意大小文件的上传。

commons-fileupload 组件可以从 http://commons.apache.org/fileupload/上下载，在写作本书时的最新版本是 1.4。下载它的 Binary 压缩包（commons-fileupload-1.4-bin.zip），在解压缩后的目录中有一个 commons-fileupload-1.4.jar 文件，就是 commons-fileupload 组件的类库。

commons-fileupload 组件从 1.1 版本开始依赖于 Apache 的另外一个项目：commons-io，它的下载网址是 http://commons.apache.org/io/，在写作本书时的最新版本是 2.6。下载它的 Binary 压缩包（commons-io-2.6-bin.zip），解压缩后的目录中有一个 commons-io-2.6.jar 文件，就是 commons-io 组件的类库。

在 commons-fileupload 组件中，我们主要用到下面三个接口和类。

- org.apache.commons.fileupload.FileItem
- org.apache.commons.fileupload.disk.DiskFileItemFactory
- org.apache.commons.fileupload.servlet.ServletFileUpload

ServletFileUpload 负责处理上传的文件数据，并将每部分的数据封装到一个 FileItem 对象中。DiskFileItemFactory 是创建 FileItem 对象的工厂类，在这个工厂类中可以配置内存缓冲区大小和存放临时文件的目录。ServletFileUpload 在接收上传文件数据时，会将文件内容保存到内存缓冲区中，如果文件内容超过了 DiskFileItemFactory 指定的缓冲区大小，那么文件内容将被保存到磁盘上，存储为 DiskFileItemFactory 指定目录中的临时文件。等文件数据都接收完毕后，ServletFileUpload 再从临时文件中将数据写入上传文件目录下的文件中。

在 FileItem 接口中定义的主要方法如下：

1）public byte[] get()

以字节数组的形式返回文件数据项的内容。

2）public java.lang.String getContentType()

返回客户端浏览器设置的文件数据项的 MIME 类型。

3）public java.lang.String getFieldName()

返回文件数据项对应的表单中的字段的名字。

4）public java.io.InputStream getInputStream() throws java.io.IOException

返回一个输入流，通过这个输入流来读取文件的内容。

5）public java.lang.String getName()

返回在客户端文件系统中文件的原始文件名，这是由客户端的浏览器提供的。

6）public java.io.OutputStream getOutputStream() throws java.io.IOException

返回一个输出流，利用这个输出流可以存储文件的内容。

7）public long getSize()

返回文件数据项的大小。

8）public java.lang.String getString()

使用默认的字符编码，以字符串的形式返回文件数据项的内容。

9）public java.lang.String getString(String charset) throws java.io.UnsupportedEncodingException

使用指定的编码方式，以字符串的形式返回文件数据项的内容。

10）public boolean isFormField()

判断 FileItem 对象是否表示了一个简单的表单字段。

11）public void write(java.io.File file) throws java.lang.Exception

将文件数据项的内容写到硬盘上。

20.2.4 文件上传实例

在这一节，我们利用 Eclipse 作为开发环境，使用 commons-fileupload 组件实现文件上传。实例的开发主要有下列步骤。

Step1：新建 Web 项目

在 Eclipse 开发环境中，单击菜单【File】→【New】→【Project...】菜单项，出现如图 20-21 所示的窗口。

展开“Web”节点，选中“Dynamic Web Project”，出现如图 20-22 所示的窗口。

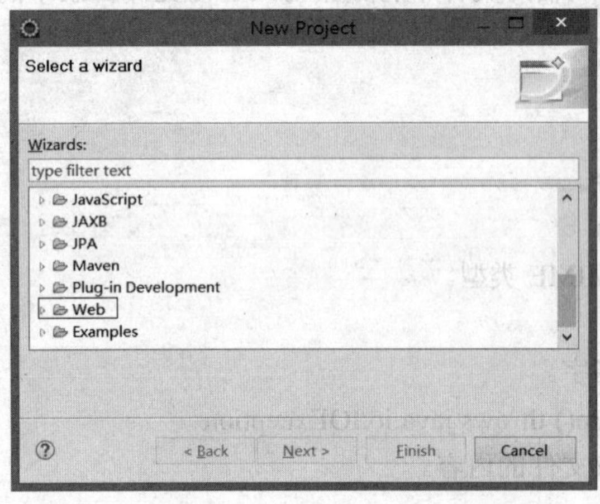

图 20-21 新建项目

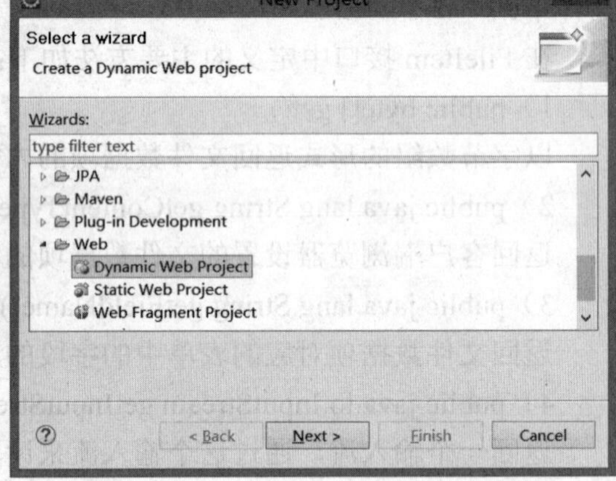

图 20-22 选择“Dynamic Web Project”

单击“Next”按钮，在“New Dynamic Web Project”窗口中，输入项目的名称，在本例中输入的名称是“ch20”，如图 20-23 所示。

如果之前你已经在第 20.1.3 节配置好了 Tomcat 服务器，那么这里在输入项目名称后，保持其他为默认选择，单击“Next”按钮，出现如图 20-24 所示的窗口。

保持默认选择，单击“Next”按钮，出现如图 20-25 所示的窗口。

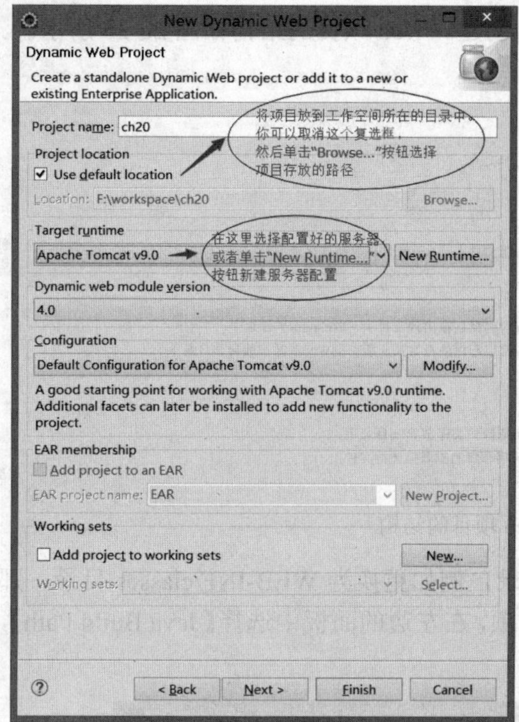

图 20-23　输入项目的名称

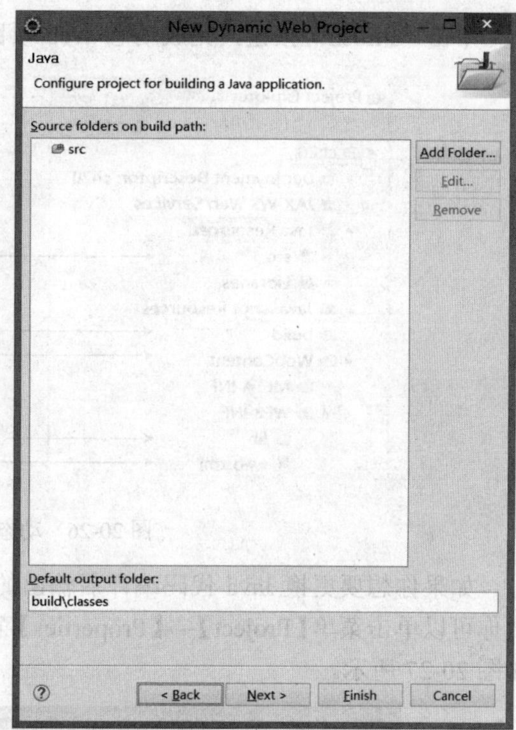

图 20-24　配置 Java 源文件的目录及编译后的输出目录

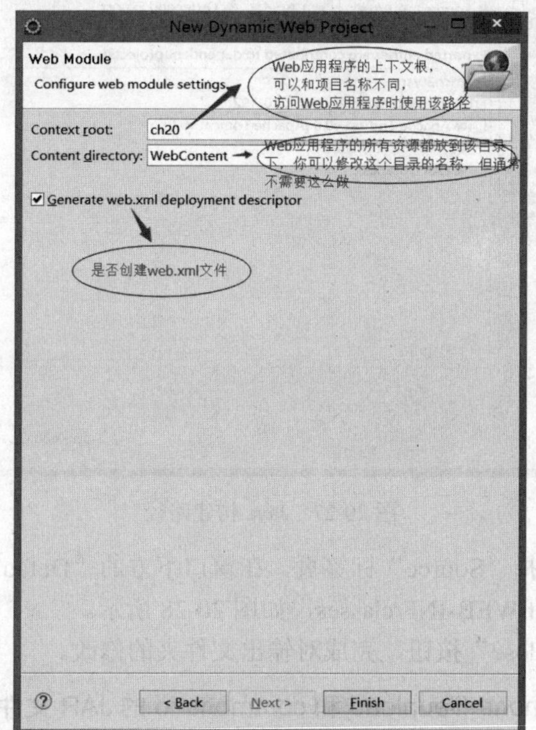

图 20-25　配置 Web 模块

单击“Finish”按钮，完成动态 Web 项目的创建。Web 项目的结构如图 20-26 所示。

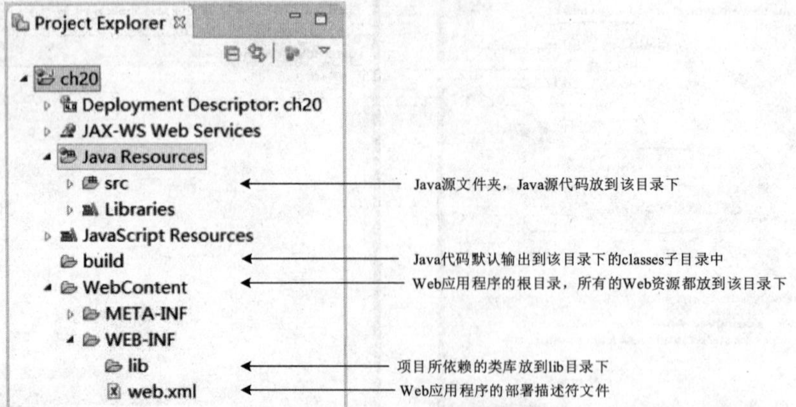

图 20-26　动态 Web 项目的结构

如果你想要更换 Java 代码编译后输出的目录，例如更换为 WEB-INF/classes 目录，那么你可以单击菜单【Project】→【Properties】菜单项，在左边的面板中选择【Java Build Path】，如图 20-27 所示。

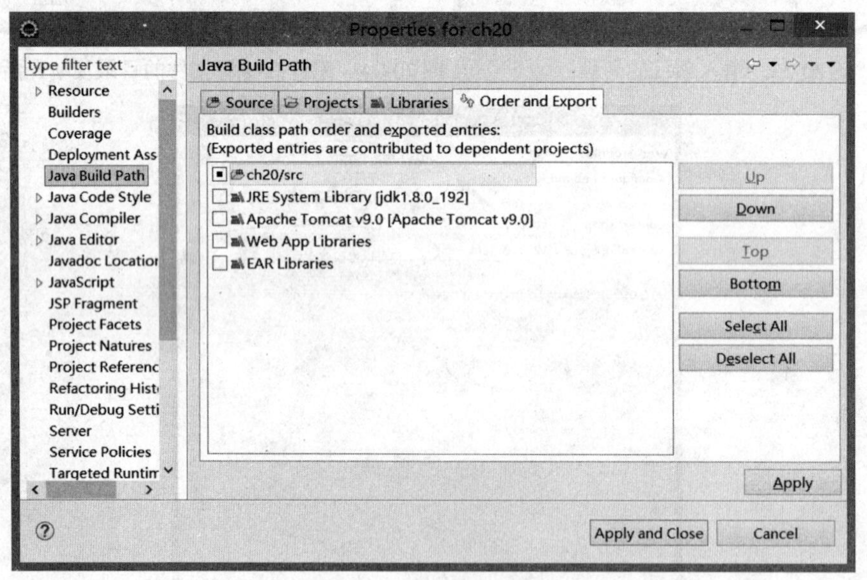

图 20-27　Java 构建路径

在右边的窗口中选择“Source”标签页，在窗口下方的“Default output folder”文本框中输入 ch20/WebContent/WEB-INF/classes，如图 20-28 所示。

单击“Apply and Close”按钮，完成对输出文件夹的修改。

Step2：导入 commons-fileupload 和 commons-io 的 JAR 文件

将 commons-fileupload-1.4.jar 和 commons-io-2.6.jar 复制到项目的 WebContent/WEB-INF/lib 目录下，Eclipse 会自动将 lib 目录下所有的 JAR 文件添加到项目的构建路径中。

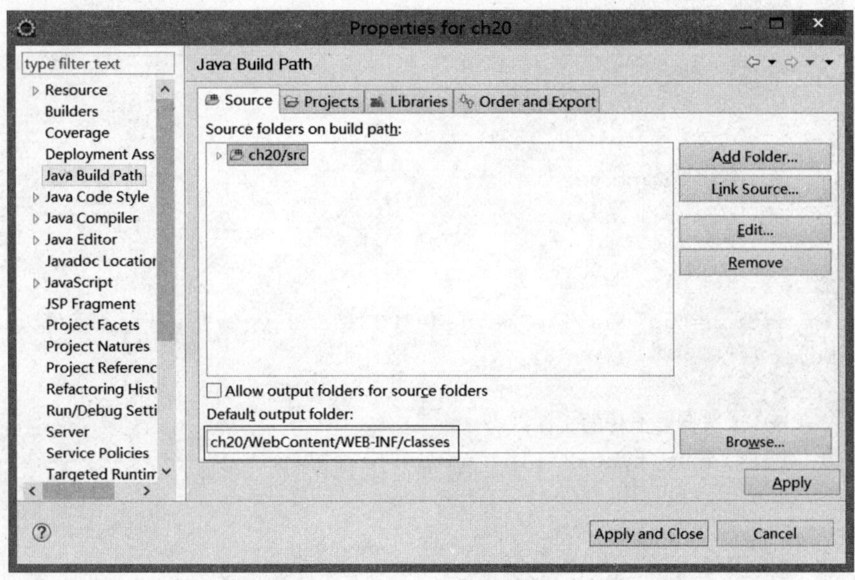

图 20-28　修改默认的输出文件夹

Step3：编写 upload.html

在项目的 WebContent 目录上单击鼠标右键，从弹出的快捷菜单中选择【New】→【HTML】菜单项，在打开的“New HTML File”窗口中输入文件名 upload.html，如图 20-29 所示。

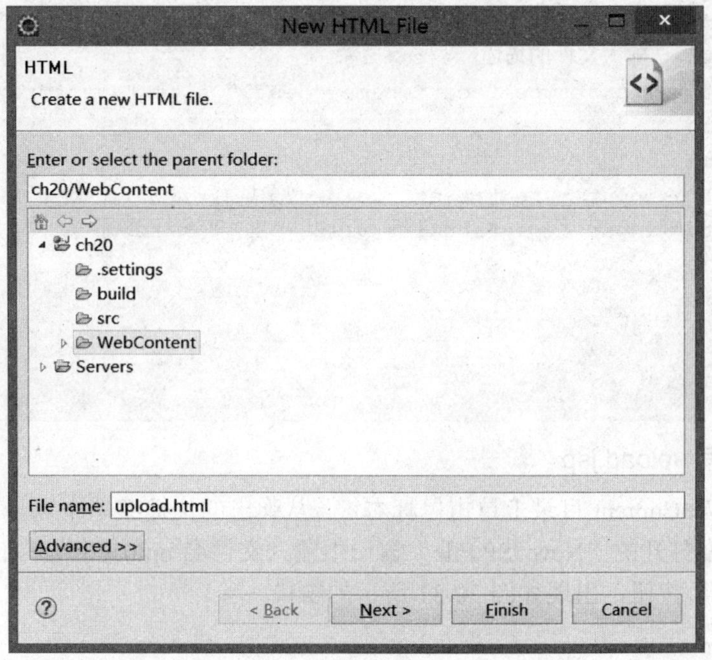

图 20-29　新建 HTML 页面

单击“Finish”按钮，完成 HTML 页面的创建。

在编辑器窗口中编辑 upload.html 文件，完整的代码如例 20-1 所示。

例 20-1 upload.html

```
<!DOCTYPE html>
<html>
  <head>
    <meta charset="GBK">
  <title>文件上传</title>
  </head>
  <body>
    <form action="upload.jsp"method="POST"enctype="Multipart/form-data">
      <table>
        <tr>
          <td>请选择要上传的文件：</td>
          <td><input type="file" name="file1" size="40"></td>
        </tr>
        <tr>
          <td>请输入文件的描述：</td>
          <td><input type="text" name="desc1" size="40"></td>
        </tr>
        <tr>
          <td>请选择要上传的文件：</td>
          <td><input type="file" name="file2" size="40"></td>
        </tr>
        <tr>
          <td>请输入文件的描述：</td>
          <td><input type="text" name="desc2" size="40"></td>
        </tr>
        <tr>
          <td><input type="reset" value="重填"></td>
          <td><input type="submit" value="上传"></td>
        </tr>
      </table>
    </form>
  </body>
</html>
```

Step4：编写 upload.jsp

在项目的 WebContent 目录上单击鼠标右键，从弹出的快捷菜单中选择【New】→【JSP File】菜单项，在打开的"New JSP File"窗口中输入文件名 upload.jsp，如图 20-30 所示。单击"Next"按钮，出现如图 20-31 所示的窗口。

图 20-30　新建 JSP 页面

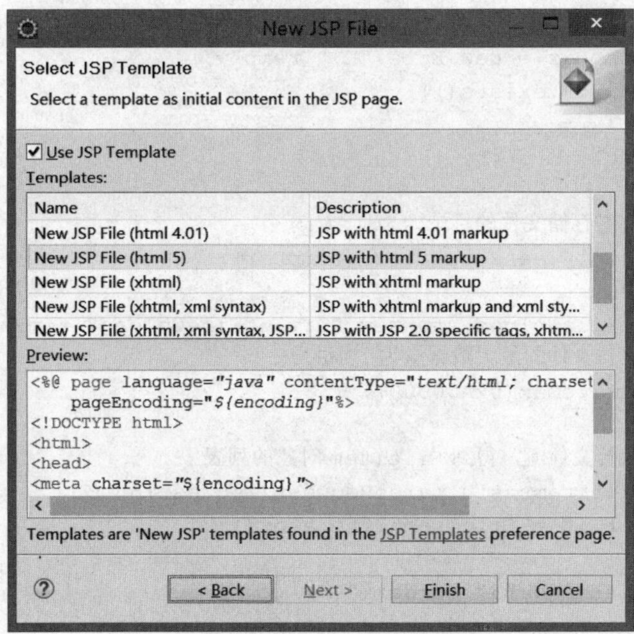

图 20-31　选择 JSP 页面使用的模板

保持默认的选择，单击“Finish”按钮，完成 JSP 页面的创建。

在编辑器窗口中编辑 upload.jsp 文件，完整的代码如例 20-2 所示。

例 20-2　upload.jsp

```
    <%@ page language="java" contentType="text/html; charset=GBK"
pageEncoding="GBK"%>
```

```
    <%@ page import="java.util.List,java.util.Iterator"%>
    <%@ page import="org.apache.commons.fileupload.servlet.
ServletFileUpload"%>
    <%@ page import="java.io.File"%>
    <%@ page
       import="org.apache.commons.fileupload.disk.DiskFileItemFactory"%>
    <%@ page import="org.apache.commons.fileupload.FileItem"%>

    <!DOCTYPE html>
    <html>
     <head>
          <meta charset="GBK">
      <title>upload</title>
     </head>
     <body>
     <%
          DiskFileItemFactory itemFactory = new DiskFileItemFactory();
          //设置内存缓冲区的阈值为 512KB
          itemFactory.setSizeThreshold(0x80000);


          File tempDir = new File("E:\\temp");
          if(!tempDir.exists())
          {
           tempDir.mkdir();
          }
          //设置临时存储文件的目录为 E:\temp
          itemFactory.setRepository(tempDir);

          ServletFileUpload sfu=new ServletFileUpload(itemFactory);
          //设置上传文件的最大数据量为 10MB
          sfu.setSizeMax(0xA00000);

          //解析上传文件流，得到 FileItem 对象的列表
          List fileItems=sfu.parseRequest(request);
          Iterator it = fileItems.iterator();
       %>
      <table cellpadding="3" border="1">
     <%
          //依次处理每个上传的文件
          while (it.hasNext())
          {
              FileItem item = (FileItem) it.next();
              //判断是否为文件字段
              if (!item.isFormField())
              {
                    String name = item.getName();
```

```
                long size = item.getSize();
                if((name==null || name.equals("")) && size==0)
                     continue;
   %>
  <tr>
   <td><%=item.getName()%></td>
   <td><%=item.getSize()%></td>
  </tr>
<%
                //保存上传的文件到指定的目录
                File uploadFileDir=new File("E:\\UploadFile");
                if(!uploadFileDir.exists())
                {
                  uploadFileDir.mkdir();
                }
                //如果浏览器传送的文件名是全路径名，则取出文件名
                int index=name.lastIndexOf(File.separator);
                if(index>0)
                     name=name.substring(index+1,name.length());

                File file=new File(uploadFileDir,name);
                item.write(file);
          }
          else
          {
   %>
  <tr>
   <td><%=item.getFieldName()%></td>
   <td><%=item.getString("GBK")%></td>
  </tr>
<%
          }
       }
   %>
 </table>
 </body>
</html>
```

在这个页面中，将接收到的文件以原始文件的文件名保存到 E:\UploadFile 目录下，同时在页面中显示原始文件在客户端文件系统中的全路径名和文件的大小。不是文件字段的表单信息，则显示字段的名字和它的值。

Step5：测试文件上传程序

在 upload.html 文件上单击鼠标右键，从弹出的快捷菜单中选择【Run As】→【Run on Server】菜单项，出现如图 20-32 所示的窗口。

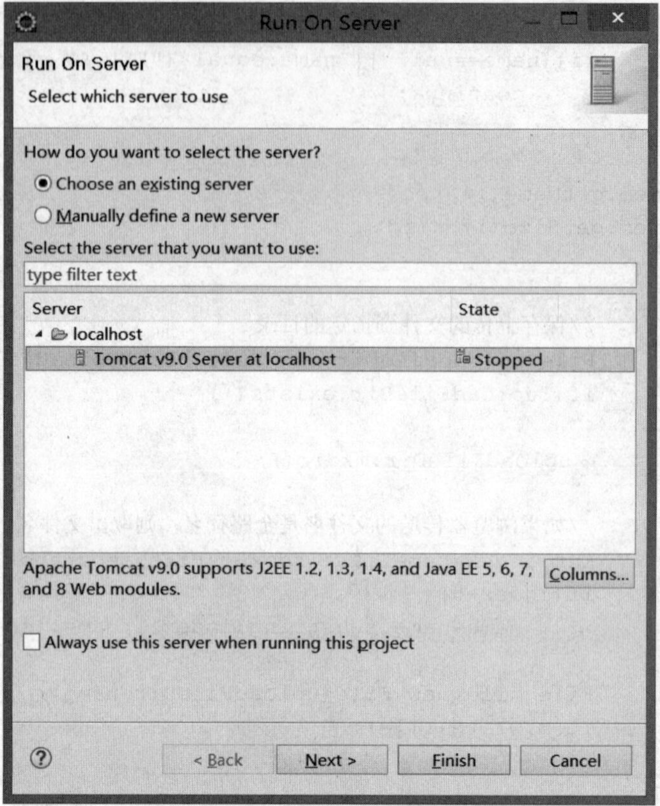

图 20-32　选择运行的服务器

选中 Tomcat 服务器，单击“Finish”按钮，启动 Tomcat 服务器，运行 upload.html，如图 20-33 所示。

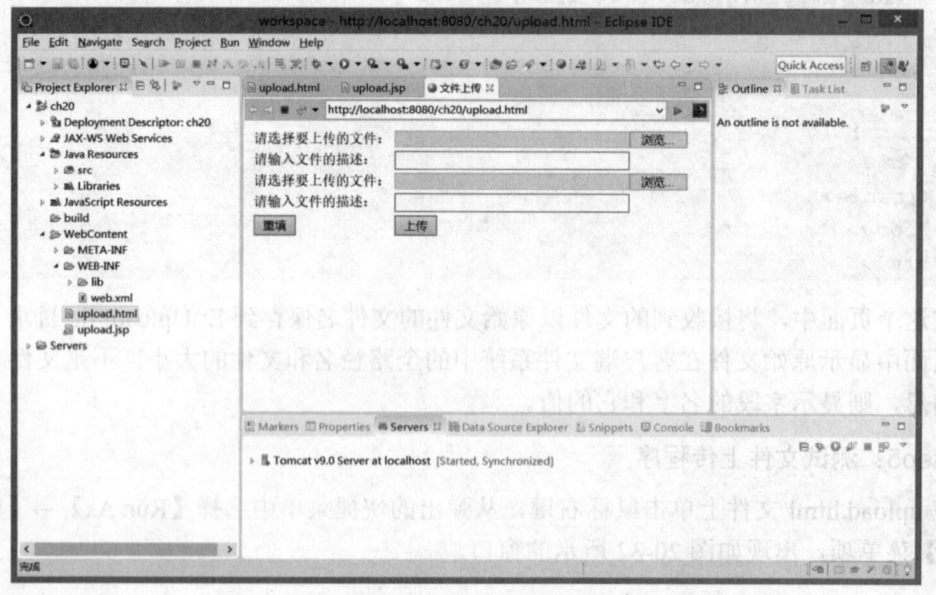

图 20-33　运行 upload.html 页面

选择要上传的文件，并输入相应的描述信息，单击"上传"按钮，将看到如图 20-34 所示的页面。同时，在 E:\UploadFile 目录下，可以看到上传的文件"Lesson13 集合类.ppt"和"20197819320348679.jpg"。

upload.jsp　upload.html　upload

http://localhost:8080/ch20/upload.jsp

C:\Users\xin\Pictures\20197819320348679.jpg	22402
desc1	这是一个图像文件
G:\JavaEngineer\Java\PPT\Lesson13集合类.ppt	111104
desc2	这是Java教学视频第13课的PPT

图 20-34　upload.jsp 页面输出上传文件的信息

接下来我们将上传的文件保存到数据库中，继续下面的步骤。

Step6：创建 uploadfile 表

建立一个存储上传文件内容的数据库表 uploadfile，为了简单起见，我们直接在 bookstore 数据库中创建这张表。在本例中，使用 MySQL 数据库（读者也可以选择其他的数据库系统），打开命令提示符窗口，输入：

```
mysql -uroot -p12345678 bookstore
```

进入 MySQL 客户程序，访问 bookstore 数据库，输入创建 uploadfile 表的 SQL 语句，如下：

```
create table uploadfile(
     id INT AUTO_INCREMENT primary key,
    filename VARCHAR(255) not null,
     filesize INT not null,
    data MEDIUMBLOB not null);
```

uploadfile 表的结构如表 20-1 所示。

表 20-1　uploadfile 表的结构

字　段	描　述
id	uploadfile 表的主键，整型，设置 AUTO_INCREMENT 属性，让该列的值自动从 1 开始增长
filename	字符串类型，存储文件名，不能为空
filesize	整型，存储文件的大小，不能为空
data	MEDIUMBLOB 类型，存储数据的长度在 0～2^{24} 之间（$0<L<2^{24}$），如果需要较小的存储长度，则可以使用 BLOB 类型（$0<L<2^{16}$）；如果需要更大的存储长度，则可以使用 LONGBLOB 类型（$0<L<2^{32}$）

Step7：配置 JDBC 数据源

在项目的 META-INF 目录上单击鼠标右键，从弹出的快捷菜单中选择【New】→【File】菜单项，如图 20-35 所示。

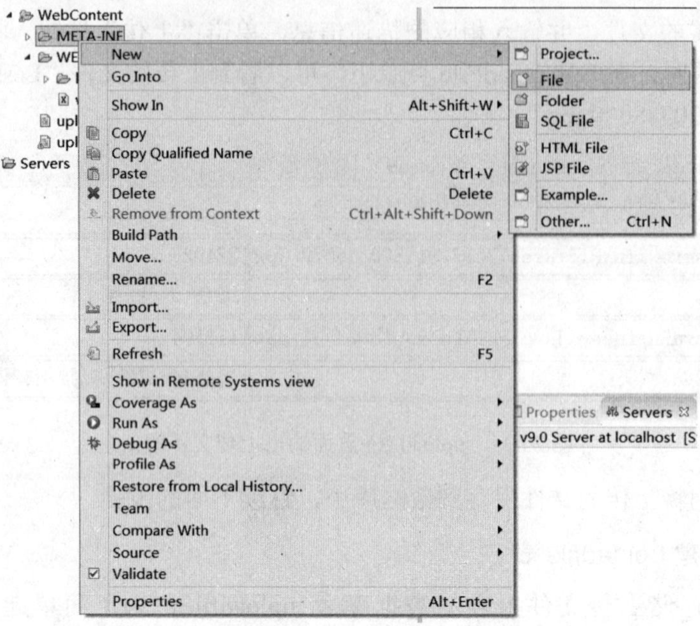

图 20-35　新建文件

在“New File”窗口中输入文件名 context.xml，如图 20-36 所示。

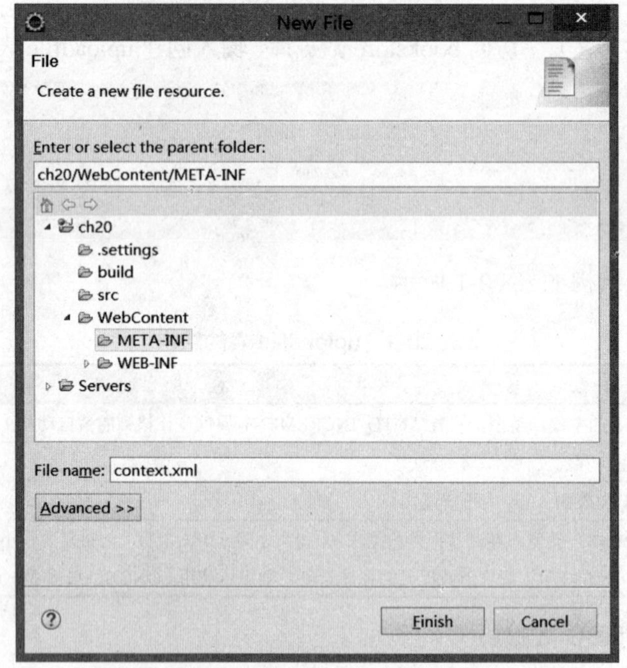

图 20-36　新建 context.xml 文件

我们可以在 META-INF\context.xml 文件中配置 JDBC 数据源（参见第 3.1 节）。在编辑窗口中编辑 context.xml 文件，完整的代码如例 20-3 所示。

例 20-3　context.xml

```
<Context>
 <Resource name="jdbc/bookstore"
           auth="Container" type="javax.sql.DataSource"
           maxTotal="100" maxIdle="30" maxWaitMillis="10000"
           username="root" password="12345678"
           driverClassName="com.mysql.jdbc.Driver"
           url="jdbc:mysql://localhost:3306/bookstore"/>
</Context>
```

注 意　由于我们要使用 Tomcat 提供的数据源来实现访问 MySQL（数据源本身并不提供数据访问功能，它只是作为连接对象的工厂，实际的数据访问操作仍然是由 JDBC 驱动来完成的），因此你需要将 MySQL 的 JDBC 驱动复制到 Tomcat 安装目录的 lib 子目录中，以便让 Tomcat 服务器能够找到 MySQL 的 JDBC 驱动。要明确的是，使用 Tomcat 提供的数据源来实现访问数据库，是 Tomcat 需要 JDBC 驱动，而不是应用程序需要 JDBC 驱动。

将 MySQL 的 JDBC 驱动文件 mysql-connector-java-8.0.13.jar 复制到%CATALINA_HOME%\lib 目录下。

Step8：编写 upload2.jsp

参照 Step4 新建 upload2.jsp，完整的代码如例 20-4 所示。

例 20-4　upload2.jsp

```
<%@ page contentType="text/html; charset=GBK"%>
<%@ page import="java.util.List,java.util.Iterator"%>
<%@ page
   import="org.apache.commons.fileupload.servlet. ServletFileUpload"%>
<%@ page import="java.io.File ,java.io.InputStream"%>
<%@ page import="javax.naming.*,java.sql.*,javax.sql.DataSource"%>
<%@ page
   import="org.apache.commons.fileupload.disk.DiskFileItemFactory"%>
<%@page import="org.apache.commons.fileupload.FileItem"%>

<!DOCTYPE html>
<html>
 <head>
        <meta charset="GBK">
  <title>upload</title>
 </head>
 <body>
 <%
        DiskFileItemFactory itemFactory = new DiskFileItemFactory();
       //设置内存缓冲区的阀值为 512KB
       itemFactory.setSizeThreshold(0x80000);
```

```
        File tempDir = new File("E:\\temp");
        if(!tempDir.exists())
        {
         tempDir.mkdir();
        }
        //设置临时存储文件的目录为E:\temp
        itemFactory.setRepository(tempDir);

        ServletFileUpload sfu=new ServletFileUpload(itemFactory);
        //设置上传文件的最大数据量为10MB
        sfu.setSizeMax(0xA00000);

        //解析上传文件流，得到FileItem对象的列表
        List fileItems=sfu.parseRequest(request);
        Iterator it = fileItems.iterator();

        Context ctx=new InitialContext();
        DataSource ds=
            (DataSource)ctx.lookup("java:comp/env/jdbc/ bookstore");
        Connection conn=ds.getConnection();
        PreparedStatement pstmt=conn.prepareStatement("insert into
uploadfile(filename, filesize,data) values(?,?,?)");

      //依次处理每个上传的文件
        while (it.hasNext())
        {
            FileItem item = (FileItem) it.next();
            //判断是否为文件字段
            if (!item.isFormField())
            {
                String name = item.getName();
                //如果浏览器传送的文件名是全路径名，则取出文件名
                int index=name.lastIndexOf(File.separator);
                if(index>0)
                    name=name.substring(index+1,name.length());

                long size = item.getSize();
                if((name==null || name.equals("")) && size==0)
                    continue;
                pstmt.setString(1,name);
                pstmt.setInt(2,(int)size);

     InputStream is = item.getInputStream();
                pstmt.setBinaryStream(3, is, (int)size);
                pstmt.executeUpdate();
```

```
                is.close();
            }
        }
        if(pstmt!=null)
        {
            pstmt.close();
            pstmt=null;
        }
        if(conn!=null)
        {
            conn.close();
            conn=null;
        }
        out.println("上传成功！");
    %>

  </body>
</html>
```

注意代码中的粗体部分。如果要往数据库中存储二进制大容量对象，可以利用 PreparedStatement 接口的 setBinaryStream()方法，方法的原型如下：

- void **setBinaryStream**(int parameterIndex, InputStream x, int length) throws SQLException

第一个参数 parameterIndex 表示 SQL 语句中参数的索引；第二个参数 x 指定包含了二进制数据的 Java 输入流，作为 SQL 语句中参数的值；第三个参数 length 指定输入流中包含的数据的字节数。

Step9：修改 upload.html

修改 upload.html 文件，将表单的 action 属性的值修改为 upload2.jsp，如下：

```
<form action="upload2.jsp" method="POST" enctype="Multipart/form-data">
```

Step10：测试 upload2.jsp

参照 Step5 访问 upload.hml 页面（http://localhost:8080/ch20/upload.html），在出现文件上传页面后，随意选择两个上传的文件，单击“上传”按钮，在看到“上传成功!”的字样后，进入 MySQL 客户程序，输入下列 SQL 命令：

```
select id,filename,filesize from uploadfile;
```

查看上传文件的文件名和文件大小。

20.3 文件的下载

在一些网络系统中，需要隐藏下载文件的真实地址，或者将下载的数据存放在数据库中，那么可以通过编程来实现文件的下载，这样还可以对下载文件添加访问控制。

有的读者可能会想，我们只要设置一个超链接，不就可以下载文件了吗？确实如此，但是通过超链接下载文件，会暴露下载文件的真实位置，不利于对资源进行安全保护，而且，利用超链接下载文件，服务器端的文件只能存放在 Web 应用程序所在的目录下。

利用程序编码实现下载，可以增加安全访问控制，对经过授权认证的用户提供下载；还可以从任意位置提供下载的数据，我们可以将文件放到 Web 应用程序以外的目录中，也可以将文件保存到数据库中。

利用程序实现下载也非常简单，只需要按照如下的方式设置三个报头域即可：

```
Content-Type: application/x-msdownload
Content-Disposition: attachment; filename=downloadfile
Content-Length: filesize
```

浏览器在接收到上述的报头信息后，就会弹出“文件下载”对话框，让你将文件保存到本地硬盘。

下面我们完成一个文件下载程序，提供两种下载形式：一种是从硬盘上的文件下载；另一种是从数据库中保存的文件数据下载。当然，不管是哪种形式的下载，对客户端来说，都是透明的。

实例的开发主要有下列步骤。

Step1：编写 index.jsp

按照第 20.2.4 节的 Step4 新建 index.jsp 并编辑该文件，输入例 20-5 所示的代码。

例 20-5 index.jsp

```
<%@ page contentType="text/html; charset=GBK" %>
<%@ page import="javax.naming.*,java.sql.*,javax.sql.DataSource"%>

<html>
    <head><title>index</title></head>
    <body>
        点击下面的链接下载文件<p>
        <a href="download.jsp?id=111">tomcat6.exe</a><br>
    <%
         Context ctx=new InitialContext();
         DataSource ds=(DataSource)ctx.lookup("java:comp/env/jdbc/bookstore");
         Connection conn=ds.getConnection();
         Statement stmt=conn.createStatement();
         ResultSet rs=stmt.executeQuery("select id,filename from uploadfile");
         while(rs.next())
         {
      %>
```

```
18.      <a href="download.jsp?id=<%=rs.getInt(1)%>"><%=rs.getString(2) %></a><br>
19.      <%
20.          }
21.      %>
22.      </body>
23. </html>
```

代码的第 8 行，我们提供了一个链接，指向 download.jsp，附加请求参数为 id=111，当用户单击这个链接时，将从服务器的硬盘上下载文件到客户端。第 18 行提供的链接，将从保存在数据库中的文件数据下载到客户端。

Step2：编写 DonwloadServlet.java

在 Eclipse 开发环境中，在 ch20 项目的 src 目录上单击鼠标右键，从弹出的快捷菜单中选择【New】→【Servlet】菜单项，出现如图 20-37 所示的窗口。

在 “Java package: ” 处输入 org.sunxin.ch20.servlet， 在 “Class name: ” 处输入 DownloadServlet。单击 “Next” 按钮，出现如图 20-38 所示的窗口。

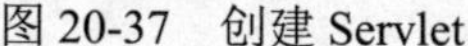

图 20-37　创建 Servlet

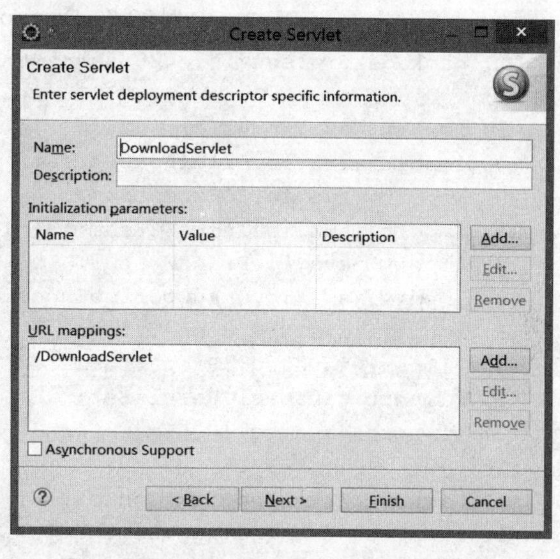

图 20-38　输入 DownServlet 的部署信息

选中 “/DownloadServlet”，单击 “Edit…” 按钮，将 URL 映射修改为 “/download.jsp”。单击 “Next” 按钮，出现如图 20-39 所示的窗口。

保持默认选择，单击 “Finish” 按钮，结束 DownloadServlet 的创建。

编写 DonwloadServlet.java，代码如例 20-6 所示。

Create Servlet

Create Servlet

Specify modifiers, interfaces to implement, and method stubs to generate.

Modifiers: ☑ public ☐ abstract ☐ final

Interfaces: Add... Remove

Which method stubs would you like to create?

☑ Constructors from superclass

☑ Inherited abstract methods

☐ init ☐ destroy ☐ getServletConfig

☐ getServletInfo ☐ service ☑ doGet

☑ doPost ☐ doPut ☐ doDelete

☐ doHead ☐ doOptions ☐ doTrace

< Back Next > Finish Cancel

图 20-39　指定要创建的 DownloadServlet 类的相关信息

例 20-6　DonwloadServlet.java

```
package org.sunxin.ch20.servlet;

import java.io.File;
import java.io.FileInputStream;
import java.io.IOException;
import java.io.InputStream;
import java.io.PrintWriter;
import java.io.UnsupportedEncodingException;
import java.sql.Connection;
import java.sql.PreparedStatement;
import java.sql.ResultSet;
import java.sql.SQLException;

import javax.naming.Context;
import javax.naming.InitialContext;
import javax.naming.NamingException;
import javax.servlet.ServletException;
import javax.servlet.ServletOutputStream;
import javax.servlet.annotation.WebServlet;
import javax.servlet.http.HttpServlet;
import javax.servlet.http.HttpServletRequest;
import javax.servlet.http.HttpServletResponse;
import javax.sql.DataSource;

/**
 * Servlet implementation class DownloadServlet
 */
@WebServlet("/download.jsp")
```

```
public class DownloadServlet extends HttpServlet {
 private static final long serialVersionUID = 1L;

 private DataSource ds=null;

 public void init() throws ServletException
    {
        try
        {
            Context ctx = new InitialContext();
            ds = (DataSource) ctx.lookup("java:comp/env/jdbc/bookstore");
        }
        catch (NamingException ex)
        {
            System.err.println(ex);
        }
    }

    public void doGet(HttpServletRequest request, HttpServletResponse response) throws
        ServletException, IOException
    {
        Connection conn = null;
        PreparedStatement pstmt = null;
        ResultSet rs = null;

        String strId = request.getParameter("id");
        if (null == strId || strId.equals(""))
        {
            return;
        }
        File file=null;
        InputStream is=null;
        String fileName=null;
        int fileSize=0;

        //对从硬盘上下载文件进行处理
        if(strId.equals("111"))
        {
            file=new File("D:\\tomcat7.exe");
            is=new FileInputStream(file);
            fileName=file.getName();
            fileSize=(int)file.length();
        }
        //对从数据库中下载文件进行处理
        else
        {
```

```
    int id=Integer.parseInt(strId);
    try
    {
        conn = ds.getConnection();
        pstmt = conn.prepareStatement(
            "select * from uploadfile where id=?");
        pstmt.setInt(1,id);
        rs = pstmt.executeQuery();
        if(rs.next())
        {
            fileName=rs.getString("filename");
            fileSize=rs.getInt("filesize");
            is=rs.getBinaryStream("data");
        }
        else
        {
            response.setContentType("text/html;charset=gb2312");
            PrintWriter out=response.getWriter();
            out.print("没有找到要下载的文件，请联系");
            out.println("<a href=\"mailto:admin@sunxin.org\">管理员</a>");

            out.close();
            return;
        }
    }
    catch(SQLException e)
     {
        System.err.println(e);
     }
}
//设置下载文件使用的报头域
response.setContentType("application/x-msdownload");
String str = "attachment; filename="+fileName;
response.setHeader("Content-Disposition", str);
response.setContentLength(fileSize);

//得到响应对象的输出流，用于向客户端输出二进制数据
ServletOutputStream sos=response.getOutputStream();
byte[] data = new byte[2048];
int len = 0;
while((len=is.read(data)) >0)
{
    sos.write(data,0,len); //向浏览器输出文件数据
}
is.close(); //关闭输入流
sos.close();//关闭输出流
if(rs!=null)
```

```
        {
            try
            {
                rs.close();
            }
            catch(SQLException e)
            {
                System.err.println(e);
            }
            rs=null;
        }
        if(pstmt!=null)
        {
            try
            {
                pstmt.close();
            }
            catch(SQLException e)
            {
                System.err.println(e);
            }
            pstmt=null;
        }
        if(conn!=null)
        {
            try
            {
                conn.close();
            }
            catch(SQLException e)
            {
                System.err.println(e);
            }
            conn=null;
        }
    }

    public void doPost(HttpServletRequest request, HttpServletResponse response) throws
        ServletException, IOException
    {
        doGet(request, response);
    }

}
```

注意代码第 28 行，@WebServlet 注解是 Servlet 3.0 规范中新增的，用于将一个类声明为 Servlet。使用该注解，就不需要在 web.xml 文件中配置 Servlet 了。第 28 行的代码是 Eclipse 自动生成的，由于我们在新建项目时，指定了该项目遵循 Servlet 4.0 规范（参见图 20-23 中的“Dynamic web module version”一项）。关于该注解的详细用法，参见第 21 章的 21.1 节。

代码的第 87 行，调用 ResultSet 对象的 getBinaryStream()方法得到文件数据的二进制流。第 114～117 行，从输入流中读取数据，利用响应对象的二进制输出流向浏览器输出数据。

对于硬盘上的文件下载，我们采用的是硬编码的方式下载指定的文件，在实际应用中可以采用多种方式来动态定位文件。为下载的文件制作一个索引文件就是其中的一种方式，在执行下载时，首先找到索引文件，然后根据索引文件记录的信息，找到真正的文件。

> 提示 不要用 JSP 页面来实现下载程序的功能，因为在下载文件时，我们利用响应对象的 getOutputStream()方法得到二进制输出流，而 JSP 页面有一个隐含的输出流对象 out，其类型是 JspWriter，在 JSP 页面中出现元素之外的任何字符（即模板数据）都会通过 out 对象输出，这样会造成冲突，导致异常的发生。在对客户端的响应中，要么使用二进制输出流，要么使用字符输出流，二者不要同时混用。

Step3：测试下载程序

参照第 20.2.4 节的 Step5 访问 index.jsp（http://localhost:8080/ch20/index.jsp），在出现的页面上，随便单击一个链接，IE 浏览器将弹出一个文件下载对话框，询问是打开文件还是保存文件。

Step4：解决中文文件名的问题

至此，从硬盘上的文件和从数据库中存储的文件数据这两种来源下载文件的功能就都完成了。不过，我们所完成的下载功能还有一个小问题，那就是如果下载的文件名中有中文字符，那么浏览器提示保存的文件名将显示为乱码。

要解决这个问题，只需要对下载的文件名按照 UTF-8 进行编码，IE 浏览器就能正确地显示中文的文件名了。为此，我们在 DonwloadServlet.java 中增加一个静态的字符编码转换方法 toUTF8String()，代码如下：

```
public static String toUTF8String(String str)
    {
        StringBuffer sb = new StringBuffer();
        int len=str.length();

        for (int i=0;i<len;i++)
        {
            char c=str.charAt(i);
            if (c >= 0 && c <= 255)
            {
                sb.append(c);
            }
            else
            {
```

```
                byte[] b;
                try
                {
                    b = Character.toString(c).getBytes("UTF-8");
                }
                catch (UnsupportedEncodingException ex)
                {
                    System.err.println(ex);
                    b = null;
                }
                for (int j = 0; j < b.length; j++)
                {
                    int k = b[j];
                    if(k<0)
                    {
                        k &= 255;
                    }
                    sb.append("%" + Integer.toHexString(k).toUpperCase());
                }
            }
        }
        return sb.toString();
    }
```

toUTF8String()方法首先取出字符串中的每个字符，然后判断该字符的 Unicode 码值是否在 0～255 之间，如果是，则不做任何处理，直接添加到新的字符串中；如果不是，则利用 Java 语言提供的编码转换方法得到中文字符的 UTF-8 编码，然后再将其转换为%HH 的字符串形式，添加到新的字符串中。

修改 DownloadServlet.java，对要下载的文件名调用 toUTF8String()方法，代码片段如下：

```
...
    fileName=toUTF8String(fileName);
    //设置下载文件使用的报头域
    response.setContentType("application/x-msdownload");
    String str = "attachment; filename="+fileName;
...
```

读者可以先利用上传程序上传一个以中文作为文件名的文件，然后再利用下载程序进行测试。

Step5：导出 WAR 文件

当 Web 应用程序开发完成后，可以将它打包成一个 WAR 文件进行发布。Eclipse 提供了将 Web 应用程序导出为 JAR 包的功能，单击菜单【File】→【Export...】菜单项，出现如图 20-40 所示的窗口。

在“Web”节点下选中“WAR file”，单击“Next”按钮，出现如图 20-41 所示的窗口。

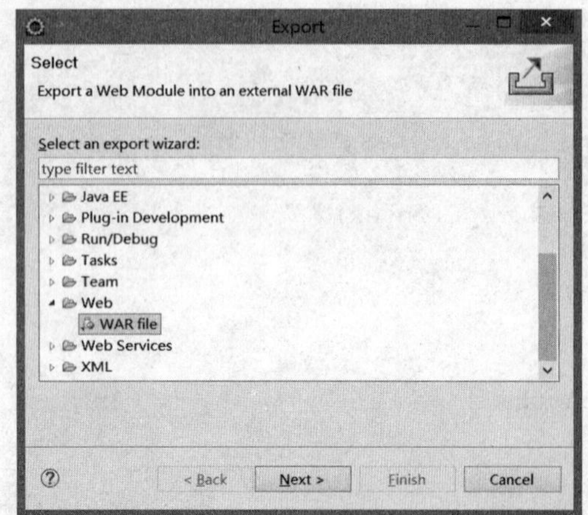

图 20-40　将 Web 应用程序导出为 WAR 文件

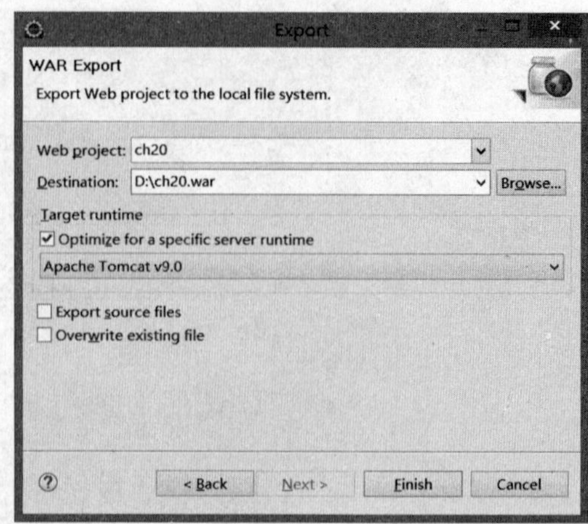

图 20-41　指定要导出的 Web 应用程序和导出路径

在“Web project:”处从下拉列表框中选择要导出的 Web 模块 ch20，在“Destination:”处输入导出的 WAR 文件的路径，或者单击“Browse…”按钮来选择路径，笔者输入的路径为 D:\ch20.war，单击“Finish”按钮开始导出 WAR 文件。

读者可以使用解压缩软件查看导出的 ch20.war，能够看到 Web 应用程序的所有资源（包括编译后的 Servlet 类，但没有 Java 源文件）都在这个文件中了。

20.4　给图片添加水印和文字

在 Web 应用中，有时为了防止别人盗用自己精心设计的图片，可以在显示图片时，给图片添加水印图片或者自己的宣传文字，这样，即使别人盗用了你的图片，也相当于为你做了免费宣传。在这一节，我们将实现给图片添加水印和文字的功能。

准备一幅要添加水印的 JPEG 格式的图片，可以利用第 20.2.4 节完成的上传程序将图片上传到数据库中；再准备一幅作为水印的图片，可以是 GIF 或 JPEG 格式。

实例的开发主要有下列步骤。

Step1：编写 ImageHandlerServlet.java

按照第 20.3 节的 Step2 新建 ImageHandlerServlet，URL 映射为/imghandler。编辑 ImageHandlerServlet.java，输入如例 20-7 所示的代码。

例 20-7　ImageHandlerServlet.java

```
package org.sunxin.ch20.servlet;

import java.awt.Color;
import java.awt.Font;
import java.awt.Graphics;
import java.awt.Image;
```

```
import java.awt.image.BufferedImage;
import java.io.IOException;
import java.io.InputStream;
import java.sql.Connection;
import java.sql.PreparedStatement;
import java.sql.ResultSet;
import java.sql.SQLException;

import javax.naming.Context;
import javax.naming.InitialContext;
import javax.naming.NamingException;
import javax.servlet.ServletException;
import javax.servlet.ServletOutputStream;
import javax.servlet.http.HttpServlet;
import javax.servlet.http.HttpServletRequest;
import javax.servlet.http.HttpServletResponse;
import javax.sql.DataSource;
import javax.swing.ImageIcon;

import com.sun.image.codec.jpeg.JPEGCodec;
import com.sun.image.codec.jpeg.JPEGImageDecoder;
import com.sun.image.codec.jpeg.JPEGImageEncoder;

public class ImageHandlerServlet extends HttpServlet
{
    private DataSource ds=null;

    public void init() throws ServletException
    {
        try
        {
            Context ctx = new InitialContext();
            ds = (DataSource) ctx.lookup("java:comp/env/jdbc/bookstore");
        }
        catch (NamingException ex)
        {
            System.err.println(ex);
        }
    }

    public void doGet(HttpServletRequest request,
                      HttpServletResponse response)
                throws ServletException, IOException
    {
        Connection conn = null;
        PreparedStatement pstmt = null;
        ResultSet rs = null;

        try
```

```
{
    conn = ds.getConnection();
    pstmt = conn.prepareStatement(
        "select data from uploadfile where id=?");
    pstmt.setInt(1,5);
    rs = pstmt.executeQuery();
    if(rs.next())
    {
        InputStream is=rs.getBinaryStream(1);

        //通过 JPEG 图像数据输入流创建 JPEG 数据流解码器
        JPEGImageDecoder jpegDecoder=JPEGCodec.createJPEGDecoder(is);
        //解码当前的 JPEG 数据流，返回 BufferedImage 对象
        BufferedImage buffImg=jpegDecoder.decodeAsBufferedImage();
        //得到 Graphics 对象，用于在 BufferedImage 对象上绘图和输出文字
        Graphics g=buffImg.getGraphics();
        //创建 ImageIcon 对象，logo.gif 作为水印图片
        ImageIcon imgIcon=new ImageIcon("F:/JSPLesson/logo.jpg");
        //得到 Image 对象
        Image img=imgIcon.getImage();
        //将水印绘制到图片上
        g.drawImage(img,80,80,null);
        //设置图形上下文的当前颜色为红色
        g.setColor(Color.RED);
        //创建新的字体
        Font font = new Font("宋体",Font.BOLD,40);
        //设置图形上下文的字体为指定的字体
        g.setFont(font);
        //在图片上绘制文字，文字的颜色为图形上下文的当前颜色，即红色
        g.drawString("某某网站版权所有",10,40);
        //释放图形上下文使用的系统资源
        g.dispose();

        response.setContentType("image/jpeg");
        ServletOutputStream sos=response.getOutputStream();
       //创建 JPEG 图像编码器，用于编码内存中的图像数据到 JPEG 数据输出流
        JPEGImageEncoder jpgEncoder=JPEGCodec.createJPEGEncoder(sos);
        //编码 BufferedImage 对象到 JPEG 数据输出流
        jpgEncoder.encode(buffImg);
        is.close();
        sos.close();
    }
}
catch (SQLException ex)
{
    System.err.println(ex);
}
finally
{
```

```
            if(rs!=null)
            {
               try
               {
                  rs.close();
               }
               catch (SQLException e)
               {
                  System.err.println(e);
               }
               rs = null;
            }
            if (pstmt != null)
            {
               try
               {
                  pstmt.close();
               }
               catch (SQLException e)
               {
                  System.err.println(e);
               }
               pstmt = null;
            }
            if (conn != null)
            {
               try
               {
                  conn.close();
               }
               catch (SQLException e)
               {
                  System.err.println(e);
               }
               conn = null;
            }
         }
      }
   }
```

在 **ImageHandlerServlet** 类中，使用了三个类：**JPEGCodec**、**JPEGImageDecoder** 和 **JPEGImageEncoder**，这些类不是核心 **Java API** 和 **Java** 标准扩展中的类，在 **SUN** 公司发布的 **JDK** 的 **API** 文档中，没有这三个类的帮助文件。然而它们仍然是 **JDK** 和发布的 **JRE** 中的一部分，属于 **com.sun.image.codec.jpeg** 包，存在于 **rt.jar** 文件中，在开发 **Java** 程序时，可以直接使用 **com.sun. image.codec.jpeg** 包中的类。

本例从数据库中提取图片数据，然后在输出时，添加水印和文字。原始图片是利用第 20.2.4 节完成的文件上传程序上传到数据库中的，在笔者的数据库中该图片的 ID 是 5，所以笔者在程序中设置 SQL 语句的查询参数时直接写了“5”，**读者在编写本例的程序时，在这个地方需要做相应的修改，也可以改成从文件中得到原始的图片数据。**

图 20-42　添加了水印和文字的图片

Step2：测试图片处理程序

在 Eclipse 中启动 Tomcat 服务器，在内置的浏览器（或其他外部浏览器）窗口的地址栏中输入 http://localhost:8080/ch20/imghandler，将看到输出的图片上包含了添加的水印和文字，如图 20-42 所示。

20.5　小结

本章首先介绍了目前非常流行的 Java 集成开发环境——Eclipse 的使用和基本配置，然后我们使用 Eclipse 作为开发工具，利用 commons-fileupload 组件开发了文件上传程序，并分别实现了上传文件到服务器硬盘和数据库中。接着，我们又介绍了文件下载程序的编写，并实现了从服务器硬盘上和数据库中下载文件。最后，介绍了如何给图片添加水印和文字，以防止图片被盗用。

附：在 Eclipse 中导入本章的项目

为了方便读者在 Eclipse 中运行本章的实例程序，我们介绍一下如何在 Eclipse 中导入现有的项目。假定读者已经将本章的例子程序所在的 ch20 目录复制到了 E:\ch20，在 Eclipse 开发环境中，单击菜单【File】→【import…】，出现如图 20-43 所示的窗口。

展开“General”节点，选中“Existing Projects into Workspace”，单击“Next”按钮，出现如图 20-44 所示的窗口。

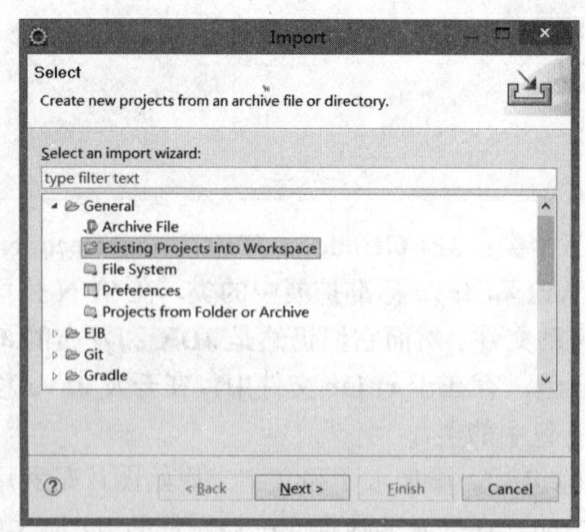

图 20-43　在工作空间中导入现有的项目

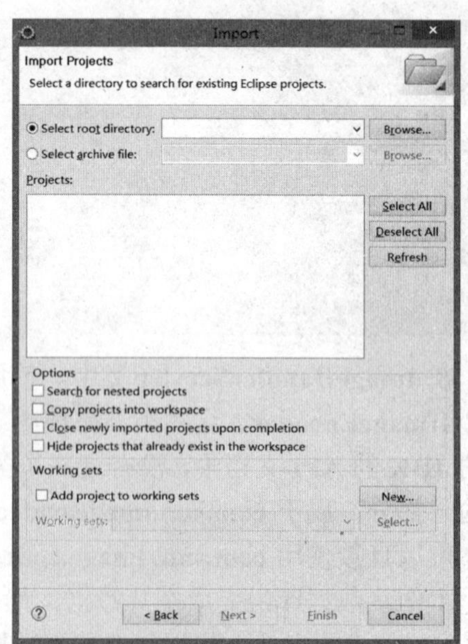

图 20-44　选择项目所在的目录

在“Select root directory:”处输入项目所在目录：e:\ch20，或者单击“Browse...”按钮选择项目所在目录。我们直接输入“E:\ch20”，你将看到图 20-45 所示的窗口。

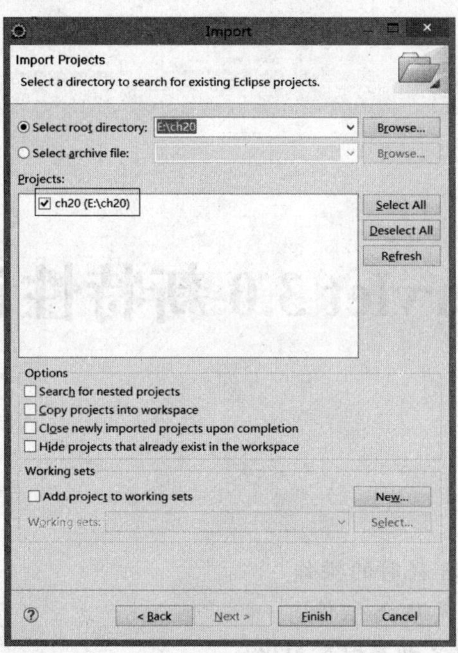

图 20-45　在 e:\ch20 目录下找到了 ch20 项目

单击“Finish”按钮完成项目的导入。

第 21 章

Servlet 3.0 新特性详解

本章要点

- 掌握注解的使用
- 使用异步线程来处理耗时的操作
- 掌握动态添加和配置 Web 组件
- 了解 Web 片段并用之动态配置模块
- 使用 Servlet 3.0 新增的对上传文件的支持来上传文件

2009 年 12 月，Servlet 3.0 最终规范发布，在该规范中引入了很多新的特性，用于简化 Web 应用程序的开发和部署。包括：

- 对注解的支持

取代传统的 web.xml 配置方式，Servlet 3.0 新增了很多注解，用于简化 Servlet、过滤器和监听器等 Web 组件的配置。

- 对异步处理的支持

利用该特性，在处理耗时的操作时，Servlet 线程就不用一直阻塞了，它可以启动一个异步线程来处理耗时的操作，自身可以在不生成响应的情况下返回到 Servlet 容器。使用异步处理，可以减少服务器的资源占用，通过并发处理速度。

- 动态添加和配置 Servlet

利用该特性，我们可以在程序运行期间动态添加和配置 Servlet、过滤器和监听器，增强了 Web 应用程序的扩展性。

- Web 片段和可插性支持

Web 片段让我们可以进行模块化的 Web 开发，然后无缝地集成在一起，利用这种特性，可以实现以插件的方式来扩展 Web 应用程序的功能。

- 对文件上传的支持

Servlet 3.0 对文件上传提供了原生的支持，让我们无须第三方组件就能轻松实现文件上传。

21.1 新增的注解

2004 年 10 月，J2SE 5.0 发布，在该版本中推出了注解（Annotation）功能，随后很多开源框架开始在原来使用 XML 进行配置的基础上，推出了注解配置方式。2005 年 9 月 26 日， Servlet 2.5 规范发布，但在该规范中没有提供注解配置 Servlet 的方式，直到 Servlet 3.0 规范推出，我们终于可以使用注解这种简单配置方式来取代烦琐的 XML 配置方式了。

Servlet 3.0 的部署描述符文件 web.xml 的根元素<web-app>新增了一个 metadata-complete 属性，该属性指定当前的部署描述符文件是否是完整的。如果设置为 true，则容器在部署时将只依赖部署描述符文件，忽略所有的注解（同时也会跳过 web-fragment.xml 的扫描，亦即禁用可插性支持，参见第 21.4 节）；如果没有配置该属性，或者将其设置为 false，则表示启用注解支持和可插性支持。

下面我们逐一讲解 Servlet 3.0 新增的注解。

21.1.1 @WebServlet 注解

@WebServlet 注解用于将一个类声明为 Servlet，该注解将会在部署时被 Servlet 容器处理，Servlet 容器根据@WebServlet 注解的属性配置将对应的类部署为 Servlet。

@WebServlet 注解的属性如表 21-1 所示。

表 21-1　@WebServlet 注解的属性

属性名	类型	说明
name	String	指定 Servlet 的名字，等价于<servlet-name>。如果没有设置该属性，则 Servlet 的名字为类的完整限定名
value	String[]	指定 Servlet 映射的 URL 路径模式，等价于<url-pattern>元素。同 urlPatterns 属性，但不能和 urlPatterns 属性同时使用
urlPatterns	String[]	指定 Servlet 映射的 URL 路径模式，等价于<url-pattern>元素
loadOnStartup	int	指定当 Web 应用程序启动时，Servlet 的加载顺序，等价于<load-on-startup>元素
initParams	WebInitParam[]	指定 Servlet 的 初始化参数，等价于<init-param>元素
asyncSupported	boolean	声明 Servlet 是否支持异步操作模式，等价于<async-supported> 元素（该元素是 Servlet 3.0 规范新增的）。参看第 21.2 节
description	String	指定 Servlet 的描述信息，等价于<description>元素
displayName	String	指定 Servlet 的显示名，这个名字可以被一些工具所显示，等价于<display-name>元素

注：（1）value 或 urlPatterns 属性是必需的，他们都用来指定 Servlet 映射的 URL 模式，但二者不能同时使用，其他属性是可选的；（2）如果@WebServlet 注解只配置映射的 URL 模式，那么建议使用 value 属性，如果还要使用其他属性，则建议使用 urlPatterns 属性。

下面我们看例 21-1。

例 21-1　只使用 value 属性的@WebServlet 注解

```
package org.sunxin.ch21.servlet;
//...
@WebServlet("/helloworld")
public class HelloWorldServlet extends HttpServlet{
 //...
}
```

经过上面的配置后，HelloWorldServlet 就不需要在 web.xml 文件中再使用<servlet>和<servlet-mapping>元素进行配置了，等价的 web.xml 配置形式如下：

```
<servlet>

<servlet-name>org.sunxin.ch21.servlet.HelloWorldServlet</servlet-name>

<servlet-class>org.sunxin.ch21.servlet.HelloWorldServlet</servlet-class>
</servlet>

<servlet-mapping>

<servlet-name>org.sunxin.ch21.servlet.HelloWorldServlet</servlet-name>
    <url-pattern>/helloworld</url-pattern>
</servlet-mapping>
```

我们再看例 21-2。

例 21-2　使用多个属性的@WebServlet 注解

```
package org.sunxin.ch21.servlet;
//...
@WebServlet(name="WelcomeServlet",
urlPatterns={"/welcome"},
initParams = {@WebInitParam(name="greeting", value="Welcome you")}
)
public class WelcomeServlet extends HttpServlet{
 //...
}
```

关于@WebInitParam 注解，请参看第 21.1.3 节。

与例 21-2 等价的 web.xml 配置形式如下：

```
<servlet>
    <servlet-name>WelcomeServlet</servlet-name>

<servlet-class>org.sunxin.ch21.servlet.WelcomeServlet</servlet-class>
    <init-param>
        <param-name>greeting</param-name>
        <param-value>Welcome you</param-value>
    </init-param>
```

```
</servlet>

<servlet-mapping>
    <servlet-name>WelcomeServlet</servlet-name>
    <url-pattern>/welcome</url-pattern>
</servlet-mapping>
```

21.1.2　@WebFilter 注解

@WebFilter 注解用于声明一个 Servlet 过滤器，该注解将会在部署时被容器处理，Servlet 容器根据@WebFilter 注解的属性配置将对应的类部署为过滤器。

@WebFilter 注解的属性如表 21-2 所示。

表 21-1　@WebFilter 注解的属性

属性名	类型	说明
filterName	String	指定过滤器的名字，等价于<filter-name>。如果没有设置该属性，则过滤器的名字为类的完整限定名
value	String[]	指定过滤器映射的 URL 路径模式，等价于<url-pattern>元素。同 urlPatterns 属性，但不能和 urlPatterns 属性同时使用
urlPatterns	String[]	指定过滤器映射的 URL 路径模式，等价于<url-pattern>元素
servletNames	String[]	指定过滤器将应用于哪些 Servlet。取值是@WebServlet 注解中 name 属性的取值，或者是 web.xml 中<servlet-name>的取值
dispatcherTypes	DispatcherType	指定过滤器的转发模式。具体取值包括：ASYNC、ERROR、FORWARD、INCLUDE、REQUEST。默认值是 REQUEST
initParams	WebInitParam[]	指定过滤器的初始化参数，等价于<init-param>元素
asyncSupported	boolean	声明过滤器是否支持异步操作模式，等价于<async-supported> 元素
description	String	指定过滤器的描述信息，等价于<description>元素
displayName	String	指定过滤器的显示名，这个名字可以被一些工具所显示，等价于<display-name>元素
注：（1）使用@WebFilter 标注的类必须实现 javax.servlet.Filter 接口；（2）value、urlPatterns 和 servletNames 这三个属性必须至少使用一个，并且 value 和 urlPatterns 属性不能同时使用，其他属性是可选的。（3）如果@WebFilter 注解只配置映射的 URL 模式，那么建议使用 value 属性，如果还要使用其他属性，则建议使用 urlPatterns 属性。		

下面我们看例 21-3。

例 21-3　只使用 value 属性的@WebFilter 注解

```
package org.sunxin.ch21.filter;
//...
@WebFilter("/test.jsp")
public class SimpleFilter implements Filter{
 //...
}
```

经过上面的配置后，SimpleFilter 就不需要在 web.xml 文件中再使用<filter>和<filter-mapping>元素进行配置了，等价的 web.xml 配置形式如下：

```
<servlet>
    <servlet-name>org.sunxin.ch21.filter.SimpleFilter</servlet-name>
    <servlet-class>org.sunxin.ch21.filter.SimpleFilter</servlet-class>
</servlet>

<servlet-mapping>
    <servlet-name>org.sunxin.ch21.filter.SimpleFilter</servlet-name>
    <url-pattern>/test.jsp</url-pattern>
</servlet-mapping>
```

我们再看例 21-4。

例 21-4　使用多个属性的@WebFilter 注解

```
package org.sunxin.ch21.filter;
//...
@WebFilter(filterName="GuestbookFilter",
initParams={@WebInitParam(name="word_file", value="/WEB-INF/word.txt")},
urlPatterns={"/process.jsp", "/index.jsp"},
dispatcherTypes={DispatcherType.REQUEST, DispatcherType.FORWARD}
)
public class GuestbookFilter implements Filter{
 //...
}
```

与例 21-4 等价的 web.xml 配置形式如下：

```
<filter>
    <filter-name>GuestbookFilter</filter-name>
    <filter-class>org.sunxin.ch21.filter.GuestbookFilter</filter-class>
    <init-param>
        <param-name>word_file</param-name>
        <param-value>/WEB-INF/word.txt</param-value>
    </init-param>
</filter>

<filter-mapping>
    <filter-name>GuestbookFilter</filter-name>
    <url-pattern>/process.jsp</url-pattern>
    <url-pattern>/index.jsp</url-pattern>
    <dispatcher>REQUEST</dispatcher>
    <dispatcher>FORWARD</dispatcher>
</filter-mapping>
```

21.1.3　@WebInitParam 注解

@WebInitParam 注解是和@WebServlet 或者@WebFilter 一起使用的，用于为 Servlet 或者过滤器指定初始化参数。该注解等价于 web.xml 中的<servlet>和<filter>元素的<init-param>子元素。

@WebInitParam 注解的属性如表 21-3 所示。

表 21-3 @WebInitParam 注解的属性

属 性 名	类　型	说　明
name	String	指定初始化参数的名字，等价于<param-name>元素
value	String	指定初始化参数的值，等价于<param-value>元素
description	String	指定初始化参数的描述信息，等价于<description>元素

21.1.4 @WebListener 注解

@WebListener 注解用于声明一个监听器。被@WebListener 注解标注的类必须实现以下至少一个监听器接口。

- javax.servlet.ServletContextListener
- javax.servlet.ServletContextAttributeListener
- javax.servlet.ServletRequestListener
- javax.servlet.ServletRequestAttributeListener
- javax.servlet.http.HttpSessionListener
- javax.servlet.http.HttpSessionAttributeListener

@WebListener 注解使用非常简单，它只有一个属性，如表 21-4 所示。

表 21-4　@WebListener 注解的属性

属 性 名	类　型	说　明
value	String	指定监听器的描述信息

下面我们看例 21-5。

例 21-5　使用@WebListener 注解

```
package org.sunxin.ch21.listener;
//...
@WebListener
public class MyServletContextListener implements ServletContextListener{
 //...
}
```

经过上面的配置后，MyServletContextListener 就不需要在 web.xml 文件中再使用<listener>元素进行配置了，等价的 web.xml 配置形式如下：

```
<listener>
 <listener-class>
  org.sunxin.ch21.listener.MyServletContextListener
 </listener-class>
</listener>
```

21.1.5 @MultipartConfig 注解

@MultipartConfig 注解主要是为了辅助 Servlet 3.0 中 HttpServletRequest 提供的对文件上传的支持，与之对应的是 web.xml 文件中<servlet>元素新增的<multipart-config>子元素。该注解标注在 Servlet 上面，以表示该 Servlet 希望处理的请求的 MIME 类型是 multipart/form-data。另外，它还提供了若干属性用于简化对上传文件的处理。

@MultipartConfig 注解的属性如表 21-5 所示。

表 21-5 @MultipartConfig 注解的属性

属性名	类型	说明
fileSizeThreshold	int	内存缓冲区的阀值，当上传数据量大于该值时，上传内容将被写入磁盘。等价于<multipart-config>元素的<file-size-threshold>子元素
location	String	上传文件存放的目录位置。默认值是 javax.servlet.context.tempdir 系统属性的值。如果指定相对路径，那么是相对于 tempdir 所表示的目录。等价于<multipart-config>元素的<location>子元素
maxFileSize	long	允许上传的文件的最大数据量。默认值为 -1，表示没有限制。等价于<multipart-config>元素的<max-file-size>子元素
maxRequestSize	long	针对 multipart/form-data 请求允许的最大数据量，默认值为 -1，表示没有限制。等价于<multipart-config>元素的<max-request-size>子元素

关于该注解的用法，请读者参看第 21.5 节。

Servlet 3.0 中还定义了以下三个注解。

- @ServletSecurity

这是一个与 JAAS（Java Authentication Authorization Service，Java 认证和授权服务）有关的注解，使用该注解标注的 Servlet 类将被 Servlet 容器强制实施安全约束。

- @HttpConstraint

在@ServletSecurity 注解内部使用，用于指定应用到所有 HTTP 协议方法的安全约束。

- @HttpMethodConstraint

在@ServletSecurity 注解内部使用，用于指定针对特定的 HTTP 协议消息的安全约束。

关于这三个注解的讨论超过了本书的范围，感兴趣的读者可以参看其他的资料。

21.2 异步处理

在 Servlet 3.0 之前，如果 Servlet 调用了一个比较耗时的业务操作，那么必须等到这个操作完成之后才能生成响应，在这个过程中，Servlet 线程一直处于阻塞状态，直到业务操作执行完毕。在处理业务的过程中，Servlet 资源一直被占用而得不到释放，对于并发要求比较高的应用，则有可能造成性能瓶颈。

为了解决这个问题，Servlet 3.0 规范引入了异步处理。当 Servlet 接收到请求后，在对请求进行一些预处理后，可以将请求交给一个异步线程来执行业务操作，Servlet 线程本身返回容器，此时，Servlet 可以向用户输出一些响应数据（如对于耗时比较长的操作给用户一个提示信息），也可以没有任何输出。等异步线程执行完业务操作后，可以直接输出响应数据（异步线程持有 ServletRequest 和 ServletResponse 对象的引用），也可以将请求转发给其他的 Servlet 或资源。通过引入异步处理，解决了 Servlet 线程由于处理耗时的业务操作而一直阻塞的情况，Servlet 线程在启动异步线程后就可以直接返回了。

异步处理特性可以应用于 Servlet 和过滤器，由于异步处理的工作模式和传统的工作模式在实现上有本质的区别，因此在默认情况下， Servlet 容器是不支持异步处理的。要开启异步处理，可以使用两种方式。一种是针对 web.xml 文件的方式，在<servlet>或<filter>元素内部将<async-supported>子元素的内容设置为 true，如下所示：

```
<servlet>
    <servlet-name>FibonacciServlet</servlet-name>

<servlet-class>org.sunxin.ch21.servlet.FibonacciServlet</servlet-class>
    <async-supported>true</async-supported>
</servlet>
```

过滤器开启异步处理的方式和 Servlet 的方式相同。

另一种方式是针对@WebServlet 和@WebFilter 注解的，这两个注解都提供了 asyncSupported 属性，将它的值设置为 true，来开启异步处理，如下所示：

```
@WebServlet(value="/fibonacci", asyncSupported = true)
public class FibonacciServlet extends HttpServlet
```

javax.servlet.ServletRequest 接口新增了两个重载的 startAsync()方法，用于开始一个异步处理，这两个方法如下。

（1）AsyncContext **startAsync**()

开始异步处理模式，并使用最初的 ServletRequest 和 ServletResponse 对象初始化 AsyncContext 对象。

（2）AsyncContext **startAsync**(ServletRequest servletRequest, ServletResponse servletResponse)

开始异步处理模式，并使用参数传进来 request 和 response 对象初始化 AsyncContext 对象。

AsyncContext 对象表示异步操作的执行上下文，在得到该对象后，可以调用它的 start()方法开启一个线程来执行业务操作。start()方法如下。

- void **start**(java.lang.Runnable run)

可以看到，该方法要求传递一个 Runnable 对象。我们不需要手动创建线程对象，容器会为我们调度一个线程来运行 Runnable 对象，要执行的业务操作就放到 Runnable 对象的 run()方法中。

在执行完业务操作后，需要调用 AsyncContext 对象的 complete()方法，表示异步操作完成，该方法如下。

- void **complete**()

如果在异步线程中需要将请求转发给其他资源，可以调用 AsyncContext 对象的 dispatch()，该方法有 3 个重载的版本，如下：

➢ void **dispatch**()

将请求导向到 Servlet 容器，容器根据一定的规则将请求导向到某个 URI。如果调用 ServletRequest#startAsync(ServletRequest, ServletResponse)方法来开启异步处理，而传递的 ServletRequest 参数是 HttpServletRequest 的实例，那么导向的 URI 是调用 HttpServletRequest.getRequestURI()方法返回的 URI。如果调用 ServletRequest#startAsync()方法来开启异步处理，那么导向的 URI 是容器最后一次进行导向所使用的请求对象的 URI。

以下是一些导向的规则示例：

```
// 请求导向到 /url/A
AsyncContext ac = request.startAsync();
...
ac.dispatch(); // ASYNC 导向到 /url/A

// 通过 FORWARD 导向到 /url/B
getRequestDispatcher("/url/B").forward(request,response);
// 在 FORWARD 导向到的目标对象内部开始异步操作
ac = request.startAsync();
...
ac.dispatch(); // ASYNC 导向到/url/A

// 通过 FORWARD 导向到/url/B
getRequestDispatcher("/url/B").forward(request,response);
// 在 FORWARD 导向到的目标对象内部开始异步操作
ac = request.startAsync(request,response);
...
ac.dispatch(); // ASYNC 导向到 /url/B
```

此外，要注意的是，使用 dispatch()方法，响应的缓冲区和响应报头并不会被重置。

➢ void **dispatch**(java.lang.String path)

将请求导向到指定路径的资源。path 参数的解析同 ServletRequest#getRequestDispatcher (String)。

➢ void **dispatch**(ServletContext context, java.lang.String path)

将请求导向到指定上下文范围的指定路径的资源。

AsyncContext 还有 3 个有用的方法，如下所示。

- ServletRequest **getRequest**()
- ServletResponse **getResponse**()

这两个方法便于我们在异步操作中获取请求和响应对象。

- void setTimeout(long timeout)

这个方法用来设置异步操作的超时值。在超时值到达之前，你需要调用 complete()方法来完成异步操作，或者调用 dispatch()方法将请求导向到其他资源。如果 timeout 是 0，或者是负值，则表示没有超时值。如果没有调用 setTimeout()方法来设置超时值，那么容器将使用一个默认的超时值，你可以通过调用 getTimeout()来查看超时值。

接下来我们通过一个实例来演示如何使用异步处理。本章的实例都使用 Eclipse 进行开发，创建工程和文件的步骤将省略，Eclipse 的使用细节请参看第 20 章。

21.2.1　实例：计算斐波那契数列

在这个例子中，我们编写一个计算斐波那契数列的 Servlet 来演示异步处理。实例的开发主要有下列步骤。

Step1：编写 fibonacci.html

fibonacci.html 页面用于让用户输入要计算的斐波那契数列的第几个数。完整的源代码如例 21-6 所示。

例 21-6　fibonacci.html

```
<html>
    <head><title>计算斐波那契数列</title></head>
     <meta http-equiv="Content-Type" content="text/html; charset=GBK">
    <body>
        <form method="POST" action="fibonacci">
            <table>
                <tr>
                    <td>输入您要计算的斐波那契数列的第几个数</td>
                    <td><input type="text" name="num"></td>
                </tr>
                <tr>
                    <td colspan="2"><input type="submit" value="开始计算"></td>
                </tr>
            </table>
        </form>
    </body>
</html>
```

Step2：编写 FibonacciServlet.java

在 FibonacciServlet 接收到请求后，对请求参数先做一个简单处理（判断参数是否为空，将参数转换为整型值），然后开启异步处理线程来计算斐波那契数列。在异步线程中，经过耗时的计算后，将计算的结果直接输出给客户端，最后调用 AsyncContext 对象的 complete() 方法通知容器，异步处理操作完成。完整的源代码如例 21-7 所示。

例 21-7　FibonacciServlet.java

```
package org.sunxin.ch21.servlet;

import java.io.IOException;
import java.io.PrintWriter;

import javax.servlet.AsyncContext;
import javax.servlet.ServletException;
import javax.servlet.annotation.WebServlet;
```

```
import javax.servlet.http.HttpServlet;
import javax.servlet.http.HttpServletRequest;
import javax.servlet.http.HttpServletResponse;

@WebServlet(value = "/fibonacci", asyncSupported = true)
public class FibonacciServlet extends HttpServlet
{
  private static final long serialVersionUID = 1L;

  protected void service(HttpServletRequest request,
      HttpServletResponse response) throws ServletException, IOException
  {
    String strNum = request.getParameter("num");

    response.setContentType("text/html;charset=GBK");
    PrintWriter out = response.getWriter();

    if (strNum != null && strNum.length() > 0)
    {
      int num = Integer.parseInt(strNum);
      if (num > 0)
      {
        // Servlet 输出提示信息
        out.println("<p>开始异步计算斐波那契数列的第" + num + "个数,请等待......</p>");
        // 开启异步处理
        AsyncContext ctx = request.startAsync();
        // 开启异步线程，执行斐波那契数列计算任务
        ctx.start(new FibonacciTask(ctx, num));
        // Servlet 输出调用结束信息
        out.println("<p>Servlet 调用结束</p>");
        // 刷新 out 对象的缓冲区，让客户端可以立即看到响应数据
        out.flush();
      }
      else
      {
        out.println("您必须输入大于 0 的数！");
      }
    }
    else
    {
      out.println("请输入正确的数！");
    }
  }

  private class FibonacciTask implements Runnable
  {
    private AsyncContext ctx;
```

```
    private int num;

    public FibonacciTask(AsyncContext ctx, int num)
    {
      this.ctx = ctx;
      this.num = num;
    }

    @Override
    public void run()
    {
      int result = calculate(num);
      try
      {
        // 利用 AsyncContext 对象的 getResponse()方法得到响应对象后，再得到输出流对象
        PrintWriter out = ctx.getResponse().getWriter();
        out.println("<p>斐波那契数列的第" + num + "个数是：" + result + "</p>");
        out.flush();
        // 通知容器，异步操作完成
        ctx.complete();
      }
      catch (IOException e)
      {
        e.printStackTrace();
      }
    }

    public int calculate(int num)
    {
      return num < 2 ? num : calculate(num - 1) + calculate(num - 2);
    }
  }
}
```

Step3：测试异步处理

在 fibonacci.html 文件上单击鼠标右键，从弹出菜单中选择【Run As】→【Run on Server】，将看到如图 21-1 所示的页面。

图 21-1　fibonacci.html 页面

我们输入 30，单击“开始计算”提交按钮，结果如图 21-2 所示。

开始异步计算斐波那契数列的第30个数，请等待......

Servlet调用结束

斐波那契数列的第30个数是：832040

图 21-2　异步调用计算斐波那契数列的输出结果

21.2.2　AsyncListener

javax.servlet.AsyncListener 接口用于对异步操作过程中的各种事件进行监听，如果你想在异步操作过程中添加某些控制，可以实现该接口。AsyncListener 接口有 4 个方法，如下所示：

1）void **onComplete**(AsyncEvent event) throws java.io.IOException

在异步操作已经完成时调用该方法。

2）void **onTimeout**(AsyncEvent event) throws java.io.IOException

在异步操作超时时调用该方法。

3）void **onError**(AsyncEvent event) throws java.io.IOException

在异步操作出现错误而未能完成时调用该方法。

4）void **onStartAsync**(AsyncEvent event) throws java.io.IOException

在调用 ServletRequest 的 startAsync()方法开始一个新的异步处理时调用该方法。

实现 AsyncListener 接口的类需要注册才能使用。要注册一个 AsyncListener，只需要调用 AsyncContext 对象的 addListener()方法即可，该方法如下：

- void addListener(AsyncListener listener)

下面我们为第 21.2.1 小节中的 FibonacciServlet 添加异步处理事件监听。代码如例 21-8 所示。

例 21-8　添加了异步处理事件监听的 FibonacciServlet 类

```
public class FibonacciServlet extends HttpServlet
{
  private static final long serialVersionUID = 1L;

  protected void service(HttpServletRequest request,
      HttpServletResponse response) throws ServletException, IOException
  {
    String strNum = request.getParameter("num");

    response.setContentType("text/html;charset=GBK");
    PrintWriter out = response.getWriter();

    if (strNum != null && strNum.length() > 0)
    {
```

```
int num = Integer.parseInt(strNum);
if (num > 0)
{
  // Servlet 输出提示信息
  out.println("<p>开始异步计算斐波那契数列的第" + num + "个数，请等待......</p>");
  // 开启异步处理
  AsyncContext ctx = request.startAsync();
  // 注册监听器，采用匿名内部类的方式实现 AsyncListener 接口
  ctx.addListener(new AsyncListener()
  {
    public void onComplete(AsyncEvent event) throws IOException
    {
      // 利用 event 得到 AsyncContext 对象
      AsyncContext ctx = event.getAsyncContext();
      PrintWriter out = ctx.getResponse().getWriter();
      out.println("异步处理已完成");
    }
    public void onError(AsyncEvent event) throws IOException
    {
      // 在没有错误发生时，服务器端将不会有该输出
      System.out.println("onError");
    }

    // 该方法不会被调用，这可能是设计上的一个 Bug。该方法是在调用
    // ServletRequest 的 startAsync()方法开始一个新的异步处理时被调用，
    // 而我们注册监听器却只能在此之后，所以这个方法的设计很是奇怪
    public void onStartAsync(AsyncEvent event) throws IOException
    {
      System.out.println("onStartAsync");
    }
    public void onTimeout(AsyncEvent event) throws IOException
    {
      // 本例的计算通常不会超时，因此服务器端将不会有该输出
      System.out.println("onTimeout");
    }
  });
  // 开启异步线程，执行斐波那契数列计算任务
  ctx.start(new FibonacciTask(ctx, num));
  // Servlet 输出调用结束信息
  out.println("<p>Servlet 调用结束</p>");
  // 刷新 out 对象的缓冲区，让客户端可以立即看到响应数据
  out.flush();
}
else
{
  out.println("您必须输入大于 0 的数！");
}
```

```
    }
    else
    {
      out.println("请输入正确的数！");
    }
  }
// ...
}
```

代码中给出了详细的注释，此处就不再赘述了。

再次测试异步处理，输出结果如图 21-3 所示。

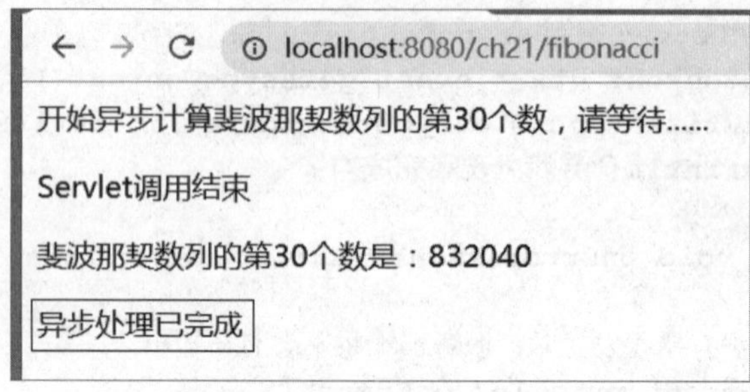

图 21-3　添加了异步处理事件监听后的输出结果

注意圆角矩形框中的内容，该内容是在 AsyncListener 的 onComplete()方法中输出的。

21.3　动态添加和配置 Web 组件

Servlet 3.0 规范对 ServletContext 接口做了一些改进，添加了一些新的方法，让我们可以在程序运行期间动态添加 Servlet、过滤器和监听器，以及动态为 Servlet 和过滤器添加 URL 映射。

与动态添加和配置 Servlet 有关的方法如下。

- <T extends Servlet> T **createServlet**(java.lang.Class<T> clazz) throws ServletException

根据给出的 Servlet Class 对象实例化一个 Servlet，要求这个 Servlet 类必须要有一个无参的构造方法。要让这个动态创建的 Servlet 实例起作用，还需要调用下面的 addServlet()方法进行注册。

- ServletRegistration.Dynamic **addServlet**(String servletName, java.lang.Class<? extends Servlet> servletClass)
- ServletRegistration.Dynamic **addServlet**(String servletName, Servlet servlet)
- ServletRegistration.Dynamic **addServlet**(String servletName, String className)

上述 3 个方法的作用是相同的，只是参数不一样。这 3 个方法都是将 Servlet 添加到 ServletContext 中进行注册，对于带有类名参数或者 Class 类型参数的方法，则无须调用 createServlet()方法，Servlet 实例的创建和注册在一个方法中就完成了。

上述 3 个方法的返回值都是 ServletRegistration.Dynamic 类型，这是一个嵌套接口，它定义了设置 Servlet 加载优先级，以及安全设置相关的方法，这个接口继承自 ServletRegistration 和 Registration.Dynamic 接口。javax.servlet.ServletRegistration 接口提供了为 Servlet 添加 URL 映射的方法，如下所示：

- java.util.Set<String> **addMapping**(String... urlPatterns)

你可以使用这个方法为 Servlet 添加多个 URL 映射。

javax.servlet.Registration.Dynamic 接口继承自他的外部接口 Registration，在 Registration.Dynamic 接口中提供了开启异步处理支持的方法，如下所示：

- void **setAsyncSupported**(boolean isAsyncSupported)

传递 true，表示支持异步操作，反之，则不支持。

Registration 接口提供了设置初始化参数的方法，如下所示：

- boolean **setInitParameter**(String name, String value)
- Set<java.lang.String> **setInitParameters**(Map< String, String> initParameters)

通过名值对，或者传递 Map 对象来设置初始化参数。

过滤器和监听器的动态添加与 Servlet 类似，略有不同的是监听器，它只需要实例化和注册，不需要做其他的配置。这里我们将相关的方法列出，由于在用法上和 Servlet 类似，我们就不再详述了。

与动态添加和配置过滤器有关的方法如下：

- <T extends Filter> T **createFilter**(java.lang.Class<T> clazz)
  throws ServletException
- FilterRegistration.Dynamic **addFilter**(String filterName,
  java.lang.Class<? extends Filter> filterClass)
- FilterRegistration.Dynamic **addFilter**(String filterName, Filter filter)
- FilterRegistration.Dynamic **addFilter**(java.lang.String filterName,
  java.lang.String className)

FilterRegistration.Dynamic 接口本身没有定义任何方法，它继承自 FilterRegistration 和 Registration.Dynamic 接口。FilterRegistration 接口中定义了为过滤器添加映射的方法。

与动态添加监听器有关的方法如下：

- <T extends java.util.EventListener> T **createListener**(java.lang.Class<T> clazz)
  throws ServletException
- void **addListener**(java.lang.Class<? extends java.util.EventListener> listenerClass)
- void **addListener**(java.lang.String className)
- <T extends java.util.EventListener> void **addListener**(T t)

既然动态添加 Web 组件的方法有了，那么接下来的问题是我们应该在什么地方或者说什么时候去添加组件呢？

一种方式是通过实现 ServletContextListener 接口，然后在 contextInitialized()方法中去添加组件；另一种方式是实现 ServletContainerInitializer 接口（这个接口是 Servlet 3.0 规范新增的），然后在 onStartup()方法中去添加组件。接下来我们编写两个实例，分别通过这两种方式来添加组件。

21.3.1 实例一：实现 ServletContextListener 接口来添加 Servlet

本例在第 21.2.1 节实例的基础上进行编写。我们编写一个 ServletContextListener 监听器类，动态添加并配置 FibonacciServlet。开发步骤如下。

Step1：编写 MyServletContextListener.java

MyServletContextListener 实现了 ServletContextListener 接口，在 contextInitialized()方法中动态添加第 21.2.1 节编写的 FibonacciServlet 类，为了有所区别，我们为 Servlet 添加 URL 映射时，路径指定为“/fibonacci2”。完整的代码如例 21-9 所示。

例 21-9　MyServletContextListener.java

```
package org.sunxin.ch21.listener;

import javax.servlet.ServletContext;
import javax.servlet.ServletContextEvent;
import javax.servlet.ServletContextListener;
import javax.servlet.ServletRegistration;
import javax.servlet.annotation.WebListener;

import org.sunxin.ch21.servlet.FibonacciServlet;

// 使用@WebListener 注解注册监听器
@WebListener
public class MyServletContextListener implements ServletContextListener
{

  @Override
  public void contextDestroyed(ServletContextEvent sce){}

  @Override
  public void contextInitialized(ServletContextEvent sce)
  {
    ServletContext sc = sce.getServletContext();
    ServletRegistration.Dynamic regDyn = sc.addServlet("FibonacciServlet",
        FibonacciServlet.class);
    // 由于 FibonacciServlet 使用了异步处理，因此这里要开启异步处理支持
    regDyn.setAsyncSupported(true);
    regDyn.addMapping("/fibonacci2");
  }
}
```

Step2：修改 fibonacci.html

修改的地方只有一处，就是将表单提交的 action 修改为 fibonacci2，如下所示：

```
<form method="POST" action="fibonacci2">
```

Step3：测试动态添加 Servlet

在 fibonacci.html 文件上单击鼠标右键，从弹出菜单中选择【Run As】→【Run on Server】，出现输入页面后，输入 30，然后单击“开始计算”提交按钮，将看到如图 21-4 所示的页面。

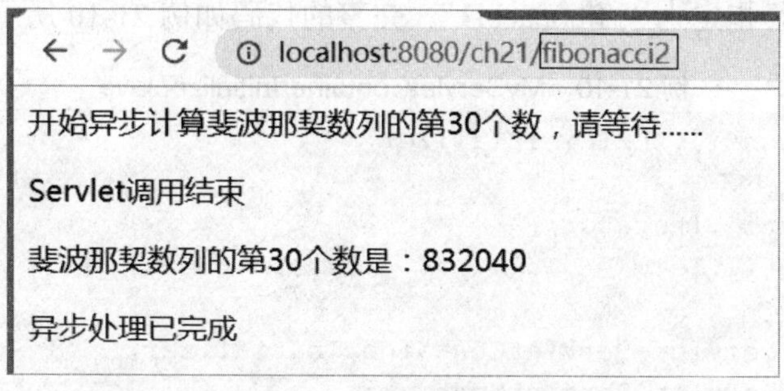

图 21-4　动态添加的 FibonacciServlet 输出的响应

注意地址栏中 URL 的最后一部分，可以看到这是我们动态添加的 FibonacciServlet 在进行响应。

21.3.2　实例二：实现 ServletContainerInitializer 接口来添加组件

javax.servlet.ServletContainerInitializer 是 Servlet 3.0 规范新增的一个接口，容器在启动时使用 JAR 服务 API（JAR Service API）来发现 ServletContainerInitializer 的实现类。具体的做法就是将 ServletContainerInitializer 实现类打包到 JAR 包中，在 JAR 包的 META-INF/services 目录下建立 javax.servlet.ServletContainerInitializer 文件，该文件的内容是实现类的完整限定名。

对于实现类来说，我们需要使用@HandlesTypes 注解来指定希望处理的类，该注解只有一个 value 属性，如表 21-6 所示。

表 21-6　@HandlesTypes 注解的属性

属性名	类型	说明
value	java.lang.Class[]	指定 ServletContainerInitializer 要处理的类，可以指定接口或者基类，Servlet 容器会将所有的实现类或者派生类以 Set 对象传给 ServletContainerInitializer 的 onStartup()方法。

ServletContainerInitializer 接口只有一个 onStartup()方法，如下所示：

- void onStartup(java.util.Set<java.lang.Class<?>> c, ServletContext ctx)
  throws ServletException

在 Web 应用程序启动时，Servlet 容器调用该方法，传递 ServletContainerInitializer 要处理的类。

接下来我们同样在第 21.2.1 节实例的基础上进行编写。我们编写一个 ServletContainerInitializer 实现类，然后建立好 META-INF/services 目录和 javax.servlet.ServletContainerInitializer 文件，将他们一起打包到 JAR 包中，然后将这个 JAR 文件放到 Web 应用程序的 WEB-INF/lib 目录。开发步骤如下。

Step1：编写 MyServletContainerInitializer.java

MyServletContainerInitializer 实现了 ServletContainerInitializer 接口，在 onStartup()方法中动态添加第 21.2.1 节编写的 FibonacciServlet 类，为了有所区别，我们在为 Servlet 添加 URL 映射时，将路径指定为“/fibonacci3”。完整的代码如例 21-10 所示。

例 21-10　MyServletContainerInitializer.java

```
package org.sunxin.ch21.initializer;

import java.util.Iterator;
import java.util.Set;

import javax.servlet.ServletContainerInitializer;
import javax.servlet.ServletContext;
import javax.servlet.ServletException;
import javax.servlet.ServletRegistration;
import javax.servlet.annotation.HandlesTypes;
import javax.servlet.http.HttpServlet;

import org.sunxin.ch21.servlet.FibonacciServlet;

// 使用@HandlesTypes 注解告诉 Servlet 容器要处理的类，可以指定
// 基类或者基接口，也可以指定具体的实现类
@HandlesTypes(HttpServlet.class)
public class MyServletContainerInitializer implements
    ServletContainerInitializer
{
  @Override
  public void onStartup(Set<Class<?>> cl, ServletContext sc)
      throws ServletException
  {
    for (Iterator<Class<?>> it = cl.iterator(); it.hasNext();)
    {
      Class<?> clazz =  it.next();
      if(HttpServlet.class.isAssignableFrom(clazz))
      {
        ServletRegistration.Dynamic regDyn = sc.addServlet("FibonacciServlet",
            FibonacciServlet.class);
        // 由于 FibonacciServlet 使用了异步处理，因此这里要开启异步处理支持
        regDyn.setAsyncSupported(true);
        regDyn.addMapping("/fibonacci3");
      }
    }
  }
}
```

Step2：打包 MyServletContainerInitializer 类

在自己机器合适的硬盘位置新建一个目录，将编译后的 MyServletContainerInitializer 类文件连同包所在的目录一起拷贝到新建的目录中，然后在该目录下依次建立 META-INF 和 services 目录，在 META-INF\services 目录下新建 javax.servlet.ServletContainerInitializer 文件，文件内容为：org.sunxin.ch21.initializer.MyServletContainerInitializer。

本例的目录结构如图 21-5 所示。

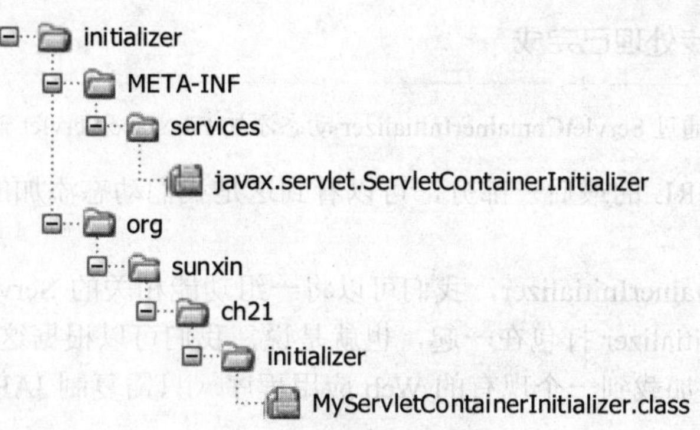

图 21-5　本例的目录结构

打开命令提示符窗口，进入 initializer 目录，执行下面的 JAR 命令，进行打包。

```
jar cvf initializer.jar META-INF org
```

Step3：部署 JAR 包

将打包好的 initializer.jar 文件放到 Web 应用程序的 WEB-INF/lib 目录下。要注意的是：（1）如果你在 Eclipse 中直接编写 MyServletContainerInitializer 类，那么在 WEB-INF/classes 目录下会存在编译后的.class 文件和所在的包目录，请确保在测试程序的时候已经删除了它。（2）如果你在做本例时，已经做完了第 21.3.1 节的实例，而使用的又是同一个项目，那么请确保将 MyServletContextListener 类上面的@WebListener 注解注释起来，让 MyServletContextListener 监听器不再生效，以避免冲突，如下所示：

```
//@WebListener
public class MyServletContextListener
```

Step4：修改 fibonacci.html

修改的地方只有一处，就是将表单提交的 action 修改为 fibonacci3，如下所示：

```
<form method="POST" action="fibonacci3">
```

Step5：测试 ServletContainerInitializer

部署好本例的 Web 应用程序，启动 Tomcat，输入要计算的 Fibonacci 数列的第几个数，提交，可以看到如图 21-6 所示的页面。

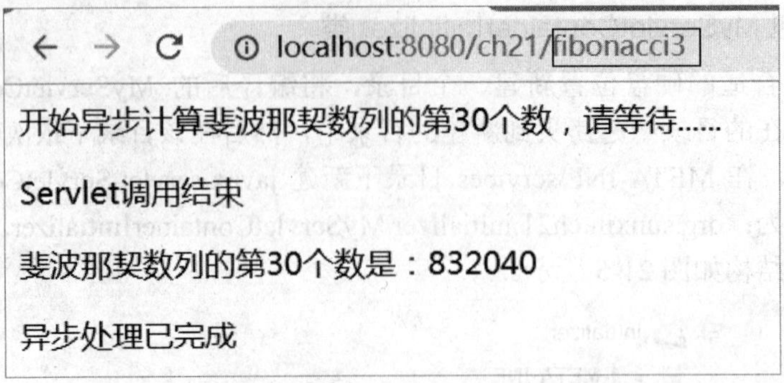

localhost:8080/ch21/fibonacci3

开始异步计算斐波那契数列的第30个数，请等待.....

Servlet调用结束

斐波那契数列的第30个数是：832040

异步处理已完成

图 21-6 通过 ServletContainerInitializer 动态添加 FibonacciServlet 输出的响应

注意地址栏中 URL 的最后一部分，可以看到这是我们动态添加的 FibonacciServlet 在进行响应。

利用 ServletContainerInitializer，我们可以将一组功能相关的 Servlet、过滤器和监听器与 ServletContainerInitializer 打包在一起，也就是说，我们可以根据这个特性来编写自己的框架程序，然后动态加载到一个现有的 Web 应用程序（只需复制 JAR 文件即可），从而动态扩展其功能。

21.4 Web 片段和可插性支持

在一个 Web 应用程序中，常常会用到某些框架（如 Struts 2、Spring 等），这些框架要求在 web.xml 中进行一些配置，随着项目规模的增大，web.xml 文件会变得越来越庞大，越来越难以维护。

Servlet 3.0 引入了 Web 模块部署描述符片段（web fragment）来解决这一问题。那什么是 web 片段呢？一个 web 片段是 Web 应用程序的逻辑分区，一个 Web 应用程序可以包含多个 web 片段，web 片段使用 web-fragment.xml 文件来配置，多个 web-fragment.xml 最终组合成一个完整的 web.xml。这种模块化的开发部署概念并不新鲜，在 Struts 2、Spring 这些框架中，早就提供了类似的开发和部署方式，然后在 Servlet 开发中，还是第一次引入这种开发部署方式。

通过 web 片段提供的可插性支持，第三方库或者框架就可以在自己的 JAR 包中包含 web-fragment.xml，然后在这个文件中部署自己的应用，而不需要由开发者在 web.xml 文件中去添加配置信息了。

web-fragment.xml 文件通常位于 JAR 文件的 META-INF 目录下，在该文件中可以包含几乎所有的在 web.xml 文件中使用的元素，web-fragment.xml 文件的根元素是 <web-fragment>。

要注意的是，在 WEB-INF\lib 目录下的不包含 web-fragment.xml 的普通 JAR 文件也会被当作是 web 片段，在 JAR 文件中使用注解标注的 Web 组件也会被处理。

21.4.1 Web 模块开发

这一节我们通过一个简单的例子，来看看如何开发和部署 Web 模块。在本例中，我们编写两个监听器类，然后部署到不同的 Web 模块中，再将这两个 Web 模块集成到第 21.2.1 小节编写的 Web 应用程序中。开发步骤如下。

Step1：编写 Module1ContextListener.java 和 Module2ContextListener.java

这两个监听器类都实现 ServletContextListener 接口，在 contextInitialized()方法中向服务器的控制台输出一些信息。

Module1ContextListener 类的完整代码如例 21-11 所示。

例 21-11 Module1ContextListener.java

```
package org.sunxin.ch21.listener;

import javax.servlet.ServletContextEvent;
import javax.servlet.ServletContextListener;

public class Module1ContextListener implements ServletContextListener
{

  @Override
  public void contextDestroyed(ServletContextEvent sce){}

  @Override
  public void contextInitialized(ServletContextEvent sce)
  {
    System.out.println("Module1 initialized. Hello World");
  }
}
```

Module2ContextListener 类的完整代码如例 21-12 所示。

例 21-12 Module2ContextListener.java

```
package org.sunxin.ch21.listener;

import javax.servlet.ServletContextEvent;
import javax.servlet.ServletContextListener;

public class Module2ContextListener implements ServletContextListener
{

  @Override
  public void contextDestroyed(ServletContextEvent sce){}

  @Override
  public void contextInitialized(ServletContextEvent sce)
  {
```

```
        System.out.println("Module2 initialized. Welcome you.");
    }
}
```

Step2：配置 Module1ContextListener 类和 Module2ContextListener 类

创建两个 web-fragment.xml 文件，分别配置 Module1ContextListener 和 Module2ContextListener。配置代码如例 21-13 所示。

例 21-13　web-fragment.xml 配置代码

```
<?xml version="1.0" encoding="GBK"?>
<web-fragment
    xmlns="http://java.sun.com/xml/ns/javaee"
    xmlns:xsi="http://www.w3.org/2001/XMLSchema-instance"
    xsi:schemaLocation="http://java.sun.com/xml/ns/javaee
    http://java.sun.com/xml/ns/javaee/web-fragment_3_0.xsd"
    version="3.0">

    <listener>
      <listener-class>
        org.sunxin.ch21.listener.Module1ContextListener
      </listener-class>
    </listener>
</web-fragment>
```

从例 21-13 可以看出，除了根元素（<web-fragment>）和引用的模式文档（web-fragment_3_0.xsd）不同外，其他的配置和 web.xml 是一致的。

Module2ContextListener 的配置和例 21-13 是一样的，无非就是类名不同，这里就省略了。

Step3：打包

我们需要将监听器类和它相关的 web-fragment.xml 文件打包到 JAR 文件中，首先按照如图 21-7 所示的目录结构建立好相应的目录结构。

图 21-7　模块 1 的目录结构

模块 2 的目录结构与之相同。

打开命令提示符窗口，进入 module1 目录，执行下面的 JAR 命令，进行打包。

```
jar cvf module1.jar META-INF org
```

进入 module2 目录，执行下面的 JAR 命令，进行打包。

```
jar cvf module2.jar META-INF org
```

Step4：测试

将打包好的 module1.jar 和 module2.jar 复制到 Web 应用程序的 WEB-INF\lib 目录下，启动 Tomcat，在 Tomcat 的启动窗口中将看到如图 21-8 所示的输出信息。

```
18-Jan-2019 18:19:57.539 信息 [main] org.apache.catalina.startup.HostConfig.depl
oyDirectory 部署 web 应用程序目录 [D:\OpenSource\apache-tomcat-9.0.14\webapps\ch
21]
18-Jan-2019 18:19:57.786 信息 [main] org.apache.jasper.servlet.TldScanner.scanJa
rs 至少有一个JAR被扫描用于TLD但尚未包含TLD。 为此记录器启用调试日志记录，以获取
已扫描但未在其中找到TLD的完整JAR列表。 在扫描期间跳过不需要的JAR可以缩短启动时间
和JSP编译时间。
Module1 initialized. Hello World
Module2 initialized. Welcome you.
18-Jan-2019 18:19:57.793 信息 [main] org.apache.catalina.startup.HostConfig.depl
oyDirectory Deployment of web application directory [D:\OpenSource\apache-tomcat
-9.0.14\webapps\ch21] has finished in [254] ms
```

图 21-8　Web 模块中的监听器在 Tomcat 启动时输出了相应的信息

从启动窗口的输出信息可以看到，我们部署的两个 Web 模块已经起作用了。

21.4.2　解决 Web 模块加载顺序的问题

在一个 web.xml 文件统治天下的时代，Web 组件之间的加载顺序不需要特别来考虑，但在 Servlet 3.0 时代，一个 Web 应用程序可能会包含多个 web-fragment.xml 文件，那么组件之间的加载顺序就需要花点心思了，否则在运行的时候可能会出现意想不到的情况。

有两种方式来指定 Web 模块之间的加载顺序，一种方式是在 web-fragment.xml 文件中使用<ordering>元素来指定模块之间加载的相对顺序，另一种方式是在 web.xml 文件中使用<absolute-ordering>元素来指定模块加载的绝对顺序。

要指定 Web 模块之间的加载顺序，首先要给 Web 模块取一个名字，这是通过<name>元素给出的。如果是在 web-fragment.xml 文件中指定顺序，那么接下来就是在<ordering>元素内部使用<before>或者<after>子元素来指定模块加载的相对顺序。

下面我们让第 21.4.1 小节中的 Module1ContextListener 在 Module2ContextListener 之后加载，配置如例 21-14 和例 21-15 所示。

例 21-14　Module1ContextListener 的 web-fragment.xml

```
<?xml version="1.0" encoding="GBK"?>
<web-fragment ...>

    <name>module1</name>
    <ordering>
```

```
        <after>
       <name>module2</name>
        </after>
     </ordering>

     ...
</web-fragment>
```

使用<after>元素表示 module1 要在 module2 之后运行。在<after>元素内部，可以使用多个<name>子元素来指定模块。如果模块数目比较多，而又不想一一写出来，那么可以使用<others/>这一简化元素来代替，如下所示：

```
<?xml version="1.0" encoding="GBK"?>
<web-fragment ...>
    <name>module1</name>
    <ordering>
       <after><others/></after>
    </ordering>
     ...
</web-fragment>
```

这就表示 module1 将在最后加载。不过要注意的是，<others/>元素的优先级要低于使用<name>元素明确指定的相对位置关系。

例 21-15　Module2ContextListener 中的 web-fragment.xml

```
<?xml version="1.0" encoding="GBK"?>
<web-fragment ...>

    <name>module2</name>
    <!--
    <ordering>
     <before>
      <name>module1</name>
     </before>
    </ordering>
    -->

    ...
</web-fragment>
```

注释中的代码可有可无，在任意一个 web-fragment.xml 文件中配置模块的加载顺序都可以，并不需要在所有的 web-fragment.xml 文件中都进行配置。

重新打包 module1.jar 和 module2.jar，复制到 Web 应用程序的 WEB-INF\lib 目录下，启动 Tomcat 服务器，将看到 module2.jar 的输出在前面。

如果在 web.xml 文件中配置模块加载顺序，那么在 web-fragment.xml 文件中只需要给模块一个名字就可以了，web.xml 中的配置代码如下：

```
<?xml version="1.0" encoding="GBK"?>
```

```
<web-app ...>
 <absolute-ordering>
  <name>module2</name>
  <name>module1</name>
 </absolute-ordering>
 ...
</web-app>
```

加载的顺序依次为 web.xml、module2、module1。在<absolute-ordering>元素中，也可以使用<others />子元素来表示其他的模块。如果没有使用<others />子元素，也没有在<name>子元素中明确给出模块名的其他模块，那么将会被忽略而不会被加载。

此外要注意的是，在 web.xml 文件中所指定的加载顺序会覆盖 Web 模块中 web-fragment.xml 文件所指定的加载顺序。

21.5 HttpServletRequest 对文件上传的支持

在 Servlet 3.0 之前，文件上传功能一般要使用第三方的组件来实现，如 Apache 的 commons-fileupload。现在，这一切已经成为历史，Servlet 3.0 已经自带了文件上传的功能，而且使用起来非常简便。

HttpServletRequest 接口中新增了两个方法，如下所示：

- Part **getPart**(String name)
  throws java.io.IOException,　ServletException
- java.util.Collection<Part> **getParts**()
  throws java.io.IOException, ServletException

Servlet 3.0 使用 Part 对象来表示文件上传请求中的每一个上传部分，可能是文件内容，也可能只是简单的文本内容。上述第一个方法是获取给定名字的 Part 对象，第二个方法是获取请求中所有的 Part 对象。

javax.servlet.http.Part 接口提供了对上传数据进行处理的相关方法，如下所示：

1）String **getName**()

得到该部分的名字。即上传表单中<input>元素的 name 属性的值。

2）long **getSize**()

得到该部分上传数据的大小。如果是文件，那么就是文件的大小。

3）java.lang.String **getHeader**(String name)

得到给定名字报头的值。如果不存在给定名字的报头，则返回 null。如果多个报头具有相同的名字，则返回第一个报头。报头的名字与大小写相关。

4）java.util.Collection<String> **getHeaders**(String name)

得到给定名字的所有报头的值

5）java.util.Collection< String> **getHeaderNames**()

得到该部分所有报头的名字。

6）String **getContentType**()

得到该部分的内容类型。

7）java.io.InputStream **getInputStream**() throws java.io.IOException

以文件输入流的方式得到该部分的内容。

8）void **delete**() throws java.io.IOException

删除文件项的底层存储，包括删除任何相关的临时磁盘文件。

9）void **write**(String fileName) throws java.io.IOExceptio

这是一个将上传数据写到磁盘的简便方法。你也可以通过读取输入流、创建输出流的方式将上传数据写到磁盘上。

在 Part 接口中，没有提供直接获取上传文件的文件名的方法。这可能是考虑到，对于上传来说，如果直接用原始的文件名保存数据，那么很有可能会导致文件名的冲突，因此一般来说，服务器端会采用一种随机算法来生成文件名，这样就解决了文件命名冲突的问题。然而在实际应用中，原始文件名有时候也是需要的。例如，在文件上传后提供给用户下载，如果将一堆无意义的随机码作为下载文件名，那么用户是无法“望文件名而知其作用”的，这时候如果能够用原始文件名作为默认的下载文件名，那么用户的体验会好一些。

如何得到上传文件的文件名呢？在第 20 章 20.2.2 节我们分析文件上传的格式的时候讲述过：Content-Disposition 报头中的 filename 属性的值就是文件名，我们可以通过解析 Content-Disposition 报头值，来提取出上传文件的文件名。

下面我们使用 Servlet 3.0 提供的文件上传功能来实现一个文件上传的实例。开发步骤如下。

Step1：复制第 20 章的 upload.html

将第 20 章 20.2.4 节的 Step 3 编写的 upload.html 复制到本章项目的 Web 根路径下（Eclipse 中的 WebContent 目录下），将<form>元素的 action 属性的值修改为“upload”，如下所示：

```
<form action="upload" method="POST" enctype="Multipart/form-data">
```

Step2：编写 UploadServlet.java

UploadServlet 利用 Servlet 3.0 提供的文件上传功能，读取上传文件数据，将文件保存到磁盘上，并将文件名和文件大小显示在网页上。对于非文件数据，获取其内容，显示在网页上。完整的代码如例 21-16 所示。

例 21-16　UploadServlet.java

```
package org.sunxin.ch21.servlet;

import java.io.File;
import java.io.IOException;
import java.io.InputStream;
import java.io.PrintWriter;
import java.util.Collection;
```

```
import javax.servlet.ServletException;
import javax.servlet.annotation.MultipartConfig;
import javax.servlet.annotation.WebServlet;
import javax.servlet.http.HttpServlet;
import javax.servlet.http.HttpServletRequest;
import javax.servlet.http.HttpServletResponse;
import javax.servlet.http.Part;

@WebServlet("/upload")
// 设置内存缓冲区的阀值为 2M，设置临时存储文件的目录为 E:\temp，
// 设置上传文件的最大数据量为 10M（默认值为-1，表示没有限制）
@MultipartConfig(fileSizeThreshold=0x200000,
    location="e:\\temp",
    maxFileSize=0xA00000)
public class UploadServlet extends HttpServlet
{
  private static final long serialVersionUID = 1L;

  protected void service(HttpServletRequest request,
      HttpServletResponse response) throws ServletException, IOException
  {
    response.setContentType("text/html;charset=GBK");

    PrintWriter out = response.getWriter();
    out.println("<table cellpadding='3' border='1'>");
    // 得到请求中所有的 Part 对象
    Collection<Part> parts = request.getParts();

    for(Part part : parts)
    {
      out.print("<tr><td>");
      // 如果内容类型为 null，表明这是非文件字段内容，
      // 将字段的名字和值写到表格单元中
      if(part.getContentType() == null)
      {
        out.print(part.getName());
        out.print("</td><td>");
        InputStream is = part.getInputStream();
        byte[] buf = new byte[1024];
        int len = -1;
        len = is.read(buf);
        out.print(new String(buf, 0 , len));
        is.close();
      }
      // 如果有内容类型，表明这是文件字段内容，将上传文件写入到磁盘中，
      // 将文件名和文件大小写到表格单元中
      else
```

```
        {
          // 得到文件名
          String fileName = getFileName(part);
          out.print(fileName);
          out.print("</td><td>");
          out.print(part.getSize());
          // 将文件保存到 Web 应用程序根目录下的 uploadFiles 目录下
          File file = new
File(getServletContext().getRealPath("/uploadFiles"));
          if(!file.exists())
            file.mkdir();
          part.write(file.getPath() + "/" + fileName);
          System.out.println(file.getAbsolutePath());
        }

        out.print("</td></tr>");
      }

      out.println("</table>");
      out.close();

    }

    /**
     * 解析 Part 对象的报头值，得到上传文件的文件名
     * @param part 代表文件的 Part 对象
     * @return 文件名
     */
    private String getFileName(Part part)
    {
      String headerValue = part.getHeader("content-disposition");
      int index = headerValue.lastIndexOf("filename");
      String fileName = null;
      if(index != -1)
      {
        // 截取 filename=" 之后的内容
        fileName = headerValue.substring("filename=".length() + index + 1);
        // 去掉最后的双引号
        fileName = fileName.substring(0, fileName.length() - 1);
        // 去掉文件名前面的路径部分
        fileName = fileName.substring(fileName.lastIndexOf('\\') + 1);

      }
      return fileName;
    }
  }
```

代码中有详细的注释，这里就不再赘述了。需要补充说明的一点是，对于上传内容是

否是文件的判断，其实更为准确的方法是判断 Content-Disposition 报头值中是否包含了 filename 属性。

Step3：测试文件上传

启动 Tomcat 服务器，访问 upload.html，选择上传文件，并输入相关的描述信息，单击“上传”提交按钮后，将看到如图 21-9 所示的页面

localhost:8080/ch21/upload

20197819320348679.jpg	22402
desc1	这是一个图片文件
Lesson01.ppt	625664
desc2	这是一个PPT文件

图 21-9　UploadServlet 输出上传文件的信息

21.6　总结

Servlet 3.0 带来了令人心动的新特性，利用这些特性，可以大大简化我们的开发和部署。新增的注解简化了 Web 组件的配置，原生的文件上传支持功能让文件上传不再是“问题”，而利用异步处理、Web 片段和 ServletContainerInitializer 我们可以很方便地开发自己的框架，让之前只有“高手”才能做的事变成了“普通开发”。

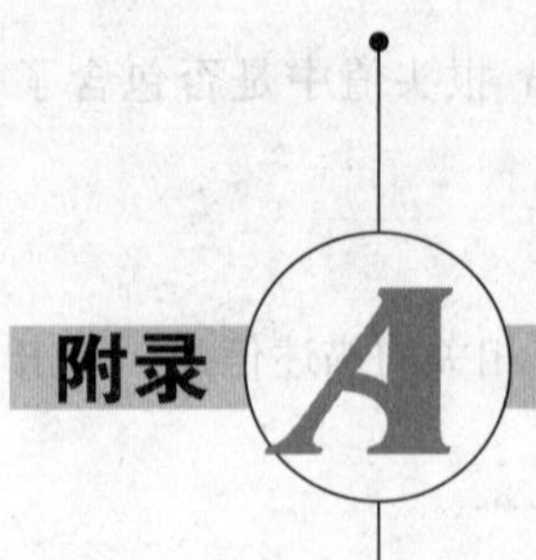

附录A 快速掌握HTML

读者可能会感到奇怪，为什么在一本介绍 Java Web 开发的书中，要有一章专门来介绍 HTML。这是因为 HTML 是 JSP 页面的基础，JSP 实际上是一种动态网页开发的技术，我们经常需要在 HTML 文档中嵌入 Java 脚本代码，或者动态输出 HTML 文档，作为 JSP 的开发人员来说，当然应该掌握一些常用的 HTML 标记，知道在什么位置嵌入脚本，如何将动态内容和标记结合在一起，以及自定义的标签如何更加符合用户使用 HTML 的习惯。

已经掌握 HTML 的读者可以跳过这一章，对 HTML 还不是很熟的读者，建议先学完这一章，再开始其他章节的学习。

A.1 WWW 简介

如果你想看看最近有什么新闻，那么你可以打开浏览器，登录一个新闻网站，浏览新闻。如果你要写一篇论文，需要查一些资料，则可以上网搜索。如果你正在做一个项目，需要完成某个功能，但你不知道这个功能应该如何完成，那么你可以上网，登录一些技术网站，看看有没有完成这个功能的代码可供利用。

而我呢，想看看电子工业出版社的网站，于是我打开浏览器，输入 https://www.phei.com.cn，然后按回车键，在浏览器中就看到了如图 A-1 所示的页面。

我们把所看到的这个页面称做“网页”。要访问这个网页，需要在浏览器的地址栏中输入 https://www.phei.com.cn，我们注意到，这一连串字符中有三个连续的 w 字符，组成了字符串“www”，它是 World Wide Web（万维网，WWW）的缩写。我们通常说的上网，指的就是登录万维网。WWW 目前已经是 Internet 上最主要的应用（Internet 上的其他引用还包括电子邮件、新闻组、文件传输等）。

从物理上而言，万维网是由数以亿计的客户端（使用浏览器，如 IE、Chrome 和 FireFox 等）和服务器（使用 Web 服务器软件，如 Apache、Tomcat 等）组成的，这些客户端和服务器之间通过有线或无线网络连接。如图 A-2 所示。

图 A-1　电子工业出版社网站的首页

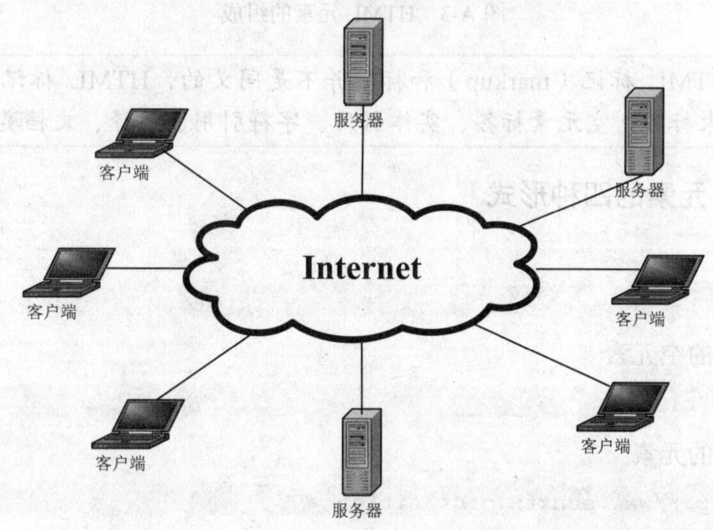

图 A-2　万维网示意图

万维网通常也简称为 Web，它是由无数的商业、教育、娱乐等资料组成的一个庞大的信息空间。我们在这个信息空间中遨游，浏览、搜寻资料，最终呈现在浏览器中的信息就是 Web 页面。Web 页面绝大多数都是由超文本标记语言（HTML）所编写的。

JSP 是编写动态网页的一种技术，HTML 的标记则是网页的基本元素，所以我们有必要花一些时间来掌握 HTML。

A.2 快速掌握 HTML

A.2.1 HTML（Hypertext Markup Language）

Web 页面（网页）也是一种文档，HTML 就是用来编写这些文档的一种标记语言，文档的结构和格式的定义是由 HTML 元素来完成的，HTML 元素是由单个或一对标签定义的包含范围。**一个标签就是左右分别有一个小于号（<）和大于号（>）的字符串。开始标签是指不以斜杠（/）开头的标签，其内是一串允许的属性/值对。结束标签则是以一个斜杠（/）开头的，如图 A-3 所示。**

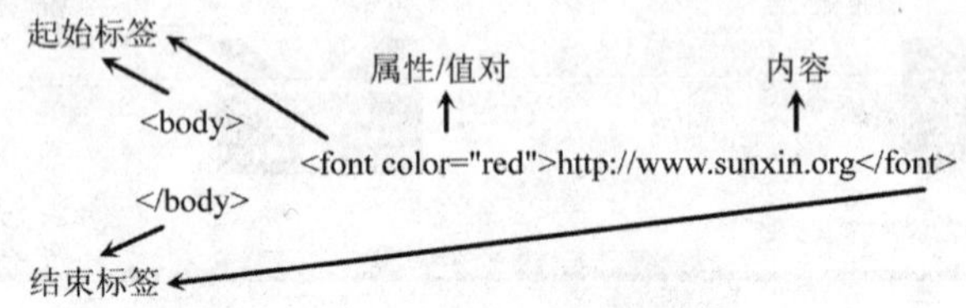

图 A-3　HTML 元素的组成

> **注意** HTML 标记（markup）和标签并不是同义的，HTML 标记包括开始标签（tag）、结束标签、空元素标签、实体引用、字符引用、注释、文档类型声明等。

A.2.2 HTML 元素的四种形式

- 空元素

```
<br>
```

- 带有属性的空元素

```
<hr color="blue">
```

- 带有内容的元素

```
<title>http://www.sunxin.org</title>
```

- 带有内容和属性的元素

```
<font color="red">http://www.sunxin.org</font>
```

下面我们通过编写一个简单的 HTML 文档，来了解 HTML 的框架。

A.2.3 第一个页面

对于一个 HTML 文档，我们总是以<html>开始标签开始文档，以</html>结束标签结束整篇文档。其他的标签都是嵌套在<html>…</html>之间的。<head>元素表示文档的头部，在文档的头部我们可以通过<title>元素指定文档的标题，这个标题将显示在浏览器的标题栏及出现在历史列表中。文档的内容是通过<body>元素来指定的，在<body>元素的开始标签<body>和结束标签</body>之间放置文档的内容。

HTML 文档的框架结构和我们写的文章结构是类似的，文章要有标题，在 HTML 中，标题放在<title>…</title>标签之间；文章要有正文部分，在 HTML 中，正文部分放在<body>…</body>标签之间。

当我们通过 HTML 的标记编写完 HTML 文档时，需要用特定的工具才能观看这个页面，这个工具就是我们常用的浏览器，在微软的平台下，就是 IE（Internet Explorer）浏览器负责解析 HTML 文档，遇到一个标记，就生成相应的页面信息，这样我们就能看到多姿多彩的 Web 页面了。

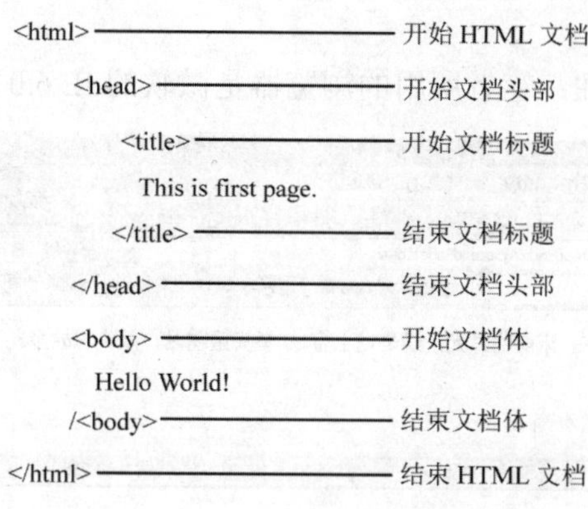

图 A-4　第一个 HTML 文档

> **提示**　1. 我们在编写 HTML 文档时，即使不按照 HTML 的框架格式，目前我们所用的浏览器（例如 IE）也能够很好地解析文档。例如，我们直接在文档中写上“Hello World!”，IE 浏览器会将这些字符作为文档体的内容，在浏览器窗口中显示出来。
>
> 2. 在 HTML 文档中，一个标签的属性是可选的，你在写一个标签时，根据需要，可以写上它的属性，也可以不写。
>
> 3. 在 HTML 文档中，给一个标签的属性赋值的时候，可以加双引号，也可以不加。例如，<hr color="blue">和<hr color=blue>都是合法的。
>
> 4. HTML 中，标签和属性的名字与大小写无关。

下面我们开始第二个页面。

A.2.4　第二个页面

因为 HTML 文档本身是文本格式的文档，所以我们可以用记事本或 UltraEdit 这样的编辑软件来编写 HTML 文档。打开记事本或 UntraEdit，输入下面的内容。

SecondPage1.html

```
<html>
<head>
    <title>静夜思</title>
</head>
<body>
        静夜思
```

```
            作者：李白

    床前明月光，疑是地上霜。
    举头望明月，低头思故乡。
</body>
</html>
```

编写完成后，将它保存为 SecondPage1.html，然后双击这个文件，启动浏览器打开这个文件；或者先启动浏览器，然后选择【文件(F)】→【打开(O)】→【浏览(R)...】，找到 SecondPage1.html 文件，并打开。

显示效果如图 A-5 所示（注：笔者所用的浏览器是微软的 IE 6.0）。

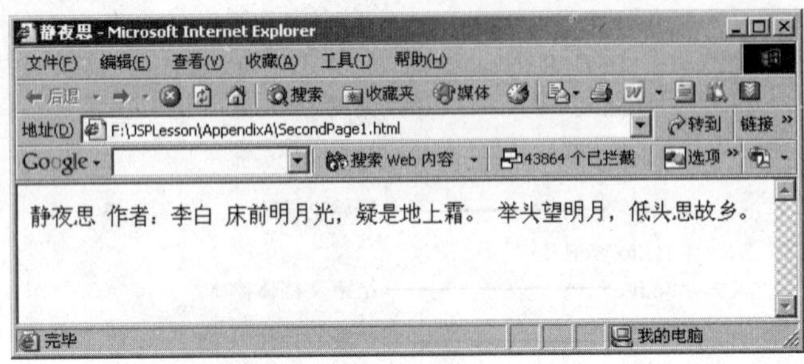

图 A-5　SecondPage1 页面的显示效果

我们注意到，在编写 HTML 文档的时候，虽然我们已经将唐诗的格式排列好了，但当我们用浏览器显示这个页面时，发现所有的格式都没有起作用。这是为什么呢？**因为在 HTML 文档中，如果存在连续多个空白字符（空格、制表符、回车、换行等），浏览器显示时将只解析为一个空格字符。**就是因为<body>元素中的回车键和空格键基本上都被浏览器忽略了，所以在浏览器窗口中，《静夜思》这首诗所有的内容都显示在了一行上。

A.2.5　与段落控制相关的标签

1）<p align="#">

表示 paragraph，作用是创建一个段。属性 align 表示段的对齐方式，#可以是 left、center、right 和 justify。

2）

表示 line break，作用是换行。

3）<hr color="clr" >

表示 horizontal rule，作用是插入一条水平线。属性 color 用来指定线的颜色，clr 可以是预定义的颜色名字。例如，red、blue、green、black、white、yellow、olive 和 aqua 等，或者以十六进制数表示的颜色值，clr =#rrggbb，例如，#ff0000 表示红色，#00ff00 表示绿色，#0000ff 表示蓝色。

> 提示　在计算机中，通常采用 RGB 色来表示色彩，R（Red）表示红色，G（Green）表示绿色，B（Blue）表示蓝色，通过红绿蓝三原色来构成其他的颜色。在这种表示方法中，各个成分采用两位的十六进制数来表示，00 至 FF（十进制的 0～255），表

示每一种颜色成分的强弱程度。一个较小的值，如 00 或 01，表示一种较暗的 RGB 成分；而一个较大的值，如 FE 或 FF，则表示一种非常亮的 RGB 成分。一种颜色用 6 位十六进制数来表示，000000 表示黑色，FFFFFF 表示白色，FF0000 表示红色，00FF00 表示绿色，0000FF 表示蓝色。

注 意 在使用十六进制数表示颜色值时，IE 浏览器不要求添加“#”号，但如果为了支持更多的浏览器，那么还是应该在十六进制的颜色值前面加上“#”号。

下面我们将与段落控制相关的标签应用到 SecondPage2.html 文档中。

SecondPage2.html

```
<html>
    <head>
        <title>静夜思</title>
    </head>
    <body>
        <p align="center">
                静夜思<br>
                    作者：李白
        <hr color="blue">
        <p align="center">
        床前明月光，疑是地上霜。<br>
        举头望明月，低头思故乡。
    </body>
</html>
```

显示效果如图 A-6 所示。

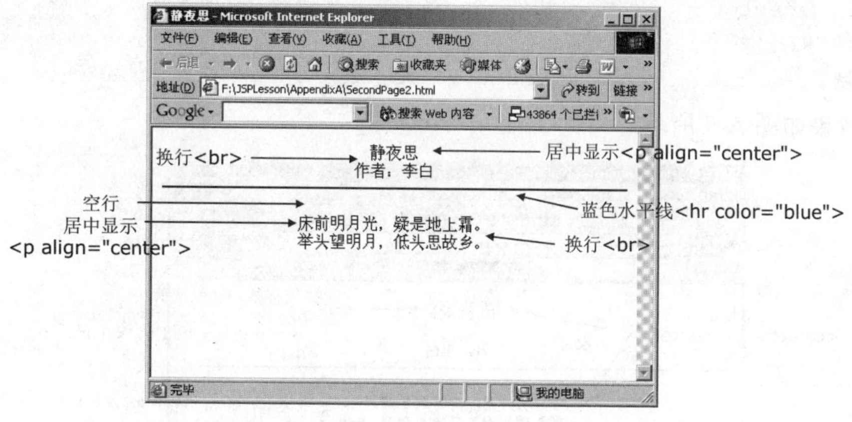

图 A-6 SecondPage2 页面的显示效果

A.2.6 控制文本的显示

1）<center>…</center>

使文本居中显示。

2）<h*n* align="#">…</h*n*>

用于指出文档的标题，*n* 是 1～6 的整数，1 表示最大标题，6 表示最小标题。属性 align 用于设置标题对齐的方式，#可以是 left、center 或 right。

3）<font size=n color="clr">…</font>

用于设置字体，属性 size 表示字体的大小，*n* 可以是从 1 到 7 的整数，数字越大，字体越大；属性 color 表示字体的颜色，clr 可以是预定义的颜色名字，例如 red、blue、green、black、white、yellow、olive 和 aqus 等，或者以十六进制数表示的颜色值，clr=#rrggbb。例如，#ff0000 表示红色，#00ff00 表示绿色，#0000ff 表示蓝色。

4）<b>…</b>

使文本成为粗体。

5）<i>…</i>

使文本成为斜体。

下面我们将与文本显示相关的标签应用到 SecondPage3.html 中，如下所示。

SecondPage3.html

```
<html>
    <head>
        <title>静夜思</title>
    </head>
    <body>
        <center>
            <h2><font color="red">静夜思</font></h2>
                                 <b>作者：李白</b><br>
            <hr color="blue">
            <p>
            <b><i><font size=3 color="green">床前明月光，疑是地上霜。<br>
            举头望明月，低头思故乡。</font></i></b>
        </center>
    </body>
</html>
```

显示效果如图 A-7 所示。

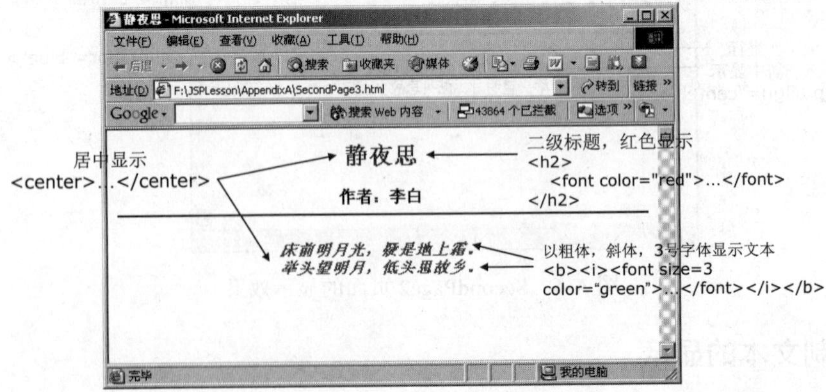

图 A-7　SecondPage3 页面的显示效果

A.2.7 如何输入特殊的字符

我们注意到在编写 SecondPage.html 时，“作者：李白”的位置是在“静夜思”下方靠右的位置，然而在浏览器窗口中，我们看到这两行文字是居中对齐的。前面我们讲过，HTML 文档中的回车、空格在页面显示时，基本上都会被浏览器所忽略，那么如何才能输入空格呢？在 HTML 文档中，可以通过输入不间断空格来代替通常使用的空格（ASCII 码为十进制的 32）。

在 HTML 文档中，像不间断空格、回车等符号，HTML 保留的字符（例如，'<'表示一个标记的开始），以及一些在键盘中不存在的特殊字符，例如版权符号（©）等，都需要通过字符引用的方式才能输入。在 HTML 中有两种字符引用类型：字符引用和实体引用。

字符引用和实体引用都是以一个和号（&）开始并以一个分号（;）结束。如果使用的是字符引用，则需要在和号（&）之后加上一个井号（#），之后是所需字符的十进制代码或十六进制代码（ISO10646 字符集中字符的编码）。如果使用的是实体引用，在和号（&）之后写上字符的助记符。

表 A-1 列出了常用特殊字符的字符引用和实体引用。

表 A-1 常用特殊字符的字符引用和实体引用

字符	字符引用（十进制代码）	字符引用（十六进制代码）	实体引用	描 述
"	"	"	"	双引号
&	&	&	&	和号
<	<	<	<	小于号
>	>	>	>	大于号
				不间断空格
©	©	©	©	版权符号
®	®	®	®	注册商标

下面我们可以用 来输入一些空格，让“作者：李白”显示在“静夜思”下方靠右的位置，如下所示。

SecondPage4.html

```
……
   <center>
     <h2><font color="red">静夜思</font></h2>
                <b>作者：李白</b>
     <hr color="blue">
     <p>
     <b><i><font size=3 color="green">床前明月光，疑是地上霜。<br>
     举头望明月，低头思故乡。</font></i></b>
   </center>
……
```

我们一共输入了十个表示空格的字符实体，显示效果如图 A-8 所示。

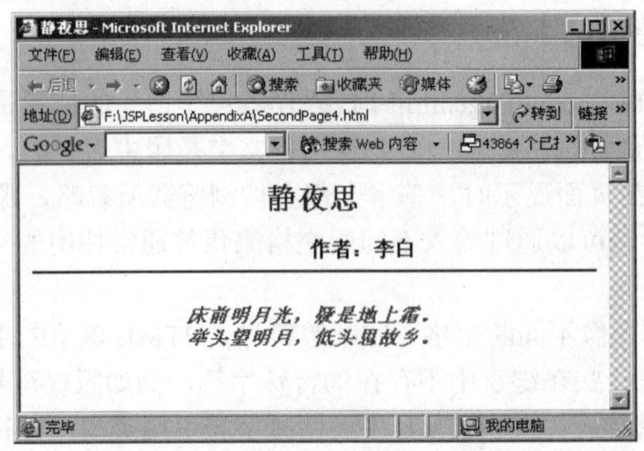

图 A-8　SecondPage4 页面的显示效果

技巧 我们通过“ ”输入了 10 个空格，由于 HTML 文档本身也是 ASCII 文本文档，1 个“ ”包含 6 个字符（一个字符占一个字节），10 个“ ”共占 60 个字节。很明显，为了让“作者：李白”显示在“静夜思”下方靠右的位置上，HTML 文件增加了 60 个字节，那有没有办法用很少的字节来完成同样的功能呢？我们可以通过使用全角空格来完成，以智能 ABC 输入法为例，先切换到智能 ABC 输入法，然后用鼠标左键单击半月形的图标，将其变为圆形即可。如下所示：

然后将光标移动到“作者：李白”前面，连续输入 5 个空格，这时候输入的空格是全角的空格。输入 2 个“ ”的作用和一个全角空格的作用是相同的，2 个“ ”共 12 个字节，而一个全角空格只占 2 个字节。我们在编辑网页文件时，可以采用全角空格来代替“ ”的输入。**但是要注意：全角空格在不支持中文字符集的浏览器中将显示为乱码，所以在使用时要注意你所面向的用户是否是中文用户。**

下面我们使用全角空格来替换 的输入，如下所示。

SecondPage5.html

```
<html>
    <head>
        <title>静夜思</title>
    </head>
    <body>
        <center>
            <h2><font color="red">静夜思</font></h2>
                      <b>作者：李白</b>
          <hr color="blue">
          <p>
          <b><i><font size=3 color="green">床前明月光，疑是地上霜。<br>
          举头望明月，低头思故乡。</font></i></b>
```

```
        </center>
    </body>
</html>
```

显示效果如图 A-9 所示。

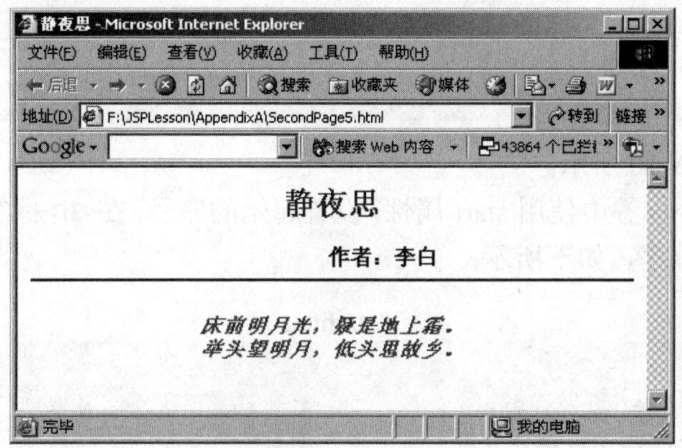

图 A-9 SecondPage5 页面的显示效果

注 意 在 HTML 文档中，标签和属性的名字与大小写无关，你既可以大写标签：<HTML>，也可以小写标签：<html>，但要注意的是实体引用区分大小写。

A.2.8 注释

我们在编写 HTML 文档的时候，也可以在文档中输入一些注释信息，便于以后维护和修改，这些信息在浏览器显示文档的时候不会显示出来。

要输入注释信息，首先输入一个小于号（<），然后紧接着输入一个感叹号（!），要注意的是，在小于号和感叹号之间不能有空格，之后是两条短线（--），如：<!--。接下来输入你的注释或说明信息，在写完注释信息后，再输入两条短线（--）和一个大于号（>），这样就完成了一个注释信息的添加。例如：<!--This is a comment-->。

注 意 因为两条短线（--）加一个大于号（>）用来表示注释的终止，所以不要在注释的内容中加入字符串“-->”。

A.2.9 列表

在现实生活中，有很多信息很适合用列表来表示，例如考试成绩的排名、歌曲排行榜、中国内地十大富豪榜等。在 HTML 中提供了创建列表的标签，可以用来创建带有数字编号、项目符号，以及无符号的列表。

1. 建立带有数字编号的列表

使用<ol>和<li>标签来创建带有数字编号的列表。我们看下面的例子。

list1.html

```
<ol>
    <li>《Java Web 开发详解》
    <li>《Servlet/JSP 深入详解》
    <li>《VC++深入详解》
    <li>《Struts 2 深入详解》
    <li>《Java 无难事》
</ol>
```

显示效果如图 A-10 所示。

我们可以在<ol>标签中使用 start 属性，设置起始的序号；在<li>标签中使用 value 属性，改变列表内的编号顺序，如下所示：

list2.html

```
<ol start="10">
    <li>《Java Web 开发详解》
    <li>《Servlet/JSP 深入详解》
    <li>《VC++深入详解》
    <li value="20">《Struts 2 深入详解》
    <li>《Java 无难事》
</ol>
```

显示效果如图 A-11 所示。

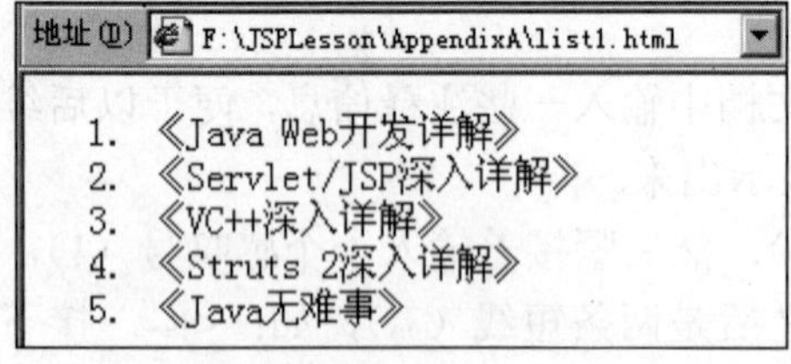

图 A-10　list 页面的显示效果

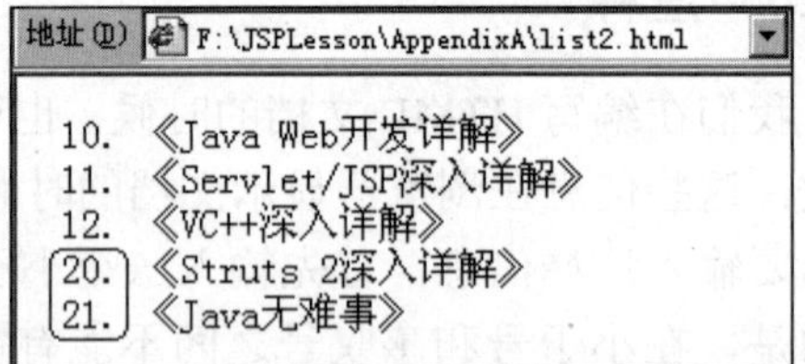

图 A-11　list2 页面的显示效果

2．指定编号的格式

在<ol>和<li>标签中，可以使用 type 属性来指定编号系统的类型。type 属性的取值如表 A-2 所示。

表 A-2　常用特殊字符的字符引用和实体引用

属性值	数字风格
A	使用大写字母（A、B、C 等）
a	使用小写字母（a、b、c 等）
I	使用大写罗马数字（I、II、III 等）
i	使用小写罗马数字（i、ii、iii 等）
1	使用阿拉伯数字（1、2、3 等），这是默认值

我们看下面的例子：

list3.html

```
<ol type="I">
    <li>《Java Web 开发详解》
    <li>《Servlet/JSP 深入详解》
    <li>《VC++深入详解》
    <li>《Struts 2 深入详解》
    <li>《Java 无难事》
</ol>

<ol type="a">
    <li>《Java Web 开发详解》
    <li>《Servlet/JSP 深入详解》
    <li>《VC++深入详解》
    <li>《Struts 2 深入详解》
    <li>《Java 无难事》
</ol>
```

显示效果如图 A-12 所示。

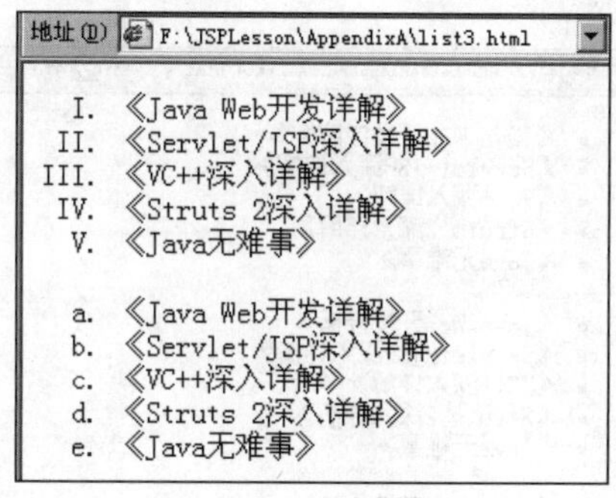

图 A-12　list3 页面的显示效果

3．建立带有项目符号的列表

使用<ul>和<li>标签创建带有项目符号的列表，<ul>和<li>标签的 type 属性指定符号的样式，取值如下：

- disc——显示为实心的圆圈。
- square——显示为实心的方块。
- circle——显示为空心的圆圈。

我们看下面的例子：

list4.html

```
<ul type="disc">
    <li>《Java Web 开发详解》
    <li>《Servlet/JSP 深入详解》
    <li>《VC++深入详解》
    <li>《Struts 2 深入详解》
    <li>《Java 无难事》
```

```
</ul>

<ul type="square">
    <li>《Java Web 开发详解》
    <li>《Servlet/JSP 深入详解》
    <li>《VC++深入详解》
    <li>《Struts 2 深入详解》
    <li>《Java 无难事》
</ul>

<ul type="circle">
    <li>《Java Web 开发详解》
    <li>《Servlet/JSP 深入详解》
    <li>《VC++深入详解》
    <li>《Struts 2 深入详解》
    <li>《Java 无难事》
</ul>
```

显示效果如图 A-13 所示。

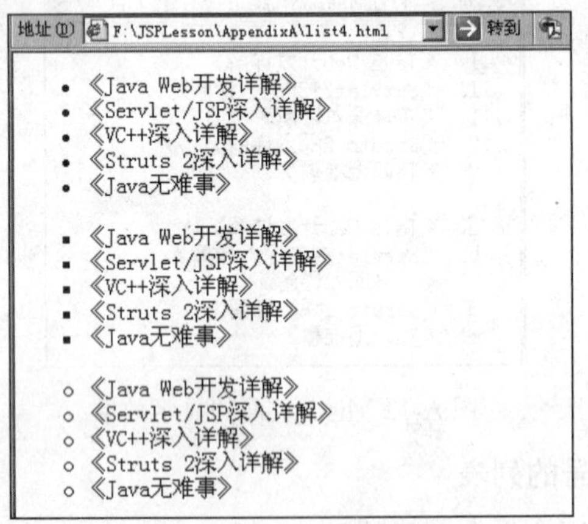

图 A-13 list4 页面的显示效果

4．建立无符号的列表

使用<dl>与<dt>标签创建无符号的列表。使用<dd>标签替换<dt>，创建缩进的列表。我们看下面的例子：

list5.html

```
<dl>
    <dt>《Java Web 开发详解》
    <dt>《Servlet/JSP 深入详解》
    <dt>《VC++深入详解》
    <dt>《Struts 2 深入详解》
    <dt>《Java 无难事》
</dl>
```

```
<dl>
    <dd>《Java Web 开发详解》
    <dd>《Servlet/JSP 深入详解》
    <dd>《VC++深入详解》
    <dd>《Struts 2 深入详解》
    <dd>《Java 无难事》
</dl>
```

显示效果如图 A-14 所示。

5. 建立术语列表

在<dl>元素中同时使用<dt>和<dd>标签，建立术语列表。术语列表中的列表项由两部分组成：术语和它的说明。术语由<dt>标签指定，说明由<dd>标签指定。我们看下面的例子：

list6.html

```
<dl>
    <dt>HTML
    <dd>超文本标记语言
    <dt>HTTP
    <dd>超文本传输协议
</dl>
```

显示效果如图 A-15 所示。

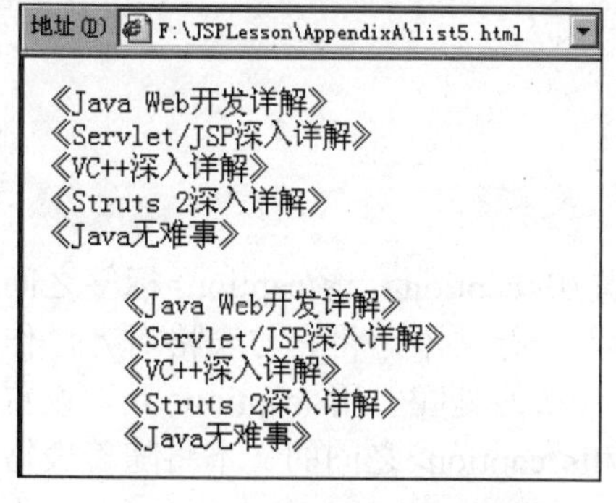

图 A-14　list5 页面的显示效果

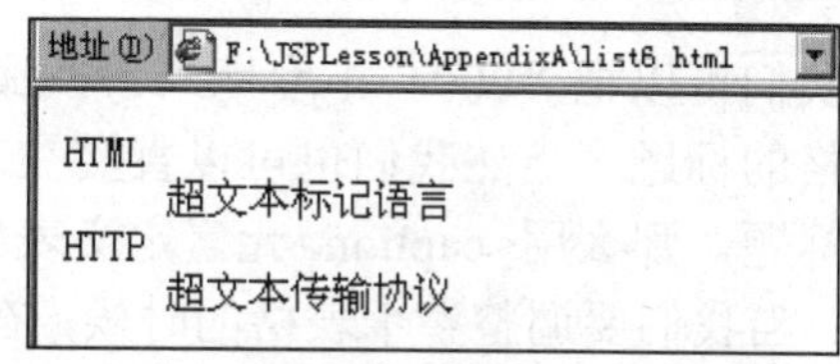

图 A-15　list6 页面的显示效果

A.2.10　表格

在我们的日常生活中，经常用到各种各样的表格，在考完试的时候，会有成绩单；在发薪水的时候，会给你一个工资单；在查看日历的时候，看到的也是表格形式的日历。表格显示数据具有清晰、简洁、一目了然的特点。在 HTML 中，表格的引入，对 Web 页面的设计产生了重大的影响，因为在 HTML 中，表格不仅可以用于显示数据，还可以用于页面的布局，以及对页面上不同 HTML 元素的位置进行控制。

下面看如表 A-3 所示的表格。

表 A-3　2004 年度期末考试成绩单

姓　名	语　文	数　学	英　语
张三	89	75	90
李四	98	94	92
王五	56	86	67

在表 A-3 中，它有一个标题“2004 年度期末考试成绩单”，表格数据是由行和列组成的，以粗体显示的第一行中的每一列，我们称为表格的表头，它用来定义表格各列的内容。我们一看“姓名”这个表头就知道，这一列的数据都是学生的姓名。数据是放在单元格之中的。

1．定义表格

表格是用<table>元素来定义的，如下所示：

```
<table border=n align="alignment" bgcolor="clr">…</table>
```

属性 border 用于定义表格边框的宽度，*n* 可以是从 0 开始的整数，如果设置 border=0，那么表格边框没有宽度，如果忽略 border 属性，则浏览器将不会显示边框，这和设置 border=0 是一样的效果。

属性 align 用于设定表格的对齐方式，alignment 可以是 left、center 或 right。

属性 bgcolor 用于指定表格的背景色，它的取值和前面介绍过的 color 属性的取值是一样的。

2．定义表格的标题

<caption>元素用于定义表格的标题，如下所示：

```
<caption>…</caption>
```

我们可以把“2004 年度期末考试成绩单”放置在<caption>…</caption>标签之间，作为表格的标题。当然我们也可以直接在表格上方输入一行文本，将它与表格对齐，作为表格的标题，那么用<caption>元素定义表格的标题有什么好处呢？用<caption>元素设置表格标题，当我们要调整整个表格的时候，在<caption>和</caption>之间的文本将随着表格一起被调整。

3．定义一个新行

<tr>元素在表格中添加一个新行，如下所示：

```
<tr align="alignment" valign="alignment">…</tr>
```

属性 align 用于指定这一行在水平方向上的对齐方式，alignment 可以是 left、center 或 right。属性 valign 用于指定这一行在垂直方向上的对齐方式，alignment 可以是 top、middle 或 bottom。

4．定义表头

<th>元素用于定义表头，如下所示：

```
<th>…</th>
```

如果我们想将表格的第一行设计为表头，用来指明其后各列的内容，就可以通过<th>元素来完成。

5. 定义单元格

<td>元素用于定义单元格，如下所示：

```
<td>…</td>
```

如果我们定义好了表格，添加了标题，为每一列设置了表头，准备开始添加数据了，就可以通过<td>元素来完成数据的添加。

下面我们在网页中以表格的形式显示上面的“2004 年度期末考试成绩单”，如下所示。

table.html

```
<html>
    <head>
        <title>
            This is a table.  <!--标题-->
        </title>
    </head>
    <body>
        <!--边框宽度为 1 个像素，居中对齐，表格背景色为十六进制数 ffdddd-->
        <table border=1 align="center" bgcolor="#ffdddd">
            <caption>2004 年度期末考试成绩单</caption> <!--表格标题-->
            <!--定义一个新行，水平、垂直方向上都居中对齐。-->
            <tr align="center" valign="middle">
                <th>姓名</th> <!--定义表头-->
                <th>语文</th>
                <th>数学</th>
                <th>英语</th>
            </tr>
            <tr align="center" valign="middle">
                <td>张三</td> <!--输入数据-->
                <td>89</td>
                <td>75</td>
                <td>90</td>
            </tr>
            <tr align="center" valign="middle">
                <td>李四</td>
                <td>98</td>
                <td>94</td>
                <td>92</td>
            </tr>
            <tr align="center" valign="middle">
                <td>王五</td>
                <td>56</td>
                <td>86</td>
                <td>67</td>
            </tr>
        </table>
```

```
    </body>
</html>
```

显示效果如图 A-16 所示。

A.2.11　HTML 交互式表单

我们在上网冲浪的时候，经常会填写各种各样的表单，若要申请一个 E-mail 账号，则需要填写申请信息；若要在论坛中提问题，则需要注册一个账号；若要在论坛中发言，则可以通过表单来提交你的数据。图 A-17 就是一个注册论坛账号的表单。

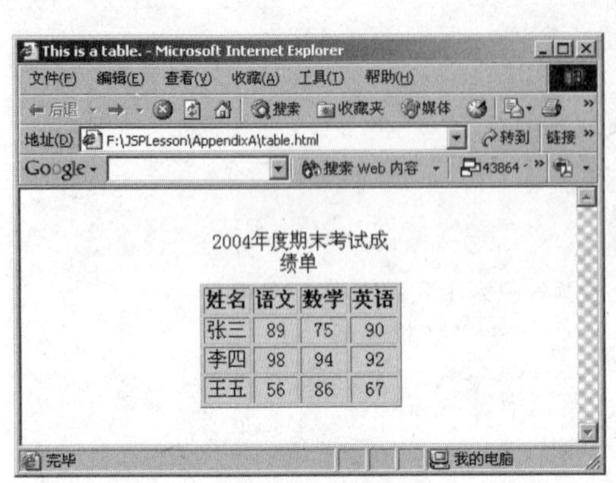

图 A-16　table 页面的显示效果

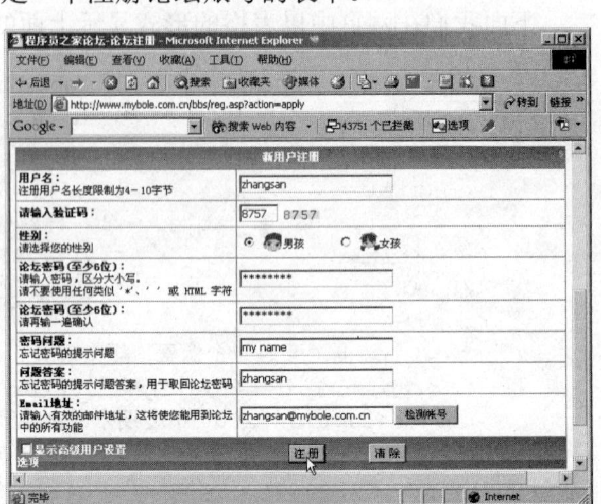

图 A-17　填写注册信息的表单页面

正是因为有了表单，所以在 HTML 文档和用户之间提供了一种交互的方式。利用表单，我们可以为用户提供在线申请账号的功能，利用表单我们可以获取用户的信息，了解用户的意见。

1. 表单与服务器的交互过程

如果我们想要注册一个论坛的账号，首先需要利用浏览器访问注册页面，然后在表单中填写注册信息，在填写好个人信息后，单击注册按钮，那么这些信息就会被浏览器发送到服务器端。当服务器端收到这些信息后，对这些信息进行一些处理，例如，判断用户名是否已经存在等，然后返回用户注册成功或失败的信息，这个信息被浏览器接收到，最终呈现在用户面前。

浏览器提交表单与服务器的交互过程如图 A-18 所示。

图 A-18　浏览器提交表单与服务器的交互过程

2. 表单的创建

（1）<form>元素

通过<form>元素，以及在其间嵌入的相关元素（称为控件），就可以创建作为HTML文档一部分的表单。

表单的基本语法如下：

```
<form method="get or post" action="URL">
...
</form>
```

<form>标签告诉浏览器在HTML文档中有一个表单。属性method用于指定向服务器发送表单数据时所使用的HTTP方法，可以是get或者post这两种方法中的一种，get是默认的方法。当采用get方法提交表单时，提交的数据被附加到URL（在属性action中指定）的末端，作为URL的一部分发送到服务器端。例如：我们指定action="reg.jsp"，当提交表单后，在浏览器的地址栏中，我们会看到下面的信息：

```
http://localhost:8080/reg.jsp?user=zhangsan&pwd=1234
```

而post方法，是将表单中的信息作为一个数据块发送到服务器端的方法。无论采用哪一种方法，数据的编码都是相同的：name1=value1&name2=value2。

在提交表单时，如果数据量较小，又没有安全方面的考虑（例如，提交的数据中没有密码等敏感信息），则可以采用get方法提交表单。如果数据量较大，或者有安全方面的考虑，则往往采用post方法提交表单。

属性action指定对表单进行处理的脚本的地址。也就是说，在表单提交到服务器后，交由谁来处理，在action属性中指定处理者的URL。

（2）<input>元素

如果要接收用户的输入信息，那么我们可以在<form>元素的开始标签和结束标签之间，添加<input>元素。<input>元素是一个带有属性的空元素，用来创建表单中的控件，其语法是：

```
<input type="type" name="name" size="size" value="value">
```

属性type用来指定要创建的控件的类型。属性name用来指定控件的名称，处理表单的服务器端脚本可以获得以名称-值对所表示的表单数据，利用名称，可以取出对应的值。name属性在表单中并不显示。属性size用来指定表单中控件的初始宽度。属性value指定控件的初始值。

（3）单行文本输入控件

下面，我们添加一个类型为text的<input>元素，这将在浏览器中显示一个单行的文本输入控件，我们用这个文本输入控件，让用户输入用户名，如下所示。

form.html

```
<html>
    <head>
        <title>
            This is the form page.
        </title>
```

```
    </head>
    <body>
        <form method="get" action="reg.jsp">
            用户名：<input type="text" size=30 name="user" value="default name">
        </form>
    </body>
</html>
```

注意文档中以粗体显示的部分，这个表单采用 get 方法提交，指定服务器端处理表单的脚本是 reg.jsp。在使用<input>元素之前，输入了一个提示信息“用户名:”，告诉用户这个文本输入控件是用来输入用户名的。在<input>元素中，属性 type 赋值为 text，表明创建的是一个文本输入控件，这个文本输入控件的宽度为 30，名字为 user（当表单提交后，在服务器端的脚本中，就可以用 user 这个名字，取出用户所输入的用户名），文本域的初始值为 default name。

图 A-19　只有一个文本输入域的表单

form.html 页面在浏览器中的显示效果如图 A-19 所示。

我们可以在文本输入控件中，输入用户名“张三”，然后按回车键，这个表单就会被提交。

> **提示**　如果在你的表单中只有唯一的一项文本输入控件，则可以使用回车来提交表单。在大多数情况下，表单需要提供一个提交按钮，用户通过单击“提交”按钮来提交整个表单。

（4）“提交”按钮

将<input>元素的属性 type 设置为“submit”来创建提交按钮，如果表单中只有一个提交按钮，那么不需要为它指定名字。

```
<input type="submit">
```

（5）“重置”按钮

有时候，用户填写完信息后发现有错误，想重新填写，为此可以创建一个重置按钮，当用户单击“重置”按钮时，表单中所有的控件都将被重新设置为它们的初始值。

将<input>元素的属性 type 设置为“reset”就可以创建重置按钮。

```
<input type="reset">
```

（6）口令输入控件

用户在注册信息的时候，往往需要设置一个密码，如果直接采用文本输入控件，那么用户输入的密码将以明文显示。如果用户在公众场合下填写注册信息，那么密码就有可能被窃取。我们可以创建一个口令输入控件提供给用户输入密码。表单中的口令控件与文本输入控件类似，但用户输入的文本是以星号（*）的形式显示的。创建口令输入控件，只要将<input>元素的属性 type 设置为“password”即可。

```
<input type="password" name="pwd">
```

我们将 form.html 修改如下。

form.html

```
<html>
    <head>
        <title>
            This is the form page.
        </title>
    </head>
    <body>
        <form method="get" action="reg.jsp">
            用户名：<input type="text" size=30 name="user" value="default
name"><br>
            论坛密码：<input type="password" name="pwd"><p>
            <input type="submit">
            <input type="reset">
        </form>
    </body>
</html>
```

代码中以粗体显示的部分是我们新添加的内容。

在浏览器中的显示效果如图 A-20 所示。

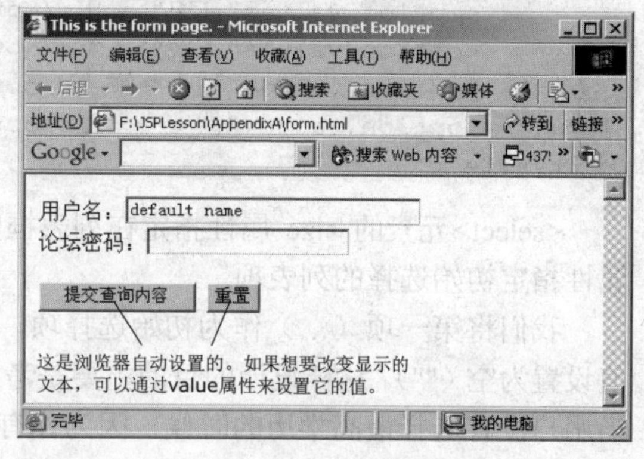

图 A-20 一个简单的输入用户名和密码的表单

（7）单选按钮

用户在填写注册信息时，我们需要知道他/她的性别，如果采用文本输入控件，那么输入的信息可能就会多种多样，用户可以输入“男”“男性”“男孩”“男人”等。为了避免用户输入不确定的信息，我们可以让用户采用一种标准的方式来输入，因为性别分为男和女，所以我们可以给用户提供一个只包含男、女两个选项的列表，让用户选择其中的一项，这可以通过创建单选按钮来完成。

将<input>元素的属性 type 设置为“radio”来创建单选按钮。单选按钮的数量根据你的需要来确定，通过给多个按钮使用一个 name 值，可以指明一组单选按钮。

```
<input type="radio" name="sex" value=1 checked>男
<input type="radio" name="sex" value=0>女
```

属性 value 表示当这个单选按钮被选中时，按钮的设定值。属性 checked 是可选的，它告诉浏览器当第一次显示这个单选按钮时，将它显示为选中状态。输入的文本“男”“女”表明这两个单选按钮的作用是用来选择性别的。

当表单被提交后，在服务器端的脚本就可以通过 sex 的值，来判断用户选择的是男（值为 1）还是女（值为 0）。

（8）复选框

复选框让用户在一个列表中选择多个选项。如果我们想知道用户的兴趣爱好，那么可以提供多个兴趣爱好选项，让用户进行选择。通过将<input>元素的属性 type 设置为“checkbox”来创建复选框。

```
<input type="checkbox" name="interest" value="football">足球
<input type="checkbox" name="interest" value="basketball">篮球
<input type="checkbox" name="interest" value="volleyball">排球
<input type="checkbox" name="interest" value="swim">游泳
```

在这里，我们可以给四个复选框取相同的名字，也可以取不同的名字。如果取相同的名字，当提交表单后，在服务器端的脚本将会接收到多个具有同样名字的名称-值对（被选中的复选框的值都会被提交到服务器端），当然这个处理过程也是很容易的。

（9）列表框

列表框允许用户从一个下拉列表框（下拉菜单）中选择一项或多项，其功能和单选按钮或复选框的功能相同，但显示的方式不一样。

列表框由<select>元素创建，列表框中的各个选项用<option>元素提供。我们想让用户从我们提供的学历列表中选择他/她的最高学历，就可以通过列表框来完成。

```
<select size=1 name="education" >
    <option value= "" selected>…</option>
    <option value="高中">高中</option>
    <option value="大学">大学</option>
    <option value="硕士">硕士</option>
    <option value="博士">博士</option>
</select>
```

<select>元素的 size 属性指定在列表框可视区域显示的行数，<option>元素的 selected 属性指定初始选择的列表项。

我们将第一项（…）作为初始选择项，因为这个选择没有任何意义，所以我们将它的值设置为空（""）。这样设计的目的主要是考虑到，如果我们将其他的选择项作为默认选择，当用户没有选择最高学历的时候，因为你有一个默认的选择，那么在表单被提交后，将得到错误的信息；而我们现在的设计是，当用户没有选择最高学历的时候，传到服务器端的数据为空，这样，我们就知道用户没有选择最高学历。

（10）多行文本输入控件

前面介绍了单行文本输入控件，它可以让用户输入信息，但如果我们想让用户在填写注册信息的时候，输入他/她的个人简历，那么单行的文本输入控件就不太适合了。对于要接受多行输入信息的情况下，可以使用多行文本输入控件，它可以容纳较多的信息。

创建多行文本输入控件的语法如下：

```
    <textarea name="name" rows="number of rows" cols="number of columns">…
</textarea>
```

属性 rows 用于指定文本输入控件可视区域显示的文本行数，属性 cols 用于指定文本输入控件可视区域显示的宽度。在开始标签和结束标签之间出现的文本，将作为文本输入控件中的初始文本而显示。例如：

```
<textarea name="personal" rows=5 cols=50>个人简历</textarea>
```

我们将 form.html 修改如下。

form.html

```
......
<form method="get" action="reg.jsp">
用户名：<input type="text" size=30 name="user" value="default name"><br>
    论坛密码：<input type="password" name="pwd"><br>
    性别：<input type="radio" name="sex" value=1 checked>男
         <input type="radio" name="sex" value=0>女<br>
    兴趣爱好：<input type="checkbox" name="interest" value="football">足球
            <input type="checkbox" name="interest" value="basketball">篮球
            <input type="checkbox" name="interest" value="volleyball">排球
            <input type="checkbox" name="interest" value="swim">游泳<br>
    最高学历：
    <select size=1 name="education" >
       <option value="" selected>…</option>
       <option value="高中" >高中</option>
       <option value="大学" >大学</option>
       <option value="硕士" >硕士</option>
       <option value="博士" >博士</option
    </select><br>
    个人简介：
    <textarea name="personal" rows=5 cols=30/><p>
    <input type="submit">
    <input type="reset">
</form>
......
```

代码中以粗体显示的部分是新添加的内容。

在浏览器中的显示效果如图 A-21 所示。

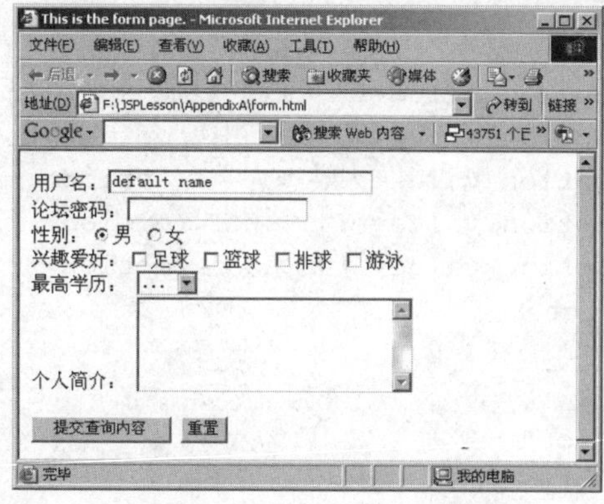

图 A-21　一个较复杂的表单

我们注意到这个页面布局排列有些杂乱，下面我们利用前面介绍过的表格对这个页面重新进行布局。

将 form.html 修改如下。

form.html

```
……
<form method="get" action="reg.jsp">
    <table>
        <tr>
            <td>用户名：</td>
            <td><input type="text" size=30 name="user"></td>
        </tr>
        <tr>
            <td>论坛密码：</td>
            <td><input type="password" name="pwd"></td>
        </tr>
        <tr>
            <td> 性别：</td>
            <td>
                <input type="radio" name="sex" value=1 checked>男
                <input type="radio" name="sex" value=0>女
            </td>
        </tr>
        <tr>
            <td>兴趣爱好：</td>
            <td>
                <input type="checkbox" name="interest" value="football">足球
                <input type="checkbox" name="interest" value="basketball">篮球
                <input type="checkbox" name="interest" value="volleyball">排球
                <input type="checkbox" name="interest" value="swim">游泳
            </td>
        </tr>
        <tr>
            <td>最高学历：</td>
            <td>
                <select size=1 name=education>
                    <option value="" selected>…</option>
                    <option value=高中 >高中</option>
                    <option value=大学 >大学</option>
                    <option value=硕士 >硕士</option>
                    <option value=博士 >博士</option>
                </select>
            </td>
        </tr>
        <tr valign="top">
            <td>个人简介：</td>
            <td><textarea name="personal" rows=5 cols=30></textarea></td>
```

```
        </tr>
        <tr>
            <td><input type="submit" value="注册"></td>
            <td><input type="reset" value="清除"></td>
        </tr>
    </table>
</form>
......
```

在开始标签<form>和结束标签</form>之间，我们创建一个表格，这个表格用来定位页面元素，对表单中的页面元素进行布局。我们根据需要显示的信息，创建一个无边框的七行两列的表格，将同一行中显示的信息分别放在两列中，因为表格的尺寸是中规中矩的，所以最终显示出来的页面元素的排列，就是非常整齐的。在浏览器中的显示效果如图 A-22 所示。

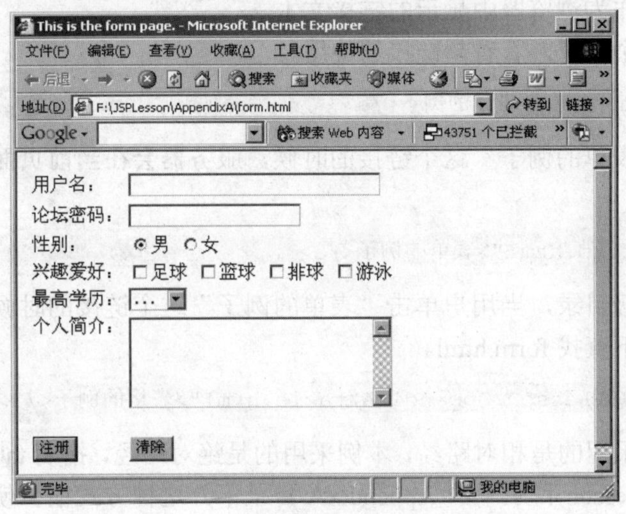

图 A-22 用表格定位页面元素的表单

（11）隐藏控件

通过将<input>元素的 type 属性指定为 hidden 来创建隐藏控件，如下所示。

```
<input type="hidden" name="name" value="value">
```

隐藏控件在浏览器中并不显示，用户通过查看 HTML 页面的源代码，可以看到隐藏控件。既然隐藏控件在浏览器中不显示出来，用户不能对它进行任何操作，那么为什么还要创建隐藏控件呢？隐藏控件通常存在于服务器端脚本动态产生的表单中，用于保存客户端的跟踪数据和有用信息，当用户提交表单时传回服务器端。

A.2.12 其他常用标签

1．超链接

我们在浏览网页的时候，经常会看到一段带下划线的文本，当单击这段文本时，就会从当前页面跳转到另一个页面，这段文本就是一个超链接。HTML 文本之所以被称为超文本，就是因为它具有普通文本所不具有的超链接功能。我们在浏览 HTML 文档时，可以通过单击关键字（一个超链接），来跳转页面。

要让超链接能够正常工作，就需要有一种方法来定位 Internet 上的资源，这是通过 URL 来实现的。URL 的全称是 Uniform Resource Locator，统一资源定位符。URL 由协议、主机名称、文件目录和文件名组成。例如，http://www.sunxin.org/video/video.asp，http 表明使用的是超文本传输协议，从主机名（域名）为 www.sunxin.org 的服务器上访问 video 目录下的 video.asp 文件。

建立一个链接的语法如下：

```
<a href= "URL">…</a>
```

属性 href 用于指定链接的目标，目标地址由 URL 定位，在开始标签<a>和结束标签</a>之间输入的文本将作为浏览器中显示的链接文本。

下面我们举几个例子，看看超链接的使用。

```
<a href="form.html">表单的例子</a>
```

当用户单击“表单的例子”这个链接的时候，服务器会在当前页面所在的目录下查找 form.html。

```
<a href="../form.html">表单的例子</a>
```

“..”表示上一级目录，当用户单击“表单的例子”这个链接的时候，服务器会在当前页面的上一级目录下查找 form.html。

```
<a href="F:/JSPLesson/AppendixA/table.html">表格的例子</a>
```

前面两个例子采用的是相对路经，本例采用的是绝对路经，指明 table.html 文件在主机上的 F 盘下的 JSPLesson 目录下的 AppendixA 目录下。这种方式很少使用，而且很容易出错，别人的机器或服务器的盘符与目录结构和你的机器往往是不同的。笔者看过不少人在开发网站的时候，不小心采用了绝对路经（在网页中嵌入的图片采用了绝对路经），当他将网页上传到服务器后，在自己的机器上访问页面的时候，没有任何问题，而除他之外的所有人访问都看不到这个图片，就是因为图片采用了绝对路经，他所看到的图片是他本地机器上的图片。

```
<a href="http://www.sunxin.org/index.asp">孙鑫的个人网站</a>
```

本例是建立一个到网上的其他页面的链接，通常我们在建立到某个网站的首页链接时，可以直接使用不带文件名的 URL，例如，href="http://www.sunxin.org"，当我们单击链接的时候，访问的是这个网站服务器上的默认页面（通常是 index.html、index.asp、default.html 和 index.jsp 等），至于默认页面是哪一个或哪一些，这要看网站的 HTTP 服务器的配置了，笔者机器上的 IIS（Web 服务器软件）的默认页面配置如图 A-23 所示。

当你访问网站的时候，如果没有指定文件名，HTTP 服务器就会按照设置的默认页面的顺序去查找相应的页面，找到后，就发送到客户端浏览器，显示给用户。如果没有找到匹配的页面，服务器就会向客户端浏览器发送“页面没有找到错误”。

下面我们编写一个link.html文档，建立几个链接。

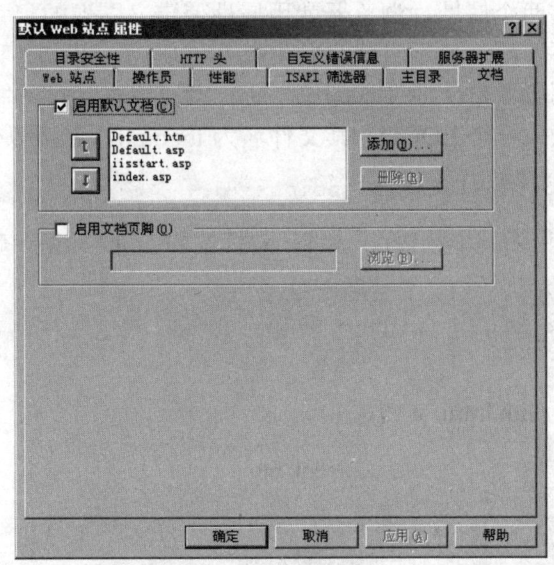

图 A-23　IIS默认页面的配置

link.html

```
<html>
    <head>
        <title>
            This is a link example.
        </title>
    </head>
    <body>
        <a href="form.html">表单的例子</a><br>
        <a href="F:/JSPLesson/AppendixA/table.html">表格的例子</a><br>
        <a href="http://www.sunxin.org/index.asp">程序员之家</a>
    </body>
</html>
```

在浏览器中的显示效果如图A-24所示。

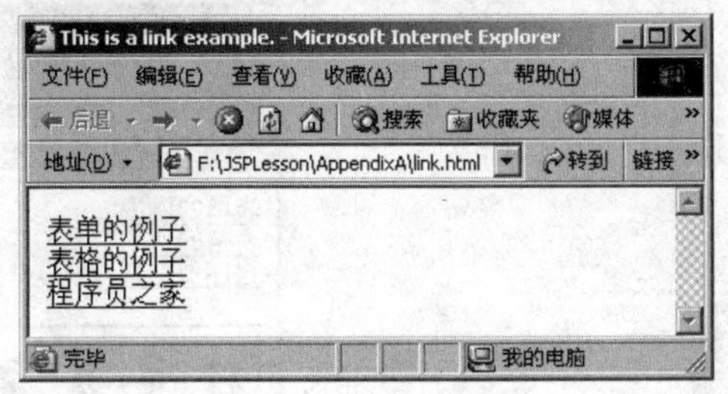

图 A-24　带超链接的页面

2．嵌入图像

在Web上使用得最多的两种图像格式是GIF和JPEG。GIF只能用于256色的图像，对于不需要大量颜色的图片，例如，网站的LOGO、图标等，常常使用GIF格式；对图片品质要求较高的一些图像，例如，照片、风景画等，常常使用JPEG格式。

在网页中嵌入一幅图像要使用<img>元素，其基本语法为：

```
<img src="URL" width=n height=n>
```

属性 src 指定图像资源的位置，属性 width 和 height 用于指定图片的尺寸。如果在使用<img>元素时，不包括 width 和 height 属性，浏览器就会计算正在加载的图像尺寸，然后显示图像；如果包含了这两个属性，浏览器就用属性值定义图像的尺寸，如果给出的图像尺寸和图像的真实尺寸不匹配，显示时就会发生拉伸或压缩。不过，我们应该总是给出图像的尺寸，这样有助于浏览器更快地加载图像，避免浏览器去计算图像的尺寸。

如果要在网页中嵌入一个 LOGO，其文件名为 logo.gif，就可以使用<img>元素：

```
<img src="logo.gif" width=197 height=81>
```

我们还可以将图像作为一个链接，只要将<a>标签和<img>标签一起使用就可以了。例如：

```
<a href="http://www.sunxin.org/index.asp">
    <img src="logo.gif" width=197 height=81>
</a>
```

下面我们修改一下 link.html 文档。

link.html

```
<html>
    <head>
        <title>
            This is a link example.
        </title>
    </head>
    <body>
        <a href="form.html">表单的例子</a><br>
        <a href="F:/JSPLesson/AppendixA/table.html">表格的例子</a><br>
        <a href="http://www.sunxin.org/index.asp">程序员之家</a><p>
        <a href="http://www.sunxin.org/index.asp">
            <img src="logo.gif" width=197 height=81>
        </a>
    </body>
</html>
```

代码中以粗体显示的部分是新添加的内容。

在浏览器中的显示效果如图 A-25 所示。

图 A-25 用图片作为链接

当我们将鼠标放到 LOGO 上的时候，鼠标形状从箭头形变成了小手形，在浏览器的状态栏上，我们看到图片的链接地址是 http://www.sunxin.org/index.asp，如果我们单击这个图片，将会跳转到 http://www.sunxin.org/index.asp 这个页面。

A.2.13 框架

框架用于在一个浏览器窗口中提供多个视图窗口，每一个视图窗口可以显示一个独立的 HTML 文档。框架通过使用<frameset>和<frame>元素来建立，<frameset>定义框架的布局，<frame>在<frameset>元素内部使用，定义出现在视图窗口中的内容。

包含<frameset>元素的文档称为框架集（frameset）文档。在框架集文档中，使用<frameset>标签代替<body>标签。

<frameset>元素有两个属性 rows 和 cols，用于指定框架集中框架的数量，rows 属性指定框架按行排列，cols 属性指定框架按列排列。它们的值可以是像素、百分比或者相对大小的列表，各个值之间以逗号分隔。默认值是 100%，意味着一行一列。

在<frameset>元素内部还可以包含一个<noframes>元素，在浏览器不支持框架或者浏览器配置为不显示框架时提供可选的内容。

我们看下面的例子：

fremeset.html（框架集文档）

```
<html>
  <head>
    <title>一个简单的框架集文档</title>
  </head>
  <frameset cols="30%, 70%">
    <frame src="menu.html" name="menu">
    <frame src="content.html" name="content">
    <noframes>
      <ul>
       <li><a href="form.html">表单的例子</a>
       <li><a href="table.html">表格的例子</a>
      </ul>
    </noframes>
  </frameset>
</html>
```

<frame>元素的 src 属性指定在这个框架中显示的文档的 URL，name 属性为框架分配一个名字，这个名字可以被其他文档用作链接的目标。

位于框架集左侧的 menu.html 的内容如下：

menu.html

```
<html>
  <body>
 <a href="form.html" target="content">表单的例子</a><br>
    <a href="table.html" target="content">表格的例子</a>
```

```
  </body>
</html>
```

位于框架集右侧的 content.html 的内容如下：

content.html

```
<html>
  <body>初始的内容</body>
</html>
```

fremeset.html 在浏览器中的显示效果如图 A-26 所示。

在左侧框架中单击“表格的例子”链接，右侧框架的内容将随之改变，如图 A-27 所示。

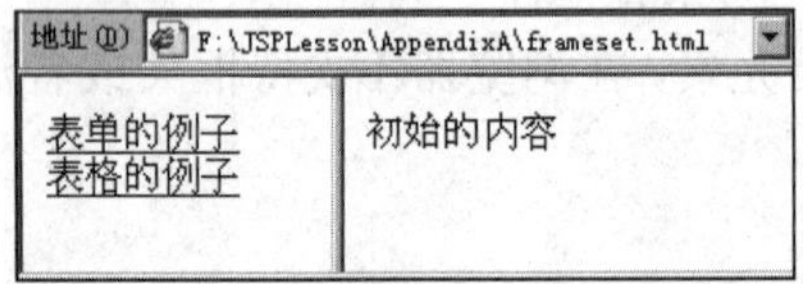

图 A-26　frameset 页面的显示效果

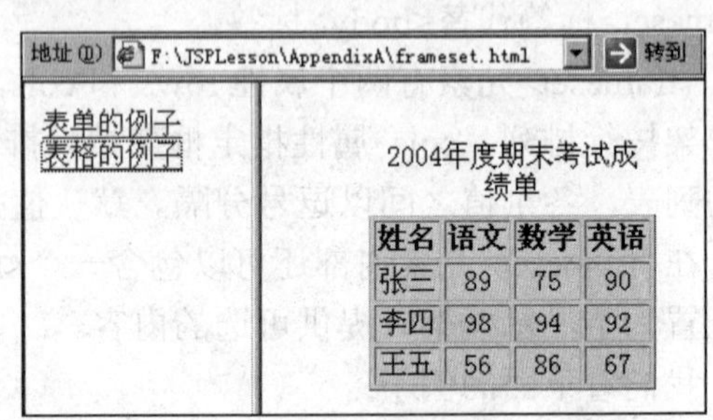

图 A-27　右侧框架显示 table.html 页面

A.3　小结

本章主要介绍了 HTML 中的常用元素和一些相关属性的用法。本章没有讲解 HTML 中的所有元素及其属性（这需要整整一本书的容量），这本身也是没有必要的。一方面，目前在实际的网页制作过程中，已经很少有人利用纯手工输入 HTML 元素的方式来创建网页了，多数都是通过一些专门的网页制作软件，如：Dreamweaver、FrontPage 等，在一个图形化的编辑环境中从事网页的制作与开发；另一方面，对于本书面向的读者来说，主要目的是为了从事 JSP 的开发工作，所以只要掌握常用的元素就可以了。而对于前端网页的制作，除了需要掌握 HTML 的知识外，还需要掌握美工方面的知识，这个工作就交由专业的网页制作人员去完成就可以了。

本章的目的主要是为了帮助读者快速掌握 HTML 中的常用元素及其属性，为 JSP 的学习打下一个良好的基础。如果读者想要了解更多的 HTML 知识，可以参考一些专门讲解 HTML 的书籍和文章。

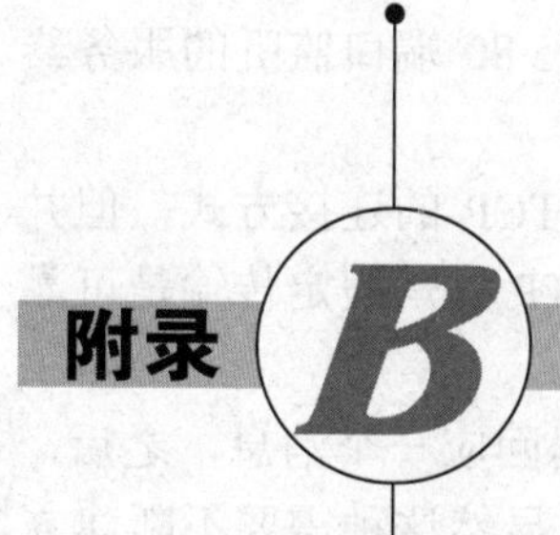

附录B 解析 HTTP

B.1 概述

我们上网访问一个网站，在浏览器的地址栏中输入 www.sunxin.org，然后回车，你会看到浏览器将输入的地址变成了 http://www.sunxin.org/，那浏览器所加的这个 http 是什么意思呢？

HTTP（Hypertext Transfer Protocol）是超文本传输协议，从 1990 年开始就在 WWW 上广泛应用，是现今在 WWW 上应用得最多的协议，目前的版本是 1.1。HTTP 是应用层的协议，当你上网浏览网页的时候，浏览器和 Web 服务器之间就会通过 HTTP 在 Internet 上进行数据的发送和接收。

HTTP 是一个基于请求/响应模式的、无状态的协议。在客户端（浏览器）与服务器端（Web 服务器应用程序）建立连接后，向服务器端发出一个请求，服务器对这个请求进行处理，然后返回一个响应信息，之后双方的连接被关闭，如图 B-1 所示。

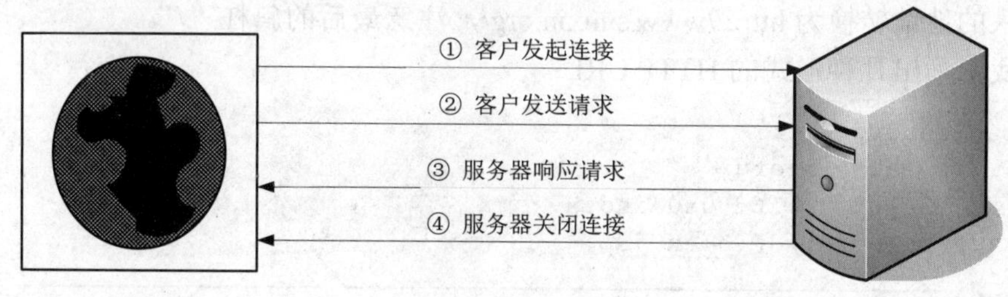

图 B-1　浏览器与服务器利用 HTTP 协议通信的过程

上层协议要使用下层协议提供的服务，HTTP 是应用层的协议，它要使用下层协议提供的服务。HTTP 的连接建立，就是利用传输层的 TCP 协议来完成的。我们知道，TCP 是面向连接的协议，一方等待，另一方发起连接，Web 服务器应用程序就是等待的一方，浏览器是发起连接的一方，在默认情况下，浏览器与在 Web 服务器上 80 端口监听的服务器程序建立 TCP 连接。

要注意的是，虽然在 Internet 上，HTTP 通信基本上都是基于 TCP 的连接方式，但并不排除基于 Internet 上其他协议或其他网络的 HTTP 实现方式。HTTP 只是假定传输是可靠的，因而任何能提供这种保证的协议都可以被使用。

在 HTTP1.0 中，当连接建立后，浏览器发送一个请求，服务器回应一个消息，之后，连接就被关闭。当浏览器下次请求的时候，需要重新建立连接，很显然这种需要不断建立连接的通信方式造成的开销比较大。早期的 Web 页面通常只包含 HTML 文本，因此即使建立连接的开销较大，也不会有太大的影响。而现在的 Web 页面往往包含多种资源（图片、动画、声音等），每获取一种资源，就建立一次连接，这样就增加了 HTTP 服务器的开销，造成了 Internet 上的信息堵塞。因此在 HTTP1.1 版本中，给出了一个**持续连接**（Persistent Connections）的机制，并将其作为 HTTP1.1 中建立连接的默认行为。通过这种连接，浏览器可以在建立一个连接之后，发送请求并得到回应，然后继续发送请求并再次得到回应。而且，客户端还可以发送流水线请求，也就是说，客户端可以连续发送多个请求，而不用等待每一个响应的到来。

B.2 HTTP URL

我们上网访问网页的时候，需要输入一个网址，这个网址就是 HTTP URL。其格式如下：

```
http://host [ ":" port ] [ abs_path ]
```

其中 http 表示要通过 HTTP 协议来定位网络资源。host 表示合法的 Internet 主机域名或 IP 地址（以点分十进制的格式表示）。port 用于指定一个端口号，拥有被请求资源的服务器主机监听该端口的 TCP 连接，如果 port 是空，或者没有给出，则使用默认的端口 80。abs_path 指定请求资源的 URI（Uniform Resource Identifier，统一资源标识符），如果 URL 中没有给出 abs_path，那么当它作为请求 URI 时，必须以“/”的形式给出。通常，这个工作浏览器就帮我们完成了。我们在浏览器的地址栏中输入 www.sunxin.org，然后按回车键，浏览器会自动将我们所输入的地址转换为 http://www.sunxin.org/，注意最后的斜杠“/”。

下面我们列出几种形式的 HTTP URL：

```
www.sunxin.org
http://www.sunxin.org/
http://192.168.0.116:8080/index.jsp
http://218.30.96.48/index.jsp
```

> **注意** 第一种形式的输入，浏览器会自动将其转换为第二种形式，并使用默认的端口是 80。第三种形式使用 IP 地址和指定端口去访问资源，在本书中我们使用的 Web 服务器是 Tomcat，它监听的默认端口是 8080，参见第 2 章。

> 提示 URI（Uniform Resource Identifier，统一资源标识符）纯粹是一个符号结构，用于指定构成Web资源的字符串的各个不同部分。URL（Uniform Resource Locator，统一资源定位符）是一种特殊类型的URI，它包含了用于查找某个资源的足够信息。其他的URI，例如mailto:zhangsan@sina.com则不属于URL，因为它里面不存在根据该标识符来查找的任何数据。这种URI称为URN（通用资源名）。

B.3 HTTP请求

客户端通过发送HTTP请求向服务器请求对资源的访问。HTTP请求由三部分组成，分别是：请求行、消息报头和请求正文。

B.3.1 请求行

请求行以一个方法符号开头，后面跟着请求URI和协议的版本，以CRLF（表示回车换行）作为结尾。请求行以空格分隔，除了作为结尾的CRLF外，不允许出现单独的CR或LF字符。格式如下：

```
Method Request-URI HTTP-Version CRLF
```

Method表示请求的方法，Request-URI是一个统一资源标识符，标识了要请求的资源，HTTP-Version表示请求的HTTP协议版本，CRLF表示回车换行。例如：

```
GET /form.html HTTP/1.1 (CRLF)
```

具体方法如下。

在HTTP协议中，HTTP请求可以使用多种请求方法，这些方法指明了要以何种方式来访问由Request-URI所标识的资源。HTTP1.1支持的请求方法如表B-1所示。

表B-1 HTTP1.1中的请求方法

方　法	作　用
GET	请求获取由Request-URI所标识的资源
POST	请求服务器接收在请求中封装的实体，并将其作为由Request-Line中的Request-URI所标识的资源的一部分
HEAD	请求获取由Request-URI所标识的资源的响应消息报头
PUT	请求服务器存储一个资源，并用Request-URI作为其标识
DELETE	请求服务器删除由Request-URI所标识的资源
TRACE	请求服务器回送收到的请求信息，主要用于测试或诊断
CONNECT	保留将来使用
OPTIONS	请求查询服务器的性能，或者查询与资源相关的选项和需求

其中最常用的请求方法是GET和POST，此外HEAD方法也是比较有用的方法，所以我们主要介绍这三个方法。

注 意 方法名是区分大小写的，HTTP 目前所支持的方法都是大写形式。

（1）GET

GET 方法用于获取由 Request-URI 所标识的资源的信息，常见的形式是：

```
GET Request-URI HTTP/1.1
```

当我们通过在浏览器的地址栏中直接输入网址的方式去访问网页的时候，浏览器采用的就是 GET 方法向服务器获取资源。

（2）POST

POST 方法用于向目的服务器发出请求，要求服务器接受附在请求后面的数据。POST 方法在表单提交的时候用得较多，例 B-1 是一个采用 POST 方法提交表单的例子。

例 B-1　采用 POST 方法提交表单

```
POST /reg.jsp HTTP/1.1 (CRLF)
Accept: image/gif, image/x-xbit, …（因为篇幅关系，这部分省略）(CRLF)
…（因为篇幅关系，这部分省略）
Host: www.winsunlight.com (CRLF)
Content-Length: 22 (CRLF)
Connection: Keep-Alive (CRLF)
Cache-Control: no-cache (CRLF)
(CRLF)
user=zhangsan&pwd=1234
```

在两个回车换行后，就是表单提交的数据。

（3）HEAD

HEAD 方法与 GET 方法几乎是相同的，它们的区别在于 HEAD 方法只是请求消息报头（参见第 B.5.1 节），而不是完整的内容。对于 HEAD 请求的回应部分来说，它的 HTTP 头部中包含的信息与通过 GET 请求所得到的信息是相同的。利用这个方法，不必传输整个资源内容，就可以得到 Request-URI 所标识的资源的信息。这个方法通常被用于测试超链接的有效性，是否可以访问，以及最近是否更新。

提 示 当我们在 HTML 中提交表单时，浏览器会根据你的提交方法是 get 还是 post，采用相应的在 HTTP 协议中的 GET 或 POST 方法，向服务器发出请求。要注意的是，在 HTML 文档中书写 get 和 post 大小写都可以，但 HTTP 协议中的 GET 和 POST 只能是大写形式。

B.3.2　消息报头

参见第 B.5.1 节。

B.3.3　请求正文

消息报头和请求正文之间是一个空行（只有 CRLF 的行），这个空行表示消息报头已经结束，接下来的是请求正文。在请求正文中可以包含提交的数据，在例 B-1 中，**user=zhangsan&pwd=1234** 就是请求正文部分。

B.4　HTTP 响应

在接收和解释请求消息后，服务器会返回一个 HTTP 响应消息。与 HTTP 请求类似，HTTP 响应也是由三个部分组成，分别是：状态行、消息报头和响应正文。

B.4.1　状态行

状态行由协议版本、数字形式的状态代码，以及相应的状态描述组成，各元素之间以空格分隔，除了结尾的 CRLF（回车换行）字符序列外，不允许出现 CR 或 LF 字符。格式如下：

```
HTTP-Version Status-Code Reason-Phrase CRLF
```

HTTP-Version 表示服务器 HTTP 协议的版本，Status-Code 表示服务器发回的响应代码，Reason- Phrase 表示状态代码的文本描述，CRLF 表示回车换行。例如：

```
HTTP/1.1 200 OK (CRLF)
```

1. 状态代码与状态描述

状态代码由 3 位数字组成，表示请求是否被理解或被满足，状态描述给出了关于状态代码的简短的文本描述。状态代码的第一个数字定义了响应的类别，后面两位数字没有具体的分类。第一个数字有 5 种取值，如下所示。

- 1xx：指示信息——表示请求已接收，继续处理。
- 2xx：成功——表示请求已经被成功接收、理解、接受。
- 3xx：重定向——要完成请求必须进行更进一步的操作。
- 4xx：客户端错误——请求有语法错误或请求无法实现。
- 5xx：服务器端错误——服务器未能实现合法的请求。

下面我们列出在 HTTP1.1 中定义的状态代码，如表 B-2 所示。

表 B-2　HTTP1.1 中的状态代码与状态描述

状态代码	状态描述	状态代码	状态描述
100	Continue（初始的请求已接受，客户端应当继续发送请求的其余部分）	201	Created（服务器已经创建了文档，Location 报头给出了它的 URL）
101	Switching Protocols（服务器将遵从客户端的请求转换到另外一种协议）	202	Accepted（已经接受了请求，但处理尚未完成）
200	OK（请求成功完成，请求的资源发送给客户端）	203	Non-Authoritative Information（文档已经正常地返回，但是一些应答报头可能不正确，因为使用的是文档的拷贝）

续表

状态代码	状态描述	状态代码	状态描述
204	No Content（没有新文档，浏览器应该继续显示原来的文档。如果用户定期刷新页面，而服务端没有修改过文档，则可以发送这个状态码）		
205	Reset Content（没有新的内容，但是浏览器应该重置它所显示的内容，用来强制浏览器清除表单输入内容）	400	Bad Request（请求出现语法错误）
206	Partial Content（客户端发送了一个带有 Range 报头的 GET 请求，服务器完成了对它的处理）	401	Unauthorized（客户端未经授权就试图访问受保护的页面。响应中会包含一个 WWW-Authenticate 报头，浏览器据此显示用户名/密码对话框，用户输入用户名和密码后，浏览器填写相应的 Authorization 报头后再次发送请求）
300	Multiple Choices（客户端请求的文档可以在多个位置找到，这些位置已经在返回的文档内列出。如果服务器要提出优先选择，则应该在 Laction 响应报头中指明）	402	Payment Required（这个代码保留给将来使用）
301	Moved Permanently（客户请求的文档在其他位置，新的 URL 在 Location 报头中给出，浏览器应该自动访问新的 URL）	403	Forbidden（资源不可用。服务器理解客户端的请求，但是拒绝处理它。通常与服务器上的文件或者目录的权限设置有关）
302	Found（重定向，类似于 301，新的 URL 在 Location 报头中给出，浏览器应该自动访问新的 URL。区别在于，对于 302，新的 URL 应该被视为临时性的替代，而不是永久性的。这个状态代码有时候可以和 301 替换使用）	404	Not Found（请求的资源不存在）
303	See Other（类似于 301、302，区别在于，如果原来的请求是 POST，那么 Location 报头指定的重定向目标文档应该通过 GET 请求获取）	405	Method Not Allowed（请求方法：GET、POST、HEAD、DELETE、PUT、TRACE，对指定的资源不可用）
304	Not Modified（客户端缓存的文档还可以继续使用。如果客户端请求比指定日期要新的文档时，而服务器没有修改过该文档，则发送这个状态代码）	406	Not Acceptable（指定的资源已经找到，但是它的 MIME 类型和客户端在 Accept 报头中所指定的不兼容）
305	Use Proxy（客户端请求的文档应该通过 Location 报头所指明的代理服务器获取）	407	Proxy Authentication Required（类似于 401，表示客户端必须先经过代理服务器的授权）
307	Temporary Redirect（和 302 相同。当出现 303 应答时，浏览器可以跟进重定向的 GET 和 POST 请求；如果是 307 应答，则浏览器只能跟进对 GET 请求的重定向）	408	Request Time-out（请求超时。在服务器许可的等待时间内，客户端一直没有发出任何请求，客户端可以在以后重复同一请求）

续表

状态代码	状态描述	状态代码	状态描述
409	Conflict（通常和 PUT 请求有关。由于请求与资源当前的状态相冲突，因此请求不能成功）	417	Expectation Failed（客户端发送的 HTTP 数据流中包含了一个无法满足的预期请求）
410	Gone（所请求的文档已经不再可用，而且服务器不知道应该重定向到哪一个地址。它和 404 的区别在于，返回 410 表示文档永久地离开了指定的位置，而 404 表示由于未知的原因文档不可用）	500	Internal Server Error（服务器发生了不可预料的错误，不能完成客户端的请求。
411	Length Required（服务器不能处理请求，除非客户端发送一个 Content-Length 报头）	501	Not Implemented（服务器不支持实现请求所需要的功能。例如，客户端发送了一个服务器不支持的 PUT 请求）
412	Precondition Failed（请求报头中指定的一些前提条件失败）	502	Bad Gateway（服务器作为网关或者代理时，为了完成请求，访问下一个服务器，但是该服务器返回了非法的应答）
413	Request Entity Too Large（目标文档的大小超过服务器当前愿意处理的大小，如果服务器认为自己能够稍后再处理该请求，则应该提供一个 Retry-After 报头）	503	Service Unavailable（服务器由于维护或者负载过重不能处理客户端的请求，一段时间后可能恢复正常）
414	Request-URI Too Large（URI 太长）	504	Gateway Time-out（由作为代理或者网关的服务器使用，表示不能及时地从远程服务器获得应答）
415	Unsupported Media Type（服务器拒绝服务当前请求，因为服务器不支持请求的媒体类型）	505	HTTP Version not supported（服务器不支持请求中所指明的 HTTP 版本）
416	Requested range not satisfiable（服务器不能满足客户端在请求中指定的 Range 报头）		

如果以后我们看到错误代码，就可以通过表 B-2 了解到这个代码的含义。

表 B-2 中的大多数状态代码平常我们都看不到，所以对这些状态代码大致了解一下就可以了，其中最常见的错误代码是 404，当我们上网访问页面的时候，如果输入了一个错误的 URL，服务器就会返回 404 状态代码，提示页面没有发现。

B.4.2　消息报头

参见第 B.5.1 节。

B.4.3　响应正文

消息报头和响应正文之间是一个空行（只有 CRLF 的行），这个空行表示消息报头已经结束，接下来的是响应正文。响应正文就是服务器返回的资源的内容。例如，我们请求一个页面，如果请求成功，服务器就会在消息报头和一个空行的后面返回页面内容，如下所示。

```
<html>
    <head>
        <title>
            This is the form page.
        </title>
    </head>
    <body>
        …（由于篇幅的关系，省略部分内容）
    </body>
</html>
```

B.5 HTTP 消息

HTTP 消息由客户端到服务器的请求和服务器到客户端的响应组成。请求消息和响应消息都是由开始行、消息报头（可选的）、空行（只有 CRLF 的行）、消息正文（可选的）组成的。

对于请求消息，开始行就是请求行，对于响应消息，开始行就是状态行。

例 B-2 和例 B-3 分别是请求消息和响应消息的例子。

例 B-2　请求消息

```
GET /form.html HTTP/1.1 (CRLF)
Accept: image/gif, image/x-xbitmap, image/jpeg, image/pjpeg, application/
x- shockwave-flash, application/vnd.ms-excel, application/vnd.ms-powerpoint,
application/ msword, */* (CRLF)
Accept-Language: zh-cn (CRLF)
Accept-Encoding: gzip, deflate (CRLF)
If-Modified-Since: Wed, 05 Jan 2005 11:21:51 GMT (CRLF)
If-None-Match: W/"80b1a4c018f3c41:8317" (CRLF)
User-Agent: Mozilla/4.0 (compatible; MSIE 6.0; Windows NT 5.0)  (CRLF)
Host: www.winsunlight.com (CRLF)
Connection: Keep-Alive (CRLF)
CRLF (表示一个空行)
```

例 B-3　响应消息

```
HTTP/1.1 200 OK (CRLF)
Content-Length: 2218 (CRLF)
Content-Type: text/html (CRLF)
Last-Modified: Wed, 05 Jan 2005 11:21:51 GMT (CRLF)
Accept-Ranges: bytes (CRLF)
ETag: W/"80b1a4c018f3c41:831d" (CRLF)
Server: Microsoft-IIS/6.0 (CRLF)
Date: Wed, 05 Jan 2005 05:48:54 GMT (CRLF)
CRLF (表示一个空行)
<html>
    <head>
        <title>
```

```
            This is the form page.
        </title>
    </head>
    <body>
        …（由于篇幅的关系，省略部分内容）
    </body>
</html>
```

其中，CRLF 表示回车换行，也就是说，每一个消息报头都由一个回车换行结束。

消息报头

HTTP 消息报头包括普通报头（general header）、请求报头（request header）、响应报头（response header）和实体报头（entity header）。**每一个报头域都由名字+“:”+空格+值组成，消息报头域的名字与大小写无关。**

1．普通报头

在普通报头中，有少数报头域应用于所有的请求和响应消息，但并不用于被传输的实体（关于实体，请参见“实体报头”一节），这些报头域只用于传输的消息。普通报头包括：

Cache-Control　Connection　Date

Pragma　Trailer　Transfer-Encoding

Upgrade　Via　Warning

下面我们介绍几个常用的普通报头。

（1）Cache-Control

Cache-Control 普通报头域用于指定缓存指令，该指令将被请求/响应链中所有的缓存机制所遵循。这些指令将覆盖默认的缓存规则。缓存指令是单向的，在请求中出现的缓存指令，并不意味着在响应中也会出现。此外，在一个消息（请求或响应消息）中指定的缓存指令，并不会影响另一个消息处理的缓冲机制。

> **注 意** Cache-Control 普通报头域是在 HTTP1.1 中新加的，HTTP1.0 使用的类似报头域为 Pragma。

缓存指令分为请求时的缓存指令和响应时的缓存指令。请求时的缓存指令包括 no-cache、no-store、max-age、max-stale、min-fresh 和 only-if-cached；响应时的缓存指令包括 public、private、no-cache、no-store、no-transform、must-revalidate、proxy-revalidate、max-age 和 s-maxage。其中最常用的是 no-cache，用于指示请求或响应消息不能缓存。

例如，为了指示 IE 浏览器（客户端）不要缓存页面，服务器端的 JSP 程序可以编写下面的代码：

```
response.setHeader("Cache-Control","no-cache");
```

这句代码将在发送的响应消息中设置普通报头域：Cache-Control: no-cache。

（2）Date

Date 普通报头域表示消息产生的日期和时间，可以用于 HTTP 响应中，也可以用于 HTTP 请求中。作为服务器端，应该总是在所有的响应中包含 Date 报头域。作为客户端只有在发送的消息中包含了消息正文的时候，才应该发送 Date 报头域，例如，在 POST 请求的时候。

（3）Connection

Connection 普通报头域允许发送者指定连接的选项。例如，指定连接是持续的，或者指定“close”选项，通知服务器，在响应完成后关闭连接。

（4）Pragma

Pragma 普通报头域被用于包含特定实现（implementation-specific）的指令，这些指令可能会应用到请求/响应链中的任何一个接收者。最常用的是 Pragma: no-cache。在 HTTP1.1 中，它的含义和 Cache-Control: no-cache 相同。有时候，我们不知道客户端浏览器是否支持 HTTP1.1，可以同时使用 Pragma 和 Cache-Control 报头域，来指示客户端不要缓存响应消息，如下：

```
response.setHeader("Pragma","no-cache");
response.setHeader("Cache-Control","no-cache");
```

2. 请求报头

请求报头允许客户端向服务器端传递该请求的附加信息，以及客户端自身的信息。包括：

Accept　Accept-Charset　Accept-Encoding
Accept-Language　Authorization　Expect
From　Host　If-Match
If-Modified-Since　If-None-Match　If-Range
If-Unmodified-Since Max-Forwards　Proxy-Authorization
Range　Referer　TE
User-Agent

下面我们介绍几个常用的请求报头。

（1）Accept

Accept 请求报头域用于指定客户端接受哪些类型的信息。例如，Accept: image/gif，表明客户端希望接受 GIF 图像格式的资源；Accept: text/html，表明客户端希望接受 html 文本。

（2）Accept-Charset

Accept-Charset 请求报头域用于指定客户端接受的字符集。例如，Accept-Charset: iso-8859-1, gb2312。如果在请求消息中没有设置这个域，默认任何字符集都可以接受。

（3）Accept-Encoding

Accept-Encoding 请求报头域类似于 Accept，但是它用于指定可接受的内容编码。例如，Accept-Encoding: gzip, deflate。如果请求消息中没有设置这个域，那么服务器假定客户端对各种内容编码都可接受。

（4）Accept-Language

Accept-Language 请求报头域类似于 Accept，但是它用于指定一种自然语言。例如，Accept-Language: zh-cn。如果请求消息中没有设置这个域，那么服务器假定客户端对各种语言都可接受。

（5）Authorization

Authorization 请求报头域主要用于证明客户端有权查看某个资源。当浏览器访问一个页面时，如果收到服务器的响应代码为 401（未授权），则可以发送一个包含 Authorization 请求报头域的请求，要求服务器对其进行验证。

（6）Host

Host 请求报头域主要用于指定被请求资源的 Internet 主机和端口号，它通常是从 HTTP URL 中提取出来的。例如，我们在浏览器的地址栏中输入 http://www.sunxin.org/index.html，浏览器发送的请求信息中，就会包含 Host 请求报头域，如下：

```
Host: www.sunxin.org
```

后面没有跟端口号，表明使用的是默认端口号 80，如果端口号不是 80，那么就要在主机名后面加上一个冒号（:），然后接上端口号，例如，Host: www.sunxin.org:8080。

要注意的是，在发送 HTTP 请求的时候，这个报头域是必需的。

（7）User-Agent

我们上网登录论坛的时候，往往会看到一些欢迎信息，其中列出了你的操作系统的名称和版本，你所用的浏览器的名称和版本往往让很多人感到神奇，实际上，服务器应用程序就是从 User-Agent 这个请求报头域中获取到的这些信息。User-Agent 请求报头域允许客户端将它的操作系统、浏览器和其他属性告诉服务器。不过，这个报头域不是必须的，如果我们自己编写一个浏览器，不使用 User-Agent 请求报头域，那么服务器端就无法得知我们的信息了。

3. 响应报头

响应报头允许服务器传递不能放在状态行中的附加响应信息，以及关于服务器的信息和对 Request-URI 所标识的资源进行下一步访问的信息。包括：

Accept-Ranges Age ETag

Location Proxy-Authenticate Retry-After

Server Vary WWW-Authenticate

下面我们介绍几个常用的响应报头。

（1）Location

Location 响应报头域用于重定向接受者到一个新的位置。例如，客户端所请求的页面已不在原先的位置，为了让客户端重定向到这个页面新的位置，服务器端可以发回 Location 响应报头域。这种情况还经常发生在更换域名的时候，在旧的域名所对应的服务器上保留一个文件，然后使用重定向语句，让客户端去访问新的域名所对应的服务器上的资源。当我们在 JSP 中使用重定向语句的时候，服务器端向客户端发回的响应报头中，就会有 Location 响应报头域。下面是 Location 响应报头域的一个例子。

```
Location: http://www.sunxin.org
```

（2）Server

Server 响应报头域包含了服务器用来处理请求的软件信息。它和 User-Agent 请求报头域是相对应的，一个发送服务器端软件的信息，一个发送客户端软件（浏览器）和操作系统的信息。下面是 Server 响应报头域的一个例子：

```
Server: Apache-Coyote/1.1
```

（3）WWW-Authenticate

WWW-Authenticate 响应报头域必须被包含在 401（未授权的）响应消息中，这个报头域和前面讲到的 Authorization 请求报头域是相关的，当客户端收到 401 响应消息时，就要决定是否请求服务器对其进行验证。如果要求服务器对其进行验证，就可以发送一个包含了 Authorization 报头域的请求。

下面是 WWW-Authenticate 响应报头域的一个例子。

```
WWW-Authenticate: Basic realm="Basic Auth Test!"
```

从这个响应报头域可以知道服务器端对我们所请求的资源采用的是基本验证机制。

4．实体报头

请求和响应消息都可以传送一个实体。一个实体由实体报头域和实体正文组成，在大多数情况下，实体正文就是请求消息中的请求正文或者响应消息中的响应正文。但是在发送时，并不是说实体报头域和实体正文要在一起发送，例如，有些响应就可以只包含实体报头域。实体就好像我们写的书信，在信中，我们可以写上标题，加上页号等，这部分就相当于是实体报头域，而我们所写的书信的内容，就相当于是实体正文。前面所讲的普通报头、请求报头、响应报头我们可以看成是写在信封上的邮编、接收者、发送者等内容。

实体报头定义了关于实体正文（例如：有无实体正文）和请求所标识的资源的元信息[①]。

实体报头包括：

Allow　Content-Encoding　Content-Language
Content-Length　Content-Location　Content-MD5
Content-Range　Content-Type　Expires
Last-Modified

下面我们介绍几个常用的实体报头。

（1）Content-Encoding

Content-Encoding 实体报头域被用作媒体类型的修饰符，它的值指示了已经被应用到实体正文的附加内容编码，因而要获得 Content-Type 报头域中所引用的媒体类型，必须采用相应的解码机制。Content-Encoding 主要用于记录文档的压缩方法，下面是它的一个例子：

```
Content-Encoding: gzip
```

如果一个实体正文采用了编码方式存储，在使用之前就必须进行解码。

---

① 所谓元信息，是指描述其他信息的信息，例如，我写了一份合同，放在信封里，然后让快递公司帮我寄送，我在快递单上注明："这是一份合同"。"这是一份合同"这句话就是用来描述内部合同信息的信息，我们可以把它叫作元信息。

（2）Content-Language

Content-Language 实体报头域描述了资源所用的自然语言。Content-Language 允许用户遵照自身的首选语言来识别和区分实体。如果这个实体内容仅仅打算提供给丹麦的阅读者，那么可以按照如下的方式设置这个实体报头域：

```
Content-Language: da
```

如果没有指定 Content-Language 报头域，那么实体内容将提供给所有语言的阅读者。

（3）Content-Length

Content-Length 实体报头域用于指明实体正文的长度，以字节方式存储的十进制数字来表示，也就是一个数字字符占一个字节，用其对应的 ASCII 码存储传输。

要注意的是：这个长度仅仅表示实体正文的长度，没有包括实体报头的长度。请参见例 B-1。

（4）Content-Type

Content-Type 实体报头域用于指明发送给接收者的实体正文的媒体类型。例如：

```
Content-Type: text/html;charset=ISO-8859-1
Content-Type: text/html;charset=GB2312
```

（5）Expires

Expires 实体报头域给出响应过期的日期和时间。通常，代理服务器或浏览器会缓存一些页面，当用户再次访问这些页面时，直接从缓存中加载并显示给用户，这样缩短了响应的时间，减少了服务器的负载。为了让代理服务器或浏览器在一段时间后更新页面，我们可以使用 Expires 实体报头域指定页面过期的时间。当用户又一次访问页面时，如果 Expires 报头域给出的日期和时间比 Date 普通报头域给出的日期和时间要早（或相同），那么代理服务器或浏览器就不会再使用缓存的页面，而使用从服务器上请求更新的页面。不过要注意，即使页面过期了，也并不意味着服务器上的原始资源在此时间之前或之后发生了改变。

Expires 实体报头域使用的日期和时间必须是 RFC 1123 中的日期格式，例如：

```
Expires: Thu, 15 Sep 2005 16:00:00 GMT
```

HTTP1.1 的客户端和缓存必须将其他非法的日期格式（也包括 0）看作已经过期。例如，为了让浏览器不要缓存页面，我们也可以利用 Expires 实体报头域，设置它的值为 0，如下：

```
response.setDateHeader("Expires", 0);
```

（6）Last-Modified

Last-Modified 实体报头域用于指示资源最后的修改日期及时间。

B.6　实验

为了帮助读者对 HTTP 协议有一个感性的认识，下面我们做两个小实验，通过手工输入 HTTP 请求消息的方式向服务器发出请求。这两个实验，我们是通过微软操作系统（笔者使用的是 Windows 2000 操作系统）自带的 telnet 工具来完成的。前面我们说过，HTTP

协议是利用 TCP 协议在客户端与服务器端建立的连接，在这里，我们通过 telnet 工具与一个服务器建立连接（其内部也是采用 TCP 协议实现的连接），然后输入 HTTP 请求，服务器对请求处理后，会返回响应信息，telnet 工具接收到响应信息后，将响应信息显示在窗口上。

第一个实验，利用 HEAD 方法请求资源的消息报头。

（1）单击“开始”菜单，选择“运行”，然后输入命令“cmd”，单击“确定”按钮，如图 B-2 所示。

（2）在命令提示符窗口下，输入 telnet www.sina.com.cn 80，注意三个部分之间都有空格，然后按回车键，如图 B-3 所示。

图 B-2 运行窗口

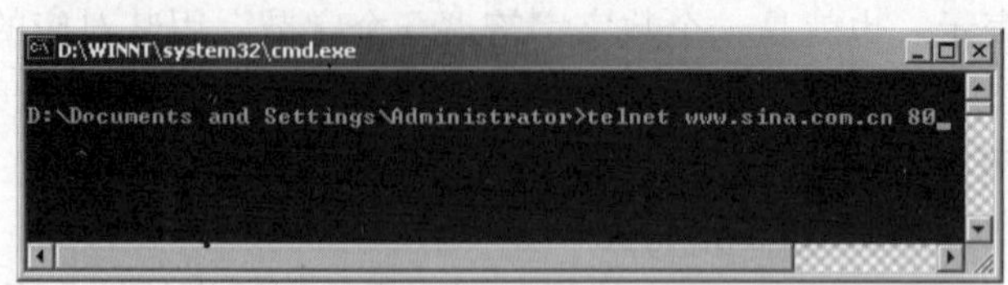

图 B-3 命令提示符窗口

（3）输入：

```
HEAD /index.shtml HTTP/1.1
Host: www.sina.com.cn
```

注 意 ①大小写及空格；②在输入完第一行后回车，再输入第二行；③在 Host: 后有一个空格（参见第 B.5.1 节）；④输入的这两行信息要一气呵成，如果其中某一个字符输入错了，就只能重来了，否则，将得不到正确的结果，你可以直接拷贝这两行信息，然后在 telnet 工具窗口中单击鼠标右键进行粘贴。最后连续输入两个回车，就能看到如图 B-4 所示的内容。

从图 B-4 中，我们可以看到，新浪的网站服务器是 UNIX 主机，服务器端软件用的是 Apache，实现 HTTP 协议 1.0。在一个请求结束后，服务器端就关闭了连接。如果我们用 telnet 登录一个使用 HTTP1.1 的网站主机，就可以看到类似于图 B-5 所示的画面。

图 B-4 HTTP1.0 响应输出窗口

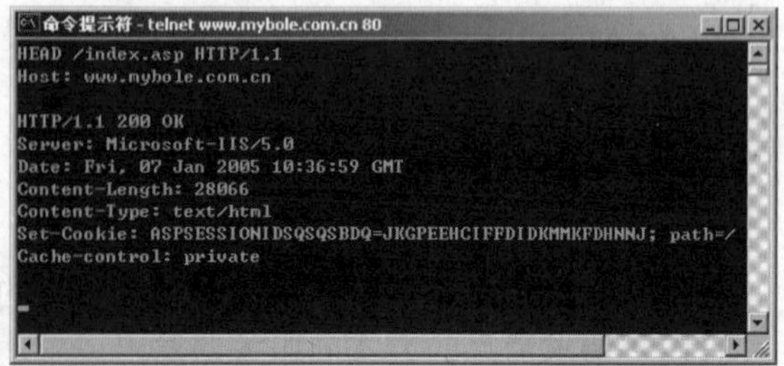

图 B-5 HTTP1.1 响应输出窗口

注意图中的光标，这表明连接仍然可用，这就是我们前面所说的HTTP1.1版本中的持续连接，这个时候，我们可以继续发送请求，而不需要再次连接。

对于采用HTTP1.1版本的服务器软件，如果在一次请求后，希望服务器关闭连接，则可以加上Connection普通报头域，设置它的值为“close”，如下所示：

```
HEAD /index.asp HTTP/1.1
Connection: close
Host: www.mybole.com.cn
```

第二个实验是通过GET方法向服务器请求一个页面，过程和第一个实验是一样的，只是把HEAD换成GET。

问题：如果你在telnet工具窗口中看不到你所输入的信息，则可以按照下面的方式解决。

（1）进入命令提示符窗口后，输入telnet，看到如图B-6所示的画面。

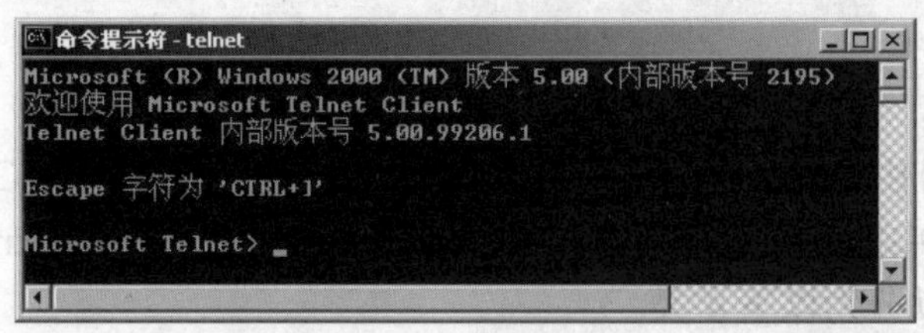

图B-6 telnet窗口

（2）输入set local_echo，然后输入open www.sina.com.cn 80，剩下的步骤同实验一的步骤。

B.7 小结

本章主要介绍了HTTP协议实现的一些细节，包括HTTP请求与HTTP响应的组成，重点介绍了HTTP消息报头，其中请求报头只能用于HTTP请求中，响应报头只能用于HTTP响应中，普通报头中有些报头域既可以用于HTTP请求中，也可以用于HTTP响应中，实体报头定义了关于实体正文和请求所标识的资源的元信息。

本章的主要目的是为了让读者对HTTP协议有一个比较清晰的认识，在JSP编程开发中，有些功能的实现实际上就是通过设置HTTP消息报头来完成的，我们开发的JSP后台程序，最终都要通过HTTP协议与客户端交互。如果我们掌握了HTTP协议的工作原理，那么在学习JSP开发中的某些知识时就能够知其然而知其所以然了。

如果读者想要更深入地了解学习HTTP协议，可以参见RFC2616。RFC（Request for Comments，请求注释），即Internet标准草案。Internet上有各种各样的技术，需要遵循一定的标准，这些标准以RFC文件的形式在Internet上发布。每个RFC文件都有一个序列号，讨论一个有关Internet技术的主题。读者可以在http://www.ietf.org/rfc上找到RFC2616文件，或者在搜索引擎上搜索“RFC2616”关键字，查找此文件。不过我建议读者，如果不是要从事HTTP协议的相关开发，则没有必要去看RFC文档，掌握本章的知识就足够了，当然更重要的是要知道与协议相关的资料如何去查找。如果以后有机会从事与HTTP协议相关的开发工作，则要能迅速找到自己想要的资料，目前我们还是把重点放在JSP的学习中。

附录C server.xml 文件

Tomcat 服务器由一系列可配置的组件构成，这些组件与%CATALINA_HOME%\conf\server.xml 文件中的各元素相对应，组件的配置也是通过 server.xml 文件中的元素来完成的。这些元素可以分为以下 4 类。

（1）顶层元素

包括<Server>和<Service>元素。<Server>元素是整个配置文件的根元素，<Service>元素表示了与一个引擎相关联的一组连接器。

（2）连接器

充当外部客户端发送请求到一个特定的 Service（或者从 Service 接收响应）之间的接口。

（3）容器

负责处理客户端的请求，并生成响应结果的组件。容器类元素有<Engine>、<Host>和<Context>，其中 Engine 组件为特定的 Service 处理所有请求，Host 组件为特定虚拟主机处理所有请求，Context 组件为指定的 Web 应用程序处理所有请求。

（4）嵌套的元素

表示可以在容器类元素中嵌套的元素。一些元素可以在任何容器类元素中嵌套，而另一些则只能在<Context>元素中嵌套。嵌套的元素包括<Loader>、<GlobalNamingResources>、<Resource>、<Manager>、<Realm>、<Resources>和<Valve>等元素。

附录 C 主要介绍 server.xml 文件中常用的元素及其属性的含义与用法，详细信息可以参考 Tomcat 服务器的配置文档：

```
%CATALINA_HOME%\webapps\docs\config\index.html
```

C.1 顶层元素

C.1.1 Server 元素

Server 元素是 server.xml 的根元素，表示整个的 Catalina Servlet 容器，它的属性表示作为一个整体的 Servlet 容器的特性。

Server 元素的属性描述如表 C-1 所示。

表 C-1　Server 元素的属性

属　性	描　述
className	指定实现了 org.apache.catalina.Server 接口的类名。如果没有指定类名，则使用标准的实现。标准的实现类是 org.apache. catalina.core.StandardServer
port	指定 Tomcat 服务器监听 shutdown 命令的 TCP/IP 端口号。在关闭 Tomcat 服务器时，必须从当前正在运行 Tomcat 实例的服务器上发出 shutdown 命令。**该属性是必需的**
shutdown	指定通过 TCP/IP 连接发送到 Tomcat 服务器监听 shutdown 命令的端口上的命令字符串，用于关闭 Tomcat 服务器。**该属性是必需的**

下面是 Server 元素的一个例子：

```
<Server port="8005" shutdown="SHUTDOWN">
```

在 Server 元素中，可以嵌套 Service 元素和 GlobalNamingResources 元素。

C.1.2 Service 元素

Service 元素表示了一个或多个连接器（Connector）组件的联合，这些组件共享一个单独的引擎（Engine）组件来处理到来的请求。一个或多个 Service 元素可以被嵌套在 Server 元素中。

Service 元素的属性描述如表 C-2 所示。

表 C-2　Service 元素的属性

属　性	描　述
className	指定实现了 org.apache.catalina.Service 接口的类名。如果没有指定类名，将使用标准的实现。标准的实现类是 org.apache. catalina.core.StandardService
name	指定 Service 的名字。如果你应用的是标准的 Catalina 组件，指定的名字将被包含在日志消息中。和特定的 Server 元素相关的每一个 Service 元素的名字必须是唯一的。**该属性是必需的**

下面是 Service 元素的一个例子：

```
<Service name="Catalina">
```

在 Service 元素中，可以嵌套 Connector 元素和 Engine 元素。

C.2 连接器

连接器（Connector）处理与客户端的通信，它负责接收客户请求，以及向客户返回响应结果。

C.2.1 HTTP 连接器

HTTP Connector 元素表示了支持 HTTP/1.1 协议的连接器组件。它使 Catalina 可以作为一个独立的 Web 服务器运行。HTTP 连接器组件的实例在 Tomcat 服务器的指定 TCP 端口号上监听，等待客户端连接的到来。

Connector 元素的公共属性描述如表 C-3 所示。

表 C-3 HTTP Connector 元素的公共属性

属性	描述
allowTrace	这是布尔类型的值，用于指定是否允许 HTTP 的 TRACE 方法。该属性的默认值为 false
emptySessionPath	如果设置为 true，则用于会话 cookie 的所有路径都将被设置。该属性的默认值为 false
enableLookups	如果你想调用 request.getRemoteHost()方法来执行 DNS 查询，以返回远程客户端实际的主机名，则可以将这个属性设置为 true。将该属性设置为 false，跳过 DNS 查询，而直接返回字符串形式的 IP 地址（也因此改善了性能）。在默认情况下，DNS 查询是允许的
maxPostSize	以字节为单位指定将被容器 FORM URL 参数解析处理的 POST 请求的最大尺寸。如果没有指定该属性，则这个属性将被设置为 2097152
protocol	该属性的值必须是 HTTP/1.1，这也是默认值。如果使用 AJP 处理器，则该属性的值必须是 AJP/1.3
proxyName	如果这个连接器正在一个代理配置中被使用，那么配置这个属性，指定当调用 request.getServerName()方法时，返回的服务器名字。关于代理支持的更多信息，请参看%CATALINA_HOME%/webapps/tomcat-docs/config/http.html#Proxy Support
proxyPort	如果这个连接器正在一个代理配置中被使用，那么配置这个属性，指定当调用 request.getServerPort()方法时，返回的服务器端口号
redirectPort	如果这个连接器支持非 SSL 的请求，而此时接收到一个需要 SSL 传输的请求，那么 Catalina 容器会自动将这个请求重定向到该属性所指定的端口号
scheme	设置协议的名字，这个名字将在调用 request.getScheme()方法时返回。例如，你可以为一个 SSL 连接器设置这个属性为“https”。该属性的默认值是“http”
secure	如果你希望对接收到的请求调用 request.isSecure()方法时返回 true，那么可以设置这个属性为 true（你可能希望在 SSL 连接器上这样做）。该属性的默认值是 false
URIEncoding	指定用于解码 URI 字节的字符编码，在%xx 后解码 URL。如果没有指定该属性，则使用 ISO-8859-1
useBodyEncodingForURI	指示是否使用在 contentType 中指定的编码来取代 URIEncoding，用于解码 URI 查询参数。这个设置主要是用于兼容 Tomcat4.1.x，它在 contentType 中或者通过调用 Request.setCharacterEncoding()方法来指定用于 URI 查询参数的编码。该属性的默认值是 false
xpoweredBy	如果设置该属性为 true，那么 Tomcat 将使用规范建议的报头表明支持的 Servlet 规范的版本。该属性的默认值是 false

HTTP Connector 的标准实现支持的附加属性如表 C-4 所示。

表 C-4　HTTP Connector 的标准实现支持的附加属性

属　性	描　述
acceptCount	设定当所有可能的请求处理线程正在使用时，在队列中排队的连接请求的最大数目。当队列已满，任何接收到的请求都将被拒绝。该属性的默认值是 10
address	如果服务器有两个或两个以上的 IP 地址，则该属性可设定在指定端口上监听的 IP 地址。在默认情况下，端口将被用于服务器上的所有 IP 地址
bufferSize	设定由连接器创建的输入流的缓冲区大小（以字节为单位）。在默认情况下，缓冲区的大小为 2048 字节
compressableMimeType	该属性的值是以逗号（,）分隔的 MIME 类型的列表，指定可用于 HTTP 压缩的类型。默认的值是 text/html,text/xml,text/plain
compression	连接器在向客户端发送响应数据时，可以使用 HTTP/1.1 的 GZIP 压缩，以节省网络带宽。该属性指定是否对响应数据进行压缩。可能的取值为 off、on、force 或者整数值。off 表示禁止压缩；on 表示允许压缩，将导致文本数据被压缩；force 表示在所有情况下都强制压缩。也可以为该属性设置一个整数值，整数值与 on 类似，同时指定了输出数据被压缩之前的最小数据量。该属性的默认值是 off
connectionTimeout	设置连接的超时值（以毫秒为单位）。默认的值是 60 000（60 秒）
disableUploadTimeout	该属性允许 Servlet 容器在 Servlet 正在执行时使用一个较长的连接超时值，以便 Servlet 有较长的时间来完成它的执行，或者在数据上传时有较长的超时值。该属性的默认值是 false
maxHttpHeaderSize	指定 HTTP 请求和响应报头的最大尺寸（以字节为单位）。该属性的默认值是 4096 字节
maxKeepAliveRequests	指定在服务器端关闭连接之前，客户端发送的流水线请求的最大数目。该属性的默认值是 100
maxSpareThreads	设定线程池中允许存在的空闲线程的最大数目。该属性的默认值是 50
maxThreads	指定连接器创建的请求处理线程的最大数目，该属性的值决定了服务器可以同时处理的客户端请求的最大数目。该属性的默认值是 200
minSpareThreads	设定当连接器第一次启动时创建的请求处理线程的数目。连接器将确保有指定数目的空闲线程可用。该属性的值应该小于 maxThreads。默认值是 4
port	指定连接器创建的服务器端套接字监听的 TCP 端口号。Tomcat 默认配置该端口号为 8080。该属性是必需的
server	设置 Http Server 响应报头域的值。一般不需要使用该属性
socketBuffer	设置 Socket 输出缓冲区的大小（以字节为单位）。如果设置为–1，则禁止使用缓冲。该属性的默认值是 9000 字节
tcpNoDelay	如果设置为 true，那么 TCP_NO_DELAY 选项将在服务器套接字上被设置，这在多数情况下将提高性能。该属性的默认值是 true
threadPriority	设置 JVM 中运行的请求处理线程的优先级。默认的值是 NORM_PRIORITY（参见 java.lang.Thread 类）

下面是 HTTP Connector 元素的一个例子：

```
<Connector port="8080"
        maxThreads="150" minSpareThreads="25" maxSpareThreads="75"
        enableLookups="false" redirectPort="8443" acceptCount="100"
        connectionTimeout="20000" disableUploadTimeout="true" />
```

在 HTTP Connector 元素中，不能嵌套任何的子元素。

C.2.2 AJP 连接器

AJP Connector 元素表示了一个使用 AJP 协议与 Web 连接器进行通信的连接器组件。AJP 连接器组件用于将 Tomcat 服务器与 Apache Web 服务器集成在一起，由 Apache 处理 Web 应用程序中的静态页面，Tomcat 服务器处理动态内容。当 Apache 接收到动态内容请求时，通过在配置文件中指定的端口号将请求转发给在此端口上监听的 AJP 连接器组件。

Connector 元素的公共属性参见表 C-3。

AJP Connector 的标准实现支持的附加属性如表 C-5 所示。

表 C-5 AJP Connector 的标准实现支持的附加属性

属 性	描 述
address	如果服务器有两个或两个以上的 IP 地址，则该属性可设定在指定端口上监听的 IP 地址。在默认情况下，端口将被用于服务器上的所有 IP 地址。如果设置属性的值为 127.0.0.1，则表示连接器只监听本地回路接口
backlog	设定当所有可能的请求处理线程正在使用时，在队列中排队的连接请求的最大数目。当队列已满，任何接收到的请求都将被拒绝。该属性的默认值是 10
maxSpareThreads	设定线程池中允许存在的空闲线程的最大数目。该属性的默认值是 50
maxThreads	指定连接器创建的请求处理线程的最大数目，该属性的值决定了服务器可以同时处理的客户端请求的最大数目。该属性的默认值是 200
minSpareThreads	设定当连接器第一次启动时创建的请求处理线程的数目。连接器将确保有指定数目的空闲线程可用。该属性的值应该小于 maxThreads。默认值是 4
port	指定连接器创建的服务器端套接字监听的 TCP 端口号。Tomcat 默认配置该端口号为 8009。**该属性是必需的**
tcpNoDelay	如果设置为 true，那么 TCP_NO_DELAY 选项将在服务器套接字上被设置，这在多数情况下将提高性能。该属性的默认值是 true
soTimeout	设置连接的超时值（以毫秒为单位）。默认的值是 60 000（60 秒）

下面是 AJP Connector 元素的一个例子：

```
<Connector port="8009"
           enableLookups="false" redirectPort="8443" protocol="AJP/1.3" />
```

在 AJP Connector 元素中，不能嵌套任何的子元素。

C.3 容器

容器类的元素包括 Context、Engine 和 Host 元素。

C.3.1 Engine 元素

每个 Service 元素只能包含一个 Engine 元素。Engine 组件接收和处理特定的 Service 组件中的所有 Connector 组件接收到的客户端请求，向连接器返回完整的响应，最终传送回客户端。

Engine 元素的属性描述如表 C-6 所示。

表 C-6 Engine 元素的属性

属 性	描 述
classNam e	指定实现了 org.apache.catalina.Engine 接口的类名。如果没有指定类名，则使用标准的实现。标准的实现类是 org.apache. catalina.core.StandardEngine
defaultH ost	指定处理客户请求的默认主机名。这个名字必须和在 Engine 元素下的其中一个 Host 子元素的 name 属性的值相匹配。**该属性是必需的**
jvmRoute	指定在负载均衡中使用的标识符。在所有参与群集的 Tomcat5 服务器中，该标识符必须是唯一的
name	指定 Engine 的逻辑名字，该名字将用于日志和错误消息中。**该属性是必需的**

下面是 Engine 元素的一个例子：

```
<Engine name="Catalina" defaultHost="localhost">
```

在 Engine 元素中，可以包含一个或多个 Host 元素，每一个 Host 元素表示了在 Tomcat 服务器上的一个虚拟主机。在 Engine 元素中，至少要有一个 Host 子元素，并且必须要有一个 Host 子元素的名字匹配 Engine 元素的 defaultHost 属性的值。在 Engine 元素中，还可以包含可选的 DefaultContext、Realm、Logger，Valve 和 Listener 等子元素。

C.3.2 Host 元素

一个 Host 元素表示了一个虚拟主机，它可以包含一个或多个 Context 元素。

Host 元素的公共属性描述如表 C-7 所示。

表 C-7 Host 元素的公共属性

属 性	描 述
appBase	指定虚拟主机的应用程序基目录。可以指定目录的绝对路径名，也可以指定相对于%CATALINA_HOME%的路径名。**该属性是必需的**
autoDeploy	该属性的值用于指示当 Tomcat 正在运行时，当有新的 Web 应用程序加入 appBase 属性指定的目录下时，是否会自动部署该应用程序。默认值为 true
className	指定实现了 org.apache.catalina.Host 接口的类名。如果没有指定类名，则使用标准的实现。标准的实现类是 org.apache.catalina.core.StandardHost
deployOnStartup	该属性的值用于指示当 Tomcat 服务器启动时，是否自动部署在 appBase 属性指定的目录下的所有的 Web 应用程序。默认值为 true
name	指定虚拟主机的网络名。**该属性是必需的**

Host 的标准实现 org.apache.catalina.core.StandardHost 支持的附加属性如表 C-8 所示。

表 C-8 Host 的标准实现支持的附加属性

属 性	描 述
deployXML	如果该属性的值为 false，则不会解析在 Web 应用程序内部的 context.xml（位置是/META-INF/context.xml）。默认值为 true

续表

属　性	描　述
errorReportValveClass	指定虚拟主机使用的错误报告阀的类名，设置这个类是为了输出错误报告。设置这个属性可以定制 Tomcat 生成的错误页面的外观。该类必须实现 org.apache.catalina.Valve 接口，如果没有指定这个属性，则默认的值是 org.apache. catalina.valves.ErrorReportValve
unpackWARs	如果该属性的值为 true，则 Tomcat 会把放置到 appBase 目录下的 Web 应用程序的 WAR（Web 应用程序归档），文件解压为相应的磁盘目录结构后再运行，如果属性的值为 false，则 Tomcat 将直接运行 WAR 文件
workDir	为虚拟主机指定临时读写使用的目录的路径名。如果配置了 Context 元素的 workDir 属性，则覆盖 Host 元素的 workDir 属性设置。如果没有指定这个属性，则 Tomcat 将会在%CATALINA_HOME%\work 目录下提供一个合适的目录

下面是 Host 元素的一个例子：

```
<Host name="localhost" appBase="webapps" unpackWARs="true" autoDeploy=
"true">
```

在 Host 元素中，可以包含一个或多个表示 Web 应用程序的 Context 元素，还可以包含可选的 DefaultContext、Realm、Logger、Valve 和 Listener 等子元素。

C.3.3 Context 元素

一个 Context 元素表示了一个 Web 应用程序，运行在特定的虚拟主机中。在 Host 元素中，可以定义多个 Context 元素，每一个 Context 元素都必须有唯一的上下文路径，该路径通过 path 属性来设置。

Context 元素的公共属性描述如表 C-9 所示。

表 C-9　Context 元素的公共属性

属　性	描　述
className	指定实现了 org.apache.catalina.Context 接口的类名。如果没有指定类名，则使用标准的实现。标准的实现类是 org.apache. catalina.core.StandardContext
cookies	指示是否将 Cookie 应用于 Session，默认值是 true
crossContext	如果设置为 true，则在应用程序内部调用 ServletContext.getContext()成功返回运行在同一个虚拟主机中的其他 Web 应用程序的请求调度器。在注重安全的环境中，将该属性设为 false，那么 getContext()总是返回 null。默认值是 false
docBase	指定 Web 应用程序的文档基目录（也称为上下文根）或者 WAR 文件的路径名。可以指定目录或者 WAR 文件的绝对路径名，也可以指定相对于 Host 元素的 appBase 目录的路径名。**该属性是必需的**
privileged	设置为 true，则允许该 Web 应用程序使用容器的 Servlet
path	指定 Web 应用程序的上下文路径。在一个特定的虚拟主机中，所有的上下文路径都必须是唯一的。**如果指定一个上下文路径为空字符串（""），则定义了这个虚拟主机的默认 Web 应用程序，负责处理所有的没有分配给其他 Web 应用程序的请求**
reloadable	如果设置为 ture，当 Tomcat 服务器在运行时，则会监视 WEB-INF/classes 和/WEB-INF/lib 目录下类的改变，如果发现有类被更新，则 Tomcat 服务器将自动重新加载该 Web 应用程序。这个特性在应用程序的开发阶段非常有用，但是它需要额外的运行时开销，所以在产品发布时不建议使用。该属性的默认值是 false

Context 的标准实现 org.apache.catalina.core.StandardContext 支持的附加属性如表 C-10 所示。

表 C-10　Context 的标准实现支持的附加属性

属　性	描　述
cacheMaxSize	以千字节为单位指定静态资源缓存的最大值。默认值是 10240K（10MB）
cachingAllowed	指示是否使用静态资源缓存。默认值是 true
caseSensitive	在 Tomcat 中，访问资源的文件名是区分大小写的。设置该属性为 false，将禁止大小写敏感性检查。默认值是 true
unpackWAR	如果为 true，则 Tomcat 在运行 Web 应用程序前将展开所有压缩的 Web 应用程序。默认值是 true
workDir	为 Web 应用程序指定供内部 Servlet 临时读写使用的目录的路径名。如果配置了 Context 元素的 workDir 属性，则覆盖 Host 元素的 workDir 属性设置。如果没有指定这个属性，则 Tomcat 将会在%CATALINA_HOME%\work 目录下提供一个合适的目录

下面是 Context 元素的一个例子：

```
<Context path="/tagtest" docBase="F:/JSPLesson/CustomTag" reloadable=
"true"/>
```

在 Context 元素中可以包含可选的 Loader、Manager、Realm、Resources、WatchedResource、Logger 和 Valve 等子元素。

C.4　小结

Tomcat 服务器的配置主要是通过%CATALINA_HOME%\conf\server.xml 文件来完成的，本章主要介绍了 server.xml 文件中常用的元素及其属性的含义与用法。在 server.xml 文件中，可使用的元素及其属性远不止我们上面所讲述的这些，另外，由于 Tomcat 版本的更新，配置元素也在变化，所以读者要想了解最新的 Tomcat 服务器的配置信息，一定要参考相应版本 Tomcat 服务器的文档。Tomcat 配置文档所在的位置是：

```
%CATALINA_HOME%\webapps\docs\config\index.html。
```

附录D web.xml 文件

web.xml 文件（Web 应用程序的部署描述符文件）在 SUN 公司发布的 Servlet 规范中定义，它是 Web 应用程序的配置文件，可以包含如下的配置和部署信息：

- ServletContext 的初始化参数
- Session 的配置
- Servlet/JSP 的定义和映射
- 应用程序生命周期监听器类
- 过滤器定义和过滤器映射
- MIME 类型映射
- 欢迎文件列表
- 错误页面
- 语言环境和编码映射
- 声明式安全配置
- JSP 配置

部署描述符是在 Servlet 规范中定义的，它独立于具体厂商的 Servlet 容器。也就是说，对于同一个 Web 应用程序，所有符合 Servlet 规范的容器产品所使用的部署描述符都是相同的。

本章主要介绍组成 web.xml 文件的各元素的含义，各元素的结构将以图形的方式给出。在本章的图形中，将以星号（*）表示 0 个或多个元素，问号（?）表示该元素是可选的，加号（+）表示该元素至少有一个或多个，没有添加这三种符号的元素表明该元素是必需的。

<web-app>元素是 web.xml 文件中的根元素，它有一个必需的属性 version，指定部署描述符遵照 XML Schema 或 DTD 版本。Servlet 2.5 规范为<web-app>元素添加了一个新的属性：metadata-complete 属性是布尔类型，用于指定部署描述符是否是完整的，或者是否使用类文件中由注解（annotation）给出的部署信息。如果 metadata-complete 设为 true，那么部署工具将忽略类文件中出现的注解。如果没有使用该属性或该属性为 false，那么部署

工具必须检测应用程序类文件中的注解。<web-app>元素的结构如图 D-1 所示。

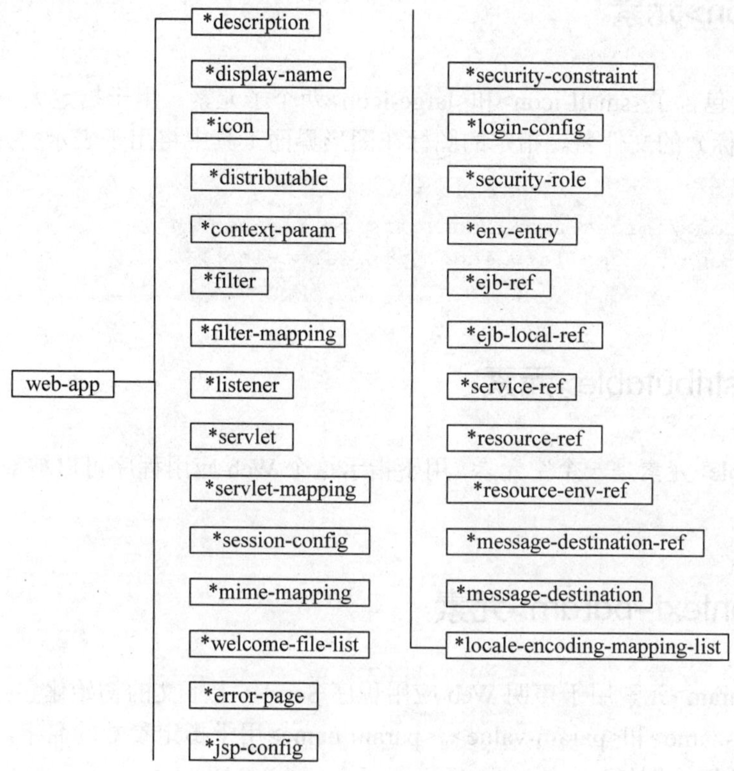

图 D-1　<web-app>根元素的结构

下面我们介绍<web-app>元素的各个子元素。

D.1　<description>元素

<description>元素用于为父元素提供一个文本描述。这个元素不仅可以在<web-app>元素中出现，还可以在其他多个元素中出现。它有一个可选的属性 xml:lang，用于指示在描述中使用的语言，该属性的默认值是 en（英语）。例如：

```
<description xml:lang="zh">网上在线购物应用程序</description>
```

D.2　<display-name>元素

<display-name>元素为这个 Web 应用程序指定一个简短的名字，这个名字可以被一些工具所显示。它有一个可选的属性 xml:lang，用于指定使用的语言。例如：

```
<display-name xml:lang="zh">网上商城</display-name>
```

D.3 <icon>元素

<icon>元素包含了<small-icon>和<large-icon>两个子元素，用于指定大小图标（GIF 或 JPEG 格式的图标）的文件名。指定的图标在图形界面工具中将用于表示父元素。例如：

```
<icon>
 <small-icon>/images/smallicon.gif</small-icon>
 <large-icon>/images/largeicon.jpg</large-icon>
</icon>
```

D.4 <distributable>元素

<distributable>元素是一个空元素，用于指示这个 Web 应用程序可以被部署到分布式的 Servlet 容器中。

D.5 <context-param>元素

<context-param>元素用于声明 Web 应用程序 Servlet 上下文的初始化参数。它包含两个子元素：<param-name>和<param-value>。<param-name>用于指定参数的名字，<param-value>用于指定参数的值。例如：

```
<context-param>
 <param-name>driver</param-name>
 <param-value>
    com.microsoft.jdbc.sqlserver.SQLServerDriver</param-value>
</context-param>
<context-param>
 <param-name>url</param-name>
 <param-value>
    jdbc:microsoft:sqlserver://localhost:1433;database=pubs</param-
value>
</context-param>
```

在 Servlet 中，可以使用如下的代码来获取初始化参数：

```
String driver=getServletContext().getInitParameter("driver")
String url=getServletContext().getInitParameter("url")
```

D.6 <filter>元素

<filter>元素用于在 Web 应用程序中声明一个过滤器。<filter>元素的结构如图 D-2 所示。

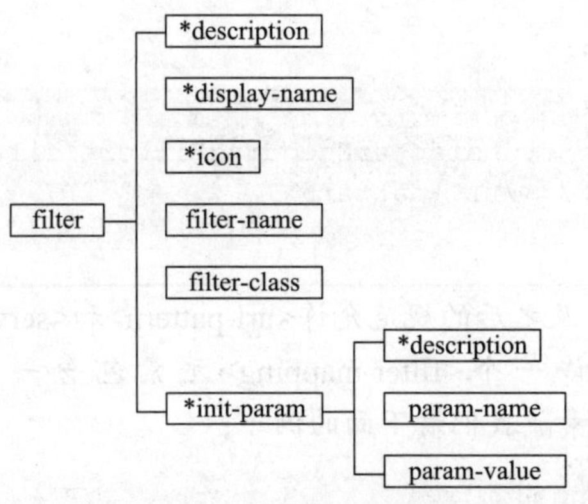

图 D-2　<filter>元素的结构

其中<description>、<display-name>和<icon>元素在前面已经介绍过了，其用途都是一样的，在后面如果再次出现介绍过的元素，则不再说明。<filter-name>元素用于为过滤器指定一个名字，该元素的内容不能为空。<filter-class>元素用于指定过滤器的完整的限定类名。<init-param>元素用于指定过滤器的初始化参数，它的子元素<param-name>指定参数的名字，<param-value>指定参数的值。过滤器在运行时，通过 FilterConfig 接口对象访问初始化参数。例如：

```
<filter>
   <filter-name>SetCharacterEncodingFilter</filter-name>
   <filter-class>
   org.sunxin.lesson.jsp.ch21.SetCharacterEncodingFilter </filter- class>
   <init-param>
      <param-name>encoding</param-name>
      <param-value>GBK</param-value>
   </init-param>
   <init-param>
   <param-name>ignore</param-name>
      <param-value>true</param-value>
   </init-param>
</filter>
```

D.7　<filter-mapping>元素

<filter-mapping>元素用于设置过滤器负责过滤的 URL 或者 Servlet。<filter-mapping>元素的结构如图 D-3 所示。

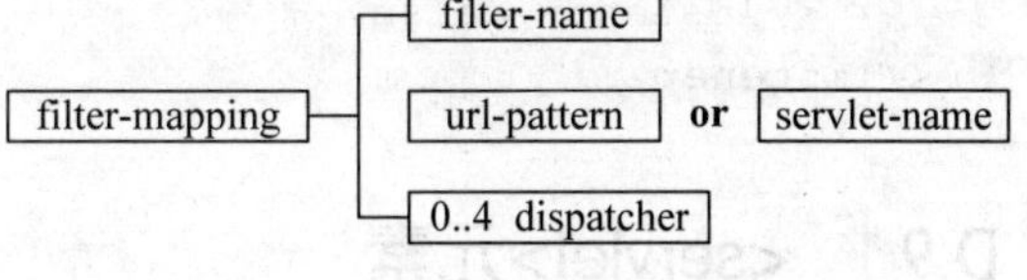

图 D-3　<filter-mapping>元素的结构

其中<filter-name>子元素的值必须是在<filter>元素中已声明的过滤器的名字。<url-pattern>元素和<servlet-name>元素可以选择一个，<url-pattern>元素指定过滤器对应的 URL，<servlet-name>元素指定过滤器对应的 Servlet。<filter-mapping>元素还可以包含 0～4 个<dispatcher>元素，<dispatcher>元素指定过滤器对应的请求方式，可以是 REQUEST、INCLUDE、FORWARD 和 ERROR 4 种之一，

默认为 REQUEST。例如：

```
<filter-mapping>
     <filter-name>SetCharacterEncodingFilter</filter-name>
     <url-pattern>/*</url-pattern>
</filter-mapping>
```

提示 Servlet 2.5 及之后的规范允许<url-pattern>和<servlet-name>元素出现多次，之前的规范只允许一个<filter-mapping>元素包含一个<url-pattern>或者一个<servlet-name>子元素。我们看下面的例子：

```
<filter-mapping>
     <filter-name>Demo Filter</filter-name>
     <url-pattern>/foo/*</url-pattern>
     <servlet-name>Servlet1</servlet-name>
     <servlet-name>Servlet2</servlet-name>
     <url-pattern>/bar/*</url-pattern>
</filter-mapping>
```

此外，Servlet 2.5 及之后的规范还允许为<servlet-name>元素指定 * 号，来匹配所有的 Servlet，我们看下面的例子：

```
<filter-mapping>
   <filter-name>All Dispatch Filter</filter-name>
   <servlet-name>*</servlet-name>
   <dispatcher>FORWARD</dispatcher>
</filter-mapping>
```

D.8 <listener>元素

<listener>元素用于指定 Web 应用程序的监听类。可以包含 0 个或多个<description>、<display- name>、<icon>元素，必须包含<listener-class>元素。<listener-class>元素指定监听器类的完整的限定类名。例如：

```
<listener>
    <listener-calss>org.sunxin.lesson.jsp.ch09.MySessionListener
    </listener-calss>
</listener>
```

D.9 <servlet>元素

<servlet>元素用于声明一个 Servlet。<servlet>元素的结构如图 D-4 所示。

其中<servlet-name>元素指定 Servlet 的名字，这个名字在同一个 Web 应用程序中必须是唯一的。<servlet-class>元素指定 Servlet 类的完整限定名。

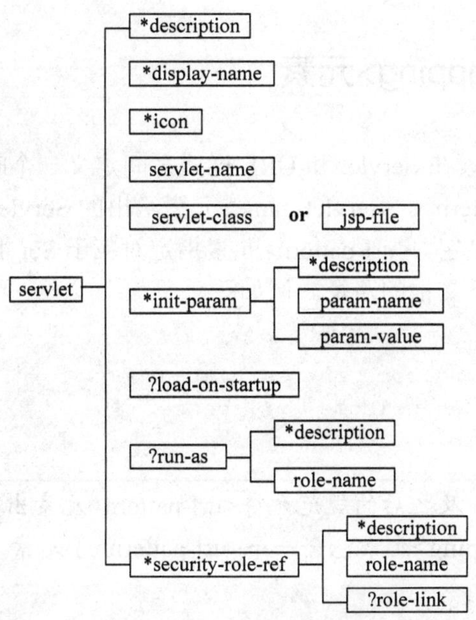

图 D-4　<servlet>元素的结构

<jsp-file>元素指定在 Web 应用程序中的 JSP 文件的完整路径，该路径以斜杠（/）开始。如果要对一个 JSP 文件做 URL 映射，就会用到这个元素。在<servlet>元素中，<servlet-class>元素和<jsp-file>元素只能选择其中之一。如果<servlet>元素包含了<jsp-file>元素和<load-on-startup>元素，则 JSP 文件将被预编译并加载。

<init-param>元素用于指定 Servlet 的初始化参数。

<load-on-startup>元素指定当 Web 应用程序启动时 Servlet 被加载的次序。元素的内容必须是一个整型值，如果这个值是一个负数，或者没有设定这个元素，则 Servlet 容器将在客户端首次请求这个 Servlet 时加载它；如果这个值是正数或 0，则容器将在 Web 应用程序部署时加载和初始化这个 Servlet，并且先加载数值小的 Servlet，后加载数值大的 Servlet。

<run-as>元素指定用于执行 Servlet 的角色，它的子元素<role-name>指定角色名。

<security-role-ref>元素声明在组件或部署的组件的代码中的安全角色引用，其子元素<role-name>指定角色名，可选的子元素<role-link>指定到一个安全角色的引用。

例如：

```
<servlet>
    <servlet-name>welcome_en</servlet-name>
    <servlet-class>
        org.sunxin.lesson.jsp.ch07.WelcomeYou
        </servlet- class>
    <init-param>
        <param-name>msg</param-name>
        <param-value>welcome you</param-value>
    </init-param>
    <load-on-startup>3</load-on-startup>
</servlet>
```

D.10 <servlet-mapping>元素

<servlet-mapping>元素在 Servlet 和 URL 样式之间定义一个映射。它包含了两个子元素<servlet- name>和<url-pattern>。<servlet-name>元素给出的 Servlet 名字必须是在<servlet>元素中声明过的 Servlet 的名字。<url-pattern>元素指定对应于 Servlet 的 URL 路径，该路径是相对于 Web 应用程序上下文根的路径。例如：

```
<servlet-mapping>
    <servlet-name>welcome_en</servlet-name>
    <url-pattern>/en/welcome</url-pattern>
</servlet-mapping>
```

提示　Servlet 2.5 及之后的规范允许<url-pattern>元素出现多次，之前的规范只允许一个<servlet-mapping>元素包含一个<url-pattern>子元素。我们看下面的例子：

```
<servlet-mapping>
    <servlet-name>welcome</servlet-name>
    <url-pattern>/en/welcome</url-pattern>
    <url-pattern>/zh/welcome</url-pattern>
</servlet-mapping>
```

D.11 <session-config>元素

<session-config>元素为 Web 应用程序定义 Session 参数。它包含一个子元素<session-timeout>，用于定义在 Web 应用程序中创建的所有 Session 的默认超时时间间隔，以分钟为单位。如果超时值设为 0 或负数，那么 Session 将没有超时值，也就是说，Session 不会因为用户长时间没有提交请求而失效。例如：

```
<session-config>
    <session-timeout>5</session-timeout>
</session-config>
```

D.12 <mime-mapping>元素

<mime-mapping>元素在扩展名和 MIME 类型之间定义一个映射。它包含两个元素<extension>和<mime-type>。<extension>元素指定一个扩展名，例如：txt，<mime-type>指定 MIME 类型。例如：

```
<mime-mapping>
    <extension>avi</extension>
    <mime-type>video/x-msvideo</mime-type>
</mime-mapping>
```

D.13 <welcome-file-list>元素

<welcome-file-list>元素用于设定一个有序的欢迎文件列表。它包含一个或多个<welcome-file>子元素，该子元素指定作为默认的欢迎文件的文件名。当我们访问一个 Web 应用程序时，如果只给出了 Web 应用程序的上下文路径，而没有给出具体的文件名，则 Servlet 容器会自动调用在部署描述符中配置的欢迎文件。Servlet 容器会按照配置的欢迎文件的顺序来调用页面，如果找不到第一个<welcome-file>所指定的文件，就会依次寻找下一个<welcome-file>所指定的文件。例如：

```
<welcome-file-list>
    <welcome-file>index.html</welcome-file>
    <welcome-file>index.htm</welcome-file>
    <welcome-file>index.jsp</welcome-file>
</welcome-file-list>
```

D.14 <error-page>元素

<error-page>元素在错误代码或异常类型与 Web 应用程序的资源路径之间定义一个映射。<error-page>元素结构如图 D-5 所示。

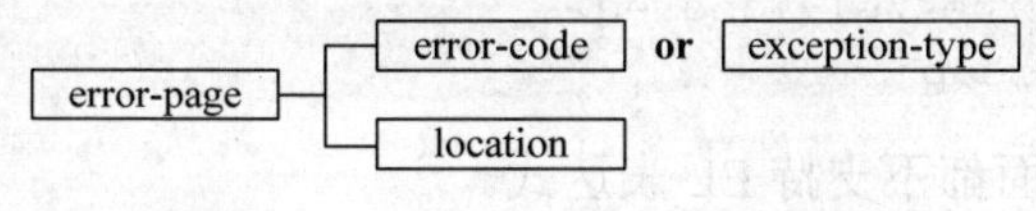

图 D-5 <error-page>元素的结构

其中<error-code>元素指定 HTTP 错误代码。<exception-type>元素指定 Java 异常类的完整限定名。<location>元素给出用于响应 HTTP 错误代码或者 Java 异常的资源的路径，该路径相对于 Web 应用程序的根路径，必须以斜杠（/）开头。例如：

```
<error-page>
     <error-code>404</error-code>
     <location>/FileNotFound.jsp</location>
</error-page>

<error-page>
     <exception-type>java.io.IOException</exception-type>
     <location>/ioerror.jsp</location>
</error-page>
```

D.15 <jsp-config>元素

<jsp-config>元素用于为 Web 应用程序中的 JSP 文件提供全局的配置信息。<jsp-config>

元素的结构如图 D-6 所示。

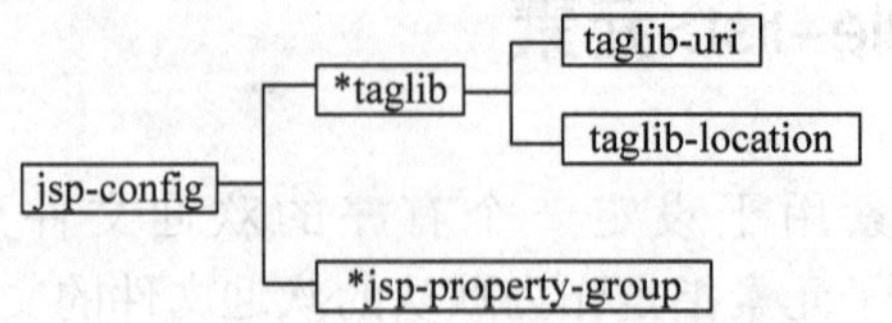

图 D-6　<jsp-config>元素的结构

其中<taglib>元素指定 JSP 页面使用的标签库信息。它有两个子元素<taglib-uri>和<taglib-location>。<taglib-uri>元素指定在 Web 应用程序中使用的标签库的 URI 标识，JSP 页面的 taglib 指令通过这个 URI 读取到 TLD 文件。<taglib-location>元素指定 TLD 文件的位置。<jsp-property-group>元素有 12 个子元素：<description>、<display-name>、<icon>、<url-pattern>、<el-ignored>、<scripting-invalid>、<page-encoding>、<include-prelude>、<include-coda>、<is-xml>、<deferred-syntax-allowed-as-literal>和<trim-directive-whitespaces>。前 4 个子元素在前面已经介绍过，其用途都是一样的，下面我们介绍一下其他 8 个子元素。

<el-ignored>元素指定是否忽略 EL 表达式。如果为 true，则表示不支持 EL 表达式；如果为 false，则表示支持 EL 表达式。

例如：

```
<jsp-property-group>
    <url-pattern>*.jsp</url-pattern>
    <el-ignored>true</el-ignored>
</jsp-property-group>
```

表示所有的 JSP 页面都不支持 EL 表达式。

<scripting-invalid>元素指定是否在 JSP 页面中禁止脚本。如果为 ture，则表示禁止脚本，如果为 false，则表示支持脚本。

例如：

```
<jsp-property-group>
    <url-pattern>*.jsp</url-pattern>
    <scripting-invalid>true</scripting-invalid>
</jsp-property-group>
```

表示所有的 JSP 页面都禁止脚本元素，那么在 JSP 页面中，就不能使用<%...%>语法了。

<page-encoding>元素指定 JSP 页面的编码。

<include-prelude>元素用于指定在 JSP 页面开始处包含的文件的路径，该路径是相对于上下文的路径，文件的扩展名为.jspf。如果在<jsp-property-group>元素中使用了多个<include-prelude>元素，那么这些文件将按照它们出现的顺序被包含。

<include-coda>元素用于指定在 JSP 页面结尾处包含的文件的路径，该路径是相对于上下文的路径，文件的扩展名为.jspf。如果在<jsp-property-group>元素中使用了多个<include-coda>元素，那么这些文件将按照它们出现的顺序被包含。

例如：

```
<jsp-property-group>
    <url-pattern>*.jsp</url-pattern>
    <include-prelude>/WEB-INF/jspf/prelude1.jspf</include-prelude>
    <include-coda>/WEB-INF/jspf/coda1.jspf</include-coda>
</jsp-property-group>

<jsp-property-group>
    <url-pattern>/two/*</url-pattern>
    <include-prelude>/WEB-INF/jspf/prelude2.jspf</include-prelude>
    <include-coda>/WEB-INF/jspf/coda2.jspf</include-coda>
</jsp-property-group>
```

表示在/two/路径下的所有 JSP 页面在开始处包含/WEB-INF/jspf/prelude1.jspf 和/WEB-INF/jspf/prelude2.jspf，在结尾处包含/WEB-INF/jspf/coda1.jspf 和/WEB-INF/jspf/coda2.jspf。而对于其他的 JSP 页面，在开始处仅包含/WEB-INF/jspf/prelude1.jspf，在结尾处仅包含/WEB-INF/jspf/coda1.jspf。

<is-xml>元素用于指示一组文件是否必须作为 XML 文档来解释。有效的值是 true 和 false。

<deferred-syntax-allowed-as-literal>元素用于配置在 JSP 页面的模板文本中是否允许出现字符序列#{。有效的值为 true 和 false，如果为 false，当模板文本中出现字符序列#{时，则引发页面转换错误。这个元素是在 JSP 2.1 规范中引入的，JSP 2.1 规范对 JSP 2.0 和 Java Server Faces 1.1 中的表达式语言进行了统一。在 JSP 2.1 中，字符序列#{被保留给表达式语言使用，你不能在模板本中使用字符序列#{。如果 JSP 页面运行在 JSP 2.1 之前版本的容器中，则没有这个限制。对于 JSP 2.1 的容器，如果在模板文本中需要出现字符序列#{，那么可以将该元素设置为 true。

<trim-directive-whitespaces>元素用于配置模板中的空白应该如何处理。有效的值为 true 和 false，如果值为 true，那么那些只包含空白的模板文本将从输出中被删除。若默认值是 false，则不删除空白。将这个元素设置为 true，Web 容器将删除指令末端没有跟随模板文本的无关空白。JSP 文档（参见第 8 章 8.8 节）忽略这个元素，这个元素是在 JSP 2.1 规范中引入的。

D.16 <security-constraint>元素

<security-constraint>元素用于为 Web 应用程序资源的访问定义安全约束。<security-constraint>元素的结构如图 D-7 所示。

<web-resource-collection>元素用于标识 Web 资源和对这些资源进行访问的 HTTP 方法，这些资源和 HTTP 方法将被应用安全约束。它有 4 个子元素：<web-resource-name>、<description>、<url-pattern>和<http-method>。<web-resource-name>元素为受保护的 Web 资源指定一个名称标识，<url-pattern>元素指定受保护资源的 URL 路径，<http-method>指定哪些 HTTP 方法访问资源将被应用安全约束。

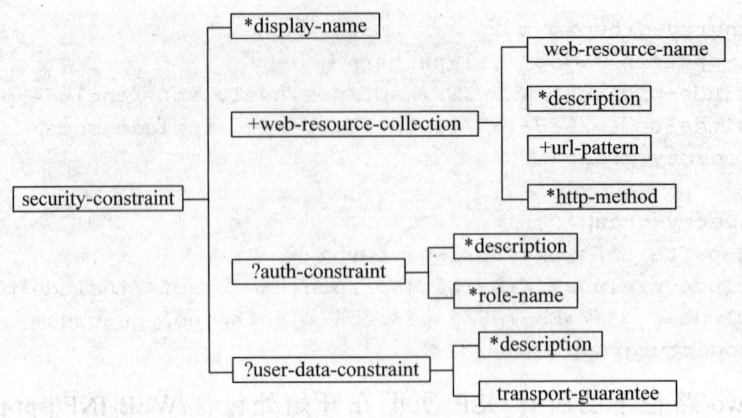

图 D-7 <security-constraint>元素的结构

<auth-constraint>元素指定可以访问受保护资源的角色。它有两个子元素：<description>和<role-name>。<role-name>指定角色的名字，这个名字必须是在<security-role>元素中由其子元素<role-name>指定的角色名，或者使用保留的角色名“*”，表示 Web 应用程序中所有的角色。

<user-data-constraint>元素指示在客户端和容器之间的通信数据应该如何被保护。它有两个子元素：<description>和<transport-guarantee>。<transport-guarantee>元素可能的取值是：NONE、INTEGRAL 或者 CONFIDENTIAL。

例如：

```
<security-constraint>
    <display-name>websec</display-name>
    <web-resource-collection>
        <web-resource-name>sample</web-resource-name>
        <url-pattern>/jsp1.jsp</url-pattern>
    </web-resource-collection>
    <auth-constraint>
        <role-name>admin</role-name>
    </auth-constraint>
    <user-data-constraint>
        <transport-guarantee>NONE</transport-guarantee>
    </user-data-constraint>
</security-constraint>
```

D.17 <login-config>元素

<login-config>元素配置 Web 应用程序使用的验证方法和使用的领域（realm）的名称，以及配置表单登录机制需要的属性。<login-config>元素的结构如图 D-8 所示。

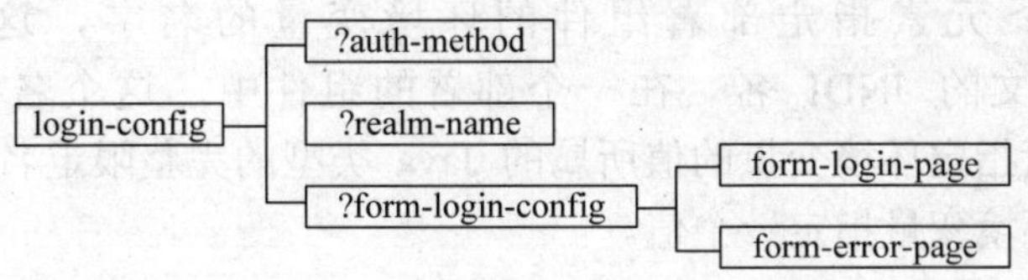

图 D-8 <login-config>元素的结构

<auth-method>元素配置 Web 应用程序验证的机制，该元素的值必须是 BASIC、DIGEST、FORM 或 CLIENT-CERT，或者是产品供应商指定的验证模式。

<realm-name>元素指定在 HTTP 基本验证中使用的领域的名称。

<form-login-config>指定在基于 FORM 的验证中使用的登录页面和错误页面。如果没有使用 FORM 验证，那么这个元素将被忽略。它有两个子元素：<form-login-page>和<form-error-page>。<form-login-page>元素指定登录页面，<form-login-error>元素指定错误页面。

例如：

```
<login-config>
    <auth-method>FORM</auth-method>
    <form-login-config>
      <form-login-page>/login.jsp</form-login-page>
      <form-error-page>/error.jsp</form-error-page>
    </form-login-config>
</login-config>
```

D.18 <security-role>元素

<security-role>元素定义一个安全角色。它可以包含 0 个或多个<description>元素，必须包含<role-name>。例如：

```
<security-role>
     <role-name>admin</role-name>
</security-role>
```

D.19 <env-entry>元素

<env-entry>元素声明 Web 应用程序的环境变量。<env-entry>元素的结构如图 D-9 所示。

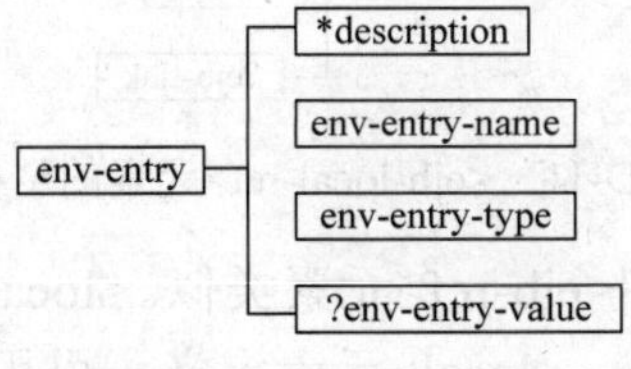

图 D-9 <env-entry>元素

<env-entry-name>元素指定部署组件的环境变量的名字，这个名字是相对于 java:comp/env 上下文的 JNDI 名。在一个部署的组件中，这个名字必须是唯一的。<env-entry-type>元素指定环境变量的值所属的 Java 类型的完整限定名。<env-entry-value>元素为部署组件的环境变量指定一个值。

D.20 <ejb-ref>元素

<ejb-ref>元素声明对一个 EJB 的 Home 接口的引用。<ejb-ref>元素的结构如图 D-10 所示。

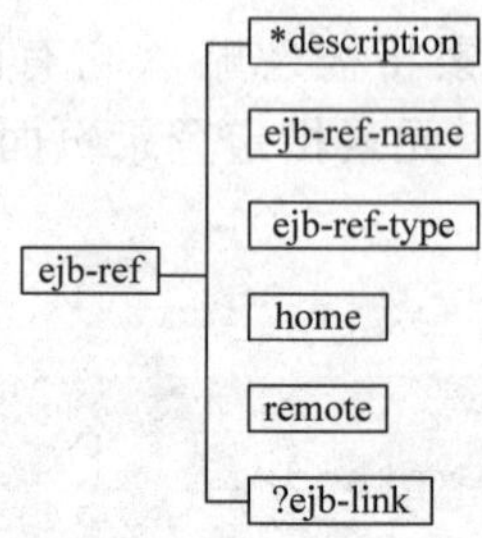

图 D-10　<ejb-ref>元素的结构

<ejb-ref-name>元素指定在部署组件的代码中使用的 EJB 引用的名字。<ejb-ref-type>元素指定引用的 EJB 的类型：Entity 或者是 Session。<home>元素定义了引用的 EJB 的 Home 接口的完整限定名。<remote>元素定义了引用的 EJB 的 Remote 接口的完整限定名。<ejb-link>元素指定一个链接到 EJB 的引用。

D.21 <ejb-local-ref>元素

<ejb-local-ref>元素声明对一个 EJB 的本地 Home 接口的引用。<ejb-local-ref>元素的结构如图 D-11 所示。

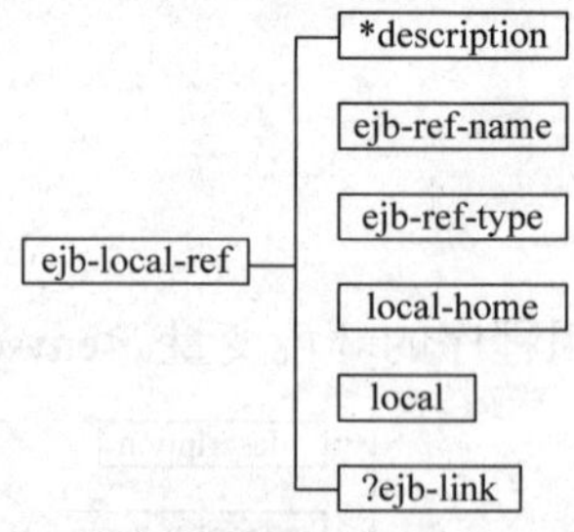

图 D-11　<ejb-local-ref>元素的结构

<ejb-local-ref>元素的用法和<ejb-ref>元素类似。<local-home>元素定义了引用的 EJB 的本地 Home 接口的完整限定名。<local>元素定义了引用的 EJB 的 Local 接口的完整限定名。

D.22　<resource-ref>元素

<resource-ref>元素包含一个部署的组件对外部资源的引用声明。<resource-ref>元素的结构如图 D-12 所示。

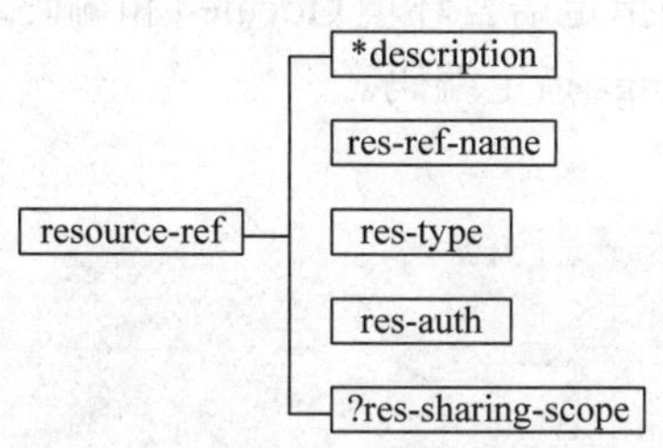

图 D-12　<resource-ref>元素的结构

<res-ref-name>元素指定所引用资源相对于 java:comp/env 上下文的 JNDI 名，该名字在部署文件中必须是唯一的。<res-type>元素指定数据源的类型，该类型可以是 Java 类的完整限定名，或者是预期将被数据源实现的接口。<res-auth>元素指定管理引用资源的管理者，有两个可选的值：Container 和 Application。Container 表示由容器来创建和管理资源，Application 表示由 Web 应用程序来创建和管理资源。<res-sharing-scope>指定资源是否可以共享，有两个可选的值：Shareable 和 Unshareable。

D.23　<resource-env-ref>元素

<resource-env-ref>元素设置对部署组件环境中与资源相关联的被管理对象的引用。<resource- env-ref>元素的结构如图 D-13 所示。

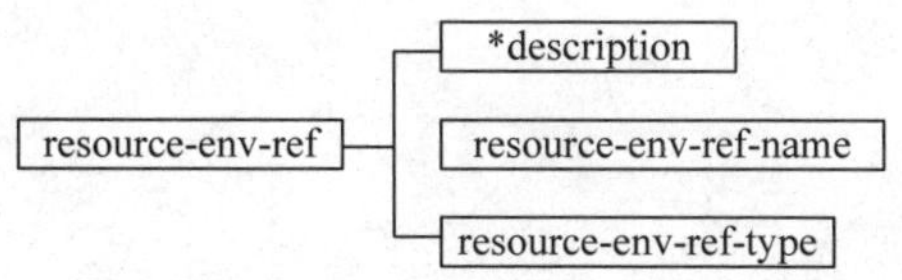

图 D-13　<resource-env-ref>元素的结构

<resource-env-ref-name>指定资源环境引用的名字。这个名字是在部署组件代码中使用的环境变量的名字，是一个相对于 java:comp/env 上下文的 JNDI 名，在部署组件中必须是唯一的。<resource-env- ref-type>元素指定资源环境引用的类型，它是 Java 类或接口的完整的限定名。

D.24　<locale-encoding-mapping-list>元素

<locale-encoding-mapping-list>元素包含语言环境（locale）和编码之间的映射。

<locale-encoding -mapping-list>元素的结构如图 D-14 所示。

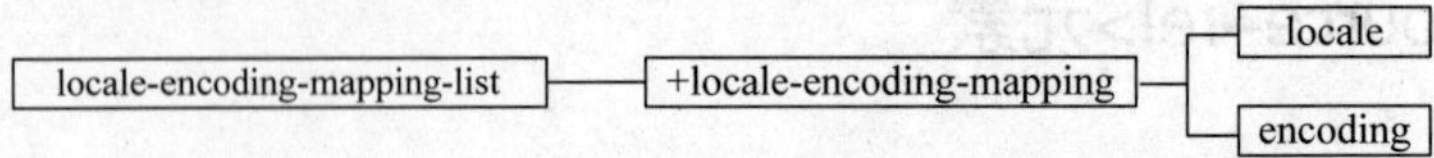

图 D-14 <locale-encoding-mapping-list>元素的结构

<locale-encoding-mapping>指定语言环境（locale）和编码之间的映射，其子元素<locale>指定语言环境，子元素<encoding>指定编码。

例如：

```
<locale-encoding-mapping-list>
<locale-encoding-mapping>
<locale>ja</locale>
<encoding>Shift_JIS</encoding>
</locale-encoding-mapping>
</locale-encoding-mapping-list>
```

D.25 小结

web.xml 文件是 Web 应用程序的部署描述符文件，本附录主要介绍了组成 web.xml 文件的常用元素的含义，可以作为开发时的参考文档。